建设工程安全生产必读

萧 宏 编著

中国建筑工业出版社

图书在版编目（CIP）数据

建设工程安全生产必读/萧宏编著. —北京：中国建筑
工业出版社，2017.3
ISBN 978-7-112-20377-2

Ⅰ.①建⋯ Ⅱ.①萧⋯ Ⅲ.①建筑工程-安全生产-教
材 Ⅳ.①TU714

中国版本图书馆CIP数据核字（2017）第023519号

本书内容共八章，包括建设工程生产安全事故致因；建设工程安全
生产相关法律法规；安全生产工作；安全生产科学技术；生产安全事故
应急救援；建设工程绿色施工；生产安全事故现场急救（院前急救）；
劳动防护用品。

本书适用于建筑施工企业主要负责人、项目负责人、专职安全生产
管理人员（合称"安管人员"）等相关管理人员法律法规、安全生产工
作、安全专业技术知识综合能力的学习、提高需求及安全生产继续教育
培训。

责任编辑：张 磊 曾 威
责任设计：李志立
责任校对：焦 乐 刘梦然

建设工程安全生产必读
萧 宏 编著

＊

中国建筑工业出版社出版、发行（北京海淀三里河路9号）
各地新华书店、建筑书店经销
北京佳捷真科技发展有限公司制版
北京建筑工业印刷厂印刷

＊

开本：787×1092毫米 1/16 印张：30¾ 字数：747千字
2017年2月第一版 2017年2月第一次印刷
定价：**70.00**元
ISBN 978-7-112-20377-2
（29921）

作者介绍

萧宏，男，1959 年生于北京市，高级工程师、安全工程师；主要从事建筑电气工程科技及建筑施工安全工作及研究。

尊崇自主之精神、理性之思想；奉行客观、验证为基础的专业主义。

参编、审查多部国家、行业、地方建筑工程安全、技术、质量标准规范。

主编安全生产教育、电气工程专业技术培训教材多部；主编多部职业资格、特种作业教材等。

担任北京市"长城杯"、国家"优质工程质量奖"及"绿色文明施工奖"现场复查组专家。

担任北京市工程技术类中、高级职称评审专家，北京市安全生产评估、电气工程质量安全事故调查、应急救援专家组专家等。

前　言

在深重的生死悲痛面前，一切精神和物质财富均将黯然失色。生命、职业健康无价，尊重生命、职业健康尊严是安全生产的基础。

凡事预则立，不预则废，灾难反省无法改变灾难后果，事前预防才是良药。面对患者，医者要抽丝剥茧洞察主因，对症治疗、方可治愈；面对安全生产工作若良医疗病，有的放矢、方见成效。

全面掌控、洞察动态发展的安全生产基本规律并非难事，但掌握由浅至深层面的安全工作规律也并非易事。无数生产安全事件昭示，生产事件的直接、间接因素看似简明，实则与安全文化、体制机制、潜在各方利益等诸多因素密切相关。

参与安全生产活动的决策者及各级从业人员要用以人为本的意识和社会良知，建设敬畏生命、职业健康的安全文化、完善安全生产体制及预防机制；以安全生产法律、标准规范为基础，将现代安全生工作、科技手段有机结合，消除生产全过程人的不安全行为、物的不安全状态；为从业人员提供符合生命安全、职业健康标准的作业环境和条件。

从业人员素质、生产作业环境和条件缺陷是客观存在，降低生产安全事件概率关键在于安全生产法律、标准规范、责任制制度的落实执行，持续改进、力避形式是最基本、最有效的安全工作方法。安全生产工作止于至善，一事精致、足以动人，足以改变安全生产状态。

本书依据国家、行业、地方相关法律法规、标准规范，以科学、专业、标准、系统化思维，将安全工作理论与实践相结合，创见、补遗、厘定事故致因、安全工作、安全科技、劳动防护等内容，力求前瞻性、实用性、可操作性，摒弃非理性、惯性安全生产工作思维。

道行于世、实为心传，予人玫瑰、手存余香；探索生产安全事件致因，揭示安全生产工作基本规律，提升生产过程生命安全、职业健康保障水平是编纂本书的主要目的之一。

本书适用于建安施工企业主要负责人、项目负责人、专职安全生产管理人员（合称"安管人员"）等相关管理人员法律法规、安全生产工作、安全科技知识等综合能力的学习提高及安全生产继续教育培训。

本书编写过程中，得到土建、电气、机械、安全等业内专家建设性意见，在此表示由衷感谢！

知天外有天，方晓沧海之阔。囿于个体相关安全知识视野、视角、深度因素，难免出现认知偏差及盲点，望参阅者，对本书任何不足、相异之处，闻过则喜，敬请赐教；本书将根据相关安全信息、标准规范变化定期进行修订完善，任何意见和建议请发送至邮箱：aqbd59@126. com，在此表示诚挚谢意！

本书小贴士（small tips），目的是为读者提供小知识兼提示、建议、补充、说明之用。

寄语：天下之事有难易乎？为之，则难者亦易矣；不为，则易者亦难矣！

人之为学有难易乎？学之，则难者亦易矣；不学，则易者亦难矣！

目　录

第一章　建设工程生产安全事故致因

本章引言

2016 年某地发生 11·24 特别重大生产安全事故，死亡 74 人，事故发生后，××立即启动应急救援预案、主要领导及相关部门负责人组成救援指挥部；救援人员第一时间赶到现场展开救援；××成立了善后工作组对遇难和伤者家属开展一对一家属接待、安抚工作；痛定思痛，举一反三，认真落实安全生产责任制，吸取深刻教训，实行最严格的问责制；×××开展地毯式安全隐患排查治理，全面排查整治安全隐患；全面加强督查落实。事隔不到 10 天，某地发生 12.03 特别重大生产安全事故，死亡 32 人。

选对努力方向远比努力做事重要，做对的事情远比把事情做对重要；降低生产安全事件概率首要安全生产工作是清晰根本性事故致因，治标必先治本，标本兼治，才是解决安全生产问题的正确途径。

生产安全事件本身因其多元动态特性具有不确定性，要超越事件本身反思，以人、物、环为基础的生产安全事件致因外，实践证明与安全文化、体制机制、资源配置、行业管理、利益博弈等因素密切相关。

安全生产工作在知更在行，知行合一；可能性和危害性构成安全风险，其中任何一项降解为零，风险即为零；生产安全事件风险的核心解决方案是强化以人为本的安全文化理念、切实完善行业体制机制，推进安全文化、法律法规、安全管理、安全科技、健康五大安全生产对策，有效管控不安全行为、不安全状态。

现代医学研究发现，人体内癌细胞是客观存在的，癌细胞像种子，人体似土壤；种子发芽成长与否，重要的因素在于种子，更重要的因素是土壤。健康体魄、良好生活方式癌细胞就无法在身体环境中生长。在生产过程中生产安全事故隐患是客观存在的，生产安全隐患是否发展、成长为事故，取决于企业安全生产文化。

现代文明需要生命安全、职业健康的安全文化，安全文化的本质不是强制别人服从、遵守，而是从业人员发自内心认同、自觉践行敬畏生命安全、职业健康认知。安全文化犹如芝兰之室或鲍鱼之肆，环境被渲染和熏陶。优良的安全生产文化在消除安全事故隐患的同时，可以最大限度地铲除生产安全事故隐患存在的土壤。

在市场秩序条件下，法律法规与安全规则不可或缺，强化人们社会或经济活动行为规则是法律所具有的重要功能。安全生产应严格遵守"法治化"（Rule of Law：法律规则具有最高的权威，无人例外）管理，而非"法制化"（Rule by law：法律规则具有最高权威，制定者例外）管理，安全生产的规章制度、责任制、权利义务、约束与惩罚要人人平等，从管理者（领导）到从业人员均应严格遵守，无人例外。现实社会行业环境及参差不齐的从业人员素质等因素，给安全生产管理带来挑战，在安全生产行为失范的情况下，法律法规的明示告知作用、警示预防作用、强制矫正作用，促使从业人员在生产过程中自觉调节和控制从业人员的行为，起到有令必行、有禁必止、规矩方圆的作用。

生产安全事件是可以预防而未预防、可以控制而未有效控制造成的，科学化、专业化、精细化安全管理正是为其量身定做。

主观判断受制于固有思维模式、分析判断能力、生理心理承受能力、实践经验等诸多因素的制约，特定条件、特定时刻知识和能力所不及的失误难免，预设安全科技措施是预防生产安全事件必不可少的重要手段，如采用行程限位开关、红外安全格栅、物体进近感应器等安全装置等。

生理健康、心理健康、道德健康和社会适应能力直接影响安全生产行为，均衡营养、健康心理、适当运动、良好生态环境是预防疾患、保持健康的四大法宝，当身体出现病变时，生化治疗是必要的，必须抓住病因及时、针对性治疗，减少药品此起彼伏的"不良反应"。

疾病尤其传染性疾病可以通过接种疫苗、获得免疫力来预防，疫苗的研制属于事后措施，即病毒出现后进行研制，由于难以克服的研制时滞，病毒可能已出现变异，减损了疫苗的有效性，这意味着人类在抵御疾病方面的被动和无助。

安全工作需要结合环境因素不规则演变的现实，用系统化科学思维不断总结规律，并付诸行动，愿望与现实差距自然渐近。

2014年年初，京津冀地区大气环境持续大气污染，人们的身心健康甚至生命受到巨大的威胁。有关部门迅速行动起来，立即发布大气污染橙色预警，制订了多达几十项大气污染治理的办法，结果大气污染132小时岿然不动，2014年2月26日夜间，一股较强冷空气入京，地面明显偏北风并伴有降水，空气质量逐步改善，清晨持续大气雾霾重污染过程终于结束，重见天日。

2015年年初，某地区环保局人员"突击检查和强行关闭"了多家腊肉工厂，原因是熏制腊肉是当地空气重度污染的"罪魁祸首。"经检测，腊肉工厂PM2.5的影响范围≤50m，熏制腊肉如何成为雾霾污染的元凶？

人们不难发现，一个治理流程前置性问题困扰着政府和公众，要有效治理大气雾霾污染，首要的问题要清楚雾霾污染的雾霾污染源在哪里？

某地区大气雾霾污染源解析版本（本数据摘录时间 2014 年 2 月 28 日） 表 1-1

数据来源地	数据时间	本地污染源(PM2.5)					外来污染源
		机动车污染	燃煤污染	工业污染	扬尘污染	其他	
某地区环保监测中心	不详	22.2%	16.7%	16.3%	15.8%	4.5%	24.5%
××院大气物理所"大气灰霾追因与控制"专题组	2013.3	约25%	约19%	不详	不详	不详	约20%
××院大气物理研究所"灰霾控制"课题组	2013.11	4%	18%	25%	15%	38%	不详
国家级环保部门	2014.2	不详	不详	不详	不详	不详	不详

数据来源：http://finance.qq.com/a/20140301/002775.htm? pgv _ ref＝aio2012&ptlang＝2052

若良医疗病，病万变药亦万变，欲有效治理大气雾霾污染，必须理清产生大气雾霾的根源，对症下药。暂且抛开各类长期监测点位、外场观测和数值模拟在内的方式样本、样品分析数据的偏差争议，缺乏科学定量、定性大气污染源解析数据、结论支持，把熏制腊肉、家庭厨房烹饪作为雾霾治理的主要对象是盲人摸象，针对性治理措施南辕北辙，效果自然无从谈起。

治理空气污染首先需要厘清致因，其次精准决策、重点防范，不仅需要采取能源结构改善、大气雾霾污染区域联合防治等多重措施，还需要完善市场化治理机制、治理方式。

以生产安全事故为对象，通过各因素之间的因果关系研究、分析，掌握生产安全事故的发生机理、规律，为预防生产安全事故提供有效的基础性、针对性决策依据。为了解答生产安全事故发生的原因是什么？预防和防止生产安全事故发生的对策是什么？事故致因理论为此存在、发展。

第一节　典型生产安全事故致因理论

自 20 世纪初至今，事故致因理论内容不断延伸发展，下面主要介绍五个典型的事故致因理论。

一、事故频发倾向理论

1939 年法默和查姆勃等人提出了事故频发倾向单因素理论。事故频发倾向指在同一个工作环境条件下，做同样的工作内容，群体中的某个个体发生事故的概率比其他人大得多，这个个体视为事故频发倾向者。这类人群并非随机分布，他们的性格具有明显有别于他人的特点，在事故的过程中起一定的促进作用，往往是导致事故发生的直接原因。

理论认为少数事故频发倾向者的存在，是事故发生的主要原因。如果企业能够减少事故频发倾向者，就可以减少生产安全事故的发生。事故频发倾向理论也称事故频发倾向单因素理论。

二、海因里希（W. H. Heinrich）事故因果连锁理论

（一）海因里希（W. H. Heinrich）事故因果连锁理论的意义

海因里希（W. H. Heinrich）事故因果连锁理论的核心思想是伤亡事故的发生不是一个孤立的事件，而是一系列原因事件相继发生的结果，即伤害与各原因之间具有连锁关系。

海因里希认为，企业安全工作的中心就是要移去中间的骨牌（原因）来防止人的不安全行为，消除机械或物质的不安全状态，从而中断事故连锁的进程，避免伤害事故的发生。

（二）生产安全事故因果连锁关系

海因里希（W. H. Heinrich）把工业生产伤害事故发生的过程描述为具有一定因果关系事件的连锁，生产安全事故因果连锁关系用 5 块多米诺骨牌来形象比喻（见图 1-1）。如果第一块骨牌倒下（第一原因），则发生连锁反应，后面的骨牌相继被碰倒（持续发生）；如果移去因果连锁中的任一块骨牌，则连锁反应将被破坏，事故过程将被中止。

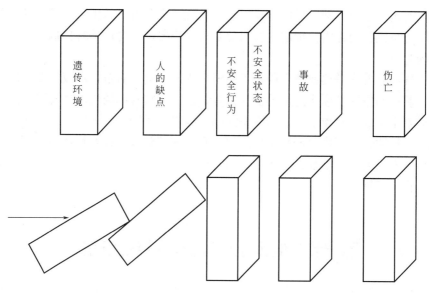

图 1-1　因果连锁理论

三、轨迹交叉理论

轨迹交叉理论认为，在事故发展进程中，人的因素运动轨迹与物的因素运动轨迹的交点，就是事故发生的时间和空间，即人的不安全行为和物的不安全状态在同一时间、同一空间相遇，此时间或空间将发生事故。如图 1-2 所示。

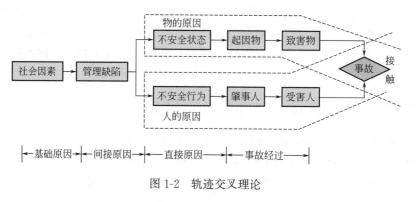

图 1-2　轨迹交叉理论

轨迹交叉理论强调人的因素、物的因素在事故致因中占有同样重要的地位。可以通过避免人与物两种因素运动轨迹交叉，避免人的不安全行为和物的不安全状态同时、同地出现，来预防事故发生。

四、能量意外释放理论

1961 年吉布森（Gibson）提出，事故是一种不正常的或不希望的能量释放，意外释放的各种形式的能量是构成伤害的直接原因。

（一）能量意外释放理论的提出

在正常生产过程中，人类利用能量做功以实现生产目的，能量是不可缺少的。能量受到各种形式的控制、约束和限制，按照人们的意志流动、转换和做功。

但是由于某种原因，超越了人们设置的约束或限制而意外地逸出或释放，能量失去了控制，意外释放的能量触及人体，且能量的作用超过了人们的承受能力，人体必将受到伤害。

因此，应该通过控制能量或控制能量载体（能量达及人体的媒介）来预防伤害事故。在吉布森的研究基础上，1966 年美国运输部安全局局长哈登（Haddon）完善了能量意外释放理论，提出"人受伤害的原因只能是某种能量的转移"，并提出了能量逆流于人体造成伤害的分类方法，将伤害分为两类：第一类伤害是由于施加了超过局部或全身性损伤阈值的能量引起的；第二类伤害是由于影响了局部或全身性能量交换引起的，主要指中毒窒息和冻伤。

(二) 能量意外释放理论事故致因

（1）接触了超过机体组织（或结构）抵抗力的某种形式的过量的能量。

（2）有机体与周围环境的正常能量交换受到了干扰（如窒息、淹溺等）。因此，各种形式的能量是构成伤害的直接原因。同时也常常通过控制能源或控制达及人体媒介的能量载体来预防伤害事故。

（3）机械能（动能和势能统称为机械能）、电能、热能、化学能、电离及非电离辐射、声能和生物能等形式的能量，都可能导致人员伤害，其中前四种形式的能量引起的伤害最为常见。意外释放的机械能是造成工业伤害事故的主要能量形式。

（4）位于高处的人员或物体具有较高的势能时：

当人员具有的势能意外释放时，发生坠落或跌落事故；

当物体具有的势能意外释放时，发生物体打击等事故。

（5）动能是另一种形式的机械能，各种运输车辆和各种机械设备的运动部分都具有较大的动能，工作人员一旦与之接触，将发生车辆伤害或机械伤害事故。

（6）现代化工业生产中广泛利用电能，当人们意外地接近或接触带电体时，可能发生触电事故而受到伤害。工业生产中广泛利用热能，生产中利用的电能、机械能或化学能可以转变为热能，可燃物燃烧时释放出大量的热能，人体在热能的作用下，可能遭受烧灼或发生烫伤。

（7）有毒有害的化学物质使人员中毒，是化学能引起的典型伤害事故。

（8）在一定的条件下，某种形式的能量能否产生造成人员伤亡事故的伤害取决于能量的大小、接触时间的长短和频率以及力的集中程度。

能量意外释放理论揭示了事故发生的物理本质，为人们设计或采取各种屏蔽来防止意外能量转移安全技术措施提供了理论依据。

五、系统安全理论

复杂系统往往由数以万计的元素组成，元素之间由非常复杂的关系相连接，在制造或使用过程中往往涉及高能量，系统中微小的差错就会导致灾难性的事故。大规模复杂系统安全性问题衍生出系统安全理论和方法。安全系统的组成如图 1-3 所示。

系统安全理论强调通过改善物的可靠性来提高系统的安全性，从而改变了以往人们只注重操作人员的不安全行为而忽略硬件故障在事故致因中作用的传统观念。作为系统元素

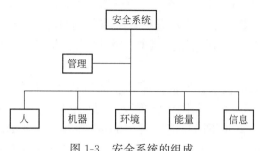

图 1-3 安全系统的组成

之一的人在发挥其功能时会发生失误。人的失误不仅包括工人的不安全行为，而且涉及管理人员、设计人员等各类人员的失误。

根据系统安全的原则，在一个新系统的规划、设计阶段，就要将安全工作一直贯穿于制造、安装、投产直到报废为止的整个系统寿命周期内。

系统安全工作包括危险源识别、系统安全分析、危险性评价及危险控制等一系列内容。

第二节　生产安全事故动态综合致因理论

一、生产安全事故动态综合致因因素

生产安全事故动态综合致因因素由社会因素（基本原因）、管理因素（间接原因）、隐患因素（直接原因）组成。见表 1-2。

生产安全事故动态综合致因　　　　　　　　　　　　　　　　表 1-2

社会因素 （基本原因）	管理因素 （间接原因）	隐患因素 （直接原因）	触发 （事故过程）	后果 （事故结果）
社会环境 经济因素 文化教育 传统文化 法律法规	管理原因 生理原因 心理原因 技术装备原因	人的不安全行为 物的不安全状态 自然环境因素	起因物 肇事者	伤害事故

（一）社会因素（基本原因）

社会因素（基本原因）包括社会环境、经济因素、文化教育、传统文化、法律法规。

（1）社会环境：机制和体制、职业道德、社会安全意识、氛围等。

（2）经济因素：社会经济水平，价值取向、安全生产与经济位置、关系，安全投入等。

（3）文化教育：文化教育水平、方式等。

（4）传统文化：传统安全文化，从业人员的精神、信念和行为准则等。

（5）法律法规：法律法规体系的科学性、严谨性、合理性、适用性、可操作性等。

（二）管理因素（间接原因）

管理因素（间接原因）包括管理原因、生理原因、心理原因、技术装备原因。

（1）管理原因：组织管理手段、责任主体、市场规范性、法律严肃性、违法成本等。

（2）生理原因：年龄、性别；视、听、嗅、味、触觉；疾病、体力、先天后天生理缺陷、生物节律、生理周期等。

（3）心理原因：性格、能力、认知、智力、工作经验、情绪状态、疲劳、注意力、先天后天心理缺陷、人事关系、适应能力等。

具体不安全心理包括：

1）侥幸心理：仅此一次，未必出事；

2）逞能心理：盲目自信、自我表现；

3）好奇心理：未知事物、好奇举动；

4）厌倦心理：职业心理障碍；

5）习惯性心理：习惯行为，不会出错；

6）情绪化心理：得意、充满激情，失意、悲观失望等。

（4）技术装备原因：在生产活动中，因工具、设备、工艺技术及劳动组织和操作方法存在的缺陷、不完善等，导致某些作业环境中存在对劳动者安全与健康不利的因素。

（三）隐患因素（直接原因）

隐患因素（直接原因）主要包括人的不安全行为、物的不安全状态及自然环境因素。

1. 人的不安全行为

（1）人员的三种不安全行为因素

1）下意识不安全行为：指人员不具备安全意识、知识、技能。受生理、心理、情绪影响，造成认知能力、判断能力低下、疲劳等。

> 小贴士：下意识行为往往是由人的本能、性情或人本身的先天因素引起的不自觉行为趋向。

2）潜意识不安全行为：指人员受社会文化、体制影响，有意、明知故犯、屡教不改、利益驱使、侥幸心理及心理需要的不安全行为，如冒险作业、酒后作业、经济利益、争强好胜心理等。

> 小贴士：潜意识行为一般指在行为之初产生过有意识的思考引起的潜在的行为取向。

3）违背客观规律的不安全行为：指生产过程中生产工艺技术要求合理安排、必须严格遵守的程序和内容。某种生产过程可以人为地科学干预，但应避免超极限、非科学的强制干预，如超越设备功能极限、超越材料强度极限、超越作业人员生理强度极限（时间、空间、环境）的工作、违背科学的压缩工期等。

（2）不安全行为

1）操作错误、忽视警告

① 未经许可开动、关停、移动机器设备；

② 未发信号开、停机器设备；

③ 开关电器未锁止，造成意外通电设备运转；忘记关闭设备，造成设备意外移动；

④ 忽视、无视警告标志、警告信号；

⑤ 按钮、阀门、把柄等操作错误；

⑥ 维护作业时，工件紧固不牢，手、足、躯体进入设备运动机件范围；

⑦ 奔跑、快速作业；

⑧ 机械设备超速运转、供料或送料速度失控；

⑨ 违章驾驶机动车；

⑩ 物料提升机混载等。

2）安全装置失效

① 安全装置被拆除；

② 安全装置因故失去作用；

③ 调整不当造成安全装置失效等。

3）肢体代替工具操作

① 用手替代工具；

② 手持工件进行机加工；

③ 用下肢、足提拿工具、物品等。

4）使用不安全设备

① 使用不牢固的设施；

② 使用无安全装置的设备等。

5）物体存放不当：成品、半成品、材料、工具等用品存放、码放不当等。

6）冒险进入危险场所或有限空间

① 冒险进入危险区域作业；

② 冒险进入缺氧、有毒有害的有限空间作业；

③ 冒险进入易燃易爆场所明火作业等。

7）攀、坐、站、倚靠位置不当

攀坐基坑边沿、平台护栏、陡峭边坡、吊篮挡板、塔式起重机吊钩等不安全位置等。

8）设备运行时工作不当

机器运转时，实施加油、修理、调整、焊接、清扫等工作。

9）注意力分散行为

操作设备注意力不集中、受外界因素影响注意力不集中等。

10）不安全装束

① 在操作使用具有旋转特征的施工机械设备时，着装不符合规定；

② 在操纵车床、钻孔等旋转加工设备时，戴手套等。

11）易燃、易爆处理不当

对易燃、易爆等危险物品处理措施错误，应急措施不当等。

12）必须使用个人防护用品、用具的作业场合，忽视使用、未正确佩戴

① 未佩戴或未正确佩戴护目镜、面罩、防护手套、安全帽、安全带、呼吸护具等；

② 未穿绝缘鞋、防滑鞋及防护鞋等。

2. 物的不安全状态

（1）无防护

1）无安全保险装置、未安装轨道挡车器；

2）无防护栏或防护栏损坏，无防护罩装置；

3）无危险报警装置；

4）电气绝缘强度低于安全技术规范要求；

5）无安全标志、声光安全警示标志；

6）电气机械设备无消声装置，产生噪声；

7）危险房屋内作业；

8）电气设备接近导体未与保护导体（PE）连接等。

（2）防护不当

1）防护罩安装位置不合理；

2）安全防护装置调整不当；

3）防爆装置设置不当；

4）安全作业间距不够；

5）屏护措施存在缺陷；

6）电气装置带电部分裸露；

7）未设置外电线路防护措施等。

（3）设施、设备、工具、附件安全防护及结构设计不符合安全技术要求等

1）通道门遮挡视线；

2）制动装置有欠缺；

3）安全间距不够；

4）工件外形有锋利毛刺、毛边致伤；

5）设施结构有锋利尖锐处致伤等。

（4）设施、设备、工具、附件强度不够

1）机械强度不够；

2）绝缘强度不够；

3）钢丝绳、吊索额定强度不符合安全技术要求等。

（5）设备非正常状态运行

1）设备故障运转；

2）设备超负荷运转等。

（6）维修、调整不良

1）设备失修；

2）地面不平整；

3）保养不当、设备失灵等。

（7）个人防护用品、用具缺少或缺陷

1) 防护服、手套、护目镜及面罩、呼吸器官护具、听力护具、安全带、安全帽、安全鞋等缺少或有缺陷；

2) 无个人防护用品、用具；

3) 防护用品、用具不符合安全要求等。

(8) 生产现场环境照明状态不良

1) 照度不足；

2) 光线过强、过弱；

3) 灰霾严重等。

(9) 作业环境通风不良

1) 作业环境无通风；

2) 通风系统效率低；

3) 有限空间停电停风；

4) 供电电源中断等。

(10) 作业场所环境格局

1) 作业场所环境狭窄；

2) 场地内部格局杂乱不具备作业条件等；

3) 作业区域温度、湿度、照明、雾尘、噪声、震动、氧气含量等不符合安全生产条件；

4) 工具、制品、材料堆放不安全。

(11) 地面摩擦系数骤降

地面覆盖冰、雪、雨、粒状物、油脂等湿滑液体，摩擦系数骤降。

(12) 操作工序设计或配置不安全。

(13) 道路设计不合理

1) 道路弯道曲率过小；

2) 道路存在视野死角；

3) 道路陡坡；

4) 道路施工不平整等。

(14) 生产环境温度、湿度超越安全极限。

(15) 不符合物质物理及化学特性的储存方法。

3. 自然环境因素

(1) 气象环境

1) 风、雨、雪、霜、雾、雷电、沙尘暴等气候条件及安全生产极限大气温度、湿度；

2) 阳光不足，照度不够；阳光充足，光线过强。

(2) 地形地貌

地形地貌指陆地表面各种各样地势高低起伏的形态，按形态可分为山地、高原、平原、丘陵和盆地五种类型。

(3) 江河湖海

流量、流向、流程、流域、结冰期、含沙量、水位等水文季节变化、汛期等。

(4) 土壤条件

土壤是有机组成的疏松多孔体，呈现固体（矿物质、有机质）、液体（土壤水分或溶液）和气体（土壤空气）三相物质。季节变化使三相物质变化形成事故致因。

二、生产安全事故动态综合致因分类

（一）安全文化因素事故致因

社会原因（基础）—管理原因（间接）—隐患原因（前导）—触发（事故过程）—事故后果是生产安全事故发生的基本规律。敬畏生命和职业健康、遵守职业道德和规则、尊重科学的安全文化是安全生产的基础。

（二）体制机制因素事故致因

1. 体制缺陷

（1）行业承包体制、体系、模式欠完善；违法分包、层层转包、以包代管等现象。

（2）安全生产法律法规、技术规范、政策短视行为；监管缺位、越位，秩序杂乱无序等现象。

2. 机制缺陷

（1）以法治为基础的法人治理机制应清晰权力责任到人，避免企业最高决策人员的责任间接化。

（2）安全生产管理机制设计、政绩评价体系缺陷，安全生产工作流于形式。

（3）设计与施工、工艺质量与施工安全衔接缺陷。

（4）事故责任认定缺失和追究不到位的示范效应使安全生产检查后一切依旧，事故发生类型此起彼伏、循环往复。

3. 组织体系缺陷

（1）组织结构、人员成分构成不合理。

（2）安全生产综合能力人才缺失、安全管理人才价值取向偏移、安全生产人才优选机制缺失导致逆淘汰现象。

（3）生产安全事故背后是 96.9% 的违法违规行为，违法违规行为背后是 100% 的安全管理和监督不到位。安全管理和监督是否到位与安全生产工作、监管人员素质、专业化程度密切相关。

（三）法律、规则、规范因素事故致因

（1）安全生产法规缺失，上位法与下位法，法规安全技术规范标准缺乏有机衔接、相互矛盾。

（2）观念落后、科技落后、时间滞后加之缺乏科学论证，导致安全技术标准规范前瞻性、科学性、安全性、可操作性缺陷。

（3）安全技术标准规范部门利益法定化，授权性立法形成隐形壁垒和垄断。

（四）公司治理机制事故致因

（1）生产经营单位股权结构欠合理，激励、监督非良性制衡，涉及公司治理机制、董事会权责配置、激励和约束机制等。

（2）安全生产工作有意或无意共同承担领导责任的含混做法，违背了安全生产工作必须责任到人的基本原则。具有决策权的负责人，权利、权利范围应该与利益、责任、责任范围清晰对应。否则，必然导致安全生产工作集体决策，集体和个体不负责

现象发生。

（3）不同企业安全文化背景的顶层机制设计，决定企业主要负责人、从业人员安全生产行为准则；决定安全管理人员的选拔任用方式，其综合素养优秀与否直接影响安全生产工作水平，直接影响生产安全事故发生概率的高低。

（五）遗传及社会环境不安全行为因素事故致因

（1）从业人员遗传因素不安全行为事故致因

遗传因素可能造成诸如鲁莽、固执、易过激、神经质、轻率等先天性格缺陷，从安全角度讲属于不良性格。

（2）社会环境因素不安全行为事故致因

社会安全文化环境是生产安全事故因果链的基本要素之一，可能妨碍从业人员综合安全素养的培养，导致后天安全意识、知识及技能不足。

（3）遗传和社会环境因素缺陷是导致人的不安全行为及物的不安全状态的基本条件，是造成生产安全事故的主要、直接原因。

（4）群体习惯性不安全行为

直接受企业的安全文化、安全工作水平、群体领导方式影响，群体习惯性不安全行为表现形式为习惯性违章指挥、违章操作，使用不安全设备、忽视安全装置的作用、在易燃易爆危险场所违规作业等。

（六）职业健康缺陷事故致因

生理健康、心理健康、精神健康及社会适应能力是安全生产的基础，处于亚健康或不健康状态的人群，是导致事故发生的原因之一。

（七）物质、环境层面事故致因

财务基础、物质的自然属性与安全科技、安全保护科技缺陷导致的不安全状态以及环境因素，是导致事故发生的原因之一。

（八）基础综合动态因素事故致因

（1）社会决策性因素缺陷间接影响或直接导致管理因素缺陷，管理因素缺陷直接导致安全工作系统性紊乱。

（2）随机的生产、技术、质量、安全、环保、物资人因、物因隐患、动态工作体系及管控隐患工作水平间接影响或直接导致生产安全事故的发生。

（3）不排除基础原因、间接原因、直接原因等预知或未预知的一个及一个以上因素，在某一时间、空间、环节、物质能量呈现失控状态，交互、连锁、叠加效应导致直接或间接发生人们非预期生产安全事故。

第三节　生产安全事故预防对策

人体蛋白质需要八种氨基酸合成，只要有一种氨基酸含量不足，纵然其他七种齐备，也无法合成蛋白质。安全生产工作需要全员、全过程、全方位、全天候对人、机、料、法、环进行动态的有效预控。当生产安全事故相关基础性致因之一管控失效时，生产安全必将功亏一篑。

生产安全事故动态综合致因理论分析可知，一般生产安全事故进程规律是有迹可循的，生产安全事故预防对策要遵循客观规律，通过事故后果—事故触发—过程隐患（前导）—管理因素（诱因）—社会因素（基础）的逆向过程分析得出事故的多因素、多系统规律，寻求完善社会、企业、个人文化管理，有效控制生产过程中每一阶段、每一环节，采取针对性的有效措施，否则缘木求鱼，焉能得鱼。

美国社会心理学家费斯汀格（Festinger）认为，事情10%由自身因素组成，而另外90%则是由人对所发生的事情如何反应决定的，称为"费斯汀格法则"。安全生产事故事态发展囿于视野视角限制，小于10%的事故致因可能难以预知、掌控，但90%以上的安全生产事故事态进程及人员的行为是可控的。

掌握生产安全事故动态综合致因，以安全文化为基础，应用现代工作、科技手段，建立安全生产工作组织体系，健全明晰的责任、权限、利益制衡机制；强化从业人员安全生产教育培训、习得安全生产技能、生产行为奖惩矫正等工作，优化不同层面生产安全事故预防方案对策，落实生产安全应急救援管理。科学综合安全生产工作监督机制，安全生产的基础是有效管控已知人的不安全行为，其次是有效管控已知物的不安全状态及环境因素，降低生产安全事故概率是可以期待的。

一、安全生产文化对策

（一）安全文化（Safety Culture）

1.安全文化的定义

文化包括物质文化、制度文化和心理文化三个方面。指国家、民族的法律、制度、信仰、宗教、意识、道德、责任、义务、准则、价值观、风俗及思维方式等的综合。

（1）广义安全文化：人类所创造的安全物质文化和安全精神财富的总和。

（2）狭义安全文化：安全文化是企业集体和人员的法律、制度价值观，安全观念、意识、道德、责任、义务、准则、思维、态度、风格、能力、系统、工艺及行为方式的综合体。

2.安全文化的内涵

（1）企业安全文化是人们长期从事安全生产活动中逐渐形成的行为方式、思维模式和价值观，决定着从业人员群体对于安全事故及安全风险的态度、知识和行为。

（2）安全文化的核心内容是人，企业安全文化的最高境界是无为而治。

（3）安全文化体现在以人为本，对生命安全和职业健康的敬畏。

（4）在生产经营活动中，企业对从业人员的安全和职业健康负责，设身处地为从业人员的安全、身心健康着想。同时为提高职工安全生产过程中的安全意识、信念、价值观、道德、安全激励、进取精神等精神因素提供必要条件。

（5）企业安全文化是以树立企业的安全价值观、提高从业人员的安全文化素质为目标，规范安全生产与效益、安全生产与效率行为。

（6）安全文化是根植于从业人员内心的安全修养、无需提醒的自觉、以约束为前提的自由、为他人着想的善良综合体。

（7）理性文明与蒙昧文明的行为，结果截然相反。建立理性安全文化，目的是树立从业人员安全生产理念，提高不伤害他人、不伤害自己、不被别人伤害的综合安全素质。

（8）企业安全文化的实质是实现人的本质安全，从而达到生产安全零伤亡、零事故的终极目标。

（9）引导企业从业人员对安全观念、意识、思想、行为的自我约束，形成企业从业人员共同认同的安全文化心理契约，并自觉遵守、执行带有企业特点的安全文化。近朱者赤、近墨者黑，员工将自觉和有意识地约束自己违章指挥、违章操作、违反劳动纪律的行为，不安全行为将得到有效的抑制。

（10）安全文化倡导文化品位和素养。以人为本，尊重他人、自己生命安全和职业健康尊严；利人、利己、利他，遵守安全文化规则的理性内涵。

（11）企业为从业人员提供适合安全生产的条件和作业环境，从业人员平等享受各种权利；企业全员参与安全文化，自觉遵守安全法规、制度及约束不安全行为，才真正体现企业的安全工作水平。

（二）安全文化主要功能

1. 安全文化的非强制性

慑于群体压力及环境感染是一种未强化的文化素养。在洁净的环境里人们不会乱丢垃圾，在安静的博物馆里人们不会高声喧哗，在有序的队伍中人们不会插队；步行过道路闯红灯，一群人闯红灯，剩下的人迟疑一会，也不自觉地闯红灯。

文化教养来自于内心特质折射于言行之中，它是一种文化力量。文化素养体现在一个驾驶员驾车看到交通信号红灯亮起时，不论路口是否设置监控摄像机，都自觉停止在停车线前；雨季携带雨伞乘坐公交车不慎将雨水滴落在座位上，他（她）会及时用餐巾纸擦拭干净，以便下位乘客乘坐。

文化特征不仅仅只停留在礼貌、谦让等言语或态度层面，文化的实质特征体现在行为上，通常情况下地位与文化素养正相关。行驶在城市车水马龙的道路上，迎面从一辆轿车窗口抛出烟盒或杂物，除非出现了事故，否则没人去控告你、追究你；飞机头等舱内傲慢、无理、无知、缺乏教养的行为并不鲜见，偏僻乡村知书达理、淳朴谦让行为也不鲜见，安全文化的运用是自觉，不是被动接受；制度让有机会犯错的人不能犯错，文化让有机会犯错的人不愿意犯错；安全文化的软实力在于改变人的行为，弥补安全生产管理手段的先天不足。

1912年4月14日"泰坦尼克号"在大西洋的航线上首航时与冰山相撞而沉没，在那个恐怖的夜晚，泰坦尼克号上共有705人得救，1502人罹难。当时资产可以建造十几艘"泰坦尼克号"的世界首富亚斯特四世，他把怀着五个月身孕的妻子送上4号救生艇后，拒绝了可以逃命的所有正当理由，把唯一的位置让给了三等舱的一个爱尔兰妇女。几天后，在北大西洋黎明的晨光中，打捞船员发现了头颅被烟囱打碎的亚斯特四世……死难者中有亿万富翁阿斯德、资深报人斯特德、炮兵少校巴特、著名工程师罗布尔等，他们把救生艇的位置让给了那些身无分文的农家妇女。

在生命面前，一切都是平等的。没有任何的海上规则要求男人们必须去牺牲，他们这样做只是一种强者对弱者的关照，这是他们的个人选择。

《永不沉没》的作者丹妮·阿兰巴特勒感叹：这是因为他们生下来就被教育，责任比其他更重要。感知到文明的思想基线，人格尊严可以征服原生欲望，体现了人类的文化魅力和伟大。

相隔不到 100 年的 1994 年 12 月 8 日，一句"大家坐下，不要动，让领导先走！"而惊世骇俗，20 余名领导"奇迹般"无一伤亡成功逃生，结果我们 288 个天真、美丽、可爱的中、小学生在火海中永远离开了这个世界。相类似的灾难，因不同的文化道德修养，产生了截然不同的外在行为。

每个人都有求生的本能，那些看起来更能改变世界的男人把生还的希望让给了女人和小孩；那些可以独自逃生的妇女选择把人生最后的时刻留给爱人；那些工作人员选择在沉船上坚守到最后一刻……文化体现为一种体谅疾苦、照顾弱者、具备爱的能力及危难时保持冷静的普世价值观。

文化教养不是行为准则也不是道德规范，是积淀内敛的教养、充满友爱的情怀，文化教养是发自内心的一种体谅，体谅他人的不易、体谅他人的处境、体谅可接受习惯的自我自觉行为。

安全文化的典型特征之一就是安全生产行为是出于文化的基础，自觉自愿，而非强制，这是文化教养在不同环境条件下的重要作用所在。

20 世纪初，英国人雇佣中国货船运送货物经过运河时，许多人没有见过洋人，所以很多人坐船看热闹，结果小船不慎翻沉，许多人掉入河中。英国人要求停船救人，船工不予理睬，选择继续航行，因为船工明白把货物运送到目的地才能挣到钱，而救人是挣不到钱的。

安全文化引导人们在生产安全历程中反省。安全生产不仅需要从业人员的知识和智慧，更需要正直、善良、博爱的品性。每个人不论面对任何形式的安全生产伤害，均不应持麻木、自私、冷酷看客心态，应尊重自己和他人的生命和职业健康尊严，并在条件许可、施救后果损害小于等于即时损害的情况下施予援手，这是安全生产道德文化的需要，也是避免充当麻木、自私、冷酷当事者的需要。

一个企业或一个人违规造成生产安全事故只是河流的污染，而一个企业或一个人没有安全文化则是水源的污染。常态化企业安全文化建设需要法律法规、管理、科技、信息的支持；只有与自然相处有敬畏、与他人相处有尊重、与社会相处有责任、内化于心方可落实于行。

日本和韩国因企业经营失败、重大失误造成重大损失而以死谢罪。那是出于其耻感文化，这种歉意可能是对别人，也可能是对自己，但更主要的是他们以如此最为决绝的方式来表达对公众最深刻的歉意，从这里我们可以看到文化非强制性的巨大力量。

企业建立安全生产组织体系是安全工作的基础，安全工作的重点是建立教化群体尊重生命、职业健康的安全文化体系。

2. 安全文化的浸染性

据报道，有个运送水果的大货车在高速公路上发生翻车事故，大家都去抢水果，一个农妇他们家也抢到了一些。这让人感到震惊，因为这家农户的淳朴与善良无可置疑，我们很难与道德沦丧联系在一起，而且，他们自己也不认为这是不道德的行为，而是把它当家常提及。

文化好比一粒种子，只有在适当的土壤、阳光、水分、营养当中才能健康生长和生活，而提供这些养分的不仅是土壤，而是整个社会。一个干净整洁的环境，人们不会随意丢弃垃圾，但是一旦地上有垃圾或遍地是垃圾时，人们会毫不犹豫地丢弃垃圾，而没有丝毫羞愧感。

美国政治学家威尔逊和犯罪学家凯琳提出的"破窗效应"理论：麻木不仁的氛围如果被放任存在，无序的感觉会诱使人们仿效，结果就会变本加厉。

小贴士：所谓"破窗效应"是指如果有人打破了一幢建筑物的窗户玻璃，而这扇窗户又得不到及时的维修，其他人就可能受到某些暗示，纵容人们去打破更多的窗户玻璃。久而久之，这些破窗户就给人造成一种无序的感觉。在这种公众麻木不仁的氛围中，破坏行为就会滋生蔓延。"破窗效应"启示我们，如果某种不良环境因素出现且没有得到有效制止，就会对人们的心理产生相当程度的暗示性和诱导性；若不采取措施及时改进，就难免出现更多的问题，使"更多的窗户玻璃被打碎"，引发管理上的严重危机。

驾驶或乘坐车辆必须系挂安全带，时速 60km/h 的车辆遭受撞击时，冲击力足以致车内人员伤亡。一些驾驶或乘坐车辆的人员购买汽车安全带插扣欺骗"安全带声光报警"装置来回避系挂安全带，殊不知紧急情况时，生命将难以挽回。当企业安全文化环境的自我净化能力被抑制，生产过程中违章指挥、违章操作等不安全行为成为一种习惯而得不到及时纠正时，生产安全事故必然发生。

据报道，在西方国家的监狱中，一些罪犯的犯罪动机是性质恶劣的故意犯罪行为；也有一些人由于一时冲动激情犯罪，被判刑送入监狱。当监狱中的人文环境被恶势力主导时，由于强制性机制影响导致"扬恶抑善"作用，好人经过监狱生活后会变坏，坏人进去会更坏。

在人类文明早期，印欧系的雅利安人翻越兴都库什山脉进入南亚，夺取了当地的统治权。只不过相对于南亚原住民达罗毗荼人（印度黑人），雅利安人数量有限。为了确保统治权，他们设计出种姓制度，把印度人区分成婆罗门、刹帝利、犬舍、首陀罗四大种姓。其中雅利安人被划入婆罗门、刹帝利这两大高贵种姓，逐渐发展成后来的印度白人；剩下的达罗毗荼原住民，则归入犬舍、首陀罗这些低等种姓、甚至贱民。

在印度，为了让低种姓安于贫贱，印度白人极力鼓吹印度教，利用其"今生受苦、来世就可享福"的教义，通过各种痛苦的修行来麻木内心的痛苦，消除低种姓的反抗意识，让他们在精神上彻底奴化。

强大的宗教影响力巩固了印度白人的统治地位，不过一生为奴的达罗毗荼人对国家没有丝毫认同感。这与清朝时期传统文化教化百姓对朝廷的自然畏服形成了鲜明对比，体现了宗教威力和文化作用的差异。

不同的文化环境氛围会产生不同的制度，不同的制度会产生不同的行为；自然淳厚的民风、恪守本分的公序良俗的环境，坏人会变好，好人会更好；良性的安全文化环境，即便是不同的企业，每个身在其中的从业人员都会主动渐变其安全行为，体现文化潜移默化的浸染作用。与制度责任制、教育、奖惩、安全生产标准化考评等安全工作方式相比较，补救企业安全生产短板的最佳工作方案是安全文化具有的自觉行为作用。

3.安全文化的引领作用

文化分良莠，优秀文化是精神素质与法治准则相结合的结果，引领民众的精神、性格，例如中国传统文化引导、积淀的文脉是非功利的，因此形成了对学问的思想、担当、奉献精神。

发明火药有的民族制造烟花爆竹用来庆祝节日，有的民族去制造武器；发明指南针有的民族用来看风水，有的民族拿去航海导航，这是传统文化起到的引领作用。

安全文化理念、习惯、规则、科技需要根据环境，不断用理性普世价值调适造就优秀安全文化，只有占据主导地位，才能主导、纠正、同化非主流安全文化。安全文化的重要作用就是引领从业人员的安全意识、职业道德及安全行为水准和方向。

任何人都有知识、感知盲区，汇集不同层面需求的科学、理性安全文化，才能构成安全生产文化体系。企业追求效益和"零死亡"无可非议，但作为安全生产目标实际是一种片面认知和误导，要认识到人的生命要义是存续和质量，虽然颅脑、脊椎神经系统严重损伤的伤员，经现代医疗技术抢救可以维持伤员植物人体征，生命存续但生命质量几乎为零，因此，在确保从业人员生命安全的同时，减少重伤、轻伤等职业健康伤害及直接经济损失指标才是安全生产的终极追求目标，这也是企业管理者（领导）社会责任的组成部分。

（1）安全文化引领安全道德

法律的强制性力量与文化的力量不可同日而语。法律遇到即将饿死的人也不允许其抢劫或偷拿他人的食物，文化的力量可以使一个即将饿死的人不去抢劫或偷拿他人的食物；违法行为法律可以审判，道德却无法依据道德审判，这是文化和法律的区别。

安全文化缺陷是安全生产最大的隐患之一。在市场经济条件下，社会学提倡的道德底线是利己利人，经济学提倡的道德底线是利己不损人。安全文化引领行动，不论社会学还是经济学，均不以损害他人利益和个人利益为前提。

道德观念有个体群体之分，个体道德千姿百态，安全生产道德是整合群体安全观念，群体安全观念对尊重每一个人的生命、职业健康与否起到决定性作用；生命、职业健康没有职位、年龄等人为设置的任何高低层次之分。

任何利人利己者和任何贪婪自私者的行为均是难以掩饰的，因为文化素养无时无刻如影随形、若隐若现。某现场从业人员统一配发安全帽，管理人员佩戴红色安全帽，现场操作人员佩戴黄色安全帽，佩戴不同颜色安全帽的目的是区分人员职能。在一次例行安全帽随机检查抽测中，管理人员佩戴的红色安全帽冲击力试验达到5100N完好无损，现场操作人员佩戴的黄色安全帽冲击力达到2200N时，就出现了破裂损坏。现行国家标准《安全帽》GB 2811—2007规定，安全帽冲击吸收性能试验应≥4900N，帽壳不得有破碎脱落现象。

检测结论：红色安全帽符合国家标准，黄色安全帽不符合国家标准，属于假冒伪劣劳动防护用品。安全帽是从业人员劳动安全防护最后一道防线，正确佩戴合格的安全帽可使从业人员头部受伤概率降低70%。现场降低成本无可厚非，但以牺牲从业人员生命和职业健康为代价，无原则降低劳动防护用品成本，表面是黄色安全帽质量问题，实质是管理者（领导者）缺失安全文化、职业道德，罔顾从业人员生命安全和职业健康。现实无法依据道德审判，但法律会因后果追究当事人的责任。

　　某隧道工程采用中隔墙（CD法）施工法，安全生产检查人员走到600m左右进深的作业面时，现场工人正在进行风镐破碎、钢筋焊接、渣块清运作业，巨大的噪声、浓厚的烟尘令所有检查人员感到一种窒息和呛咳。检查人员发现送风软筒风口没有新风送入且送风软筒距工作面30m左右停止接续，所有工人没有配备任何劳动防护用品。当问及项目负责人采取了什么通风措施时，回答"设置了送风系统"。问及现场为什么没有新风时，回答"送风筒因台车接不过去，轴流鼓风机马上启动运行"。配发防尘口罩、在台车上安装直径略小的硬质PVC风管过渡、启动运行轴流鼓风机实际是极简单的事情。据了解，随行的企业管理者（领导）、项目负责人（领导）均具有本科以上学历，在场的每个人心里都清楚，从业人员长期在这种恶劣环境中作业，身体健康将受到什么程度的伤害。

　　英国文学家多利斯莱辛说："人类的进步非常缓慢，常常是进一步，退三步"，不应让多利斯莱辛的格言在安全文化领域变成现实。职务高低是与文化素养相匹配的，文化素养的基础是职业道德，不论何人均应以善良之心推己及人为他人考虑，不要因为自己身为管理者（领导）8h不在隧道现场办公或作业，罔顾他人的职业健康损害。

　　　　小贴士：推己及人意指用自己的意志去推想别人的心意，设身处地替别人着想；自己希望怎样生活，就想到别人也会希望怎样生活；自己不愿意别人怎样对待自己，就不要那样对待别人。总之，从自己的内心出发，推及他人，去理解他人、对待他人。

　　（2）安全文化引领安全公平和平等

　　社会不公和缺乏教育是滋生犯罪的土壤；市场不公和缺乏市场机制，导致效率低下、社会经济资源浪费及逆向流动。社会领域的诉求是公平、平等的社会环境；经济领域的诉求是公平、平等的市场；安全生产领域的诉求是公平和平等的生命尊严、职业健康尊严；所有社会活动的基本诉求都无法回避公平、平等的原则。

　　每年许多生产经营单位均组织员工进行例行体检。细心的人偶然也会发现某些企、事业单位一个很令人玩味的现象，按预防医学体检要点规定，体检方法应严格按照不同人员的年龄段来设定体检项目。某单位集团公司总经理检查138项，公司经理级检查68项，处级检查36项，员工检查12项。一个体检，印证了一个社会学专家的名言："我的世界因为职位高低而不同"。这个案例告诫我们，用职务高低设定体检项目标准，划分人的生命、职业健康价值不是职务等级作为标准，昭示一个企业、一个企业管理者（领导）缺失公平和平等的生命、健康尊严的安全文化素养。

　　心理学家认为，正常的人格是强者不凌弱、弱者不自卑。人的生命、职业健康价值和尊严没有三六九等之分，不论职位高低、学历、出身、能力等，同属人类的生命、职业健康价值是无价、平等的；一个电工、一个钢筋工与任何其他从业人员的生命、职业健康价值没有任何的区别。尊重、善待每一个人的生命、职业健康尊严，是基本的安全文化内涵。

　　二战期间，当时的英国国王爱德华到伦敦的贫民窟进行视察，他站在一个东倒西歪的房子门口，对里面一贫如洗的老太太说："请问我可以进来吗"？虽然只是一句话，却体现了对任何人不分职位高低贵贱，都应尊重的文化内涵。

当年刘少奇握着掏粪工时传祥的手说："我们是平等的，只是分工不同而已。"城市若没有掏粪工、没有垃圾清理工，不论你职位再高、拥有财富再多，人们不可避免生活在垃圾中。

生产安全事故发生后，事故处理程序中对生命、职业健康价值设置补偿标准，这是两个完全不同的概念。

行动与文化程度正相关，拥有的财富、职位与拥有的文化程度未必正相关。要看到，不同文化环境塑造不同的行为，在任何环境中，安全文化是弥补安全道德缺失的一剂良药。

公平、平等的文化思想是现代社会文明、安全生产领域的重要标志，应得到继承和发扬。

（3）安全文化引导安全行为

形成一种新的习惯并不难，难的是从旧的习惯中脱离出来。现场少数从业人员存在违章指挥、违章作业行为，是从业人员素质问题；现场普遍存在违章指挥、违章作业行为，就很可能是企业安全文化、管理体制机制造成的。行为是安全文化的载体，安全文化似乎很深奥，实际理解并不难，实际与日常生活密切相关，文化的内涵是利己利他，安全文化强调自觉履行安全生产责任，保障从业人员的生命安全和职业健康。

911事件发生时，在紧张的救援环境中，楼上的人们通过 EXIT 有序往下疏散，消防队员上行救援，互相让道，并无冲突，遇见妇女儿童，人们主动让出一条道让她们先走。

许多历史论述甲午战争的失败归结为战略失误、用人不当、经费不足、装备落后、弹药质量低劣等，这些因素与甲午战争失败具有关联性，但绝非是决定性因素，造成甲午战争失败的决定性因素是民族文化意识观念落后、抱残守缺的文化基因。

在东方，无论何种战场环境、何种条件限制情况下，即便寡不敌众、弹尽粮绝、败局已定，军人投降也是一种耻辱；在西方，受战场环境、条件限制、面临死亡的情况下，长官"为了保全官兵生命安全及让伤兵得到及时救治"与敌军谈判停战投降，投降不是耻辱，而是一种体面的正常逻辑模式。

现实中，可以看到世界各族群不同的文化理念，筑就不同的群体行为。只有当正向精神文化力量强悍时，人们的行为才会更趋于科学、理性、规范；只有当安全文化根植于企业管理者（领导）和从业人员的内心世界时，安全文化涵养才能促使从业人员自觉提高安全意识、知识、技能水平；违章指挥、违章操作、违反劳动纪律的不安全行为自然而然得到矫正、灭失。

（4）安全文化引导安全生产

《黄帝内经·素问》"举痛论"指出"余知百病生于气也，怒则气上，喜则气缓，悲则气消，恐则气下，寒则气收，炅则气泄，惊则气乱，劳则气耗，思则气结。"所以医病先要调理气机、防病先要防心病，核心使然。

安全文化先行内心、后化行为，与《黄帝内经·素问》医理同源，安全文化与从业人员的安全意识紧密相连。安全文化的要素之一是安全生产意识，企业在创建良好安全生产土壤环境的同时，要在从业人员的内心世界播下三粒安全生产意识种子：

第一粒爱与善的种子，爱人爱己、以人为善、为他人着想的精神；

第二粒敬与畏的种子，敬畏头顶三尺"神明"——生命和职业健康；

第三粒遵与守的种子，遵守法律规范规则、行为规则、科技规则。

从业人员良好的工作习惯是企业安全文化的具体体现，作业前梳理工作思路，进行交底、交接，按轻重缓急处理工作事项；工作结束前，列出"待做工作清单"，为下步工作做好准备；培养安全生产良好工作习惯，有利于作业衔接、持续、高效，有利于安全生产。

> 小贴士：炅则气泄：炅（jiǒng）即热，指热则肌肉和皮肤的毛窍松开，使皮肤散热增加，阳气外泄而多汗。

4.安全文化完善功能

史学家及宋朝著名政论家叶适指出公元 1279 年南宋灭亡的主要原因：民族强大，必应"内柔外刚"，不可反其道而为之。掩现实之怯，是弱者文化的象征。一个民族真正的昌盛，不完全是经济繁荣、军事优势，而是精神文化的昌明和进步。

安全文化具有查缺补漏、完善自我的功能，要以实事求是的态度从大量生产安全事故案例中汲取教训、总结经验，对待安全生产根源、隐患不回避、不避重就轻，完善安全生产工作短板，安全生产根基才会牢固。

安全生产是不断发现隐患、不断改进的过程，要拒绝一味逢迎、投其所好的伪专家。安全生产检查要专业化、专家化，对专家提出的现场隐患及深层面尖锐问题，应报以欢迎、虚心听取的态度；否则所有从业人员对现场危险因素视而不见时，每个参与其中的人员不逊于厝火积薪而寝其上。

> 小贴士：集体无意识，就是一种代代相传的无数同类经验在某一种族全体成员心理上的沉淀物，而之所以能代代相传，正因为有着相应的社会结构作为这种集体无意识的支柱。
>
> 小贴士：厝火积薪：厝：放置，同措；薪：柴草。把火放到柴堆下面。比喻潜伏着很大危险。

5.安全文化的监督作用

从业人员的某些不安全生产行为无法监督约束或监督约束成本很高，安全文化具有潜移默化的监督作用，使从业人员自觉遵守相关工作制度和安全操作规程。

(三) 安全文化具有两面性

传统文化有先进与落后、精华与糟粕之分，二者是此消彼长的关系，先进、精华文化应传承、弘扬，落后、糟粕文化应摒弃、改变、弱化。

安全文化与传统文化一样需要甄别、选择，甄别能力来自理性观察、思考、感悟、总结、继承适合人类不同层面理性需求和发展的优良安全文化。

1.弘扬先进安全文化

一个夜晚丈夫回家，发现阳台灯亮着，他以为是妻子忘记关了，进去要把灯关掉，但被妻子拦住，他妻子指着窗外让他看，窗外路边有一辆装满垃圾废品的三轮车，车上坐着一对夫妇，他们正在自家阳台投射的温润灯光中，开心地吃着东西。窗外那对夫妇永远不知道，在这个陌生城市的黑夜中有一盏灯是特意为他们点亮的。

安全文化的核心之一是发自内心善待他人，善待他人是保障从业人员生命安全和职业健康的基础。

2.摒弃落后安全文化

（1）安全生产工作要摒弃报喜不报忧

安全生产工作可以报忧不报喜，但不能只报喜不报忧、只说好不言坏。预防事故发生的先决条件是不断检查、发现、纠正、消除安全隐患的过程，即便现场经过严格检查，受各种条件限制，安全隐患依然可能存在，对任何人员提出的安全生产意见和建议，要报以虚心改进的态度。

面对重大生产安全事故隐患，即便无关个人利益，从业人员也应按照《中华人民共和国安全生产法》的规定，"及时报告本单位有关负责人"；"有关负责人不及时处理的，从业人员可以向主管部门或负有安全生产监督管理职责的部门报告"。

（2）安全生产工作要摒弃唯上不唯下

某企业管理者（领导）上任伊始，第一件工作是严肃考勤制度，但企业管理者（领导）例外；第二件工作是加强制度建设和工作流程，但规定企业管理者（领导）例外。从业人员要有奉献精神，企业管理者（领导）享有特权，这种企业文化必将直接渗透到企业安全文化及安全生产制度、责任制、教育、奖惩工作的方方面面，后果是上为之，下必效之。

（3）安全生产工作要摒弃对他人的痛苦持冷漠态度

晚清时期，中国人有强壮的身体，面对八国联军对自己国家、民族、同胞的残暴，多数人像看客一样面无表情、冷眼旁观。他人的生死与己毫不相干。当时在日本留学的鲁迅认识到学医可以拯救人的身体，却不能拯救人的灵魂后，愤然弃医从文。安全生产需要体制机制、安全科技、工作条件做保证，更需要以人为本、尊重生命和职业健康的安全文化。

（4）安全生产工作要摒弃封建迷信

多灾多难与文化相关，中华民族五千年历史长河遗留封建愚昧、落后、封闭、自私的传统文化需要扬弃。清末义和团宣称团众喝神水可以刀枪不入；20世纪60年代农业亩产一万斤，迷信、无知等于自欺欺人。

工程开工选择黄道吉日，烧香拜佛，祈求工程吉利平安无事故、心理安慰无可无不可，但将安全生产寄托于封建迷信，忽视安全文化、安全组织体系建设，忽视安全生产科技、安全管理工作，避免生产安全事故发生只能是一种可悲的幻想。

（5）事故应急救援要理性现实

生产安全事故应急救援行动应当以人为本，科学、严谨、理性、有效应急救援为原则，最大限度减少事故人员伤亡、防止事故扩大，同时要确保救援人员的生命安全。

据报道，一个14岁儿童在没有任何防护、灭火知识的情况下，用树枝扑救山火，结果儿童死亡；某公民不具有任何游泳技能，跳入江（河、湖、海）内施救落水人员，结果救人者与被救者同时淹溺死亡；某现场，一名作业人员在未做任何检测、防护、监护的情况下，贸然进入有限空间作业，因吸入有毒有害气体窒息倒下，有限空间外其他人员见状，接二连三进入施救，结果导致死亡三人的惨剧。

不具备应急救援基本知识、条件、能力的救援行为，不仅不能达到应急救援的目的，相反造成更多人员无谓的牺牲。

在安全生产及事故应急救援领域，非理性宣传、颂扬无原则、非科学、无条件奋不顾身、勇于献身、舍己救人的行为，是对社会、生命安全和职业健康不负责的行为，是加大生产安全事故人员伤亡、财产损失的肇事因素之一。

二、法律法规对策

(一) 制定安全生产法律法规的目的

(1) 坚持安全第一、预防为主、综合治理的方针，防止和减少生产安全事故，保障从业人员的生命安全、职业健康和财产安全。

(2) 建设企业安全生产文化，建立健全安全生产责任制和安全生产规章制度，改善安全生产条件等基础工作，需要职业道德基础，更需要安全法治保驾护航。

(二) 安全生产法律、法规、标准体系

1.安全生产法律、法规、标准体系的组成

法律法规是指中华人民共和国现行有效的法律、行政法规、司法解释、地方法规、地方规章、部门规章及其他规范性文件等（见图1-4）。

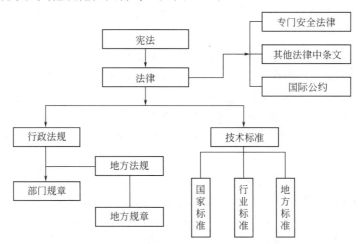

图 1-4 安全生产法律、法规、标准体系的组成

2.安全生产法律、法规、标准

(1) 安全生产法律

全国人民代表大会和全国人民代表大会常务委员依照法定程序制定、修改并颁布，并由国家强制力保证实施的规范总称，包括基本法律、普通法律。基本法律是由全国人民代表大会制定的，其他法律是由全国人大常委会制定的，两者的效力都一样。如《中华人民共和国刑法》、《中华人民共和国安全生产法》、《中华人民共和国消防法》等。

(2) 安全生产行政法规

国务院为领导和管理国家各项行政工作，根据宪法和法律，并且按照《行政法规制定

程序条例》的规定而制定的政治、经济、教育、科技、文化、外事等各类法规的总称；是国务院根据宪法和法律，按照法定程序制定的有关行使行政权力、履行行政职责的规范性文件的总称，行政法规一般为条例、办法、实施细则、规定等形式。如《生产安全事故报告和调查处理条例》等。

（3）安全生产地方性法规

省、自治区、直辖市和设区的市人民代表大会及其常务委员会，根据本行政区域的具体情况和实际需要，在不与宪法、法律、行政法规相抵触的前提下制定，由大会主席团或者常务委员会用公告公布施行的文件。地方性法规在本行政区域内有效，其效力低于宪法、法律和行政法规。

（4）安全生产地方规章

省、自治区、直辖市人民政府以及省、自治区、直辖市人民政府所在地的市、经济特区所在地的市和国务院批准的较大的市的人民政府，根据法律、行政法规所制定的规章。具体表现形式有规程、规则、细则、办法、纲要、标准、准则等。

（5）安全生产部门规章

国家最高行政机关所属的各部门、委员会等根据法律和行政法规的规定和国务院的决定，在本部门的权限范围内制定和发布的调整本部门范围内的行政管理关系并不得与宪法、法律和行政法规相抵触的规范性文件。主要形式为命令、指示、规章等。

（6）安全生产规范性文件

除政府规章外，行政机关及法律、法规授权的具有管理公共事务职能的组织，在法定职权范围内依照法定程序制定并公开发布的针对不特定的多数人和特定事项，涉及或者影响公民、法人或者其他组织权利义务，在本行政区域或其管理范围内具有普遍约束力，在一定时间内相对稳定、能够反复适用的行政措施、决定、命令等行政规范文件的总称。

（7）司法解释

司法机关对法律、法规（法令）的进一步明确或作的补充规定。司法解释分为四种：

1）全国人民代表大会常务委员会司法解释。

2）最高人民法院、最高人民检察院司法解释。

3）国务院及主管部门司法解释。

4）地方人民代表大会常务委员会和地方人民政府主管部门司法解释。

（8）安全生产标准

1）安全生产标准目的

为了在工程建设领域内获得最佳秩序，对建设活动或其结果规定共同的和重复使用的规则、导则或特性的文件。

2）安全生产标准层级

按照不同层级，工程建设标准分为工程建设国家标准、工程建设行业标准、工程建设地方标准和企业标准。

① 工程建设国家标准是指在全国范围内需要统一或国家需要控制的工程建设技术要求所制定的标准。

② 工程建设行业标准是指没有国家标准，而又需要在全国某个行业内统一或需要控制的工程建设技术要求所制定的标准。

③ 工程建设地方标准指对没有国家标准、行业标准，而又需要在省、自治区、直辖市范围内需统一或国家需要控制的工程建设技术要求所制定的标准。

④ 企业标准是指对企业范围内需要协调、统一的技术要求、管理要求和工作要求所制定的标准，是企业组织生产和经营活动的依据。

3）安全生产标准约束力

① 强制性标准

直接涉及工程质量、安全、卫生及环境保护等方面的工程建设标准强制性条文。

② 推荐性标准

生产、交换、使用等方面，通过经济手段或市场调节而自愿采用的一类标准。

（9）合同

平等主体的自然人、法人、其他组织之间设立、变更、终止民事权利义务关系的协议。合同约定则是从法律上明确当事人之间特定权利与义务关系的文件。

（三）安全生产法律法规的作用

（1）强制作用

人的本性和道德在某种状态下缺乏一致性，安全生产工作需要依靠伦理道德、制度、责任制等规范手段的同时，还需要运用安全生产法律的强制性制裁违法犯罪行为，以保障安全生产秩序。

（2）公平作用

受儒家礼法之治思想影响，安全生产法律法规、规范涵盖部分传统文化和社会心理的伦理道德成分，正义性和公正性体现在不分贵贱、尊卑、长幼、亲疏、美丑法律面前人人平等，任何人、任何违规违法的生产行为没有例外，这是安全生产法治工作思维和法治工作基本准则。

（3）指引作用

法律的目的并不在于制裁违法行为，而在于引导人们正确的行为，合法地参与社会生活。

（4）预测作用

法律告知人们某种行为具有法律所肯定或否定的性质以及它所导致的法律后果，使人们可以预先估计到自己行为的后果。

（5）评价作用

法律能够评价人们的行为是否合法。行为评价标准有法律、道德、纪律等，它们是可以同时适用的，但法律评价和道德评价、纪律评价不能互相替代。

（6）教育作用

法律具有通过其规定和实施而影响人们思想，培养和提高人们法律意识，引导人们依法行为的作用。

三、安全生产管理对策

任何企业都在不断落实安全生产主体责任、加强和完善制度及执行力度，用制度约束人、用制度规范人、用制度考核人、用制度促进安全生产工作。现场人员均明白事前策划、预警、预控及过程控制是行之有效的手段，但管理到位、方法明确，为什么生产安全事故依然时有发生？

做对的事才能把事做对。医学常识告诉我们，维生素C可以预防和治疗感冒，维生素A可以预防癌症和心血管疾病。但是，近几十年的随机临床对照证明这些化学预防措施是无效的，人类最有效的预防措施是健康行为和生活方式。

据报道（http://news.ifeng.com/a/20160806/49729547_0.shtml#p=1），在多国现代坦克大奖赛中，其中一辆坦克在跑圈成绩上位列小组第一，但射击环节三发射击全部脱靶。战争第一要素是消灭敌人保存自己，这是决定战争胜负的关键。安全生产的关键工作是通过安全文化、管理、技术手段有效预控安全隐患，防止安全生产事故的发生。任何事务不能舍本求末、轻重不分，军事技能水准关系到存亡、安全生产工作水准关系到生死。

在工程质量管理中，建筑工程施工混凝土强度是逐日增高的，同等条件试块通常按照28d强度作为设计强度，而高层建筑结构施工往往以一周一层的速度建设，当浇筑的混凝土强度数值检测出来时，可能已建设数层，如果此时发现混凝土强度检测未达到设计值，将严重影响到工程质量和结构安全。建立早发现、早整改、早预防的前置管理机制，必须采取有效避免混凝土强度检测滞后的管理缺陷措施。因此规定施工单位除按照工程质量验收规范要求制作混凝土试块外，额外增加一组7d标准养护混凝土见证取样试件，经具有见证取样检测资质的检测机构进行检测，既保证了工程结构质量和安全，同时避免了不必要的浪费。

医学专家发现，除了饮食、环境和心理状态因素外，疲劳是万病之源、气血不畅是万病之因。人体消化机能随年龄增长逐渐减退，气滞胀痛直接影响血液循环及呼吸功能，血液循环及呼吸功能下降引起身体疲劳，使人免疫力下降，可能导致多种疾病，因此平常减少疲劳和消除气滞胀痛，以免后患。

将分部工程总验收变为按时间、工序过程质量验收预控机制；事前减少疲劳和消除气滞胀痛的预防疾患机制应用到安全生产过程定期检查、及时发现消除安全隐患，道理完全相通。

> 小贴士：安全工作：包含管理、操作、行动、运转、运作等内容。
>
> 安全管理：以人为中心，对组织所拥有的资源进行有效的决策、计划、组织、领导、控制；管理是工作之一。

（一）安全生产体制机制对策

1.行业体制对策

1986年4月26日，堪称人类历史上最大浩劫的苏联切尔诺贝利核电站核泄漏事故发生。当天反应堆堆芯熔化发生后，一场可怕的大火燃烧了整整10d才被扑灭，在此期间有大量放射性物质被扩散到了周围的环境中，由于苏联当局隐瞒了核物质扩散的实情，五月节当天乌克兰首都基辅的民众仍然走上街头庆祝，没有人知道他们正暴露在致命的核辐射中。切尔诺贝利核电站核泄漏事故导致 27 万人罹患癌症，死亡人数达十万。从苏联核电站的选址、设计、运营及事故发生后的处置方式、方法，均显露出其体制的种种弊端。

当体制与目标违和时、当机制与手段违和时，实现终极安全生产目标是困难的。建安行业存在不同程度主体责任不落实、隐患排查治理不彻底、法律法规标准不健全、安全生产监管不到位、应急救援能力薄弱等现象与行业管理体制机制、安全生产工作体制机制密切相关，当行业顶层设计存在承包体制缺陷时，违法分包、以包代管、"近亲繁殖"，安全生产工作纵向断层、缺位，横向管理缺失现象就会自然而然发生。

企业长期、稳定的生产质量和安全，与自有职工在企业骨干带领下长期习得安全知识和技能是分不开的，而劳务分包的短期用工行为，注定存在重使用、轻教育培训或只使用、不教育培训的缺陷。只有完善行业体制、消除企业安全生产机制缺陷，安全生产各项工作效能才能得到发挥。

2016 年住房和城乡建设部不断深化改革，推进设计—采购—施工总承包模式（EPC）及招标投标、造价定额、竣工验收等相关配套政策改革。在承包企业作为责任主体对承包工程的质量、安全等全面负责的同时，建设施工一线高技能人才培养，农民工向城镇化、产业工人化转变，安全生产责任主体、安全生产管理制度、专业化管理、责任制，隐患排查、指标考核、安全科技应用，提高工程质量、职业健康安全和环境管理水平才会落到实处。

> 小贴士：违和感指因为与周围的环境不适应、不协调，而感到无法融入其中，产生一种疏离感的意思。

2.安全生产人才机制对策

（1）在军事领域，指挥官必须具备现代军事思想、战略、战术等综合军事素质，以后勤保障为基础，才有可能打赢现代战争，只具有排长军事素质的将军对阵两军，可以预见打败仗是必然的。

生产安全事故是多元隐患因素复合的结果，要清晰地认识到从业人员素质低下是生产安全事故隐患之一，而安全生产工作者（领导者）和科技人才综合素质低下是生产安全事故重大隐患之一，具有综合素养的职业管理人才和具有职业操守、技术精湛的专业人才是安全生产的根本基础。

在良性体制机制环境条件，安全生产工作者（领导者）职位与德才是相适配的。优秀的安全生产工作者（领导者）和安全生产科技工作者除本身具有良好综合素养外，真才实学来自多年安全生产工作实践、思考感悟、持续改进、经验积累行业安全生产工作精髓的结果。

（2）安全生产依赖优秀的安全生产工作者（领导者）和科技人才，建立优选安全生产工作者（领导者）、科技工作者的机制，安全生产工作者（领导者）的安全意识、管理知识、能力等综合素养必须高于被管理人员，提拔具有安全生产职业品德、意识、责任心、管理能力、科技知识、经验等综合素质的人员从事安全工作，是做好安全生产工作的前提。依靠考试、关系、阿谀、听话为标准选拔安全生产工作者（领导者），势必导致具有安全生产综合素养人才的懈怠、流失。"人才逆淘汰"现象产生的安全生产工作者（领导者），势必产生安全生产工作多层面事务性错误、失误，甚者以错误替代正确，生产安全事故在所难免。作为生产安全事故的推诿、搪塞托词"亡羊补牢、为时未晚""吃一堑，长一智"常见报端也就不足为奇了。

（3）企业安全生产工作水平的重要标志是安全生产工作者（领导者）和科技人才流向、存量、地位，安全生产工作者（领导者）和科技人才到位，才有实质性的安全生产工作创新、科技创新，才有全体从业人员的安全工作到位。

飞机发动机制造不仅需要先进的革命性材料、工艺技术、管理等高科技支持，同时需要巨额资金和大量检验、试验数据及细节的经验积累，想让掌握先进技术的国家告诉你这些细节，绝对不可能；向掌握先进技术的国家买这些细节，绝对买不到。飞机发动机如同人的心脏，人失去心脏，必然死亡，制造飞机没有自主知识产权的发动机，永远受制于人，根本原因是缺乏培养行业优秀人才的体制和机制。

扭转被动，首先需要转变体制机制和价值导向。当医学界举世瞩目、拯救无数人生命的杰出科学家的奖金只能在北京购买半间客厅，而一个电影演员一场婚礼豪掷 2 亿元，几乎瘫痪上海两座机场时，就不难理解专业科技人员无以为解的心绪。两者之间任一方被社会倚重、尊崇，则人们心智追求力量就会倾向社会倚重的一侧，另外一侧必然被弱化、偏废。任何人的本能都有理由为自己争取更美好的生活，纵使具有理想和胸怀的人，也很难抵御愈来愈强的世俗文化潮流和价值理念带来的冲击。卓有成效的安全生产工作和专业科技工作，关键在于良性的人才倾斜机制及落实尊重知识、尊重人才的社会激励机制。据报道，美国哈佛大学校园因车位少，规定校长没有专用停车位，而教授、专家有专用停车位，哈佛大学的"尊重"概念，值得借鉴。

企业对安全生产的重视程度，提高安全生产管理水平、加强落实只是一方面，要提高安全生产管理人员、科技人员安全生产工作水平和积极性就应切实同步提高安全生产管理人员、科技人员的企业地位和待遇，赋予生产过程中"以人为本、一票否决"的权利地位。在正确的安全生产组织和决策前提下，安全生产工作水平自然得到提高。

（4）安全生产工作者（领导者）须有担当精神及管理能力等综合素养，专业技术管理者须具备良知、专业科技及管理能力等综合素养，两者无法替代，管理和技术两者互为补充、有机结合才能把安全工作做好。

具有综合素养的优秀安全生产工作者（领导者）是保障安全生产的基础，否则必是安全生产的重大隐患。协调各种人际关系是一种能力，缺乏综合素养的安全生产工作者（领导者）依靠关系可以影响、协调生产安全事故处理结果，但依靠关系却不能避免生产安全事故的发生。

（5）履行岗位职责，必须同时将从业人员的责任、权利、利益协调统一，其责任必须与权限相匹配、责任必须与利益相匹配，否则就像砸向空气的拳头，有名无实，责任制难以落实。

（6）涉及国家安全、公共安全、公民人身财产安全的职业推行职业资格准入机制应保持，但职业资格种类繁多、交叉重复、逢岗必证，在配套安全文化、教育、培训、考核欠缺完善的情况下，未必能达到预期目的。

安全生产工作者（领导者）的安全工作能力、科技水平等综合素养，不是某个人、某个"伯乐"认定的，需要科学规范的职业资格管理体系及以市场为标准的人才评价机制厘定，需要经过长期的社会及安全生产工作实践检验才能真实体现。对于以应试见长的毕业生来讲，用一次考试、一次考评，取得职业资格轻而易举，单纯依靠证书证明其具备综合素养和能力，是本末倒置、舍本逐末。

职业资格人数不完全代表安全生产工作团队的综合能力，因为通过考试取证而一劳永逸，见证用人、考证挂靠、人证分离现象屡见不鲜，这种扭曲现象不利于安全生产工作。

3.管理机制创新对策

（1）管理机制创新

一个横跨欧亚享有"旅游天堂"之誉的国家，制定了一项政策，政府划定大片荒芜的山地，允许国民种植树木，所种植树木果实归种植者，唯一的条件是种植的树木归属国家、不得砍伐，否则治罪。结果，许多当地人踊跃种植橄榄树，荒山变森林，许多山民因压榨生产橄榄油由穷致富。不同国度案例适用条件不同，但启示我们机制创新是一种重要的安全工作手段，可以很好地解决某项看似困难的具体问题。

安全生产工作必须不断创新手段，企业安全生产标准化创建、安全生产监控、检查、教育、隐患排查、应急救援均是重要、有效的安全工作手段，但安全工作需要安全生产工作者（领导者）、专家、从业人员的共同参与，与安全文化、安全监督、安全风险防控等构成完整的工作体系。

建立健全安全生产制度及责任制是安全生产工作的重要内容，安全生产工作者（领导者）、安全总监及从业人员的态度和综合能力及不折不扣的执行力是实现安全生产的目标的关键。

（2）管理手段创新

安全技术管理越来越细化，如网格化测评、指标测评等，标准规范的繁与简应根据行业职业化程度决定。科学规范、统一全面的生命安全、职业健康管理，要避免操作规则纷繁化，否则各级群体疲于应付、安全工作事倍功半的状态难以避免。

规则必须以能全面指导企业安全生产所有活动为度，从业人员接受职业训练越少，规范规则越要细化；从业人员长期接受大量职业训练，规范规则反而要简化。

安全生产规范化管理的"简化管理"是成熟企业的发展趋势，"简化"还与企业定位紧密相连，定位复杂或精确度不够，"简化"只能后延。事故因素可以清晰罗列加以管控，若规则内容过于细化或繁琐实际变为"过错"，"过"了就"错"了，错在程序、内容细化到了无法执行的程度，必然导致应付应对。

监管层面人员专业综合素养要高于被监管人员；安全综合素养低水平者管理高水平者、外行管理内行，则无法实现有效管理，敷衍了事是必然结果。

具有实效的条理性安全生产工作要分层级监管，相关层面监管要做到不越位、不缺位：

1）集团安全生产工作：重点检查落实公司组织机构人员配置、建立健全制度责任制制定及资金使用等内容；

2）公司安全生产工作：重点检查落实项目组织机构人员配置、制度责任制落实、资金使用、安全操作规程执行及隐患排查治理等内容；

3）项目安全生产工作：重点检查落实班组操作人员配置、资格、制度责任制落实、安全操作规程执行及隐患整改等内容。

4.责任机制

食品安全涉及每个人，人人高度关注，相关法规、条例应属完善，卫生主管部门、药品监督部门一应俱全，但是为什么食品安全事件、甚至严重疫苗事件也屡次发生？其中执法不严、监管机制不完善是一方面，更重要的是体制造成的管理理念、机制、方法，极大制约了管理效果。相形之下国内食品企业食品安全事件屡禁不止，许多中国食品企业在发达国家上市并严格遵守当地食品卫生质量标准，极少发生食品安全事件。

中国食品企业在发达国家极少发生食品安全事件，这是因为食品安全是24h持续有效监管，企业发生食品安全事件不仅清出当地市场，而且直接巨额罚款并追究法人的法律责任。

面对安全生产过程中纷杂的安全隐患，阶段性、运动式、视察式隐患排查治理方式的实效性是有限的，某地区发生较大生产安全事故，相关直接和间接责任人员未履行安全生产职责判处3～6年不等徒刑，企业负责人、项目负责人免于处罚。企业安全生产的主责任人是谁？谁有权利任命项目负责人？项目安全生产的主责任人是谁？判决结果混淆了责任主体概念，不利于安全生产的长远发展。

在法治环境条件下，责任到人，明确企业责任主体是法人。欧美国家企业发生重大生产安全事故，第一责任人是企业法人，企业法人积极组织抢救后，具有责任及责任感的企业法人第一时间引咎辞职、第一个得到法律的追究。

安全生产工作采取"谁决策，谁负责"、"谁主管，谁负责"、"谁批准，谁负责"的方法是正确的，但是当决策并非自主实际决策时、当主管并非自主实际主管时、当批准并非实际自主批准时，责任到人只是形式。"主要负责人负责安全工作"形成人为责任含混。安全工作应法定化责任人，权限清晰化对应责任清晰化，权限与责任相对应。

生产安全事故的致因是多样的，依照相关安全生产法律、法规规定，生产安全实行一票否决制并实行生产安全事故责任追究制度。

生产安全事故与安全生产工作管理缺陷有直接关系，追究安全意识淡薄、能力较差、安全知识缺乏的现场生产安全事故直接责任人员的法律责任无可非议，但任用安全综合素养低下的安全生产工作者（领导者）导致生产安全事故应追究上一级决策者或拥有最高实际决策权者的责任。此举与"连坐"无关，是避免安全工作任人唯亲、人才逆淘汰、非法分包、以包代管现象及减少生产安全事故发生的需要。

建立良性的体制、机制、制度，清晰、到位的事故责任主体、责任追究制度，比任何说教均有效。决策者定会选用具有安全综合素养、真才实学的人员担任安全生产管理者，一定会督促其学习提高相关安全知识，因为决策者一旦选用平庸、无能的安全生产管理者，其安全生产过失，决策者要承担相应的连带的法律责任。

5.整合安全生产监管机制

安全生产监管"九龙治水"，必导致多头监管无序、缺乏专业监管水准。一个部门一个意见、一人一个意见。项目接待组人员听一个街道负责人冠冕堂皇一番，然后毕恭毕敬送出，意义实在有限。

安全生产监管是一项专业性极强的工作，所谓轮岗制造就复合人才是一种谬误。负责任的安全生产监管应各专业技术人员配备齐全，形成一个行业、一个部门、一个标准的专业化、标准化监管。

安全生产管理者做综合管理工作，专业技术人员做专业技术工作，各司专职。当安全生产管理者充当专家时，当专家充当安全生产管理者时，虚名与浅薄必然相伴，这种形式的管理如同蜻蜓点水，安全生产监管效果可想而知。

> 小贴士：蜻蜓点水是蜻蜓将卵直接产入水中或水草上的过程。比喻做事敷衍、不仔细、不深入。

（二）安全技术标准规范化管理对策

1.安全技术标准规范要规范

正确的判断需要依靠相应专业知识、依据科技标准规范、普遍规律、规则。安全科技标准规范是安全生产工作的重要依据。

各地方主管部门制定、颁布了大量地方施工安全技术标准，对本地区的安全技术管理起到了规范性作用。建筑施工安全技术标准规范应科学、规范、严谨、适用、经济、具有可操作性，当标准规范与标准规范之间出现定义、参数、术语、符号及计算基本规则冲突和矛盾时，将直接影响安全技术标准规范的使用和生产安全工作。例如，脚手架、模架体系可调托外露丝扣长度国家、行业规范分别规定为"不应大于 300mm"、"不得大于200mm（强条）"、"严禁超过 400mm；插入立杆内的长度不得小于 150mm；（强条）"。产生理解困难、歧义的规定，令专业人员诟病、质疑、困惑。

2.安全技术标准规范代表国家安全生产意志和利益

国家、行业、地方规范代表国家安全生产意志、公众利益，不论国家、行业、地方标准规范是国拨资金，还是企业赞助，规范的规则细节不允许嵌入丝毫地方、企业的潜在利益。编写组专家虽然从企业、事业单位来，但专家应是行业综合素养的佼佼者并经过长期实践检验、验证。主管部门应有内行专家行使监督权并坚持原则。

卫生部 2010 年发布乳业国家标准，生乳蛋白质含量从 1986 年的≥2.95％/100g 降到≥2.8％/100g；细菌含量（菌落总数）从 2003 年的不超过 50 万提高到不超过 200 万。

丹麦、新西兰生乳蛋白质含量标准为≥3.0％/100g；菌落总数，美国、欧盟细菌含量（菌落总数）是 10 万，丹麦是 3 万。澳大利亚要求微生物每毫升超过 50 万就不能食用。

牛奶中的微生物主要是从挤奶到加工前这段时间感染造成的，企业提高原奶质量控制手段和管理水平，微生物指标是完全可以得到有效控制的。

乳品安全国家标准的制定，关系到整个民族的身体健康。据报道，中国乳品标准创全球最差标准，原因是被"派系"、"各方利益"左右的产物，构成了生乳的安全风险和民众健康隐患。

观念滞后、思维呆板、狭隘无知、利益驱使下，标准成为保护落后管理、科技、工艺的护身符。

3. 安全技术标准规范应"一个行业、一个专业、一个标准"

以生命安全、职业健康为核心的行业安全技术标准规范，以科学、系统、标准、权威、统一、严谨为基础，突显行业安全技术标准规范的严肃性、权威性。

行业安全技术标准规范是衡量安全生产行为、科技的度量器。下位安全技术标准规范不得违反上位安全技术标准规范，标准规范的原则、原理、尺度一致，科技术语、参数等内容表述规范统一，行业各专业相关国家、行业、地方安全技术标准规范间形成一个有机整体。

4. 安全技术标准规范编制专家基本要求

（1）安全观念决定安全技术标准规范水准

文化和观念分先进与落后，专家水平分高与低。行业、地方安全技术标准规范存在科技落后、以偏概全、生搬硬套、可操作性差及规范间内容重复、矛盾、冲突等问题，与编制组专家有效知识、综合能力、惯性思维及地域文化等因素密切相关。

某次会议，一位资深专家，就应急状态国家财产重要还是从业人员生命健康重要问题，坚持"要奋不顾身抢救国家财产，这是思想觉悟问题"的观点。《中华人民共和国安全生产法》明确规定"以人为本"、"紧急避险权"，显然这位资深专家对生命财产两者孰重孰轻的认识，没有与现代安全生产理念同步。

（2）综合素养决定安全技术标准规范水准

1）安全技术标准规范编制专家的安全科技综合素养决定了安全技术标准规范的编制行为和水准。安全生产技术标准规范编制、修编工作的组织者、编者，必须具备广阔的专业思想、胸怀、视野、本行业安全科技知识和丰富的本行业实践经验。

2）现实行政职位与专业能力是此消彼长的关系，只有长期坚持不懈从事专业工作研究，专业科技知识不断更新、吸收、进取，得到业内专业人士广泛认同的具有综合专业素养的人员才能称为专家，当专家的专业知识短期甚至长期处于停滞状态时，自觉摘下"专家"称号方为明智之士。

3）任何事务理论与实践之间都可能存在差距，任何人都有知识、视觉盲区，力避罢黜百家独尊儒术的思维。既要看到教授、博士专家理论知识结构优势，也要看到典型的读教科书成长起来的学院派专家缺乏社会实践、现场实践经验的现实；我们既要看到现场安全专业技术人员具有丰富的实践经验，也要看到他们缺乏深厚理论基础的现实；编制安全技术标准规范的专家必须具备专业综合素养，避免盲目追求所谓复合型高学历、高职位、高职称的"三高专家"。

安全技术标准规范是安全工作、安全科技、事故案例总结的综合产物。要容纳不同层面的专业人员、专业视角提出的建议和意见，集思广益的智慧成就完善的安全技术标准规范。编制、修编安全技术标准规范，要广泛选用具有职业道德、思想能力、专业知识经验的本行业优秀的技术专家、法律专家、文字专家等共同参与完成。完美的"产品"无一例外都是系统工程，是本行业优秀专家相辅相成、协调互补、有机结合的结果。

安全技术标准规范编制过程中研讨、甚至争论是正常的、必要的。减少安全技术标准规范与良好实际应用效果的差距、决定条款去存的唯一解决方法是科学、安全、合理、经济、可操作性论证及检验试验数据比较、评判。

（3）职业操守决定安全技术标准规范水准

环境、条件因素影响不可小觑，作为安全科技专家应坚持基本的职业道德。坚守专业学术精神和严谨态度，以基本定理、定律、验证数据为思维基础，以规则、机制、流程制定标准规范的具体条款，而不被利益、利益组织因素绑架。

（4）科技思维决定安全技术标准规范水准

安全技术标准规范应立足于前瞻性安全科技思维、视野，视野狭短、缺乏创新及经验的非专业性往往导致安全技术标准规范短期效用，轻者收效甚微，重者可能成为人为设计的潜在安全隐患，反复多变现象自然而然就会发生。安全技术标准规范需要创新科技思想，任何人均存在知识局限及判断、决策等错误；确保安全技术标准规范每一条款相对正确，事先的安全科学理论、实践、时间、事件验证程序必不可少。

欧美国家模架体系经充分论证，考虑动荷载水平分力的客观性，规定人和设备运动时产生的水平力，按全部竖向荷载的2%作为水平分力校核和计算，这种规范性科学方式值得借鉴。

5.安全技术标准规范需要开放性

美国著名经济学家弗雷格曼说过一句名言："扼杀一个行业最好的办法就是让它形成垄断。"任何事物性的小范围垄断，本身就难逃局限和落后。安全技术标准规范编制过程应广泛吸纳行业优秀科技专家参与，以开放的态度广收博采知识智慧；采用现场调研、检验、试验、数理统计分析、科学评价的思维方式，理性提炼加工而成。应避免某一群体逻辑思维、意识潮流、知识结构等统治性编制方式导致安全技术标准规范及安全技术标准规范间的排他性、倾向性错误、违背自然客观规律及可操作性差等现象发生。

6.安全技术标准规范需要与时俱进

提高安全科技水平，就是提高安全生产水平。安全技术标准规范随时间推移和科技进步，专业理论、专业技术不断创新，安全管理和安全技术标准规范使用等方面都发生了很大变化，所以不仅相关的安全生产法律法规要与时俱进，安全技术标准规范也需要与时俱进。不断增加、更新的"四新"技术，迫切需要相关安全技术标准规范的修编、补充。

某些安全技术标准规范6～15年修编一次，漫长的修编时间间隔造成安全技术标准规范规定的技术滞后、陈旧和安全作用降效，直接影响安全生产和约束安全科技进步。必须严格遵守执行安全技术标准规范是对从业人员的要求，前提是安全技术标准规范必须要与时俱进。例如某规范规定，现场在一定条件下可以采用基本绝缘防护的Ⅰ类手持电动工具作业，实践中从安全性考量应予淘汰，即便从性价比角度考量，也没有存在的必要，施工场合应全部采用基本绝缘和加强绝缘防护的Ⅱ类手持电动工具。

7.安全技术标准规范需要科技创新

安全技术标准规范应是"四新"的领路人，应积极推广经实践检验、论证的安全、适用、经济的新型产品，相应产品标准与安全技术标准规范与时俱进，产品的应用、规范、验收才会顺理成章。如盘销式支撑结构产品。

(三) 安全生产工作者（领导者）对策

1. 安全生产工作者（领导者）定义

《韦氏新世界英语词典》给"领导才能"的定义是"领导者的地位或指挥能力"。这个定义不完全正确，许多人以为安全生产工作者（领导者）是从其职位或职称中得到地位的，实则不然，安全生产工作者（领导者）只有具备权力威望及个人威望才会令人敬佩和信服。安全生产工作者（领导者）被赋予权力威望；而个人威望与职位相对应的品德、能力等综合素养相关。

2. 安全生产工作者（领导者）作用

（1）安全生产工作者（领导者）的综合素养决定安全生产

生产经营单位的主要负责人、项目负责人、专业技术人员、安全生产管理人员的安全综合素质应与安全工作职位、内容相匹配，人员安全综合素质与生产安全事故概率负相关。

当战略意识、技战水平、指挥能力只具有一个排长水准的指挥官指挥一场战役时，任何具有正常思维的人，都不难得出战役胜败的结论。完善的行业体制、企业内部机制、安全工作制度、责任制及管控措施是确保安全生产的基本条件，而安全生产工作者（领导者）的安全综合素质是安全生产的必要条件。

优秀特质的安全生产工作者（领导者）兼具权力威望及个人威望，到位的安全生产工作才有可能。安全生产工作者（领导者）的优劣，可以用一句俚语来形容"只有退潮之后，才能看出谁没穿游泳裤就下水"。

> 小贴士：俚语（Slang），是指民间非正式、较口语的语句，在日常生活中总结出来的通俗易懂顺口的具有地域性、生活化的词语。

在第二次世界大战期间，德国空军虽然拥有3000多名王牌飞行员，其中空军飞行员埃里·希哈特曼（Erich Hartmann）创下一人击落352架敌机的战绩，而美国王牌飞行员最多只击落40多架敌机。与德军战绩相比，任何一个国家的空军飞行技术都明显差强人意，然而二战中、后期德军的制空权却丧失殆尽。其原因是德国元首希特勒认为空军的主要任务是协同地面作战，空军只是地面作战部队的从属，这就为德国空军埋下落败的伏笔。

我们都知道日本人讲英语讲得极其蹩脚，但如果日本统治了英国，那么统治者那蹩脚的英语就会成为通用的语言。中国现在通行的普通话不是汉族传统语音，而是满蒙语音"胡音"占主导地位，其实是阿尔泰语系的蒙古族、鲜卑族、女真族等游牧民族学习汉文时所说的蹩脚汉语，但他们是统治阶级，于是他们说的蹩脚汉语就成了今天正统的国语。

不论是军事领域还是生产安全领域，处于主导地位，具有意识、品德、胸怀、知识、能力等综合素养的安全生产工作者（领导者）是保障安全生产的重要因素，否则是安全生产的重大隐患。

卓越的安全生产工作者（领导者）可以实现企业安全生产良性运行，洞察安全生产过程中的不安全因素、安全生产事故先兆；有能力预控生产安全过程薄弱环节的关键因素、关键环节和部位；当结构施工使用整体提升脚手架时，前瞻性制定整体提升脚手架的专项方案，评估危险源，将高处坠落、物体打击作为防范重点，有效预控风险。

安全生产工作者（领导者）综合素养应超越一般，一般特指本职位所有被领导者，安全生产才有保障。否则拥有再优秀的士兵、再精良的装备条件，也不可能打胜仗，拥有素质再好的被领导者也难保生产安全。

（2）安全生产工作者（领导者）的认知能力决定安全生产

2014年5月的一天，某国家首都发生23层高层公寓坍塌事故，倒塌大厦是×××××直属机关人员居住的公寓，已有92户入住。据报道，事故原因是在设计和材料不充分的情况下，为了体现忠诚，以"××速度"进行大规模住宅建设项目工程，结果至少造成500人遇难。违背自然科学规律的施工、人为任意压缩工期、"创造性工艺"等行为不仅是产生豆腐渣工程的基础，也是发生生产安全事故的根源。

这个事故案例昭示一些重大质量、安全生产事故的发生，安全生产工作者（领导者）的安全认知能力起到决定性作用。一些工程，前期项目决策飘忽不定，由于种种原因被搁置，后期为迎合上级的旨意，设定不合理工期、任意压缩工期、提出闭门工期，不仅工程质量粗制滥造，自负和无知也断送了从业人员的生命和健康。

有一个企业董事长（最高权力者），嗜烟如命，烟不离手。在这个董事长（最高权力者）的带领下，每次工作例会会议室内烟雾缭绕，室外雾霾、室内烟霾；奉劝者往往被告诫"不懂生活"，不吸烟者深受其害，但也无奈。一日一个年富力强的副经理患肺癌，治疗没多久逝去，除了惋惜，会议室内吸烟依然如故。若干年适逢例行体检，这个董事长（最高权力者）CT检查出肺部呈现阴影，住院复查为肺癌，逐遵医嘱立即实施部分肺组织切除手术。董事长（最高权力者）出院后，在会议室一脸严肃地郑重告诫下属，"大家不要吸烟，吸烟有害健康"，从此会议室内吸烟者荡然无存，一片清新。

真实故事告诉我们，现实工作和生活中，安全生产工作者（领导者）的意见是决定性、主导性的，正确言行一言九鼎、错误言行同样畅通无阻。为了利益、为了其他，多数情况下普通管理者、专业技术人员只能选择沉默、屈从，普通从业人员只能选择容忍、服从。安全生产要寄托于公认的安全文化理念、改良安全生产体制机制并设计良性的安全工作制度，而不能完全寄希望于某个人的认知水平和好恶。

（3）安全生产工作者（领导者）的工作理念决定安全生产

安全生产工作者（领导者）的工作理念，决定企业安全生产工作的地位和管理水平。安全工作需要杜绝具有决策权的安全生产工作者（领导者）违反规定、违反流程的"特事特办"、"绿色通道"。实践说明，"特事特办"、"绿色通道"、"大干快干100天"。往往成为不遵守规章制度的借口，是导致存在生产安全事故重大隐患的重要原因。安全生产工作者（领导者）凭关系变通检查程序、事故隐患，严格意义上讲不是安全生产工作能力，及时发现、消除隐患，预防生产安全事故发生，才是真正安全生产工作者（领导者）的特质。

安全生产需要寻求共同的适合行业安全的文化价值理念，安全生产工作者（领导者）应真正转变惯性思维、家长式、威权式管理模式。

小贴士：谶语（chèn yǔ）：迷信的人指事后应验的预言、预兆。一言成谶，当时无意中说出，不意日后竟成谶语。

34

（4）安全生产工作者（领导者）正、负面作用放大效应

1）正、负面作用放大效应

《中华人民共和国安全生产法》明确规定，生产经营单位的主要负责人和安全生产工作人员必须具备与本单位所从事的生产经营活动相适应的安全生产知识和管理能力。

德不称其任，其祸必酷；能不称其位，其殃必大。安全生产工作者（领导者）应具有敬畏生命、职业健康的安全文化意识，正确理解安全生产也是效益。切实保证安全投入，为从业人员的生命安全和职业健康承担应有的责任和义务。

企业安全文化先进深化，每一个企业从业人员正确理解安全价值，共同遵守安全生产规则，自觉完成安全生产工作；企业安全文化落后浅薄，人人视安全生产规则为儿戏，安全生产工作者（领导者）因拥有规则的制定权及权利，要求别人遵守安全生产规则而自己享有例外特权，凌驾于规则之上。

安全生产工作者（领导者）的安全生产意识等综合素养高低，决定安全生产工作水准。安全生产工作者（领导者）的决策正确与错误均会得到有意识、无意识放大，导致正、反作用的倍增推力，将直接或间接导致安全生产或生产安全事故发生。

2）事故隐患放大效应

一名将军曾讲："战争年代遇上个会打仗的指挥员是福气，不仅打胜仗，还能少流血、少牺牲。"通俗简单、颇有道理。

安全生产工作重点在于管控危险因素能力和治理能力，令人发自内心信服、尊敬的安全生产工作者（领导者）必须具备安全生产的综合素质能力，敏锐发现现场隐患、分析实质原因、提出针对性整改措施。

安全生产工作者（领导者）是企业安全生产的决策者，掌控着企业经营、产品研发、产品质量、安全生产保证资金等方面的人力、物力、财力生产资源要素。大量生产安全事故案例原因调查分析表明，导致生产安全事故发生的重要因素之一是主要负责人或者个人经营的投资人未保证具备安全生产条件、安全设施设备、安全培训所必需的资金投入。

当安全生产工作者（领导者）处于一知半解、不懂装懂、外行管内行的状态时，徒有其名的安全生产检查雾里看花，人为将事故隐患隐藏起来，行为本身构成建筑施工安全生产重大的隐患。安全生产必须让合适的安全生产工作者（领导者）就位于合适的岗位，让专业安全生产工作者（领导者）管专业的事。

不具备真才实学的安全生产工作者（领导者），只能依靠走形式、走关系做表面文章。些许水平者治标不治本，没水平者不治标不治本，生产安全事故发生必然如同割韭菜，一茬接一茬。

3.安全生产工作者（领导者）综合素养要求

（1）安全生产意识：安全生产工作者（领导者）必须具有强烈的安全生产意识、安全生产法律意识、风险控制意识，正确、深刻理解、感悟本行业安全生产意义。

（2）公平安全意识：具备公平、公正的安全意识，不以背景为价值取向，平等维护所有从业人员的生命安全、职业健康尊严。

（3）安全职业道德：具备敬畏生命、职业健康的职业良知、道德。

（4）安全责任意识：职位级别与责任担当精神相对应。

（5）安全知识能力：安全科技知识、知识体系、理论与实践相结合的经验素质。

（6）综合管理能力：安全生产工作者（领导者）应具备决策、组织、协调、沟通、团队合作等能力。

（7）安全工作经验：安全生产工作者（领导者）必须具备从基层到管理、由下而上认真学习、善于总结、不断提升的工作阅历，具有丰富的安全生产工作、专业技术理论知识和实践相结合的经验。

4.安全生产工作者（领导者）选择机制

具有综合素养的安全生产工作者（领导者）是安全的保障，否则是安全生产的重大隐患。一千多年前的唐朝，不仅封建传统裙带文化非常浓厚，而且官本位体制文化也非常普遍，大批读书人通过公平科举进入朝廷，虽然方法简单与现代不合时宜，但体现了当时公平的优选方法及优秀标准。

（1）安全生产工作者（领导者）人才从不缺少，缺少的是人才选择体制、机制、评价标准。企业只有采用民主、公正、公开、客观无任何附加条件、任人唯贤竞选机制和评价标准的科学优选方法，才能避免"人才逆淘汰"现象发生，具有综合素养的安全生产工作者（领导者）才能脱颖而出，安全生产才能得以保障。

（2）安全生产工作者（领导者）必须具有职业道德、正确安全理念、责任担当、思想性等综合素养，职级、学历、职称、年龄只是参考。

（3）选择安全生产工作者（领导者），首先要破除"阿谀奉承"、"近亲纳才"、"唯命是听"的人才选拔标准，排除似懂非懂、不懂装懂人员。

（4）安全生产工作者（领导者）应经受时间检验，建立能者上、庸者下的淘汰机制。

小贴士：所谓人才"逆淘汰"，就是坏的淘汰好的，劣质的淘汰优质的，小人淘汰君子，平庸淘汰杰出等等，与"格雷欣"劣币驱逐良币现象相似。

唐代诗人李白在权贵面前是一个毫不屈服的傲骨之人，为维护自我尊严和价值而勇于反抗，他只能去"游山玩水"；东晋诗人陶渊明认为个人尊严价值要大于官爵和金钱，不为五斗米折腰，他只能设计一个"世外桃源"的精神世界后，去种田；楚国的楚怀王听信他人谗言，排挤生性耿直的屈原，他只得投汨罗江；这些均是逆淘汰的历史悲剧案例。

逆淘汰现象体现了"适者生存"这一进化论的核心思想，实际是强者生存的狭义解读，只有适应环境才能不被淘汰，但在某种"环境"下，恰恰与"优胜劣汰"背道而驰。

逆淘汰现象存在的两个主要原因：

1）生长、教育环境造成，素质较低的人在总人口中所占的比例原因。

2）文化、体制、制度、环境原因造成，被淘汰出局的不是素质低反而是素质高的人。

（四）安全生产科技人员（专家）对策

1.安全生产科技人员（专家）定义

专家是指较全面精通某专业知识，具有专业学识、阅历、造诣等综合素养，令人信服的专业权威人士。

2.安全生产科技人员（专家）应具备的条件

（1）道德修养：安全生产科技人员（专家）应该是公序良俗、法律规则、伦理观念、良知良能、职业道德、责任担当、自然规律的拥趸者。

（2）独立人格：具备特立独行的人格、气节，既不妄自尊大也不妄自菲薄；理性接受验证的自然规律和规则；尊重科技自然性；有条件吸收前人、今人之见解，对缺乏理论和实践验证的结论，不因人而盲从附和。

（3）专业精神：保持独具的科技思想、主见、责任；具备持之以恒、精益求精的科技学术精神。

（4）超越自我

1）自觉保持认知系统的持续改进、更新、完善及超越自我；

2）对理论和实践认证、科技群体普遍认可的事物，不固执、偏执，具备自我反省能力；

3）尊重客观事实及不同观点和意见的客观存在，坚守自然法则的主见，具有批判精神，拒绝违背自然规律的事实错误。

（5）专业能力：专业理论知识系统、扎实、完整；科技分析、判断思维能力敏锐、缜密、理性。

（6）创新能力：在基础理论实践的基础上，具备不断批判、进取、创新的能力。

（7）人文知识：具备发挥科学知识工具理性与人文知识价值理性的指导性作用，客观比较外在事物。

（8）综合素养：文化、思想、主张、态度来自适度扩充学习历史、哲学、地理、气象、军事、经济、心理、文学、管理、计算机、统计等本专业边际学科知识和理论。

（9）综合能力：具有组织协调、交流沟通、表达表述、检验试验、软硬件应用等能力。

（10）综合经验：有意识长期选择性吸收、积累专业基础技能及实践经验。

> 小贴士：固执：中性词，指坚持不懈，后多指坚持成见；也含一意孤行，只相信自己不相信别人的意思。
>
> 偏执：贬义词，过份的偏重于一边、一侧的执着。

3.安全生产科技人员（专家）分类

（1）为人师表的专家：人格与专业素养兼备；

（2）人格优秀的专家：人格较优秀、专业素养有缺陷；

（3）专业优秀的专家：专业素养较优秀、人格有缺陷；

（4）徒有其名的专家：专业素养与人格有缺陷。

4.安全生产科技人员（专家）选择机制

（1）完善安全生产科技人员（专家）评价体系、评价标准至关重要，认定及评价标准应客观，要组成公正的专家组独立完成。安全生产科技人员（专家）的认定及评价需要社会、理论和实践的检验及业内普遍认可，专业水准不是任意个人的主观判断。

（2）衡量生产领域安全科技人员（专家）综合素养的唯一标准是经受起社会实践验证。学历、职称、行政职位、年龄大小、论文多寡不完全代表真正的专业水平、专业判断力水准及综合素养，只能作为辅助衡量标准。

（3）世界没有永远的专家，科技进步使专家的保真度像鲜牛奶保质期一样短暂。坚持客观标准动态优选和自然淘汰安全生产科技人员（专家）是安全生产工作的一个重要内容。始终成为安全生产科技人员（专家）的必要条件是终身学习、不间断进取、更新科学思想观念、本专业科技新知及独具学习科技知识的能力。当专家的进取意识、心理、生理机能衰退等因素占主导地位时，1～3年知识更新停止，被淘汰是不可避免的。

5.安全生产科技人员（专家）的作用

（1）安全生产科技人员（专家）的指导作用

具备综合素养的安全生产科技人员（专家）利用掌握的安全生产科技知识和技能，具有消除安全生产隐患，预防生产安全事故发生等作用。

（2）安全生产科技人员（专家）分析解决问题的作用

安全生产科技人员（专家）不仅正确理解安全技术标准规范，同时掌握标准规范与实际工作之间的差距；安全生产科技人员（专家）丰富的实践经验，使其对生产过程技术工艺存在的安全隐患具有敏锐的见微知著能力及分析、判断生产安全事故原因、解决安全专业技术问题的能力。

6.安全生产科技人员（专家）的尊严

（1）尊重安全生产科技人员（专家）人格：因为有思想，才成为专家；因为有思想，必然具有人格及思想个性特征。

（2）尊重科技人员（专家）的劳动价值：虽然社会价值导向决定劳动使用价值，但科技劳动创造的使用价值通常简单劳动无法替代。

（3）尊重安全生产科技人员（专家）劳动：尊重科技人员（专家）需要祛除官本位思想，社会、企业专业技术人员需要得到应有的尊重和地位，不能口惠而实不至。把专家当做一个工具，专家就会把工作当成生活的工具，深层面的工作意义追求必将不复存在。

7.安全生产科技人员（专家）的局限性

（1）具有知识但受制文化局限的精致利己者是存在的，当缺乏职业道德、综合素养的"安全生产科技人员（专家）"进行审查、论证深基坑、地下暗挖工程、高大模板工程等专项施工方案时，消除方案和现场的安全隐患工作是难以胜任的。

（2）由于安全生产科技人员（专家）知识结构、深度广度的限制及专业知识的单一性，决定其安全生产隐患、事故判断结论的片面性，与社会因素、管理因素、安全生产科技等事故综合性考量可能存在差距。

一位安全专家说："施工升降机导轨架标准节连接螺栓应从上向下穿，螺母掉了，螺栓仍然能起到一定的连接作用。"

一位食品专家说："只有'严重'的重金属污染或者是农药超标'太多'才叫不安全食品。"

一位电气专家说："手、脚分别直接接触了两根导线，但剩余电流保护器（RCD）应脱扣而未脱扣导致死亡事故发生，这是严重的管理不到位。"

一位高铁专家说："高速铁路列车上装 Wifi 完全没有必要，还不如看看风景。"

安全生产专业科技人员（专家）是集科学性、专业性、权威性，具有是非观念的知识和人性化的理性代表，人们普遍诟病、不信任专家是因为少数无知、无良的"专家"为了某种利益，丧失基本职业操守，罔顾事实发表不专业、不负责任的谬误结论，不仅极具迷惑性、误导性和破坏性，还会造成极大的安全生产隐患。

杜绝假冒伪劣"专家"、需要变革弊端丛生的主观考评机制。安全生产领域必须建立客观透明的社会化、市场化、专业化鉴定、甄别、淘汰机制，从安全生产角度讲，个人声誉损伤事小，货真价实的行业安全生产专家的社会权威性名誉受到质疑、损失事大，生产活动失去一层有效安全保护事大。

（3）由于综合信息、视野区域的限制，无所不能、无所不晓、明察秋毫的安全生产科技人员（专家）是不存在的，现实中自然法则需要实践检验，各行各业的专家也需要实践检验。

据报道，某行业部门声称进行全面安全生产隐患排查治理，特意邀请高校作为第三方，组织上百位安全专家（教师、教授）进入施工现场拉网式检查，由于高校专家（教师、教授）不了解现场实际，生搬硬套标准规范，提出许多不切合实际的问题，结果事与愿违。

（4）学历、职称、职位不能完全代表当下安全生产科技人员（专家）的专业水准。具备真才实学的安全生产科技人员（专家）来自不断更新观念、持续完善知识和知识结构、总结实践经验的科技工作者。

2016 年某日，现场迎来安全生产检查专家，现场人员恭恭敬敬接受检查，专家检查后留下一张《××地区建设工程施工安全巡查记录》，问题有多条，其中一条"钢筋加工区每台用电设备外壳无重复接地"，整改意见："限期三天整改完毕"。现场电气技术人员立即安排建筑电工整改，将现场用电设备可接近导体逐台采用-40×4 的镀锌扁铁设备与接地装置做重复接地。

日后，企业电气专业技术人员发现此现象后，要求"钢筋加工机械可接近导体与接地装置必须切除连接，与保护导体（PE）连接"。并向相关人员讲明 TN-S 配电系统必须在现场总配电箱和分配电箱做重复接地，不得在钢筋加工设备金属外壳做重复接地的电气工作原理。现场人员的态度令人哭笑不得："您虽然说的对，但我们不能改、也不敢改！"

施工用电电气系统做法错误不仅造成人力物力的浪费，而且造成严重的潜在人身电击危险。在安全生产科技面前，不论何人不能有权力就任性、不能有金钱就任性，因为对于安全生产而言，任性的代价是生命和职业健康。

（5）科技思维定式与现实存在差距，某些安全生产科技人员（专家）因思维模式相对固化，固执己见、盲目自信，具有排他性或专制性，不能主动修正知识不足带来的缺陷等。

小贴士：见微知著：隐约（微小）；著：明显。比喻看到一个小小的细节，就能分析、洞见影响或结果；见到安全生产隐患的苗头，就能知道它的实质和发展趋势。

（五）安全生产团队综合素质对策

1.安全生产坚持团队精神

人本身所具有的特性、特质决定了任何人、任何管理方式都不可能是完美的，需要综合考量构建完善的最佳组合体，即安全生产组织管理机构、框架。

古希腊雕像之所以超越造化本身，是由于它凝聚了世间各色人物的局部之美，而自然界万物本身极难集美大成于一体，包括人。

苏联研制的米格－25喷气式战斗机的许多零部件与美国的零部件相比是落后的，但设计者对战斗机整体综合性能进行设计、整合，因此在升降、速度、应急反应等方面成为当时世界一流。

完善的安全工作组织机构，齐备、优质的专业人才资源，明确的责任范围，协同一致的安全生产工作团队等，是实现安全生产工作预期目标的重要前提条件。

2.安全生产杜绝复合人才工作方式

行政管理和科技工作是不可或缺的两个平行管理层面，优秀的管理者具有管理知识、知识结构及理性思维等能力优势；优秀的专业技术人员具备专业知识、知识结构及严谨的逻辑思维等能力优势，两种类型人才思维模式及特质有机结合，会创造出不同凡响的奇迹。随着社会发展，专业化分工日趋深入细化，安全生产工作水平高低与安全生产工作者（领导者）及安全生产科技人员（专家）等优质资源密切相关。

据××新闻报道，××国家最高领导人指导××空军进行战斗飞行训练，并亲自指定航线和坐标，下达飞行战斗训练次序、方法等飞行战斗任务。

单从技术层面分析，现代空战的复杂程度已不是常人所能想象，从人员、信息、战术、环境等综合因素分析、协调才仅能完成战斗任务而已，而不是打胜仗。一个30多岁的最高领导人有这个专业能力吗？假设有能力，水平又如何呢？

有一位著名的"万能科学大师"，展示出一能百能、一通百通、无所不通、无所不精的哲学、物理、军事、生物、医学、天文、地球、《易经》文化等才华，我们应该感到自豪、还是应该感到耻辱？物理专业的人员当法院院长、足球运动员当教育局局长、歌唱家当将军、相声演员当县长、厨师当卫生局局长，这些令人匪夷所思的复合型人才，混淆了人才定义，直接产生的结果是外行领导内行、决策失误、劣胜优汰。

掌握本专业知识，了解非本专业浅层面知识的复合型人才是存在的。因环境浸染，某领域的博士、教授、研究员、高级工程师、著名专家又兼任显赫的行政管理工作，貌似懂管理知专业，顾此失彼的行政管理事务性与科技学术性矛盾，使复合兼容型人才存在的可能性接近零。

博而不精、精而博是一般人的基本常识，单纯从学识角度看是此消彼长的关系。专家不是"知道分子"而是"知识分子"，不论管理专家还是安全生产科技人员（专家），长期专致某个专业领域的知识深度、广度、精度的持续研究、求索、创新，都可能无法达到某个专业领域融会贯通的境界。安全生产领域切忌盲目提倡轮岗制、复合型人才，第一安全工作的专业性质、责任不允许，第二安全生产基本要求不允许。

安全生产工作应提倡配置专业人员、实行专业管理，消除外行管理内行、外行管理安全科技现象，因为缺乏专业综合素养的管理者（领导）或专家信口开河造成的安全生产危害是难以估量的。

(六) 安全生产投入对策

1.安全生产与经济效益关系

从经济学的概念角度看"机会成本"。不要片面只看到施工现场未发生生产安全事故，安全投入大于事故损失成本的表象，要看到发生伤亡事故时，死亡赔偿金按照受诉法院所在地上一年度城镇居民人均可支配收入或者农村居民人均纯收入标准累加计算二十年，事故损失成本（尚不包含与事故相关的非价值因素的价值）往往大于安全投入的事实。要认识到安全生产投入与企业效益、生产安全事故成本表面成负相关关系，而实际上安全投入与企业效益成正相关关系。

安全生产管理者应清醒地认识到，减少生产安全事故的发生，实际是降低事故成本、提高企业效益。企业、个人不得单纯追求经济效益而忽视安全，必须坚持以人为本、安全第一的安全生产原则，安全强调动态生产过程保证安全，生产强调动态生产过程安全是前提，同时安全与经济效益要统筹兼顾。

2.安全投入与社会效益关系

某都市环路双向平直四车道、道路中间加隔离带，有关管理部门声称为了确保安全，道路环线全程限速 60km/h，毫无疑问车速越慢越安全。

车速上限规定过低，安全度相对提高了，但降低了公路使用效率、社会效益；车速上限规定过高，使用效率、社会效益提高了，但安全度下降了。公路车速需要试验和论证，安全、科学、合理规定车速上限就是安全与社会效益之间的最佳平衡点。

3.安全投入与综合效益平衡点

安全生产与综合效益是一对矛盾，过分强调安全生产投入，企业失去综合效益将导致不可持续发展；企业单纯强调综合效益，忽视安全法律不允许。安全生产的投入与综合效益两者间存在一个最佳平衡点，这个平衡点就是符合国家、行业、地方相关安全生产法律法规和安全技术标准规范规定。

(七) 安全生产综合管理对策

1.施工组织设计（方案）对策

（1）科学编制施工组织设计（方案）对策

1）杜绝下列施工组织设计（方案）编制问题：

① 编制人员缺乏理论基础或实践经验等综合能力，生搬硬套类似施工组织设计（方案），使其缺乏科学性、合理性、针对性、可操作性；

② 项目施工前未编制施工组织设计（方案），项目施工过程中或项目施工已完成，方组织编制。

2）杜绝下列施工组织设计（方案）编制内容问题：

① 施工组织设计（方案）编制依据错误；

② 施工组织设计（方案）内容简单、空泛、无计算或校核、不全面、不具体等；

③ 施工组织设计（方案）与设计图内容脱节，简单堆砌技术资料、工艺标准及规范规定等；

④ 计算方法、图表、网络图设计等缺乏科学依据；

⑤ 施工组织设计（方案）与组织机构、工期、质量标准、施工工艺等内容不符合规定；

⑥ 方案编制者文学功底差，缺乏条理、顺序、编号、符号、语法错误，词不达意及错别字等。

3）杜绝下列施工组织设计（方案）审批问题：

① 未按规定审批程序审批，审核、审批流程形式化；

② 施工组织设计（方案）审批未按规定签字，签字人不具备资格；

③ 施工组织设计（方案）审批人非本专业或专业水平低，未纠正方案编制中的原则性错误及缺陷。

（2）施工组织设计（方案）实施对策

1）施工组织设计（方案）作为安全生产控制文件具有指导安全生产的作用，应高度重视其权威性；

2）完善施工组织设计（方案）的编制、审批、实施、验收程序；

3）施工组织设计（方案）编制审批后应严格遵照规定内容实施，内容与实际施工工艺相符；

4）方案未交底，交底人、被交底人应签认齐全；

5）项目相关人员必须对施工组织设计（方案）实施结果进行验收；

6）动态施工过程中，施工组织设计（方案）必须及时修改、补充、完善。

2.安全生产专业化对策

1949 年中国放弃了成立职业化消防队伍的机会、解散了志愿消防队伍，成立了中国消防警察队伍，主要原因是当时集体为本的社会需要。

2014 年 5 月 1 日 14 时许，××市消防队员在扑救上海徐汇区龙吴路一高层居民楼突发火灾过程中，受火场回燃现象热气浪推力影响，从 13 楼坠落，造成 2 名 19～23 岁的消防战士殉职牺牲，原因之一是对火场的危险性认识不足，指挥不当，导致发生后果严重的低级错误。

2015 年 1 月 2 日 13 时 14 分，×××市道外区太古街陶瓷大市场仓库发生火灾，21 时 37 分大楼突然坍塌，参与灭火行动的多名消防战士被埋，造成 5 名 19～23 岁的消防战士殉职牺牲。

一些火场救援过程中出现消防员伤亡现象，一方面是新兵服役缺乏专业实战经验和避险知识，我国消防员主体为现役武警官兵，服役多年的消防员刚积累了一些火场救援实际经验就退役了；另一方面是救援观念落后、指挥失误，代价是救援人员伤亡。

美国从1853年开始消防队伍职业化，日本从1918年开始消防队伍职业化，拿美、日等国家消防经验来比照中国消防现状，中国牺牲的消防队员基本不到30岁，美国牺牲的消防队员基本都是40岁以上，年龄本身包括很多的经验、技能、专业和素质，明显的差距和问题是显而易见的。

职业化是专业化的体现，中国非职业化、兵役制消防是一个制度短板。屡次发生年轻消防队员殉职牺牲事件警示我们，消防队员不仅仅需要具有操作消防设备实施灭火、救援人员和抢救物质财产任务的能力，更应具备应对火场危险时确保消防指战员的生命安全、免遭二次伤害的意识和消防专业经验。2015年某港化学品仓库爆炸事件就是一个鲜明的例子，采用水枪喷水扑救电石等化学品火灾，结果是事与愿违。而体制机制缺陷恰恰导致消防队员必不可少的、至关重要的复杂环境状态应急事件专业知识、处置能力、救援经验的缺乏。

安全生产工作简单的事情不能复杂化，但复杂的事情也不能简单化。火灾现场消防工作异常艰巨危险，消防指挥员、消防队员必须具有足够的知识、技能、经验和培训。消防安全不能停留在口头上的重视和发展，只有进行消防制度的革命性改革，才能够真正承兑以人为本的理念。

很多制造业强国的企业用一百年、两百年专注一个产品系列，不断积累经验、掌握诀窍、完善工艺，用标准化、规范化、科学化管理模式将产品做得精益求精，这不仅体现了匠人精神，更是专业思维。

安全生产管理模式应标准化、规范化、科学化。安全生产工作人员的职业化、专业化，安全生产设施设备的专业化制造、专业化使用和维护，是提高安全生产预防水平的重要途径。

3.安全生产有效性工作对策

（1）根据不同层面人群进行管理

美国著名的社会心理学家、人本主义心理学者马斯洛（A. H. Maslow，1908～1970）对人的价值及多层次的需要进行了完美的描述。人作为一个有机整体，具有多种动机和需要，人的需求分为五个层次：生理需求、安全需求、社会需求、尊重需求、自我实现需求。

小贴士：实际上人的需求分为六个层次，即生理需求、安全需求、社会需求、尊重的需求、自我实现的需求、自我超越的需求，如图1-5所示。

人的需求分为五个层次实际是一种误读，当自我实现成为最高追求时，自我膨胀不可避免。

有效管理从业人员的安全生产行为，需要根据管理人员、作业人员等不同层次的人

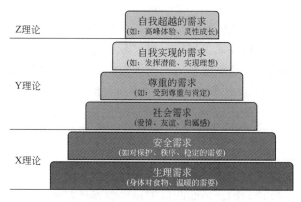

图 1-5 人的需求层次划分

群，采取针对性的相应层面的奖惩措施。

（2）根据不同人群进行管理

有报道，节假日度假海滩人满为患，人走海滩垃圾遍地。这实际是一个典型的管理问题，简单方法是用海滩垃圾桶设置距离判别问题的性质，当度假海滩每 10m 摆放一个垃圾桶时，度假海滩垃圾遍地，可以初步判断主因是海滩度假游客的素质问题，应指派流动卫生监督员，强制约束；当度假海滩每 100m 摆放一个垃圾桶时，度假海滩垃圾遍地，可以初步判断主因是管理问题，应缩短垃圾桶距离。度假海滩的垃圾桶规律告诉我们，素质不是自然形成的，而是学习、约束的结果，有素质低下的海滩度假地管理者、也有素质低下的旅游人员。安全生产管理过程中，有素质低下的安全生产管理者、也有素质低下的从业人员。有效解决问题的决定性因素在于管理者和从业人员素质提高和管理到位。

人们通常认为安全生产工作的关键是建立健全安全生产责任制，实际不仅要高度重视制度建设，更重要的是安全生产工作者（领导者）和从业人员的态度、综合能力、管理方法及执行力。

（3）安全生产监管

市场经济具有自动调节市场的功能，前提是所有参与者需要遵守市场规则。有效管理安全生产失范行为，弥补市场的不足，需要市场功能优势与管理优势有机结合。市场经济条件下安全生产行为规范需要遵循安全生产客观规律，摒弃谋求特权及傲慢的具有综合素养、高水准专业能力的安全生产管理者。

4.安全生产工作精细化对策

生产安全事故发生是多因素、多环节叠加的结果，生产安全事故隐患往往隐藏在细节里，安全生产工作细节决定成败。

某个国际知名品牌汽车，用极端严苛的标准对待每一个细节，杜绝一切可能出现的误差，赢得市场的赞誉。为确保汽车座椅每块皮材的纹路和色泽一致，每个汽车座椅使用的牛皮均来自同一头牛；牛的牧场建在蚊虫不能生存的高海拔山上，只是为了避免蚊虫叮咬产生微小的伤痕，目的是确保每张牛皮紧密贴合、弧度圆润，真皮座椅任何部位触感完美无瑕。汽车座椅只是一个生活品，而生命和健康是从业人员的必需品，安全生产工作应该借用他山之石，制度、责任制、教育培训、隐患排查治理等工作应更精细、专业、严苛。

著名的奥卡姆剃刀定律适用于安全生产工作。安全生产工作精细化并不代表组织不断膨胀，制度越来越烦琐、文件越来越多造成安全生产工作效率越来越低。安全工作的重心要落实责任制的制定及实施，有效解决方案审批、安全交底、行为规范、安全检查、规范验收等生产过程存在的隐患问题，化繁为简、剔除干扰，把复杂的事情简单化、实效化。

小贴士：奥卡姆剃刀定律（Occam'sRazor）是由 14 世纪逻辑学家、圣方济各会修士奥卡姆的威廉（William of Occam）提出的，原理称为"如无必要，勿增实体"，即"简单有效原理"，该定律只承认确实存在的东西，认为空洞无物的普遍性要领都是无用的累赘，应当坚决"剔除"。奥卡姆剃刀定律适用于安全生产工作。

5.安全生产隐患"零容忍"对策

很多人奉为人生至理名言的"难得糊涂"不适用于安全生产工作。

安全生产管理人员、专业技术人员、从业人员在安全标准规范面前，要坚持安全工作规则、坚持安全技术规则，对安全生产隐患"零容忍"；对可能导致死亡、伤害、职业病、财产损失、工作环境破坏或这些情况组合的潜在危险性、存在条件和触发因素"零容忍"。

小贴士："难得糊涂"是清代大文人郑板桥的名墨。人们对其耳熟能详。

"难得糊涂"从一个侧面说明了做任何事情，拿得起，放得下，堪称明了事理。但很多人自诩为参透了人生真谛、望文生义，做大事糊里糊涂，做小事不明就里。理解为"难得糊涂"是不要太认真，岂不知这是愚昧文化的一种表现。

6.安全生产人性化对策

（1）生活宿舍区人性化

任何行业、任何从业人员均需要一个公平、合理、宽松、和谐的环境，才能开心工作；尊重从业人员的存在价值、搭建沟通交流的平台、提供充分发展的空间、增强从业人员的成就感、合理化奖惩及鼓励学习创新是搞好安全生产工作的重要内容。

生活宿舍区私拉乱接违章用电现象屡禁不止，典型的私拉乱接违章用电是工人自行布线安装插座；现场彩钢板房夹层严格规定采用具有保温防火性能的岩棉材料填充，但房间内仍然存在地板、木质床板、床垫等大量可燃性材料，若发生火灾，很短时间内将造成大面积燃烧，后果不堪设想。

某地区宿舍等临时设施为了防止 220V 电源线缆私拉乱扯发生的电击、火灾事故，规定宿舍等临时设施采用 36V 电压供电。由于现场没有解决从业人员手机充电、开水供应、冬季取暖、夏季降温等问题，暗设电源电缆现象并未得到彻底解决。规定似乎合情合理，但从业人员为什么冒着处罚风险违规？安全生产工作只堵不疏、只强调遵守规定，而不解决问题根源，是舍本求末、本末倒置。

安全工作不能只堵不疏，要找出从业人员自行私拉乱接插座的原因是什么？冬季临建彩钢板房保温性差，房间内寒冷，人员需要取暖；夏季彩钢板房经暴晒，房间内燥热，人员需要风扇降温；宿舍人员需要喝开水、手机要充电。

安全生产管理者应增强人性化管理意识，为从业人员的切实需求着想，冬季宿舍内应设置取暖设备；夏季宿舍内应设空调或 36V 电压风扇；宿舍内应设 5V 直流 USB 手机充电插口；宿舍区应设置电热开水炉，私拉乱接插座问题自然迎刃而解。

为了更有效管理宿舍用电安全，可以采用满足正常时段用电需求的同时采取限时供电等管理措施，但要体现人性化的管理，满足从业人员的基本需求，否则任何管理措施都无济于事。

安全生产管理者应自省自己是否具备基本的人性化管理意识，不能单纯指责从业人员素质低。要知道将复杂、多元性的安全生产因素和人性化管理结合起来，本身也是一种安全工作艺术。

（2）施工作业人性化

当安全生产管理者习惯不断思考、反省、洞察生产过程每个环节中存在的人的不安全行为、物的不安全状态时，安全隐患就会越来越少。

在夏季露天高温环境下，从业人员在 40℃作业面上长时间绑扎钢筋、安装模板、搭设脚手架等，人员难免会出现精神怠倦、情绪紊乱，引起判断失误和操作失误，应采取缩短工作时间、降低劳动强度、延长午休时间、搭设遮阳棚、提供解暑绿豆汤等预防措施，不仅体现人性化管理，也体现企业以人为本的安全文化内涵。

管理者应具备人性化意识和素质，关心、帮助、解决从业人员的后顾之忧。从业人员感受到来自企业管理者的关爱，使之感受到工作过程中充满人性化关怀，能够促使其全身心地投入生产工作中来。

（3）生理、心理健康人性化

人性化管理与制度化管理不相矛盾。根据凤凰网报道：

××省××市在极短的时间里强力推行火葬，收缴砸毁大量寿材。2014 年 5 月 24 日，××市×城××村，40 多副棺木被砸坏后，扔在村边的荒地上。25 日，××市宣传部副部长×××称，经摸底，××市一共有 4.6 万副棺材，已经被处置（销毁）的约 4.5 万副，剩余 800 副左右棺材仍保留在居民家中。

一些老人，为了能赶在 6 月 1 日新政之前"睡着棺木死去"，于是纷纷以喝农药、上吊、投井、割喉等方式自杀。

84 岁的施××回顾当时砸棺木的情形说，镇乡干部带着工人和警察来家里说，不砸掉棺木就是犯法，他没敢阻挡，流着泪看着自己的"家"被砸烂。施××说："这里的人一生劳苦，死后想睡一个风雨不透的房子，就是这棺材。"

管理思维不能简单粗暴搞一刀切，一刀切会切出血，罔顾千年传统乡土文化习俗的合理性成分，给乡土社会带来了灾难性的后果。

在推进殡葬改革政策民众以死抗争时，显现的是千年传统文化力量，"死后睡一个风雨不透的房子"是当地上岁数人的唯一愿望。管理者应以人性化管理思维为出发点，按年龄、按时间逐渐过渡不失为上策。

安全生产要以人性化的观念指导行为，不应无原则鼓励、表扬一个连续高烧 40℃左右的从业人员坚持工作，要让病人治病、休息、恢复健康，让健康人代替其工作。爱岗敬业精神可嘉，但生命安全、职业健康更重要。

7.本质安全对策

本质安全是通过设计等手段使生产设施设备或生产系统本身具有安全性，即使在误操作或发生故障的情况下也不会造成事故的功能。

（1）失误—安全功能：误操作不会导致事故发生或自动阻止误操作。

（2）故障—安全功能：设备、工艺发生故障时还能暂时正常工作或自动转变安全状态。

8.遵循客观规律对策

安全生产工作是一门综合科学，需要以科学的态度、严谨的思维研习自然科学、管理学、心理学、生理学、人体工程学等多个学科，在谋求实现一项满足安全、功能、观感的工程时，必须组织相关领域的专家进行安全论证，评估其科学性、可行性，以免顾此失彼、因小失大。

人定胜天作为一种精神存在是合理的，人类认识自然和科技应用是有限的，不可能完全控制自然、改造自然，而应顺应自然、尊重自然。我们强调人的主动性，但不能违背客观规律、凌驾于天地万物之上，人的意志必须服从客观规律。当起重机的钢丝绳规格确定后，钢丝绳的额定荷载或破断极限拉力是一定的，当塔式起重机的额定设计荷载为1000kg时，却贸然吊运2000kg的荷载，虽然考虑了钢丝绳安全系数设计裕量，钢丝绳未必破断，但可能超过了塔式起重机的额定倾翻力矩，造成机毁人亡，这是违背客观规律的实例。

国外公路隔离带通常采用实用、廉价的隔离栏，花坛建在路边。而中国的许多城市道路、高速公路上行及下行车道的隔离带建设了大量花木、花坛来美化道路和市容。殊不知建在路中间的花木隔离带不仅给司机带来分心走神的行车风险，同时使花木、花坛存活，需要定期浇水、修剪，在维护的时候，缓慢行驶的浇水车或停在路边的园林车，屡次发生追尾和避让车祸。道路设计施工的原则应以安全、功能、观感为序，而不应采用单一思维。

9.人因对策

（1）人因工程对策

人因工程学是一门迅速发展的交叉学科，要充分考虑人体的生理特征及应用，人体的动态生理特征、人体的神经系统、人体的肌肉系统、人体的能量供应和消耗系统，构成人的视觉、听觉、触觉、感觉、味觉和嗅觉感知阈限。以心理学、生理学、解剖学、人体测量学等学科为基础，使人—机—环境系统的设计符合人的身体结构和生理心理特点，作业人员使用的设备、设施和器具应实现人、机、环境之间的最佳匹配，人机界面设计为在不同条件下能够安全、高效和舒适地进行工作。

由于长时间紧张的脑力或体力活动导致整个人体机能降低，反映在思维的判断力和动作的灵敏性降低、作业效率下降，疲劳是引发事故的诱因之一。

例如，塔式起重机驾驶员应保持舒适坐姿，操控视野开阔清晰、操作室温度适宜，人体关节最优角度值均处于最小疲劳度和操作失误率。

（2）人因管控对策

某现场物料提升机作业时，由于操作人员一时疏忽，装满物料的吊篮升至顶端时，未及时按停止按钮，加之物料提升机高端限位器失效，造成物料提升机倾覆，虽未造成伤亡事故，但造成一定的经济损失，这是典型的操作失误事故。

人因失误包括管理失误、人为操作失误、设计失误等与人有关的各种失误。安全生产工作要借鉴管理学、组织行为学、心理学、安全科学等学科的理论知识，结合建筑施工现场实际情况，减少从业人员的人为设计失误、操作失误。

对于生理、心理有疾患的从业人员应加以有效治疗后方准上岗，从业人员必须保证充足的睡眠和卫生健康的饮食等；对缺乏责任心、粗心大意的事故多发倾向者应采取更换工种、调换岗位等措施，减少人因失误。

10.安全生产动态工作对策

（1）现场从业人员在不断流动，人员素质风险也在不断变化；作业前必须分别对全员、新入岗人员、转岗人员进行岗前安全生产教育培训，采用体验式教育培训，强化人员的安全意识、知识和技能。

（2）现场施工工艺、工序、环境在不断变化，安全生产风险也在不断变化；安全生产必须经常性开展自查、互查，及时发现隐患、及时整改。

11.安全生产隐患、生产安全事故规律对策

（1）厘清安全生产隐患、生产安全事故原因

安全生产预防工作是重点，安全生产事故内在原因是难点，切忌只见树木、不见森林。

2015年5月份寨卡病毒开始在南美洲各国流行，寨卡病毒的最大隐患是具有高度嗜神经性，感染的孕妇会分娩小头畸形儿，寨卡病毒造成婴儿大脑不同程度的先天性受损，出现智力障碍、肌力异常、癫痫等神经系统异常。

2016年2月25日，中国大陆确诊5例输入性寨卡病毒感染病例。疾病预防控制中心的专家认为如果未采取有效预防措施，有可能在较大范围内爆发。

寨卡病毒不仅可以通过蚊虫叮咬传播，而且由于病毒携带者（感染病毒但无症状）的精液、血液、阴道分泌物、尿液等体液中含有大量的病毒颗粒，还会通过性接触途径、血液途径、经胎盘的母婴途径传播，和艾滋病病毒HIV的传播途径非常类似。

其中80%的寨卡病毒感染者并无症状，即便有也以发热、关节疼痛、斑丘样皮疹和结膜炎为主，偶尔有恶心呕吐、腹痛等轻微症状出现，通常在一周左右消失。由于寨卡病毒的隐匿性，许多公众、甚至许多医生认为感染寨卡病毒的患者只要症状消失，就是治愈了，这绝对是灾难性的认识误区。在没有特效药物和疫苗的情况下，即使是经过治疗的寨卡病毒感染者，其体内的病毒颗粒也不可能清除，也就是说，目前寨卡病毒感染是不可治愈的。

因此重要的预防工作是防蚊灭蚊及控制、治疗有症状的病毒感染者，而更重要的预防工作在于识别大量的无症状病毒携带者，并防止其传播给他人，这是预防工作的重点和难点。

安全隐患在动态生产过程中是客观存在的，不能讳莫如深；避免安全生产伤亡事故悲剧

发生，工作重点、难点是精准预测、针对防范。专业人员应充分利用长期观察、积累的社会资源、行政数据资源、技术资源，对事故外在和内在原因规律进行深入研究、反思、总结。

某公司专业检查人员，在进行现场施工机械专项安全检查中发现多项安全隐患，现场主管施工机械的人员很认真、虚心接受意见，并表示立即整改；一个月后，进行第二次施工机械安全检查时，专业检查人员发现依然存在多项不同上次的安全隐患。深入了解发现，机械管理人员既无工作经历、也对机械安全技术一无所知，项目没有配置专业技术人员。实施有效的安全生产技术管理，专业技术人员必不可少，这显然不是技术问题而是管理问题。检查发现的隐患需要认真整改，但更重要的整改内容是配置或培养专业技术人员。

安全生产工作的重点是采取针对性和预见性预防对策，针对性和预见性的关键是查明事故的内在致因。

> 小贴士：讳莫如深指把事情隐瞒得很深、隐秘不说，唯恐别人知道。

（2）厘清安全生产隐患、生产安全事故本质原因

安全生产检查中发现的隐患、安全生产过程中发生的事故往往是一种表象，要透过原理看本质。

某现场，物料提升机钢丝绳到了报废年限而没有报废，导致钢丝绳破断造成伤亡事故，表面原因是劳务分包方为了节省成本，实际是劳务分包机械、总包以包代管、管理缺位造成的。

2006 年××月××日下午 14 时许，某施工现场装饰装修分包单位的从业人员在没有观察周边环境，也未分清本单位电源使用回路的情况下，贸然将分配电箱所有回路的隔离开关及剩余电流动作保护器（RCD）合闸送电，导致仅距 3m 处、正在接续交流弧焊机电源的 36 岁陈×× 当场电击死亡。

各相关部门人员现场勘察、检视电击事故、搜集证人材料、事故分析，发现剩余电流动作保护器（RCD）未脱扣动作，但模拟试验按钮动作。事故调查负责人认定是从业人员未严格遵守安全操作规程、剩余电流动作保护器（RCD）失效，造成电击死亡事故的发生。

根据剩余电流动作保护器（RCD）的工作原理可知，当人体两端（两手间、两脚间、手脚间）作为负载接入电气回路时，电流矢量和等于零，剩余电流动作保护器（RCD）处于正常合闸不脱扣工作状态。只有在绝缘破损、人员直接或间接接触状态下，电流矢量和不为零，剩余电流互感器检测到零序电流时，主电路栓脱扣。在事故分析过程中，相关电气专家现场勘察并专程检视、检查，发现死者左手掌心、右手拇指和食指处均有接触性电击蚀痕部位，显然两手身体间呈现 380V 线间负载状态。

经过事故分析电气专家最后认定，项目安全生产管理缺失，电焊工违反安全操作规程"非电工人员不得从事电气安装、接续工作"的规定接续用电设备电源；分配电箱直接接续用电设备；未设末级配电箱，装饰装修分包单位的从业人员盲目合闸造成电击死亡事故发生，与剩余电流动作保护器（RCD）的保护性能无关。

任何事故原因分析，相关人员都必须要掌握设施设备的基本工作原理，正确结论依据

科学验证，不能妄言，若缺乏基本的专业知识，错误是在所难免的。

只有厘清事故原因，才会减少误判、才能采取针对性防范措施，防范安全生产事故再次发生的预防措施才会落到实处。

（3）厘清安全生产隐患、生产安全事故原因方法

安全生产隐患、生产安全事故原因规律需要具有思想性的管理人员、专业人员不断学习、研究、总结，依据科学原理、试验数据、安全技术规范、安全生产制度等，对安全生产过程中任何阶段、任何时刻、任何专业的危险因素进行识别、分析、评估。

安全生产隐患、生产安全事故原因规律研究需要按照统计学原理，对生产安全事故的专业、时段、特点、工艺、工种、结构形式等，分门别类进行科学统计、分析、归纳、总结，为生产安全事故提供精准的针对性和预见性预控措施。

（八）目视化安全生产管理对策

目视化安全生产管理指采用直观、图表化、色彩适宜的各种视觉感知信息来对现场生产进行管理的科学方法，是达到提高劳动生产率的一种管理手段。

1.目视化安全生产管理作用

（1）简约：各种视觉信号简明易懂，一目了然，现场从业人员作业时能看懂，将安全管理的意图传递给从业人员。如警示标志。

（2）鲜明：各种视觉显示信号要清晰，位置要适宜，使现场从业人员作业时在任意位置都能看到、看清。如消火栓昼夜警示标志。

（3）实用：具备实效性使用价值。

（4）严格：现场从业人员必须严格遵守和执行相关目视化管理规定。

2.目视化安全生产管理要求

（1）管理标准须统一；

（2）各种色彩、符号须统一；

（3）各种警示标志制作须统一。

3.目视化安全生产管理方法

（1）区域目视化；

（2）定位目视化；

（3）音频、视频目视化；

（4）标签、标牌目视化；

（5）目视板目视化管理；

（6）现场定位目视化管理。

4.目视化安全生产危险源管理

（1）目视化安全生产危险源管理内容

1）高处坠落危险源：悬空作业未设安全绳索、安全防护不够；危险地段或坑井边未设警示灯、防护栏杆，夜间施工照明亮度不足。

2）物体打击危险源：高处坠落的物体进入施工现场；施工人员未正确佩戴安全帽或未佩戴安全帽；安全保护网未封闭严密或不符合规定。

3）机械伤害危险源：机械安全装置失效，机器构件损坏，各种机械传动部分必须设防护罩、套；按规定进行安全检查和保养；起重机械、物料提升机械等操作者必须经专业

安全技术培训，坚持十不吊等。

　　4）坍塌事故危险源：

　　① 井、洞、坑超挖未防护；

　　② 基坑、边坡和桩孔边堆置各类建筑材料应按规定距离堆置；基坑开挖前做好降水工作；

　　③ 建筑物坍塌：确保建筑材料和构配件的质量及模板稳定性，严格控制施工荷载；

　　④ 高大模板支架坍塌：进行高大模板支架设计计算，按规范要求搭设；

　　⑤ 脚手架坍塌：脚手架结构按规定设置剪刀撑，与建筑物进行拉结，确保整体稳定性。

　　5）触电危险源：用电设备绝缘性能降低；现场用电不符合送停电程序；特殊场所采用36V以下安全电压；装设剩余电流动作保护器，剩余电流动作保护器、断路器技术参数符合规范规定；严格执行一台用电设备按"一隔、一漏、一箱、一锁"配置原则。

　　6）火灾危险源：可燃物的存在、明火等。

　　（2）目视化安全生产危险源管理

　　1）目视化安全生产危险源管理内容

　　危险源名称、危险因素、措施、后果、警示标志。

　　2）目视化安全生产危险源管理采用图表方式，见表1-3。

图 表 方 式

表1-3

危险源名称	分配电箱(柜)	危险因素	1. 外露可导电导体； 2. 盘前配线、断路器间距； 3. 配电箱防雨防砸； 4. 接地装置接地电阻值； 5. 箱体(柜)保护导体(PE)连接
编号	D-001		
		措施	1. 绝缘措施； 2. 间距措施，盘后配线； 3. 屏护措施，防护； 4. 检测试验措施； 5. 可接近导体与保护导体(PE)可靠连接
		后果	可能发生电击事件
		警示标志	当心触电 Warning, electric shock

四、安全生产科技对策

（一）安全生产科技的作用

　　（1）安全生产科技具有生产安全事件预防作用

　　科技日新月异，互联网、大数据、云计算等现代信息技术深刻改变着人类的思维和生产方式。为适应信息技术的发展，推动施工生产安全变革和创新，需构建网络化、数字化、个性化、系统化的安全生产工作体系。

控制危险源，把事故发生概率降到最低，即使万一发生生产安全事件时，也需要现代安全科技最大限度控制、减轻伤害和损失程度。

现代科技的检测技术、测量精度早已超越传统的管控技术及人类生理机能水平，数据量化分析是基础，使我们客观、准确判断危险度信息，从而避免主观判断失误。

人类虽然可以通过嗅觉感知气体的类别、通过视觉度量脚手架的立杆间距等，但应用现代科技的气体探测器可以感知微量气体的类别、激光测距仪可以度量物体 0.01mm 间距等，人类的嗅觉、视觉功能往往望尘莫及。当塔式起重机起重力矩达到额定值的 80% 时，自动降低变幅运行速度；当塔式起重机起重力矩达到额定值的 110% 时，力矩限位器发出控制信号指令变频控制器切断主提升电机电源和变幅小车电机幅度增大方向电源。遵循安全生产工艺技术、安全科技防护最优化原则，现场施工机械设施设备采用先进、可靠的检测、防护科技，把物的已知、未知的不安全状态变为相对安全状态，使安全生产风险趋于零，达到安全科技预防事故的目的。

（2）安全生产科技具有完善安全生产工作作用

安全生产科技具有完善安全生产工作作用，部分安全生产科技功能是人类无法企及的。感烟探测器或感温探测器在预设火灾条件下，能够迅速感应火灾并立即发出火灾报警和连锁控制信号，启动排烟风机、消防泵等消防设施设备。银行为了保证运行安全，大量采用智能视频监控（行为分析）安保系统，在银行的柜台、门口等区域安装监控摄像头，在视频画面内设置智能分析区域，实现 24h 智能视频监控，对进出人员的行为进行智能分析。当有异常行为发生时，系统自动报警，通知监控室的值班人员，同时可将异常信息通知到现场的安保人员和公安系统，将可能发生的突发事件控制在萌芽之中。ATM 自助银行抓拍系统（人脸识别系统）可在客户取款时，抓拍人脸存档；当客户身后有人尾随超过设定区域时，系统启动 ATM 机内语音提醒取款客户注意，同时向监控中心报警。高分辨率视频监控技术对关键区域的安全监控和掌控，为专家远程分析、方案、决策提供了技术支持。

日本的地形地貌决定了它强烈的海洋危机意识，通过地震探测监控多次成功预测、预报地震和海啸，而一些欠发达国家因缺少预测科技，结果地震和海啸造成大量人员伤亡和财产损失。

按国家有关消防规范规定，现场消防水管内的水压须根据环境、高度 24h 处于基本恒定状态，以便火灾应急状态下及时供水。采用人工或电接点压力表配合定速电机控制消防泵技术，消防供水系统恒压控制很难达到预期效果；当现场消防供水系统采用压力传感器与变频器组成自动控制系统时，消防给水恒压问题迎刃而解；采取先进安全生产科技，可以解决单纯依靠人员无法解决的难题。

（3）安全生产科技具有改变安全生产工作状态作用

生物进化过程中，很多基因的突变并非人为干预，而是纯属偶然。当物种开始出现基因突变时，大部分突变对物种的生存而言并非有利，而是有害的。但大自然有一套选择机制，会筛选出对物种有利的基因突变，并加以复制和推广。改变、选择和复制就是"进化试错法则"（trial and error）的奥秘。

科学和技术"试错法"要求我们从生产安全事故中总结经验，掌握事故安全技术防范措施和调整应用安全管理方法，通过 BIM 安全管理技术可视化系统漫游功能，及时直观发现现场安全生产设施设备存在的错、缺、漏等常态错误，将具有普遍性、易发性、倾向性的安全生产事故因素消除于萌芽状态。

对于现代战争，科技先进与落后决定战争胜与败。现代战争的输赢，不完全依靠陆军作战，而是依靠军事、信息科技及精确打击武器装备。例如，信息化意味着军队掌握指挥、控制、通信、情报、监视和侦察信息的整合技术能力，美国"苏萨斯"系统是世界上最为庞大的海底声呐观测网体系，它通过多种水下声呐设备相互联网工作，可以覆盖上千千米的大西洋海域，用于监视其他国家的海军舰队。任何国家的舰艇、特别是潜艇穿越网络体系进出大西洋时，都会被美军的声呐监控体系监测到，不仅得到舰艇的位置、数量、时间信息，美军还可根据以往记录的舰艇工作噪声特征信息，轻而易举地分辨出他国海军战舰、潜艇的具体型号，在当今先进的制导（导弹）技术条件下，使他国海军舰艇处于极为被动挨打的状态。

应用安全隐患排查治理信息化系统、安全生产标准化系统、应急救援系统、安全培训远程教育系统及实用新型传感等安全科技，实现行业安全生产"五大伤害"监测监控、预防控制管理一体化。

（二）安全生产科技事故预防对策的基本要求和原则

1. 安全生产科技事故预防对策的基本要求

（1）预防生产过程中产生的危险和危害因素。

（2）排除工作场所的危险和危害因素。

（3）处置危险和危害物并减低到国家规定的限值内。

（4）预防生产装置失灵和操作失误产生的危险和危害因素。

（5）发生意外事故时能为遇险人员提供自救条件。

2. 安全生产科技事故预防对策的基本原则

（1）基本原则

1）安全生产科技事故预防对策针对性原则

针对行业的特点和辨识评价出的主要危险、危害因素及其产生危险、危害后果的条件具有隐蔽性、随机性、交叉影响性，提出优化综合措施对策。

2）安全生产科技事故预防对策可操作性原则

在经济、技术、时间、操作方面是可行的，能够实施。

3）安全生产科技事故预防对策合理性原则

符合国家行业安全技术规范标准的事故预防对策。

4）安全生产科技事故预防对策经济性原则

符合国家行业安全技术规范标准经济水平的事故预防对策。

（2）优先原则

1）直接安全技术措施。生产设备本身具有本质安全性能，不出现事故和危害。

2）间接安全技术措施。若不能或不完全能实现直接安全技术措施时，必须为生产设备设计出一种或多种安全防护装置，最大限度地预防、控制事故或危害的发生。

3）指示性安全技术措施。间接安全技术措施也无法实现时，须采用检测报警装置、警示标志等措施，警告、提醒作业人员注意，以便采取相应的对策或紧急撤离危险场所。

4）若间接、指示性安全技术措施仍然不能避免事故、危害发生时，则应采用安全操作规程、安全教育、培训和个人防护用品等来预防、减弱系统的危险、危害程度。

(三）安全生产科技对策内容

1. 消除潜在危险措施

通过科学、合理的设计和管理，从根本上消除危险、危害因素。例如，采用机械自动化作业、遥控技术作业、安全工艺技术、以无害物质代替有害物质生产消除人身伤害的危险。

2. 安全预防技术措施

当消除危险、危害因素有困难时，可采取预防性技术措施。例如，使用安全阀、安全屏护、剩余电流动作保护器、安全电压、熔断器、防爆膜、事故排风装置等。

3. 减弱强度措施

如果发生事故时意外释放的能量作用于人体，并且能量的作用超过了人体的承受能力则将造成人员的伤害；如果意外释放的能量作用于设备、建筑物、物体并超过了它们的抵抗能力，将造成设备、建筑物、物体的损坏。在无法消除危险、危害因素和难以预防的情况下，可采取安全能源代替危险能源、限制能量、防止能量蓄积、缓慢转移能量、局部通风排毒装置、低毒性物质代替高毒性物质、降温、防雷装置、消除静电装置、减振装置、消声装置等减少危险、危害的措施。

4. 人机隔离措施

在无法消除、减弱危险、危害的情况下，应将人员与危险、危害因素及危害物质在时间或空间上分置隔离。例如，遥控作业；安全罩、防护屏、隔离操作室、安全距离；事故发生时的自救装置、防毒服、各类防护面具等。

5. 连锁技术措施

当操作者失误或设备运行达到危险状态时，将安全防护装置、保险装置、信号装置及危险标示牌（灯）和识别标志进行电气、机械连锁，防范、终止事故危害发生。例如，"与"门电路具有当所有设定条件都满足后，电路发出动作信号指令的特点。"与"门电路这个特点应用到现场施工升降机两个防护门是一个很有效的安全技术措施。为防范施工升降机司机在未关好任意一个防护门的情况下，有意或无意强行启动施工升降机，在"与"门电路的控制下，只有当楼层的防护门与施工升降机防护门同时都关闭了，施工升降机才可以启动运行。

6. 冗余技术措施

当操作者失误或设备运行失控，达到危险状态时，通过冗余备份安全技术手段，防范、终止事故危害发生。例如，为了防止应急状态下消防泵出现故障，消防泵均设计为"一用一备"。

7. 检验、试验技术措施

为了预防安全事故，机械设施设备必须具有必要的机械强度；电气装置、线路等必须具有必要的绝缘强度。机械强度及绝缘强度受磨损、锈蚀、温度、反复应力、绝缘破损等诸多因素的影响，有可能直接造成设备事故、人身事故。

因此，锅炉及其主要附件、压力容器、起重机械钢丝绳、安全装置等，必须按规定、定期进行机械强度检验、试验。

电气装置、线路绝缘等必须按规定、定期进行绝缘电阻摇测；对接地装置进行接地电阻摇测；对剩余电流动作保护器进行技术参数检测。

8.合理工作环境措施

施工现场机械设施设备、工具、材料和半成品加工工作环境应合理布置，不仅促进生产的条理性，而且是保证安全生产的必要条件。在配置钢筋切断机、弯钩机等机械设施设备时，要遵守人机工程学要求，使从业人员处于最适宜的操作位置，末级配电箱应设置在便于操作的位置。配电箱前后通道必须保证畅通，保持一定安全距离以便维修和通行。

工作环境应整洁，散落的杂物、杂料应及时清除。材料堆放整齐，工作地点地面保持平整、整洁。

9.设施设备维保措施

机械设施设备在运转过程中，零部件逐渐磨损或损坏，电气设备随时间推移，绝缘水平会缓慢下降，这是客观现实，轻者生产停止，重者操作人员受到伤害。保持机械设施设备处于良好状态、延长使用寿命、预防安全事故的发生，必须进行经常性的维护保养、检修、更新。

10.安全警示信息措施

在危险性较大和易发生故障的设施设备、区域配置醒目的安全色、安全警示标志或声光报警装置。例如，消防设施设备控制箱内的剩余电流声光报警装置，当线路、用电设备出现剩余电流的时候，发出声光报警信号，提示维护人员及时进行检修。

11.个体安全防护措施

当采取各种防护措施后，仍不能完全保证作业人员的安全时，必须根据危险、危害因素和危险、危害作业类别，配备具有相应防护功能的个人防护用品，作为补充性对策。例如，从业人员进入施工现场必须正确佩戴安全帽；进入有毒有害空间应配置呼吸器等。

（四）安全生产科技对策基础条件

（1）具有综合安全生产素养的科技人员；

（2）具有综合安全生产能力的从业人员操作使用、维护保养先进安全科技设施设备；

（3）配备先进安全科技设施设备。

五、职业健康对策

（一）健康概念和关系

1.健康概念

健康代表一个人的生理健康、心理健康、道德健康和社会适应能力四个方面持续处于良好状态。

（1）生理健康定义

指人体组织结构完整及生理功能正常。

（2）心理健康定义及特征

1）心理健康定义

指人的心理处于完好状态，包括正确地认识自我、正确地认识环境和及时适应环境。

2）心理健康特征

① 心理与环境的同一性，指人的所思所想、所作所为正确地反映外部世界，无明显的差异。

② 心理与行为的整体性，指人的认识、体验、情感、意识等心理活动和行为完整、协调一致。

③ 人格的稳定性，指人在长期的生活经历过程中，形成具有相对稳定的独特个性心理特征。

（3）道德健康定义及特征

1）道德健康定义

指人的生理健康和心理健康的发展，具有良好的道德观念和行为，具有识别是非、美丑、善恶的能力，并能控制自己的行为符合社会道德观念的要求。

2）道德健康特征

① 道德健康最高层次表现：无私利人；

② 道德健康基本层次表现：利人利己；

③ 道德缺失低级层次表现：损人利己或损人损己。

（4）社会适应能力

社会适应能力指人的能力应在社会系统内得到充分的发挥，作为健康的个体应有效地扮演与其身份相适应的角色，包括适应客观工作环境和社会人际关系环境等。

英国著名的医学杂志《The Lancet》的一项研究指出，近年来由于生存压力增大，焦虑、抑郁和强迫症等疾病多发，某国家约 1.73 亿人患有精神疾病，最常见的精神疾病是抑郁症（参见 http：//china.cankaoxiaoxi.com/2015/0527/795500.shtml）。所以我们不仅要关注疼痛、发烧、呕吐等生理疾病对安全生产的影响，而且不能忽视心理健康问题对安全生产的影响。

2.生理健康、心理健康、道德健康和社会适应能力的关系

（1）心理健康和社会性健康是对生物医学模式下的健康的补充和发展，它既考虑到人的自然属性，又考虑到人的社会属性，摆脱了人们对健康的片面认识。

（2）健康四个层面不是各自分离孤立的，而是密切相关、相互作用，不是相互促进，就是相互损害。

（3）联合国卫生组织健康人群统计，亚健康人群在 75% 左右，健康人群只有 10% 左右。

（二）从业人员处于亚健康、非健康状态对安全生产的影响

1.生理健康对安全生产的影响

（1）生理健康状态恶化导致人体各种机能下降，如判断能力、适应能力降低；

（2）生理健康状态恶化导致人体感觉、神经、知觉、听觉等生理反应机能下降；

（3）非生理健康状态导致作业姿势变形，肌力、操控力等人体力学能力下降；

（4）非生理健康状态导致情绪失稳、情绪变化等。

2.心理健康对安全生产的影响

（1）情绪和心理创伤导致悲伤、激动、担忧、恐惧、沮丧等情绪剧烈波动；

（2）导致反应能力、判断力、适应能力降低，警觉、反应灵敏度下降；

（3）注意力不集中，出现违背操作规程现象；

（4）控制能力下降，固定物体力度、强度不准确；

（5）易产生逆反心理及行为，对平时的不公、不满出现发泄倾向等。

3.道德健康对安全生产的影响

（1）道德健康的人在自然界及社会生活中待人处世严格遵循客观规律及公认的规则、规范等。

（2）道德健康者履行应尽的社会责任和义务，不违背自己的良心，不以损害他人的利益来满足自己的需要，具有辨别真善美与假恶丑、荣誉与耻辱等是非观念，能按照社会道德行为规范来约束自己，以道德健康促进整个身心健康。

（3）道德健康有益于身心健康。一个凡事有悖社会道德准则的人，恃强凌弱行为必然导致紧张等种种心态，在道德健康质量低下状态从事生产活动，必将直接或间接影响生产过程安全。

（4）道德健康有益于心理健康。不履行应尽的义务，违背良心，将使一个人陷入一种道德危机感中，必然会恐惧、内疚、惶惶不可终日，必将直接或间接影响生产过程安全。

4.社会适应能力对生产安全的影响

不具备社交能力、处事能力、人际关系能力，必然产生矛盾、压力和焦虑，从而影响生产安全。

（三）从业人员健康对策

1.生理健康对策

（1）避免任何临近、超越生理极限及患病状态下工作、劳动。此状态首先会出现疲劳、力量衰减现象，其次将大幅增加判断失误、操作失误率，这个过程本身就是生产安全事故隐患和温床，直接或间接危及从业人员生命安全、职业健康及财产安全，因此应禁止从业人员在临近、超越生理极限及患病状态下继续、持续工作。

（2）生产经营单位应定期组织从业人员体检，发现初期疾病应及时复查、确诊、治疗。

（3）生理健康异常应及时处理，以免对从业人员的健康及生产安全构成隐患。

1）建安行业工作的职业特殊性，决定了其工作强度和各种职业伤害比其他行业高。从业人员极度疲劳、得不到足够休息、生理处于亚健康状态，是构成事故的原因之一。应避免从业人员从事超越体力、复杂工艺操作及脑力的劳动。

2）当从业人员生理处于亚健康状态时，可以安排轻松、简单、非体力劳动或应安排休息、治疗。

盲目鼓励和颂扬某某人坚持带病工作，不论出于什么目的，都是不负责任的行为。从业人员在反应能力、灵敏性下降的病态情况下，极易导致发生生产安全事故，或造成从业人员轻微病情转为严重、小病变大病，甚至早逝，这是违背以人为本的基本原则和自然科学的行为。

（4）从业人员自身应通过均衡的饮食、适当的锻炼、良好的心态，保持生理健康。

（5）管理人员、从业人员应回避恶劣气候环境，抑制作业空间噪声、振动的恶劣作业环境，提供良好照明、清新空气环境及安全防护措施。

（6）以人体工效学原理为基础，利用现代科技，组成人—机—环相互间合理共存的系统界面，保证从业人员有效、安全、舒适地工作，减少从业人员作业疲劳。如提供适宜的温度、适当的空间、舒适的操作台等作业环境。

2.心理健康对策

（1）避免临近、超越人体心理极限

人体心理强度是有极限的，任何超越人体心理极限强度的工作状态，持续判断失误、思维能力衰减的过程本身就是生产安全事故隐患、温床，不可避免直接或间接危及人的生命安全、职业健康及财产安全。

（2）培育从善如流、疏堵结合的安全生产工作环境

具有社会责任感的企业应有效调剂人际关系、疏解工作压力，使从业人员始终处于良好的心理健康状态，对安全生产工作至关重要。

（3）构建健康的安全生产工作感受

某现场，后勤管理人员给管理者的房间安装空调，房间内温暖如春，从业人员房间却没有任何取暖设施，房间内冷似冰窟。人没有贵贱之分，贵贱之分是人为设定的。在条件许可的情况下，以健康的心态，给予所有从业人员适宜的人际关系和人性化的工作、生活环境条件，每个身临愉悦工作环境的从业人员，对提升企业安全生产工作水平具有巨大的潜在作用。

（4）从业人员应提高自我控制、调整情绪能力

一言不合直接情绪暴力、肢体暴力是缺乏文化和自我控制能力的表现，是一种非常黑暗的力量。安全生产工作中约束自己的情绪和行为，是对自己负责、对他人负责。

从业人员在安全生产工作中应自我控制、适度调整情绪，适应工作、生活环境、压力。

（5）培养良好、乐观向上的健康心理

后天培养良好的性格，有益于减少安全生产事故，改变感情冲动、脾气暴躁、缺乏耐心、不沉着冷静、动作生硬、喜怒无常、感情多变、缺乏自制力，工作问题处理轻率、冒失，理解、判断、思考能力差等不良性格特征。

（6）用有限的时间读书、旅行，吸收人类先进文明。

3.道德健康对策

（1）道德健康是企业安全文化的组成部分。坚守基本的道德准则，技术领先的自然公平规则条件下的应得利益是合理的，用相对绝对的权利获得利益缺乏合理性。企业应杜绝要钱不要命的生产行为，法律应惩处要钱不要别人命的生产行为。

（2）在生产经营企业乃至社会交往中，教育每个从业人员内心充满爱心和善意，企业的长远发展及安全生产将会得到有力的保障。

（3）凡事公平公正、处事利己利他，不仅为自己着想，也为他人着想的良好心理状态，可以使所有安全生产事宜得到妥善处理。

4.社会适应能力对策

（1）习得社交能力、处事能力、人际关系能力，提高应对应变能力；

（2）融入社会、改变自己、解决矛盾；改变环境或适应社会环境，疏解焦虑、抑郁压力。

第二章　建设工程安全生产相关法律法规

本章引言

印度总理甘地是个理想主义者，甘地试图以人格力量改变现实，当枪手掏出枪抵住甘地枯瘦赤裸的胸膛连放三枪时，甘地捂着伤口最后说："请宽恕这个可怜的人"。事实证明现实社会，单纯以人格精神力量战胜人性是不切实际的。

规则决定可以做什么不可以做什么，准则用来决定正负好坏结果，无论是自然科技领域，还是社会科学领域及安全生产领域均如此。

通过安全生产法律、规则的强制作用对安全生产违法违规行为进行惩治实现预防作用，使从业人员在具体的生产活动中，根据安全生产法律、规则规定来自觉地调控从业人员的行为，有效避免违法违规现象的发生。

在市场经济条件下，生产安全、食品安全、环境污染等领域安全文化尚未牢固树立前，仅依靠道德、责任、公众意识、文化教育、舆论谴责和监督的力量，未必能完全纠正和解决人的安全生产违法违规行为，必须依靠独立、公允、平等的安全生产法律、法规体系在特定情况下强制校正偏离法律轨道的安全生产行为，规范安全生产违法行为，明示从业人员违法违规要付出代价、受到制裁。

社会最低的道德水准是利己、利他的规则，建立科学合理的正向激励机制及反向约束机制，提升从业人员安全生产的道德，发挥安全生产相关法律、规则的核心指导作用和规范作用，维系安全生产秩序，明确界定从业人员在生产过程中合法或非法生产行为；从业人员权衡利害得失，避免安全生产失范行为。

安全生产法律、规则作为安全生产活动的基本准则，现代生产的参与者需要具有法律（Law）和规则（Rule）思维。安全生产需要法治方式规范治理，强化安全管理离不开企业内部的柔性约束管理，更离不开法律的刚性约束管理。

生产活动要以以人为本、生命至上的理念指导生产，确保从业人员的生命、职业健康、物质财产安全。每个从业人员都应该明白，遵守安全生产法律、规则与从业人员的安全、职业健康密切相关，违背安全生产法律、规则的行为与绞索密切相连。

当从业人员素质水平尚有提高的空间时，除科学、合理的制度设计外，还需要法律强化、规范安全生产行为。对违反法律、规则的人的不安全行为、物的不安全状态姑息迁就，无原则的包容，是管理的最大隐患，包容在安全生产行为管理范畴内是不适用的，法之不行，形同虚设，生产经营单位往往要付出更大的代价。对违反安全生产法律、规则的人和事，法律的尊严不能用金钱衡量，发生事故必须公平公正追责到人，责任人员必须受到法律的惩罚，企业安全生产实际付出的代价反而会小。

违反了安全生产有关制度规定在管理层面是奖与惩；违反了安全生产有关法律规定在

法律层面是罪与罚。这是强制性避免在生产作业过程中过失伤害他人的生命、职业健康、物质财产的违法违规行为出现的重要、有效手段之一。

第一节 《中华人民共和国刑法》安全生产相关规定

第二十一条【紧急避险】为了使国家、公共利益、本人或者他人的人身、财产和其他权利免受正在发生的危险，不得已采取的紧急避险行为，造成损害的，不负刑事责任。

第一百三十四条：

【重大责任事故罪】在生产、作业中违反有关安全管理的规定，因而发生重大伤亡事故或者造成其他严重后果的，处三年以下有期徒刑或者拘役；情节特别恶劣的，处三年以上七年以下有期徒刑。

> 小贴士："起刑点标准"司法解释：
>
> 第一档起刑点标准＋事故主要责任的定刑方式
>
> 重大责任事故罪、强令违章冒险作业罪、危险物品肇事罪、重大劳动安全事故罪和不报、谎报安全事故罪等，起刑点标准为造成死亡一人，或者重伤三人；或者直接经济损失一百万元，判处三年以下有期徒刑或者拘役。
>
> 第二档高于起刑点标准＋事故主要责任的定刑方式
>
> 重大责任事故罪、强令违章冒险作业罪、危险物品肇事罪、重大劳动安全事故罪和不报、谎报安全事故罪等，造成死亡一人以上，或者重伤三人以上；或者直接经济损失一百万元以上，判处三年以上七年以下有期徒刑。
>
> 引自最高人民法院、最高人民检察院《关于办理危害生产安全刑事案件适用法律的若干问题的解释》二〇一五年十二月十六日

【强令他人违章冒险作业罪】强令他人违章冒险作业，因而发生重大伤亡事故或者造成其他严重后果的，处五年以下有期徒刑或者拘役；情节特别恶劣的，处五年以上有期徒刑。

> 小贴士：司法解释：
>
> （1）最高人民检察院、公安部关于公安机关管辖的刑事案件立案追诉标准的规定，强令他人违章冒险作业，涉嫌下列情形之一的，应予立案追诉：
>
> 1）造成死亡一人以上，或者重伤三人以上；
>
> 2）造成直接经济损失五十万元以上；
>
> 3）其他造成严重后果的情形。
>
> 引自最高人民检察院、公安部关于印发《最高人民检察院、公安部关于公安机关管辖的刑事案件立案追诉标准的规定（一）》的通知（公通字〔2008〕36号）
>
> （2）"强令他人违章冒险作业"司法解释：
>
> 1）明知存在事故隐患、继续作业存在危险，仍然违反有关安全管理的规定；

第一百三十五条【重大劳动安全事故罪】安全生产设施或者安全生产条件不符合国家规定，因而发生重大伤亡事故或者造成其他严重后果的，对直接负责的主管人员和其他直接责任人员，处三年以下有期徒刑或者拘役；情节特别恶劣的，处三年以上七年以下有期徒刑。

小贴士：司法解释：

（1）犯罪主体包括企业、事业单位及所有从事生产、经营的自然人、法人及非法人实体。

（2）"不符合国家规定"对象范围包括"安全生产设施"及"安全生产条件"。

安全生产设施：指用于保护劳动者人身安全的各种设施、设备，如防护网、紧急逃生通道等。

安全生产条件：主要是指保障劳动者安全生产、作业必不可少的安全防护用品和措施，如用于防毒、防爆、防火、通风的用品和措施等。

（3）"不符合国家规定"包括的情形较广泛，如生产经营单位新建或改扩建工程的安全设施未依法经有关部门审查批准，擅自投入生产或使用；不为工人提供法定必要的劳动、防护用品；不具备安全生产条件或存在重大事故隐患，被行政执法机关责令停产、停业或者取缔、关闭后，仍强行生产经营等。

（4）安全生产设施、安全生产条件不符合国家规定一般都是单位行为（个体经营户是个人负责），责任人员范围明确为"直接负责的主管人员和其他直接责任人员"应对重大伤亡事故负责。

第一百三十六条【危险物品肇事罪】违反爆炸性、易燃性、放射性、毒害性、腐蚀性物品的管理规定，在生产、储存、运输、使用中发生重大事故，造成严重后果的，处三年以下有期徒刑或者拘役；后果特别严重的，处三年以上七年以下有期徒刑。

第一百三十七条【工程重大安全事故罪】建设单位、设计单位、施工单位、工程监理单位违反国家规定，降低工程质量标准，造成重大安全事故的，对直接责任人员，处五年以下有期徒刑或者拘役，并处罚金；后果特别严重的，处五年以上十年以下有期徒刑，并处罚金。

第一百三十九条：

【消防责任事故罪】违反消防管理法规，经消防监督机构通知采取改正措施而拒绝执行，造成严重后果的，对直接责任人员，处三年以下有期徒刑或者拘役；后果特别严重的，处三年以上七年以下有期徒刑。

【不报、谎报安全事故罪】在安全事故发生后，负有报告职责的人员不报或者谎报事故情况，贻误事故抢救，情节严重的，处三年以下有期徒刑或者拘役；情节特别严重的，处三年以上七年以下有期徒刑。

第二节 《中华人民共和国安全生产法》
（自 2014 年 12 月 1 日起施行）安全生产相关规定

根据 2014 年 8 月 31 日第十二届全国人民代表大会常务委员会《中华人民共和国安全

生产法》修正案，自 2014 年 12 月 1 日起施行。

一、总则

第一条　为了加强安全生产工作，防止和减少生产安全事故，保障人民群众生命和财产安全，促进经济社会持续健康发展，制定本法。

第二条　在中华人民共和国领域内从事生产经营活动的单位（以下统称生产经营单位）的安全生产，适用本法；有关法律、行政法规对消防安全和道路交通安全、铁路交通安全、水上交通安全、民用航空安全以及核与辐射安全、特种设备安全另有规定的，适用其规定。

> 小贴士：生产经营单位是指在中华人民共和国从事工、矿、商、贸等生产经营活动的单位，包括矿山、金属冶炼、建筑施工、道路运输单位和危险物品的生产、经营、储存等单位。

第三条　安全生产工作应当以人为本，坚持安全发展，坚持安全第一、预防为主、综合治理的方针，强化和落实生产经营单位的主体责任，建立生产经营单位负责、职工参与、政府监管、行业自律和社会监督的机制。

第四条　生产经营单位必须遵守本法和其他有关安全生产的法律、法规，加强安全生产管理，建立、健全安全生产责任制和安全生产规章制度，改善安全生产条件，推进安全生产标准化建设，提高安全生产水平，确保安全生产。

第五条　生产经营单位的主要负责人对本单位的安全生产工作全面负责。

第六条　生产经营单位的从业人员有依法获得安全生产保障的权利，并应当依法履行安全生产方面的义务。

第七条　工会依法对安全生产工作进行监督。

生产经营单位的工会依法组织职工参加本单位安全生产工作的民主管理和民主监督，维护职工在安全生产方面的合法权益。生产经营单位制定或者修改有关安全生产的规章制度，应当听取工会的意见。

第九条　国务院安全生产监督管理部门依照本法，对全国安全生产工作实施综合监督管理；县级以上地方各级人民政府安全生产监督管理部门依照本法，对本行政区域内安全生产工作实施综合监督管理。

安全生产监督管理部门和对有关行业、领域的安全生产工作实施监督管理的部门，统称负有安全生产监督管理职责的部门。

第十条　生产经营单位必须执行依法制定的保障安全生产的国家标准或者行业标准。

第十二条　有关协会组织依照法律、行政法规和章程，为生产经营单位提供安全生产方面的信息、培训等服务，发挥自律作用，促进生产经营单位加强安全生产管理。

第十三条　依法设立的为安全生产提供技术、管理服务的机构，依照法律、行政法规和执业准则，接受生产经营单位的委托为其安全生产工作提供技术、管理服务。

生产经营单位委托前款规定的机构提供安全生产技术、管理服务的，保证安全生产的责任仍由本单位负责。

第十四条　国家实行生产安全事故责任追究制度，依照本法和有关法律、法规的规定，追究生产安全事故责任人员的法律责任。

第十五条　国家鼓励和支持安全生产科学技术研究和安全生产先进技术的推广应用，提高安全生产水平。

第十六条　国家对在改善安全生产条件、防止生产安全事故、参加抢险救护等方面取得显著成绩的单位和个人，给予奖励。

二、生产经营单位的安全生产保障

第十七条　生产经营单位应当具备本法和有关法律、行政法规及国家标准或者行业标准规定的安全生产条件；不具备安全生产条件的，不得从事生产经营活动。

第十八条　生产经营单位的主要负责人对本单位安全生产工作负有下列职责：

（1）建立、健全本单位安全生产责任制；

（2）组织制定本单位安全生产规章制度和操作规程；

（3）组织制定并实施本单位安全生产教育和培训计划；

（4）保证本单位安全生产投入的有效实施；

（5）督促、检查本单位的安全生产工作，及时消除生产安全事故隐患；

（6）组织制定并实施本单位的生产安全事故应急救援预案；

（7）及时、如实报告生产安全事故。

第十九条　生产经营单位的安全生产责任制应当明确各岗位的责任人员、责任范围和考核标准等内容。

生产经营单位应当建立相应的机制，加强对安全生产责任制落实情况的监督考核，保证安全生产责任制的落实。

第二十条　生产经营单位应当具备的安全生产条件所必需的资金投入，由生产经营单位的决策机构、主要负责人或者个人经营的投资人予以保证，并对由于安全生产所必需的资金投入不足导致的后果承担责任。

有关生产经营单位应当按照规定提取和使用安全生产费用，专门用于改善安全生产条件。安全生产费用在成本中据实列支。安全生产费用提取、使用和监督管理的具体办法由国务院财政部门会同国务院安全生产监督管理部门征求国务院有关部门意见后制定。

第二十一条　矿山、金属冶炼、建筑施工、道路运输单位和危险物品的生产、经营、储存单位，应当设置安全生产管理机构或者配备专职安全生产管理人员。

第二十二条　生产经营单位的安全生产管理机构以及安全生产管理人员履行下列职责：

（1）组织或者参与拟订本单位安全生产规章制度、操作规程和生产安全事故应急救援预案；

（2）组织或者参与本单位安全生产教育和培训，如实记录安全生产教育和培训情况；

（3）督促落实本单位重大危险源的安全管理措施；

（4）组织或者参与本单位应急救援演练；

（5）检查本单位的安全生产状况，及时排查生产安全事故隐患，提出改进安全生产管理的建议；

（6）制止和纠正违章指挥、强令冒险作业、违反操作规程的行为；

（7）督促落实本单位安全生产整改措施。

第二十三条　生产经营单位的安全生产管理机构以及安全生产管理人员应当恪尽职守，依法履行职责。

生产经营单位作出涉及安全生产的经营决策，应当听取安全生产管理机构以及安全生产管理人员的意见。

生产经营单位不得因安全生产管理人员依法履行职责而降低其工资、福利等待遇或者解除与其订立的劳动合同。

第二十四条　生产经营单位的主要负责人和安全生产管理人员必须具备与本单位所从事的生产经营活动相应的安全生产知识和管理能力。

危险物品的生产、经营、储存单位以及矿山、金属冶炼、建筑施工、道路运输单位的主要负责人和安全生产管理人员，应当由主管的负有安全生产监督管理职责的部门对其安全生产知识和管理能力考核合格。考核不得收费。

危险物品的生产、储存单位以及矿山、金属冶炼单位应当有注册安全工程师从事安全生产管理工作。鼓励其他生产经营单位聘用注册安全工程师从事安全生产管理工作。注册安全工程师按专业分类管理，具体办法由国务院人力资源和社会保障部门、国务院安全生产监督管理部门会同国务院有关部门制定。

第二十五条　生产经营单位应当对从业人员进行安全生产教育和培训，保证从业人员具备必要的安全生产知识，熟悉有关的安全生产规章制度和安全操作规程，掌握本岗位的安全操作技能，了解事故应急处理措施，知悉自身在安全生产方面的权利和义务。未经安全生产教育和培训合格的从业人员，不得上岗作业。

生产经营单位使用被派遣劳动者的，应当将被派遣劳动者纳入本单位从业人员统一管理，对被派遣劳动者进行岗位安全操作规程和安全操作技能的教育和培训。劳务派遣单位应当对被派遣劳动者进行必要的安全生产教育和培训。

生产经营单位接收中等职业学校、高等学校学生实习的，应当对实习学生进行相应的安全生产教育和培训，提供必要的劳动防护用品。学校应当协助生产经营单位对实习学生进行安全生产教育和培训。

生产经营单位应当建立安全生产教育和培训档案，如实记录安全生产教育和培训的时间、内容、参加人员以及考核结果等情况。

第二十六条　生产经营单位采用新工艺、新技术、新材料或者使用新设备，必须了解、掌握其安全技术特性，采取有效的安全防护措施，并对从业人员进行专门的安全生产教育和培训。

第二十七条　生产经营单位的特种作业人员必须按照国家有关规定经专门的安全作业培训，取得相应资格，方可上岗作业。

第二十八条　生产经营单位新建、改建、扩建工程项目（以下统称建设项目）的安全设施，必须与主体工程同时设计、同时施工、同时投入生产和使用。安全设施投资应当纳入建设项目概算。

第三十条　建设项目安全设施的设计人、设计单位应当对安全设施设计负责。

第三十二条　生产经营单位应当在有较大危险因素的生产经营场所和有关设施、设备上，设置明显的安全警示标志。

第三十三条　安全设备的设计、制造、安装、使用、检测、维修、改造和报废，应当符合国家标准或者行业标准。

生产经营单位必须对安全设备进行经常性维护、保养，并定期检测，保证正常运转。维护、保养、检测应当做好记录，并由有关人员签字。

第三十四条　生产经营单位使用的危险物品的容器、运输工具，以及涉及人身安全、危险性较大的海洋石油开采特种设备和矿山井下特种设备，必须按照国家有关规定，由专业生产单位生产，并经具有专业资质的检测、检验机构检测、检验合格，取得安全使用证或者安全标志，方可投入使用。检测、检验机构对检测、检验结果负责。

第三十五条　国家对严重危及生产安全的工艺、设备实行淘汰制度。生产经营单位不得使用应当淘汰的危及生产安全的工艺、设备。

第三十六条　生产、经营、运输、储存、使用危险物品或者处置废弃危险物品的，由有关主管部门依照有关法律、法规的规定和国家标准或者行业标准审批并实施监督管理。

生产经营单位生产、经营、运输、储存、使用危险物品或者处置废弃危险物品，必须执行有关法律、法规和国家标准或者行业标准，建立专门的安全管理制度，采取可靠的安全措施，接受有关主管部门依法实施的监督管理。

第三十七条　生产经营单位对重大危险源应当登记建档，进行定期检测、评估、监控，并制定应急预案，告知从业人员和相关人员在紧急情况下应当采取的应急措施。

生产经营单位应当按照国家有关规定将本单位重大危险源及有关安全措施、应急措施报有关地方人民政府安全生产监督管理部门和有关部门备案。

小贴士：从业人员主要包括企业主要负责人、安全生产管理人员、特殊作业人员以及其他从业人员四类人员。广义从业人员包括所有在企业里工作的人员。

第三十八条　生产经营单位应当建立健全生产安全事故隐患排查治理制度，采取技术、管理措施，及时发现并消除事故隐患。事故隐患排查治理情况应当如实记录，并向从业人员通报。

第三十九条　生产、经营、储存、使用危险物品的车间、商店、仓库不得与员工宿舍在同一座建筑物内，并应当与员工宿舍保持安全距离。

生产经营场所和员工宿舍应当设有符合紧急疏散要求、标志明显、保持畅通的出口。禁止锁闭、封堵生产经营场所或者员工宿舍的出口。

第四十条　生产经营单位进行爆破、吊装以及国务院安全生产监督管理部门会同国务院有关部门规定的其他危险作业，应当安排专门人员进行现场安全管理，确保操作规程的遵守和安全措施的落实。

第四十一条　生产经营单位应当教育和督促从业人员严格执行本单位的安全生产规章制度和安全操作规程；并向从业人员如实告知作业场所和工作岗位存在的危险因素、防范措施以及事故应急措施。

第四十二条　生产经营单位必须为从业人员提供符合国家标准或者行业标准的劳动防护用品，并监督、教育从业人员按照使用规则佩戴、使用。

第四十三条　生产经营单位的安全生产管理人员应当根据本单位的生产经营特点，对安全生产状况进行经常性检查；对检查中发现的安全问题，应当立即处理；不能处理的，应当及时报告本单位有关负责人，有关负责人应当及时处理。检查及处理情况应当如实记录在案。

生产经营单位的安全生产管理人员在检查中发现重大事故隐患，依照前款规定向本单位有关负责人报告，有关负责人不及时处理的，安全生产管理人员可以向主管的负有安全生产监督管理职责的部门报告，接到报告的部门应当依法及时处理。

第四十四条　生产经营单位应当安排用于配备劳动防护用品、进行安全生产培训的经费。

第四十五条　两个以上生产经营单位在同一作业区域内进行生产经营活动，可能危及对方生产安全的，应当签订安全生产管理协议，明确各自的安全生产管理职责和应当采取的安全措施，并指定专职安全生产管理人员进行安全检查与协调。

第四十六条　生产经营单位不得将生产经营项目、场所、设备发包或者出租给不具备安全生产条件或者相应资质的单位或者个人。

生产经营项目、场所发包或者出租给其他单位的，生产经营单位应当与承包单位、承租单位签订专门的安全生产管理协议，或者在承包合同、租赁合同中约定各自的安全生产管理职责；生产经营单位对承包单位、承租单位的安全生产工作统一协调、管理，定期进行安全检查，发现安全问题的，应当及时督促整改。

第四十七条　生产经营单位发生生产安全事故时，单位的主要负责人应当立即组织抢救，并不得在事故调查处理期间擅离职守。

第四十八条　生产经营单位必须依法参加工伤保险，为从业人员缴纳保险费。国家鼓励生产经营单位投保安全生产责任保险。

三、从业人员的安全生产权利义务

第四十九条　生产经营单位与从业人员订立的劳动合同，应当载明有关保障从业人员劳动安全、防止职业危害的事项，以及依法为从业人员办理工伤保险的事项。

生产经营单位不得以任何形式与从业人员订立协议，免除或者减轻其对从业人员因生产安全事故伤亡依法应承担的责任。

第五十条　生产经营单位的从业人员有权了解其作业场所和工作岗位存在的危险因素、防范措施及事故应急措施，有权对本单位的安全生产工作提出建议。

第五十一条　从业人员有权对本单位安全生产工作中存在的问题提出批评、检举、控告；有权拒绝违章指挥和强令冒险作业。

生产经营单位不得因从业人员对本单位安全生产工作提出批评、检举、控告或者拒绝违章指挥、强令冒险作业而降低其工资、福利等待遇或者解除与其订立的劳动合同。

第五十二条　从业人员发现直接危及人身安全的紧急情况时，有权停止作业或者在采取可能的应急措施后撤离作业场所。

生产经营单位不得因从业人员在前款紧急情况下停止作业或者采取紧急撤离措施而降

低其工资、福利等待遇或者解除与其订立的劳动合同。

> 小贴士：从业人员基本权利包括：知情权；建议权；批评权、检举权、控告权、拒绝权；紧急避险权。

第五十三条　因生产安全事故受到损害的从业人员，除依法享有工伤保险外，依照有关民事法律尚有获得赔偿的权利的，有权向本单位提出赔偿要求。

第五十四条　从业人员在作业过程中，应当严格遵守本单位的安全生产规章制度和操作规程，服从管理，正确佩戴和使用劳动防护用品。

第五十五条　从业人员应当接受安全生产教育和培训，掌握本职工作所需的安全生产知识，提高安全生产技能，增强事故预防和应急处理能力。

第五十六条　从业人员发现事故隐患或者其他不安全因素，应当立即向现场安全生产管理人员或者本单位负责人报告；接到报告的人员应当及时予以处理。

第五十七条　工会有权对建设项目的安全设施与主体工程同时设计、同时施工、同时投入生产和使用进行监督，提出意见。

工会对生产经营单位违反安全生产法律、法规，侵犯从业人员合法权益的行为，有权要求纠正；发现生产经营单位违章指挥、强令冒险作业或者发现事故隐患时，有权提出解决的建议，生产经营单位应当及时研究答复；发现危及从业人员生命安全的情况时，有权向生产经营单位建议组织从业人员撤离危险场所，生产经营单位必须立即作出处理。

工会有权依法参加事故调查，向有关部门提出处理意见，并要求追究有关人员的责任。

第五十八条　生产经营单位使用被派遣劳动者的，被派遣劳动者享有本法规定的从业人员的权利，并应当履行本法规定的从业人员的义务。

四、安全生产监督管理

第五十九条　县级以上地方各级人民政府应当根据本行政区域内的安全生产状况，组织有关部门按照职责分工，对本行政区域内容易发生重大生产安全事故的生产经营单位进行严格检查。

第六十条　负有安全生产监督管理职责的部门依照有关法律、法规的规定，对涉及安全生产的事项需要审查批准（包括批准、核准、许可、注册、认证、颁发证照等，下同）或者验收的，必须严格依照有关法律、法规和国家标准或者行业标准规定的安全生产条件和程序进行审查；不符合有关法律、法规和国家标准或者行业标准规定的安全生产条件的，不得批准或者验收通过。对未依法取得批准或者验收合格的单位擅自从事有关活动的，负责行政审批的部门发现或者接到举报后应当立即予以取缔，并依法予以处理。对已经依法取得批准的单位，负责行政审批的部门发现其不再具备安全生产条件的，应当撤销原批准。

第六十一条　负有安全生产监督管理职责的部门对涉及安全生产的事项进行审查、验收，不得收取费用；不得要求接受审查、验收的单位购买其指定品牌或者指定生产、销售单位的安全设备、器材或者其他产品。

第六十二条　安全生产监督管理部门和其他负有安全生产监督管理职责的部门依法开展安全生产行政执法工作，对生产经营单位执行有关安全生产的法律、法规和国家标准或者行业标准的情况进行监督检查，行使以下职权：

（1）进入生产经营单位进行检查，调阅有关资料，向有关单位和人员了解情况；

（2）对检查中发现的安全生产违法行为，当场予以纠正或者要求限期改正；对依法应当给予行政处罚的行为，依照本法和其他有关法律、行政法规的规定作出行政处罚决定；

（3）对检查中发现的事故隐患，应当责令立即排除；重大事故隐患排除前或者排除过程中无法保证安全的，应当责令从危险区域内撤出作业人员，责令暂时停产停业或者停止使用相关设施、设备；重大事故隐患排除后，经审查同意，方可恢复生产经营和使用；

（4）对有根据认为不符合保障安全生产的国家标准或者行业标准的设施、设备、器材以及违法生产、储存、使用、经营、运输的危险物品予以查封或者扣押，对违法生产、储存、使用、经营危险物品的作业场所予以查封，并依法作出处理决定。

监督检查不得影响被检查单位的正常生产经营活动。

第六十三条　生产经营单位对负有安全生产监督管理职责的部门的监督检查人员（以下统称安全生产监督检查人员）依法履行监督检查职责，应当予以配合，不得拒绝、阻挠。

第六十四条　安全生产监督检查人员应当忠于职守，坚持原则，秉公执法。

安全生产监督检查人员执行监督检查任务时，必须出示有效的监督执法证件；对涉及被检查单位的技术秘密和业务秘密，应当为其保密。

第六十五条　安全生产监督检查人员应当将检查的时间、地点、内容、发现的问题及其处理情况，作出书面记录，并由检查人员和被检查单位的负责人签字；被检查单位的负责人拒绝签字的，检查人员应当将情况记录在案，并向负有安全生产监督管理职责的部门报告。

第六十六条　负有安全生产监督管理职责的部门在监督检查中，应当互相配合，实行联合检查；确需分别进行检查的，应当互通情况，发现存在的安全问题应当由其他有关部门进行处理的，应当及时移送其他有关部门并形成记录备查，接受移送的部门应当及时进行处理。

第六十七条　负有安全生产监督管理职责的部门依法对存在重大事故隐患的生产经营单位作出停产停业、停止施工、停止使用相关设施或者设备的决定，生产经营单位应当依法执行，及时消除事故隐患。生产经营单位拒不执行，有发生生产安全事故现实危险的，在保证安全的前提下，经本部门主要负责人批准，负有安全生产监督管理职责的部门可以采取通知有关单位停止供电、停止供应民用爆炸物品等措施，强制生产经营单位履行决定。通知应当采用书面形式，有关单位应当予以配合。

负有安全生产监督管理职责的部门依照前款规定采取停止供电措施，除有危及生产安全的紧急情形外，应当提前 24h 通知生产经营单位。生产经营单位依法履行行政决定、采取相应措施消除事故隐患的，负有安全生产监督管理职责的部门应当及时解除前款规定的措施。

第六十九条　承担安全评价、认证、检测、检验的机构应当具备国家规定的资质条件，并对其作出的安全评价、认证、检测、检验的结果负责。

第七十条　负有安全生产监督管理职责的部门应当建立举报制度，公开举报电话、信箱或者电子邮件地址，受理有关安全生产的举报；受理的举报事项经调查核实后，应当形成书面材料；需要落实整改措施的，报经有关负责人签字并督促落实。

第七十一条　任何单位或者个人对事故隐患或者安全生产违法行为，均有权向负有安全生产监督管理职责的部门报告或者举报。

第七十四条　新闻、出版、广播、电影、电视等单位有进行安全生产公益宣传教育的义务，有对违反安全生产法律、法规的行为进行舆论监督的权利。

第七十五条　负有安全生产监督管理职责的部门应当建立安全生产违法行为信息库，如实记录生产经营单位的安全生产违法行为信息；对违法行为情节严重的生产经营单位，应当向社会公告，并通报行业主管部门、投资主管部门、国土资源主管部门、证券监督管理机构以及有关金融机构。

五、生产安全事故的应急救援与调查处理

第七十六条　国家加强生产安全事故应急能力建设，在重点行业、领域建立应急救援基地和应急救援队伍，鼓励生产经营单位和其他社会力量建立应急救援队伍，配备相应的应急救援装备和物资，提高应急救援的专业化水平。

第七十八条　生产经营单位应当制定本单位生产安全事故应急救援预案，与所在地县级以上地方人民政府组织制定的生产安全事故应急救援预案相衔接，并定期组织演练。

第七十九条　危险物品的生产、经营、储存单位以及矿山、金属冶炼、城市轨道交通运营、建筑施工单位应当建立应急救援组织；生产经营规模较小的，可以不建立应急救援组织，但应当指定兼职的应急救援人员。

危险物品的生产、经营、储存、运输单位以及矿山、金属冶炼、城市轨道交通运营、建筑施工单位应当配备必要的应急救援器材、设备和物资，并进行经常性维护、保养，保证正常运转。

第八十条　生产经营单位发生生产安全事故后，事故现场有关人员应当立即报告本单位负责人。

单位负责人接到事故报告后，应当迅速采取有效措施，组织抢救，防止事故扩大，减少人员伤亡和财产损失，并按照国家有关规定立即如实报告当地负有安全生产监督管理职责的部门，不得隐瞒不报、谎报或者迟报，不得故意破坏事故现场、毁灭有关证据。

第八十二条　有关地方人民政府和负有安全生产监督管理职责的部门的负责人接到生产安全事故报告后，应当按照生产安全事故应急救援预案的要求立即赶到事故现场，组织事故抢救。

参与事故抢救的部门和单位应当服从统一指挥，加强协同联动，采取有效的应急救援措施，并根据事故救援的需要采取警戒、疏散等措施，防止事故扩大和次生灾害的发生，减少人员伤亡和财产损失。

事故抢救过程中应当采取必要措施，避免或者减少对环境造成的危害。

任何单位和个人都应当支持、配合事故抢救，并提供一切便利条件。

第八十三条　事故调查处理应当按照科学严谨、依法依规、实事求是、注重实效的原则，及时、准确地查清事故原因，查明事故性质和责任，总结事故教训，提出整改措施，并对事故责任者提出处理意见。事故调查报告应当依法及时向社会公布。事故调查和处理的具体办法由国务院制定。

事故发生单位应当及时全面落实整改措施，负有安全生产监督管理职责的部门应当加强监督检查。

第八十五条　任何单位和个人不得阻挠和干涉对事故的依法调查处理。

六、法律责任

第八十九条　承担安全评价、认证、检测、检验工作的机构，出具虚假证明的，没收违法所得；违法所得在十万元以上的，并处违法所得二倍以上五倍以下的罚款；没有违法所得或者违法所得不足十万元的，单处或者并处十万元以上二十万元以下的罚款；对其直接负责的主管人员和其他直接责任人员处二万元以上五万元以下的罚款；给他人造成损害的，与生产经营单位承担连带赔偿责任；构成犯罪的，依照刑法有关规定追究刑事责任。

对有前款违法行为的机构，吊销其相应资质。

第九十条　生产经营单位的决策机构、主要负责人或者个人经营的投资人不依照本法规定保证安全生产所必需的资金投入，致使生产经营单位不具备安全生产条件的，责令限期改正，提供必需的资金；逾期未改正的，责令生产经营单位停产停业整顿。

有前款违法行为，导致发生生产安全事故的，对生产经营单位的主要负责人给予撤职处分，对个人经营的投资人处二万元以上二十万元以下的罚款；构成犯罪的，依照刑法有关规定追究刑事责任。

第九十一条　生产经营单位的主要负责人未履行本法规定的安全生产管理职责的，责令限期改正；逾期未改正的，处二万元以上五万元以下的罚款，责令生产经营单位停产停业整顿。

生产经营单位的主要负责人有前款违法行为，导致发生生产安全事故的，给予撤职处分；构成犯罪的，依照刑法有关规定追究刑事责任。

生产经营单位的主要负责人依照前款规定受刑事处罚或者撤职处分的，自刑罚执行完毕或者受处分之日起，五年内不得担任任何生产经营单位的主要负责人；对重大、特别重大生产安全事故负有责任的，终身不得担任本行业生产经营单位的主要负责人。

第九十二条 生产经营单位的主要负责人未履行本法规定的安全生产管理职责，导致发生生产安全事故的，由安全生产监督管理部门依照下列规定处以罚款：

（1）发生一般事故的，处上一年年收入百分之三十的罚款；

（2）发生较大事故的，处上一年年收入百分之四十的罚款；

（3）发生重大事故的，处上一年年收入百分之六十的罚款；

（4）发生特别重大事故的，处上一年年收入百分之八十的罚款。

第九十三条 生产经营单位的安全生产管理人员未履行本法规定的安全生产管理职责的，责令限期改正；导致发生生产安全事故的，暂停或者撤销其与安全生产有关的资格；构成犯罪的，依照刑法有关规定追究刑事责任。

第九十四条 生产经营单位有下列行为之一的，责令限期改正，可以处五万元以下的罚款；逾期未改正的，责令停产停业整顿，并处五万元以上十万元以下的罚款，对其直接负责的主管人员和其他直接责任人员处一万元以上二万元以下的罚款：

（1）未按照规定设置安全生产管理机构或者配备安全生产管理人员的；

（2）危险物品的生产、经营、储存单位以及矿山、金属冶炼、建筑施工、道路运输单位的主要负责人和安全生产管理人员未按照规定经考核合格的；

（3）未按照规定对从业人员、被派遣劳动者、实习学生进行安全生产教育和培训，或者未按照规定如实告知有关的安全生产事项的；

（4）未如实记录安全生产教育和培训情况的；

（5）未将事故隐患排查治理情况如实记录或者未向从业人员通报的；

（6）未按照规定制定生产安全事故应急救援预案或者未定期组织演练的；

（7）特种作业人员未按照规定经专门的安全作业培训并取得相应资格，上岗作业的。

小贴士：《中华人民共和国安全生产法》（2014）规定生产经营单位有下列行为的，可以责令限期改正，也可以处五万元以下的罚款。改变以往逾期未改正或发生事故后再行追责处罚的方式，体现事前隐患排查治理的思维。

第九十五条 生产经营单位有下列行为之一的，责令停止建设或者停产停业整顿，限期改正；逾期未改正的，处五十万元以上一百万元以下的罚款，对其直接负责的主管人员和其他直接责任人员处二万元以上五万元以下的罚款；构成犯罪的，依照刑法有关规定追究刑事责任：

（1）未按照规定对矿山、金属冶炼建设项目或者用于生产、储存、装卸危险物品的建设项目进行安全评价的；

（2）矿山、金属冶炼建设项目或者用于生产、储存、装卸危险物品的建设项目没有安全设施设计或者安全设施设计未按照规定报经有关部门审查同意的；

（3）矿山、金属冶炼建设项目或者用于生产、储存、装卸危险物品的建设项目的施工单位未按照批准的安全设施设计施工的；

（4）矿山、金属冶炼建设项目或者用于生产、储存危险物品的建设项目竣工投入生产或者使用前，安全设施未经验收合格的。

第九十六条　生产经营单位有下列行为之一的，责令限期改正，可以处五万元以下的罚款；逾期未改正的，处五万元以上二十万元以下的罚款，对其直接负责的主管人员和其他直接责任人员处一万元以上二万元以下的罚款；情节严重的，责令停产停业整顿；构成犯罪的，依照刑法有关规定追究刑事责任：

（1）未在有较大危险因素的生产经营场所和有关设施、设备上设置明显的安全警示标志的；

（2）安全设备的安装、使用、检测、改造和报废不符合国家标准或者行业标准的；

（3）未对安全设备进行经常性维护、保养和定期检测的；

（4）未为从业人员提供符合国家标准或者行业标准的劳动防护用品的；

（5）危险物品的容器、运输工具，以及涉及人身安全、危险性较大的海洋石油开采特种设备和矿山井下特种设备未经具有专业资质的机构检测、检验合格，取得安全使用证或者安全标志，投入使用的；

（6）使用应当淘汰的危及生产安全的工艺、设备的。

> 小贴士：生产经营单位有上述行为之一的，即可处五万元以下的罚款；而非逾期未改正，并处罚款。现行《中华人民共和国安全生产法》其他条款类推。

第九十七条　未经依法批准，擅自生产、经营、运输、储存、使用危险物品或者处置废弃危险物品的，依照有关危险物品安全管理的法律、行政法规的规定予以处罚；构成犯罪的，依照刑法有关规定追究刑事责任。

第九十八条　生产经营单位有下列行为之一的，责令限期改正，可以处十万元以下的罚款；逾期未改正的，责令停产停业整顿，并处十万元以上二十万元以下的罚款，对其直接负责的主管人员和其他直接责任人员处二万元以上五万元以下的罚款；构成犯罪的，依照刑法有关规定追究刑事责任：

（1）生产、经营、运输、储存、使用危险物品或者处置废弃危险物品，未建立专门安全管理制度、未采取可靠的安全措施的；

（2）对重大危险源未登记建档，或者未进行评估、监控，或者未制定应急预案的；

（3）进行爆破、吊装以及国务院安全生产监督管理部门会同国务院有关部门规定的其他危险作业，未安排专门人员进行现场安全管理的；

（4）未建立事故隐患排查治理制度的。

第九十九条　生产经营单位未采取措施消除事故隐患的，责令立即消除或者限期消除；生产经营单位拒不执行的，责令停产停业整顿，并处十万元以上五十万元以下的罚款，对其直接负责的主管人员和其他直接责任人员处二万元以上五万元以下的罚款。

第一百条　生产经营单位将生产经营项目、场所、设备发包或者出租给不具备安全生产条件或者相应资质的单位或者个人的，责令限期改正，没收违法所得；违法所得十万元以上的，并处违法所得二倍以上五倍以下的罚款；没有违法所得或者违法所得不足十万元的，单处或者并处十万元以上二十万元以下的罚款；对其直接负责的主管人员和其他直接责任人员处一万元以上二万元以下的罚款；导致发生生产安全事故给他人造成损害的，与承包方、承租方承担连带赔偿责任。

生产经营单位未与承包单位、承租单位签订专门的安全生产管理协议或者未在承包合同、租赁合同中明确各自的安全生产管理职责，或者未对承包单位、承租单位的安全生产统一协调、管理的，责令限期改正，可以处五万元以下的罚款，对其直接负责的主管人员和其他直接责任人员可以处一万元以下的罚款；逾期未改正的，责令停产停业整顿。

第一百零一条　两个以上生产经营单位在同一作业区域内进行可能危及对方安全生产的生产经营活动，未签订安全生产管理协议或者未指定专职安全生产管理人员进行安全检查与协调的，责令限期改正，可以处五万元以下的罚款，对其直接负责的主管人员和其他直接责任人员可以处一万元以下的罚款；逾期未改正的，责令停产停业。

第一百零二条　生产经营单位有下列行为之一的，责令限期改正，可以处五万元以下的罚款，对其直接负责的主管人员和其他直接责任人员可以处一万元以下的罚款；逾期未改正的，责令停产停业整顿；构成犯罪的，依照刑法有关规定追究刑事责任：

（1）生产、经营、储存、使用危险物品的车间、商店、仓库与员工宿舍在同一座建筑内，或者与员工宿舍的距离不符合安全要求的；

（2）生产经营场所和员工宿舍未设有符合紧急疏散需要、标志明显、保持畅通的出口，或者锁闭、封堵生产经营场所或者员工宿舍出口的。

第一百零三条　生产经营单位与从业人员订立协议，免除或者减轻其对从业人员因生产安全事故伤亡依法应承担的责任的，该协议无效；对生产经营单位的主要负责人、个人经营的投资人处二万元以上十万元以下的罚款。

第一百零四条　生产经营单位的从业人员不服从管理，违反安全生产规章制度或者操作规程的，由生产经营单位给予批评教育，依照有关规章制度给予处分；构成犯罪的，依照刑法有关规定追究刑事责任。

第一百零五条　违反本法规定，生产经营单位拒绝、阻碍负有安全生产监督管理职责的部门依法实施监督检查的，责令改正；拒不改正的，处二万元以上二十万元以下的罚款；对其直接负责的主管人员和其他直接责任人员处一万元以上二万元以下的罚款；构成犯罪的，依照刑法有关规定追究刑事责任。

第一百零六条　生产经营单位的主要负责人在本单位发生生产安全事故时，不立即组织抢救或者在事故调查处理期间擅离职守或者逃匿的，给予降级、撤职的处分，并由安全生产监督管理部门处上一年年收入百分之六十至百分之一百的罚款；对逃匿的处十五日以下拘留；构成犯罪的，依照刑法有关规定追究刑事责任。

生产经营单位的主要负责人对生产安全事故隐瞒不报、谎报或者迟报的，依照前款规定处罚。

第一百零八条　生产经营单位不具备本法和其他有关法律、行政法规和国家标准或者行业标准规定的安全生产条件，经停产停业整顿仍不具备安全生产条件的，予以关闭；有关部门应当依法吊销其有关证照。

第一百零九条 发生生产安全事故，对负有责任的生产经营单位除要求其依法承担相应的赔偿等责任外，由安全生产监督管理部门依照下列规定处以罚款：

（1）发生一般事故的，处二十万元以上五十万元以下的罚款；

（2）发生较大事故的，处五十万元以上一百万元以下的罚款；

（3）发生重大事故的，处一百万元以上五百万元以下的罚款；

（4）发生特别重大事故的，处五百万元以上一千万元以下的罚款；情节特别严重的，处一千万元以上二千万元以下的罚款。

第一百一十一条 生产经营单位发生生产安全事故造成人员伤亡、他人财产损失的，应当依法承担赔偿责任；拒不承担或者其负责人逃匿的，由人民法院依法强制执行。

生产安全事故的责任人未依法承担赔偿责任，经人民法院依法采取执行措施后，仍不能对受害人给予足额赔偿的，应当继续履行赔偿义务；受害人发现责任人有其他财产的，可以随时请求人民法院执行。

小贴士：知不知道安全生产犯罪行为及知不知道会因此受到相应惩处，这叫法律认识。

刑法理论讲，任何一个人实施了违法行为，不仅客观上做了而且主观也知道。对法律的无知，对法律的误解或者说法盲，不能构成免除罪责、逃避处罚的理由。

法律认识错误不免责，理由是从业人员应当知法守法。法律认识错误无法证明，法律认识错误知不知道只有自己知道，以不懂法律、法盲为由，要求免除、减轻罪责，法律是不接受的，这可能导致国家的法律不能有效施行。

虽然如果真的不知道而犯法了，量刑时，确实可以是一个宽恕、从轻、减轻责任的理由，但不能免除罪责。

第三节 《中华人民共和国建筑法》安全生产相关规定

一、建筑安全生产管理

第三十六条 建立健全安全生产的责任制度和群防群治制度。

第三十八条 建筑施工企业在编制施工组织设计时，应当根据建筑工程的特点制定相应的安全技术措施；对专业性较强的工程项目，应当编制专项安全施工组织设计，并采取安全技术措施。

第三十九条 建筑施工企业应当在施工现场采取维护安全、防范危险、预防火灾等措施。施工现场对毗邻的建筑物、构筑物和特殊作业环境可能造成损害的，建筑施工企业应当采取安全防护措施。

第四十条 建设单位应当向建筑施工企业提供与施工现场相关的地下管线资料，建筑施工企业应当采取措施加以保护。

第四十一条　建筑施工企业应当遵守有关环境保护和安全生产的法律、法规的规定，采取控制和处理施工现场的各种粉尘、废气、废水、固体废物以及噪声、振动对环境的污染和危害的措施。

第四十五条　施工现场安全由建筑施工企业负责。实行施工总承包的，由总承包单位负责。分包单位向总承包单位负责，服从总承包单位对施工现场的安全生产管理。

第四十七条　建筑施工企业和作业人员在施工过程中，应当遵守有关安全生产的法律、法规和建筑行业安全规章、规程，不得违章指挥或者违章作业。

作业人员有权对影响人身健康的作业程序和作业条件提出改进意见，有权获得安全生产所需的防护用品。作业人员对危及生命安全和人身健康的行为有权提出批评、检举和控告。

二、法律责任

第七十一条　建筑施工企业违反本法规定，对建筑安全事故隐患不采取措施予以消除的，责令改正，可以处以罚款；情节严重的，责令停业整顿，降低资质等级或者吊销资质证书；构成犯罪的，依法追究刑事责任。

第四节　《中华人民共和国消防法》安全生产相关规定
（2008 年 10 月 28 日修订）

一、总则

第二条　消防工作贯彻预防为主、防消结合的方针，按照政府统一领导、部门依法监管、单位全面负责、公民积极参与的原则，实行消防安全责任制，建立健全社会化的消防工作网络。

第五条　任何单位和个人都有维护消防安全、保护消防设施、预防火灾、报告火警的义务。任何单位和成年人都有参加有组织的灭火工作的义务。

二、火灾预防

第十六条　机关、团体、企业、事业等单位应当履行下列消防安全职责：

（1）落实消防安全责任制，制定本单位的消防安全制度、消防安全操作规程，制定灭火和应急疏散预案；

（2）按照国家标准、行业标准配置消防设施、器材，设置消防安全标志，并定期组织检验、维修，确保完好有效；

（3）保障疏散通道、安全出口、消防车通道畅通，保证防火防烟分区、防火间距符合消防技术标准；

（4）组织防火检查，及时消除火灾隐患；

（5）组织进行有针对性的消防演练；

（6）法律、法规规定的其他消防安全职责。

单位的主要负责人是本单位的消防安全责任人。

第十九条　生产、储存、经营易燃易爆危险品的场所不得与居住场所设置在同一建筑物内，并应当与居住场所保持安全距离。

生产、储存、经营其他物品的场所与居住场所设置在同一建筑物内的，应当符合国家工程建设消防技术标准。

第二十一条　禁止在具有火灾、爆炸危险的场所吸烟、使用明火。因施工等特殊情况需要使用明火作业的，应当按照规定事先办理审批手续，采取相应的消防安全措施；作业人员应当遵守消防安全规定。

进行电焊、气焊等具有火灾危险作业的人员和自动消防系统的操作人员，必须持证上岗，并遵守消防安全操作规程。

第二十三条　储存可燃物资仓库的管理，必须执行消防技术标准和管理规定。

第二十四条　消防产品必须符合国家标准；没有国家标准的，必须符合行业标准。禁止生产、销售或者使用不合格的消防产品以及国家明令淘汰的消防产品。

第二十六条　建筑构件、建筑材料和室内装修、装饰材料的防火性能必须符合国家标准；没有国家标准的，必须符合行业标准。

人员密集场所室内装修、装饰，应当按照消防技术标准的要求，使用不燃、难燃材料。

第二十八条　任何单位、个人不得损坏、挪用或者擅自拆除、停用消防设施、器材，不得埋压、圈占、遮挡消火栓或者占用防火间距，不得占用、堵塞、封闭疏散通道、安全出口、消防车通道。人员密集场所的门窗不得设置影响逃生和灭火救援的障碍物。

三、灭火救援

第四十四条　任何人发现火灾都应当立即报警。任何单位、个人都应当无偿为报警提供便利，不得阻拦报警。严禁谎报火警。

任何单位发生火灾，必须立即组织力量扑救。邻近单位应当给予支援。

第五十一条　公安机关消防机构有权根据需要封闭火灾现场，负责调查火灾原因，统计火灾损失。

火灾扑灭后，发生火灾的单位和相关人员应当按照公安机关消防机构的要求保护现场，接受事故调查，如实提供与火灾有关的情况。

公安机关消防机构根据火灾现场勘验、调查情况和有关的检验、鉴定意见，及时制作火灾事故认定书，作为处理火灾事故的证据。

四、法律责任

第六十条　单位违反本法规定，有下列行为之一的，责令改正，处五千元以上五万元以下罚款：

（1）消防设施、器材或者消防安全标志的配置、设置不符合国家标准、行业标准，或者未保持完好有效的；

（2）损坏、挪用或者擅自拆除、停用消防设施、器材的；

（3）占用、堵塞、封闭疏散通道、安全出口或者有其他妨碍安全疏散行为的；

（4）埋压、圈占、遮挡消火栓或者占用防火间距的；

（5）占用、堵塞、封闭消防车通道，妨碍消防车通行的；

（6）对火灾隐患经公安机关消防机构通知后不及时采取措施消除的。

第六十一条　生产、储存、经营易燃易爆危险品的场所与居住场所设置在同一建筑物内，或者未与居住场所保持安全距离的，责令停产停业，并处五千元以上五万元以下罚款。

生产、储存、经营其他物品的场所与居住场所设置在同一建筑物内，不符合消防技术标准的，依照前款规定处罚。

第六十二条　有下列行为之一的，依照《中华人民共和国治安管理处罚法》的规定处罚：

（1）谎报火警的；

（2）阻碍消防车执行任务的；

（3）阻碍公安机关消防机构的工作人员依法执行职务的。

第六十三条　违反规定使用明火作业或者在具有火灾、爆炸危险的场所吸烟、使用明火的。处警告或者五百元以下罚款；情节严重的，处五日以下拘留。

第六十四条　违反本法规定，有下列行为之一，尚不构成犯罪的，处十日以上十五日以下拘留，可以并处五百元以下罚款；情节较轻的，处警告或者五百元以下罚款：

（1）指使或者强令他人违反消防安全规定，冒险作业的；

（2）过失引起火灾的；

（3）在火灾发生后阻拦报警，或者负有报告职责的人员不及时报警的；

（4）扰乱火灾现场秩序，或者拒不执行火灾现场指挥员指挥，影响灭火救援的；

（5）故意破坏或者伪造火灾现场的；

（6）擅自拆封或者使用被公安机关消防机构查封的场所、部位的。

第五节　《中华人民共和国职业病防治法》
（2016 修订版）安全生产相关规定

第一条　为了预防、控制和消除职业病危害，防治职业病，保护劳动者健康及其相关权益，促进经济社会发展，根据宪法，制定本法。

第二条　本法所称职业病，是指企业、事业单位和个体经济组织等用人单位的劳动者在职业活动中，因接触粉尘、放射性物质和其他有毒、有害因素而引起的疾病。

第三条　职业病防治工作坚持预防为主、防治结合的方针，建立用人单位负责、行政机关监管、行业自律、职工参与和社会监督的机制，实行分类管理、综合治理。

第四条　劳动者依法享有职业卫生保护的权利。

用人单位应当为劳动者创造符合国家职业卫生标准和卫生要求的工作环境和条件，并采取措施保障劳动者获得职业卫生保护。

第五条　用人单位应当建立、健全职业病防治责任制，加强对职业病防治的管理，提高职业病防治水平，对本单位产生的职业病危害承担责任。

第六条　用人单位的主要负责人对本单位的职业病防治工作全面负责。

第七条　用人单位必须依法参加工伤保险。

第八条　国家鼓励和支持研制、开发、推广、应用有利于职业病防治和保护劳动者健康的新技术、新工艺、新设备、新材料，加强对职业病的机理和发生规律的基础研究，提高职业病防治科学技术水平；积极采用有效的职业病防治技术、工艺、设备、材料；限制使用或者淘汰职业病危害严重的技术、工艺、设备、材料。

第十三条　任何单位和个人有权对违反本法的行为进行检举和控告。有关部门收到相关的检举和控告后，应当及时处理。

第十四条　用人单位应当依照法律、法规要求，严格遵守国家职业卫生标准，落实职业病预防措施，从源头上控制和消除职业病危害。

第十五条　产生职业病危害的用人单位的设立除应当符合法律、行政法规规定的设立条件外，其工作场所还应当符合下列职业卫生要求：

（1）职业病危害因素的强度或者浓度符合国家职业卫生标准；

（2）有与职业病危害防护相适应的设施；

（3）生产布局合理，符合有害与无害作业分开的原则；

（4）有配套的更衣间、洗浴间等卫生设施；

（5）设备、工具、用具等设施符合保护劳动者生理、心理健康的要求；

（6）法律、行政法规和国务院卫生行政部门、安全生产监督管理部门关于保护劳动者健康的其他要求。

第十八条　建设项目的职业病防护设施所需费用应当纳入建设项目工程预算，并与主体工程同时设计、同时施工、同时投入生产和使用。

职业病危害严重的建设项目的防护设施设计，应当经安全生产监督管理部门审查，符合国家职业卫生标准和卫生要求的，方可施工。

第二十一条　用人单位应当采取下列职业病防治管理措施：

（1）设置或者指定职业卫生管理机构或者组织，配备专职或者兼职的职业卫生管理人员，负责本单位的职业病防治工作；

（2）制定职业病防治计划和实施方案；

（3）建立、健全职业卫生管理制度和操作规程；

（4）建立、健全职业卫生档案和劳动者健康监护档案；

（5）建立、健全工作场所职业病危害因素监测及评价制度；

（6）建立、健全职业病危害事故应急救援预案。

第二十二条　用人单位应当保障职业病防治所需的资金投入，不得挤占、挪用，并对因资金投入不足导致的后果承担责任。

第二十三条　用人单位必须采用有效的职业病防护设施，并为劳动者提供个人使用的职业病防护用品。

用人单位为劳动者个人提供的职业病防护用品必须符合防治职业病的要求；不符合要求的，不得使用。

第二十四条　用人单位应当优先采用有利于防治职业病和保护劳动者健康的新技术、

新工艺、新设备、新材料，逐步替代职业病危害严重的技术、工艺、设备、材料。

第二十五条　产生职业病危害的用人单位，应当在醒目位置设置公告栏，公布有关职业病防治的规章制度、操作规程、职业病危害事故应急救援措施和工作场所职业病危害因素检测结果。

对产生严重职业病危害的作业岗位，应当在其醒目位置，设置警示标识和中文警示说明。警示说明应当载明产生职业病危害的种类、后果、预防以及应急救治措施等内容。

第三十三条　用人单位对采用的技术、工艺、设备、材料，应当知悉其产生的职业病危害，对有职业病危害的技术、工艺、设备、材料隐瞒其危害而采用的，对所造成的职业病危害后果承担责任。

第三十四条　用人单位与劳动者订立劳动合同（含聘用合同，下同）时，应当将工作过程中可能产生的职业病危害及其后果、职业病防护措施和待遇等如实告知劳动者，并在劳动合同中写明，不得隐瞒或者欺骗。

劳动者在已订立劳动合同期间因工作岗位或者工作内容变更，从事与所订立劳动合同中未告知的存在职业病危害的作业时，用人单位应当依照前款规定，向劳动者履行如实告知的义务，并协商变更原劳动合同相关条款。

用人单位违反前两款规定的，劳动者有权拒绝从事存在职业病危害的作业，用人单位不得因此解除与劳动者所订立的劳动合同。

第三十五条　用人单位的主要负责人和职业卫生管理人员应当接受职业卫生培训，遵守职业病防治法律、法规，依法组织本单位的职业病防治工作。

用人单位应当对劳动者进行上岗前的职业卫生培训和在岗期间的定期职业卫生培训，普及职业卫生知识，督促劳动者遵守职业病防治法律、法规、规章和操作规程，指导劳动者正确使用职业病防护设备和个人使用的职业病防护用品。

劳动者应当学习和掌握相关的职业卫生知识，增强职业病防范意识，遵守职业病防治法律、法规、规章和操作规程，正确使用、维护职业病防护设备和个人使用的职业病防护用品，发现职业病危害事故隐患应当及时报告。

劳动者不履行前款规定义务的，用人单位应当对其进行教育。

第三十六条　对从事接触职业病危害的作业的劳动者，用人单位应当按照国务院安全生产监督管理部门、卫生行政部门的规定组织上岗前、在岗期间和离岗时的职业健康检查，并将检查结果书面告知劳动者。职业健康检查费用由用人单位承担。

用人单位不得安排未经上岗前职业健康检查的劳动者从事接触职业病危害的作业；不得安排有职业禁忌的劳动者从事其所禁忌的作业；对在职业健康检查中发现有与所从事的职业相关的健康损害的劳动者，应当调离原工作岗位，并妥善安置；对未进行离岗前职业健康检查的劳动者不得解除或者终止与其订立的劳动合同。

职业健康检查应当由省级以上人民政府卫生行政部门批准的医疗卫生机构承担。

第三十七条　用人单位应当为劳动者建立职业健康监护档案，并按照规定的期限妥善保存。

职业健康监护档案应当包括劳动者的职业史、职业病危害接触史、职业健康检查结果和职业病诊疗等有关个人健康资料。

劳动者离开用人单位时，有权索取本人职业健康监护档案复印件，用人单位应当如实、无偿提供，并在所提供的复印件上签章。

第六节　《建设工程安全生产管理条例》（国务院令第393号）安全生产相关规定

一、《建设工程安全生产管理条例》立法目的

加强建设工程安全生产监督管理，保障人民群众生命和财产安全。

二、建设单位安全责任

第六条　建设单位应当向施工单位提供施工现场及毗邻区域内供水、排水、供电、供气、供热、通信、广播电视等地下管线资料，气象和水文观测资料，相邻建筑物和构筑物、地下工程的有关资料，并保证资料的真实、准确、完整。

第七条　建设单位不得对勘察、设计、施工、工程监理等单位提出不符合建设工程安全生产法律、法规和强制性标准规定的要求，不得压缩合同约定的工期。

第八条　建设单位在编制工程概算时，应当确定建设工程安全作业环境及安全施工措施所需费用。

第九条　建设单位不得明示或者暗示施工单位购买、租赁、使用不符合安全施工要求的安全防护用具、机械设备、施工机具及配件、消防设施和器材。

第十条　建设单位在申请领取施工许可证时，应当提供建设工程有关安全施工措施的资料。

依法批准开工报告的建设工程，建设单位应当自开工报告批准之日起15日内，将保证安全施工的措施报送建设工程所在地的县级以上地方人民政府建设行政主管部门或者其他有关部门备案。

第十一条　建设单位应当将拆除工程发包给具有相应资质等级的施工单位。

建设单位应当在拆除工程施工15日前，将下列资料报送建设工程所在地的县级以上地方人民政府建设行政主管部门或者其他有关部门备案：

（1）施工单位资质等级证明；

（2）拟拆除建筑物、构筑物及可能危及毗邻建筑的说明；

（3）拆除施工组织方案；

（4）堆放、清除废弃物的措施。

实施爆破作业的，应当遵守国家有关民用爆炸物品管理的规定。

三、监理单位安全责任

第十四条　工程监理单位应当审查施工组织设计中的安全技术措施或者专项施工方案是否符合工程建设强制性标准。

工程监理单位在实施监理过程中，发现存在安全事故隐患的，应当要求施工单位整改；情况严重的，应当要求施工单位暂时停止施工，并及时报告建设单位。施工单位拒不

整改或者不停止施工的，工程监理单位应当及时向有关主管部门报告。

工程监理单位和监理工程师应当按照法律、法规和工程建设强制性标准实施监理，并对建设工程安全生产承担监理责任。

四、设施设备安装单位安全责任

第十五条　为建设工程提供机械设备和配件的单位，应当按照安全施工的要求配备齐全有效的保险、限位等安全设施和装置。

第十六条　出租的机械设备和施工机具及配件，应当具有生产（制造）许可证、产品合格证。

出租单位应当对出租的机械设备和施工机具及配件的安全性能进行检测，在签订租赁协议时，应当出具检测合格证明。

禁止出租检测不合格的机械设备和施工机具及配件。

第十七条　在施工现场安装、拆卸施工起重机械和整体提升脚手架、模板等自升式架设设施，必须由具有相应资质的单位承担。

安装、拆卸施工起重机械和整体提升脚手架、模板等自升式架设设施，应当编制拆装方案、制定安全施工措施，并由专业技术人员现场监督。

施工起重机械和整体提升脚手架、模板等自升式架设设施安装完毕后，安装单位应当自检，出具自检合格证明，并向施工单位进行安全使用说明，办理验收手续并签字。

第十八条　施工起重机械和整体提升脚手架、模板等自升式架设设施的使用达到国家规定的检验检测期限的，必须经具有专业资质的检验检测机构检测。经检测不合格的，不得继续使用。

五、施工单位安全责任

第二十条　施工单位从事建设工程的新建、扩建、改建和拆除等活动，应当具备国家规定的注册资本、专业技术人员、技术装备和安全生产等条件，依法取得相应等级的资质证书，并在其资质等级许可的范围内承揽工程。

第二十一条　施工单位主要负责人依法对本单位的安全生产工作全面负责。施工单位应当建立健全安全生产责任制度和安全生产教育培训制度，制定安全生产规章制度和操作规程，保证本单位安全生产条件所需资金的投入，对所承担的建设工程进行定期和专项安全检查，并做好安全检查记录。

施工单位的项目负责人应当由取得相应执业资格的人员担任，对建设工程项目的安全施工负责，落实安全生产责任制度、安全生产规章制度和操作规程，确保安全生产费用的有效使用，并根据工程的特点组织制定安全施工措施，消除安全事故隐患，及时、如实报告生产安全事故。

第二十二条　施工单位对列入建设工程概算的安全作业环境及安全施工措施所需费用，应当用于施工安全防护用具及设施的采购和更新、安全施工措施的落实、安全生产条件的改善，不得挪作他用。

第二十三条　施工单位应当设立安全生产管理机构，配备专职安全生产管理人员。

专职安全生产管理人员负责对安全生产进行现场监督检查。发现安全事故隐患，应当及时向项目负责人和安全生产管理机构报告；对违章指挥、违章操作的，应当立即制止。

专职安全生产管理人员的配备办法由国务院建设行政主管部门会同国务院其他有关部门制定。

第二十四条　建设工程实行施工总承包的，由总承包单位对施工现场的安全生产负总责。

总承包单位应当自行完成建设工程主体结构的施工。

总承包单位依法将建设工程分包给其他单位的，分包合同中应当明确各自的安全生产方面的权利、义务。总承包单位和分包单位对分包工程的安全生产承担连带责任。

分包单位应当服从总承包单位的安全生产管理，分包单位不服从管理导致生产安全事故的，由分包单位承担主要责任。

第二十五条　垂直运输机械作业人员、安装拆卸工、爆破作业人员、起重信号工、登高架设作业人员等特种作业人员，必须按照国家有关规定经过专门的安全作业培训，并取得特种作业操作资格证书后，方可上岗作业。

第二十六条　施工单位应当在施工组织设计中编制安全技术措施和施工现场临时用电方案，对下列达到一定规模的危险性较大的分部分项工程编制专项施工方案，并附具安全验算结果，经施工单位技术负责人、总监理工程师签字后实施，由专职安全生产管理人员进行现场监督：

（1）基坑支护与降水工程；

（2）土方开挖工程；

（3）模板工程；

（4）起重吊装工程；

（5）脚手架工程；

（6）拆除、爆破工程；

（7）国务院建设行政主管部门或者其他有关部门规定的其他危险性较大的工程。

对前款所列工程中涉及深基坑、地下暗挖工程、高大模板工程的专项施工方案，施工单位还应当组织专家进行论证、审查。

本条第一款规定的达到一定规模的危险性较大工程的标准，由国务院建设行政主管部门会同国务院其他有关部门制定。

第二十七条　建设工程施工前，施工单位负责项目管理的技术人员应当对有关安全施工的技术要求向施工作业班组、作业人员作出详细说明，并由双方签字确认。

第二十八条　施工单位应当在施工现场入口处、施工起重机械、临时用电设施、脚手架、出入通道口、楼梯口、电梯井口、孔洞口、桥梁口、隧道口、基坑边沿、爆破物及有害危险气体和液体存放处等危险部位，设置明显的安全警示标志。安全警示标志必须符合国家标准。

施工单位应当根据不同施工阶段和周围环境及季节、气候的变化，在施工现场采取相应的安全施工措施。施工现场暂时停止施工的，施工单位应当做好现场防护，所需费用由责任方承担，或者按照合同约定执行。

第二十九条　施工单位应当将施工现场的办公、生活区与作业区分开设置，并保持安全距离；办公、生活区的选址应当符合安全性要求。职工的膳食、饮水、休息场所等应当符合卫生标准。施工单位不得在尚未竣工的建筑物内设置员工集体宿舍。

施工现场临时搭建的建筑物应当符合安全使用要求。施工现场使用的装配式活动房屋应当具有产品合格证。

第三十条 施工单位对因建设工程施工可能造成损害的毗邻建筑物、构筑物和地下管线等，应当采取专项防护措施。

施工单位应当遵守有关环境保护法律、法规的规定，在施工现场采取措施，防止或者减少粉尘、废气、废水、固体废物、噪声、振动和施工照明对人和环境的危害和污染。

在城市市区内的建设工程，施工单位应当对施工现场实行封闭围挡。

第三十一条 施工单位应当在施工现场建立消防安全责任制度，确定消防安全责任人，制定用火、用电、使用易燃易爆材料等各项消防安全管理制度和操作规程，设置消防通道、消防水源，配备消防设施和灭火器材，并在施工现场入口处设置明显标志。

第三十二条 施工单位应当向作业人员提供安全防护用具和安全防护服装，并书面告知危险岗位的操作规程和违章操作的危害。

作业人员有权对施工现场的作业条件、作业程序和作业方式中存在的安全问题提出批评、检举和控告，有权拒绝违章指挥和强令冒险作业。

在施工中发生危及人身安全的紧急情况时，作业人员有权立即停止作业或者在采取必要的应急措施后撤离危险区域。

第三十三条 作业人员应当遵守安全施工的强制性标准、规章制度和操作规程，正确使用安全防护用具、机械设备等。

第三十四条 施工单位采购、租赁的安全防护用具、机械设备、施工机具及配件，应当具有生产（制造）许可证、产品合格证，并在进入施工现场前进行查验。

施工现场的安全防护用具、机械设备、施工机具及配件必须由专人管理，定期进行检查、维修和保养，建立相应的资料档案，并按照国家有关规定及时报废。

第三十五条 施工单位在使用施工起重机械和整体提升脚手架、模板等自升式架设设施前，应当组织有关单位进行验收，也可以委托具有相应资质的检验检测机构进行验收；使用承租的机械设备和施工机具及配件的，由施工总承包单位、分包单位、出租单位和安装单位共同进行验收。验收合格后方可使用。

《特种设备安全监察条例》规定的施工起重机械，在验收前应当经有相应资质的检验检测机构监督检验合格。

施工单位应当自施工起重机械和整体提升脚手架、模板等自升式架设设施验收合格之日起 30 日内，向建设行政主管部门或者其他有关部门登记。登记标志应当置于或者附着于该设备的显著位置。

第三十六条 施工单位的主要负责人、项目负责人、专职安全生产管理人员应当经建设行政主管部门或者其他有关部门考核合格后方可任职。

施工单位应当对管理人员和作业人员每年至少进行一次安全生产教育培训，其教育培训情况记入个人工作档案。安全生产教育培训考核不合格的人员，不得上岗。

第三十七条 作业人员进入新的岗位或者新的施工现场前，应当接受安全生产教育培训。未经教育培训或者教育培训考核不合格的人员，不得上岗作业。

施工单位在采用新技术、新工艺、新设备、新材料时，应当对作业人员进行相应的安全生产教育培训。

第三十八条　施工单位应当为施工现场从事危险作业的人员办理意外伤害保险。

意外伤害保险费由施工单位支付。实行施工总承包的，由总承包单位支付意外伤害保险费。意外伤害保险期限自建设工程开工之日起至竣工验收合格止。

六、生产安全事故的应急救援和调查处理

第四十八条　施工单位应当制定本单位生产安全事故应急救援预案，建立应急救援组织或者配备应急救援人员，配备必要的应急救援器材、设备，并定期组织演练。

第四十九条　施工单位应当根据建设工程施工的特点、范围，对施工现场易发生重大事故的部位、环节进行监控，制定施工现场生产安全事故应急救援预案。实行施工总承包的，由总承包单位统一组织编制建设工程生产安全事故应急救援预案，工程总承包单位和分包单位按照应急救援预案，各自建立应急救援组织或者配备应急救援人员，配备救援器材、设备，并定期组织演练。

第五十条　施工单位发生生产安全事故，应当按照国家有关伤亡事故报告和调查处理的规定，及时、如实地向负责安全生产监督管理的部门、建设行政主管部门或者其他有关部门报告；特种设备发生事故的，还应当同时向特种设备安全监督管理部门报告。接到报告的部门应当按照国家有关规定，如实上报。

实行施工总承包的建设工程，由总承包单位负责上报事故。

第五十一条　发生生产安全事故后，施工单位应当采取措施防止事故扩大，保护事故现场。需要移动现场物品时，应当作出标记和书面记录，妥善保管有关证物。

第五十二条　建设工程生产安全事故的调查、对事故责任单位和责任人的处罚与处理，按照有关法律、法规的规定执行。

七、法律责任

第五十八条　注册执业人员未执行法律、法规和工程建设强制性标准的，责令停止执业 3 个月以上 1 年以下；情节严重的，吊销执业资格证书，5 年内不予注册；造成重大安全事故的，终身不予注册；构成犯罪的，依照刑法有关规定追究刑事责任。

第五十九条　违反本条例的规定，为建设工程提供机械设备和配件的单位，未按照安全施工的要求配备齐全有效的保险、限位等安全设施和装置的，责令限期改正，处合同价款 1 倍以上 3 倍以下的罚款；造成损失的，依法承担赔偿责任。

第六十条　违反本条例的规定，出租单位出租未经安全性能检测或者经检测不合格的机械设备和施工机具及配件的，责令停业整顿，并处 5 万元以上 10 万元以下的罚款；造成损失的，依法承担赔偿责任。

第六十一条　违反本条例的规定，施工起重机械和整体提升脚手架、模板等自升式架设设施安装、拆卸单位有下列行为之一的，责令限期改正，处 5 万元以上 10 万元以下的罚款；情节严重的，责令停业整顿，降低资质等级，直至吊销资质证书；造成损失的，依法承担赔偿责任：

（1）未编制拆装方案、制定安全施工措施的；

（2）未由专业技术人员现场监督的；

（3）未出具自检合格证明或者出具虚假证明的；

（4）未向施工单位进行安全使用说明，办理移交手续的。

施工起重机械和整体提升脚手架、模板等自升式架设设施安装、拆卸单位有未编制拆装方案、未制定安全施工措施、未出具自检合格证明或者出具虚假证明的行为，经有关部门或者单位职工提出后，对事故隐患仍不采取措施，因而发生重大伤亡事故或者造成其他严重后果，构成犯罪的，对直接责任人员，依照刑法有关规定追究刑事责任。

第六十二条　违反本条例的规定，施工单位有下列行为之一的，责令限期改正；逾期未改正的，责令停业整顿，依照《中华人民共和国安全生产法》的有关规定处以罚款；造成重大安全事故，构成犯罪的，对直接责任人员，依照刑法有关规定追究刑事责任：

（1）未设立安全生产管理机构、配备专职安全生产管理人员或者分部分项工程施工时无专职安全生产管理人员现场监督的；

（2）施工单位的主要负责人、项目负责人、专职安全生产管理人员、作业人员或者特种作业人员，未经安全教育培训或者经考核不合格即从事相关工作的；

（3）未在施工现场的危险部位设置明显的安全警示标志，或者未按照国家有关规定在施工现场设置消防通道、消防水源、配备消防设施和灭火器材的；

（4）未向作业人员提供安全防护用具和安全防护服装的；

（5）未按照规定在施工起重机械和整体提升脚手架、模板等自升式架设设施验收合格后登记的；

（6）使用国家明令淘汰、禁止使用的危及施工安全的工艺、设备、材料的。

第六十三条　违反本条例的规定，施工单位挪用列入建设工程概算的安全生产作业环境及安全施工措施所需费用的，责令限期改正，处挪用费用20%以上50%以下的罚款；造成损失的，依法承担赔偿责任。

第六十四条　违反本条例的规定，施工单位有下列行为之一的，责令限期改正；逾期未改正的，责令停业整顿，并处5万元以上10万元以下的罚款；造成重大安全事故，构成犯罪的，对直接责任人员，依照刑法有关规定追究刑事责任：

（1）施工前未对有关安全施工的技术要求作出详细说明的；

（2）未根据不同施工阶段和周围环境及季节、气候的变化，在施工现场采取相应的安全施工措施，或者在城市市区内的建设工程的施工现场未实行封闭围挡的；

（3）在尚未竣工的建筑物内设置员工集体宿舍的；

（4）施工现场临时搭建的建筑物不符合安全使用要求的；

（5）未对因建设工程施工可能造成损害的毗邻建筑物、构筑物和地下管线等采取专项防护措施的。

施工单位有施工现场临时搭建的建筑物不符合安全使用要求的、未对因建设工程施工可能造成损害的毗邻建筑物、构筑物和地下管线等采取专项防护措施的行为，造成损失的，依法承担赔偿责任。

第六十五条　违反本条例的规定，施工单位有下列行为之一的，责令限期改正；逾期未改正的，责令停业整顿，并处10万元以上30万元以下的罚款；情节严重的，降低资质等级，直至吊销资质证书；造成重大安全事故，构成犯罪的，对直接责任人员，依照刑法有关规定追究刑事责任；造成损失的，依法承担赔偿责任：

（1）安全防护用具、机械设备、施工机具及配件在进入施工现场前未经查验或者查验不合格即投入使用的；

（2）使用未经验收或者验收不合格的施工起重机械和整体提升脚手架、模板等自升式架设设施的；

（3）委托不具有相应资质的单位承担施工现场安装、拆卸施工起重机械和整体提升脚手架、模板等自升式架设设施的；

（4）在施工组织设计中未编制安全技术措施、施工现场临时用电方案或者专项施工方案的。

第六十六条　违反本条例的规定，施工单位的主要负责人、项目负责人未履行安全生产管理职责的，责令限期改正；逾期未改正的，责令施工单位停业整顿；造成重大安全事故、重大伤亡事故或者其他严重后果，构成犯罪的，依照刑法有关规定追究刑事责任。

作业人员不服管理、违反规章制度和操作规程冒险作业造成重大伤亡事故或者其他严重后果，构成犯罪的，依照刑法有关规定追究刑事责任。

施工单位的主要负责人、项目负责人有前款违法行为，尚不够刑事处罚的，处 2 万元以上 20 万元以下的罚款或者按照管理权限给予撤职处分；自刑罚执行完毕或者受处分之日起，5 年内不得担任任何施工单位的主要负责人、项目负责人。

第六十七条　施工单位取得资质证书后，降低安全生产条件的，责令限期改正；经整改仍未达到与其资质等级相适应的安全生产条件的，责令停业整顿，降低其资质等级直至吊销资质证书。

第七节　《安全生产许可证条例》安全生产相关规定

第六条　企业取得安全生产许可证，应当具备下列安全生产条件：

（1）建立、健全安全生产责任制，制定完备的安全生产规章制度和操作规程。

（2）安全投入符合安全生产要求。

（3）设置安全生产管理机构，配备专职安全生产管理人员。

（4）主要负责人和安全生产管理人员经考核合格。

（5）特种作业人员经有关业务主管部门考核合格，取得特种作业操作资格证书。

（6）从业人员经安全生产教育和培训合格。

（7）依法参加工伤保险，为从业人员缴纳保险费。

（8）厂房、作业场所和安全设施、设备、工艺符合有关安全生产法律、法规、标准和规程的要求。

（9）有职业危害防治措施，并为从业人员配备符合国家标准或者行业标准的劳动防护用品。

（10）依法进行安全评价。

（11）有重大危险源检测、评估、监控措施和应急预案。

（12）有生产安全事故应急救援预案、应急救援组织或者应急救援人员，配备必要的应急救援器材、设备。

（13）法律、法规规定的其他条件。

第九条　安全生产许可证的有效期为 3 年。安全生产许可证有效期满需要延期的，企业应当于期满前 3 个月向原安全生产许可证颁发管理机关办理延期手续。

企业在安全生产许可证有效期内，严格遵守有关安全生产的法律法规，未发生死亡事故的，安全生产许可证有效期届满时，经原安全生产许可证颁发管理机关同意，不再审查，安全生产许可证有效期延期 3 年。

第十三条　企业不得转让、冒用安全生产许可证或者使用伪造的安全生产许可证。

第十四条　企业取得安全生产许可证后，不得降低安全生产条件，并应当加强日常安全生产管理，接受安全生产许可证颁发管理机关的监督检查。

安全生产许可证颁发管理机关应当加强对取得安全生产许可证的企业的监督检查，发现其不再具备本条例规定的安全生产条件的，应当暂扣或者吊销安全生产许可证。

第十九条　违反本条例规定，未取得安全生产许可证擅自进行生产的，责令停止生产，没收违法所得，并处 10 万元以上 50 万元以下的罚款；造成重大事故或者其他严重后果，构成犯罪的，依法追究刑事责任。

第二十条　违反本条例规定，安全生产许可证有效期满未办理延期手续，继续进行生产的，责令停止生产，限期补办延期手续，没收违法所得，并处 5 万元以上 10 万元以下的罚款；逾期仍不办理延期手续，继续进行生产的，依照本条例第十九条的规定处罚。

第八节　《中华人民共和国劳动合同法》安全生产相关规定

第三条　订立劳动合同，应当遵循合法、公平、平等自愿、协商一致、诚实信用的原则。

依法订立的劳动合同具有约束力，用人单位与劳动者应当履行劳动合同约定的义务。

第四条　用人单位应当依法建立和完善劳动规章制度，保障劳动者享有劳动权利、履行劳动义务。

用人单位在制定、修改或者决定有关劳动报酬、工作时间、休息休假、劳动安全卫生、保险福利、职工培训、劳动纪律以及劳动定额管理等直接涉及劳动者切身利益的规章制度或者重大事项时，应当经职工代表大会或者全体职工讨论，提出方案和意见，与工会或者职工代表平等协商确定。

在规章制度和重大事项决定实施过程中，工会或者职工认为不适当的，有权向用人单位提出，通过协商予以修改完善。

用人单位应当将直接涉及劳动者切身利益的规章制度和重大事项决定公示，或者告知劳动者。

第六条　工会应当帮助、指导劳动者与用人单位依法订立和履行劳动合同，并与用人单位建立集体协商机制，维护劳动者的合法权益。

第八条　用人单位招用劳动者时，应当如实告知劳动者工作内容、工作条件、工作地点、职业危害、安全生产状况、劳动报酬，以及劳动者要求了解的其他情况；用人单位有权了解劳动者与劳动合同直接相关的基本情况，劳动者应当如实说明。

第十七条　劳动合同应当具备以下条款：

（1）工作内容和工作地点；

（2）工作时间和休息休假；

（3）社会保险；

（4）劳动保护、劳动条件和职业危害防护；

（5）法律、法规规定应当纳入劳动合同的其他事项等等。

第二十六条　下列劳动合同无效或者部分无效：

（1）用人单位免除自己的法定责任、排除劳动者权利的；

（2）违反法律、行政法规强制性规定的等等。

第三十一条　用人单位应当严格执行劳动定额标准，不得强迫或者变相强迫劳动者加班。

第三十二条　劳动者拒绝用人单位管理人员违章指挥、强令冒险作业的，不视为违反劳动合同。

劳动者对危害生命安全和身体健康的劳动条件，有权对用人单位提出批评、检举和控告。

第三十八条　用人单位有下列情形之一的，劳动者可以解除劳动合同：

（1）未按照劳动合同约定提供劳动保护或者劳动条件的；

（2）未依法为劳动者缴纳社会保险费的；

（3）用人单位的规章制度违反法律、法规的规定，损害劳动者权益的；等等。

用人单位以暴力、威胁或者非法限制人身自由的手段强迫劳动者劳动的，或者用人单位违章指挥、强令冒险作业危及劳动者人身安全的，劳动者可以立即解除劳动合同，不需事先告知用人单位。

第三十九条　劳动者有下列情形之一的，用人单位可以解除劳动合同：

（1）严重违反用人单位的规章制度的；

（2）被依法追究刑事责任的；等等。

第四十条　有下列情形之一的，用人单位提前三十日以书面形式通知劳动者本人或者额外支付劳动者一个月工资后，可以解除劳动合同：

（1）劳动者患病或者非因工负伤，在规定的医疗期满后不能从事原工作，也不能从事由用人单位另行安排的工作的；

（2）劳动者不能胜任工作，经过培训或者调整工作岗位，仍不能胜任工作的；等等。

第四十二条　劳动者有下列情形之一的，用人单位不得依照本法第四十条、第四十一条的规定解除劳动合同：

（1）从事接触职业病危害作业的劳动者未进行离岗前职业健康检查，或者疑似职业病病人在诊断或者医学观察期间的；

（2）在本单位患职业病或者因工负伤并被确认丧失或者部分丧失劳动能力的；

（3）患病或者非因工负伤，在规定的医疗期内的；

（4）女职工在孕期、产期、哺乳期的；等等。

第八十八条　用人单位有下列情形之一的，依法给予行政处罚；构成犯罪的，依法追究刑事责任；给劳动者造成损害的，应当承担赔偿责任：

（1）以暴力、威胁或者非法限制人身自由的手段强迫劳动的；

（2）违章指挥或者强令冒险作业危及劳动者人身安全的；

（3）劳动条件恶劣、环境污染严重，给劳动者身心健康造成严重损害的。

第九节　《中华人民共和国工会法》安全生产相关规定

第六条　维护职工合法权益是工会的基本职责。工会在维护全国人民总体利益的同时，代表和维护职工的合法权益。

工会通过平等协商和集体合同制度，协调劳动关系，维护企业职工劳动权益。

工会依照法律规定通过职工代表大会或者其他形式，组织职工参与本单位的民主决策、民主管理和民主监督。

第十九条　企业、事业单位违反职工代表大会制度和其他民主管理制度，工会有权要求纠正，保障职工依法行使民主管理的权利。

企业违反集体合同，侵犯职工劳动权益的，工会可以依法要求企业承担责任；因履行集体合同发生争议，经协商解决不成的，工会可以向劳动争议仲裁机构提请仲裁，仲裁机构不予受理或者对仲裁裁决不服的，可以向人民法院提起诉讼。

第二十二条　企业、事业单位违反劳动法律、法规规定，有下列侵犯职工劳动权益情形，工会应当代表职工与企业、事业单位交涉，要求企业、事业单位采取措施予以改正；企业、事业单位应当予以研究处理，并向工会作出答复；企业、事业单位拒不改正的，工会可以请求当地人民政府依法作出处理：

（1）不提供劳动安全卫生条件的；

（2）随意延长劳动时间的；

（3）侵犯女职工和未成年工特殊权益的；

（4）其他严重侵犯职工劳动权益的。

第二十三条　工会依照国家规定对新建、扩建企业和技术改造工程中的劳动条件和安全卫生设施与主体工程同时设计、同时施工、同时投产使用进行监督。对工会提出的意见，企业或者主管部门应当认真处理，并将处理结果书面通知工会。

第二十四条　工会发现企业违章指挥、强令工人冒险作业，或者生产过程中发现明显重大事故隐患和职业危害，有权提出解决的建议，企业应当及时研究答复；发现危及职工生命安全的情况时，工会有权向企业建议组织职工撤离危险现场，企业必须及时作出处理决定。

第二十六条　职工因工伤亡事故和其他严重危害职工健康问题的调查处理，必须有工会参加。工会应当向有关部门提出处理意见，并有权要求追究直接负责的主管人员和有关责任人员的责任。对工会提出的意见，应当及时研究，给予答复。

第十节　《中华人民共和国环境保护法》施工环境相关规定

第一条　为保护和改善环境，防治污染和其他公害，保障公众健康，推进生态文明建设，促进经济社会可持续发展，制定本法。

第五条　环境保护坚持保护优先、预防为主、综合治理、公众参与、损害担责的原则。

第二十五条　企业事业单位和其他生产经营者违反法律法规规定排放污染物，造成或者可能造成严重污染的，县级以上人民政府环境保护主管部门和其他负有环境保护监督管理职责的部门，可以查封、扣押造成污染物排放的设施、设备。

第四十一条　建设项目中防治污染的设施，应当与主体工程同时设计、同时施工、同时投产使用。防治污染的设施应当符合经批准的环境影响评价文件的要求，不得擅自拆除或者闲置。

第四十二条　排放污染物的企业事业单位和其他生产经营者，应当采取措施，防治在生产建设或者其他活动中产生的废气、废水、废渣、医疗废物、粉尘、恶臭气体、放射性物质以及噪声、振动、光辐射、电磁辐射等对环境造成污染和危害。

第四十六条　国家对严重污染环境的工艺、设备和产品实行淘汰制度。

第五十七条　公民、法人和其他组织发现任何单位和个人有污染环境和破坏生态行为的，有权向环境保护主管部门或者其他负有环境保护监督管理职责的部门举报。

第六十条　企业事业单位和其他生产经营者超过污染物排放标准或者超过重点污染物排放总量控制指标排放污染物的，县级以上人民政府环境保护主管部门可以责令其采取限制生产、停产整治等措施；情节严重的，报经有批准权的人民政府批准，责令停业、关闭。

第十一节　《生产安全事故报告和调查处理条例》
（国务院令第 493 号）安全生产相关规定

一、事故分级要素

生产安全事故分级要素，其中要素之一可以单独适用：

（1）人员伤亡数量（人身要素）；

（2）直接经济损失数额（经济要素）。

二、事故分级

根据生产安全事故造成的人员伤亡或者直接经济损失，事故分为以下等级：

（1）特别重大事故：指造成 30 人以上死亡，或者 100 人以上重伤（包括急性工业中毒，下同），或者 1 亿元以上直接经济损失的事故。

（2）重大事故：指造成 10 人以上 30 人以下死亡，或者 50 人以上 100 人以下重伤，或者 5000 万元以上 1 亿元以下直接经济损失的事故。

（3）较大事故：指造成 3 人以上 10 人以下死亡，或者 10 人以上 50 人以下重伤，或者 1000 万元以上 5000 万元以下直接经济损失的事故。

（4）一般事故：指造成 3 人以下死亡，或者 10 人以下重伤，或者 1000 万元以下直接经济损失的事故。

注："以上"包括本数，"以下"不包括本数。

三、事故报告

第九条　事故发生后，事故现场有关人员应当立即向本单位负责人报告；单位负责人接到报告后，应当于 1h 内向事故发生地县级以上人民政府安全生产监督管理部门和负有安全生产监督管理职责的有关部门报告。

情况紧急时，事故现场有关人员可以直接向事故发生地县级以上人民政府安全生产监督管理部门和负有安全生产监督管理职责的有关部门报告。

第十二条　报告事故应当包括下列内容：

（1）事故发生单位概况；

（2）事故发生的时间、地点以及事故现场情况；

（3）事故的简要经过；

（4）事故已经造成或者可能造成的伤亡人数（包括下落不明的人数）和初步估计的直接经济损失；

（5）已经采取的措施；

（6）其他应当报告的情况。

第十三条　事故报告后出现新情况的，应当及时补报。

自事故发生之日起 30 日内，事故造成的伤亡人数发生变化的，应当及时补报。道路交通事故、火灾事故自发生之日起 7 日内，事故造成的伤亡人数发生变化的，应当及时补报。

第十四条　事故发生单位负责人接到事故报告后，应当立即启动事故相应应急预案，或者采取有效措施，组织抢救，防止事故扩大，减少人员伤亡和财产损失。

第十六条　事故发生后，有关单位和人员应当妥善保护事故现场以及相关证据，任何单位和个人不得破坏事故现场、毁灭相关证据。

因抢救人员、防止事故扩大以及疏通交通等原因，需要移动事故现场物件的，应当做出标志，绘制现场简图并作出书面记录，妥善保存现场重要痕迹、物证。

第十七条　事故发生地公安机关根据事故的情况，对涉嫌犯罪的，应当依法立案侦查，采取强制措施和侦查措施。犯罪嫌疑人逃匿的，公安机关应当迅速追捕归案。

四、事故调查

第七条　任何单位和个人不得阻挠和干涉对事故的报告和依法调查处理。

小贴士：根据安全生产事故等级有关部门组织事故调查组进行调查规定

（1）特别重大事故由国务院或者国务院授权的部门组织事故调查组进行调查。

（2）重大事故由事故发生地省级人民政府或者由事故发生地省级人民政府授权或者委托有关组织事故调查组进行调查。省级人民政府是指省、自治区、直辖市人民政府。

（3）较大事故由事故发生地设区的市级人民政府或者由事故发生地设区的市级人民政府授权或者委托有关部门组织事故调查组进行调查。设区的市级人民政府还包括地区行政公署和民族自治地方的州、盟人民政府。

（4）一般事故由事故发生地县级人民政府或者发生地县级人民政府授权或者委托有关部门组织事故调查组进行调查。

其中未造成人员伤亡的，县级人民政府也可委托事故发生单位组织事故调查组进行调查。

第八条　对事故报告和调查处理中的违法行为，任何单位和个人有权向安全生产监督管理部门、监察机关或者其他有关部门举报，接到举报的部门应当依法及时处理。

第二十六条　事故调查组有权向有关单位和个人了解与事故有关的情况，并要求其提供相关文件、资料，有关单位和个人不得拒绝。

第二十九条　事故调查组应当自事故发生之日起 60 日内提交事故调查报告；特殊情况下，经负责事故调查的人民政府批准，提交事故调查报告的期限可以适当延长，但延长的期限最长不超过 60 日。

第三十条　事故调查报告应当包括下列内容：

（1）事故发生单位概况；

（2）事故发生经过和事故救援情况；

（3）事故造成的人员伤亡和直接经济损失；

（4）事故发生的原因和事故性质；

（5）事故责任的认定以及对事故责任者的处理建议；

（6）事故防范和整改措施。

事故调查报告应当附具有关证据材料。事故调查组成员应当在事故调查报告上签名。

五、事故处理

第三十二条　重大事故、较大事故、一般事故，负责事故调查的人民政府应当自收到事故调查报告之日起 15 日内作出批复；特别重大事故，30 日内作出批复，特殊情况下，批复时间可以适当延长，但延长的时间最长不超过 30 日。

有关机关应当按照人民政府的批复，依照法律、行政法规规定的权限和程序，对事故发生单位和有关人员进行行政处罚，对负有事故责任的国家工作人员进行处分。

事故发生单位应当按照负责事故调查的人民政府的批复，对本单位负有事故责任的人员进行处理。

负有事故责任的人员涉嫌犯罪的，依法追究刑事责任。

第三十三条　事故发生单位应当认真吸取事故教训，落实防范和整改措施，防止事故再次发生。防范和整改措施的落实情况应当接受工会和职工的监督。

六、法律责任

第三十六条　事故发生单位及其有关人员有下列行为之一的，对事故发生单位处

100 万元以上 500 万元以下的罚款；对主要负责人、直接负责的主管人员和其他直接责任人员处上一年年收入 60％至 100％的罚款；属于国家工作人员的，并依法给予处分；构成违反治安管理行为的，由公安机关依法给予治安管理处罚；构成犯罪的，依法追究刑事责任：

（1）谎报或者瞒报事故的；

（2）伪造或者故意破坏事故现场的；

（3）转移、隐匿资金、财产，或者销毁有关证据、资料的；

（4）拒绝接受调查或者拒绝提供有关情况和资料的；

（5）在事故调查中作伪证或者指使他人作伪证的；

（6）事故发生后逃匿的。

第四十条　事故发生单位对事故发生负有责任的，由有关部门依法暂扣或者吊销其有关证照；对事故发生单位负有事故责任的有关人员，依法暂停或者撤销其与安全生产有关的执业资格、岗位证书；事故发生单位主要负责人受到刑事处罚或者撤职处分的，自刑罚执行完毕或者受处分之日起，5 年内不得担任任何生产经营单位的主要负责人。

第十二节　《〈生产安全事故报告和调查处理条例〉生产安全事故罚款处罚规定（试行）》国家安全生产监督管理总局令第 77 号

第一条　为防止和减少生产安全事故，严格追究生产安全事故发生单位及其有关责任人员的法律责任，正确适用事故罚款的行政处罚，依照《中华人民共和国安全生产法》（以下简称《安全生产法》）、《生产安全事故报告和调查处理条例》（以下简称《条例》）的规定，制定本规定。

第二条　安全生产监督管理部门和煤矿安全监察机构对生产安全事故发生单位（以下简称事故发生单位）及其主要负责人、直接负责的主管人员和其他责任人员等有关责任人员依照《安全生产法》和《条例》实施罚款的行政处罚，适用本规定。

第三条　本规定所称事故发生单位是指对事故发生负有责任的生产经营单位。

本规定所称主要负责人是指有限责任公司、股份有限公司的董事长或者总经理或者个人经营的投资人。

第四条　本规定所称事故发生单位主要负责人、直接负责的主管人员和其他直接责任人员的上一年年收入，属于国有生产经营单位的，是指该单位上级主管部门所确定的上一年年收入总额；属于非国有生产经营单位的，是指经财务、税务部门核定的上一年年收入总额。

生产经营单位提供虚假资料或者由于财务、税务部门无法核定等原因致使有关人员的上一年年收入难以确定的，按照下列办法确定：

（1）主要负责人的上一年收入，按照本省、自治区、直辖市上一年度职工平均工资的 5 倍以上 10 倍以下计算；

（2）直接负责的主管人员和其他直接责任人员的上一年收入，按照本省、自治区、直辖市上一年度职工平均工资的 1 倍以上 5 倍以下计算。

第五条　《条例》所称的迟报、漏报、谎报和瞒报，依照下列情形认定：

（1）报告事故的时间超过规定时限的，属于迟报；

（2）因过失对应当上报的事故或者事故发生的时间、地点、类别、伤亡人数、直接经济损失等内容遗漏未报的，属于漏报；

（3）故意不如实报告事故发生的时间、地点、类别、伤亡人数、直接经济损失等有关内容的，属于谎报；

（4）故意隐瞒已经发生的事故，并经有关部门查证属实的，属于瞒报。

第六条　对事故发生单位及其有关责任人员处以罚款的行政处罚，依照下列规定决定：

（1）对发生特别重大事故的单位及其有关责任人员罚款的行政处罚，由国家安全生产监督管理总局决定；

（2）对发生重大事故的单位及其有关责任人员罚款的行政处罚，由省级人民政府安全生产监督管理部门决定；

（3）对发生较大事故的单位及其有关责任人员罚款的行政处罚，由设区的市级人民政府安全生产监督管理部门决定；

（4）对发生一般事故的单位及其有关责任人员罚款的行政处罚，由县级人民政府安全生产监督管理部门决定。

上级安全生产监督管理部门可以指定下一级安全生产监督管理部门对事故发生单位及其有关责任人员实施行政处罚。

第八条　特别重大事故以下等级事故，事故发生地与事故发生单位所在地不在同一个县级以上行政区域的，由事故发生地的安全生产监督管理部门或者煤矿安全监察机构依照本规定第六条的权限实施行政处罚。

第十条　事故发生单位及其有关责任人员对安全生产监督管理部门和煤矿安全监察机构给予的行政处罚，享有陈述、申辩的权利；对行政处罚不服的，有权依法申请行政复议或者提起行政诉讼。

第十一条　事故发生单位主要负责人有《安全生产法》第一百零六条、《条例》第三十五条规定的下列行为之一的，依照下列规定处以罚款：

（1）事故发生单位主要负责人在事故发生后不立即组织事故抢救的，处上一年年收入100％的罚款；

（2）事故发生单位主要负责人迟报事故的，处上一年年收入 60％至 80％的罚款；漏报事故的，处上一年年收入 40％至 60％的罚款；

（3）事故发生单位主要负责人在事故调查处理期间擅离职守的，处上一年年收入 80％至 100％的罚款。

第十二条　事故发生单位有《条例》第三十六条规定行为之一的，依照《国家安全监管总局关于印发＜安全生产行政处罚自由裁量标准＞的通知》（安监总政法〔2010〕137号）等规定给予罚款。

第十三条　事故发生单位的主要负责人、直接负责的主管人员和其他直接责任人员有《安全生产法》第一百零六条、《条例》第三十六条规定的行为之一的，依照下列规定处以罚款：

（1）谎报、瞒报事故的，处上一年年收入60％至80％的罚款；

（2）伪造、故意破坏事故现场，或者转移、隐匿资金、财产、销毁有关证据、资料，或者拒绝接受调查，或者拒绝提供有关情况和资料，或者在事故调查中作伪证，或者指使他人作伪证的，处上一年年收入80％至90％的罚款；

（3）事故发生后逃匿的，处上一年年收入100％的罚款。

第十四条　事故发生单位对造成3人以下死亡，或者3人以上10人以下重伤（包括急性工业中毒，下同），或者300万元以上1000万元以下直接经济损失的一般事故负有责任的，处20万元以上50万元以下的罚款。

事故发生单位有本条第一款规定的行为且有谎报或者瞒报事故情节的，处50万元的罚款。

第十五条　事故发生单位对较大事故发生负有责任的，依照下列规定处以罚款：

（1）造成3人以上6人以下死亡，或者10人以上30人以下重伤，或者1000万元以上3000万元以下直接经济损失的，处50万元以上70万元以下的罚款；

（2）造成6人以上10人以下死亡，或者30人以上50人以下重伤，或者3000万元以上5000万元以下直接经济损失的，处70万元以上100万元以下的罚款。

事故发生单位对较大事故发生负有责任且有谎报或者瞒报情节的，处100万元的罚款。

第十六条　事故发生单位对重大事故发生负有责任的，依照下列规定处以罚款：

（1）造成10人以上15人以下死亡，或者50人以上70人以下重伤，或者5000万元以上7000万元以下直接经济损失的，处100万元以上300万元以下的罚款；

（2）造成15人以上30人以下死亡，或者70人以上100人以下重伤，或者7000万元以上1亿元以下直接经济损失的，处300万元以上500万元以下的罚款。

事故发生单位对重大事故发生负有责任且有谎报或者瞒报情节的，处500万元的罚款。

第十七条　事故发生单位对特别重大事故发生负有责任的，依照下列规定处以罚款：

（1）造成30人以上40人以下死亡，或者100人以上120人以下重伤，或者1亿元以上1.2亿元以下直接经济损失的，处500万元以上1000万元以下的罚款；

（2）造成40人以上50人以下死亡，或者120人以上150人以下重伤，或者1.2亿元以上1.5亿元以下直接经济损失的，处1000万元以上1500万元以下的罚款；

（3）造成50人以上死亡，或者150人以上重伤，或者1.5亿元以上直接经济损失的，处1500万元以上2000万元以下的罚款。

事故发生单位对特别重大事故负有责任且有下列情形之一的，处2000万元的罚款：

（1）谎报特别重大事故的；

（2）瞒报特别重大事故的；

（3）未依法取得有关行政审批或者证照擅自从事生产经营活动的；

（4）拒绝、阻碍行政执法的；

（5）拒不执行有关停产停业、停止施工、停止使用相关设备或者设施的行政执法指令的；

（6）明知存在事故隐患，仍然进行生产经营活动的；

（7）一年内已经发生2起以上较大事故，或者1起重大以上事故，再次发生特别重大事故的；

（8）地下矿山矿领导没有按照规定带班下井的。

第十九条　个人经营的投资人未依照《安全生产法》的规定保证安全生产所必需的资金投入，致使生产经营单位不具备安全生产条件，导致发生生产安全事故的，依照下列规定对个人经营的投资人处以罚款：

（1）发生一般事故的，处2万元以上5万元以下的罚款；

（2）发生较大事故的，处5万元以上10万元以下的罚款；

（3）发生重大事故的，处10万元以上15万元以下的罚款；

（4）发生特别重大事故的，处15万元以上20万元以下的罚款。

第二十条　违反《条例》和本规定，事故发生单位及其有关责任人员有两种以上应当处以罚款的行为的，安全生产监督管理部门或者煤矿安全监察机构应当分别裁量，合并作出处罚决定。

第二十二条　本规定所称的"以上"包括本数，所称的"以下"不包括本数。

第十三节　《危险性较大的分部分项工程安全管理办法》
建质〔2009〕87号

第一条　为加强对危险性较大的分部分项工程安全管理，明确安全专项施工方案编制内容，规范专家论证程序，确保安全专项施工方案实施，积极防范和遏制建筑施工生产安全事故的发生，依据《建设工程安全生产管理条例》及相关安全生产法律法规制定本办法。

第二条　本办法适用于房屋建筑和市政基础设施工程（以下简称"建筑工程"）的新建、改建、扩建、装修和拆除等建筑安全生产活动及安全管理。

一、危险性较大的分部分项工程方案编制规定

第三条　本办法所称危险性较大的分部分项工程是指建筑工程在施工过程中存在的、可能导致作业人员群死群伤或造成重大不良社会影响的分部分项工程。危险性较大的分部分项工程范围见附件一。

危险性较大的分部分项工程安全专项施工方案（以下简称"专项方案"），是指施工单位在编制施工组织（总）设计的基础上，针对危险性较大的分部分项工程单独编制的安全技术措施文件。

第四条　建设单位在申请领取施工许可证或办理安全监督手续时，应当提供危险性较大的分部分项工程清单和安全管理措施。施工单位、监理单位应当建立危险性较大的分部分项工程安全管理制度。

第五条　施工单位应当在危险性较大的分部分项工程施工前编制专项方案；对于超过一定规模的危险性较大的分部分项工程，施工单位应当组织专家对专项方案进行论证。超

过一定规模的危险性较大的分部分项工程范围见附件二。

第六条　建筑工程实行施工总承包的，专项方案应当由施工总承包单位组织编制。其中，起重机械安装拆卸工程、深基坑工程、附着式升降脚手架等专业工程实行分包的，其专项方案可由专业承包单位组织编制。

二、危险性较大的分部分项工程方案编制内容

第七条　专项方案编制应当包括以下内容：

（1）工程概况：危险性较大的分部分项工程概况、施工平面布置、施工要求和技术保证条件。

（2）编制依据：相关法律、法规、规范性文件、标准、规范及图纸（国标图集）、施工组织设计等。

（3）施工计划：包括施工进度计划、材料与设备计划。

（4）施工工艺技术：技术参数、工艺流程、施工方法、检查验收等。

（5）施工安全保证措施：组织保障、技术措施、应急预案、监测监控等。

（6）劳动力计划：专职安全生产管理人员、特种作业人员等。

（7）计算书及相关图纸。

三、危险性较大的分部分项工程方案论证规定

第八条　专项方案应当由施工单位技术部门组织本单位施工技术、安全、质量等部门的专业技术人员进行审核。经审核合格的，由施工单位技术负责人签字。实行施工总承包的，专项方案应当由总承包单位技术负责人及相关专业承包单位技术负责人签字。

不需专家论证的专项方案，经施工单位审核合格后报监理单位，由项目总监理工程师审核签字。

第九条　超过一定规模的危险性较大的分部分项工程专项方案应当由施工单位组织召开专家论证会。实行施工总承包的，由施工总承包单位组织召开专家论证会。

下列人员应当参加专家论证会：

（1）专家组成员；

（2）建设单位项目负责人或技术负责人；

（3）监理单位项目总监理工程师及相关人员；

（4）施工单位分管安全的负责人、技术负责人、项目负责人、项目技术负责人、专项方案编制人员、项目专职安全生产管理人员；

（5）勘察、设计单位项目技术负责人及相关人员。

第十条　专家组成员应当由5名及以上符合相关专业要求的专家组成。

本项目参建各方的人员不得以专家身份参加专家论证会。

第十一条　专家论证的主要内容：

（1）专项方案内容是否完整、可行；

（2）专项方案计算书和验算依据是否符合有关标准规范；

（3）安全施工的基本条件是否满足现场实际情况。

专项方案经论证后，专家组应当提交论证报告，对论证的内容提出明确的意见，并在

论证报告上签字。该报告作为专项方案修改完善的指导意见。

第十二条　施工单位应当根据论证报告修改完善专项方案，并经施工单位技术负责人、项目总监理工程师、建设单位项目负责人签字后，方可组织实施。

实行施工总承包的，应当由施工总承包单位、相关专业承包单位技术负责人签字。

第十三条　专项方案经论证后需做重大修改的，施工单位应当按照论证报告修改，并重新组织专家进行论证。

四、危险性较大的分部分项工程方案实施

第十四条　施工单位应当严格按照专项方案组织施工，不得擅自修改、调整专项方案。

如因设计、结构、外部环境等因素发生变化确需修改的，修改后的专项方案应当按本办法第八条重新审核。对于超过一定规模的危险性较大工程的专项方案，施工单位应当重新组织专家进行论证。

第十五条　专项方案实施前，编制人员或项目技术负责人应当向现场管理人员和作业人员进行安全技术交底。

第十六条　施工单位应当指定专人对专项方案实施情况进行现场监督和按规定进行监测。发现不按照专项方案施工的，应当要求其立即整改；发现有危及人身安全紧急情况的，应当立即组织作业人员撤离危险区域。

施工单位技术负责人应当定期巡查专项方案实施情况。

第十七条　对于按规定需要验收的危险性较大的分部分项工程，施工单位、监理单位应当组织有关人员进行验收。验收合格的，经施工单位项目技术负责人及项目总监理工程师签字后，方可进入下一道工序。

第十八条　监理单位应当将危险性较大的分部分项工程列入监理规划和监理实施细则，应当针对工程特点、周边环境和施工工艺等，制定安全监理工作流程、方法和措施。

第十九条　监理单位应当对专项方案实施情况进行现场监理；对不按专项方案实施的，应当责令整改，施工单位拒不整改的，应当及时向建设单位报告；建设单位接到监理单位报告后，应当立即责令施工单位停工整改；施工单位仍不停工整改的，建设单位应当及时向住房城乡建设主管部门报告。

第二十条　各地住房城乡建设主管部门应当按专业类别建立专家库。专家库的专业类别及专家数量应根据本地实际情况设置。

专家名单应当予以公示。

第二十一条　专家库的专家应当具备以下基本条件：

（1）诚实守信、作风正派、学术严谨；

（2）从事专业工作 15 年以上或具有丰富的专业经验；

（3）具有高级专业技术职称。

第二十二条　各地住房城乡建设主管部门应当根据本地区实际情况，制定专家资格审查办法和管理制度并建立专家诚信档案，及时更新专家库。

第二十三条　建设单位未按规定提供危险性较大的分部分项工程清单和安全管理措施，未责令施工单位停工整改的，未向住房城乡建设主管部门报告的；施工单位未按规定编制、实施专项方案的；监理单位未按规定审核专项方案或未对危险性较大的分部分项工

程实施监理的，住房城乡建设主管部门应当依据有关法律法规予以处罚。

附件一　危险性较大的分部分项工程范围

一、基坑支护、降水工程

开挖深度超过3m（含3m）或虽未超过3m但地质条件和周边环境复杂的基坑（槽）支护、降水工程。

二、土方开挖工程

开挖深度超过3m（含3m）的基坑（槽）的土方开挖工程。

三、模板工程及支撑体系

（1）各类工具式模板工程：包括大模板、滑模、爬模、飞模等工程。

（2）混凝土模板支撑工程：搭设高度5m及以上；搭设跨度10m及以上；施工总荷载$10kN/m^2$及以上；集中线荷载15kN/m及以上；高度大于支撑水平投影宽度且相对独立无联系构件的混凝土模板支撑工程。

（3）承重支撑体系：用于钢结构安装等满堂支撑体系。

四、起重吊装及安装拆卸工程

（1）采用非常规起重设备、方法，且单件起吊重量在10kN及以上的起重吊装工程。

（2）采用起重机械进行安装的工程。

（3）起重机械设备自身的安装、拆卸。

五、脚手架工程

（1）搭设高度24m及以上的落地式钢管脚手架工程。

（2）附着式整体和分片提升脚手架工程。

（3）悬挑式脚手架工程。

（4）吊篮脚手架工程。

（5）自制卸料平台、移动操作平台工程。

（6）新型及异型脚手架工程。

六、拆除、爆破工程

（1）建筑物、构筑物拆除工程。

（2）采用爆破拆除的工程。

七、其他

（1）建筑幕墙安装工程。

（2）钢结构、网架和索膜结构安装工程。

（3）人工挖扩孔桩工程。

（4）地下暗挖、顶管及水下作业工程。

（5）预应力工程。

（6）采用新技术、新工艺、新材料、新设备及尚无相关技术标准的危险性较大的分部分项工程。

附件二　超过一定规模的危险性较大的分部分项工程范围

一、深基坑工程

（1）开挖深度超过 5m（含 5m）的基坑（槽）的土方开挖、支护、降水工程。

（2）开挖深度虽未超过 5m，但地质条件、周围环境和地下管线复杂，或影响毗邻建（构）筑物安全的基坑（槽）的土方开挖、支护、降水工程。

二、模板工程及支撑体系

（1）工具式模板工程：包括滑模、爬模、飞模工程。

（2）混凝土模板支撑工程：搭设高度 8m 及以上；搭设跨度 18m 及以上，施工总荷载 15kN/m² 及以上；集中线荷载 20kN/m 及以上。

（3）承重支撑体系：用于钢结构安装等满堂支撑体系，承受单点集中荷载 700kg 以上。

三、起重吊装及安装拆卸工程

（1）采用非常规起重设备、方法，且单件起吊重量在 100kN 及以上的起重吊装工程。

（2）起重量 300kN 及以上的起重设备安装工程；高度 200m 及以上内爬起重设备的拆除工程。

四、脚手架工程

（1）搭设高度 50m 及以上落地式钢管脚手架工程。

（2）提升高度 150m 及以上附着式整体和分片提升脚手架工程。

（3）架体高度 20m 及以上悬挑式脚手架工程。

五、拆除、爆破工程

（1）采用爆破拆除的工程。

（2）码头、桥梁、高架、烟囱、水塔或拆除中容易引起有毒有害气（液）体或粉尘扩散、易燃易爆事故发生的特殊建（构）筑物的拆除工程。

（3）可能影响行人、交通、电力设施、通信设施或其他建（构）筑物安全的拆除工程。

（4）文物保护建筑、优秀历史建筑或历史文化风貌区控制范围的拆除工程。

六、其他

（1）施工高度 50m 及以上的建筑幕墙安装工程。

（2）跨度大于 36m 及以上的钢结构安装工程；跨度大于 60m 及以上的网架和索膜结构安装工程。

（3）开挖深度超过 16m 的人工挖孔桩工程。

（4）地下暗挖工程、顶管工程、水下作业工程。

（5）采用新技术、新工艺、新材料、新设备及尚无相关技术标准的危险性较大的分部分项工程。

第三章　安全生产工作

本章引言

每个人都渴望生命健康、长久，不要因无知、无能，让你、我、他的生命之旅戛然而止。

以人为本，确保从业人员的生命、职业健康和财产安全是安全生产工作的核心，防止和减少生产安全事件，必须坚持安全第一、预防为主、综合治理的方针。安全生产工作重点是预防，预防的重点是隐患排查治理，要解决为什么做？如何做？谁来做？何时做？标准是什么？

安全生产工作需要发挥社会、企业、从业人员等各方作用，运用法律、道德、科技、经济等手段综合治理，避免发生守法成本高、违法成本低现象，要将生产必须安全、发生事故得不偿失变为通识。

随着安全科技进步和发展，物的不安全状态事故致因在减少，相应不安全行为已占事故致因的90%以上。安全生产工作需要安全生产管理者（领导者）及从业人员树立正确的安全生产观念，在某种环境、条件、情景下，经济变通手段可以解决一些安全生产问题，但无法解决本质安全和一个有良知的从业人员因工作失误或缺陷导致生产安全伤亡事件的良心谴责。

安全生产管理者（领导者）的地位决定其安全综合素养应超越一般从业人员。各级安全生产管理者（领导者）的安全生产意识、知识、基本技能等综合安全素养到位，从业人员的安全意识、知识、基本技能等综合安全素养才可能到位。建立良性行业体制机制，企业安全文化矫正、隐性约束从业人员的不安全行为，法律、企业制度责任制规范、刚性约束人的不安全行为，达到控制人因隐患的目的；应用安全科技达到有效控制物的不安全状态的目的。

在行业体制及企业安全生产工作机制完善的前提下，安全文化起到举足轻重的作用，其可以改变一个群体的观念、思想、行为；落实法律，制度责任制的奖励、追究责任和利益紧密相关的生产实质责任人，具有良好的示范和促进安全生产长效机制作用。

现有生产条件下，安全生产工作必须采用P、D、C、A模式进行过程持续改进，做到"安全生产工作五个基本要求"：

全面：人、机、料、法、环各环节，全方位、全员、全过程、全天候常态化安全工作。

严格：对安全隐患、危险因素、事故等，严格执行排查、整改、追究、惩处制。

务实：制度、责任制、操作规程落到实处。

精细：制度、责任制、考核等人员管理及科技应用管理横向到边、纵向到底。

重点：行业"五大伤害"事故多发、易发的关键人员、部位、时间、工艺技术、作业区域等作为安全工作管控重点。

没有规矩，不成方圆，道路上任性、肆无忌惮不负责任的无证驾驶三轮车人员，人们似乎已经习以为常，改变道路乱象需要规则，更需要疏解。正常的安全生产工作，需要从业人员严格遵守制约性行为规则，做到有章可循、有法可依、有责可负，遵守安全生产行为规则需要自觉，但强制约束也必不可少。

当施工单位生产安全事件频发时，现场往往呈现一批人在制造隐患、一批人在查找隐患、一批人在整改隐患，不断反复产生、查找、整改的恶性状态。原因不完全是缺少规章制度，实则是缺少规章制度不折不扣的执行和执行者；制度责任制不应只挂在墙上，要落实到人、落实到生产过程中，才能发挥预防、降低生产安全事件概率的作用。

一些处于发展阶段的中国汽车企业，自认为一部安全、可靠、先进的汽车是由进口品牌零部件组装出来的，实际整车质量不仅需要零部件的质量来保证，而且各零部件的机械性能匹配、装配技术、装配人员素质对于整车的质量起到决定性作用。保证整车品质，需要建立系统化设计、研发、零配件、装配工艺综合配套管理系统。同理，机制体制、安全文化、安全法律法规、安全责任制度、安全科技、安全投入六要素是安全生产工作系统化管理的有机体。安全生产工作中人、机、物、环的每个分系统是基础，只有系统、分系统事件危险因素处于持续有效的管控状态，生产过程安全才可能趋于本质安全。

2014年北京召开APEC会议，为创造"APEC蓝"条件，相关部门靠行政手段出台了一系列临时性限制措施，如机动车单双号限行、停驶70%公车、超过4400处施工现场停工，周边五省市的停产企业达1700余家，蓝天白云如期到来，临时措施产生临时结果。

"APEC蓝"永驻，需要借助合法、合理、合情的市场化运行机制力量控制、治理污染物的排放，使企业和个人自觉主动采取措施削减污染物排放量，从而达到保护环境的目的，事实证明用市场机制控制污染比用行政命令控制的办法有效。不论环保管理还是安全生产管理，要设计、建立责任、结果、利益有机结合的制度措施，否则，"APEC蓝"留不住，安全生产也留不住。

战国时期的名医扁鹊，可谓家喻户晓，无人不知。其实他还有两个兄长，也精通于医术，却不为人所知。有一天，诸侯列国中的魏文王问扁鹊："你们兄弟三人，都精通医术，那谁的医术最好呢？"扁鹊答曰"大兄长最佳，二兄长次之，我本人最差啊！"魏文王听后很吃惊，以为扁鹊谦虚所至，不好意思讲出实情。于是又问道："那为啥天下人都知道你，反而不知道你的两个兄长呢？"扁鹊答曰"因大兄长给人治病，总能做到防患于未然。一个人得病，还没有显出征兆时，他能手到病除，就把这个人的病给消除了。由于大兄长治的是病情发作之前，于是，大家也不知道他将病的隐患早已消除，所以没有名气，也没有人知晓。而我二兄长给人治病，是治病于病情初起时，用药后就把病祛除了，大家以为他只会治一些轻微的小病小疾，而不了解这个病发展下去的后果是要命的大病，所以二兄长名气也很小，而实际上他是在病发之时就已经把病给控制了。而我的医术最差，只能在病人已经很严重的时候才下手治病，往往能起死回生，大家一看到我能将垂危的病人救过来，有许多起死回生的病例，认为我医术高明，所以我的名声最大，传遍了天下。"

安全生产工作应做到法制化、科学化、规范化、标准化、信息化、人性化、常态化管理，管理思维方式要创新，而不是一成不变的面多了加水、水多了加面的行为定式，不是遇事则动的运动方式。重大安全事件发生后的拉网检查，实际是典型的机械、呆板的事后工作方式。这种工作方式可见效于一时，长此以往，势必建立了一个日常疏于管理、顾此失彼的不良示范模式。

疾病是错误生活方式的蝴蝶效应，生产安全事件是错误工作方式、错误工作模式的蝴蝶效应。解铃还需系铃人，正确的生活方式是解决健康问题的一把钥匙；俗语车到悬崖勒马晚，船到江心补漏迟；安全生产工作"治未病"是预防生产安全事件的一把钥匙，扁鹊前瞻性"治未病"思想与安全生产工作监控危险源、预控安全风险的工作思维不谋而合。

风起于青萍之末，确保生命安全、职业健康和财产安全的目标，对安全生产事件持"零容忍"态度是不够的，要对安全生产隐患、危险因素"零容忍"。

不要认为站在海中鼻子保持在水面之上是安全的，涌浪过来，溺毙是完全可能的。施工单位生产安全事件时刻有可能发生，也一直在发生。人们常说喝酒对肝损害很大，实际乙醇到了肝脏，在那里分解为水和二氧化碳，二氧化碳呼出去，水排出去，喝酒关键不是对肝损害而是对神经细胞伤害，因为肝细胞死了可以再生，神经细胞在人出生时有多少个，一生不会再增加一个，只会减少。每喝一次酒，都要牺牲一批神经细胞，这是伤害的机理。20世纪后期，传染病基本得到控制，以心脑血管病和癌症为主的非传染性疾病成为人类的主要杀手。控制传染病主要靠预防，但对于心脑血管病、癌症，目前病因不明，根本无法预防，我们的注意力被迫转向治疗。生产安全事件发生的机理，有基础原因的一面，也有生产安全事件隐患、未遂先兆从量变到质变的过程，多重事件致因条件的具备，迅速转化为突发性安全生产事件。安全工作的关键是预防，要借用病理学的工作方法，通过一台显微镜，将病态细胞放大上千倍，掌握细胞变化致病本质原因。认识生产安全事件的致因，针对性排查生产安全事件征兆、隐患，就可以将事件消除在萌芽状态。

18世纪澳大利亚为英国属地，为了开发蛮荒的澳洲，英国政府决定由私人船主承包将犯人从英国运送到澳大利亚，犯人上船后，政府按人数支付运费。一船次运送424名囚犯，由于船上拥挤不堪、营养和卫生条件极差，死亡人数最高达158人，死亡率高达37%。

在人们为了300%的利润而敢上断头台的年代里，进行道德说教，让私人船主良心发现，显然是徒劳的。

1793年英国政府为了改变这种状况，不再按上船时运送的囚犯人数来给船主付费，而是按实际到达澳洲的人数付费，新制度实施后，立竿见影，第一批执行新制度的3艘移民船运送的422名犯人中，只有1人死于途中。

良性制度使良性愿望得到实现，不良制度会使恶性愿望得到发扬，这是任何制度的基本规律。凡物必有阴阳，合理的制度方法设计，不仅造就良好事务，而且一般事务趋于更好；欠合理的制度方法设计，不仅造就不良事务，而且事务趋于更差。

切合实际的监督约束机制，是避免任何事务可能出现方向性失控的有效手段。当安全工作规则系统失范，人的多重性角色将出现位移、行为失控，就可能导致生产安全事件的发生。从业人员自觉遵守法律规则、职业道德、制约不安全行为，前提是设计良性安全生产管理标准、制度。

安全生产工作如同产品设计理念，永远是发现问题、解决问题的动态纠错过程，不要因为柜子背面不会被看到而应付，不要因为制度的隐性作用而忽视。要正确对待安全生产过程中存在的缺陷，不能一味强调正面，而忽视负面。要客观、全面正视体制机制、制度、制度执行、安全科技、人员素质等安全工作缺陷。建立先进的安全生产管理模式、应用安全科技；完善安全生产财务保障机制，建立隐患排查、整改机制以及生产事件责任问责和追究机制等是确保安全生产的基础。

现代军事领域要战无不胜，无论是军事理念、军事科技还是训练标准、装备水平，都高度追求现代化、实战化，领先者胜算概率定然高于他人。

生产安全事件发生后，一些人会检讨"生产安全事件造成的后果严重，令人痛心，教训深刻，作为×××领导，一定深刻反思、吸取教训"。生产安全事件发生后，一些人会感叹"当初如果意识再强化一步、规章制度再严谨一些，事件就不会发生"。

生产安全事件发生后，安全生产管理者（领导者）及从业人员的深刻反思、大规模检查、认真整改是必要的，但感叹、亡羊补牢为时已晚。生产安全事件预防思维应在事前而非事后，面对不计其数的机械伤害、电击、物体打击、基坑坍塌等惨痛而触目惊心的生产安全事故案例，事前安全教育培训从中吸取教训才不失为安全生产预防工作上策。

时间无法停留，更不可能逆转，死亡一旦变为现实，对当事人来讲，没有如果、没有接受教训的可能。任何人都要常存敬畏生命和职业健康之心、维护生命和职业健康尊严，如果无法做到，请选择"停止！"

第一节 安全生产工作基本内容

一、建安行业施工特点及影响安全生产的因素

(一) 行业体制

(1) 建安行业承包体制机制缺陷，各参建单位安全生产疏于协调管理"以包代管"现象突出；劳务企业管理松懈，劳务作业人员无序流动等，直接影响工程质量和安全生产。

(2) 建筑工程的特定环境、条件等临时性因素决定企业管理方式粗放。安全工作制度、责任制、安全标准化建设、安全检查、隐患整改措施形式化，安全生产工作欠缺有效性。

(3) 劳务分包人员的流动不确定性，增加了现场安全工作的难度。

(4) 安全生产教育培训缺乏多样性、有效性或流于形式。

(二) 行业责任主体

建筑工程项目参与主体涉及业主、勘察、设计、工程监理以及施工等多个主体方，它们之间存在着较为复杂的合同关系及合同外关系，需要通过法律法规、合同及协议来进行规范。

(三) 施工组织工作

(1) 建筑工程决策、设计、实施过程中存在社会、经济、技术等不确定条件因素，建设工程施工安全生产工作需要不断调整、改进、适应。

(2) 建筑工程由基础、主体结构、装饰装修、设备安装等多个分部工程组成，施工进

程、作业环境不安全因素、施工管理时刻处于动态过程，需要同步协调、完善各专业安全技术措施。

（3）大量施工作业人员、建筑材料、机械设备集中在有限场地、有限空间进行作业，存在多工种、多班组之间的交叉施工，会产生不安全因素。

（4）建设单位设定的进度、成本、资源限制条件，影响施工单位正常施工行为，对安全生产形成较大压力。

（5）擅自更改施工组织设计（方案）和安全技术交底内容，施工组织设计（方案）与实施存在"两层皮"现象。

（四）建安行业从业人员素质

（1）受制于行业劳动密集型、工业化程度较低等因素，总包、专业承包、劳务分包单位管理者、专业技术人员等从业人员的文化程度、安全意识、专业技能等综合素养参差不齐，安全生产工作水平高低互现，违章指挥、违章作业、违反劳动纪律现象屡禁不止。

（2）建筑工程作业场所、环境不断变化，作业人员也在频繁流动，加大了企业机制维持、从业人员综合安全素质提高的难度。

（3）施工单位管理者及各方人员对生产安全事故隐患缺乏预见性、针对性预防措施。

（五）建筑工程施工室外作业

（1）室外作业活动受季节风、雨、雪、霜、雾、温度、湿度、冰、严寒、酷暑等恶劣气候条件影响，呈现冬、夏、秋季节各类事故多发。

（2）夜间黑暗环境、照明不良等因素直接影响生产安全。

（六）建筑工程施工高处作业

建筑物高度达几百米，地下基础工程深度达几十米；脚手架、滑模及模板施工，基坑、管道、电梯井、通风井、采光井、烟道施工以及建筑物内外装修等高处作业，受外界环境风险因素影响。

（七）建筑工程施工工艺

（1）施工过程中，生产工艺、工序不同，不安全因素不同；即使施工工艺相同，由于生产环境不同不安全因素也不尽相同，呈现规律性差的特点。

（2）各类建筑工程设计元素、风格多样性，使得独具创新的技术工艺、材料、设备得到广泛应用，生产安全不确定因素更趋复杂化。

（3）建筑工程规模、结构以及实施的时间、地点、参与者、自然条件和社会条件不同，安全工作经验性运用不一定全部适应。

建筑工程结构形式由砖混结构发展为钢筋混凝土结构、钢结构、索结构等复杂结构形式，项目安全工作需要不断及时总结知识、技能经验。

（4）施工现场各工种作业人员从事岗位工作时，作业环境和条件随工程进展日新月异，全方位规范作业标准和操作行为，需要强化安全生产工作、强化安全监督检查；建设工程从基础、结构到装饰装修等施工阶段，各种安全防护措施应随作业环境条件变化而调整。

（5）建安施工是以建筑物和构筑物为对象，具有多班组、多专业、多工种、多工艺在同一区域、同一空间内交叉作业、交替、流水作业的特点。

(6) 建安施工是以建筑物和构筑物为对象，受生产对象、场地制约，现场存在大量地下作业、有限空间作业及地质条件复杂、作业空间狭小、地下管线密集、地下暗挖工程和深基坑工程施工作业。

(7) 建筑工程向高层、超高层及建筑大体量、高净空方向发展，高大建筑工程结构复杂性凸显施工作业难度，施工活动需要施工人员置身于较危险的作业环境中完成，钢结构安装、玻璃幕墙安装等施工作业危险性随之增大。

(八) 建安施工作业强度

虽然建设工程施工作业机械化程度不断提高，但施工作业中脚手架搭设、混凝土浇筑、砌筑抹灰作业、模板安拆、湿作业等大多数工种仍依靠手工操作或借助于工具进行手工作业，劳动强度高、体力消耗大，过度疲劳导致对危险性作业的注意力下降，造成疏忽，诱发各类生产安全事故。

(九) 建安施工外界因素影响

(1) 工程前期因故拖延，后期明令或隐性强令抢工期等任意压缩合理工期，造成生产安全事故。

(2) 安全生产与众多社会因素相关，当外行管理内行、外行干预内行、外行监管内行时，不仅提高安全生产水平成为奢谈，而且事故隐患遍布。

(3) 由于种种原因，项目工程边设计、边施工、边修改的"三边工程"屡见不鲜。大型建筑工程基础完工后，建筑位置整体位移也非新闻。整体方案设计调整、变更，造成精细设计缺失，施工方案安全措施等滞后、不协调，不安全因素随之产生。

(4) 低价中标、不合理地压缩工程造价以及定额造价严重脱离市场规律等。

(十) 建安施工安全监管

由于建筑施工现场安全危险因素面广量大、专业性强、监管难度大，是否合理配置监管人员及监管人员专业、管理等综合素质水准高低，直接影响监管水平。

二、职业伤害事故类型

(一) 建安施工职业伤害事故类型

(1) 高处坠落；

(2) 物体打击；

(3) 坍塌伤害；

(4) 机械伤害；

(5) 起重伤害；

(6) 触电伤害；

(7) 车辆伤害；

(8) 灼烫；

(9) 火药爆炸；

(10) 火灾；

(11) 中毒和窒息；

(12) 其他。

(二) 建安施工安全生产危害事件发生基本规律

（1）时段区间各种危险因素集中特征明显，如图 3-1 所示。

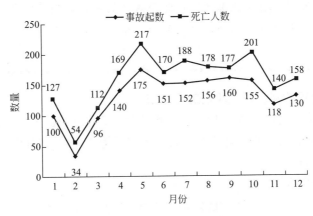

图 3-1　事故发生时间特点

（2）春季开工基坑施工阶段，是坍塌事故高发期。

（3）主体结构施工、装饰装修阶段洞口及临边作业较多，是高处坠落事故高发期。

(三) 建安施工安全生产事件危害基本规律

（1）建安施工安全生产事件高处坠落、物体打击、坍塌、机械伤害事故较为突出，占事故总数比例较大，触电、起重伤害在机械设备施工、使用过程中时有发生，给从业人员生命、职业健康、财产造成损失。

（2）建安施工安全生产事件造成通信、供电线缆及在建、已建建筑物、构筑物的损坏，给城市功能和城市安全造成不同程度的影响。

三、安全生产工作原则

(一) 确保从业人员生命安全和职业健康工作原则

(二) 管生产必须管安全工作原则

（1）安全生产必须坚持谁主管、谁负责，责任到人的安全生产主体责任机制。

（2）管理者（领导）一岗双责。各级管理者（领导）、各相关部门负责本职范围内的生产工作的同时，负责职责范围内的安全生产工作。

（3）科技工作者一岗双责。各级科技工作者、各相关科技部门不仅负责本职范围内的科技工作，同时承担职责范围内的安全科技工作。

(三) "一票否决" 工作原则

在生产过程中，经科学风险评估，处于"极高"、"高"风险状态，可能发生严重后果的重大事故隐患实行"一票否决"制，以熔断机制方式，全部或局部停止生产活动，直至隐患消除。

处于"中"、"低"风险状态的一般事故隐患，应立即采取针对性措施予以消除。无法立即消除的，应当按照事故隐患危害程度、影响范围、消除难度，制定治理方案，落实治理措施，限期消除事故隐患。

小贴士：熔断器是一种保护电器，当用电设备发生严重过载或短路时，回路过载电流或短路电流超过额定值熔体以反时限规律熔断，起到保护作用。"熔断机制"是消除生产安全隐患的有效机制，杜绝只报警不熔断，即发现重大事故隐患仍继续作业现象。

（四）事前预防、过程控制、持续改进工作原则

人的不安全行为、物的不安全状态、环境因素在生产过程中时刻处于动态发展变化中，始终精准控制人、机、物、环生产要素，始终坚持"计划、实施、检查、处理"（PDCA）的运行工作状态。

（五）本质安全工作原则

（1）培养"想安全、会安全、能安全"、"不伤害他人、不伤害自己、不被他人伤害"的本质安全型从业人员。

（2）安全生产过程中设计人、机、物、环等诸系统要素趋近本质型、恒久型安全，并始终处于受控状态。

（六）"四全"工作原则

安全生产工作应遵循全员、全过程、全方位、全天候原则。

（七）"三同时"工作原则

生产过程中保障生命安全、职业健康、环境的技术措施及防护设施必须与项目工程同时设计、同时施工、同时投入使用。

（八）"五同时"工作原则

项目工程"策划、实施、检查、总结、改进"生产过程，同时"策划、实施、检查、总结、改进"安全生产工作。

（九）"杜绝三违"工作原则

（1）杜绝违章指挥：杜绝违反国家的安全生产方针、政策、法律、条例、规程、标准、制度及建安施工单位规章制度的指挥行为。

（2）杜绝违章作业：作业过程中，杜绝作业人员违反国家法律法规和建安施工单位制定的各项规章制度、操作规程。

（3）杜绝违反劳动纪律：杜绝违反企业制定的规章制度行为。

（十）安全生产隐患"四不放过"工作原则

（1）安全生产隐患原因分析不清、未举一反三不放过；

（2）安全生产隐患及同类型安全隐患整改措施没有落实不放过；

（3）安全生产隐患责任者及其上一级管理者没有受到追究不放过；

（4）安全生产隐患责任者和相关从业人员没有受到教育不放过。

（十一）生产安全事故"四不放过"原则

（1）生产安全原因未查清不放过；

（2）生产安全事故防范措施未落实不放过；

（3）事故责任者和从业人员没有受到教育不放过；

（4）事故直接责任者、法定责任人没有受到处理不放过。

四、安全生产工作主要任务

（1）贯彻落实"安全第一、预防为主、综合治理"的安全生产方针。

（2）制定、落实安全生产的各种制度、规定、安全生产责任制。

（3）定期对企业各级管理人员、所有从业人员进行安全意识、知识、技能、应急处置教育培训。

（4）推广和应用现代安全科技，采取科学有效的安全生产技术措施，减少和杜绝发生各类生产事故。

（5）采取各种劳动卫生措施，不断改善劳动条件和环境，防止和消除职业病及职业危害，保障从业人员的身心健康。

（6）科学严谨、依法依规、实事求是、注重实效，及时、准确完成各类事故的调查、处理和报告。

五、安全生产工作目标

建安施工单位应依据使用的法律、法规、标准、规范和其他规定，以及企业的总体发展目标，制定企业的年度安全生产工作目标。安全生产工作目标确定后，企业根据安全职责将目标进行分解，企业各职能部门、项目部根据企业安全生产工作目标的要求制定自身工作目标和措施，共同保证目标实现。

（1）生产安全事故工作目标：设定"三零"（零死亡事件、零职业健康事件、零职业病事件）目标，同时设定机械设备、火灾事故、坍塌等事件造成的财产损失控制目标。

（2）绿色施工工作目标：企业应根据生产经营情况，制定绿色施工工作目标。

（3）安全生产基础工作目标：制定安全生产工作机制、制度责任制、安全生产状态等基础工作目标。

> 小贴士：苏联第一种实用垂直起降战斗机雅克38的事故率低于英国的"鹞"式垂直起降战斗机，其原因是只计算事故数/服役总数，不考虑出勤率，这种比较法显然不科学。事故控制指标要合理、事故统计应科学，应结合工程体量及从业人员参与数量、人员素质、安全工作水平等综合因素设定事故控制目标，否则不顾实际情况的设定，只会造成人为达标。

六、安全生产工作主要方法

（一）事前预防思维

生产安全事故预防工作划分为三个阶段，即事前工作、事中工作、事后工作阶段。

隐患来自危险因素，危险因素转化为隐患的前提是管控失效，进而引发事故。安全工作重点是对生产过程危险因素的有效管控，隐患排查、治理是生产安全事故事前管理思维的具体体现。危险因素预控，变事后查处为事前预控是安全生产的治本之策。

（二）安全隐患"零容忍"

针对现场内一批人在制造隐患、一批人在查找隐患、一批人在整改隐患的现状，安全生产工作必须坚持生产过程"零伤亡"，安全隐患"零容忍"，要建立防止隐患产生的机制和安全预防控制体系，从本质上切实保障从业人员生命安全。

（三）"PDCA"循环

生产过程不断采取"PDCA"循环，防止和减少每个岗位、每个作业环节产生的隐患，切断危险源、隐患、事故的渐变进程。

为了达到生产安全事件后的预期效果，要分析原因、吸取教训、总结经验、落实防范措施。杜绝发生生产安全事件后，刚处理完、甚至还没处理完，随后发生机械伤害事故，之后又发生高处坠落事故。血的教训不能再用血的代价去验证，"按下葫芦起了瓢"的主要原因是没有认真找到生产安全事故的根源、没有做到举一反三、没有采取有效的针对措施造成的。

> 小贴士：PDCA 循环
>
> PDCA 是英文单词计划（Plan）、实施（Do）、检查（Check）和处理（Action）的第一个字母，PDCA 循环是全面质量管理的科学程序，是美国质量管理专家戴明博士提出的，是质量管理应遵循的科学程序。管理方法具有通用性，作为一个重要的管理方法，安全生产工作也适用。

（四）做好三个"双基"

（1）抓安全生产"双基"：基础工作、基层工作。

（2）抓安全生产工作者"双基"：基础意识、基本管理。

（3）抓从业人员"双基"：基础知识、基本技能。

七、建安工程费及绿色施工资金知识

（一）绿色施工费的计提标准

绿色施工费以建安工程造价为计提标准，计提以例如下：

（1）房屋建筑工程、矿山工程为 2.0%；

（2）电力工程、水利水电工程、铁路工程为 1.5%；

（3）市政公用工程、冶炼工程、机电安装工程、化工石油工程、港口与航道工程、公路工程、通信工程为 1.0%。

（二）建安工程费的组成

建安工程费由分部分项工程费、措施费、其他工程费、规费、税金组成。

1.分部分项工程费

包括人工费、材料费、施工机械使用费、企业管理费、利润。

2.措施费

为完成工程项目施工，发生于该工程施工前和施工过程中非工程实体项目的费用。具体内容包括：绿色施工费、夜间施工费、二次搬运费、冬雨期施工费、大型机械设备进出场及安拆费、施工排水费、施工降水费、地上地下设施及建筑物的临时保护设施费、已完工程及设施保护费、各专业施工措施费。

（1）绿色施工费：包括环境保护费、文明施工费、安全施工费、临时设施费。

1）环境保护费：施工现场为达到环保部门要求所需要的各项费用。

2）文明施工费：施工现场文明施工所需要的各项费用。

3）安全施工费：施工现场安全施工所需要的各项费用。

4）临时设施费

①施工单位为进行建安工程施工所必须搭设的生活和生产用的临时建筑物、构筑物和其他临时设施费用等。

②临时设施包括临时宿舍、文化福利及公用事业房屋与构筑物，仓库、办公室、加工厂以及规定范围内的道路、水、电、管线等临时设施和小型临时设施。

③临时设施费包括临时设施的搭设、维修、拆除费或摊销费。

（2）绿色施工费还包括如下规定使用范围：

1）完善、改造和维护安全防护设备支出；

2）配备必要的应急救援器材、设备和现场作业人员安全防护物品支出；

3）安全生产检查与评价支出；

4）重大危险源、重大事故隐患的评估、整改、监控支出；

5）安全技能培训及进行应急救援演练支出；

6）其他与安全生产直接相关的支出。

（3）施工单位应建立安全生产资金费用管理制度，明确安全费用使用、管理程序、职责及权限。

3. 其他工程费

包括暂列金额、暂估价、计日工、总包服务费和其他。

4. 规费

包括工程排污费、社会保险费、住房公积金、危险作业意外伤害保险。

5. 税金

国家税法规定的应计入建筑安装工程造价内的增值税、城市维护建设税及教育费附加等。

八、《职业健康安全管理体系 要求》GB/T 28001—2011

（一）《职业健康安全管理体系 要求》GB/T 28001—2011 发展

《职业健康安全管理体系 要求》OHSAS 18001：2007 源自《职业健康安全管理体系 要求》OHSAS 18001—1999；《职业健康安全管理体系 要求》GB/T 28001—2011 同步更新并等同转换自《职业健康安全管理体系 要求》OHSAS 18001：2007，并于 2012 年 2 月 1 日实施。

（二）《职业健康安全管理体系 要求》GB/T 28001—2011 的作用

（1）提高企业的职业安全健康管理水平。

《职业健康安全管理体系 要求》GB/T 28001—2011 用简洁的语言概括了发达国家多年的管理经验，指明了安全管理的基本流程。通过开展周而复始的策划、实施、检查和评审改进（P、D、C、A）循环活动，保持体系的持续改进与不断完善，这种持续改进、螺旋上升的运行模式可以不断提高企业的职业安全健康管理水平。如图 3-2 所示。

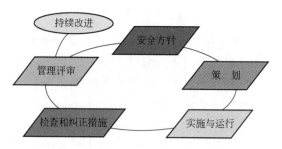

图 3-2 《职业健康安全管理体系 要求》GB/T 28001—2011 模型

（2）推动职业安全健康法规的贯彻落实。

《职业健康安全管理体系 要求》GB/T 28001—2011 要求企业对遵守法律法规及其他要求做出承诺，并对其执行情况进行定期评审，要求企业有相应的制度和程序来跟踪国家法律法规的变化。

突破了以强制性政府指令为主要手段的单一管理模式，使企业由消极被动地接受监督转变为主动地参与市场行为。

（3）降低经营成本，提高企业经济效益。

《职业健康安全管理体系 要求》GB/T 28001—2011 要求企业对各个部门的员工进行相应的培训，使他们了解职业安全健康方针及各自岗位的操作规程，有助于提高全体职工的安全意识，预防及减少安全事故的发生，降低安全事故的经济损失和经营成本。

要求企业不断改善劳动者的作业条件，保障劳动者的身心健康，有助于提高企业职工的劳动效率，提高企业的经济效益。

（4）提高企业的形象和社会效益。

企业建立《职业健康安全管理体系 要求》GB/T 28001—2011，必须对员工和相关方的安全健康提供有力的保证。这个过程体现了企业对员工生命和劳动的尊重，有利于改善企业的公共关系，提升社会形象，增强凝聚力，提高企业在金融、保险业中的信誉度和美誉度，从而增加获得贷款、降低保险成本的机会，增强其市场竞争力。

（5）促进我国建安企业进入国际市场。

建筑业属于劳动密集型产业。我国企业要进入国际市场，就必须按照国际惯例规范自身的管理。《职业健康安全管理体系 要求》GB/T 28001—2011 作为职业健康安全管理的国际通行标准，它的实施将有助于企业进入国际市场，并提高其在国际市场上的竞争力。

（三）职业健康与安全管理体系的核心

（1）《职业健康安全管理体系 要求》GB/T 28001—2011 中的 PDCA 循环，策划环节（P）首先要策划的要素是"危害辨认、风险评价和风险控制"。企业应建立危害辨认、风险评价和实施的控制办法。

（2）建立和运作《职业健康安全管理体系 要求》GB/T 28001—2011 的中心使命是企业内部各层次员工，预先做好相关作业场所内的悉数人和悉数设备的"风险控制使命"的策划和实施。

（3）"风险控制使命"要在"体系"建立进程拟定的"政策"指引下，各层次员工围绕这个中心使命，策划好每一项作业活动的风险控制办法，清楚要遵从的"规则、法规及其他要求"。实施环节的方案制定、验收及检查等各个要素的目的是控制风险。

（4）企业最高管理者是《职业健康安全管理体系 要求》GB/T 28001—2011 建立和实施效果的关键。

1）企业最高管理者是承担职业安全健康的最终责任者，并在职业健康安全管理活动中起领导作用。

2）企业"体系"与现行管理"两张皮"现象能否避免关键在于企业的最高管理者。

3）企业是否建立、运作和认证"体系"。

① 取决于企业最高管理者的意愿，即取决于企业的负责人对"体系"的认识和对"体系"理念的理解；

② 取决于最高管理者对本企业安全生产管理现状的评估和对全体员工建立和运作"体系"、做好"职业健康安全工作"的信心；

③ 取决于最高管理者是否具有"与时俱进"的思维。

（四）企业的最高管理者标准条款简介

《职业健康安全管理体系 要求》GB/T 28001—2011 的主要内容见图 3-3～图 3-5。

OHSAS 18001：2007 GB/T 28001—2011	
—	前言
1	范围
2	适用性引用文件
3	术语与定义（23项加8项）
4	职业健康安全管理体系要求
4.1	总要求
4.2	职业健康安全方针
4.3	策划
4.3.1	对危险源辨识、风险评价及决定控制的策划

图 3-3 GB/T 28001—2011 主要内容（一）

OHSAS 18001：2007 GB/T 28001—2011	
4.3.2	法规和其他要求
4.3.3	目标、指标与健康安全方案
4.4	实施和运作
4.4.1	资源、角色、责任、职责与权限
4.4.2	能力、培训和意识
4.4.3	沟通、参与和咨询
4.4.4	文件
4.4.5	文件控制

图 3-4 GB/T 28001—2011 主要内容（二）

1.《职业健康安全管理体系 要求》GB/T 28001—2011 职业健康安全方针

（1）经组织最高管理者批准的职业健康安全方针应清楚阐明职业健康安全总目标和改进职业健康安全绩效的承诺。职业健康安全方针包括：

1）适合组织职业健康安全风险的性质和规模；

2）持续改进的承诺；

3）组织至少遵守现行职业健康安全法规和组织接受其他要求的承诺；

4）形成文件、实施并维持；

5）传达到全体员工，使员工认识到各自的职业健康安全义务；

6）可为相关方所获取；

7）定期评审，以确保其与组织保持相关和适宜。

OHSAS 18001：2007 （GB/T 28001—2011）	
4.4.6	运行控制
4.4.7	应急准备和响应
4.5	检查
4.5.1	绩效测量和监视
4.5.2	符合性评估
4.5.3	事件调查、不符合、纠正和预防措施
4.5.3.1	事件调查
4.5.3.2	不符合、纠正和预防措施
4.5.4	记录控制

图 3-5 GB/T 28001—2011 主要内容（三）

（2）其中持续改进和遵守法律、法规及其他要求这两个承诺体现了组织对职业健康安全的认识、责任及态度。

2. 对危险源辨识、风险评价及决定控制的策划

为及时有效控制生产过程中的各种危害，企业应主动进行危害辨识和风险评价，并通过管理体系的运行加以控制。危害辨识与风险评价是职业安全健康管理体系的核心，是体系实施的基础，也是体系绩效改进的重要依据。

3.《职业健康安全管理体系 要求》GB/T 28001—2011 强调员工的参与和作用

体系的运行来自于各个岗位，员工参与是成功实施职业安全健康管理体系的重要基础，应充分发挥全体员工的作用，在体系实施当中，企业必须将要求传达到全体员工，并保证其充分理解。

4.《职业健康安全管理体系 要求》GB/T 28001—2011 的持续改进

持续改进是《职业健康安全管理体系 要求》GB/T 28001—2011 的核心思想，企业在实施体系过程中，必须建立自我发现、自我纠正、自我完善的运行机制，不断完善职业安全健康管理体系，持续改进职业安全健康绩效。

5.《职业健康安全管理体系 要求》GB/T 28001—2011 的主要术语及定义

（1）可接受风险：根据组织的法律义务和职业健康安全方针，风险降至组织可以接受的程度。

（2）持续改进：为改进职业健康安全总体绩效，组织强化职业健康安全管理体系的过程。

（3）纠正措施：为消除已发现的不符合作业标准、惯例、程序、法规、管理体系绩效等的偏差（其结果能够直接或间接导致伤害或职业病、财产损失、工作环境破坏或这些情况的组合）或其他不期望的情况所采取的措施。

（4）危险源：可能导致伤害、疾病或这些情况组合的根源或状态。

（5）疾病、职业病：可以识别的，由于作业活动或工作相关条件产生的不利于身体或精神健康的状况。

（6）职业健康安全：影响工作场所内员工、临时工作人员、合同方人员、访问者和其他人员健康和安全的条件和因素。

（7）职业健康安全管理体系：总的管理体系的一个部分，便于组织对与其业务相关的职业健康安全风险的管理，包括为制定、实施、实现、评审和保持职业健康安全方针所需的组织机构、策划活动、职责、惯例、程序、过程和资源。

（8）目标：组织在职业健康安全绩效方面所要达到的目的。

（9）绩效：基于职业健康安全方针和目标，与组织的职业健康安全风险控制有关的，职业健康安全管理体系的可测量结果。

（10）职业健康安全方针：由最高管理者就组织职业健康安全绩效正式表述的总体意图和方向。

（11）组织：具有自身职能和行政管理的公司、商行、企事业单位、政府机构、社团结合体或上述单位中具有自身职能和行政管理的一部分，无论其是否具有法人资格、是公营还是私营。

（12）预防措施：为消除潜在不符合要求或其他潜在不期望的情况所采取的措施。

（13）程序：为进行某项活动或过程所规定的途径。

（14）风险：某一特定危险情况发生的可能性和后果的组合。

（15）风险评估：评估风险大小以及确定风险是否可接受的全过程。

（16）作业场所：在组织控制下，开展相关工作和活动的任何场所。

6.职业健康安全管理体系要求

（1）总要求

组织应根据OHSAS的要求建立体系、形成文件、实施、保持并持续改进其职业健康安全管理体系，并确定如何实现这些要求。组织应界定职业健康安全管理体系的范围，并形成文件。

（2）职业健康安全方针

（3）策划

（4）实施与运行

（5）检查

（6）管理评审

最高管理者应按计划的时间间隔，对组织的职业健康安全管理体系进行评审，以确保其持续的适宜性、充分性和有效性。

7.职业健康保障措施

（1）施工现场应在易产生职业病危害的作业岗位和设备、场所设置警示标识或警示说明。

（2）深井、地下隧道、管道施工及地下室防腐、防水作业等不能保证良好自然通风的作业区，应配备强制通风设施。

（3）有粉尘的作业场所，应采取喷淋等设施降低粉尘浓度，操作人员应佩戴防尘口罩；焊接作业时，操作人员应佩戴防护面罩、护目镜及手套等个人防护用品。

（4）高温作业时，施工现场应配备防暑降温用品，合理安排作息时间。

九、工伤认定及工伤保险理赔

（一）工伤认定条件

（1）职工有下列情形之一的，应当认定为工伤：

1）在工作时间和工作场所内，因工作原因受到事故伤害的；

2）工作时间前后在工作场所内，从事与工作有关的预备性或者收尾性工作受到事故伤害的；

3）在工作时间和工作场所内，因履行工作职责受到暴力等意外伤害的；

4）患职业病的；

5）因工外出期间，由于工作原因受到伤害或者发生事故下落不明的；

6）在上、下班途中，受到非本人主要责任的交通事故或者城市轨道交通、火车事故伤害的；

7）法律、行政法规规定应当认定为工伤的其他情形。

（2）职工有下列情形之一的，视同工伤：

1）在工作时间和工作岗位，突发疾病死亡或者在48h之内经抢救无效死亡的；

2）在抢险救灾等维护国家利益、公共利益活动中受到伤害的；

3）职工原在军队服役，因战、因公负伤致残，已取得革命伤残军人证，到用人单位后旧伤复发的。

职工有前款第1）项、第2）项情形的，按照本条例的有关规定享受工伤保险待遇；职工有前款第3）项情形的，按照本条例的有关规定享受除一次性伤残补助金以外的工伤保险待遇。

（3）职工有下列情形之一的，不得认定为工伤或者视同工伤：

1）因犯罪或者违反治安管理伤亡的；

2）醉酒导致伤亡的；

3）自残或者自杀的。

（二）工伤保险理赔标准

1．一～十级一次性伤残补助金

依据《工伤保险条例》第三十五条、第三十六条、第三十七条的规定，职工因工致残被鉴定为一级至十级伤残的，由工伤保险基金支付一次性伤残补助金，标准如下：

一级伤残：本人工资×27；

二级伤残：本人工资×25；

三级伤残：本人工资×23；

四级伤残：本人工资×21；

五级伤残：本人工资×18；

六级伤残：本人工资×16；

七级伤残：本人工资×13；

八级伤残：本人工资×11；

九级伤残：本人工资×9；

十级伤残：本人工资×7。

2．一～六级伤残津贴（按月享受）

依据《工伤保险条例》第三十五条、第三十六条的规定，职工因工致残被鉴定为一级至六级伤残的，按月支付伤残津贴，标准如下：

一级伤残：本人工资×90%；

二级伤残：本人工资×85%；

三级伤残：本人工资×80%；

四级伤残：本人工资×75%；

五级伤残：本人工资×70%；

六级伤残：本人工资×60%。

说明：

（1）一～四级伤残津贴由工伤保险基金支付，实际金额低于当地最低工资标准的，由工伤保险基金补足差额。

（2）五～六级伤残津贴由用人单位在难以安排工作的情况下支付，伤残津贴实际金额低于当地最低工资标准的，由用人单位补足差额。

（3）本人工资：是指工伤职工因工作遭受事故伤害或者患职业病前12个月平均月缴

费工资。本人工资高于统筹地区职工平均工资 300％的，按照统筹地区职工平均工资的 300％计算；本人工资低于统筹地区职工平均工资 60％的，按照统筹地区职工平均工资的 60％计算。

3.五~十级一次性工伤医疗

（1）一次性工伤医疗补助金：由工伤保险基金支付；

（2）一次性伤残就业补助金：由用人单位支付。

上述两金标准根据伤残等级确定，《工伤保险条例》未规定统一标准，具体标准授权各省、自治区、直辖市人民政府规定。可以在各省的工伤保险条例或工伤保险办法中查阅。

4.停工留薪期工资

在停工留薪期内，原工资福利待遇不变，由所在单位按月支付。停工留薪期一般不超过 12 个月。伤情严重或者情况特殊，经设区的市级劳动能力鉴定委员会确认，可以适当延长，但延长不得超过 12 个月。

注：实践中主流做法是按照工伤前 12 个月平均工资确定。

5.停工留薪期护理

生活不能自理的工伤职工在停工留薪期需要护理的，由所在单位负责。

如果单位未安排护理，则由单位支付护理费。

6.评残后的护理费

工伤职工已经评定伤残等级并经劳动能力鉴定委员会确认需要生活护理的，从工伤保险基金按月支付生活护理费。

生活完全不能自理：社会平均工资×50％；

生活大部分不能自理：社会平均工资×40％；

生活部分不能自理：社会平均工资×30％。

7.住院伙食补助费、交通费、食宿费

职工住院治疗工伤的伙食补助费，以及经医疗机构出具证明，报经办机构同意，工伤职工到统筹地区以外就医所需的交通、食宿费从工伤保险基金支付，基金支付的具体标准由统筹地区人民政府规定。

8.医疗费

治疗工伤所需费用符合工伤保险诊疗项目目录、工伤保险药品目录、工伤保险住院服务标准的，从工伤保险基金支付。

超出目录及服务标准的医药费由该工伤职工承担还是由用人单位承担，目前实践中各地存在不同做法，多数地区的做法是用人单位不承担。

9.工伤康复费

工伤职工到签订服务协议的医疗机构进行工伤康复的费用，符合规定的，从工伤保险基金支付。

10.辅助器具费

工伤职工因日常生活或者就业需要，经劳动能力鉴定委员会确认，可以安装假肢、矫形器、假眼、假牙和配置轮椅等辅助器具，所需费用按照国家规定的标准从工伤保险基金支付。

11. 工伤复发待遇

工伤职工工伤复发，确认需要治疗的，享受工伤医疗费、辅助器具费、停工留薪期工资。

12. 因工死亡待遇标准

依据《工伤保险条例》第三十九条的规定，职工因工死亡，其近亲属按照下列规定从工伤保险基金领取丧葬补助金、供养亲属抚恤金和一次性工亡补助金：

（1）丧葬补助金：当地社会平均工资×6。

（2）供养亲属抚恤金：按照职工本人工资的一定比例发给由因工死亡职工生前提供主要生活来源、无劳动能力的亲属。标准为：配偶每月40％，其他亲属每人每月30％，孤寡老人或者孤儿每人每月在上述标准的基础上增加10％。核定的各供养亲属的抚恤金之和不应高于因工死亡职工生前的工资。

（3）一次性工亡补助金

1）标准为上一年度全国城镇居民人均可支配收入的20倍。

2）因《工伤保险条例》在全国统一执行，不论地处东部、西部或经济发达落后地区，一次性工亡补助金标准全国统一。

例如：2015年2月26日，国家统计局发布《中华人民共和国2014年国民经济和社会发展统计公报》，公布2014年度全国城镇居民人均可支配收入为28844元。故2015年度全国一次性工亡补助金统一标准为28844×20＝576880元。

十、从业人员八项权利

（1）知情权：有了解作业场所和工作岗位存在的危险因素、职业危害防范措施和事故应急措施的权利。

（2）建议权：有对本单位的安全生产工作提出建议的权利。

（3）拒绝权：有权拒绝违章指挥和强令冒险作业。

（4）教育培训权：有获得安全生产教育和培训的权利。

（5）紧急避险权：发现直接危及人身紧急情况时，有权停止作业或者在采取可能的应急措施后撤离作业场所。

（6）工伤赔偿权：除享有工伤保险权利外，有权向本单位提出赔偿要求及依照民事法律尚有获得赔偿的权利。

（7）劳动防护权：获得符合国家标准或行业标准劳动防护用品的权利。

（8）检举、控告权：有权对本单位安全生产管理工作中存在的问题提出批评、检举、控告。

十一、各施工阶段及季节生产安全事故预防要点

（一）各施工阶段生产安全事故预防要点

1. 基础施工阶段

（1）挖土机械作业安全；

（2）边坡防护安全；

（3）降水设备与施工用电安全；

（4）防水施工时的防火、防毒；

（5）人工挖扩孔桩安全。

2.结构施工阶段

（1）内外架及洞口防护；

（2）作业面交叉施工及临边防护；

（3）大模板和现场堆料防倒塌；

（4）施工机械设备安全使用；

（5）施工用电安全。

3.装饰装修阶段

（1）室内多工种、多工序的立体交叉防护；

（2）外墙面装饰防坠落；

（3）防水和过滤漆料作业防火、防毒；

（4）施工用电安全。

（二）季节施工生产安全事故预防要点（华北地区）

（1）春季：防雷击、防电击、防静电、防跑漏、防基坑坍塌、防建筑物倒塌等。

（2）夏季：防雷击、防电击、防暑降温、防台风、防汛、防基坑坍塌、防地面沉陷、防疲劳作业、防食物中毒等。

（3）秋季：防电击、防静电、防风灾、防火灾、防基坑坍塌等。

（4）冬季：防风灾、防火灾、防冰雪、防路滑、防煤气中毒、防雾霾等。

第二节　施工单位安全生产工作体系

一、施工单位安全生产工作体系的目的和运行

（一）建立安全生产工作体系的目的

建立安全生产工作体系的目的是为了实现施工单位全方位事前预防的企业工作理念和工作方式，并在企业安全生产文化的基础上，组织、制定、审议、决策安全生产工作事项。

（二）安全生产工作体系运行

1.安全生产工作体系运行方式

PDCA循环使安全生产工作更加条理化、系统化、图像化和科学化。通过大环套小环、小环保大环，互相促进，推动大循环梯阶上升，安全工作每循环一周，现场安全状态和安全工作水平就提高一步。见图3-6、图3-7。

2.安全生产工作体系运行内容

工作计划—建立制度责任制—实施—检查评价—改进。见图3-8。

二、施工单位安全生产组织体系

企业要建立扁平化、横到边竖到底的全方位施工单位安全生产组织体系，突出专职、专业、权威特性，确保体系的正常运行。

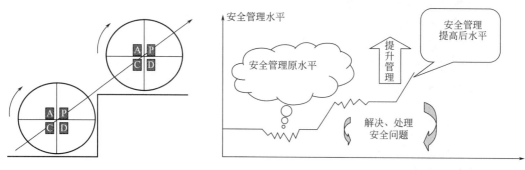

图 3-6　PDCA 循环　　　　　　　图 3-7　安全生产工作 PDCA 循环

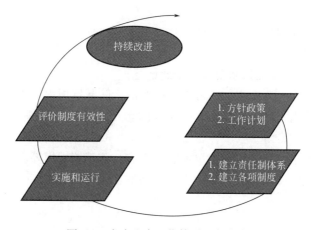

图 3-8　安全生产工作体系运行内容

（一）施工单位安全生产组织体系构成

（1）施工单位法定代表人、董事长、总经理（总裁）、生产副经理、三总师（总工程师、总会计师、总经济师）；

（2）施工单位主管生产、安全、技术、财务、质量、人事、行政、工会等管理部门负责人及专职安全生产管理人员；

（3）项目负责人、项目安全总监、专职安全生产管理人员。

（二）安全生产组织管理体系

安全生产组织管理体系如图 3-9 所示。

1.施工单位主要负责人

（1）施工单位主要负责人组成

施工单位主要负责人包括企业法定代表人、董事长、书记、总经理（总裁）、副总经理（副总裁）、总工程师、总经济师、总会计师、企业安全总监等。

（2）施工单位主要负责人任职条件

1）具有相应的文化程度、专业技术职称（法

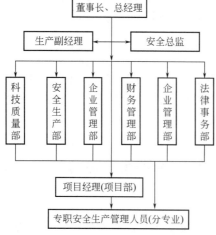

图 3-9　安全生产组织管理体系

定代表人除外）；

    2）与所在企业确立劳动关系；

    3）经所在企业年度安全生产教育培训合格；

    4）经考核，取得行政主管部门颁发的安全生产考核合格证书。

（3）施工单位主要负责人安全生产考核合格证书

施工单位主要负责人安全生产考核合格证书代码为 A、封皮为红色。

证书编号由省、自治区、直辖市简称＋建安＋A＋（证书颁发年份全称）＋证书颁发当年流水次序号（7 位）组成，如京建安 A（2016）0000001。

（4）施工单位主要负责人安全生产考核合格证书的暂扣和撤销规定

施工单位主要负责人未按规定履行安全生产管理职责，导致发生较大及以上生产安全事故的，考核机关应当撤销其安全生产考核合格证书。

    2.施工单位项目负责人

（1）项目负责人任职条件

    1）取得相应注册执业资格；

    2）与所在企业确立劳动关系；

    3）经所在企业年度安全生产教育培训合格；

    4）经考核，取得行政主管部门颁发的安全生产考核合格证书。

（2）项目负责人安全生产考核合格证书

项目负责人安全生产考核合格证书代码为 B、封皮为绿色。

证书编号由省、自治区、直辖市简称＋建安＋B＋（证书颁发年份全称）＋证书颁发当年流水次序号（7 位）组成，如京建安 B（2016）0000001。

（3）项目负责人安全生产考核合格证书的暂扣和撤销规定

项目负责人未按规定履行安全生产管理职责，导致发生较大及以上生产安全事故的，考核机关应当撤销其安全生产考核合格证书。

    3.施工单位安全生产工作机构以及专职安全生产管理人员

（1）施工单位安全生产管理人员

安全生产管理人员包含施工单位、项目各级安全部长、科长、安全总监、专职安全生产管理人员。

（2）施工单位专职安全生产管理人员任职条件

    1）年龄已满 18 周岁、未满 60 周岁，身体健康。

    2）具有中专（含高中、中技、职高）及以上文化程度或初级及以上技术职称。

    3）与所在企业确立劳动关系，从事施工工作两年以上。

    4）经所在企业年度安全生产教育培训合格。

    5）经考核，取得行政主管部门颁发的安全生产考核合格证书。

（3）专职安全生产管理人员分类

    1）机械类专职安全生产管理人员

①从事起重机械、土石方机械、桩工机械等安全生产管理工作。

②机械类专职安全生产管理人员证书代码为 C1、封皮为蓝色。

证书编号由省、自治区、直辖市简称＋建安＋C1＋（证书颁发年份全称）＋证书颁发当年流水次序号（7位）组成，如京建安 C1（2016）0000001。

2）土建类专职安全生产管理人员

① 从事除起重机械、土石方机械、桩工机械等安全生产工作以外的安全生产工作。

② 土建类专职安全生产管理人员证书代码为 C2、封皮为蓝色。

证书编号由省、自治区、直辖市简称＋建安＋C2＋（证书颁发年份全称）＋证书颁发当年流水次序号（7位）组成，如京建安 C2（2016）0000001。

3）综合类专职安全生产管理人员

① 从事全部安全生产工作。

② 综合类专职安全生产管理人员证书代码为 C3、封皮为蓝色。

证书编号由省、自治区、直辖市简称＋建安＋C3＋（证书颁发年份全称）＋证书颁发当年流水次序号（7位）组成，如京建安 C3（2016）0000001。

4）取得机械、土建、综合专职安全生产管理人员证书的方式

① 新申请专职安全生产管理人员安全生产考核只可以在机械、土建、综合三类中选择一类。

② 已取得机械类考试合格证书＋土建类考试合格，可以申请取得综合类安全生产考核合格证书。

③ 已取得土建类考试合格证书＋机械类考试合格，可以申请取得综合类安全生产考核合格证书。

5）专职安全生产管理人员类别配备规定

施工单位安全生产管理机构和建设工程项目中，应当既有可以从事起重机械、土石方机械、桩工机械等安全生产工作的专职安全生产管理人员，也有可以从事除起重机械、土石方机械、桩工机械等安全生产工作以外的专职安全生产管理人员。

（4）施工单位安全生产组织机构专职安全生产管理人员数量配备规定

施工单位应当按照《建筑施工单位安全生产管理机构设置及专职安全生产管理人员配备办法》（建质〔2008〕91号）的有关规定配备专职安全生产管理人员。

1）施工总承包资质序列企业专职安全生产管理人员配备规定

特级资质企业不少于6人；一级资质企业不少于4人；二级和二级以下资质企业不少于3人。

2）施工专业承包资质序列企业专职安全生产管理人员配备规定

一级资质企业不少于3人；二级和二级以下资质企业不少于2人。

3）施工劳务分包资质序列企业专职安全生产管理人员配备规定

不少于2人。

4）施工单位的分公司、区域公司等较大的分支机构（以下简称分支机构）专职安全生产管理人员配备规定

应依据实际生产情况配备不少于2人的专职安全生产管理人员。

5）建筑工程、装修工程项目安全生产管理机构专职安全生产管理人员配备规定

① 1万 m² 及以下的工程不少于1名专职安全员；

② 1万～5万 m² 的工程不少于2名专职安全员；

③ 5万 m² 及以上的工程不少于3名专职安全员，并按专业配备专职安全生产管理人员。

6）土木工程、线路管道、设备安装项目安全生产管理机构专职安全生产管理人员配备规定

① 5000 万元以下总造价工程不少于 1 名专职安全员；

② 5000 万～1 亿元总造价工程不少于 2 名专职安全员；

③ 1 亿元及以上的工程不少于 3 名专职安全员，并按专业配备专职安全生产管理人员。

7）劳务分包企业专职安全生产管理人员配备规定

① 劳务分包企业施工人员 50 人以下，至少配备 1 名专职安全员；

② 劳务分包企业施工人员 50～200 人，至少配备 2 名专职安全员；

③ 劳务分包企业施工人员 200 人及以上，至少配备 3 名专职安全员；根据所承担的分部分项工程施工危险实际情况增加，但不少于工程施工人员总数的 5‰。

（5）专职安全生产管理人员安全生产考核合格证书的暂扣和撤销规定

1）专职安全生产管理人员未按规定履行安全生产管理职责，导致发生一般生产安全事故的，考核机关应当暂扣其安全生产考核合格证书六个月以上一年以下。

2）专职安全生产管理人员未按规定履行安全生产管理职责，导致发生较大及以上生产安全事故的，考核机关应当撤销其安全生产考核合格证书。

4.施工单位主要负责人、项目负责人、安全生产管理人员安全生产考核合格证书管理规定

（1）施工单位（包括劳务分包企业）主要负责人、项目负责人、安全生产管理人员必须经建设行政主管部门考核合格，取得"安全生产考核合格证"后，方可担任相应职务。任何单位和个人不得伪造、转让、冒用施工单位管理人员"安全生产考核合格证"。

（2）施工单位管理人员取得安全生产考核合格证书后，应当严格遵守安全生产法律法规，认真履行安全生产管理职责，接受企业年度安全生产教育培训和建设行政主管部门及安监机构的监督检查。

（3）施工单位管理人员安全生产考核合格证有效期为 3 年，有效期满需要延期的，应当于期满前 3 个月向原发证机关申请办理延期手续。变更姓名和所在法人单位等的，应在一个月内到原安全生产考核合格证书发证机关办理变更手续；施工单位管理人员遗失安全生产考核合格证书，应在公共媒体上声明作废，并在一个月内到原安全生产考核合格证书发证机关办理补证手续。

（4）施工单位管理人员同时兼任施工单位负责人、项目负责人和安全生产管理人员中两个及两个以上岗位的，必须取得另一岗位的"安全生产考核合格证"后，方可上岗。

第三节　企业安全生产管理制度

一、安全生产责任制度

（一）安全生产责任制原则

（1）岗位设置合理

建立科学合理的单位安全生产组织体系。

（2）权责清晰

为了避免系统化犯罪成为免责的手段，法律规定法庭追诉个人法律责任而不是起诉群体罪责。

单位主要负责人、项目负责人、各岗位负责人、技术负责人、岗位操作人员等的岗位责任、责任范围、权利、利益及考核标准应清晰明确、到岗到人。

不论人为或何种原因导致责、权、利混淆，均会造成人们内心和外在行为安全生产责任缺失，是重大安全生产隐患。

（3）追究责任

安全人员责任清晰，人员责任界限清晰是追责的前提，同时追责程序科学严谨。有责必担责、失责必问责、事故必追责，追究安全综合素养低下或直接失责人员，追究任用综合素养低下直接失责人员上一级管理者责任，追究法律法规明确的责任主体和主责人。

> 小贴士：责任到人与人人有责
>
> 责任的两层意义：道德层面责任：集体、个体份内应履行的义务，如城市卫生、节约用，节约用电、环境保护人人有责。法律层面责任：法律责任是不履行法律义务的后果，如安全生产责任主体、个体岗位责任等。
>
> 完善的组织机构部门、人员，岗位责任必须分工明确、建立健全安全生产制度责任制，安全、质量生产义务责任必须精准到岗到人，不应人人有责。原因有二：一是人人有责，有转嫁责任的嫌疑；二是人人有责的集体决策、负责，造成集体不负责、无责任主体可追。

（二）安全生产组织体系

1. 施工单位公司本部

（1）施工单位主要负责人：法定代表人、董事长、书记、总经理（总裁）、副总经理（副总裁）、总工程师、总经济师、总会计师、单位安全总监等。

（2）单位主要职能部门：生产经营部、科技质量部、安全生产部、法律事务部、财务部等。

2. 工程项目工程本部

（1）项目主要负责人：项目负责人、项目技术负责人、项目各专业负责人等。

（2）项目主要职能部门：经营部、技术部、生产部、安全部、材料部、后勤部等。

（三）施工单位安全生产责任

建设、设计、监理、施工等单位主要安全生产责任参照《中华人民共和国刑法》、《中华人民共和国安全生产法》（2014年）、《中华人民共和国建筑法》、《中华人民共和国消防法》、《中华人民共和国劳动合同法》、《中华人民共和国工会法》、《中华人民共和国环境保护法》、《建设工程安全生产管理条例》（国务院令第393号）、《安全生产许可证条例》、《生产安全事故报告和调查处理条例》（国务院令第493号）等安全生产法律法规相关规定。

（四）施工单位各级管理人员安全生产工作职责

1. 施工单位主要负责人安全生产工作职责

（1）建立、健全本单位安全生产责任制。

（2）组织制定本单位安全生产规章制度和操作规程。

（3）组织制定并实施本单位安全生产教育和培训计划。

（4）保证本单位安全生产投入的有效实施。

（5）督促、检查本单位的安全生产工作，及时排查、治理、消除生产安全事故隐患。

1）组织制定本单位事故隐患排查治理工作制度，明确安全、生产、技术、设备、消防、材料等部门事故隐患排查治理工作职责；

2）对本单位及所承建的房屋市政工程的事故隐患排查治理工作进行定期检查；

3）保证事故隐患排查治理工作资金、人员、物资投入到位并有效实施；

4）全面掌控本单位事故隐患排查治理情况，定期分析本单位安全生产形势，提出加强安全生产管理的措施和要求。

（6）组织制定并实施本单位的生产安全事故应急救援预案。

（7）及时、如实报告生产安全事故。

2.施工单位技术负责人安全生产工作职责

（1）对本单位安全生产科技工作负责；

（2）贯彻落实国家相关安全生产法律法规、标准规范；组织落实单位各项规章制度、安全操作规程；

（3）结合单位安全生产需要，组织制定安全生产技术措施和安全技术规范；

（4）审查、审批施工组织设计（方案），论证安全技术措施的科学性和可行性，做决定意见；

（5）领导开展安全科技攻关活动，并组织安全科技鉴定和验收；

（6）使用新材料、新技术、新工艺、新设备前，组织审查其使用和实施过程中的安全性，组织编制或审定相应的操作规程，重大工程项目组织安全技术交底工作；

（7）参加生产安全事故的调查和分析，从技术角度分析事故原因，制定整改及防范措施。

3.施工单位总会计师安全生产工作职责

（1）组织落实本单位财务工作的安全生产责任制，认真执行安全生产奖惩规定；

（2）组织编制年度财务计划，确保本单位安全生产投入，同时编制安全生产费用投入计划，保证经费到位和合理开支；

（3）监督、检查安全生产费用的使用情况；

（4）审批劳动保护用品、防暑降温等相关费用投入。

4.项目负责人安全生产工作职责

（1）代表单位履行项目安全管理职责，对工程项目施工质量安全负全面责任。

（2）贯彻落实国家相关安全生产方针、政策、法律法规、标准规范、各项规章制度责任制和操作规程。

（3）本着安全工作只能加强的原则，建立安全管理体系。根据工程具体情况确定安全工作的组织机构和配备现场专职安全生产管理人员，并明确各岗位的安全责任和考核指标，支持、指导安全管理人员的工作。

（4）保证项目安全生产投入的有效实施，绿色施工费按规定足额用于安全防护和安全措施等，不得挪作他用。

（5）健全用工管理手续、制度，严格用工管理，组织实施从业人员岗前安全教育培训。

（6）定期组织现场事故隐患排查，发现事故隐患予以治理、消除。

1）落实事故隐患排查治理工作制度；

2）制定工程项目事故隐患排查治理工作计划；

3）确保事故隐患排查治理工作资金的有效使用；

4）定期组织相关人员对施工现场事故隐患进行全面排查，按定整改责任人、定措施、定时间原则，落实事故隐患整改措施。

（7）组织编制、实施生产安全事故应急救援预案。

（8）组织起重机械、模板支架等设备设施安装后、使用前验收，未经验收或验收不合格，不得使用；禁止使用安全保护装置失效的起重机械。

（9）发生生产安全事故后，立即启动应急预案，开展应急救援及保护事故现场；按规定及时上报生产安全事故；配合事故调查，认真落实整改和防范措施，吸取事故教训。

5. 项目技术负责人安全生产工作职责

（1）对工程项目施工安全科技负全面责任；

（2）贯彻、落实安全生产相关方针、政策、法律法规，严格执行安全技术标准规范、安全技术措施与安全操作工艺；

（3）组织编制施工组织设计（方案）及补充设计（方案），保证其可行性与针对性，并监督落实；负责组织编制、论证和实施危险性较大分部分项工程专项施工方案；

（4）负责组织施工组织设计（方案）安全技术交底和设备设施验收；

（5）组织制定技术措施计划和季节性施工方案，制定相应的安全技术措施并监督执行，及时解决执行中出现的问题；

（6）组织上岗人员安全教育培训及新材料、新技术、新工艺技术培训；

（7）严禁使用国家明令淘汰、禁止使用的工艺、设备、材料；

（8）组织安全防护设施设备的验收，发现设备设施安全隐患及时采取整改措施；

（9）参加安全生产检查，对施工中存在的不安全因素，从技术方面提出整改意见予以消除；

（10）参加、配合因工伤亡及重大未遂事故的调查，从技术上分析事故原因，提出防范措施、意见。

6. 专职安全生产管理人员安全生产工作职责

（1）组织或者参与拟订本单位安全生产规章制度、操作规程和生产安全事故应急救援预案。

（2）组织或者参与本单位安全生产教育培训，未经安全培训或考核不合格的人员不准上岗；如实记录安全生产教育和培训情况。

（3）督促落实本单位重大危险源的安全管理措施。

（4）组织或者参与本单位应急救援演练。

（5）定期组织本单位相关人员进行安全生产状况检查，及时排查生产安全事故隐患，提出改进安全生产管理的建议。

1）每日对施工现场事故隐患进行排查，定期组织专项检查，及时督促消除事故隐患，对一般事故隐患整改情况进行复查；

2）制止和纠正违章指挥、强令冒险作业、违反操作规程等违法违规行为；

3）负责事故隐患排查治理信息系统的日常运行管理工作；

4）及时向项目负责人、施工单位安全生产管理部门上报重大事故隐患及整改情况。

（6）制止和纠正违章指挥、强令冒险作业、违反操作规程的行为。

（7）审查建筑施工特种作业人员操作资格证书，无证人员不得上岗。

（8）督促落实本单位安全生产隐患整改措施及重大事故隐患整改方案。

（9）生产安全事故发生后，做到生产安全事故"四不放过"。

7. 班组长主要安全生产工作职责

（1）严格执行安全生产规章制度和操作规程，拒绝违章指挥，杜绝违章作业；

（2）组织班组人员学习安全技术操作规程，监督班组人员正确使用防护用品；

（3）做好新工人岗前教育及现场指导；

（4）落实安全技术交底及班前讲话；

（5）组织班组成员参与应急救援演练；

（6）检查班组作业现场安全生产状况，发现隐患及时解决并上报有关负责人；

（7）发生生产安全事故及未遂事故，应积极抢救、保护现场，立即上报有关负责人。

二、安全生产教育培训制度

（一）安全生产教育培训目的

（1）提高从业人员安全生产意识和能力

二次大战初期，人们发现战场经过猛烈炮击后，战壕里许多新兵没有丝毫弹片损伤痕迹却死亡了；事后分析发现，第一次上战场的新兵为了躲避弹片伤害，全身紧贴战壕地面趴卧，结果炮弹爆炸产生的巨大冲击波通过地面传导到人体，导致内脏震裂而亡，而有战场经验的士兵是用手抱头蹲伏在战壕里。经验昭示，减少战场官兵伤亡，军事知识教育培训不可少、战前军事训练必不可少。

众所周知，行业特点决定一些从业人员的综合素养低下是不争的事实，从业人员必须经过岗前针对性标准化安全教育培训，强化安全生产意识，提高从业人员安全生产综合素质，是防患于未然、确保从业人员现场安全生产活动的必由之路。

（2）提高安全文化层次

人的行为受意识支配，对从业人员进行安全生产意识教育培训首当其冲。强化从业人员安全意识和法制观念，调动从业人员安全生产的自觉性、主动性，实现要我安全→我要安全→我懂安全→我会安全的转变。

（3）提高从业人员生产安全事故预防能力

据不完全统计，80%以上的生产安全事故是由人的不安全行为因素造成的，从业人员必须学习、掌握安全生产知识及技能。要从历史生产安全事故案例中吸取教训，做到"四个对待"，即把别人的事故当成自己的事故对待、把历史的事故当成今天的事故对待、把小事故当成大事故对待、把隐患当成事故对待。

（4）培养良好安全生产习惯

强化安全生产意识、规范安全生产行为、建立良好的安全生产习惯，需要通过教育得以改变和提高。

一个长期居住在乡村的人，来到了城市里，乘坐城市公交地铁不具备排队、买票、进站、看标牌走路、服从引导、礼让弱势群体等规则意识是正常的，这不一定是因为他们的道德有问题，而是生活环境使然，如果要生活在这个城市里，就必须要学习城市的行为规则。任何新进入施工现场的从业人员如同长期居住在乡村的人一样，必须学习和遵守施工现场的规则，知悉在作业现场必须正确佩戴安全帽；禁止吸烟、打闹、酒后作业等行为；未经许可不得从事非本工种工作，服从专职安全生产管理人员的管理等。

从业人员的安全生产教育培训是从劣习到良习、从安全行为不规范到规范的过程。任何从业人员在施工作业前，均需要经过安全生产教育培训，树立从业人员施工现场环境、条件下的安全生产意识，掌握安全防范知识、安全生产技能、事故预防及应急状态处理能力。

（5）吸取生产安全事故经验教训

从业人员深刻理解安全的要义，首先要让从业人员有机会在实践中获得连续不断的经验，要充分利用大量非本单位及本单位发生的大大小小工伤事故案例进行解析解读，吸取经验教训、警示从业人员。

安全生产教育培训是一个告知、习得的过程，要杜绝单向"大道理"教育方式，充分利用微信群、QQ等通信工具，传递安全生产知识信息，使从业人员提高安全意识，体验、反思不安全行为。

（二）安全生产教育培训对象及时间

1. 安全生产教育培训对象

（1）企业主要负责人、项目负责人和专职安全生产管理人员

1）建筑施工单位安全生产管理人员必须经建设行政主管部门或者其他有关部门安全生产考核，考核合格取得安全生产考核合格证书后，方可担任相应职务。

2）建筑施工单位安全生产管理人员考核合格证书有效期为3年。有效期满需要延期的，应当于期满前3个月内向原证机关申请办理延期手续。

3）建筑施工单位安全生产管理人员在安全生产考核合格期内，严格遵守安全生产法律法规，认真履行安全生产职责，按规定接受企业年度安全生产教育培训，未发生死亡事故的，安全生产考核合格证书有效期届满时，经原安全生产合格证书发证机关同意，不再考核，安全生产考核合格证书有效期延期3年。

（2）特种作业人员

1）建筑施工行业特种作业工种

① 建筑电工；

② 建筑架子工；

③ 信号司索工；

④ 塔式起重机司机；

⑤ 起重机械安装拆卸工；

⑥ 高处作业吊篮安装拆卸工；

⑦ 经省级以上人民政府建设主管部门认定的其他特种作业。

2）建筑施工单位从事特种作业的人员必须按照国家有关规定经专门的安全作业培训，取得相应资格，方可上岗作业。

3）特种作业人员作为重点教育培训对象，企业要采取针对性安全教育培训。

① 根据具体工种，针对季节性变化、工作对象改变、环境变化，进行安全教育培训。

② 根据具体工种，针对新工艺、新材料、新设备的使用，进行安全教育培训。

③ 根据具体工种，针对发现的事故隐患或发生的重大事故等，进行安全教育培训。

④ 特种作业人员安全教育培训应建立档案。

（3）从业人员岗前安全生产教育培训

安全生产教育培训包括新进场和转场从业人员岗前三级安全生产教育、"四新"安全生产教育、变换工种安全生产教育、日常安全生产教育、复工安全生产教育、季节变化安全生产教育、节假日及重大活动相关安全生产教育、年度继续教育以及各类证书的初审、复审教育等。

（4）劳务分包单位人员

专业分包单位、劳务分包单位人员培训教育工作。

2. 安全生产教育培训时间

安全生产教育培训时间，见表3-1。

安全生产教育培训时间　　　　　　　　　　　　　　表 3-1

序号	教育对象	教育级别	组织实施部门、人员	教育内容	教育学时	教育时间
1	企业主要负责人、项目负责人、专职安全生产管理人员	公司级（总包单位）	企业主要负责人组织；专职安全生产管理人员实施教育	见公司级安全生产教育	培训时间≥8学时	1. 每年一次安全生产教育； 2. 上岗前； 3. 每三年一次续期教育
2	特种作业人员	项目级班组级	公司负责人组织；项目负责人组织；专职安全生产管理人员实施教育	见项目级、班组级安全生产教育	培训时间≥8学时	1. 每年一次； 2. 上岗前； 3. 每两年一次复审教育
3	新进场、转场、转岗的从业人员	项目级班组级	项目负责人组织；专职安全生产管理人员实施教育	见项目级、班组级安全生产教育	培训时间≥8学时	上岗作业前
4	从业人员换岗、离岗6个月以上、采用新技术、新工艺、新材料、新设备的从业人员	项目级	项目负责人组织；专职安全生产管理人员实施教育	见项目级安全生产教育	培训时间≥4学时	上岗作业前
5	企业从业人员	项目级班组级	公司、项目部各自组织所属人员参加	见项目级、班组级安全生产教育	培训时间≥8学时	每年至少一次安全生产教育
6	劳务分包负责人及劳务分包作业人员	项目级班组级	项目负责人、外施队长组织，专职安全生产管理人员实施教育	见项目级、班组级安全生产教育	培训时间≥24学时	每年至少一次安全生产教育
7	企业新招用的从业人员	公司级项目级班组级	企业主要负责人组织；项目负责人组织；专职安全生产管理人员实施教育	见公司级、项目级、班组级安全生产教育	培训时间≥48学时	上岗作业前
8	学徒工、实习生、派遣劳动者、委托培训人员、合同工、新分配的院校学生、参加劳动的学生、临时借调人员、相关分包协作方人员等	项目级班组级	项目负责人组织，专职安全生产管理人员实施教育	见项目级、班组级安全生产教育	培训时间≥16学时	每年至少一次安全生产教育

（三）安全生产教育培训主要内容

1.安全生产教育培训主要内容

（1）制度责任制：掌握本岗位安全生产规章制度、责任制。

（2）相关法律法规：熟悉安全生产相关法律、法规和规章。

（3）自身权利义务：知悉自身在安全生产方面的权利和义务。

（4）安全生产技能：掌握本岗位安全操作规程、专业工种的工艺流程、安全操作技能、设备危险特性等必要的安全生产知识。

（5）安全预防知识：掌握生产安全事故的防范知识和措施。

（6）应急处理措施：掌握事故应急状态处理措施、自我保护能力。

（7）院前急救知识：掌握止血、骨折固定、绷带绑扎、人工呼吸、自救互救等急救知识。

（8）劳动保护知识：掌握安全防护设施、设备、工具、劳动防护用品的使用、维护和保管知识。

（9）典型事故案例：了解相关典型生产安全事故案例。

2.三级安全生产教育培训主要内容

三级安全生产教育培训主要内容，见表3-2。

三级安全生产教育培训主要内容 表3-2

序号	三级教育	三级教育培训内容
1	公司级安全教育	1.国家、行业及地方行政主管部门制定的相关安全生产法律法规、方针、政策及现行安全技术规范标准等； 2.从业人员安全生产方面的权利和义务； 3.安全生产规章制度及安全操作规程； 4.本行业作业环境、特点等； 5.本行业作业场所、工作岗位存在的危险因素、事故类型,生产安全事故和职业危害的预防措施及安全注意事项,事故自救互救、急救方法,应急处理、疏散措施； 6.本行业典型职业伤害和伤亡事故案例分析； 7.其他需要培训的内容； 8.《××市建筑施工现场作业人员安全生产知识教育培训考核试卷》
2	项目级安全教育	1.国家、行业及地方行政主管部门制定的相关安全生产法律法规、方针、政策及现行安全技术规范标准等； 2.安全生产规章制度、安全操作规程及劳动纪律； 3.本项目作业环境、特点及安全生产状况等； 4.本项目作业场所、工作岗位存在的危险因素、事故类型,生产安全事故和职业危害的预防措施及安全注意事项,事故自救互救、急救方法,应急处理、疏散措施； 5.从业人员正确使用、维护、保管个人劳动防护用品及安全生产设施、设备、工具知识； 6.本项目工程典型职业伤害和伤亡事故案例分析； 7.其他需要培训的内容； 8.《××市建筑施工现场作业人员安全生产知识教育培训考核试卷》

序号	三级教育	三级教育培训内容
3	班组级安全教育	1. 国家、行业及地方行政主管部门制定的相关安全生产法律法规、方针、政策及现行安全技术规范标准等； 2. 岗位安全职责、安全生产规章制度、安全操作规程及劳动纪律； 3. 本项目作业环境、特点及安全生产状况；本工种专业、专项工程特点；岗位之间工作衔接配合的安全与职业卫生事项；主要工作内容及操作技能及强制性标准； 4. 本工种作业场所、工作岗位存在的危险因素、事故类型，生产安全事故和职业危害的预防措施及安全注意事项，事故自救互救、急救方法，应急处理、疏散措施； 5. 从业人员正确使用、维护、保管个人劳动防护用品及安全生产设施、设备、工具知识； 6. 本项目工程、本工种典型职业伤害和伤亡事故案例分析； 7. 其他需要培训的内容； 8.《××市建筑施工现场作业人员安全生产知识教育培训考核试卷》

(四) 标准化安全生产教育培训基本要求

(1) 周密计划

为确保安全生产教育培训贯穿于生产活动的全员、全方位、全过程，施工单位应按照本企业的安全生产教育培训制度，制定年度安全生产教育培训计划。根据本行业（公司安全教育培训）、单位工程（项目安全教育培训）、专业专项工程（班组安全教育培训）特点，针对从业人员本岗位为中心的法律法规、安全生产规章制度、安全操作规程、安全知识、安全操作技能、事故应急处理措施进行安全生产教育培训。

(2) 注重实效

某地区中考，考题问"李白去世是哪一年"？对于一个学生来说，重要的是读懂李白的诗韵、感知古人的浪漫情愫，把李白去世时间当成知识点，是典型的形式化教育，无益学生文化学习和成长。

安全生产教育培训应根据项目工程的结构、专业、工艺、作业环境等特点，充分考虑从业人员的认知、认识水平及素质类型，进行针对性、实效性安全生产教育培训。

> 小贴士：认识和认知都是指感官、思维对事物的理解，但两者是有区别的。知识、知识，先知而后识，知是表，识是里，先知道这个事物，才去认识了解这个事物。两者的区别在于"认识"对事物的了解程度深于"认知"。

(3) 简明扼要

安全生产教育培训内容不宜过多、也不宜过少，过多，被教育人员难以掌握；过少，无法覆盖安全知识点。例如，要求从业人员每次教育培训掌握 100 个安全知识点。

(4) 通俗易懂

安全生产教育培训缺陷是造成生产安全事故的直接或间接原因。不能把安全生产教育培训效果欠理想的原因完全归咎于从业人员素质不高、态度不端正，很大程度上是由于内容缺乏针对性、照本宣科、千篇一律、枯燥乏味、似是而非的安全教育培训方式造成的。

教育领域流行的一句话很实际，"没有不上进的学生，只有教育能力不足的老师"。

安全生产教育培训应采取体验、VR虚拟现实技术、3D仿真游戏、视频、PPT、图片、文字等喜闻乐见、通俗易懂、图文并茂的方式展示安全知识、事故案例，使从业人员乐于接受、易于理解掌握，避免发生从业人员安全生产教育培训如同听和尚念经，一句没听懂、似懂非懂，一句没记住、似知实不知现象。

（5）感觉体验

模拟高处坠落或物体打击造成的上下肢骨折、胸腹部外伤，选择习惯性、经常性违章的从业人员真实体验包扎固定后的医疗过程，体验时间宜为一天。达到教育体验者及他人安全生产行为的目的。

（6）实用适用

生产安全事故防范知识要实用适用。从业人员必须掌握"三宝"（安全帽、安全带、安全网）的用前检查和正确使用，而"三宝"的制造标准从业人员适当了解即可。

（五）安全生产教育培训主要形式

1. 进场安全生产教育培训

对准备进场的新员工和调换工种的员工应进行安全生产教育培训。进场安全生产教育培训考核合格后，方可上岗作业。

2. 三级安全生产教育培训

三级安全生产教育培训包括公司级安全教育培训、项目级安全教育培训、班组级安全教育培训。三级安全生产教育培训考核合格后，方可上岗作业。

3. 专项安全生产教育培训

新法规、新规定、新材料、新工艺、新设备在施工中得到日益推广和应用，从业人员应经过理论知识培训和实际操作培训，掌握"四新"技术的基本施工流程和基本安全操作要点。专项安全生产教育培训考核合格后，方可上岗作业。

4. 日常安全生产教育培训

企业应把经常性的安全教育贯穿于安全生产全过程，并根据接受教育的对象和不同特点，采取多层次、多渠道、多方法进行安全生产教育培训。经常性安全生产教育培训形式多样，班前安全讲话、安全例会、安全生产月（周、日）活动教育都是较好的形式。

班前安全讲话教育是经常性安全生产教育培训的最好形式之一，应持之以恒。班前安全讲话更贴近实际和具体，从业人员作业中安全防护应该如何做？注意哪些不安全因素？如何消除安全隐患？从而保证安全生产，提高施工效率。

5. 安全生产体验教育培训

企业应建立安全生产体验教育培训基地，如果没有可采取借用形式，营造"我参与、我体验、我安全"的安全生产体验教育氛围。安全生产体验教育培训分为施工安全防护用品展示、施工安全培训和施工安全体验三个部分。采用常规展示方式、浸入式体验方式、互动和信息化体验方式相结合的模式，全面展示建筑施工生产安全的各个环节，将单纯的授课式、开会式、填鸭式安全生产教育培训扩展到互动体验、亲身体验方式，有效提高行业从业人员的安全生产意识、知识和技能水平。

（1）现场情景模拟体验安全教育培训模式

新加入本行业的从业人员进场前，应全数进行洞口坠落、安全带使用、安全帽撞击、触电试验、现场急救等现场情景模拟体验。

实践证明，每个亲身感受到模拟踏空坠落产生的恐惧感及体验到违章操作带来危害后果的从业人员，均记忆深刻、终生难忘，起到"一朝被蛇咬，十年怕井绳"的教育效果。

（2）现场事故伤残模拟体验安全教育培训模式

经本人自愿同意，选定两名经常不遵守安全规定的从业人员，进行违章事故伤残模拟体验。一名模拟右臂骨折，打上夹板固定吊挂在脖颈；一位模拟右腿骨折，打上夹板固定；无任何特殊情况，两人体验时间要求最少12h。上下楼、打水、吃饭、上洗手间等日常生活依旧，但要求自理。由于肢体被绷带绑扎固定，活动受限，体验人必深受其苦。

模拟违章事故伤残体验，将引发模拟者及围观从业人员的教育和思考，使从业人员由被动接受安全教育转变为主动抵制违章行为，收到事半功倍的效果。

（3）VR虚拟现实技术

采用VR虚拟现实技术，虚拟高处坠落、物体打击、机械伤害、电击事故、基坑坍塌事故及事故应急处理措施等内容，寓教于乐，安全生产教育效果显著。

> 小贴士：VR（Virtual Reality）即虚拟现实，借助计算机系统及传感器技术生成三维环境，创造出人机交互状态，通过调动使用者的感官（视觉、听觉、触觉、嗅觉等），带来真实的、身临其境的体验。应用于游戏、医学、安全生产教育等。

6.举办安全生产知识竞赛

（1）"100元安全知识问答竞赛"方式现场可借鉴。

规则：参与对象是所有从业人员，首先安全生产管理人员在办公区公告板上出一道题目，题目范围限于施工生产安全教材，如果2d内有人知道答案，就在公告板上写出答案。第3天时，如果出题的人认为答案是正确的，就把题目擦掉，而出题权就给予写出正确答案的人员，再由写出正确答案的人员给出下一道题。如此循环，直到没有人能回答出问题时，那100元就奖给出题者。

知识竞赛明显的好处是全员参与、全员思考、全员学习，同时公告板上出的题目及答案人人可以阅读，有助于全体从业人员把安全知识烂熟于心，是一个生动活泼的学习、交流方式。

（2）省、市、地都可能进行多种形式的安全知识竞赛、技能竞赛等，要避免走精英竞赛形式之路，遇有上级主管部门组织开展竞赛活动时，企业组织几个固定人员进行脱产训练、突击提高，成为获奖专业户。这种脱离实际、替代全员安全培训，对企业安全生产于事无补。

企业应根据不同专业竞赛，采取本专业全员参与培训、全员参与安全知识、技能选拔赛，优胜者报名参加地、市、省级别的竞赛，提高、促进企业各参赛专业人员的整体安全生产知识、技能水平。

7.其他安全生产教育培训形式

（1）班前、班后安全生产相关内容讲评；

（2）生产安全事故现场会；

（3）举办安全技术学习班、推广安全生产管理技术经验交流会；安全操作方法示范训练、讲座、座谈；

（4）编印安全生产相关简报、刊物、书籍；放映安全生产相关方面图片、图像、视频等资料；

（5）制作板报、图片、广告、标语等。

（六）安全生产教育培训考核记录

1.安全生产教育培训考核

（1）各类（级）安全生产教育培训后，须经"建筑施工作业人员安全生产知识教育培训考核试卷"考核。

（2）考核进行闭卷考试、监考、阅卷，满分为100分，60分及以上为合格。考试时间为90min。

（3）从业人员考核合格后，方可上岗作业。

2.安全生产教育培训考核记录

（1）企业应建立安全生产教育培训档案，如实记录安全生产教育培训的时间、内容、参加人员以及考核结果等情况。

（2）个人教育培训情况记入工作档案。

三、安全生产科技工作制度

（一）安全生产科技依据

（1）国家、行业和地方安全技术规范标准；企业安全技术操作规程。

（2）国家、行业和地方有关的方针、政策、法律、法规。

（二）安全生产科技工作内容

1.施工组织方案编制与审批

（1）施工作业前，企业必须组织编制施工组织方案，并针对工程特点、施工工艺制定安全科技措施。

（2）施工组织方案应在企业内部经过优化、优选程序及专业化论证。

（3）危险性较大的分部分项工程，施工单位应组织专家进行论证。

（4）施工组织方案必须履行专业技术人员编制—有关部门审核—独立法人企业技术负责人审批—监理单位项目总监批准的审批程序。

2.安全科技交底

（1）施工作业前，施工负责人对相关管理人员、施工作业人员进行书面安全科技交底。

（2）书面安全科技交底包括施工组织方案、分部分项及"四新科技"。

（3）安全科技交底签认

1）施工组织方案安全科技交底，由交底人、被交底人及专职安全生产管理人员签认；

2）分项工程安全科技交底，由交底人、全部参与实施人员及专职安全生产管理人员签认。

3.安全生产设施设备分部分项工程验收

安全生产设施设备分部分项工程安装完成后，项目负责人组织专业技术负责人、专职安全生产管理人员、安装人员及其他相关人员，按分部分项进行验收，验收合格后方可投入使用。

4.安全生产"四新科技"应用、推广

新科技、新工艺、新材料、新设备"四新科技"，在施工安全生产领域积极推广、开发、应用。

5.安全生产科技改进

动态安全生产过程必须定期检查、动态控制、持续改进。

6.安全科技资料要求

（1）安全科技资料基本要求

1）安全科技资料要科学化、标准化、规范化。

2）确保实施阶段、安全监督、分段分项验收、综合评价等全过程安全科技资料要规范化、专业化；收集整理同步、真实、完整。

3）安全科技资料为施工过程中发生的伤亡事故处理、事故预测、预防提供参考依据。

（2）安全生产检查评定项目划分

安全生产检查评定项目按照《建筑施工安全检查标准》JGJ 59—2011 划分为安全管理、绿色文明施工、扣件式钢管脚手架、门式钢管脚手架、碗扣式钢管脚手架、承插型盘扣式钢管脚手架、满堂脚手架、悬挑式脚手架、附着式升降脚手架、高处作业吊篮、基坑工程、模板支架、高处作业、施工用电、物料提升机、施工升降机、塔式起重机、起重吊装、施工机具，共十九项。

（3）安全生产资料主要内容（不同专业，略有差异）

1）生产安全制度、责任制；

2）施工组织方案、应急救援预案编制与审批；

3）安全生产组织机构及相关职业资格证件；

4）专业、劳务分包安全生产管理协议；

5）安全生产教育培训考核记录；

6）安全科技交底；

7）分部分项工程验收记录；

8）材料强度、接地电阻、绝缘电阻、RCD 等技术参数检验、检测记录；

9）安全检查、隐患整改记录；

10）生产安全事故处理记录；

11）安全设施设备、材料、器件质量证明文件；

12）巡查、维修记录。

小贴士：单位工程、分部工程、分项工程基本定义。

单位工程：具备独立施工条件、具备独立使用功能的建（构）筑物。

分部工程：按专业性质、建（构）筑物的一个完整部位或主要结构或施工阶段划分的工程实体。

分项工程：按工种、工序、材料、施工工艺、设备类别等划分的工程实体。

四、安全生产检查、事故隐患排查制度

（一）安全生产检查、事故隐患排查的目的

1. 发现生产安全事故隐患

德国飞机涡轮机发明者帕布斯·海恩提出著名的航空界飞行安全法则，每一起严重事故的背后，必定有 29 次轻微事故、300 起未遂先兆以及 1000 个事故隐患。

检查施工过程安全生产状况、及时排查生产安全事故隐患，是预防、降低生产安全事故发生概率的重要手段。

肝癌患者多数都经历了乙肝、肝硬化、肝癌的过程。正常肝细胞变成癌细胞要经历 5～10 年时间。当肝脏受到攻击时，癌细胞是以几何级数增加的，即一个癌细胞分裂成两个癌细胞，两个分裂成四个，四个分裂成八个……如果你每半年体检一次，在癌细胞仅长成 2～3cm 的时候，只要施行切除手术，肝癌多数可以手到病除。

预防意识及有效的治疗措施、定期健康体检、早期发现肿瘤、早期治疗是最好的方法。当肝癌晚期肝癌细胞遍布肝脏时，放化疗不过是将正常细胞和癌细胞统统灭杀的过程，一切治疗手段都将无济于事。

相传阿基里斯是古希腊神话中最伟大的英雄之一。他的母亲是一位女神，在他降生之初，女神为了使他长生不死，将他浸入冥河洗礼。阿基里斯从此刀枪不入，百毒不侵，只有一点除外就是他的脚踵当时被女神提在手中，未能浸入冥河，于是"阿基里斯之踵"就成了这位英雄的唯一弱点。

在漫长的特洛伊战争中，阿基里斯一直是希腊人最勇敢的将领。在十年战争即将结束时，敌方将领在众神的示意下，抓住了阿基里斯的弱点，一箭射中他的脚踵，阿基里斯最终不治而亡。

施工安全生产检查、生产安全事故隐患排查，应做到常态化、全方位"健康体检"，目的是及时发现生产过程中存在的"肝癌细胞"和"阿基里斯之踵"，且必须做到"四不放过"：

（1）任何不安全行为不放过；

（2）任何关键工序、节点不安全因素不放过；

（3）任何安全设施设备缺陷不放过；

（4）任何生产条件、气候环境等不安全因素不放过。

生产安全事故隐患如同"阿基里斯之踵"，要及时检查、排查，确保安全生产。

安全生产检查是自我主动和借助外界资源发现生产安全事故隐患的过程。安全生产工作的重点是检查、排查生产安全事故隐患，杜绝协调、屏蔽掉生产安全事故隐患。安全生产工作必须不断 P（Plan 计划）、D（Do 实施）、C（Check 检查）、A（Action 处理），安全生产才会趋近于本质安全。

在安全生产检查、排查活动中，经常会看到施工现场建筑的高处迎面悬挂"热烈欢迎上级领导（专家）莅临检查"或"热烈欢迎×××检查组专家莅临检查"的横幅，专家或上级检查人员被夹道欢迎引入会议室，之后专家或上级检查人员按预定程序检查事先精心准备、清理的施工现场。非常态安全生产迎检形式、安全意识缺失及人为掩藏生产安全事故隐患的行为无异于饮鸩止渴。

2. 消除生产安全事故隐患

手雷是危险的杀伤性武器，一般由弹体、引信、保险栓组成，手雷一旦解除安全装置，引信点火约 3.5s 即爆炸伤人。当生产过程中存在生产安全事故隐患时，类似一个拔掉保险栓的手雷，生产安全事故随时可能发生。对安全生产而言，整改到位是安全生产保险的加设过程。

治病需要医德高尚、医术高明的医生。发现生产安全事故隐患只是安全生产检查、排查工作的一部分，隐患整改并经验收合格才是安全生产检查、排查的全部，生产安全事故隐患整改四条基本要求：

（1）具体整改措施必须落实；

（2）整改措施必须落实到人；

（3）整改措施必须规定时限；

（4）整改后必须验收，验收应合格。

生产安全事故隐患要根据制度、责任制、技术管理等规定，倒查生产安全事故隐患岗位相关责任者的责任。从生产安全事故隐患追溯到技术因素、人员素质、企业安全工作、企业负责人综合安全素养、企业安全文化；从生产安全事故隐患追溯到科技应用、安全工作、机制体制、违法转包、挂靠造成的安全工作混乱，要采取建立分包管理制度、签订安全管理协议等针对性安全工作措施，防止隐患的屡次出现。

安全生产检查、排查要针对现场作业实际，突出预见性和重点，确定专业检查人员、检查内容、检查方式，明确检查职责。上一级安全工作层要对危险性较大分项工程的点、线、面持续不定期检查，避免因从业人员安全工作水平及安全知识局限，造成基于安全检查评分基础性数据误判风险。

任何施工现场即便是人们营造的样板现场，用专业眼光审视、检查、排查，也或多或少存在生产安全事故隐患，当动态化生产安全事故隐患被人为刻意隐藏时，行为本身就是一个重大安全隐患。

很多人将宽容、有容乃大、留有余地等作为生活座右铭是可以理解的，但对安全生产管理过程中发现的隐患不适用。

不论是首屈一指的大都市还是三级城市，驾驶员会看到一个普遍现象，市政道路中的许多井盖安装高差严重超标，高低不平的井盖区域不仅使行驶在颠簸路面的车辆产生不舒适感，更给躲避动作的行驶车辆带来巨大的威胁，时刻影响着人们的生命和财产安全。一个井盖边缘与路面的高差做到 ≤2mm，井盖整体结构、基础安装工艺、过程质量控制技术严格讲与现代科技无关，但为什么道路现状持续着、存在着？这是因为城市管理者没有意识到潜在的危害、监管不到位；建造者没有意识到问题的严重性、未尽职尽责。

安全生产采用无标准、低标准、缺底线的工作原则，实际是一种纵容、一种隐患。不论哪级管理者，首先要意识到安全生产涉及从业人员的生命和职业健康，每个从业人员应该坚持直面问题、不回避、全力解决的态度。在安全标准面前必须人人遵守，概莫能外，管理者应坚守，操作人员应遵守。

某个具有核能力的国家，曾两次邀请美国核科学家赫克参观其国家的核基地，他对这个国家的核基地设施的评价是"规模巨大，但安全系数极低"。一旦核设施出现核事故，对美国本土造成的威胁几乎为零，但对邻国造成的危害近在咫尺、首当其冲。

这个事例提示我们，任何对你、我、他来讲的危险因素、事故隐患都不能纵容、不能视而不见。

安全生产检查、隐患排查及整改要与利益当事者密切结合，才会有成效。应根据企业不同安全认识水平层次的管理者、从业人员对象，采取不同的奖惩形式，与罚款额度相关、与职务相关。

3. 分析追溯危险因素

参与安全生产检查、排查的人员应具有观察分析能力，掌握统计学、安全网络数据库技术。

检查、排查生产过程的每一个环节、部位，发现生产安全事故隐患，仅仅是现场实际状态、操作层面的表象，只观察不分析如同只检查、排查不整改。深入分析、判断所观察到的现场安全隐患、产生生产安全事故隐患的原因，采用关系联想、逻辑归纳，分析判断安全生产客观规律。透过现场生产安全事故隐患，发现深层面的隐患，精准落实治理措施。如一个现场安全生产管理混乱、隐患丛生、生产安全事故频发只是表象，实际可能是施工单位的管理机制缺陷、安全组织机构未落实、管理者素质低下、专职安全生产管理人员待遇低造成缺乏优秀、称职的安全生产管理人员等因素造成的。

行政主管部门、主管集团、公司、项目应分层级、分专业，进行系统化、规范化、标准化安全检查、排查。该检查内容要检查到位，不要缺位、不要越位；行政主管部门、主管集团、公司、项目不同层级专职安全生产管理人员各自职责范围，就是检查、排查内容。例如集团公司检查、排查二级公司，重点检查、排查安全组织机构、制度责任制是否建立健全等；二级公司检查、排查项目，重点检查、排查项目安全生产组织机构、建立健全制度责任制、教育培训工作落实等。上级主管部门相关人员深入现场检查、排查生产安全事故隐患，目的是透过现象分析本质因素，但不是安全检查、排查工作重点；进行各项现场安全检查、排查是专职安全生产管理人员的工作重点。

施工单位安全管理不是简单层级叠合，精细化安全管理不是细化到上百张表格，结果企业、项目为应对检查、排查而填表，组织专人亦真亦假、似是而非地上传资料，对安全生产工作徒劳无益。

4. 降低隐患存在空间

抗战及解放战争时期，中国共产党树立了人民战争概念，才有新中国。当人民战争概念应用到食品安全、环境污染、生产安全等领域时，问题将迎刃而解。发动全体从业人员参与安全生产检查、监督，从不同角度发现生产安全事故隐患越全面深入，事故隐患存在空间就越小。

（二）安全生产检查、排查人员

（1）集团：集团主管生产副总经理带队，集团安全管理部门相关人员、各专业技术人员、专职安全管理人员参加。

（2）公司：公司主管生产副总经理带队，公司安全管理部门相关人员、各专业技术人员、专职安全管理人员参加。

（3）项目：项目经理带队，项目安全管理部门相关人员、各专业技术人员、专职安全管理人员参加。

（4）班组：项目安全管理部门相关人员或专职安全管理人员、工长、班长、操作人员参加。

> 小贴士：众所周知，临时进入施工现场的任何人员必须佩戴安全帽，现场不一定准备全新的安全帽，但也不要随意把沾满脏污灰尘的安全帽递给来者佩戴，可以在安全帽内部衬箍部分配置一次性卫生护圈，既卫生，也体现了对人的尊重和企业文化。

（三）安全生产检查、排查要求

（1）安全生产检查、排查必须明确目的、要求和具体计划，由相应级别的主要负责人负责、组织、领队，专业技术人员、专职安全员和作业人员参加。安全生产检查、排查坚持主要负责人与专业技术人员、管理与专业相结合的原则。

（2）施工安全生产状况检查、生产安全事故隐患排查应专业化，依靠专业技术人员进行专业安全检查、排查，发现浅层次问题简单，关键要分析出深层次的原因和解决办法。

安全生产管理人员必须具备相应的管理知识和管理能力；专业技术人员必须具备相应的职业操守、安全科技及丰富经验。

拒绝徒有其名、滥竽充数、不学无术的"专家"，其德、其才以迎合、搪塞被检查单位为能事，其有意无意将安全隐患隐藏起来，行为本身就是安全隐患。

（3）安全生产检查、排查前要做到检查前"三不"，即不通知、不汇报、不接待。目的是避免现场真实的生产过程状态被人为掩饰，通过专业安全管理人员检查、排查，及时发现安全生产过程中实际存在的安全隐患。

（4）企业、项目在自查、自纠的基础上，组织相关人员通过听、看、问、查、评的方法对检查、排查中发现的生产安全事故隐患下达整改通知单，必须采取针对性措施，定人、定措施、定时间进行整改。重大事故隐患整改后，应由相关部门组织复查。杜绝检查、排查说得多，做得少；检查、排查隐患多，整改少的现象。整改情况必须经原检查、排查单位、人员或委托单位、人员复查签认。

（5）受环境、物质、技术等条件限制暂时不能立即解决的一般性安全隐患和问题，应当制定切实可行的安全防范措施。同时制定整改措施，限期整改。被列为重大生产安全事故隐患的，必须立即停止生产。

（6）建筑施工单位应建立安全检查、排查及隐患整改档案，每次检查、排查的内容、结果、整改情况书面记录必须由检查人员、被检查单位安全负责人、复查人员签字确认、存入档案。

（四）安全生产检查、排查主要类型

1.定期检查、排查

按规定的时间间隔对机、电、架等专业，进行全面综合安全生产检查、排查。

（1）日常检查、排查：项目专职安全生产管理人员督促班组成员及建筑电工、塔式起重机司机、物料提升机司机、施工升降机司机等认真执行安全制度和岗位责任制度，遵守操作规程，做好班前工作准备检查和班后工作交接检查。

检查、排查人员：本岗位从业人员、操作人员和建筑电工等。

（2）周检查、排查：由各部门负责人深入班组，对设备保养、器材放置、设备运行记录的记载等进行检查、排查，检查现场是否存在不安全因素、隐患。

检查、排查人员：项目主要负责人组织专职安全生产管理人员及有关专业技术管理人员参加。

（3）月检查、排查：主要是对安全工作进行全面检查、排查，发现和研究解决安全管理上存在的问题。

检查、排查人员：企业主要负责人组织专职安全生产管理人员及有关专业技术管理人员参加。

（4）季度检查、排查：主要根据本季度的气候、环境特点，重点性地进行安全检查、排查。加强对重点区域、重点部位的检查、排查。

检查、排查人员：集团或企业主要负责人组织专职安全生产管理人员及有关专业技术管理人员参加。

（5）年度检查、排查：年度自上而下的安全检查、排查。

检查、排查人员：集团或企业主要负责人组织专职安全生产管理人员及有关专业技术管理人员参加。

（6）法定节假日检查、排查：节假日前、后，各专业、区域、部位安全检查、排查。

检查、排查人员：集团或企业主要负责人组织专职安全生产管理人员及有关专业技术管理人员参加。

2.不定期检查、排查

何时、何地、何内容进行安全生产检查、排查，事先不通知受检单位。突击性、随机性检查、排查弥补定期检查、排查的不足，检查受检单位真实的日常生产安全状态，避免人为事先策划的迎检。

检查、排查人员：不定期检查、排查由受检单位上一级部门组织进行，或集团、企业主要负责人组织专职安全生产管理人员及有关专业技术管理人员参加。

3.专业性检查、排查

根据施工的实际情况，针对检查、排查内容专业性要求较强的部分，对某一项安全作业和某一个安全生产薄弱环节进行专业安全风险检查、排查和专题性检查、排查，如进行施工机械、施工用电、脚手架、模架、防护专业等专业安全生产检查、排查。

检查、排查人员：项目主要负责人组织专职安全生产管理人员及有关专业技术管理人员参加。

4.专项检查、排查

现场火灾、触电事故、基坑坍塌、有限空间等专项安全生产检查、排查。

检查、排查人员：项目主要负责人组织专职安全生产管理人员及有关专业技术管理人员参加。

5.季节性检查、排查

春、夏、秋、冬季节安全生产检查、排查及季节交替时安全生产检查、排查。

检查、排查人员：集团或企业主要负责人组织专职安全生产管理人员及有关专业技术管理人员参加。

6.特殊检查、排查

根据特定时期安全风险或地区发生重大事故等情况，进行安全生产检查、排查。

检查、排查人员：集团或企业主要负责人组织专职安全生产管理人员及有关专业技术管理人员参加。

7.重点检查、排查

建安工程施工重要阶段、环节、节点等的安全生产检查、排查。

检查、排查人员：项目主要负责人组织专职安全生产管理人员及有关专业技术管理人员参加。

8.开、复工检查、排查

开工检查、排查，因故或节假日停工又复工的建设工程复工前应进行全面安全检查、排查。

现场的机械设备、防护设施、脚手架、电气设备进行停用后风、雨、雪安全性影响检查、排查，发现隐患立即进行维修、加固、更换等处理。

检查、排查人员：项目主要负责人组织专职安全生产管理人员及有关专业技术管理人员参加。

9.国家、地区重大活动前安全生产检查、排查

国家、地区重大活动前安全生产检查、排查。

检查、排查人员：集团、企业主要负责人或项目主要负责人组织专职安全生产管理人员及有关专业技术管理人员参加。

10.事故隐患排查

施工重要工艺环节、"四新"技术、工程重要转换节点、重要时期，组织相关人员进行专项事故隐患排查治理。

（五）安全生产检查、排查频次

（1）建筑施工单位定期综合检查、排查频次：项目部每两周一次，公司每月最少一次，集团每季度最少对施工现场检查、排查一次。

（2）专业、专项安全生产检查、排查频次：项目部、公司、集团不定期检查、排查。

（3）季节安全生产检查、排查频次：项目部、公司、集团每次换季一次。

（4）开、复工安全生产检查、排查频次：项目部、公司开、复工各一次，集团抽查。

（5）国家或地区重大活动、节假日前安全生产检查、排查频次：项目部、公司节假日前一次、节假日后一次，集团抽查。

（6）重要阶段、环节、节点安全生产检查、排查频次：项目部在建安工程的重要阶段、环节、节点进行安全生产检查、排查，公司、集团抽查。

（六）安全生产检查、排查主要内容

1.安全生产工作检查、排查

（1）安全生产法律法规、安全技术标准规范执行情况。

（2）安全生产规章制度责任制制定和落实情况。

（3）危险源管控机制执行、安全目标控制情况。

（4）安全生产组织机构、人员落实情况。

（5）安全文明施工资金落实情况。

2.生产安全事故隐患检查、排查

（1）现场生产管理人员是否有违章指挥、强令从业人员冒险作业行为？

（2）从业人员在作业中是否遵守安全生产规章制度和操作规程？

（3）从业人员是否具备相应的安全知识和操作技能，特种作业人员是否持证上岗？

（4）从业人员是否进行了三级安全生产教育培训、安全技术交底及考核情况？

（5）现场生产管理、指挥人员对从业人员的违章违纪行为是否及时发现和制止？

（6）危险性较大的施工工艺技术操作流程、流程关键点是否处于管控状态？

（7）生产设施设备、安全生产设施设备是否处于正常的安全运行状态？

（8）作业条件、作业环境、气候环境是否符合安全生产要求？

（9）有毒、有害等危险作业场所是否处于安全状态？

（10）危险源的检测、监控是否到位？

（11）安全事故、险肇事故和其他不良安全业绩是否进行了调查、处理？

（12）劳动防护用品采购、使用是否符合国家标准或行业标准，从业人员是否佩戴和正确佩戴？

3.安全生产检查、排查内容

（1）开、复工检查、排查内容

1）对机械设施设备的关键节点、安全保护装置等进行全面、认真的检查、排查。经试运行，机械装置、架体结构、安全保护装置运行状态良好，方可进行正常作业。

2）对施工用电安全设施的分配电箱、末级配电箱内剩余电流动作保护器、电气线缆、照明设备等进行全面检查、排查，发现隐患及时排除、更换。

3）现场作业前要对脚手架、平台、通道、防护栏杆、洞口防护盖板等进行全面检查、排查。

4）基坑应按设计方案要求进行位移检测，北方地区进入春季应对基坑边坡冻融情况进行检查、排查。

（2）专项检查、排查内容

现场火灾、触电事故、基坑坍塌、有限空间等专项、专业的安全生产检查、排查。

4.生产安全事故隐患整改

（1）生产安全事故隐患整改原则

1）危害最大化处理原则：安全隐患可能造成的危害进行最大化对待；

2）最快处理原则：在最短的时间内处理安全隐患；

3）责任原则：明确安全隐患发生的原因和责任人员、整改责任人员。

（2）生产安全事故隐患必须按照"四定"具体整改措施

1）定整改责任人：整改责任到人；

2）定整改措施：整改措施具体化；

3）定整改完成时间：整改限期完成；

4）定整改验收人：整改验收责任到人。

（七）建筑施工安全检查标准

1. 建筑施工安全检查项目分类

依据《建筑施工安全检查标准》JGJ 59—2011 对建筑施工的主要环节、部位和工艺等作安全检查项目分类和评价。首先应检查并填制"××分项检查评分表"，然后填制"建筑施工安全检查评分汇总表"。

（1）工程施工现场安全管理检查评分记录；

（2）施工现场绿色施工检查评分记录；

（3）施工现场脚手架检查评分记录；

（4）施工现场基坑工程检查评分记录；

（5）施工现场模板支撑体系检查评分记录；

（6）施工现场高处作业检查评分记录；

（7）施工现场施工用电检查评分记录；

（8）施工现场施工升降机与提升机安全检查评分记录；

（9）施工现场塔式起重机、起重吊装检查评分记录；

（10）施工现场施工机具安全检查评分记录。

2. 建筑施工安全检查评分方法

（1）按照《建筑施工安全检查标准》JGJ 59—2011 的规定，对各评分表内容进行检查评分，具体安全检查评分表格见附录表 B。

1）表 B-1 安全管理检查评分表；

2）表 B-2 文明施工检查评分表；

3）表 B-3 扣件式钢管脚手架检查评分表；

4）表 B-4 门式钢管脚手架检查评分表；

5）表 B-5 碗扣式钢管脚手架检查评分表；

6）表 B-6 承插型盘扣式钢管脚手架检查评分表；

7）表 B-7 满堂脚手架检查评分表；

8）表 B-8 悬挑式脚手架检查评分表；

9）表 B-9 附着式升降脚手架检查评分表；

10）表 B-10 高处作业吊篮检查评分表；

11）表 B-11 基坑工程检查评分表；

12）表 B-12 模板支架检查评分表；

13）表 B-13 高处作业检查评分表；

14）表 B-14 施工用电检查评分表；

15）表 B-15 物料提升机检查评分表；

16）表 B-16 施工升降机检查评分表；

17）表 B-17 塔式起重机检查评分表；

18）表 B-18 起重吊装检查评分表；

19）表 B-19 施工机具检查评分表。

（2）建筑施工安全检查评定中，保证项目应全数检查。

（3）各评分表评分应符合下列规定：

1）分项检查评分表和检查评分汇总表的满分分值均应为 100 分，评分表的实得分值应为各检查项目所得分值之和；

2）评分应采用扣减分值的方法，扣减分值总和不得超过该检查项目的应得分值；

3）当按分项检查评分表评分时，保证项目中有一项未得分或保证项目小计得分不足 40 分，则此分项检查评分表不应得分；

4）脚手架、物料提升机与施工升降机、塔式起重机与起重吊装项目的实得分值，应为所对应专业的分项检查评分表实得分值的算术平均值。

（4）检查评分汇总及评定等级

1）检查评分汇总表中各分项项目实得分值计算方法，见表 3-3。

检查评分汇总表中各分项项目实得分值计算方法 表 3-3

检查评分汇总表中各分项目实得分值计算	分项检查评分表缺项或检查评分汇总表缺项的总得分值计算
$A_1 = B \times C/100$	$A_2 = D/E \times 100$
式中： A_1——汇总表各分项目实得分值； B——汇总表中该项应得满分值； C——该项检查评分表实得分值	式中： A_2——遇有缺项时总得分值； D——实查项目在该表的实得分值之和； E——实查项目在该表的应得满分值之和

2）建筑施工安全检查评分汇总表，见表 3-4。

建筑施工安全检查评分汇总表 表 3-4

企业名称						单位工程(施工现场)名称				
资质等级			建筑面积(m²)				结构类型			
项目名称	安全管理	文明施工	脚手架	基坑工程	模板支架	高处作业	施工用电	施工升降机与提升机	塔式起重机起重吊装	施工机具
项目分重比	10%	15%	10%	10%	10%	10%	10%	10%	10%	5%
项目实得分										
总计应得分										
总计实得分										

评语：

检查单位		负责人		受检项目		项目经理	
年　月　日							

3）检查评定等级

按汇总表的总得分和分项检查评分表的得分，将建筑施工安全检查评定划分为优良、合格、不合格三个等级。

① 优良：分项检查评分表无零分，汇总表得分值应在 80 分及以上。

② 合格：分项检查评分表无零分，汇总表得分值应在 80 分以下，70 分及以上。

③ 不合格：当汇总表得分值不足 70 分时；当有一分项检查评分表得零分时。

（5）当建筑施工安全检查评定的等级为不合格时，必须限期整改直至达到合格。

3.建筑施工安全检查评分表简介

（1）建筑施工安全检查评分汇总表主要内容应包括：安全管理、文明施工、脚手架、高处作业吊篮、基坑支护与模板工程、"三宝"及"四口"防护、施工用电、物料提升机与外用电梯、塔式起重机起重吊装和施工机具十项。该表所示得分作为对一个施工现场安全生产情况的评价依据。

（2）安全管理检查评分表是对施工单位安全管理工作的评价。

检查的项目应包括：安全生产责任制、施工组织设计及专项施工方案、项目部安全组织机构及责任制、安全技术交底、安全检查、安全教育、应急救援、分包单位管理、持证上岗、生产安全事故处理和安全标志等内容。

（3）文明施工检查评分表是对施工现场文明施工工作的评价。

检查的项目应包括：现场围挡、封闭管理、现场道路硬化、垃圾池设置、材料管理、现场办公与宿舍、现场防火、综合治理、公示标牌、生活设施及社区服务等内容。

（4）脚手架检查评分表分为扣件式钢管脚手架检查评分表、门式钢管脚手架检查评分表、碗扣式钢管脚手架检查评分表、承插型盘扣式钢管脚手架检查评分表、满堂脚手架检查评分表、悬挑式脚手架检查评分表、附着式升降脚手架检查评分表七种。

（5）高处作业吊篮检查评分表是对施工现场吊篮作业施工的安全评价。

检查的项目应包括：施工方案、吊篮相关资质及检验报告、安全装置、悬挂机构、钢丝绳、安装作业、升降作业、交底与验收、安全防护、吊篮稳定和卸载等内容。

（6）基坑支护安全检查评分表是对施工现场基坑支护工程的安全评价。

检查的项目应包括：施工方案、临边防护、坑壁支护、排水措施、坑边荷载、上下通道、土方开挖基坑支护变形监测和作业环境等内容。

（7）模板工程安全检查评分表是对施工过程中模板工作的安全评价。

检查的项目应包括：施工方案、支撑系统、立柱稳定、施工荷载、模板存放、支拆模板、模板验收、混凝土强度、运输道路和作业环境十项内容。

（8）"三宝"、"四口"防护检查评分表是对安全帽、安全网、安全带的使用情况和楼梯口、电梯井口、预留洞口、坑井口、通道口及阳台、楼板、屋面等临边防护情况的评价。

（9）施工用电检查评分表是对施工现场临时用电情况的评价。

检查的项目应包括：施工用电方案、各级配电箱验收记录、外电防护、接地与接零保护系统、配电箱、开关箱、现场照明、配电线路、电器装置、变配电装置和用电档案等内容。

（10）物料提升机（龙门架、井字架）检查评分表是对物料提升机的设计制作、搭设和使用情况的评价。

检查的项目应包括：施工方案、相关资质及检验报告、架体制作、限位保险装置、架体稳定、钢丝绳、楼层卸料平台防护、吊篮、安装验收、架体、传动系统、联络信号、卷扬机操作棚和避雷等内容。

（11）外用电梯（人货两用电梯）检查评分表是对施工现场外用电梯的安全状况及使用管理的评价。

检查的项目应包括：外用电梯施工方案、相关资质及检验报告、安全装置、安全防护、司机、荷载、安装与拆卸、安装验收、架体稳定、联络信号、电气安全和避雷等内容。

（12）塔式起重机检查评分表是对塔式起重机使用情况的评价。

检查的项目应包括：塔式起重机施工方案、搭拆施工方案、塔式起重机相关资质及检验报告、塔式起重机使用登记、力矩限制器、限位器、保险装置、附墙装置与夹轨钳、安装与拆卸、塔式起重机指挥、路基与轨道、电气安全、多塔作业和安装验收等内容。

（13）起重吊装安全检查评分表是对施工现场起重吊装作业和起重吊装机械的安全评价。

检查的项目应包括：吊装施工方案、持证上岗情况、钢丝绳与地锚、吊点、司机、指挥、地耐力、起重作业、高处作业、作业平台、构件堆放、警戒和操作工等内容。

（14）施工机具检查评分表是对施工中使用的平刨、圆盘锯、手持电动工具、钢筋机械、电焊机、搅拌机、气瓶、翻斗车、潜水泵、打桩机械十种施工机具及各类机具的验收等内容作出安全评价。

小贴士：

安全生产检查：安全生产检查不具有任何特定目标。按照相关安全生产法律、规范标准，对施工中存在的可能导致生产安全事故的危险因素进行全面的事前检查、整改。综合检查时，事故隐患排查也包含在安全检查内。

生产安全事故隐患排查：隐患排查具有特定目标。对施工中存在的可能导致生产安全事故发生的人的不安全行为、物的不安全状态和管理上的缺陷，按照相关安全生产法律、规范标准及安全生产化标准罗列的事故隐患或本单位事故隐患分类，对现场薄弱环节的生产安全事故隐患按轻重缓急逐项进行排查、治理。

小贴士：保证项目：检查评定项目中对从业人员生命、职业健康、设施设备及环境安全起关键性作用的项目。

一般项目：保证项目以外的其他项目。

五、安全生产评价制度

安全生产评价是应用安全系统工程原理和方法，辨识和分析生产过程中的危险、有害因素，预测发生事故或造成职业危害的可能性及其严重程度，提出科学、合理、可行的安全对策。

(一) 评价内容

(1) 安全生产管理评价

对企业安全生产责任制度、安全资金保障制度、安全生产教育培训制度、安全检查及隐患排查制度、生产安全事故报告处理制度、安全生产应急救援制度 6 个评价项目的建立和落实情况进行评定考核。

项目评分标准和评分方法应符合《施工单位安全生产评价标准》JGJ/T 77—2010 附录 A-1 的规定。

(2) 安全技术管理评价

对企业法规、标准和操作规程配置、施工组织设计、专项施工方案（措施）、安全技术交底、危险源控制 5 个评价项目的安全技术管理工作情况进行评定考核。

项目评分标准和评分方法应符合《施工单位安全生产评价标准》JGJ/T 77—2010 附录 A-2 的规定。

(3) 设备和设施管理评价

对企业设备安全管理、设施和防护用品、安全标志、安全检查测试工具 4 个评价项目的安全管理工作情况进行评定考核。

项目评分标准和评分方法应符合《施工单位安全生产评价标准》JGJ/T 77—2010 附录 A-3 的规定。

(4) 企业市场行为评价

对企业安全生产许可证、绿色安全施工、安全质量标准化达标、资质机构与人员管理制度 4 个评价项目的安全管理市场行为进行评定考核。

项目评分标准和评分方法应符合《施工单位安全生产评价标准》JGJ/T 77—2010 附录 A-4 的规定。

(5) 施工现场安全管理评价

对企业所属施工现场安全状况的考核。包括对施工现场安全达标、安全文明资金保障、资质和资格管理、生产安全事故控制、设备设施工艺选用、保险 6 项评定项目的施工现场安全状况进行评定考核。

项目评分标准和评分方法应符合《施工单位安全生产评价标准》JGJ/T 77—2010 附录 A-5 的规定。

(二) 评分方法

(1) 施工单位每年度应至少进行一次自我考核评价。发生下列情况之一时，企业应再进行复核评价：

1) 适用法律、法规发生变化时；

2) 企业组织机构和体制发生重大变化后；

3) 发生生产安全事故后；

4) 出现其他影响安全生产管理的重大变化。

(2) 安全生产条件和能力评分应符合下列要求：

1) 施工单位安全生产评价应按评定项目、评分标准和评分方法进行，并应符合《施工单位安全生产评价标准》JGJ/T 77—2010 附录 A 的规定，满分分值均应为

100 分；

2）在评价施工单位安全生产条件能力时，应采用加权法计算，权重系数应符合表 3-5 的规定，并应按《施工单位安全生产评价标准》JGJ/T 77—2010 附录 B 进行评价。

权 重 系 数 表 3-5

评价内容			权重系数
无施工项目	①	安全生产管理	0.3
	②	安全技术管理	0.2
	③	设备和设施管理	0.2
	④	企业市场行为	0.3
有施工项目	①②③④加权值		0.6
	⑤	施工现场安全管理	0.4

（3）各评分表的评分应符合下列要求：

1）评分表的实得分数应为各评定项目实得分数之和；

2）评分表中的各个评定项目应采用扣减分数的方法，扣减分数总和不得超过该项目的应得分数；

3）项目遇有缺项的，其评分的实得分应为可评分项目的实得分之和与可评分项目的应得分之和比值的百分数。

（三）评价等级

（1）施工单位安全生产考核评定应分为合格、基本合格、不合格三个等级，并宜符合下列要求：

1）对有在建工程的企业，安全生产考核评定宜分为合格、不合格两个等级；

2）对无在建工程的企业，安全生产考核评定宜分为基本合格、不合格两个等级。

（2）考核评价等级划分应按表 3-6 核定。

施工企业安全生产考核评价等级划分 表 3-6

考核评价等级	考核内容		
	各项评分表中实得分为零的项目数（个）	各评分表实得分数（分）	汇总分数（分）
合格	0	≥70 且其中不得有一个施工现场评定结果为不合格	≥75
基本合格	0	≥70	≥75
不合格	出现不满足基本合格条件的任意一项时		

（四）附录 A

（1）表 A-1 安全生产管理评分表（略）；

（2）表 A-2 安全技术管理评分表（略）；

（3）表 A-3 设备和设施管理评分表（略）；

（4）表 A-4 企业市场行为评分表（略）；

（5）表 A-5 施工现场安全管理评分表（略）。

（五）附录 B 施工单位安全生产评价汇总表

评价类型：□市场准入□发生事故□不良业绩□资质评价□日常管理□年终评价□其他

企业名称：经济类型：_____资质等级：　　　　　　上年度施工产值：　　在册人数：

评价内容			评价结果				
			零分项（个）	应得分数（分）	实得分数（分）	权重系数	加权分数（分）
无施工项目	表 A-1	安全生产管理				0.3	
	表 A-2	安全技术管理				0.2	
	表 A-3	设备设施管理				0.2	
	表 A-4	企业市场行为				0.3	
	汇总分数①＝表 A-1～表 A-4 加权值					0.6	
有施工项目	表 A-5	施工现场安全管理				0.4	
	汇总分数②＝汇总分数①×0.6＋表 A-5×0.4						

评价意见：

评价负责人(签名)		评价人员(签名)	
企业负责人(签名)		企业签章	

　　　　　　　　　　　　　　　　　　　　　　　　　　　　年　　　月　　　日

六、重大危险源管理制度

（一）危险源、危险源辨识的定义

1.危险源

可能导致人身伤害或职业健康损害的根源、状态、行为或其组合。

2.危险源辨识

识别危险源的存在并确定其特性的过程。

（二）危险源分类

（1）施工现场内危险源主要与施工部位、分部分项工程、施工设施设备及物质有关。脚手架（包括落地架、悬挑架、爬架等）、模板支撑体系、起重吊装、物料提升机、施工电梯安装与运行，基坑槽、沟施工，局部结构工程、临时建筑（工棚、围墙等）失稳，造成坍塌、倒塌、机械伤害、物体打击意外。

（2）净空高度大于 2m 的高空、洞口、临边作业面，因安全防护设施不符合规定或无防护设施、人员未配备劳动保护用品造成人员踏空、滑倒、失稳等高处坠落意外。

（3）焊接、金属切割、冲击钻孔（凿岩）等施工及各种施工电器设备的安全保护，如 RCD 保护、绝缘、保护导体（PE）等不符合规定，造成人员电击、局部火灾等意外及粉尘、噪声伤害。

（4）工程材料、构件及设备的堆放与搬（吊）运等发生高空坠落、堆放散落、撞击人员等意外。

（5）人工挖孔桩（井）、室内涂料（油漆）等因通风排气不畅造成人员气体中毒或窒息。

（6）现场易燃易爆化学物品存放或使用不符合规定、防护不到位，造成火灾或爆炸意外。

（7）现场饮食卫生不符合规定，造成集体食物中毒或疾病。

（三）危险源辨识、风险评价

1.危险源辨识和风险评价程序

（1）常规和非常规活动；

（2）所有进入工作场所的人员的活动；

（3）人的行为、能力和其他人为因素；

（4）工作场所外能够对工作场所内的人员的健康安全产生不利影响的危险源；

（5）在工作场所附近进行相关活动所产生的危险源；

（6）外部提供的工作场所、基础设施、设备和材料；

（7）活动、材料或计划变更；

（8）任何与风险评价和实施必要控制措施相关的适用法律义务；

（9）对工作区域、过程、装置、机器和（或）设备、操作程序和工作组织的设计，包括其对人的能力的适应性。

2.危险源辨识和风险评价方法

（1）在范围、性质和时机方面进行界定，以确保其是主动的而非被动的；

（2）风险确认、风险优先次序、风险控制措施和形成风险文件。

3.危险源辨识

（1）建立项目负责人任组长的危险源辨识评价小组

在工程开工前对施工现场的主要和关键工序中的危险因素进行辨识。

（2）危险源识别

1）危险源的三种状态、三种时态

危险源识别应充分考虑正常、异常、紧急三种状态以及过去、现在、将来三种时态。

2）主要危险源辨识

① 基础、主体、装饰、装修施工阶段的施工准备、关键工序及危险品控制情况；

② 特种作业人员、危险设施设备、使用机械设施设备作业活动和情况；

③ 易燃、易爆、有毒有害作业部位（粉尘、毒物、噪声、振动、高低温）的作业活动和情况；

④ 具有职业性健康伤害、损害的作业活动和情况；

⑤ 曾经发生或行业内经常发生事故的作业活动和情况；

⑥ 现场地址、现场内平面布局、生活设施和应急措施，外出工作人员和外来工作人员活动和情况。

（四）制定危险源预案

（1）施工项目应制定具体应急预案；

（2）施工项目应定期进行检测、评估、危险源监控；

（3）施工项目应对施工场所及周围环境进行隐患排查，消除隐患，防止发生突发事件；

（4）告知从业人员在紧急情况下应当采取的应急措施。

（五）危险源记录存档

施工项目应对重大危险源、危险源辨识、风险评价和控制措施记录存档。登记建档应当包括重大危险源的名称、地点、性质和可能造成的危害等内容。

（六）风险评价及降低风险措施

1.风险评价分级

根据评估危险源所带来的风险大小及确定风险是否可容许的全过程风险评价，对风险进行分级，按不同级别的风险有针对性地采取风险控制措施。

安全风险的大小可采用事故后果的严重程度与事故发生的可能性的乘积来衡量，见表3-7。

风险评价分级确定表

表 3-7

可能性	后　　果				
	1	2	3	4	5
A	低	低	低	中	高
B	低	低	由	高	极高
C	低	由	高	极高	极高
D	中	高	高	极高	极高
E	高	高	极高	极高	极高

2.风险控制

（1）极高风险

制定方案和规章制度实施重点控制，直至风险降低后才能开始工作。

施工单位应对事故隐患采取相应的监控和防范措施，必要时应当派人值守。事故隐患消除前或者消除过程中无法保证安全的，施工单位应当局部或全部暂停施工作业，并从危险区域内撤出作业人员，疏散可能危及的人员，设置警示标志。

（2）高度风险

制定方案和规章制度实施控制，风险涉及的工作正在进行中时，应采取应急措施。配备资源，直至风险降低后才能开始工作。

施工单位应对事故隐患采取相应的监控和防范措施。事故隐患消除前或者消除过程中无法保证安全的，施工单位应当局部或全部暂停施工作业，设置警示标志。

（3）中度风险

制定规章制度，实施预防和控制，降低风险，测定并限定预防成本，及时消除事故隐患。

（4）低度风险

风险降低到合理可行的最低水平，不需要另外的控制措施。考虑投资效果更佳的解决方案或不增加额外成本的改进措施，需要监测来确保控制措施得以维持。

3.降低风险措施

（1）消除；

（2）替代；

（3）工程控制措施；

（4）标志、警告和（或）管理控制措施；

（5）个体防护装备。

七、特种作业人员管理制度

（一）建筑施工特种作业人员

（1）建筑电工；

（2）建筑架子工；

（3）建筑起重信号司索工；

（4）建筑起重机械司机；

（5）建筑起重机械安装拆卸工；

（6）高处作业吊篮安装拆卸工；

（7）经省级以上人民政府建设主管部门认定的其他特种作业。

（二）建筑施工特种作业人员应当具备的基本条件

（1）年满18周岁且符合相关工种规定的年龄要求；

（2）经医院体检合格且无妨碍从事相应特种作业的疾病和生理缺陷；

（3）初中及以上学历；

（4）符合相应特种作业需要的其他条件。

（三）建筑施工特种作业人员资格

（1）建筑施工特种作业人员必须经建设主管部门考核合格，取得建筑施工特种作业人员操作资格证书，方可上岗从事相应作业。

（2）持有资格证书的特种作业人员，应当受聘于建筑施工单位或者建筑起重机械出租单位，方可从事相应的特种作业。

（3）用人单位对于首次取得资格证书的人员，应当在其正式上岗前安排不少于3个月的实习操作。

（4）资格证书有效期为2年。有效期满需要延期的，建筑施工特种作业人员应当于期满前3个月内向原考核发证机关申请办理延期复核手续。延期复核合格的，资格证书有效期延期2年。

（四）用人单位应当履行的职责

（1）与持有效资格证书的特种作业人员订立劳动合同；

（2）制定并落实本单位特种作业安全操作规程和有关安全管理制度；

（3）书面告知特种作业人员违章操作的危害；

（4）向特种作业人员提供齐全、合格的安全防护用品和安全的作业条件；

（5）按规定组织特种作业人员参加年度安全教育培训或者继续教育，培训时间不少于24h；

（6）建立本单位特种作业人员管理档案；

（7）查处特种作业人员违章行为并记录在档；

（8）法律法规及有关规定明确的其他职责。

（五）建筑施工特种作业人员的基本要求

（1）建筑施工特种作业人员应严格按照安全技术标准、规范和规程进行作业。

（2）正确佩戴和使用安全防护用品，并按规定对作业工具和设备进行维护保养。

（3）建筑施工特种作业人员应当参加年度安全教育培训或者继续教育，每年不得少于24h。

（六）建筑施工特种作业人员的权利

（1）特种作业人员变动工作单位，任何单位和个人不得以任何理由非法扣押其资格证书。

（2）在施工中发生危及人身安全的紧急情况时，特种作业人员有权立即停止作业或者撤离危险区域，并向施工现场专职安全生产管理人员和项目负责人报告。

（七）特种作业人员延期复核结果为不合格的情形

特种作业人员在资格证书有效期内，有下列情形之一，延期复核结果为不合格：

（1）超过相关工种规定年龄要求的；

（2）身体健康状况不再适应相应特种作业岗位的；

（3）对生产安全事故负有责任的；

（4）两年内违章操作记录达3次（含3次）以上的；

（5）未按规定参加年度安全教育培训或者继续教育的；

（6）考核发证机关规定的其他情形。

八、安全生产奖励和惩罚制度

现代企业没有任何企业是靠处罚从业人员获得安全和效益的，也没有任何企业是靠处罚从业人员获得巨大成功的。

护士给病人发错药，国内医院会惩罚护士，轻则罚款、重则开除，护士一个人承担责任，以证明整个医院是无辜的。而美国的医院会调查为什么护士会发错药，是因为药品形状相似、护士人手不足、工作疲劳、护士生理、心理状况不佳还是其他方面，最后集合所有的原因分析得出结论，或者要求药厂改变相似药品的形状和颜色，或者加派人手，或者让护士进行休息治疗，或者给护士进行培训和心理辅导。总之，简单的事件在系统性解决之后，再发错药的可能性大大降低。而国内医院因为有可能开除护士，人手更为紧张，下次发错药的几率不但没有下降，反倒可能上升，问题根本没有得到解决。以罚代管的模式从来不能治本，有时甚至连治标的效果都达不到。以罚代管的模式是一种落后、陈旧的管理方式；但不可否认，在人员的低级需求状态和低层次管理状态是有一定效果的。

各岗位安全管理人员履行岗位安全职责，特别是专职安全管理人员在履行岗位安全职责时，项目负责人必须要求各部门人员给予配合，同时应给予必要的奖励和惩罚权利及资源支持。专职安全管理人员的责任与权力应相互匹配，否则只有责任没有权力，制度、责任制就难以落实到位。

（一）奖惩目的

惩罚是一种手段不是目的，安全生产奖惩必须以事实为依据，达到鼓励先进、鞭策后进的目的。

（二）奖惩原则

（1）教育为主、处罚为辅原则

奖惩手段应人性化，易于处罚者接受。如可将"违章处罚单"改成"友情告知单"，在处罚的同时还告知违章的危害及发生事故的后果，既维护了制度的权威性又起到了教育的效果。

（2）无条件、公平、公正原则

马丁·路德·金说："任何一个地方的不公正是对一切地方的公正的威胁。"奖惩必须公平、公正，有力促进安全工作。

在西方国家，总统驾驶汽车出现交通违章，交通警察会一视同仁、无一例外进行处罚。所有从业人员奖惩的尺度相同，对象不受职位高低限制。

不论管理（领导）者还是一般从业人员、不论正常情况还是特殊情况、不论正常环境还是特殊环境，奖惩尺度一致。管理（领导）者就其职位来讲，本身就应是遵守安全规定的典范。所以管理（领导）者遵守或违反安全生产规则的行为同样要进行奖惩，甚至加倍奖惩，因为遵守或违反安全生产规则行为的正向或负向示范性效应会扩大若干倍。

（3）人性化奖罚原则

对于野蛮施工、愚昧无知、习惯性违章，应分析其深层次的原因。如从业人员夏季不愿主动佩戴安全帽，我们要分析了解安全帽的舒适性、透气性是否存在问题，应考虑采购设计美观、舒适安全的安全帽，让员工乐于佩戴。问题解决了，仍违背规定不佩戴安全帽，则一定要进行公开处罚。

（4）奖惩规范原则

1）安全生产管理层面的奖与惩，事实和规则是唯一依据。

2）事实必须要清楚、内容告知必须要明确、奖惩程序必须要规范、奖惩标准必须有依据。

3）公平、公开奖惩机制，奖惩分明，避免随意性。

（5）奖惩机制双向原则

必须形成有效的奖励与惩罚双向机制。奖惩要与正确工作导向相结合，要区分本职工作与创造性工作。

（6）惩罚慎用原则

处罚是为了严肃纪律、教育本人和他人、维护管理及组织系统有效运行的一种不得已而又不能没有的管理手段，要谨慎使用。

（三）奖惩类别

奖惩办法要具体化、细化、量化，具有可操作性。如违章指挥、违章作业、高处作业未悬挂安全带、特种作业人员无证上岗等。

（1）在安全生产管理、技术、劳动防护方面有创新发明、技术改进、合理化建议、严格守法守规、避免生产安全事故发生等行为给予奖励。

（2）违法违章违规、安全管理缺陷、重大安全隐患、技术装备失效、整改不及时、较大事故后果等现象给予处罚。

（四）奖惩程序

（1）公司或项目安全生产管理部门为奖惩工作的管理和经办部门。

（2）公司或项目安全生产管理部门按制度、规定内容，提出人员、行为、事项等综合性奖惩意见。

（3）公司或项目安全生产管理部门根据事实以书面形式提出奖惩理由、额度和方式意见，上级主管部门及负责人审查批准后实施。

（4）公司或项目财务部门凭安全生产部门开具的"奖惩通知单"，负责办理财务手续。

（五）奖惩方式

为了凸显奖惩目的和效果，不同的人员应采用不同的复合奖惩办法。

在国外，行人随意乱穿道路、闯红灯，驾驶车辆闯红灯定性为严重的恶劣行为，后果是严重的。处以严管重罚，这是对生命权的保护和尊重。

在德国，行人闯红灯会记载到个人信用记录中。别人可以长期贷款，闯红灯的行人却不行；别人贷款利率是5%，闯红灯的行人贷款利率是10%，因为闯红灯的行人是一个不遵守规则的危险人物，有可能随时出现生命危险或失去生命。在美国，行人闯红灯各州罚款数目为2～50美元（1美元约等于6.6元）不等，数额虽不大，但处罚记录会纳入个人信用记录中。在新加坡，行人第一次闯红灯，罚款200新元（1新元约等于5元），第二次、第三次闯红灯，最重可判半年到一年的监禁。

无论安全体系有多完善，安全设备有多先进，当员工没有意识到安全的重要性时，不仅要罚款，还要与个人信用、利益挂钩，才能发挥作用。

在不同的环境、年龄、成长阶段、管理层次下，人有各种各样的需求，抓住需求根源，实现有效的安全生产管理。例如，操作工人需要养家糊口、改善物质生活，因此对金钱的需求较强，应采用薪酬利益驱动；大学刚毕业的年轻人，有理想、有抱负和自尊，应采用个人成长、发展驱动等。

安全生产管理人员要针对不同群体采取不同的奖惩方式，以期达到有效安全生产管理的目的。当从业人员出现正确与错误的安全行为时，精神和物质奖惩方式并用，同时进行公示。所以应按不同群体选择不同的奖惩方式：

（1）精神奖励：通报、公告等形式，适用于管理层人员。

（2）物质奖励：货币、物质等形式，适用于操作层人员。

（3）精神和物质结合奖励：适用于管理层、操作层人员。

生产经营单位罚款方式缺乏法律依据。从业人员在工作中存在违章指挥、违章作业行为时，在现有法律框架下，企业无权对从业人员进行罚款，罚款剥夺了从业人员的财产权。根据《中华人民共和国立法法》、《中华人民共和国行政处罚法》的规定，对财产处罚只能由法律、法规、规章设定，经营企业无权在自身规章制度中设定罚款条款，也不应以此理由开除员工，唯有采用人性化管理、人性化关怀，才能让从业人员心悦诚服。

九、生产安全事故报告和处理制度

（一）生产安全事故发生管理规定

1.事故发生单位应急处理规定

（1）事故发生后，事故发生单位和人员应当妥善保护事故现场以及相关证据，任何单位和个人不得破坏事故现场、毁灭相关证据。

（2）事故发生单位应当服从统一指挥，加强协同联动，采取有效的应急救援措施，并根据事故救援的需要采取警戒、疏散等措施，防止事故扩大和次生灾害的发生，减少人员伤亡和财产损失。

（3）事故抢救过程中，事故发生单位应当采取必要的措施，避免或者减少对环境造成的危害。

2.事故发生单位负责人应急处理规定

（1）事故发生单位负责人接到事故报告后，应当立即启动事故相应应急预案，或者采取有效措施，组织抢救，防止事故扩大，减少人员伤亡和财产损失。

（2）事故发生单位负责人不得隐瞒不报、谎报或者迟报，不得故意破坏事故现场、毁灭有关证据。

（3）事故发生单位主要负责人不得在事故调查处理期间擅离职守。

3.事故发生单位从业人员应急处理规定

（1）事故发生后，事故现场有关人员应当立即向本单位负责人报告。

（2）情况紧急下，事故现场有关人员可以直接向事故发生地县级以上人民政府安全生产监督管理部门和负有安全生产监督管理职责的有关部门报告。

（二）生产安全事故报告

（1）单位负责人接到事故现场有关人员报告后，应当于1h内按照国家有关规定，立即如实向事故发生地县级以上人民政府安全生产监督管理部门和负有安全生产监督管理职责的有关部门报告。

（2）生产安全事故报告包括下列内容：

1）事故发生单位概况；

2）事故发生的时间、地点以及事故现场情况；

3）事故的简要经过；

4）事故已经造成或者可能造成的伤亡人数（包括下落不明的人数）和初步估计的直接经济损失；

5）已经采取的措施；

6）其他应当报告的情况。

（3）事故报告后出现新情况的，应当及时补报。

自事故发生之日起30日内，事故造成的伤亡人数发生变化的，应当及时补报。道路交通事故、火灾事故自发生之日起7日内，事故造成的伤亡人数发生变化的，应当及时补报。

（三）生产安全事故分级规定

（1）生产安全事故分级要素（其中要素之一可以单独适用）如下：

1）人员死亡数量、重伤数量（人身要素）；

2）直接经济损失的数额（经济要素）；

3）社会影响（社会因素）。

（2）生产安全事故划分为以下四级：

1）特别重大事故：指造成30人以上死亡，或者100人以上重伤（包括急性工业中毒，下同），或者1亿元以上直接经济损失的事故。

2）重大事故：指造成 10 人以上 30 人以下死亡，或者 50 人以上 100 人以下重伤，或者 5000 万元以上 1 亿元以下直接经济损失的事故。

3）较大事故：指造成 3 人以上 10 人以下死亡，或者 10 人以上 50 人以下重伤，或者 1000 万元以上 5000 万元以下直接经济损失的事故。

4）一般事故：指造成 3 人以下死亡，或者 10 人以下重伤，或者 1000 万元以下直接经济损失的事故。

注："以上"包括本数，"以下"不包括本数。

（四）生产安全事故调查

1. 生产安全事故认定

（1）责任主体为生产经营单位；

（2）事故发生在生产经营活动中；

（3）事故造成了人身伤亡或者直接经济损失；

（4）排除故意杀人伤人等刑事犯罪行为。

2. 生产安全事故调查处理原则

事故调查处理应当遵循科学严谨、依法依规、实事求是、注重实效的原则。

3. 生产安全事故调查组

（1）特别重大事故由国务院或者国务院授权有关部门组织事故调查组进行调查。

（2）重大事故、较大事故、一般事故分别由事故发生地省级人民政府、设区的市级人民政府、县级人民政府负责调查。省级人民政府、设区的市级人民政府、县级人民政府可以直接组织事故调查组进行调查，也可以授权或者委托有关部门组织事故调查组进行调查。

（3）未造成人员伤亡的一般事故，县级人民政府也可以委托事故发生单位组织事故调查组进行调查。

（4）自事故发生之日起 30 日内（火灾事故自发生之日起 7 日内），因事故伤亡人数变化导致事故等级发生变化，依照条例规定应当由上级人民政府负责调查的，上级人民政府可以另行组织事故调查组进行调查。

（5）特别重大事故以下等级事故，事故发生地与事故发生单位不在同一个县级以上行政区域的，由事故发生地人民政府负责调查，事故发生单位所在地人民政府应当派人参加。

（6）根据事故的具体情况，事故调查组由有关人民政府、安全生产监督管理部门、负有安全生产监督管理职责的有关部门、监察机关、公安机关以及工会派人组成，并应邀请人民检察院派人参加。

> 小贴士：事故调查要做到实事求是、客观公正，避免事故调查结果失真，应改进事故调查机制，按法律规定建立独立调查组，建立调查与处理分离机制；独立调查组成员应该吸收具有职业道德、与事故类别相关、专业素质精湛的专家参加事故调查。依据安全技术规范标准，采用科学化、标准化、规范化、专业化的思维、方法、法定程序客观分析；事故调查组及其成员应摆脱利益相关方人为因素的影响，对事故事实、当事人、事故调查结果负责。还原事故真相和理清事故真正原因，才可能达到吸取教训、改进的目的。

4.生产安全事故调查程序

（1）生产安全事故现场处理

1）事故发生后，应救护受伤害者，采取措施制止事故蔓延扩大。

2）认真保护事故现场，凡与事故有关的物体、痕迹、状态，不得破坏。

3）为抢救受伤害者需要移动现场某些物体时，必须做好现场标志。

（2）生产安全事故物证搜集

1）现场物证包括：破损部件、碎片、残留物、致害物的位置等。

2）在现场搜集到的所有物件均应贴上标签，注明地点、时间、管理者。

3）所有物件应保持原样，不准冲洗擦拭。

4）对健康有危害的物品，应采取不损坏原始证据的安全防护措施。

（3）生产安全事故事实材料的搜集

1）事故发生前设备、设施等的性能和质量状况。

2）使用的材料，必要时进行物理性能或化学性能实验与分析。

3）有关设计和工艺方面的技术文件、工作指令和规章制度方面的资料及执行情况。

4）关于工作环境方面的状况，包括照明、湿度、温度、通风、声响、色彩度、道路工作面状况以及工作环境中的有毒、有害物质取样分析记录。

5）个人防护措施状况：应注意它的有效性、质量、使用范围。

6）出事前受害人和肇事者的健康状况。

7）其他可能与事故致因有关的细节或因素。

8）证人材料搜集：对证人的口述材料，应认真考证其真实程度。

9）现场摄影。

10）事故图。

5.生产安全事故分析

（1）事故分析步骤

1）整理和阅读调查材料。

2）按以下七项内容进行分析：

① 受伤部位；

② 受伤性质；

③ 起因物；

④ 致害物；

⑤ 伤害方式；

⑥ 不安全状态；

⑦ 不安全行为。

3）确定事故的直接原因。

4）确定事故的间接原因。

5）确定事故责任者。

（2）生产安全事故原因分析

1）生产安全事故分析顺序

电气火灾事故调查，通常火场的温度会维持在七八百摄氏度，电气线路、电气设备、电气控制设备不会完全燃烧灭失，因为铜导线熔点在 1083℃，铁质构件熔点在 1535℃，只有铝材熔点在 600～650℃之间，当可燃物特别多、火灾持续时间特别长时，才有全部被烧毁的可能。物证技术鉴定是根据金属熔化残留痕迹的宏观、金相、成分、形貌等特征确定其熔化性质，进而为火灾原因认定提供技术依据。

生产安全事故分析是极专业、细致的工作，专家组必须由具有职业操守、专业理论和丰富实践经验的综合素养人才组成，才可能查清事故的真实原因、查明事故的责任者、做到吸取事故教训。

生产安全事故分析从直接原因入手，逐步深入到间接原因，从而掌握事故的全部原因。再分清主次，进行责任分析。

2）直接原因

① 人的不安全行为，见《企业职工伤亡事故分类标准》GB 6441—1986 附录 A.7 不安全行为。

② 机械、物质或环境的不安全状态，见《企业职工伤亡事故分类标准》GB 6441—1986 附录 A.6 不安全状态。

3）间接原因

① 技术和设计上有缺陷，如工业构件、建筑物、机械设备、仪器仪表、工艺过程、操作方法、维修检验等的设计及施工和材料使用存在问题；

② 教育培训不够或未经培训，缺乏或不懂安全操作技术知识；

③ 劳动组织不合理；

④ 对现场工作缺乏检查或指导错误；

⑤ 没有安全操作规程或不健全；

⑥ 没有或不认真实施事故防范措施；对事故隐患整改不力；

⑦ 其他。

（3）生产安全事故责任分析

1）根据事故调查所确认的事实，通过对直接原因和间接原因的分析，确定事故中的直接责任者和领导责任者；

2）在直接责任者和领导责任者中，根据其在事故发生过程中的作用，确定主要责任者；

3）根据事故后果和事故责任者应负的责任提出处理意见。

6.事故调查报告内容

（1）事故发生单位概况；

（2）事故发生经过和事故救援情况；

（3）事故造成的人员伤亡和直接经济损失；

（4）事故发生的原因和事故性质；

（5）事故责任的认定以及对事故责任者的处理建议；

（6）事故防范和整改措施。

事故调查报告应当附具有关证据材料。事故调查组成员应当在事故调查报告上签名。

（五）生产安全事故处理

1.生产安全事故处理内容

（1）及时、准确地查清事故原因；

（2）查明事故性质和责任；

（3）总结事故教训，提出整改措施；

（4）对事故责任者提出处理意见。

2.生产安全事故损失处理

（1）生产安全事故处理

生产安全事故责任方、责任者处理，按《中华人民共和国刑法》、《中华人民共和国安全生产法》（2014）、《中华人民共和国消防法》、《建设工程安全生产管理条例》（国务院令第393号）、《生产安全事故报告和调查处理条例》（国务院令第493号）等安全生产相关规定执行。

（2）生产安全事故损失

生产安全事故损失主要包括生命、职业健康和财产损失等，主要有以下表现形式：

1）经济损失与非经济损失

① 经济损失

经济损失是指那些可以计算或至少在理论上是可以计算的那部分损失，具体包括：医疗费，企业设备、设施或资产的价值损失，企业的工效和工作日损失，员工的工资和福利损失以及造成的社会生产力损失等。

例如：2011年1月1日起实施的《工伤保险条例》第三十九条第一款第（三）项规定，职工因工死亡的，其一次性工亡补助金标准为上一年度全国城镇居民人均可支配收入的20倍。

2012年度全国城镇居民人均可支配收入为24565元，2013年度的一次性工亡补助金为49.13万元。

2015年度全国城镇居民人均可支配收入为31195元，2016年度的一次性工亡补助金为62.39万元。

另外，依法确保工亡职工一次性丧葬补助金、供养亲属抚恤金的发放。

② 非经济损失

非经济损失是指不能直接用经济来衡量的损失，如身体健康损失、肉体及精神上的折磨、受害者家庭和社会的精神损失、使人们丧失对社会公平和稳定的看法、丧失生活趣味、企业的商誉受损等。

2）固定经济损失与变动损失

① 固定经济损失

固定经济损失是指不随事故率或事故水平的变化而变化的损失，如国家或建设行政主管部门处理事故费用和保险管理费用等。

② 变动损失

变动损失是指随事故率变化而变动的损失。增强企业的安全生产意识，如采用浮动保险费率、事故次数累进重罚机制等，加大事故率高企业的变动损失、建立起变动损失机制，是行之有效的安全生产管理办法之一。

3）直接损失与间接损失

① 直接损失

直接损失是指事故当时发生的、直接联系的、能用货币直接或间接估计的损失，如医疗费用、罚款、法律成本等。

② 间接损失

间接损失与事故无直接联系，能以货币价值衡量的损失为间接损失，如加班工作和临时劳动等。

4）内部损失与外部损失

从社会角度来看，企业自身承受的部分为内部损失，如企业设备损毁、工伤事故赔偿等。

外部损失是不由雇主或企业负担的损失部分，如由于从业人员伤残导致本人及家庭生活质量下降，以及由于事故给社会带来的负面影响和政府的负担等。

① 内部损失

a.承包商对事故中受伤人员的赔偿，包括误工费和伤残补助等；

b.受伤人员复工以后的工作效率损失；

c.医疗费用；

d.行政罚款和诉讼费用；

e.因事故造成其他人员的误工损失（包括安全员、技术工程师、救援人员及相关工作人员）；

f.机器设备的损失；

g.因事故导致的机器设备的闲置成本；

h.其他损失。

② 外部损失

a.受伤人员的误工损失（与受伤人员得到的赔偿不同，这是指受伤人员在因伤误工期间可以为社会创造的财富）；

b.受伤人员复工以后的工作效率损失；

c.医疗救治及伤员的康复费用；

d.诉讼费用；

e.事故造成的其他人员的误工损失（这些人员包括安全员、工地代表、工地工程师、消防人员及相关的工作人员）；

f.机器设备的损失；

g.原材料及已完工程的损失；

h.因事故导致的机器设备的闲置成本；

i.受伤人员亲友的损失，受伤人员亲友需要对受伤人员进行照顾，其劳动时间本来可以为社会创造财富；

j.其他社会部门承担的损失，主要是与建筑安全事故有关的政府部门、消防机构、公安机关、法院、社会福利部门等。

> 小贴士：当生产安全事故发生后，应及时、准确查明事故原因、性质、责任，吸取教训，提出针对性整改措施及对责任者提出处理意见。要避免头痛医头、脚痛医脚，一人生病、百人吃药的处置方式，这种按已发生事故类别组织全行业进行的运动式、拉网式安全大检查，表面轰轰烈烈，虽见效于一时，但导致其他专项、专业生产安全事故隐患"按下葫芦起了瓢"，形成安全生产工作日常疏于管理，遇事则动无事不动的陋习。

十、劳动防护用品配备和发放制度

（一）劳动防护用品配备和发放制度的目的

（1）在生产过程中，确保从业人员免遭或者减轻事故伤害及职业危害。

（2）保护从业人员的安全和职业健康。

（3）规范从业人员劳动防护用品的管理、使用、发放标准。

（二）劳动防护用品管理基本要求

（1）劳动防护用品是保护从业人员在生产过程中的安全、职业健康和保证工作质量的辅助措施，劳动防护用品必须以实物形式发放，不得任意扩大劳动防护用品的配备范围；不得用货币或其他物品替代。

（2）生产经营单位应加强对施工作业人员劳动防护用品使用情况的检查，并对施工作业人员劳动防护用品的质量和正确使用负责。

（3）实行施工总承包的工程项目，施工总承包企业应加强对施工现场内所有施工作业人员劳动防护用品的监督检查。督促相关分包企业和人员正确使用劳动防护用品。作业人员应当遵守安全施工的强制性标准、规章制度和操作规程，正确使用安全防护用具、机械设备等。

（4）生产经营单位应向在有危害因素存在的环境中作业的人员提供呼吸保护、听力保护、眼睛保护、面部保护、肢体保护等全方位安全防护用具和安全防护服装。并书面告知危险岗位的操作规程和违章操作的危害。

（5）生产经营单位必须书面告知进入现场的从业人员和其他人员，严格按防护规定要求，正确穿戴、规范使用劳动防护用品，并对作业人员劳动防护用品的使用情况进行监督检查，确保从业人员在施工作业过程中的安全和职业健康。

（6）生产经营单位应对危险性较大的施工作业场所及具有尘毒危害的作业环境设置安全警示标志和应使用的安全防护用品标识牌。

（7）生产经营单位应建立健全劳动防护用品购买、验收、保管、发放、使用、更换、报废管理制度。同时应建立相应的劳动防护用品管理台账，管理台账保存期限不得少于两年，以保证劳动防护用品的质量具有可追溯性。

（三）劳动防护用品采购规定

（1）根据国家有关劳动防护用品配发标准，制定劳动防护用品采购计划和所需经费。

（2）生产经营单位采购的安全帽、安全带、安全网等劳动防护用品必须符合国家或行业制造标准要求。

（3）生产经营单位应建立劳动防护用品合格分供方名册及备案制度，优先采用企业内部劳动防护用品合格分供方产品；或者由单位采购部门按照劳动防护用品配发计划，派人到商场或具有生产许可资格的厂家，采购符合国家标准或行业标准要求的劳动防护用品。

（4）选购头、呼吸器官、眼、面、听觉器官、手、足等部位的个人劳动防护用品时，劳动防护用品生产商必须提供如下质量证明文件：

1）实行生产许可证制度的产品，必须提供生产许可证证书原件，留存复印件并加盖产品提供单位公章。

2）实行"CCC"认证制度的劳动防护用品，必须提供"CCC"认证证书原件，留存复印件并加盖产品提供单位公章。

3）生产商提供劳动防护用品安全鉴定证或法定检验机构出具的检验报告。

4）劳动防护用品产品合格证、使用说明书。

5）劳动防护用品必须标识制造厂商名称、产品制造标准、生产日期（年月）、产品名称、安全标志、产品说明书等，标识应清晰、齐全。

(四) 劳动防护用品验收规定

（1）生产经营单位采购的安全帽、安全带等其他劳动防护用品，必须由公司安全生产技术部门进行外观检查、有效期检查、质量证明文件检查，上述查验合格后，方可办理入库手续。

（2）生产经营单位进货后，验收有疑问时，应按标准规定的内容进行批量抽检，例如，安全帽抽检冲击吸收性能、耐穿刺性能、垂直间距、佩戴高度标识及标识中声明的符合标准规定的特殊技术性能或相关方约定的项目。无检验能力的单位应到有资质的第三方实验室进行检验。检验项目必须全部合格。

（3）外观检查有破损等情形应拒绝验收；劳动防护用品质量证明文件不齐全应拒绝验收。严禁假冒伪劣劳动防护用品入库。

(五) 劳动防护用品保管规定

验收合格的劳动防护用品，要入库妥善保管，不得丢失或损坏。

(六) 劳动防护用品配备规定

（1）劳动防护用品按照"谁用工，谁负责"的原则配备。按作业工种、特点配备符合现行国家制造标准或行业标准的劳动防护用品。

（2）依据国家和行业劳动防护用品配发标准，按时、按量向从业人员发放。

（3）发给个人的劳动防护用品，由使用人妥善保管，在工作中穿着使用。

（4）按照各工种劳动防护用品配备标准，按时发放或更换劳动防护用品，并做好相应记录。

(七) 劳动防护用品使用基本要求

（1）从业人员有按照工作岗位规定使用合格的劳动防护用品的权利及正确使用劳动防护用品的义务。

（2）作业前，按规定要求对劳动防护用品的防护性能进行必要的检查或检验。

（3）作业前，从业人员必须按照安全生产规章制度和劳动防护用品使用规则，正确佩戴和使用劳动防护用品；未按规定正确佩戴和使用劳动防护用品的从业人员，不得上岗作业。

（4）作业中，对未按规定正确佩戴和使用劳动防护用品的从业人员进行批评教育、处罚。

（5）从业人员使用的劳动防护用品不得超过规定期限，到期要及时更新。

(八) 劳动防护用品报废更新管理规定

（1）对未达到使用年限的劳动防护用品，必须按产品规定的周期及时检测、检验，批次检测、检验符合规定要求，方可继续使用。检测、检验样品做报废处理；劳动防护用品使用过程中发现安全功能全部、部分失效、破损的，应按批次及时报废更新。

（2）劳动防护用品达到使用年限或报废标准、条件的，做劳动防护用品必须停止使用，做报废更新处理。

（3）生产经营单位必须按照规定要求和产品注明的劳动防护用品质量保质期，进行经常性检查，及时报废、更新到位。

第四节　企业安全文化建设

一、企业安全文化建设的作用

（1）安全文化可以点亮人性的光辉，回归生命的价值，体现在尊重人的生命、职业健康，实现人的内在价值。

（2）安全文化作为人们的安全价值观和安全行为准则，培养、改变人们的安全价值观及社会道德水平。

（3）安全文化定位在全员，而非某一层级群体。安全文化是企业组织内部所有层次员工共同的、持久的价值观和对安全的重视态度，也体现在个人和群体对安全生产责任心、行为和交流等方面的关注程度。

（4）安全文化具有教育性，具有持久、稳定全体成员安全心理的制约力量，形成群体对企业安全自我约束、自我管理、自我提高的认知。

（5）安全文化作为行为准则之一，具有增强人们事故防范意识、消除人们在对待灾害事故的态度和观念上的陋习，有助于人们在面临事故和灾害时，行为理智、规范。在安全价值观指导下，对事故经验教训采取主动学习、改进的行为。

（6）安全文化是职业道德的指引者。知识只是一种技能，创造是一种智慧，文化的多寡与道德水准成正相关关系；知识的多寡与道德水准有关，但非正相关，如同某种社会条件下财富拥有量与品德、能力、思想水准未必是正相关同理。

（7）本质安全需要科技手段及管理手段互补，任何管理手段的有效性依赖于对被管理者的监督。人管人（人治）、制度管人都具有一定的局限性，安全文化可以弥补安全生产管理的不足和缺陷。文化的魅力在于具有感染性，不同的文化均会强化和渲染人的安全行为和不安全行为。

（8）现代企业安全生产消除隐患、降低事故概率，很大程度上依赖企业从业人员安全文化水准的高低，企业安全文化引导从业人员的行动，这是企业安全文化的魅力所在，其次才是安全软件、硬件和技术的发挥。

（9）企业安全文化可以潜移默化强化安全管理。一个完美的建筑，既是功能和艺术的组合体，也是结构和装修的结合体，建筑工程竣工后，梁、柱、板基本看不到，但它们的确存在，否则建筑将无法矗立；企业安全文化在企业中我们看不到、摸不着，但它在生产过程中的确存在并发挥着极为重要的作用。

二、企业安全文化建设的基本要求

（1）承袭优秀传统文化，培育安全文化环境

阴阳五行、天人合一、中和中庸、修身克己是中国传统文化的四大核心价值观

念；儒、道、佛、阴阳、禅宗是文化；正、草、隶、篆、行书书法是文化；四大发明、紫砂壶、蜡染、龙凤纹样（饕餮纹、如意纹、雷纹、回纹、巴纹）、中药、文房四宝（砚台、毛笔、宣纸、墨）是文化；婚、丧、嫁、娶的繁文缛节也是一脉文化。不论传统文化先进与落后，均深刻影响着中国人的处世态度，影响着方针、制度的制定。

安全文化凋敝与昌盛离不开环境，优秀安全文化生存在适合的环境里。受传统文化熏陶，强调人与自然和谐相处，社会经济持续发展；受传统文化教化，讲究中庸、当下精彩、心理时间一瞬为永恒，结果导致受众群体健忘和缺乏忧患意识。

企业安全文化需要选择性弘扬和批判，与时俱进是先进文化的要义。把生产安全寄托于虚无超现实的烧高香、请土地爷开恩不发生生产安全事故，彰显愚昧无知，结果徒劳无功。

（2）发扬现代安全文化，摒弃陈旧错误安全文化

摒弃"不惜一切代价"、"不怕牺牲"、"带病坚持工作"等错误生产观念，从经验性安全生产观念转向系统性安全第一、以人为本安全生产观念。

（3）企业安全文化建设制度先行

安全文化建设应以安全生产法律法规、制度为基础，创造良好的安全生产氛围与环境，发挥安全文化导向功能，把社会学、管理学、心理学、行为科学等相结合，从内心深处自然而然敬畏生命，敬畏规则，让正确的安全工作观念有形、无形地约束企业及企业全体成员的生产行为，如"三违"行为。

（4）企业管理者（领导）是企业安全文化建设的重要因素之一

建设安全文化氛围具有感染性，企业管理者（领导）态度决定全员参与度、安全文化交流的深度和广度。安全文化建设领导作用包括安全理念、安全愿景和使命、安全健康地位、安全健康管理的资源分配、企业内部安全组织与人力的专业化分工、全员安全培训。但不能忽视"橘生淮南则为橘，生于淮北则为枳"的文化环境作用。企业管理者（领导）的安全承诺和安全意识行为，具有显著的影响力。

（5）建设安全文化必须进行实时的往复闭环系统管理

建设企业安全文化需要全员身体力行长期坚持、持续调整，日拱一卒、功不唐捐。安全文化的推进需要进行检查、评估、调整、改进闭环系统管理的实时反复。

> 小贴士：功不唐捐【拼音】gōngbùtángjuān【解释】功：功夫；唐：徒然，空；捐：舍弃。佛家语，功夫不会白白地抛弃。"唐"字这里意为"白白的，徒然的"。功不唐捐，解释为世界上的所有功、德与努力，都不会白白付出，必有回报。

（6）制定方案，持之以恒

制定企业安全文化建设方案，持续获取外界在安全文化领域的新方法、新理念，有选择地吸收并加强本企业安全文化的有效推进。

（7）企业安全文化建设立足全员

良好的动机和全员参与是建设安全文化的基础。企业借助各种方法为每一个职工提供

良好的安全文化参与、沟通环境，保证员工能够主动地参与到安全管理决策进程中，通过班组，使企业全员能够自由地贡献安全思想并在实践中付之于行动。

1）纵向沟通与交流

纵向高效的沟通与交流有助于员工清晰地了解企业的安全目标和计划，保证管理层和执行层之间信息通畅，及时有效处理、反馈各类事件、隐患。

2）横向沟通与交流

横向高效的沟通与交流能够加强员工对事故风险的认知，强化安全规章制度的执行，建立公正、透明的文化环境氛围，提高员工的安全责任与态度，提高员工的安全文化工作参与和执行程度，提高安全生产工作的警觉性。

（8）企业安全文化建设需要系统化支持

企业安全文化需要系统化思想构建安全文化长远战略、安全文化体系，在良性文化环境中实践，在过程中不断改进、实现安全文化的目标。倡导安全、职业健康观念、意识、态度，定期组织从业人员对业内出现的不安全行为和不安全状态引发的生产安全事件案例进行学习等，是创建习得安全文化的重要环节。

持续有效的习得机制是企业安全文化建设的基础，企业安全文化建设战略及企业安全文化规划需要至少三年以上的时间，因此需要安全生产管理者在人力、物力、财务方面的长期支持。

（9）安全文化建设需要适当约束从业人员的行为

排除体制机制因素，现场存在大量不安全行为，重要原因是企业安全文化缺失；安全文化缺失导致不安全行为泛滥，衍生导致"破窗效应"；惩治不安全行为，建立良好的安全生产环境，培养人人要安全的习惯，是安全文化建设的重要手段之一。

（10）结合企业实际建立可行的安全目标

在安全生产工作各个层面制定出安全生产目标，通过教育培训、宣传引导，在生产过程中不断施行 P、D、C、A 的循环过程，以达到预期安全目标。

三、企业安全文化阶段

（一）企业安全文化阶段划分

（1）自然本能阶段（表层安全文化）：企业和从业人员对生产安全需求出于本能；现场安全生产环境和秩序。

（2）监督工作阶段（浅层安全文化）：企业内部建立健全组织机构、安全制度、操作规程等，员工被动执行，缺乏自觉性，依赖规则强制监督管理。典型的是以罚代管的管理模式，企业管理（领导）者缺乏安全工作观念及管理能力认知，往往以权利威望制定标准，发现从业人员违规行为即行处罚，这种方式和方法具有一定的约束作用，但极大地削弱了从业人员对企业的认同感和对企业管理的认同。

（3）自主管理阶段（深层安全文化）：深植于企业和从业人员内心的安全意识、思维方式、行为准则、价值观是安全文化的最高阶段。每个从业人员都将安全行为作为工作的组成部分，掌握安全生产事故内在的客观规律和安全预防知识；最终形成自觉遵守、自我约束的个体安全及企业整体安全。

（二）企业安全文化各阶段的相互作用

（1）表层安全文化、浅层安全文化阶段会影响深层安全文化阶段。

（2）深层安全文化阶段对安全生产起关键作用，是体制机制之外无法替代的安全生产解决方案。确立自觉为他人着想，利己、利他的深层安全文化行为阶段，"我要安全、我会安全、我能安全"、"不伤害他人、不伤害自己、不被别人伤害"的目的才会达到。

四、企业安全文化建设

（一）法治与理性相结合

法治与理性相融合，才能构建完美的安全管理体系。理性思维与法治强制性相结合，企业安全文化才能发挥最大效能。

（二）安全生产体制与机制相结合

体制与机制设计，对企业安全文化、安全生产起到至关重要的作用和影响，均会在生产过程中直接、间接地影响安全工作的效果和结果。

（三）积累与传承相结合

企业安全文化是对生命、职业健康心存敬畏，而非侥幸；只见管理，不见文化，管理是脆弱的，任何人和事都需要文化来涵养、教化，尤其是企业安全文化。

企业安全文化水准决定企业发展是否长远及企业生产安全水平。企业安全文化会带来正反两极的"蝴蝶效应"。当企业安全文化缺失时，直接影响从业人员行为准则，企业生产安全事故频发自是情理之中。

（四）环境与教育相结合

安全文化的关键作用是每一个从业人员对安全生产的作用和作用原理的认识。建设安全文化，改善全体从业人员对安全文化基本要素的认识，不论何种形式，实质作用是提高安全文化知识的过程。

企业安全文化环境是企业在长期生产实践中积淀形成、根植于内心的产物。企业对安全生产的基本价值观、基本理念和行为准则，将尊重生命及身心健康价值的思想变为从业人员的自觉行为，贯彻到企业生产活动全过程。

结合企业安全文化，对企业全员安全意识、道德规范、行为方式等进行安全文化教育培训，将企业安全文化渗透到从业人员内心，形成深层次的安全文化素质。

（五）理论与实践相结合

企业安全文化要达到引导从业人员思想及行为的目的，必须做到内化于心、外化于行，要知行合一；应用于实际、检验于实际、完善于实际。

（六）企业主要管理（领导）者的表率作用

（1）企业主要管理（领导）者的安全文化素质是企业安全文化建设的决定性因素；处于生产安全事故主导地位的企业主要管理（领导）者可能是企业安全文化建设的主导者，也可能是企业安全文化建设的损毁者。

（2）企业安全文化的建立，很大程度上取决于企业主要管理（领导）者对安全文化的理解和态度。

（3）言传身教是安全文化的传播载体，身体力行是安全文化的传承载体；企业安全文化的发挥，取决于企业主要管理（领导）者的表率作用。

（七）符合企业特点

（1）建立和完善符合企业自身特点的安全文化理念；建立企业从业人员普遍认同的安全管理规章制度和安全文化；严格遵循以人为本、生命至上的行为准则是建设企业安全文化的基础。

（2）企业安全文化建设需要培育科学意识、规则意识、禁令意识。

（3）企业安全文化建设需要全员参与、长期坚持；发扬民主管理，尊重每个从业人员；保持团队平等和谐，平衡相关者的利益；增强人员间的友爱。

（八）人性化建设

1. 人性化意识建设

人的自然利己属性是客观存在的，需要利他性安全文化熏陶，需要通过先进思想意识环境的教化及顺从人性的制度设计来引导人们做有利于安全生产的行为，坚持以人为本的理念及人性化管理。

企业与从业人员在工作过程中存在关联、信赖关系，这是企业人性化管理的实质所在。管理者应具备这种意识和素质，关心、帮助、解决从业人员的后顾之忧，使从业人员感受到来自企业的关爱、感受到工作过程中充满人性，从业人员自然会全身心地投入到生产工作中。

2. 人性化细节建设

安全生产要落实制度化、细节化、人性化管理，这样才能很好地促进安全生产工作整体提升，使每一位从业人员实现自身的价值，增强工作热情。例如，建筑施工单位要做好冬季取暖、夏季防暑工作。

3. 人性化疏堵结合

"家居健康必须要通风换气，关上一扇窗，就得打开一扇门"，安全生产工作也是如此。安全生产工作需要疏堵结合，不能只堵不疏。例如，某地区规定，为了防止宿舍照明电源私拉乱扯现象的发生，宿舍一律采用36V供电，但后续为人员提供热水和手机充电的措施没有及时跟进，结果宿舍私拉乱扯现象依然存在，为了躲避检查，私拉线路更隐秘，实际更危险。无法得到有效根治的原因是管理者缺乏人性化管理的意识和配套措施。从业人员的生理、心理健康需求应该得到切实的维护，否则管理的结果事与愿违。

古人讲，仓廪实而知礼节。如果文化教育与物质丰富不同步，即使人们的物质生活水平提高了，相应的社会道德也未必提升。缺少人与人之间基本的尊敬、起码的信任、最根本的平等相处观念的现象就会发生。

（九）安全生产教育培训

通过教育培训，使从业人员知法规，引导从业人员守法规，形成敬畏生命、职业健康的安全文化。

（十）本质安全

（1）人的本质安全包括人在本质上对安全的需要及人通过教育引导和制度约束两方面。

1）安全文化、思想观念是本质安全的基础，物质本质安全是安全的一个部分；物的本质安全重要，人的本质安全更重要。

2）人的安全意识、知识和技能是本质安全的关键所在。

3）从业人员想安全、会安全、能安全，是实现本质安全的基本条件。

4）本质安全是通过人、机、物、环等诸危害因素始终处于受控制状态，进而趋近本质型安全。

（2）创新安全工作，全员、全过程安全工作零缺陷、零死角，坚持安全生产标准化、精细化、程序化、动态化。

（3）企业安全意识、意志要做到以下三个必须：

1）企业对安全生产行为，必须旗帜鲜明崇尚、提倡、褒扬。

2）企业对不安全生产行为，必须旗帜鲜明反对、抑制、否定。

3）根据企业实际情况，必须旗帜鲜明奖罚分明，不同时期运用轻奖重罚、重奖重罚、重奖轻罚措施。

（4）安全文化是一个积累、固化于制的过程，全体从业人员内化于心、持之以恒落实于行是关键。

（5）展示大众认可的企业外在安全文化形象。

（十一）企业安全文化氛围是企业安全文化建设的重要内容之一

（1）企业安全文化建设必须坚持以人为本、全员参与。

（2）树立安全警示标志和事故警告牌来营造安全氛围，使身在其中的员工每天都能意识到安全施工的重要性。

（3）对施工的新方法、新工艺进行论证，实现技术及工艺的本质安全化，从源头上消除安全隐患。

（4）对生产过程中的事故多发环节、工艺危险节点等进行重点检查、控制。

（5）发现安全生产隐患，要做到"四不放过"。

（十二）企业安全文化建设要知行合一

知行合一是指客体顺应主体，知是科学知识，行是人的实践。

只有当安全生产的意识、知识（软件）和外部条件（硬件）兼备、知行合一，安全生产思想认知和行为准则兼容并蓄时，安全工作才能真正到位。

（十三）企业安全文化多元建设

1.企业安全文化心理层面建设

优秀的传统文化，只有在良好的环境土壤中才能得以传承和繁衍，安全文化同样需要铲除贫瘠的土壤，企业安全生产才能得到持续有效的保障。

（1）自我表现心理

现象：一知半解、不懂装懂、盲目操作、外行充当内行。

对策：对从业人员进行严格的三级安全教育，培养从业人员尊重科学、严格按操作规程和作业程序进行作业的习惯。

（2）经验主义心理

现象：自以为具有多年安全工作岗位实践经验的从业人员，认为自己"过的桥比别人走的路还长"，由于未及时更新安全生产法律法规、安全技术规范、安全管理知识，凭经验办事，形成习惯性违章。

对策：从业人员应正确认识自我，不断完善安全生产法律法规、安全技术规范、安全管理知识体系，贯彻企业安全生产作业和安全防范标准化，避免因经验性错误因素导致事故的发生。

（3）侥幸心理

现象：存在侥幸心理的人在工作中视安全操作规程、工艺规程为繁琐多余，主观上图省事、走捷径。

对策：

1）树立严谨的科学态度，教育、帮助从业人员认识事物的发展规律，严格遵守安全操作规程和作业程序；

2）对任何事故隐患，不能有丝毫大意和侥幸心理；要采取一切办法、措施加以消除，把生产安全事故消灭在萌芽状态；

3）要克服侥幸心理，不要认为生产安全事故不会发生在自己身上而是发生在别人身上。

（4）逆反心理

现象：心理学家费尼·贝克做过一个实验：在男洗手间里挂上禁止涂鸦的牌子。其中一块警告："严禁胡乱涂写"；另一块以相对柔和的语气声明："请不要胡乱涂写"。然后调查挂牌子的洗手间里被涂写的数量。结果挂"严禁胡乱涂写"牌子的洗手间被涂写的情况更加严重。

管理与被管理是一对矛盾，一旦出现矛盾，从业人员以逆反心态对待，事情发展往往适得其反。

对策：帮助从业人员改善和摆脱逆反心理，采取客观分析和人性化管理。

（5）异常情绪心理

现象：工作中从业人员可能受到来自社会、单位、家庭等方面的刺激或影响，在工作中出现异常烦躁、心神不定、情绪低落等现象，此时从业人员有可能失去自我调控能力，对安全事故隐患的判断力和对应急状态的反应能力等均会表现出迟缓和迟钝，从而导致发生生产安全事故。

对策：冰山90％的体积都隐藏在水下（见图3-10），心理安全隐患具有一定的隐蔽性，采取人性化关怀，营造安全生产文化氛围是重要手段。

图 3-10　冰山

2.企业安全文化行为层面建设

安全生产理想状态的标志是人的行为、物的状态处于有序和规范，其关键在于管理者、从业人员具有满足安全生产的综合素质和意识。在安全生产实践中，综合素质和意识决定生产安全，对安全的冷漠、无知、无能是诸多生产安全事故的根源。所以杜绝、消除安全生产中"五无"现象，修正、消除从业人员存在的人因缺陷尤显重要。

（1）无为：不履行或没有能力履行工作义务，包括行政部门、企业组织、从业人员等。

（2）无能：缺乏管理能力、专业技术能力，在应对事件的过程中，缺乏识别、判断、实施对策的能力等。

（3）无情：道德缺失、见利忘义、冷漠自私，置别人于危险而不顾，是安全生产的痼疾。

（4）无畏：无知派生出的缺少对自然、客观规律必要的敬畏意识。违反安全制度、技术措施、安全环境而侥幸生产。

（5）无知：因为无知才无畏、因为无畏而更加无知。

1）因对生产安全与社会发展的目的、人的生命价值认知过低，所以对威胁到生命健康的环境、工艺、技术等因素熟视无睹；

2）对某些事实或形态可能导致的严重后果不了解或不相信，作出轻率、错误的决定和行动；

3）在工作中，因缺乏基本的防护知识而违反最基本的规则；

4）无知的后果无时无刻不在伤害社会、他人及自己；无知的人不是死于疾病，而是死于无知。

小贴士：痼疾，指经久难治愈的病；病症顽固、牵延不愈。

五、企业安全文化建设误区

（1）管理到位可以弥补文化的空白

一个中国人与澳大利亚人去海上捕鱼，每次把网拉上来后，澳大利亚人总是要挑拣一番，将其中小鱼、小虾、小蟹抛进大海。中国人很不解："打捞上来虾蟹，为什么扔回去？"澳大利亚人答道："在澳大利亚，每个出海捕捞鱼虾的公民都知道，只有符合国家规定尺寸的鱼虾才可以捕捞。"中国人说："在公海，谁也管不着你呀！"那个澳大利亚人说："时间长了，你就会知道，在澳大利亚，有些事不是需要别人来提醒、督促的。"

这则故事中的普通澳大利亚人告诉我们什么叫规则、什么是人文、什么叫持续。

检点自己的行为，无需别人提醒，就能够自觉地遵纪守法、恪守做人的本分，尽可能为别人着想、帮助他人。

文化常常能够弥补管理的缺陷，然而管理却无法弥补文化的空白。

（2）管理到位可以降低生产安全事故

2014 年 4 月 16 日韩国客轮"岁月"号沉没，"岁月"号先发生侧翻，进而倾覆，而后船尾下沉、船首上扬，随后逐渐下沉。从事发到发生侧翻达两个小时，在这两个小时内，"岁月"号客轮从船长到船员，没有人组织乘客脱险，没有人提供任何有益的自救指导，而是在最早时间内弃船逃跑，使整船乘客处于被遗弃状态。

韩国文化本身具有鲜明的等级制度，学生们听从指挥留在舱内，最终酿成致命悲剧。没有清晰明确的安全规范、疏散预案可供船员和乘客执行，这种不足，使事故的发生成为必然。韩国安全文化的缺失还体现在道路上，酒驾、不系安全带司空见惯；韩国的驾驶证考取非常简单，以至于邻国人涌入首尔考取驾照。

韩国经济模式是重视增长、利润和韩国企业的声望，却牺牲公民的福祉。重大悲剧告诉我们，安全文化对安全具有不容忽视的巨大作用。

（3）规章制度可以代替企业安全文化

制度、责任制和操作规程等是企业安全文化的一部分，但不能够完全代替安全文化。

（4）鸡汤式格言标语就是企业安全文化

企业安全文化是在企业范围内播下的种子，如果仅仅局限在"进取"、"爱心"、"预防"等安全格言、警句、标语口号，企业从业人员不身体力行，如同浇灌企业安全文化种子是一碗碗热烈、浓稠的鸡汤，闻起来香气四溢，但苗木无法发芽，苗壮成长更是无从谈起。

（5）思想工作就是企业安全文化

思想交流、沟通、谈心等活动是企业安全文化的一部分，但不能够完全代替安全文化。

（6）文娱活动就是企业安全文化

文艺演出、电影、板报等宣传是企业安全文化的一部分，但不能够完全代替安全文化。

（7）企业标志就是企业安全文化

企业标识、企业旗帜、企业服装等 CI 设计是企业安全文化的一部分，但不能够完全代替安全文化。

（8）企业安全文化在于完全避免生产安全事故

安全文化的精华不在于完全避免生产安全事故，而在于安全生产文化深入人心地展开，从根本上减少生产安全事故的发生。

第五节　安全生产标准化管理

一、安全生产标准化的定义

为使安全生产活动获得最佳秩序，保证安全管理及生产条件达到法律、行政法规、部门规章和标准等要求，而制定的规则。

以安全生产标准化为基础，建立统一管理的系统、规范、科学的标准化安全生产管理体系，通过建立安全生产责任制、制定安全管理制度和操作规程、排查治理隐患和监控重大危险源、建立预防机制、规范生产行为，使各生产环节符合有关安全生产法律法规和标准规范的要求，持续改进人、机、物、环的生产状态，达到控制和降低生产安全事故发生概率的目的。

二、安全生产标准化的目的

1.安全生产管理工作标准化

全面提升企业安全生产管理水平，以标准化的模式提炼、保存、积淀、归纳、总结来自安全生产管理、技术、知识的经验，形成标准化的安全操作规程、工艺标准、设计方案、安全措施、作业指导书、工法等；施工组织设计（方案）、审批程序、安全技术交底、验收工作流程标准化，建立完整的企业安全生产标准化体系。

在项目开工时，组织项目相关人员，根据施工合同、项目规模、施工组织设计（方案）、项目管理主要目标等编制项目标准化实施策划方案，经上级公司各部门审核、批准后，项目按照上级公司要求组织实施。

企业通过长期归纳总结，形成企业安全生产管理、技术综合标准化信息库，为企业有效预防生产安全事故、提高安全生产管理水平打下良好基础。

2.安全生产工作程序标准化

（1）对每一项安全生产管理技术活动、每一项工艺技术、每一台设备设施、每一处作业环境都明确量化，达到安全生产标准。

（2）各项安全生产工作程序标准化、模块化，使每一项工作即使更换不同的人员来操作，工作效率、安全生产结果也不会出现明显的差异，有效避免困扰企业的人员流动、熟练技术工人流失造成的经验不足导致频发安全生产事故的"黑洞"现象。

如：技能培训—实际操作—检验效果。

（3）安全生产工作程序标准化在提高劳动生产率、降低工程成本的同时，可以减少现场作业、高空危险作业，淘汰落后的手工操作，避免笨重的体力作业。

3.现场安全设施、设备、器具的标准化

（1）参照相关国家、行业标准和地方标准的规定，根据现场所在地域、环境特点，以科学务实的态度，实现安全设施标准化、安全设施生产工厂化、安全设施装配化；突出现场安全防护的定型化、工具化，使安全防护设施设备等更具有周转、维护、成本的优势。

（2）为了达到有效安全、绿色环保、节约成本的目的，企业制定安全设施、设备的设置标准。"四口"、"五临边"的现场防护栏杆、安全通道，基槽、坑、沟、机具设备及平台、护栏的标志牌，材料标识规格、形式、风格等符合国家标准并保持安全性、一致性和规范性。

如实施《现场安全防护标准图集》、《现场施工用电设施标准图集》等。

4.企业宣传及企业形象标识标准化

（1）企业宣传及企业形象标识精细化、标准化、规范化。

策划现场的企业形象及企业宣传标识，现场"四板、两图、一牌"、制度责任制、文化宣传栏、横幅、会议室、企业形象标识、现场围挡、机械操作规程标牌等有标准可遵守、有依据可查询、有范例可复制。

例如：现场标准化标志牌"四板、两图、一牌"：

现场门内四板：安全生产制度、消防保卫制度、环境卫生制度、绿色施工。

现场门内两图：施工现场平面布置图、公共突发事件应急处置流程图。

现场门外一牌：工程名称；面积、层数；建设单位、设计单位、施工单位、监理单位、政府监督人员及联系电话；项目经理及联系电话；开竣工日期。

现场门外标志牌具体规格：0.7m（高）×0.5m（宽）；

现场门外标志牌设置高度：标志牌底边距地≥1.2m；

现场门外标志牌设置高度：要标示企业标识。

（2）企业宣传及企业形象标识制作材质、形式、颜色、色度标准等，形成企业独特、唯一标准化图集。标准化图集内容应具有多样性和可行性。

（3）企业宣传及企业形象标识应标准化、规范化统一制作，不仅可以提高企业宣传的整体视觉效果，提高地区性的企业形象，同时还可以降低成本、循环使用，减少和避免重复浪上费。

（4）企业宣传及企业形象标识标准化需要专业化管理，应设置专门的管理部门。企业宣传及企业形象标识需要统一标准、统一制作，根据现场实际需求发放，做到资源共享、物资资源统一协调，确保标准化管理落实到位。

三、安全生产标准化的内容

（一）建立组织机构和职责

（1）企业应按规定设置安全生产管理机构，配备安全生产管理人员。

（2）企业主要负责人应按照安全生产法律法规赋予的职责，全面负责安全生产工作，并履行安全生产义务。

（3）企业应建立安全生产责任制，明确各级单位、部门和人员的安全生产职责。

（二）获取安全生产法律法规、标准规范

及时识别和获取适用的安全生产法律法规、标准规范，满足企业各岗位、生产环节的安全工作要求。

（三）建立健全安全生产规章制度

企业建立健全规章制度和安全生产责任制，制定操作规程。安全生产规章制度包含：安全生产职责、安全生产投入、文件和档案管理、隐患排查与治理、安全教育培训、特种作业人员管理、设备设施安全管理、建设项目安全设施"三同时"管理、生产设备设施验收管理、生产设备设施报废管理、施工和检查维修管理、危险物品及重大危险源管理、作业安全管理、相关方及外用工管理、职业健康管理、防护用品管理、应急管理、事故管理等。

（四）建立完善的组织机构，加强企业安全生产文化建设

企业应采取多种形式的安全文化活动，引导全体从业人员的安全态度和安全行为，逐步形成为全体员工所认同、共同遵守、带有本单位特点的安全价值观，实现法律和政府监管要求之上的安全自我约束，保障企业安全生产水平持续提高。

（五）从业人员教育培训标准化

按规定及岗位需要，定期识别安全教育培训需求，制定、实施安全教育培训计划，提供相应的资源保证。做好安全教育培训记录，建立安全教育培训档案，实施分级管理，并对培训效果进行评估和改进。

1.安全生产管理人员教育培训

（1）企业的主要负责人和安全生产管理人员，必须具备与本单位所从事的生产经营活

动相适应的安全生产知识和管理能力。

（2）法律法规要求必须对其安全生产知识和管理能力进行考核的，须经考核合格后方可任职。

2.操作岗位人员教育培训

（1）企业应对操作岗位人员进行安全教育和生产技能培训，使其熟悉有关的安全生产规章制度和安全操作规程，并确认其能力符合岗位要求。未经安全教育培训，或培训考核不合格的从业人员，不得上岗作业。

（2）新入厂（矿）人员在上岗前必须经过厂（矿）、车间（工段、区、队）、班组三级安全教育培训。

（3）在新工艺、新技术、新材料、新设备设施投入使用前，应对有关操作岗位人员进行专门的安全教育和培训。

（4）操作岗位人员转岗、离岗一年以上重新上岗者，应进行车间（工段）、班组安全教育培训，经考核合格后，方可上岗作业。

（5）从事特种作业的人员应取得特种作业操作资格证书，方可上岗作业。

3.其他人员教育培训

（1）企业应对相关方的作业人员进行安全教育培训。作业人员进入作业现场前，应由作业现场所在单位对其进行进入现场前的安全教育培训。

（2）企业应对外来参观、学习等人员进行有关安全规定、可能接触到的危害及应急知识的教育和告知。

（六）设备设施运行管理标准化

1.设备设施基本要求

企业建设项目的所有设备设施应符合有关法律法规、标准规范的要求；安全设备设施应与建设项目主体工程同时设计、同时施工、同时投入生产和使用。

2.设备设施运行管理

企业应有专人负责管理各种安全设备设施，建立台账，定期检维修。对安全设备设施应制定检维修计划。

设备设施检维修前应制定方案。检维修方案应包含作业行为分析和控制措施。检维修过程中应执行隐患控制措施并进行监督检查。

安全设备设施不得随意拆除、挪用或弃置不用；确因检维修拆除的，应采取临时安全措施，检维修完毕后立即复原。

3.新设备设施验收及旧设备拆除、报废

设备的设计、制造、安装、使用、检测、维修、改造、拆除和报废，应符合有关法律法规、标准规范的要求。

企业应执行生产设备设施到货验收和报废管理制度，应使用质量合格、设计符合要求的生产设备设施。

（七）作业安全管理标准化

1.现场生产管理标准化

企业应加强生产现场安全管理和生产过程控制。对生产过程及物料、设备设施、器材、通道、作业环境等存在的隐患，应进行分析和控制。对动火作业、受限空间内作业、临时用电作业、高处作业等危险性较高的作业活动实施作业许可管理，严格履行审批手续。作业许可证应包含危害因素分析和安全措施等内容。

企业进行爆破、吊装等危险作业时，应当安排专人进行现场安全管理，确保安全规程的遵守和安全措施的落实。

2. 现场生产作业行为标准化

不正确的操作方法、为快而省略必要的操作步骤、操作者不良操作习惯等不安全行为是造成生产安全事故的主要原因之一。用科学的作业标准规范人的行为，有利于控制人的不安全行为，减少人为失误。企业应加强生产作业行为的安全管理。对作业行为隐患、设备设施使用隐患、工艺技术隐患等进行分析，采取控制措施。

（1）制定作业标准，是实施作业标准化的首要条件。

1）根据操作的具体条件，采取管理人员、技术人员、操作者三结合的方式制定作业标准。坚持反复实践验证、反复修订后加以实施的原则。

2）明确操作程序、步骤、标准，操作阶段性目的、完成操作后物的状态等，均要有具体作业标准。

3）力求操作专业化、简单化，减少使用工具次数，以减轻操作者的体力、精力负担。

4）根据不同生产和作业环境制定不同的作业标准，要符合实际情况。

（2）作业标准必须符合人体工程学要求。

1）人体工作运动时，尽量避开不自然的姿势和重心的经常移动，动作应连贯、保持自然节奏。

2）作业场地布置，必须考虑作业人员通行道路、照明、通风的合理配置；机、料具位置固定，操作方便。做到：

① 人力移动物体，尽量限于水平移动；

② 尽量利用重力作用移动物体；

③ 操作台、座椅的高度与人的身体条件、操作要求匹配。

3）使用工具与设备

① 尽可能使用专用工具代替徒手操作；

② 操纵操作杆或手把时，尽量使人的身体不必过大移动，与手的接触面积，以适合手握时的自然状态为宜。

（3）反复训练培训，作业行为达标。

1）训练力求将方法和程序示范讲解、重点突出、交代透彻。

2）训练与作业结合，纠正与作业结合。

3）达标、反复纠偏达标者，方可上岗作业。

3. 警示标志

（1）企业应根据作业场所的实际情况，按照《安全标志及其使用导则》GB 2894—2008 及企业内部规定，在有较大危险因素的作业场所和设备设施上，设置明显的安全警示标志，进行危险提示、警示，告知危险的种类、后果及应急措施等。

（2）企业应在设备设施检维修、施工、吊装等作业现场设置警戒区域和警示标志，在检维修现场的坑、井、洼、沟、陡坡等场所设置围栏和警示标志。

4.相关方管理

（1）企业应执行承包商、供应商等相关方管理制度，对其资格预审、选择、服务前准备、作业过程、提供的产品、技术服务、表现评估、续用等进行管理。

（2）企业应建立合格相关方的名录和档案，根据服务作业行为定期识别服务行为风险，并采取行之有效的控制措施。

（3）企业应对进入同一作业区的相关方进行统一安全管理。

（八）隐患排查治理及建立安全生产预防机制标准化

1.隐患排查

（1）企业应组织事故隐患排查工作，对隐患进行分析评估，确定隐患等级，登记建档，及时采取有效的治理措施。

（2）法律法规、标准规范发生变更或有新的公布，企业操作条件或工艺改变，新建、改建、扩建项目建设，相关方进入、撤出或改变，对事故、事件或其他信息有新的认识，组织机构发生大的调整时，应及时组织隐患排查。

（3）隐患排查前应制定排查方案，明确排查的目的、范围，选择合适的排查方法。制定排查方案的依据：

1）有关安全生产法律、法规要求；

2）设计规范、管理标准、技术标准；

3）企业的安全生产目标等。

2.排查范围与方法

（1）企业隐患排查的范围应包括所有与生产经营相关的场所、环境、人员、设备设施和活动。

（2）企业应根据安全生产的需要和特点，采用综合检查、专业检查、季节性检查、节假日检查、日常检查等方式进行隐患排查。

3.隐患治理

（1）企业应根据隐患排查的结果，制定隐患治理方案，对隐患及时进行治理。

（2）隐患治理方案应包括目标和任务、方法和措施、经费和物资、机构和人员、时限和要求。重大事故隐患在治理前应采取临时控制措施并制定应急预案。

（3）隐患治理措施包括：工程技术措施、管理措施、教育措施、防护措施和应急措施。

（4）治理完成后，应对治理情况进行验证和效果评估。

4.预测预警

企业应根据生产经营状况及隐患排查治理情况，运用定量的安全生产预测预警技术，建立体现企业安全生产状况及发展趋势的预警指数系统。

（九）应急救援、事故的报告和调查处理标准化

1.应急机构和队伍

（1）企业应按规定建立安全生产应急管理机构或指定专人负责安全生产应急管理工作。

（2）企业应建立与本单位安全生产特点相适应的专兼职应急救援队伍，或指定专兼职应急救援人员，并组织训练；无需建立应急救援队伍的，可与附近具备专业资质的应急救

援队伍签订服务协议。

2.应急预案

（1）企业应按规定制定生产安全事故应急预案，并针对重点作业岗位制定应急处置方案或措施，形成安全生产应急预案体系。

（2）应急预案应根据有关规定报当地主管部门备案，并通报有关应急协作单位。

（3）应急预案应定期评审，并根据评审结果或实际情况的变化进行修订和完善。

3.应急设施、装备、物资

企业应按规定建立应急设施，配备应急装备，储备应急物资，并进行经常性的检查、维护、保养，确保其完好、可靠。

4.应急演练

企业应组织生产安全事故应急演练，并对演练效果进行评估。根据评估结果，修订、完善应急预案，改进应急管理工作。

5.事故救援

企业发生事故后，应立即启动相关应急预案，积极开展事故救援。

6.事故报告、调查和处理

（1）事故报告

企业发生事故后，应按规定及时向上级单位、政府有关部门报告，并妥善保护事故现场及有关证据。必要时向相关单位和人员通报。

（2）事故调查

企业发生事故后，应按规定成立事故调查组，明确其职责与权限，进行事故调查或配合上级部门进行事故调查。

事故调查应查明事故发生的时间、经过、原因、人员伤亡情况及直接经济损失等。

（3）事故处理

事故调查组应根据有关证据、资料，分析事故的直接、间接原因和事故责任，提出整改措施和处理建议，编制事故调查报告。

（十）持续标准化改进

企业根据安全生产标准化的评定结果和安全生产预警指数系统所反映的趋势，对安全生产目标、指标、规章制度、操作规程等进行修改完善，持续改进，对生产过程中人、机、物、法、环运行状态持续改进。

（十一）职业健康管理

1.职业健康管理标准化

（1）企业应按照法律法规、标准规范的要求，为从业人员提供符合职业健康要求的工作环境和条件，配备与职业健康保护相适应的设施、工具。

（2）企业应定期对作业场所职业危害进行检测，在检测点设置标识牌予以告知，并将检测结果存入职业健康档案。

（3）对可能发生急性职业危害的有毒、有害工作场所，应设置报警装置，制定应急预案，配置现场急救用品、设备，设置应急撤离通道和必要的泄险区。

（4）各种防护器具应定点存放在安全、便于取用的地方，并有专人负责保管，定期校验和维护。

（5）企业应对现场急救用品、设备和防护用品进行经常性的检维修，定期检测其性能，确保其处于正常状态。

2.职业危害告知和警示

（1）企业与从业人员订立劳动合同时，应将工作过程中可能产生的职业危害及其后果和防护措施如实告知从业人员，并在劳动合同中写明。

（2）企业应采用有效的方式对从业人员及相关方进行宣传，使其了解生产过程中的职业危害、预防和应急处理措施，降低或消除危害后果。

（3）对存在严重职业危害的作业岗位，应按照《工作场所职业病危害警示标识》GBZ 158—2003 的要求设置警示标识和警示说明。警示说明应载明职业危害的种类、后果、预防和应急救治措施。

3.职业危害申报

企业应按规定，及时、如实向当地主管部门申报生产过程存在的职业危害因素，并依法接受其监督。

四、安全生产标准化的特点

（1）标准化设计

标准化设计的核心是设计标准化的管理、技术及安全防护设施设备，实现安全生产过程中的重复使用。

（2）装配化施工

装配化施工的核心在管理和技术两个层面。

管理层面，建筑工业化提倡"EPC"模式，即工程总承包模式，实现了设计、生产、施工的一体化，使项目设计更加优化，有利于实现建造过程的资源整合、技术集成以及效益最大化。

技术层面，真正把技术固化，形成集成技术，实现全过程的资源优化。

（3）工厂化生产

工业化的主要环节是工厂化生产，工厂化生产使得安全防护设施设备实现了精度、质量控制。

（4）一体化安装

从设计阶段开始，安全防护设施设备的生产、制作与装配一体化完成。

五、安全生产标准化的实施

（一）运行模式

以著名的戴明管理思想为基础，按照戴明模型，一个组织的职业健康安全管理活动可通过"计划（Plan）、实施（Do）、检查（Check）、处理（Action）"四个相互联系的环节来实现有效改善职业健康安全管理绩效。

（二）策划环节

通过策划建立一套适合组织特点的标准化。策划环节是对标准化的总体规划，包括：确定组织的方针（体系）、目标；配备必要的资源，包括人力、物资（安全投入）等；建立组织机构，规定相应职责、权限及其相互关系；识别与风险有关的运行和活动，并规定活动或过程实施程序和作业标准等。

（三）实施和检查环节

按照规定的程序加以实施。实施过程与策划的符合性及实施的结果决定了企业能否达到预期目标。为了确保所有活动在受控状态下有效实施，需要进行检查，并采取措施纠正实施过程中产生的行为偏差。

1.安全隐患排查方案依据

有关安全生产法律、法规要求；设计规范、管理标准、技术标准；企业的安全生产目标等。

2.安全隐患排查治理方案

隐患排查前应制定排查方案，对作业行为隐患、设备设施使用隐患、工艺技术隐患等进行分析，明确排查的目的、范围，选择合适的排查方法。

安全隐患治理方案应包括目标和任务、方法和措施、经费和物资、机构和人员、时限和要求。重大事故隐患在治理前应采取临时控制措施并制定应急预案。

企业应组织事故隐患排查工作，对隐患进行分析评估，确定隐患等级，登记建档，及时采取有效的治理措施。

法律法规、标准规范发生变更或有新的公布，企业操作条件或工艺改变，新建、改建、扩建项目建设，相关方进入、撤出或改变，对事故、事件或其他信息有新的认识，组织机构发生大的调整时，应及时组织隐患排查。

3.安全隐患排查范围

企业隐患排查的范围应包括所有与生产经营相关的场所、环境、人员、设备设施和活动。

4.安全隐患排查方法

企业应根据安全生产的需要和特点，采用综合检查、专业检查、季节性检查、节假日检查、日常检查等方式进行隐患排查。

5.安全隐患治理

应根据隐患排查结果，对安全隐患按三定原则（定人、定措施、定时间）及时进行整改治理。

隐患治理措施包括：工程技术措施、管理措施、教育措施、防护措施和应急措施。治理完成后，应对治理情况进行验证和效果评估。

（四）审核环节

管理过程不可能是一个封闭的系统，需要随着内外部条件的变化，针对管理实践中所发现的缺陷、不足，不断改进和完善。安全生产标准化依据 PDCA 管理模式，突出强调企业管理者的承诺和责任及全员参与，以及全过程控制和持续改进的原则；按照标准化目标、职业健康安全方针（目标）、策划、实施与运行、检查与纠正、管理评审组成的五大基本运行过程实施审核。

（五）绩效评定

企业每年至少对本单位安全生产标准化的实施情况进行一次评定，验证各项安全生产制度措施的适宜性、充分性和有效性，检查安全生产工作目标、指标的完成情况。

企业主要负责人应对绩效评定工作全面负责。评定工作应形成正式文件，并将结果向所有部门、所属单位和从业人员通报，作为年度考评的重要依据。企业发生死亡事故后应重新进行评定。

（六）持续改进

企业根据安全生产标准化的评定结果和安全生产预警指数系统所反映的趋势，对安全生产目标、指标、规章制度、操作规程等进行修改完善，持续改进。

第六节　生产安全危险因素的辨识

一、生产安全事故危险因素辨识

北极熊被公认为最强悍的哺乳动物之一。在北极−40℃的低温下北极熊在冰水中可以游泳 15min、连续 20d 不进食，厚厚的皮毛能抵御所有的刀和矛。

如此强悍的动物，因纽特人没有用暴力，而是利用其嗜血的弱点捕杀北极熊。猎人先杀死一只小海豹放血到桶中，然后把一把尖刀的刀刃朝上立在桶中。北极熊见到鲜血，马上用舌头舔食寒冷的海豹血，北极熊冻僵的舌头感觉不到痛，刀刃造成伤口越来越深，最终北极熊因失血过多而倒下。这个时候，静待一边的因纽特人跳出来，杀死北极熊。

当人们只看到生产过程产生的价值而忘却生产安全时，其代价恰恰是失去人类最重要、最珍贵的生命和职业健康。

生产安全事故是结果，现场危险源是导致事故发生的根源。通过对生产安全事故危险因素、有害因素进行分析，表明其是导致生产安全事故发生的直接原因或间接原因。识别安全事故危险因素、有害因素，做到事前控制和事中预防，对采取针对性生产安全事故应急救援管理措施，保障人员生命和财产安全以及职业健康，具有重要现实意义。

（一）生产安全事故的特征

生产安全事故的七个特征：必然性、随机性、普遍性、突变性、潜伏性、危害性、可预防性。

（二）生产安全事故的性质

（1）普遍性：现代科技、机械应用过程中必然存在危险，有危险就会有事故，因而事故的发生是普遍存在的。

（2）内在因果性：事故的发生是多种因素相互作用的结果，如人、机、料、环相互作用引起事故等。

（3）偶然性与必然性：风险是客观存在的，通过有效的管理，降低生产安全事故概率、减少人员伤亡和财产损失是可能的；在现有安全意识、知识、管理、技术环境条件下，把事故发生概率降为零是不现实的。

（4）潜在性：长时间没有发生事故，并非意味现场是安全的。因为它可能潜伏着事故隐患。当某一触发因素出现时，即可导致事故的发生。

（5）突变性：系统由安全状态转化为危险状态是一种突变现象。

（6）可预防性：通过采取有效的控制措施来预防事故的发生或降低事故发生的概率。

(三）危险、有害因素的辨识

1.危险、有害因素的辨识程序

（1）工作环境中存在危险、有害因素是导致事故发生的前提条件，要遏制事故发生，需要事先识别出危险、有害因素。

（2）危险、有害因素的识别，首先应收集与活动、人员、设施有关的安全法律法规和标准。

（3）危险、有害因素分类

1）根据行业特点，将危险源分为坍塌、物体打击、机械伤害、高处坠落、触电、火灾、爆炸、中毒、粉尘、噪声、振动、车辆伤害等。

2）现场施工项目分为基坑支护工程、脚手架工程、临边工程、消防安全、施工用电、模板工程、钢筋作业、安全防护、装饰装修、油料存放、物料提升机安装及拆除、施工电梯、塔式起重机安装及拆除、电气焊作业、手持电动工具作业、起重吊装作业、办公区域、木工机械作业、打桩作业等。

3）根据施工现场特点，将危险源分为施工准备、各项制度、施工阶段、关键工序、工地地址、工地内平面布局、建筑物构造、所使用的机械设备装置、有害作业部位、生活设施和应急救援、外出工作人员和外来工作人员。

（4）依据相关安全法律法规和标准，进行危险源辨识。

2.辨识方法

（1）经验法

对照有关标准、法规、安全检查表（可以采用"安全性评价表"）、《建筑施工安全检查标准》JGJ 59—2011或依靠分析人员的观察分析能力，借助于经验和判断能力直观地评价对象危险性和危害性的方法。经验法是辨识中常用的方法，其优点是简便、易行，其缺点是受辨识人员知识、经验和占有资料的限制，可能出现遗漏。为弥补个人判断的不足，常采取专家会议的方式来相互启发、交换意见、集思广益，使危险、危害因素的辨识更加细致、具体。

（2）系统安全分析方法

应用系统安全工程评价方法的部分方法进行危害辨识。系统安全分析方法常用于复杂系统、没有事故经验的新开发系统。常用的系统安全分析方法有事件树（ETA）、事故树（FTA）等。

（四）危险、有害因素的类型

1.建安行业伤害主要类型

根据作业环境、施工工艺、生产设备、行业特点及现状，按照生产安全事故原因及事故发生量顺次分别为高处坠落事故、坍塌事故、机械伤害事故、物体打击事故、触电事故、火灾事故、中毒和窒息事故等20种建安行业伤害类型。

2.危险、有害因素

通过事故成因分析，可知生产安全事故的危险因素如下：

（1）技术工艺因素

技术工艺因素主要是指建筑工程在施工准备阶段所编制的施工组织设计中采用的各种专项施工方案、安全施工方案、安全技术标准等。工艺技术手段和工艺技术标准是否成熟，直接影响安全生产。

（2）材料因素

施工过程中采用的物质材料是否符合国家相关质量标准。

（3）机械设备因素

施工机械设备在施工过程中是否处于正常运转状态，机械设备的安全性能、安全装置是否满足安全施工的要求。

（4）环境因素

工程项目所在地的地质、地形、气象条件、周围环境以及施工现场布置是否合理、安全、有序，是否存在安全隐患。

（5）管理因素

在管理因素中使前四种危险因素产生危险作用引发安全事故的因素就是管理方面的危险因素。

管理因素与前四种因素是紧密相连的，在技术工艺因素、材料因素、机械设备因素、环境因素中都包含一定数量的危险因素，这些危险因素所处的状态和具有的危险性都与管理因素有直接或间接的关系。

上述五种危险因素中都包含一定数量的具体危险因素。不同事故类型的具体危险因素在不同施工阶段的表现形式和内容有所不同。

二、施工现场重大危险源控制

近年来伴随着各类建筑物的构造形式、立面造型多样化，具有高、大、新、特、奇、难等特点的建筑越来越多，并且新材料、新工艺、新设备、新技术不断涌现，因此对建筑施工安全生产的要求日益严格，生产劳动密集型特点形成的安全生产条件使建筑业成为高危行业。

危险源的风险评价是重大危险源控制的关键措施之一。

（一）重大危险源的风险分析评价

（1）辨识各类危险因素的原因与机制；

（2）依次评价已辨识的危险事件发生的概率；

（3）评价危险事件的后果；

（4）评价危险事件发生概率和发生后果的联合作用。

（二）风险评价主要方法

（1）定性评价

依据以往的数据分析和经验对危险源进行的直观判断。对同一危险源，不同的评价人员可能得出不同的评价结果。但对防治常见危害和多发事故来说，这种方法比较有效。施工现场重点防治的高处坠落、物体打击、机械伤害、触电、坍塌"五大伤害"，就是对以往安全事故统计分析的结果。

（2）定量评价

对危险源的构成要进行综合计算，进而确定其风险等级。定性评价和定量评价各有利弊，施工单位应综合采用，互相补充，综合确定评价结果。当对不同方法所得出的评价结果有疑义时，应本着"就高不就低"的原则，采用高风险值的评价结果。

（三）风险等级划分

（1）严重不符合职业健康安全法规，有下列情况之一可判断为不可承受风险

1）可能造成死亡事故；

2）可能造成重伤事故；

3）可能造成重大设备破坏事故；

4）可能引起大面积停止施工事故。

（2）不符合职业健康安全法规，有下列情况之一可判断为一般风险

1）可能造成轻伤事故；

2）相关方有合理抱怨或要求。

（四）重大危险源处理

安全生产风险模型如图 3-11 所示。

（1）重大危险源判断

经过风险评价，判断出重大危险源和一般风险源。并对建筑工地重大危险源予以公示。一般情况下施工单位的重大危险源主要有：基础工程深基坑、隧道、地铁、竖井、大型管沟的施工，因为支护、支撑等设施失稳和坍塌，不但造成施工场所破坏、人员伤亡，往往还会引起地面、周边建筑设施的倾斜、塌陷、坍塌、爆炸与火灾等意外；大型机械设备（塔式起重机、人货电梯等）安装、拆卸、使用过程中及各种起重吊装工程中违反操作规程，造成机械设备倾覆、结构坍塌、人亡等意外；脚手架和模板支撑在搭、拆过程中不规范、违章指挥；高处作业不规范、违章指挥；施工用电不规范；房屋拆除、爆破工程违反规定作业等。

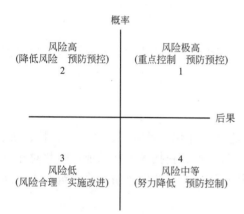

图 3-11 安全生产风险模型

（2）重大危险源处理

1）在对重大危险源进行辨识和评价后，应对每一个重大危险源制定严格的安全管理制度，通过组织措施、技术措施对重大危险源进行严格控制和管理。

2）针对确定的重大危险源，企业制定重大危险源控制目标和管理方案。

① 重大危险源：拆装大型设备时违章指挥、违章作业。

② 控制目标：确保无伤亡事故、无设备事故。

③ 控制措施：制定目标、指标或管理方案、执行管理程序或制度、培训与教育、应急预案、加强现场监督检查等。

④ 管理方案：由具有资质的专业公司进行安装、拆除、加节；编制安装、拆除、移位等专项技术措施，并经相关部门及技术负责人审批；装、拆前须对操作工进行安全教育及安全技术交底；安拆过程指派经过培训、具有丰富实践经验的人员进行监控；安拆人员须持有效证件上岗；安拆期间须设置警戒区；搭设完毕后在自检、法定检测机构检测、验收合格后方能交付使用，并做好维修、保养。

（3）制定事故应急救援预案

根据各类重大危险源制定相应的应急救援预案，落实应急救援预案的各项措施，并且定期检验和评估现场事故应急救援预案和程序的有效性，定期进行演练，改进、修订。

（4）落实方案、管理及技术措施

落实制定的重大危险源方案、管理及技术措施、控制目标，有效遏制各类事故发生。

（5）加强现场监督检查整改

掌握重大危险源的数量和分布状况，公示重大危险源名录；落实危险源部位及相关施工作业活动安全检查，及时发现隐患，制定措施，定人、定时、定整改措施。

（6）实施现场设施设备验收、检验检测、维护保养制度。

（7）加强安全生产教育培训

全体从业人员进行针对危险源风险控制的安全教育。

（8）淘汰落后的技术工艺，提高安全设防标准，提升施工安全技术水平，降低施工安全风险。

（9）制定并实施安全承诺和现场安全管理绩效考评制度。

（10）确保安全投入，形成安全管理长效机制。

第七节　施工安全信息模型（CSIM）管理技术

一、施工安全信息模型（CSIM）简介

放弃原来的工作方式，接受、适应新的事物需要眼光。安全生产工作跨界、跨专业资源共享，是获取安全生产效果的最佳途径之一，即建筑施工安全防护信息模型工作及安全生产数据创新。

现代工业革命包含三大要素，即新能源技术、新通信技术及新能源、新通信技术的融合。新能源、新通信技术的不断融合，将极大地改变人类的生活方式。可再生能源和互联网技术的出现、使用、融合，将再次促使生产方式的巨大变革。

安全生产工作要不断改进安全工作思维和方法、整合互联网思维与安全工作模式及流程，这需要改变观念。认知、采用科技手段，实现施工全过程安全信息化、智能化、可视化、流程化、模拟化，预见性解决建筑施工安全中存在的各种问题。

施工安全信息模型（Construction Safety Information Model，简称 CSIM）通过技术管理手段，数据与模型相结合，仿真部署建筑施工安全防护信息，把控施工过程生产安全相关准确信息，实现了工作过程中提高安全生产的安全性、持续性和生产效率，同时降低了安全生产管理成本。

施工安全信息模型（CSIM）是一种先进的安全生产管理工具，通过这个平台，实现虚拟的施工全过程所有安全生产要素运行过程、状态及要素间的关系等。

安全生产工作基于传统的控制方法，由专业技术人员采用二维 AutoCAD 设计方案和专职安全工作人员的经验相结合，存在着安全工作及专业技术人员等参与者沟通和衔接不畅等问题，往往导致工程项目的方案管理、交底管理、安全工作及现场实施管理与设计思路、内容出现很大偏差。实施项目生产安全过程动态控制，施工安全信息模型（CSIM）

在建设项目机械、电气、土建、防护等安全方面，拥有传统技术无可比拟的优势。

施工安全信息模型（CSIM）是建筑信息模型（Building Information Modeling，简称BIM）衍生的安全生产管理技术，是以建筑工程项目的各项相关信息数据作为基础模型，通过建立数字信息模型，仿真模拟在施工程全部绿色安全生产的防护设施设备实际状态和动态变化信息。

在实际应用中，施工安全信息模型（CSIM）利用软件功能固化安全生产各种信息，对在施工程安全防护设施设备的进程、节点、细节，用3D形式系统、完整、精准地表达和显示，实现科学化、可视化、精细化、综合化安全生产工作效果。

二、施工安全信息模型（CSIM）在施工现场安全生产工作过程中的作用

（一）安全生产工作预警、预控作用

利用建筑施工安全信息模型（CSIM）的模拟、优化、协调特性，使现场安全生产管理人员充分了解和掌握场地布置、场地使用情况及施工道路、管线、施工用水、施工用电设施的总体规划。

安全生产过程中存在或多或少的错、缺、漏安全防护设施设备现象，采用施工安全信息模型（CSIM）可以有效地消除错、缺、漏等常态化错误。

现场存在一种或多种危险因素，生产安全事故的发生往往是多种危险因素叠加的结果。施工安全信息模型（CSIM）的优越性在于通过其可视化系统漫游功能，提前、直观发现建设工程现场施工机械、施工用电、脚手架、临边洞口防护、模架体系、基坑等生产设施设备在动态安全工作流程、作业流程节点可能出现的错、缺、漏现象，及时追踪、检查、发现安全防护设施设备的安全防护隐患，以便安排人员完善和整改，使现场安全生产过程各分项工程处于三维动态可视预警、预控状态。

（二）安全生产信息协调作用

施工安全信息模型（CSIM）为现场施工机械设备的安装、维护、使用、管理提供便捷、直观、有效的安全信息沟通、协调作用。为现场包括场地平面布置、临设设施安装、脚手架、模板工程、基坑支护、施工用电、起重机械安装、吊装、拆除作业、群塔作业、孔洞、临边防护等在内的所有内容之间的复杂关系，提供有效的安全生产过程协调性。

（三）安全生产信息管理作用

（1）安全生产过程的关键部位、节点、细节通过三维效果图有序展现，安全工作人员及作业人员可根据综合排布设计模型，进行详实的方案说明和交底，例如：施工用电安全技术交底的动力及照明线路路由、相对位置，总配电箱（柜）、分配电箱、开关箱设置位置、方位，外电防护的节点设计及细部搭设示意等，确保施工用电安全。施工安全信息模型（CSIM）将安全生产各专业系统及其关系明确化、简明化了，利用施工安全信息模型（CSIM）中的5D模型结合施工进度状态，实现施工安全的精细化和规范化管理。

（2）协调各安全专业的技术管理内容，现场机械设施设备、防护设施、垂直运输、物料布置、混凝土布料杆等进行立体综合排布设计，避免平面和立体层面的矛盾和冲突，及时发现设备位置危险受力点位。

（3）施工安全信息模型（CSIM）注入了安全生产相关安全装置、设施设备、防护、区域信息，管理、协调各专业分包单位的关系，厘清各专业分包单位的安全生产责任。

（4）施工安全信息模型（CSIM）建立了完整准确的各安全生产分项模型，使安全工程所需的各类型号、规格尺寸的设施设备得到迅速统计。安全生产各分项要素的 3D 直观管理，使现场安全生产设施设备、材料等得到全面优化、协调。

（5）现场安全生产过程管理专业交叉、工序交叉、立体交叉，既要保证各安全生产专业过程管理，又要保证安全生产设施设备、安全防护的到位。

（6）实时、高效、全覆盖监控管理建筑施工现场几何空间内的施工机械、电气设备、"四口"安全防护、临边防护、基坑支护等专业的重要生产环节及重要位置，实现直观、透明、有效的安全生产设施设备使用、维护信息一体化集成管理，确保现场安全处于预控状态，消除安全生产隐患，有效预防生产安全事故。

（7）信息时代里，一个现场的安全生产工作信息可以呈现在一个透明的企业安全管理平台甚至社会平台中；现场专职安全生产管理人员对动态安全工作流程、作业流程节点可能出现的错、漏、碰、缺做到明察秋毫是不可能的。通过网络与外界相连、通过平台发挥所有人的智慧，最大限度发现生产安全事故隐患，使现场安全生产处于可控状态成为现实。

三、施工安全信息模型（CSIM）建立的基本条件

（1）施工安全信息模型（CSIM）的应用，首先需要解决的是人员配置和能力提高问题，选用有能力和实践经验的年轻员工培训 Revit 软件操作，掌握建模方法，建立项目的整体建筑施工安全项目模型。实施施工安全信息模型（CSIM），必须配备具有安全专业技术工作经验的专职安全生产人员和计算机操作人员，两者有机配合，才会发挥施工安全信息模型（CSIM）的最佳效能。

（2）建立施工安全信息模型（CSIM）的基础是设计模型初始数据库信息的交互。当设计阶段或项目部土建或其他专业建立建筑信息模型（BIM）后，需要立即开始建立满足安全生产各专业的建筑施工安全信息模型（CSIM）。

（3）建立完善的安全生产各分项样板库及适合安全生产过程的设施设备规格、尺寸模型数据库。在实际安全生产工作应用过程中，社会、建筑施工单位、项目部必须解决基础性问题，根据需要不断整理、完善、调整专项参数化安全类设施设备族库。

（4）安全生产工作水平的提高、施工安全信息模型（CSIM）的建立需要管理者的认识、支持和足够的经济实力支持。

（5）施工安全信息模型（CSIM）的建立和管理，不仅需要优良的硬件支持，更需要熟练的 Revit 软件工程师和安全专家相互配合、无缝衔接、联合操作、实施。

四、施工安全信息模型（CSIM）在安全生产过程中的应用

（1）以项目平面或某层为样板层，分别建立脚手架、模板工程、基坑支护、施工用电、起重机械、起重吊装、安装与拆除作业、孔洞及临边防护、消防等安全工作项目模型，参照在施工程建筑结构模型，调整后导出综合安全设施设备及防护平面图和细部图，施工安全信息模型（CSIM）配合剖面图，指导安全生产部门协同施工工作。

（2）以项目平面或某层为样板层，根据专项安全技术方案，深化设计安全防护设施设备综合平面图和三维效果图，确定施工用电线路、现场消防竖管、消防平面管线、孔洞、

临边防护等的安装位置和相互关系。

（3）专项施工方案中的设计思想和内容，如施工用电线路、基坑支护监测、现场消防竖管、消防平面管线等施工中的各部位均可用剖面图或轴测图显示，利于对作业人员进行形象交底，避免实施作业偏差大及大量拆改返工造成材料费、人工费、机械费的大量浪费。

（4）根据专项施工组织设计建立工作项目模型，有利于安全教育并极大提高各分项安全施工的验收水平。

（5）通过采用施工安全信息模型（CSIM）建立形象直观的平面图、剖面图及轴测图，有利于安全工作的科学化、规范化、系统化管理，大幅度提高安全生产工作水平。

（6）进场后施工前，参照电子版施工图，导入建筑模型或设计建模，共用专业化、数字化轴网模型，分别建立脚手架、模板工程、基坑支护、施工用电、起重机械、起重吊装、安装与拆除作业、孔洞及临边防护、消防等安全生产项目的精确模型。

（7）收集整理安全生产项目的标准化安全设施设备图样及规格尺寸。

（8）建立安全生产项目中安全设施设备的样板，在实际施工过程中，不断收集、整理、交流、扩大、完善施工机械、施工用电、模架体系、脚手架、孔洞防护等安全工作类族库存量。

（9）基于电子商务的建筑工程材料、设备与物流管理系统，建立及应用绿色施工组织设计数据库、数字化工地。通过绿色施工安全信息模型（CSIM）的应用，精密规划、设计、建造和优化集成，实现三维建筑模型的绿色施工工程量自动统计，提高绿色施工的各项指标。

（10）建筑安全生产全过程的信息化，在施工阶段进行施工过程的模拟。实现安全生产全过程的监督检查。

（11）施工安全信息模型（CSIM）管理技术的应用，使施工过程逐步向工业化、标准化和集约化方向发展成为现实，促使工程建设各阶段、各责任主体之间在更高层面上充分共享资源，实现安全生产精细化管理，充分体现和发挥了信息技术的特点及优势。

（12）应用施工安全信息模型（CSIM）管理技术，以在施工程某层为样板层，深化综合平面图和三维效果图，确定安全设施设备安装到位情况和相互关系，例如对现场消防管线、消防泵房的安装、设置、消防效果进行 3D 模拟试验，发现问题，及时针对性解决。

（13）采用施工安全信息模型（CSIM）管理技术，通过建立安全防护设施设备排布模型，导出安全防护综合排布平面图、剖面图及轴测图，对操作人员进行交底。有效避免返工，满足安全技术规范要求。

（14）将施工安全信息模型（CSIM）管理技术导入 IPAD，利用模型动态漫游与现场实时动态比对，有效解决施工安全信息模型（CSIM）管理与现场脱节问题。在现场开启相关专业图层，检查比对，有利于及时发现问题，及时沟通、协调、解决问题及复查隐患解决状态。

（15）采用分布式云平台施工安全信息模型（CSIM）管理技术，施工安全信息模型（CSIM）管理人员及时更新，相关人员在 wifi 环境下，打开 IPAD 终端，即可更新信息模型，对安全防护重点、施工用电负荷设施设备技术难点和关键环节等内容进行监控、管理。解脱施工安全信息模型（CSIM）管理技术依赖台式电脑、笔记本电脑的束缚。

（16）在安全生产过程中，材料质量管理是重要的一环，由于原材料扣件、钢管、RCD质量缺陷造成的事故屡见不鲜。由于施工安全信息模型（CSIM）管理技术包含大量施工设施设备和器材的信息，项目安全工作人员、材料设备采购部门和施工人员可以通过模型快速查询所需建筑构件的信息（规格、尺寸、材质、价格），达到施工材料符合设计要求，实现安全设施设备材料质量控制的目的。

（17）在安全生产应急救援工作中，基于施工安全信息模型（CSIM）管理技术模拟生产事故应急救援预案的动态流程演练，大量的安全设施设备状态、环境模拟、从业人群疏散行为的精确模拟信息，为应急救援预案演练奠定了良好的基础。施工安全信息模型（CSIM）可以实时检验各专业之间的配合及现场安全生产应急救援工作在实施过程中的可行性和可靠性，有效减少冲突和不适合性，可见该模型拥有无与伦比的优势。

生产事故应急救援预案的动态流程演练，对完善生产事故应急救援预案的程序内容具有很大的帮助，但必须强调一点，生产事故应急救援预案全员参与的现场实际演练不能省略。

第八节　建设工程施工安全管理资料

建设工程施工安全管理资料是指各参建单位在工程建设过程中形成的有关施工安全信息的真实记录，是施工现场管理状态的再现，是安全管理到位的证明，是依法依规处理安全事故的依据。

一、建设工程施工安全管理资料的作用

（1）建设工程施工安全管理资料的规范化管理，体现施工现场安全管理水平。

（2）齐全完整、真实有效的建设工程施工安全管理资料，体现安全生产过程管理的受控程度。

（3）建设工程施工安全管理资料为现场安全生产管理提供分析、改进、提高的依据。

（4）对项目安全生产实施动态管理、目标管理，起到预测、预报、预防事故的作用。

（5）建设工程施工安全管理资料对事故分析、事故责任具有可追溯性。

二、建设工程施工安全管理资料的综合要求

（1）建设、勘察、设计、施工、监理等各参建单位应逐级建立健全工程施工现场安全资料岗位责任制，并与施工生产环节、进度同步，积累和形成施工现场安全管理资料。

（2）各参建单位负责各自安全管理资料的收集、整理、立卷归档。

（3）各参建单位各自对施工现场安全资料的真实性、有效性、完整性负责。

（4）各参建单位负责保存各自的安全管理资料至工程竣工。也可根据需要延续保存半年至一年。

三、建设工程施工安全管理资料的管理职责

（一）建设单位管理职责

（1）应当向施工单位提供施工现场及毗邻区域内的供水、排水、供电、供气、供热、通信、广播电视等地上、地下管线资料，气象和水文观测资料，毗邻建筑物和构筑物、地下工程的有关资料，并保证资料的真实、有效、完整。

（2）在编制工程概算时，应确定建设工程安全作业环境及安全施工措施所需费用，并负责统计费用支付的情况。

（3）在申请领取施工许可证时，负责提供建设工程有关安全施工措施的资料。

（4）负责监督和检查各参建单位施工现场安全管理资料的建立和积累情况，也可委托监理单位负责施工现场安全管理资料的检查工作。

（二）监理单位管理职责

（1）应负责监理单位施工现场安全管理资料的管理工作，并设专人对资料进行收集、整理。

（2）对施工现场安全管理资料的形成、积累、组卷进行监督、检查。

（3）应对施工单位报送的施工现场安全管理资料进行审查，并予以签认。

（三）施工单位管理职责

（1）施工单位负责现场施工安全管理资料的管理工作，设专业人员填写，并由专人对资料进行收集、整理。

（2）总承包单位应督促检查各分包单位编制施工现场安全管理资料。分包单位应负责其分包范围内施工现场安全管理资料的编制、收集和整理工作，向总承包单位提供备案，确保施工现场安全管理资料真实、有效、完整。

四、建设工程施工安全管理资料的内容与要求

（一）建设单位施工现场安全管理资料（A类）内容

（1）建设单位应当提供施工现场毗邻建筑物和构筑物、地下工程的有关资料。

（2）建设单位应当提供施工现场及毗邻区域内的供水、排水、供电、供气、供热、通信、广播电视等地上、地下管线资料。

（3）建设单位应当提供当地气象和水文观测资料，并保证资料的真实、准确、完整。

（4）建设单位应对支付给施工单位工程款中的安全防护、绿色施工措施费用进行统计。

（二）监理单位施工现场安全管理资料（B类）内容

（1）建设工程委托监理合同（含安全监理工作内容）。

（2）监理规划（含安全监理方案）、安全监理实施细则。

（3）施工单位安全管理体系，安全生产人员的岗位证书、安全生产考核合格证书、特种作业人员岗位证书及审核资料。

（4）施工单位的安全生产责任制、安全管理规章制度及审核资料。

（5）施工单位的专项安全施工方案及工程项目应急救援预案的审核资料。

（6）安全监理专题会议纪要。

（7）关于安全事故隐患、安全生产问题的报告、处理意见等有关文件。

（8）安全监理工作记录

1）工程技术文件报审表

施工单位应在施工前向项目监理部报送施工组织设计，并填写"工程技术文件报审表"；施工单位在危险性较大的分部分项工程施工前应向项目监理部报送专项施工方案，并填写"工程技术文件报审表"。

2）施工现场起重机械拆装报审表、验收核查表

起重机械（主要指塔式起重机、施工升降机、电动吊篮、物料提升机、整体提升脚手架等）拆装前，总承包单位应对起重机械的拆装方案、检测报告、操作人员和拆装人员上岗证书、拆装资质及其他有关资料进行审查，并按照要求报项目监理核验，合格后方可进行安装或拆卸。

起重机械使用前，总承包单位应填写验收核查表报项目监理部对验收程序进行核验，核验合格后方可使用。

3）安全防护、文明施工措施费用支付申请资料

施工单位向监理单位提出安全防护、文明施工措施费用支付申请。监理单位审核后向建设单位提出安全防护、文明施工措施费用支付申请。

4）安全隐患报告书

监理单位在实施监理过程中，发现存在重大安全隐患的，应当要求施工单位停工整改，并及时报告建设单位。施工单位拒不整改或者不停止施工的，项目监理部应当向工程所在地区（县）建委安全监督机构报告。

5）工作联系单

如口头指令发出后施工单位未能及时消除安全隐患，或者监理人员认为有必要时，应发出"工作联系单"，要求施工单位限期整改，监理人员按时复查整改结果，并在项目监理日志中记录。

6）监理通知

当发现安全隐患，安全监理人员认为有必要时，应及时签发"监理通知"，要求施工单位限期整改并书面回复，安全监理人员应按时复查整改结果。"监理通知"应抄报建设单位。

7）工程暂停令

当发现施工现场存在重大安全隐患时，总监理工程师应及时签发"工程暂停令"，暂停部分或全部在施工程的施工，并责令其限期整改；经安全监理人员复查合格后，总监理工程师批准方可复工。"工程暂停令"应抄报建设单位。

8）监理通知回复单

项目监理部签发有关安全的"监理通知"后，施工单位应立即进行整改，自查合格后填写"监理通知回复单"报项目监理部，安全监理人员应及时复查整改结果。

9）工程复工报审表

项目监理部签发"工程暂停令"后，施工单位应停工进行整改，自检合格后填写"工

程复工报审表"，经安全监理人员复查合格后，总监理工程师批准方可复工。并将"工程复工报审表"报建设单位。

（三）施工单位现场安全管理资料（C类）

1. 施工单位现场安全管理资料基本要求

（1）工程概况表

"工程概况表"是对工程基本情况的简要描述，应包括工程的基本信息、相关单位情况和主要安全管理人员情况。

（2）项目重大危险源控制措施

项目部应根据项目施工特点，对作业过程中可能出现的重大危险源进行识别和评价，确定重大危险源控制措施，并按照要求进行记录，每张表格只能记录一种危险源。

（3）项目重大危险源识别汇总

项目部应依据项目重大危险源控制措施的内容，对施工现场存在的重大危险源进行汇总，按照规定要求逐项填写，并由项目技术负责人批准发布。

（4）危险性较大的分部分项工程及专家论证

按照国务院建设行政主管部门或其他部门规定，必须编制专项施工方案的危险性较大的分部分项工程和其他必须经过专家论证的危险性较大的分部分项工程，项目部应进行记录。对应当组织专家组进行论证审查的工程，项目部必须组织不少于5人的专家组，对安全专项施工方案进行论证审查。专家组应按照规定提出书面论证审查报告，并作为安全专项施工方案的附件。

经项目监理部确认、项目部盖章后，报项目所在地区（县）建委安全监督机构。

（5）施工现场检查

项目部和项目监理部每月至少对施工现场安全生产状况进行两次联合检查，检查内容应按照规定要求进行，对安全管理、生活区管理、现场料具管理、环境保护、脚手架、安全防护、施工用电、塔式起重机和起重吊装、机械安全、消防保卫十项内容进行评价。对所发现的问题应作记录，并履行整改复查手续。

（6）项目部安全生产制度、责任制

项目部应建立健全安全生产制度；项目部应明确各级管理人员、分包单位负责人、施工作业人员及各职能部门相应的责任，保障施工人员在作业中的安全和健康。

（7）项目部安全管理机构设置

项目部应成立由项目经理负责的安全生产领导机构，并按照有关文件要求，根据施工规模配备相应的专职安全管理人员或成立安全管理机构，并形成项目正式文件记录。

（8）项目部安全生产管理制度

项目部应依据现场实际情况制定各项安全生产管理制度，明确各项管理要求，落实各级安全责任。

（9）总分包安全管理协议书

总承包单位不得将工程分包给不具备相应资质等级和没有安全生产许可证的企业，并应与分包单位签订安全生产管理协议书，明确双方的安全管理责任，分包单位的资质等级证书、安全生产许可证等相关证照的复印件应作为协议附件存档。

（10）施工组织设计、各类专项安全技术方案和冬、雨季施工方案施工组织设计应在正式施工前编制完成，对危险性较大的分部分项工程应制定专项安全技术方案，对冬季、雨季等特殊施工季节，应编制具有针对性的施工方案，并履行相应的审核、审批手续。

（11）安全技术交底

进行建设工程分部分项工程及有特殊风险的作业时，施工前应按照施工方案的要求，针对作业条件及作业过程变化按照规定要求编写专项施工方案，并根据分部分项工程对相关施工作业人员进行具体的书面技术交底；项目部按各分项、分类汇总存档。

（12）作业人员安全教育记录表

项目部对新入场、转场及变换工种的施工人员必须进行安全教育，经考试合格后方准上岗作业；同时每年至少对施工人员进行两次安全生产教育培训，并对被教育人员、教育内容、教育时间等基本情况进行记录。

（13）安全资金投入记录

应在工程开工前制定安全资金投入计划，并以月度为单位对项目安全资金使用情况进行记录。

（14）施工现场安全事故登记

凡发生安全生产事故的工程，应按照规定要求进行记载。事故原因及责任分析应从技术和管理两方面加以分析，明确事故责任。

（15）特种作业操作人员登记

建筑电工、电气焊（割）工、架子工、塔式起重机司机、信号工、安拆工、场内机动车驾驶员等特种作业人员，应按照规定经过专门的安全教育培训，并取得特种作业操作资格证后，方可上岗作业。特种作业人员上岗前，项目部应审查特种作业人员的上岗证，核对资格证原件后在复印件上盖章并由项目部存档，并书面报项目监理复核批准。

（16）地上、地下管线保护措施验收

地上、地下管线保护措施方案应在槽、坑、沟土方开挖前编制，地上、地下管线保护措施完成后，由工程项目技术负责人组织相关人员进行验收，并书面报项目监理核查，项目监理部应签署书面意见。

（17）安全防护用品质量证明及检测资料

项目部对采购和租赁的安全防护用品、脚手架钢管、扣件、安全带、安全帽、安全网、灭火器、消火栓、水龙带等涉及施工现场安全的重要物资，应严格审核其生产许可证、"3C"强制性产品认证证书、检测报告等相关质量证明文件，并予以存档。

"3C"认证的全称为"强制性产品认证制度"，它是中国政府为保护消费者人身安全和国家安全以及加强产品质量管理，依照法律法规实施的一种产品合格评定制度。英文名称为 China Compulsory Certification，英文缩写为 CCC。生产合格的产品需要人员、技术、工艺、装备以及试验设备，基础设施缺一不可，所以不具备条件也就无法取得"3C"强制性产品认证证书；产品，尤其是关系到人身安全、职业健康的安全防护用品，如果没有取得或者根本没有"3C"强制性产品认证证书的，安全性难以保障，因此严禁使用。

（18）生产安全事故应急预案

项目部应当编制生产安全事故应急预案，成立应急救援组织，配备必要的应急救援器材和物资。定期组织演练，并对全体施工人员进行培训。

（19）应知应会考核登记及试卷

施工现场各类管理人员、作业人员必须对其所从事工作的安全生产知识进行必要的培训教育，考核合格后方可上岗，项目部应将考核情况造表登记，并按照考核内容分类存档。

（20）班前讲话记录

各作业班组组长于每班工作开始前必须对本班组全体人员进行班前安全活动交底，其内容应包括：本班组安全生产须知和个人应承担的责任；本班组作业中的危险点和采取的措施。

（21）检查记录及隐患整改记录

工程项目安全检查人员在检查过程中，针对存在的安全隐患应填写专用表格。其内容应包括检查情况、安全隐患、整改要求及整改后复查情况等，并履行签字手续。

（22）安全标识

对施工现场各类安全标识的采购、发放、使用情况进行登记，绘制施工现场安全标识布置平面图，有效控制安全标识的使用。

（23）违章处理记录

对施工现场的违章作业、违章指挥及处理情况进行记录，建立违章处理记录台账。

（24）施工现场安全日志

施工现场安全日志应由专职安全管理人员按照日常检查情况逐日记载，单独组卷，其内容应包括每日检查内容和安全隐患的处理情况。

2.生活区资料

（1）现场、生活区卫生设施布置图

绘制施工现场、生活区卫生设施平面布置图，明确各个区域、设施的卫生责任人。

（2）办公区、生活区、食堂等各项卫生管理制度

对办公区、生活区、食堂等各类场所应制定相应的卫生管理制度，严格执行卫生防疫管理规定。

（3）应急药品、器材的登记及使用记录

应配备必要的应急药品和器材，并对药品、器材的使用情况进行登记。

（4）急性职业中毒应急预案

必须建立急性职业中毒应急预案，发生急性职业病危害事故时，应能有效启动。

（5）食堂及炊事人员的证件

施工现场设置食堂时，必须办理卫生许可证和炊事人员的健康合格证，并将相关证件在食堂明示，复印件存档备案。

3.现场料具资料

（1）居民来访记录

施工现场应设置居民来访接待室，对居民来访内容进行登记，并记录处理结果。

（2）各阶段现场存放材料堆放平面图及责任划分

施工现场应绘制材料堆放平面图，现场内各种材料应按照平面图统一布置，明确各责任区的划分，确定责任人。

（3）材料保存、保管制度

应根据各种材料的特性建立材料保存、保管制度和措施，制定材料保存、领取、使用的各项制度。

（4）成品、半成品保护措施

应制定施工现场各类成品、半成品的保护措施，并将措施落实到相关管理和作业人员。

（5）现场各种垃圾存放、消纳管理资料

施工现场垃圾、建筑渣土要按照管理部门指定的场所倾倒或处理，项目部应对垃圾、建筑渣土运输和处理单位的相关资料进行备案。

4.环境保护资料

（1）项目环境保护管理措施

应根据项目施工特点，对作业过程中可能出现的环境危害因素进行识别和评价，确定环境污染控制措施，编制项目环境保护管理措施。

（2）环境保护管理机构及职责划分

应成立由项目经理负责的环境保护管理机构，制定相关责任制度，明确责任人。

（3）施工噪声监测

施工现场作业过程中，各类设备产生的噪声在场界边缘应符合国家有关标准的规定，项目部应定期在施工场地边界对噪声进行监测，并将结果记入专用表格。

5.脚手架安全资料

（1）脚手架、卸料平台和支撑体系的设计及施工方案

落地式钢管扣件式脚手架、工具式脚手架、卸料平台及支撑体系等应在施工前编制相应的专项施工方案。

（2）钢管扣件式支撑体系验收

水平混凝土构件模板或钢结构安装使用的钢管扣件式支撑体系搭设完成后，工程项目部应依据相关规范、施工组织设计、施工方案及相关技术交底文件，由总承包单位项目技术负责人组织相关部门和搭设、使用单位进行验收，填写"钢管扣件式支撑体系验收表"，项目监理部对验收资料及实物进行检查并签署意见。

其他结构形式的支撑体系也应参照此表根据施工方案及有关规定进行验收。

（3）落地式（或悬挑）脚手架搭设验收

落地式（或悬挑）脚手架应根据实际情况分段、分部位，由工程项目技术负责人组织相关单位验收。风速达10.8m/s以上及大雨后、停用超过一个月后均要进行相应的检查验收，检查验收按照专用表格内容进行，相关单位参加。每次验收由项目监理部对验收资料及实物进行检查并签署意见，合格后方可使用。

（4）工具式脚手架安装验收

外挂脚手架、吊篮脚手架、附着式升降脚手架、卸料平台等搭设完成后，应由工程项目技术负责人组织有关单位按照专用表格所列内容进行验收，合格后方可使用，验收时可根据进度分段、分部位进行。每次验收由项目监理部对验收资料及实物进行检查并签署意见。

6.安全防护资料

（1）基坑、土方及护坡方案、模板施工方案

基坑、土方、护坡和模板施工必须按有关规定做到有方案、有审批。

（2）基坑支护验收表

基坑支护完成后施工单位应组织相关单位按照设计文件、施工组织设计、施工专项方案及相关规范进行验收，验收内容按规定填入专用表格。

（3）基坑支护沉降观测、基坑支护水平位移观测

总承包单位和专业承包单位应按有关规定对支护结构进行监测，监测数据分别按规定要求填入专用表格，项目监理部对监测的程序进行审核并签署意见。如发现监测数据异常的，应立即督促项目部采取必要的措施。

（4）人工挖孔桩防护检查表

项目部应每天对人工挖孔桩作业进行安全检查，项目监理部对检查表及实物进行检查并签署意见。

（5）特殊部位气体检测记录

对于人工挖孔桩和密闭空间施工，应在每班作业前进行气体检测，确保施工人员安全，并将检测结果填入专用表格。

7. 施工用电管理资料

（1）特种作业人员上岗证书

电气专业技术人员、建筑电工必须持证上岗，查验真伪，复印备案。

（2）施工用电管理制度、责任制

建立健全施工用电安全管理制度、责任制；全数电气专业技术人员、建筑电工均应在相关制度、责任制文件上签字确认。

（3）《现场施工用电方案》资料

1）《现场施工用电方案》及审批、报审资料；

2）《现场施工用电变更、修改及补充方案》及变更、修改、补充审批单；

3）《现场施工用电变更、修改及补充方案》及变更、修改、补充报审单。

（4）总承包、专业分包、劳务分包施工用电安全生产管理协议

总承包、专业分包、劳务分包单位必须订立临时用电管理协议，明确各方相关责任，协议必须履行独立法人签字、盖章手续。

（5）施工用电安全技术交底

按施工用电分项工程分别进行安全用电技术交底。

（6）施工用电设施设备安装验收

现场施工用电工程必须经相关单位、人员验收合格后方可使用。应根据施工进度、部位及电气工程分项分别进行验收，并填写专用表格。项目监理部对电气设施设备及验收资料进行检查并签署意见。

（7）电气设备的测试、检验凭单和调试记录

电气设备的测试、检验凭单和调试记录由设备生产者或专业维修者提供，项目部应将相关技术资料存档。

（8）电气设备、元器件质量证明

现场采购的剩余电流动作保护器（RCD）、空气断路器、供配电线缆、配电箱及电气设备、元器件等，必须具备并严格审核产品合格证、"CCC"强制认证证书（有效期为五

年）、生产许可证、检测报告等相关文件，并收集存档。

（9）接地电阻、绝缘电阻和剩余电流动作保护器（RCD）动作参数测试记录表

1）接地电阻测试

主要包括施工用电系统工作接地、重复接地、设备防雷接地及安全规范要求的接地电阻测试，项目电气专业人员应将测试结果按接地系统填入专用表格后报项目监理审核。

2）电气线路绝缘强度测试

主要包括临时用电动力、照明线路、用电设备及安全规范要求进行的绝缘电阻测试，项目电气专业人员应将测试结果按系统回路填入专用表格后报项目监理审核。

3）剩余电流动作保护器（RCD）额定动作参数测试完成后，项目电气专业人员应将测试结果按配电设备顺序填入专用表格后报项目监理审核。

（10）施工用电定期安全检查、整改、复查记录

1）施工用电定期安全检查记录；

2）施工用电定期安全检查整改记录；

3）施工用电定期安全检查复查记录。

（11）施工用电安全教育、考核记录

建筑电工、施工用电人员必须经安全教育，考核合格后方可上岗。安全教育、考核记录应存档。

（12）施工用电工程建筑电工安装、巡检、维修、拆除工作记录

施工现场建筑电工应按有关要求进行巡检、维修，并由值班建筑电工每日填写专用表格，每月送交项目安全管理部门存档。

8.塔式起重机安全资料

（1）塔式起重机租赁、使用、安装的管理资料

对施工现场租赁的塔式起重机，出租和承租双方应签订租赁合同，并签订安全管理协议书，明确双方责任和义务。委托安装单位拆装塔式起重机时，还应签订拆装合同。塔式起重机拆装单位的资质证书、相关人员的资格证等材料及设备统一编号、检测报告等应一并存档。

（2）塔式起重机拆装统一检查验收

塔式起重机安装过程中，安装单位或施工单位应根据施工进度分别认真填写专用表格的有关内容。塔式起重机安装完毕后，应当由施工总承包单位、分包单位、出租单位和安装单位，按照专用表格的内容共同进行验收。塔式起重机每次顶升、锚固时，均应填写专用表格。

塔式起重机安装验收完毕、使用前，还应当经有相应资质的检测机构检测，检测合格后，总承包单位按专用表格的要求报项目监理。塔式起重机拆卸时，拆装单位应填写专用表格。

（3）起重机械安装与拆除方案及群塔作业方案、起重吊装作业的专项施工方案

塔式起重机安装与拆除、起重吊装作业等必须编制专项施工方案，涉及群塔（2台及2台以上）作业时必须制定相应的群塔作业方案和措施。群塔作业时，总承包单位应根据方案要求，合理布置塔式起重机的位置，确保各相邻塔式起重机之间的安全距离，并绘制平面布置图。

（4）对塔式起重机机组人员和信号工进行安全技术交底

塔式起重机使用前，总承包单位与机械出租单位应共同对机组人员和信号工进行联合安全技术交底，就塔式起重机性能、安全使用、施工现场注意事项等内容对相关人员进行安全技术交底，并做好记录。

（5）施工起重机械运行记录

塔式起重机、施工电梯、物料提升机等起重机械操作人员应在每班作业后填写专用表格，运行中如发现设备有异常情况，应立即停机检查报修，排除故障后方可继续运行，同时将情况填入记录。起重机械运行记录应单独组卷，每本填写完后送交设备产权单位存档。

9. 机械安全资料

（1）机械租赁合同，出租、承租双方安全管理协议书

对施工现场租赁的机械设备，出租和承租双方应签订租赁合同和安全管理协议书，明确双方责任和义务。

（2）物料提升机、施工升降机、电动吊篮拆装方案

施工现场物料提升机、施工升降机、电动吊篮拆装前，应编制设备的安装、拆卸方案，经审核、审批后方可进行安装与拆卸工作。

（3）施工升降机拆装统一检查验收

施工升降机安装过程中，安装单位或施工单位应根据施工进度分别填写专用表格的有关内容。施工升降机安装完毕后，应当由施工总承包单位、分包单位、出租单位和安装单位，按照专用表格的内容共同进行验收，验收合格后方可使用。施工升降机每次接高时，均应填写专用表格。施工升降机拆卸时，拆卸单位应填写专用表格。

（4）施工机械检查验收表（电动吊篮）

电动吊篮必须经地方行政主管部门备案。电动吊篮安装完成后，应由项目部组织分包单位、安装单位、出租单位相关人员对设备进行安装验收，并填写专用表格。

（5）施工机械检查验收表

施工现场各类机械进场安装或组装完毕后，项目部组织相关单位进行验收，按规定要求填写专用表格，并将相关资料报送项目监理部。

（6）施工起重机械运行记录

（7）机械设备检查、维修、保养记录

项目部应建立机械设备的检查、维修和保养制度，编制设备保修计划。对设备的检查、维修、保养情况应有文字记录。

10. 消防安全资料

（1）施工现场消防重点部位登记表

项目部应根据防火制度要求对施工现场消防重点部位进行登记。

（2）消防制度、方案、预案

项目部应制定施工现场的消防制度、现场消防管理方案、重大事件管理方案、重大节日管理方案、现场火灾应急救援预案、现场应急疏散预案等相关技术文件，并将文件对相关人员进行交底。

（3）消防设备平面图

施工现场应绘制消防设施、器材平面图，按照相关要求明确现场各类消防设施、器材的布置位置和数量。

（4）施工现场消防保卫协议

建设单位与总承包单位、总承包单位与分包单位必须签订施工现场消防保卫协议，明确各方相关责任，协议必须履行签字、盖章手续。

（5）现场消防组织机构及活动记录

施工现场应设立消防组织机构，成立义务消防队，定期组织教育培训和消防演练，各项活动应有文字和图片记录。

（6）施工现场消防审批手续

项目部应将消防安全许可证存档，以备查验。

（7）施工用保温材料产品检测及验收资料

施工用保温材料、密目式安全网、水平安全网等材料应为阻燃产品，进场有相关验收手续，其产品资料、检测报告等技术文件项目部应予存档保管。

（8）消防设施、器材验收、维修记录

施工现场各类消防设施、器材的生产单位应具有公安部门颁发的生产许可证，各类设施、器材的相关技术资料项目部应进行存档。项目部应定期对消防设施、器材进行检查，按使用年限及时更换、补充、维修，验收、维修等工作应有文字记录。

（9）防水作业安全技术措施和交底

施工现场防水作业施工时，应制定相关的防中毒、防火灾安全技术措施，并对所有参与防水作业的施工人员进行书面交底，所有被交底人员必须履行签字手续。

（10）用火作业审批表

作业人员每次用火作业前，必须到项目部办理用火申请，并按要求填写专用表格，经项目部主管部门审批同意后方可用火作业。

（11）警卫人员值班、巡查工作记录

施工现场警卫人员应在每班作业后填写警卫人员值班、巡查工作记录，对当班期间主要事项进行登记。

五、施工现场安全管理资料的组卷原则和基本要求

（一）组卷的基本原则

（1）施工现场安全管理资料应真实反映工程的实际状况。

（2）施工现场安全管理资料应使用原件，因各种原因不能使用原件的，应在复印件上加盖原件存放单位公章、注明原件存放处，并有经办人签字及时间。

（3）施工现场安全管理资料应保证字迹清晰，签字、盖章手续齐全。计算机形成的工程资料应采用内容打印、手工签名的方式。

（二）组卷的基本要求

（1）施工现场安全管理资料应分类进行组卷。

（2）卷内资料排列顺序应依据卷内资料构成而定，一般顺序为封面、目录、资料部分和封底。组成的案卷应美观、整齐。

（3）案卷页号的编写应以独立卷为单位。在案卷内资料排列顺序确定后，均以有书

写内容的页面编写页号。每卷从阿拉伯数字 1 开始，用打号机或钢笔依次逐张连续标注页号。

（4）案卷封面要包括名称、案卷题名、编制单位、安全主管、编制日期、共××册第××册等。

（5）卷内资料、封面、目录、备考表统一采用 A4 幅（297mm×210mm）尺寸，小于 A4 幅面的资料要用 A4 白纸（297mm×210mm）衬托。

第九节　预防生产安全事故工作专家要点提示

（1）安全生产工作水平关键取决于科学合理的体制机制设计、制度设计，标准规范设计、优秀人才选拔机制设计等；

（2）安全生产防范系统首先要构建严谨的组织体系、责任体系，其次关键在于目标考核及以责、权、利为依据的责任追究，如法人、职业资格、权利权限终结者为责任追究主体，要彰显安全责任主体的清晰明确及示范效应；混淆责任主体的追究，会造成从业人员，尤其管理者（领导）的错觉，成为生产安全事故间接的隐患因素；

（3）安全生产法律法规、制度、责任制具有规范从业人员行为的作用，预控、消除生产安全事故隐患，必须完善良序安全生产法律、规则，建立安全文化、安全科技标准体系；

（4）安全文化具有教化从业人员的作用，安全生产工作应倡导务实、先进、理性、科学、前瞻安全文化氛围；以内心善意出发，人性化处理企业与从业人员、从业人员与从业人员之间的安全生产事务及经济事务；

（5）安全生产工作需要优秀的团队，决策必须得到执行方有效果，否则即使管理者（领导）安全综合工作素养再高，也难有作为；如同俗语讲，"不怕神一样的对手，就怕猪一样的队友"；

（6）安全生产从业人员、监督人员等的安全综合素养决定安全生产工作水平；外行与内行、专业与非专业、有经验与无经验注定安全生产工作结果南辕北辙；

（7）建筑施工重点部位、重点环节、重点区域及重大危险源，采取切实可行的安全生产管理方法，排查、治理隐患生产安全事故隐患；提高安全生产科技、智能科技研发、应用水平；

（8）整合企业及社会各方应急资源，健全先期应急机制，提高生产安全事故现场应急响应、救援处置综合能力。

第四章　安全生产科学技术

安全生产科技是拓展生命、职业健康空间，改善安全生产条件，提高安全生产水平的基础。

科学（Science）是定理、定律等思维形式反映现实各种现象本质和规律的知识体系，解决"是什么?"、"为什么?"的问题。

技术（Technology）是劳动生产方面的经验、知识和技能，泛指其他操作方面的技巧，解决"做什么?"、"怎么做?"的问题。

飞行器在空中巡航过程中，时刻都在发生偏航，人为干预可以实现航向纠偏，但采用导航介入系统，可以自动纠偏、修正，实现精准导航；安全生产领域的安全科技应用，如同导航介入系统，可实现时刻纠正安全生产过程中的判断失误和操作失误。

1640 年葡萄牙传教士安文思来华，看到中国皇宫大殿屋脊两端华丽的龙兽舌头伸向天空，金属质地的舌头与龙兽腹内穿过的金属条相连，金属条一端直接插入地下，当闪电落在皇宫屋脊龙兽时，闪电被金属质地的龙舌通过金属条（引下线）引向大地消散，建筑和人因而免受雷击伤害；安文思深深为中华民族的聪明、睿智及皇宫龙兽防雷精致工艺与实用功能的完美结合折服。

为了防盗，城市许多住宅门窗装设了铁质防盗窗、防盗门，防盗功能实现了，殊不知，当居民楼发生火灾 3～5min 后，室内人员将面临铁质防盗门迅速受热膨胀变形，凭人力无法打开的现实，此时不论楼宇有多高，逃生通道只有未装防护的窗户。彻底解决问题，需要铁质防盗门结构性技术改造及其他措施。

不论导航介入系统、古建筑防雷装置还是金属防盗门窗，展示了安全科技与安全预防密切相关。开车上路总会与大货车随行，勿抱侥幸心理，紧跟货车后行驶，下一秒钟就有可能发生飞来的横"货"，避免灾难，需要安全科技知识保驾护航。

安全科技知识、安全生产行为是以安全技术标准规范形式体现的，安全生产必须严格遵守安全科技的基本原理及安全技术标准规范。

超限、超规模、超规范的高难度、高风险工程项目大批涌现，机、电、架、基坑施工设施设备不断向高技术、大型化方向发展。安全科技应树立事前预防的思想、精心组织科学编制专项施工组织方案，对技术工艺复杂，危险性较大的分部分项工程方案应组织专家进行论证、论证符合安全技术要求方可施行。借助先进科技，采用设备监控、跟踪、识别、互联网优势，弥补从业人员生产过程出现的识别、判断、操作等各种失误，实现动态、全天候、远程、实时智能化管理。

声控科技可以捕捉声音，智能声控科技却可以分辨"是"或"否"。安全科技工作的重要内容之一是安全预防科技的精准应用。在专业化、标准规范化、机械化作业日趋替代人工作业的情况下，充分利用智能科技对生产安全事故隐患进行量化监测、预警、预防，当机械设备安全装置失效、当电气安全保护系统失控、当基坑位移监控异常等情况出现时，整合应用感应技术、信息远传等人工智能安全科技，实现警示、警告，科技熔断机制停止一切异常生产活动，阻断生产过程不安全状态持续、阻止生产安全事故发生。

以科技和实践经验为基础的基础标准、工作标准、技术标准、方法标准、产品标准具有科学性、安全性、先进性、适用性，是安全生产工作的重要依据。

工程建设行业安全技术标准规范依据《中华人民共和国标准化法》的规定，按照适用范围将标准规范划分为国家标准规范（GB）、行业标准规范（JGJ）、地方标准规范（DB）和企业标准规范（QB）四个层次。国家标准规范、行业标准规范又分为强制性标准规范和推荐性标准规范。

国家标准规范：国家标准规范（GB）是保障人体健康、人身安全、财产安全的标准和法律及行政法规规定强制执行的标准规范。由国务院标准化行政主管部门编制计划，协调项目分工，组织制定（含修订），统一审批、编号，由国家标准化主管机构批准，在全国范围内统一发布的技术标准规范。例如：《建筑施工安全技术统一规范》GB 50870—2013。工程建设行业国家安全技术标准规范是企业安全生产的基本标准。

推荐性国家标准规范（GB/T）：生产、检验、使用等方面通过经济手段或市场调节而自愿采用的国家标准规范。例如：《职业健康安全管理体系 要求》GB/T 28001—2011。

行业标准规范（JGJ）：由我国各主管部、委（局）批准发布，在该部门范围内统一使用的标准规范，称为行业标准规范。例如：《建筑施工扣件式钢管脚手架安全技术规范》JGJ 130—2011。

地方标准规范（DB）：地方标准规范又称为区域标准规范，对没有国家标准规范和行业标准规范而又需要在省、自治区、直辖市范围内统一的工业产品的安全、卫生要求，制定的地方标准规范。例如：《建设工程施工现场安全防护、场容卫生及消防保卫标准》DB 11/945—2012。

企业标准规范（QB）：在企业范围内通过并发布的标准规范；企业标准规范制定通常严于国家或行业标准规范。例如：《×××集团公司施工现场安全防护技术规范》。

因安全技术标准规范仅属适用范围不同，而非技术水平高低，安全标准规范的统一性和协调性尤显重要，安全技术标准规范显失科学、合理，以及因时滞等因素使数据产生差异、矛盾时，不同层级间安全技术标准规范的执行应遵循如下原则：

（1）安全技术标准规范和上层级安全技术标准规范之间相异，优先执行上层级标准规范。

执行层级顺次为国家标准规范（GB）、行业标准规范（JGJ）、地方标准规范（DB）等。

（2）不论同层级或上层级，优先执行安全度高的安全技术标准规范。

（3）新颁布的安全技术标准规范与尚未废止的安全技术标准规范之间相异，优先执行新颁布的安全技术标准规范。

（4）行业同层级、不同专业的安全技术标准规范相异，优先执行专业或安全度高的行业安全技术标准规范。

安全生产科技必须与良性的安全体制机制、健全的制度责任制、配套的组织系统相结合，才能发挥最大效用，否则，如同买手机没买充电器，手机功能再强大、待机时间再长，手机终将耗尽电源而失去作用。

第一节　施工机械设施设备安全生产科学技术

施工现场的机械设施设备包括塔式起重机、流动式履带和轮胎式起重机、施工升降机、物料提升机、高处作业吊篮等。

一、塔式起重机安全基本要求

（一）塔式起重机安全管理基本要求

（1）建立健全现场施工机械设施设备安全生产管理制度、责任制。

（2）塔式起重机使用单位、租赁单位、安装（拆卸）单位应签订安全生产协议，明确各方主体责任。

（3）按规定配备专职安全生产管理人员负责施工现场机械设备安全管理工作。

（4）从事塔式起重机的安装、拆除、操作等工作的塔式起重机司机、信号工、司索工、安拆工等特种作业人员，必须按照国家有关规定，经专门的安全作业培训，考核合格取得相应资格，方可上岗作业。

（5）施工单位应对现场机械设施设备安拆、操作人员进行安全生产教育培训，确保从业人员掌握施工机械设施设备的相关安全生产基本知识、安全生产规章制度、安全操作规程及本岗位的安全操作技能，严格按照设备规定的技术性能、承载能力和使用条件合理使用。

（6）总承包单位组织编制塔式起重机专项方案

1）总承包单位组织编制塔式起重机安装、拆卸方案；

2）群塔作业时，总承包单位组织编制群塔作业方案。

（7）塔式起重机安装（拆卸）等方案审批程序规定

1）塔式起重机安装（拆卸）方案、群塔作业方案必须履行"编制、审核、审批、批准"程序，本单位技术负责人审批、签认。

2）塔式起重机安装（拆卸）方案、群塔作业方案必须经项目监理工程师批准，签字确认后方可实施。

（8）塔式起重机安装（拆卸）人员、操作人员作业前应进行安全技术交底，交底人和被交底人双方签字确认。

（9）塔式起重机安装作业前，安装单位应对拟安装设备的完好性进行检查。

（10）塔式起重机安装（拆卸）作业前，安装（拆卸）单位应当设置警戒区，指派专人负责统一指挥和监护，施工总承包单位应派专人旁站监督。

（11）塔式起重机安装后经自检、检测合格，由总承包单位组织租赁、安装、使用、监理等单位共同进行验收，验收合格后按要求填写验收表，方可使用。

（12）塔式起重机吊装作业，必须严格遵守"十不吊"原则。

1）被吊物体质量超过塔式起重机机械性能不准吊；

2）指挥信号不清或错误不准吊；

3) 任何情况运送人员不准吊；

4) 吊装物体质量不明、地下锚固物体或地埋物不准吊；

5) 斜拉斜牵物不准吊；

6) 物体捆绑不牢不准吊；

7) 大模板或立式构件等无卡环不准吊；

8) 螺栓、螺杆、小构件等零散物品无容器时不准吊；

9) 吊物超出施工现场范围不准吊；

10) 遇 12.0m/s 及以上风速天气或大雨、大雪、大雾等恶劣天气时不准吊。

(13) 在具有较大危险因素的施工机械设施设备明显部位应悬挂安全操作规程和岗位责任标牌；必须设置明显的安全警示标志。

(14) 塔式起重机司机操作应遵守下列安全技术要求

1) 塔式起重机司机应熟练掌握塔式起重机工作原理、机械构造、安全装置工作原理及保养规定。

2) 严禁塔式起重机在运行作业状态下进行维修、维护和保养。

3) 塔式起重机司机"五不准"

① 不准违章作业；

② 不准酒后作业；

③ 不准带病作业；

④ 不准疲劳作业；

⑤ 不准野蛮作业。

(15) 施工机械设施设备保养、安拆、使用、维修、检验、检测作业应在操作、维修处设置平台、走道、踢脚板和栏杆。停电及操作人员离机时，操作人员必须将控制器手柄置于零位，同时由现场建筑电工切除电源。

(16) 塔式起重机及起重设备司机、信号司索工等特种作业人员，应相对固定在一个现场，不应随意更换。

(17) 起重设备维护和保养不到位是安全生产隐患之一，现场维护和保养应定期进行。

1) 建筑施工单位使用塔式起重机通常采取向专业设备租赁企业租赁机械设备的方式，塔式起重机产权单位按协议负责定期对塔式起重机进行维护和保养或塔式起重机产权单位委托具有塔式起重机专业维护和保养能力的单位进行维保。

2) 塔式起重机定期维护和保养应采用"低保分散、高保集中、专业化维保"模式。

3) 专业维护和保养按要求分别进行例行保养、初级保养及高级保养。

① 例行保养

a. 例行保养时间周期：班前、班中、班后进行。

b. 例行保养实施人员：塔式起重机当班司机。

c. 例行保养实施内容：驾驶室门窗清洁、机械润滑、螺栓紧固等基本工作。发现其他不符合塔式起重机安全技术规范规定的问题时，应停止作业，通知专业维修人员维修，正常后方可作业。

② 初级保养

a. 初级保养时间周期：设备闲置、连续工作一个月或累计 300h。

*b.*初级保养实施人员：专业维修保养人员，塔式起重机司机协助。

*c.*初级保养实施内容：检查、调整、紧固、润滑、清洁、防腐等基本工作。

③ 高级保养

*a.*高级保养时间周期：一个建筑工程运输、安装、使用、拆除的工作周期。

*b.*高级保养实施人员：通常≥3 名专业维修保养人员采用专业工具在专门的车间内进行维保。

*c.*高级保养实施内容：拆检、更换、润滑、防腐、清洁等工作。

4）塔式起重机专业维护和保养应按精细化要求，定期进行例行保养、初级保养及高级保养工作。为确保塔式起重机各种安全防护装置、保险装置和安全信息装置齐全、有效，工作状态处于良好运行状态，专业维护和保养应做到三个"零容忍"：

① 机械管理人员、安拆和维保工作人员安全责任未落实零容忍；

② 机械故障、安全保护装置功能隐患未彻底整改零容忍；

③ 机械零部件、安全保护装置达到报废条件未更换零容忍。

（18）施工单位必须为现场施工机械设施设备安拆、操作、使用人员提供符合国家标准或行业标准的劳动防护用品；操作人员必须按规定正确佩戴、使用劳动防护用品。

（19）施工单位应当书面告知施工机械设施设备安拆、操作、使用人员在安全生产方面的权利和义务，如实告知作业场所和工作岗位存在的危险因素、防范措施以及事故应急处理措施。

（20）施工机械设施设备存在的重大危险源应当登记建档，进行定期检测、评估、监控，并制定应急预案，告知从业人员和相关人员在紧急情况下应当采取的应急措施。

（21）建筑施工塔式起重机必须在使用年限内使用，超过使用年限的塔式起重机，应按规定由具有资质的评估监测机构进行安全评估，评估合格后方可使用。

1）塔式起重机 630kN·m 以下（不含 630kN·m），出厂年限超过 10 年（不含 10 年）；安全评估报告有效期为一年。

2）塔式起重机 630～1250kN·m（不含 1250kN·m），出厂年限超过 15 年（不含 15 年）；安全评估报告有效期为两年。

3）塔式起重机 1250kN·m 以上（包含 1250kN·m），出厂年限超过 20 年（不含 20 年）；安全评估报告有效期为三年。

（22）总承包单位应组织制定、实施本单位现场施工机械设施设备生产安全事故应急救援预案及演练。

（23）总承包单位项目负责人每两周必须组织相关人员对现场施工机械设施设备进行专业检查，发现安全隐患，必须定人、定措施、定时间进行整改，并履行复查验收手续。

（24）现场施工机械设施设备重复接地、避雷接地等接地装置安装后使用前，接地装置的接地电阻实测值必须符合施工用电组织设计（方案）和安全技术规范要求，方可投入使用。接地装置接地状态及接地电阻值每月（30d 内）复测一次。

（25）现场施工机械设施设备质量安全基本要求

1）施工机械设施设备及施工机械设施设备采用的电气设备、器材、安全限位装置等，必须符合国家现行制造标准。

2）施工机械设施设备应提供产品出厂合格证、生产（制造）许可证、相关检测报告及安装使用说明等质量文件。

3）施工机械设施设备中列入国家强制性认证产品目录的电气设备、元器件必须提供"CCC"认证证书或生产许可证。

（26）施工机械设施设备安全生产管理资料基本要求

1）现场指定的专职安全生产管理人员负责现场施工机械设施设备的设计、安装、验收、检查、整改、拆除、巡视等安全生产管理资料的及时收集、整理、归档。

2）现场指定的专职安全生产管理人员应确保现场施工机械设施设备方案审批、专家论证、技术交底、验收记录、隐患排查记录、教育培训考试记录、产品质量证明文件、劳动防护用品发放等安全生产管理资料的完整性、时效性、同步性，并对上述内容的真实性负责。

3）现场施工机械设施设备安全生产管理资料的内容、时间应与实体工程进程及现场机械设备实施进展同步。

（二）塔式起重机安装（拆卸）告知流程

从事建筑起重机械安装（拆卸）工作的安装单位办理建筑起重机械安装（拆卸）告知手续前，应当将以下资料报送施工总承包单位、监理单位审核：

（1）塔式起重机备案证明；

（2）安装单位资质证书、安全生产许可证副本；

（3）塔式起重机安装（拆卸）专项方案及群塔作业专项方案；

（4）安装单位特种作业人员证书；

（5）安装单位与使用单位签订的安装（拆卸）合同及安装单位与施工总承包单位签订的安全协议书；

（6）安装单位负责塔式起重机安装（拆卸）的专职安全生产管理人员、专业技术人员名单；

（7）建筑起重机械安装（拆卸）工程生产安全事故应急救援预案；

（8）辅助起重机械资料及其特种作业人员证书；

（9）施工总承包单位、监理单位要求的其他资料。

（三）塔式起重机安装、顶升、拆卸安全技术基本要求

1.塔式起重机基础安装安全技术基本要求

（1）塔式起重机混凝土基础安装安全技术基本要求

1）塔式起重机混凝土基础应符合使用说明书和行业标准《塔式起重机混凝土基础工程技术规程》JGJ/T 187—2009 的规定。

2）塔式起重机基础必须按专项施工组织设计要求进行施工安装。

3）塔式起重机安装场地安全技术要求

① 塔式起重机基础区域地质条件应经勘验，地基承载能力必须满足塔式起重机设计要求和安全使用要求。

② 塔式起重机基础按方案要求与基坑保持安全距离，基础坚实平整，附近不得随意开挖沟、井、坑等。

③ 塔式起重机混凝土基础周围应修筑边坡并保持排水通畅，避免积水造成塔式起重机基础的不均匀沉降。

4）塔式起重机混凝土基础埋设件位置、标高、垂直度及施工工艺应符合要求。

5）塔式起重机混凝土基础经验收合格后，方可安装塔式起重机。

6）塔式起重机机身与基础、机身金属结构间高强度螺栓连接件不得存在松动、损坏等缺陷。

7）塔式起重机机身与基础、机身金属结构间高强度螺栓连接应有足够的预紧力矩，应按规定用力矩扳手检查高强度螺栓连接状况。

（2）行走式塔式起重机轨道基础安全技术基本要求

1）路基承载能力应满足塔式起重机使用说明书的要求。

2）轨道基础钢轨接头处不应悬空，钢轨接头间隙不大于4mm。

3）与另一侧钢轨接头的错开距离不小于1.5m，接头处两轨顶高度差不大于2mm。

4）每间隔6m应设一个轨距拉杆，轨距允许偏差公称值应≤1/1000，且不得超过±3mm。

5）在纵横方向上，钢轨顶面倾斜度安全技术基本要求

① 在纵横方向上，钢轨顶面的倾斜度应≤1/1000；

② 塔式起重机安装后，轨道顶面纵、横方向上的倾斜度，对上回转塔式起重机应≤3/1000；

③ 塔式起重机安装后，轨道顶面纵、横方向上的倾斜度，对下回转塔式起重机应≤5/1000；

④ 在轨道全程中，轨道顶面任意两点的高差应小于100mm。

6）金属止挡或混凝土缓冲止挡装置安全技术基本要求

① 金属止挡或混凝土缓冲止挡装置距轨道终端≥1m；

② 行走限位开关装置距轨道终端≥2m；

③ 金属止挡或混凝土缓冲止挡装置高度应大于等于行走轮半径。

2.塔式起重机安装（拆卸）安全技术基本要求

（1）指挥人员应熟悉安装（拆卸）作业方案，遵守拆装工序和操作规程，安装（拆卸）作业统一指挥；参与安装（拆卸）作业的人员必须听从指挥，发现指挥信号不清或错误时，应停止作业。

（2）塔式起重机安装前和使用中必须符合下列安全技术要求，否则不得安装和使用：

1）塔式起重机钢结构不得存在塑性变形和严重锈蚀。

2）各结构部位焊缝不得存在可见裂纹和开焊。

3）各连接件应紧固无松动，不得存在严重磨损和塑性变形。

4）塔式起重机使用的钢丝绳结构、形式、规格及强度必须符合该型起重机使用说明书的要求，钢丝绳达到报废条件之一的，必须报废。

5）塔式起重机塔身结构、部件、螺栓、销轴；卷扬机构、吊钩、吊具；爬梯护身圈、走道护栏等；线路及电气设备等材料、器件必须符合相关安全技术规范规定。

6）塔式起重机安全装置必须齐全、有效。

7）塔式起重机司机控制室应安全舒适、操作方便、视野良好且具备完善的通信设备。

（3）连接件及其防松、防脱件严禁用其他代用品替代。连接件及其防松、防脱件应使用力矩扳手或专用工具紧固连接。

（4）塔式起重机的滑轮、起升卷筒及动臂变幅卷筒均应设置钢丝绳防脱装置，该装置与滑轮或卷筒侧板最外缘的间隙不应超过钢丝绳直径的 20%。

（5）塔式起重机钢丝绳与卷筒应连接牢固；任何作业状况下，卷筒上钢丝绳应至少保留 3 圈；卷筒收放钢丝绳时应防止钢丝绳扭结、弯折及乱绳等现象发生。

（6）塔式起重机安全保护装置安全技术基本要求

1）塔式起重机安全防护装置必须齐全有效，严禁随意调整或拆除。严禁利用限制器和限位装置代替操纵机构。如图 4-1 所示。

图 4-1　塔式起重机安全防护装置

① 起重量限制器：限制起重量的装置。起重量限制器是塔式起重机最重要的安全装置之一。当塔式起重机运行中发生起重量限制器失效时，在变幅小车向前运行过程中，所吊重物超过塔式起重机最大起重量，变幅小车将无法停止，导致制动器制动失灵、机构损坏、钢丝绳破断，塔身、塔臂等重要部位钢结构变形、开裂，整机倾覆等重大人员伤亡生产安全事故。

② 力矩限制器：限制起重力矩的装置。力矩限制器是塔式起重机最重要的安全装置之一。当塔式起重机运行中发生力矩限制器失效时，在变幅小车向前运行过程中，所吊重物超过塔式起重机最大起重量和力矩，变幅小车将无法停止，导致塔身、塔臂等重要部位钢结构变形、开裂，整机倾覆等重大人员伤亡生产安全事故。

③ 变幅限位器：限制工作幅度范围的装置。

④ 高度限位器：限制起升高度的装置。

⑤ 行走限位器：限制塔式起重机轨道两端极限位置的装置。

⑥ 轨道止挡装置、变幅小车断绳保护装置、回转限位器、夹轨器等。

2）塔式起重机必须分别设置安全保险装置。

① 卷筒钢丝绳保险装置，钢丝绳防脱装置。

② 吊钩保险装置，防钢丝绳脱钩装置。

3）塔式起重机安全保护装置必须齐全、灵敏、有效，并按程序进行调试、验收合格。

（7）塔式起重机平衡重的安装数量、位置应符合设计要求，确保正常工作不位移、脱落。

（8）塔式起重机安装后，空载、风速≤3.0m/s的无风状态下，塔身垂直度要求：

1）无附着或最高附着点以上塔身的轴心线对支承面垂直度≤4/1000。

2）有附着或最高附着点以下塔身的轴心线对支承面垂直度≤2/1000。

（9）钢丝绳吊索绳安全技术基本要求

1）吊索绳采用编结形式

①吊索绳编结连接时，编结部分的长度不得小于钢丝绳直径的20倍，且≥300mm。

②吊索绳编结部分的凸出绳股应紧密、平滑；插接尾部应预留适当长度，并用金属丝绑扎牢固。

③吊索绳编结部分固接强度不应小于钢丝绳破断拉力的75%。

2）吊索绳采用钢丝绳夹固接形式

①当钢丝绳吊索绳采用钢丝绳夹固接时，钢丝绳夹的夹板座应在受力钢丝绳一侧，U形螺栓应在钢丝绳的尾端，不得正反交错夹固连接。如图4-2所示。

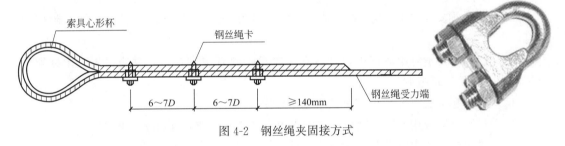

图4-2　钢丝绳夹固接方式

②两个钢丝绳夹间距应为钢丝绳直径的6～7倍，最后一个绳夹距绳头距离≥140mm。

③钢丝绳夹数量应与钢丝绳直径匹配，钢丝绳夹数量应符合表4-1的规定。

与钢丝绳直径匹配的钢丝绳夹数　　　　　　　　　　　　表 4-1

钢丝绳公称直径(mm)	≤18	18～26	26～36	36～44	44～60
最少钢丝绳夹数(个)	3	4	5	6	7

④钢丝绳夹初次固定后，待钢丝绳受力后应再次紧固，并宜拧紧到使尾端钢丝绳受压处直径高度压扁1/3。

⑤钢丝绳夹部分固接强度不应小于钢丝绳破断拉力的85%。

⑥作业中应经常检查钢丝绳夹紧固情况。

（10）各类施工机械包括塔式起重机的外缘或被吊物边缘在最大偏斜时与外电架空线路的最小距离，应符合表4-2的规定，未达到最小安全距离规定时，应采取隔离防护措施。

（11）塔式起重机尾部与周围建筑物及其外围施工设施之间的安全距离应≥0.6m。

塔式起重机的外缘或被吊物边缘在最大偏斜时与外电架空线路的最小距离（m）　表 4-2

施工机械名称	外电架空线路电压等级(kV)		
	≤10	≤220	≤500
塔式起重机的外缘或被吊物边缘在最大偏斜时	2.0	6.0	8.5

图 4-3　瓷质拉台

（12）为保证供电安全和电缆正常使用寿命，塔式起重机垂直距离≤10m 内塔身外侧悬吊安装瓷质拉台，采用回头绑扎法将塔式起重机电源电缆悬吊固定在瓷质拉台上，达到塔式起重机电源线缆自重卸荷的目的，如图 4-3 所示。

（13）雷雨、大雪、浓雾等恶劣天气严禁进行塔式起重机安装、拆卸、加节或降节作业；塔式起重机最大高度处的风速应符合产品说明书的要求，且风速应≤12m/s。

（14）红色障碍警示灯设置要求

1）塔身高于 30m 的塔式起重机、群塔作业、周围有建筑物、夜间可能影响空中飞行器安全时，应在塔顶和臂架两端设置红色障碍警示灯。

2）影响车辆安全通行的在建工程及大型机械设备周边必须设置醒目的红色障碍警示灯。

3）红色障碍警示灯电源应引自现场总配电箱隔离开关馈线端，并应设置外电线路停止供电时的应急自备电源。

（15）塔式起重机电气系统安全技术基本要求

1）塔式起重机采用 TN-S 接地形式的供电系统中，供电应采用五芯电缆。

2）塔式起重机的主电路和控制电路与裸露导电部分间的绝缘电阻应≥1MΩ。

3）塔式起重机电气控制设备保护装置安全技术基本要求

① 过载保护：塔式起重机的每个电动装置应单独设置电气过载保护；鼠笼型交流电动机采用热继电器或带热脱扣的断路器作为过载保护。

② 短路保护：塔式起重机总电源电路须设置空气断路器作为短路保护。

③ 失压保护：当供电电源中断时，必须能够自动断开总电源回路，恢复供电时，不经手动操作，总电源回路不能自行接通。

④ 零位保护：塔式起重机各传动机构开始运转和失压后恢复供电时，必须先将控制器手柄置于零位，该机构及所有的电动机才能启动。

⑤ 缺相、错相保护：塔式起重机电源应设缺相、错相保护装置。

　　小贴士：塔式起重机电动机构采用变频电动机和变频器控制技术的，基本满足上述要求，尚不满足的，需完善。

（16）塔式起重机防雷安全技术基本要求

1）一般塔式起重机防雷安全技术基本要求

① 现场高大金属设施设备应根据当地气象台（站）年平均雷暴日记录，按对应的设防高度规定，设计防雷装置。

② 塔式起重机的保护导体（PE）应做重复接地、塔身应做避雷接地。

③ 塔式起重机重复接地与防雷接地装置应充分利用自然接地装置，如现场护坡桩、护坡锚杆等。

④ 保护导体（PE）重复接地与防雷接地共用接地装置时，接地电阻 $R_地 \leqslant 4\Omega$。

2）轨道式塔式起重机防雷安全技术基本要求

① 轨道式塔式起重机的轨道两端各设置一组接地装置；轨道每隔不大于 20m 加装一组接地装置。

② 轨道式塔式起重机端部两条轨道间须采用-404 镀锌扁铁做环形电气导体连接。通长轨道间接头处采用导体做电气连接。

③ 轨道式塔式起重机所有电气设备的金属外壳、金属结构、轨道等均应可靠接地。

④ 机械设备上的接闪器长度应为 1～2m。塔式起重机可利用塔尖作为接闪器。

⑤ 保护导体（PE）重复接地与防雷接地共用接地装置时，接地电阻 $R_地 \leqslant 4\Omega$。

（17）现场风速风向仪设置要求

1）《塔式起重机安全规程》GB 5144—2006 规定，起重臂根部铰点高度大于 50m 的塔式起重机，应配备、安装风速仪，当风速大于设定工作极限值时，应发出声光报警信号。如图 4-4 所示。

2）风速风向仪的风速传感器通过电路模块变送器将风速显示在液晶板上，实时测量、显示环境风速。

3）风速风向仪设置位置要求

① 当现场安装有塔式起重机时，风速风向仪应设在塔式起重机塔顶端处。

② 当现场没有高大塔架时，风速风向仪应设在现场建筑物或构筑物最高端、无遮蔽处。

图 4-4　风速风向仪

小贴士：由于施工现场塔式起重机安装、顶升、拆除、吊装作业及施工升降机安拆作业、土方开挖运输作业等也需根据风速值来判定是否停止作业，故不论现场塔式起重机高度如何，现场均应设置风速风向仪测量风速。

3.塔式起重机顶升作业安全技术基本要求

（1）顶升作业人员安排要求

1）顶升作业必须设专人指挥，禁止在夜间进行顶升工作；

2）顶升过程中电源系统、液压顶升系统均应设专人监控和操作；

3）指定专人紧固塔身螺栓等；

4）非工作人员禁止进入顶升架平台。

（2）顶升作业前，必须保证电缆长度大于顶升高度，并做好电缆固定工作。

（3）顶升作业时，平衡臂和起重臂必须处于平衡状态；塔式起重机回转机构部分必须处于制动锁止状态。

（4）顶升作业时，注意保持、观察液压系统是否处于良好工作状态，发现异常必须立即停止作业，排除故障后，方可继续顶升。

（5）顶升作业时，设专人采用经纬仪测量塔身垂直度变化情况。

（6）风速达 6m/s 及以上，不准进行顶升作业。

（7）顶升作业后，要做到三必须。

1）各连接螺栓必须处于紧固状态；

2）爬升套架滚轮与塔身标准节必须吻合良好；

3）液压顶升机构电源必须切断。

4.塔式起重机附着安装安全技术基本要求

（1）塔式起重机安装（拆卸）方案应根据建筑工程总高度、建筑结构以及施工进度等情况，预先确定附着点位。

（2）塔身高出附着装置的自由端高度、附着杆系的布置方式、相互间距和附着距离等必须按照塔式起重机出厂说明书的规定执行。

（3）塔身顶升接高到规定附着间距时，应及时增设与建筑物的附着装置。

（4）附着装置与建筑物的连接点，应选在按规定加配钢筋、适当提高强度等级的混凝土柱上或混凝土圈梁上，必须采用预埋件或穿墙螺栓与建筑物结构可靠连接。严禁采用膨胀螺栓代替预埋件或穿墙螺栓。

（5）建筑物预埋附着支座安全技术基本要求

1）建筑物预埋附着支座处的墙、板、梁强度必须经过验算，附着点的受力强度应满足起重机工作或非工作状态下的设计要求。

2）布设附着支座处混凝土的强度必须达到该型起重机使用说明书的要求，方可附着。

（6）附着框架、附着杆安装（拆卸）安全技术基本要求

1）安装附着框架和附着杆时，应准确调整附着杆的长度距离，保证塔身的垂直度。

2）附着框架应设置在塔身标准节节点连接处附近，箍紧塔身，塔架对角处应设斜撑加固。

3）附着框架保持水平，固定牢靠；附着杆倾斜角不得超过 10°。

4）拆卸塔式起重机时，应随着降落塔身的进程拆除相应的附着装置。严禁在落塔之前先拆除附着装置。

5）附着装置的安装、拆除、检查及调整均应由专人负责，并遵守高空作业安全操作规程的有关规定。

5.现场群塔安装安全技术基本要求

（1）当两台及以上塔式起重机在同一现场交叉作业时，应根据施工现场实际情况编制群塔作业方案，制定行之有效的防止塔式起重机相互碰撞的安全技术措施。

1）设置数据记录仪。

2）设置空间限制器。

3）设置吊钩交变感应防撞控制器。

（2）任意两台塔式起重机之间防碰撞最小架设安全距离要求

1）低位塔式起重机的起重臂端部与另一台塔式起重机的塔身之间的距离必须≥2m；

2）高位塔式起重机最低位置的部件（或吊钩升至最高点或平衡重的最低部位）与低位塔式起重机中处于最高位置的部件之间的垂直距离不得小于2m。

6.塔式起重机强电磁波源感应危害预防措施

（1）塔式起重机强电磁波源感应危害的原因

当导体（塔式起重机塔身、塔臂）处在交变的电磁场时，导体中的自由电子在电场力的作用下作定向移动而产生电流即感应电流；如果不是闭合回路，导体中自由电子的定向移动使断开处两端积聚正、负电荷而产生电势差即感应电动势。

（2）塔式起重机强电磁波源感应危害预防措施

1）吊钩与吊索具间采取隔离措施：在吊钩与吊索具间的接触面上包缠3～5层绝缘玻纤布，绝缘玻纤布间涂刷改性环氧树脂，面层牢固粘接1mm厚镀锌钢板，提高吊钩与吊索具间的耐磨性。

2）塔式起重机低阻接地：塔式起重机机身直接与自然接地体焊接，充分利用其$R_{地}\leqslant 0.5\Omega$的低阻特性，最大限度降低感应电势。

3）塔式起重机吊装作业时，吊钩吊装地面物体时，在吊钩或吊索具上临时挂接把柄绝缘的接地夹线钳。

4）塔式起重机在强电磁波源环境附近作业时，信号司索工、操作人员应戴绝缘手套、穿绝缘鞋。

（四）塔式起重机吊装作业安全技术基本要求

（1）吊装作业前，应对塔式起重机司机、信号司索工等作业人员进行安全技术交底。

（2）吊装作业前，应逐项检查塔式起重机各种监测、指示、仪表、报警等信号装置，装置应灵敏、有效、完好；发现装置失效、缺损时，必须及时处理，修复后方可作业。

（3）塔式起重机进行回转、变幅、行走及吊钩升降等动作前，塔式起重机司机应发出音响信号示意。

（4）吊装作业时，应规定统一的指挥信号，当信号不清或错误时，塔式起重机司机应拒绝执行。

（5）塔式起重机现场指挥安全技术要求

1）现场指挥吊装作业时，应采用手势、旗语、哨声、通信设备等有效的通信手段。

2）当塔式起重机操控室远离地面时，地面、作业层（高空）的指挥人员应采用良好性能的无线通信设备进行指挥。

3）塔式起重机司机、信号司索工应配备两者地方语言相同或接近的人员配合作业，避免语言指挥理解歧义，造成事故发生。

（6）重物起升和下降速度应平稳、均匀，不得突然制动。左右回转应平稳，当回转未停稳前不得作反向动作。非重力下降式起重机，不得带载自由下降。

（7）吊装作业吊索及绑扎安全技术要求

1）吊装物应绑扎平稳、牢固，不得在重物上再堆放或悬挂零星物件。

2）易散落物件应使用吊笼或容器吊运。

3）标有绑扎位置的物件，应按标记绑扎后吊运。

4）吊索的水平夹角宜为 $45°\sim60°$，不得小于 $30°$，吊索与物件棱角之间应加保护垫料。

（8）群塔吊装作业安全运行基本要求

1）低塔让高塔：低位塔式起重机在转臂前，应观察高位塔式起重机的运行情况后再运行。

2）后塔让先塔：塔式起重机在重叠覆盖区、塔臂交叉区运行时，后进入该区域的塔式起重机应避让先进入该区域的塔式起重机。

3）动塔让静塔：两台塔式起重机在塔臂交叉区域内作业时，静止塔式起重机塔臂无回转、小车无行走、吊钩无运动，而另一台运行的塔式起重机塔臂有回转或小车行走，动态塔式起重机应避让静态塔式起重机。

4）轻塔让重塔：群塔同时运行时，无载荷塔式起重机应避让有载荷塔式起重机。

5）客塔让主塔：本单位施工区域作业的塔式起重机在进入其他单位施工区域的塔式起重机作业范围内时，应主动避让主方塔式起重机。

6）同步升降：同一区域施工的塔式起重机，尽可能保持施工进度同步，并在相近的时间段内提升加节，以满足群塔立体施工的协调性。

（9）作业中突发故障或遇停电时，应立即把所有控制器拨到零位，采取措施将吊物降落到安全地带或地面，严禁吊物长时间悬挂在空中。

（10）塔式起重机安全保护装置故障或失效时，塔式起重机必须停止吊装作业，修复验收后，方可继续吊装作业。

（11）塔式起重机安全保护装置不得随意调整和拆除；严禁利用限制器和限位装置代替操纵机构。

（12）塔式起重机夜间作业时，作业现场照明应良好，正确调整投光灯投射角，使光束朝向作业面。

（13）禁止在塔式起重机塔身、塔臂上悬挂任何板材、绸布等制作的标志牌、宣传横幅等，以免产生附加倾翻力矩。

（14）塔式起重机停机安全技术基本要求

1）塔式起重机停机后，将全部控制器开关依次断开拨至零位，锁闭操作室门窗；

2）塔式起重机司机下机后，应锁紧塔式起重机夹轨器，与轨道固定；

3）断开塔式起重机总电源；

4）打开红色高空障碍灯。

（15）风速达到 $12.0m/s$ 及以上的大风或大雨、大雪、大雾等恶劣天气过后，应先经过试吊，确认各种安全装置灵敏可靠后，方可进行作业。

（16）塔式起重机运行过程中，任何人不准攀爬机身。

小贴士：一些地方为了防止人员攀爬塔式起重机，要求施工现场塔式起重机必须安装防攀爬装置，目的是防范人员任意攀爬塔式起重机的行为。

防范攀爬塔式起重机措施对解决要挟、要账等问题的作用是微乎其微的，严格讲防范攀爬塔式起重机的技术措施无法代替管理措施，标本兼治才是解决问题的根本办法。对于从业人员的合法权益用人企业应当充分尊重、负责，依据劳动合同，合理解决正当的劳动报酬诉求；对违法、违规的不合理诉求以攀爬塔式起重机相要挟，要坚决采取法律途径解决。

(五) 塔式起重机零部件、材料报废条件要求

（1）塔式起重机钢丝绳出现下列情况之一，不得维修，必须予以报废、更换：

1）钢丝绳绳股断裂；

2）钢丝绳在一个节距内断丝数达总丝数的 10%（交捻）；

3）钢丝绳断丝不超标但断丝部位集中；

4）钢丝绳断丝速率增大；

5）钢丝绳变形：外观出现死结、弯折、压扁、明显松股、起包、绳芯挤出、波浪形、笼状畸变、钢丝挤出、扭结、绳径局部增大、绳径局部减小等；

6）钢丝绳绳径减少 7%；

7）表面钢丝的直径磨损或腐蚀达 40%；

8）钢丝绳外部及内部腐蚀；

9）由于受热或电弧作用而引起的损坏。

（2）塔式起重机吊钩出现下列情况之一，不得维修，必须予以报废、更换：

1）用 20 倍放大镜观察，吊钩表面有裂纹或破口；

2）I-I、II-II 危险断面、钩尾、螺纹部分、钩筋有永久变形，如图 4-5、图 4-6 所示；

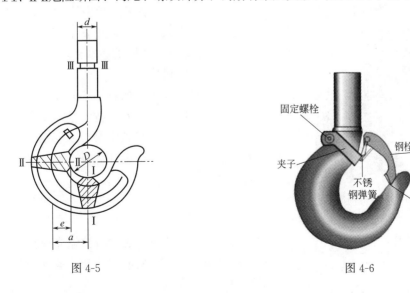

图 4-5   图 4-6

3）挂绳处截面磨损程度超过原高度 10%，吊钩严禁补焊；

4）吊钩开口度比原尺寸增加15％；

5）钩身的扭转角超过10°；

6）销轴磨损量超过其直径的5％。

（3）塔式起重机滑轮出现下列情况之一，不得维修，必须予以报废、更换：

1）裂纹或轮缘破损；

2）轮槽不均匀磨损达3mm；

3）滑轮绳槽壁厚磨损量达原壁厚的20％；

4）铸造滑轮槽底磨损达钢丝绳原直径的30％；焊接滑轮槽底磨损达钢丝绳原直径的15％。

（4）塔式起重机卷筒出现下列情况之一，不得维修，必须予以报废、更换：

1）裂纹或轮缘破损；

2）卷筒壁磨损量达原壁厚的10％。

（5）塔式起重机制动器出现下列情况之一，不得维修，必须予以报废、更换：

1）制动器出现裂纹；

2）制动器摩擦片厚度磨损达原厚度的50％；

3）弹簧出现塑性变形；

4）销轴或轴孔直径磨损达原直径的5％。

二、施工升降机安全技术基本要求

（一）施工升降机安全管理基本要求

（1）施工升降机司机必须按照国家有关规定经专门的安全作业培训，取得相应资格，方可上岗作业。

（2）使用单位应对施工升降机司机进行书面安全技术交底，交底资料应留存备查。

（3）现场施工升降机安装作业时，按规定配备专职安全生产管理人员负责现场安全管理工作。

（二）施工升降机安全技术基本要求

1.施工升降机构造

施工升降机构造，如图4-7所示。

2.施工升降机安装安全技术基本要求

（1）施工升降机基础应符合说明书要求，当说明书无要求时，应经专项设计计算；地基表面平整度允许偏差≤10mm。

（2）机械的安装等应按说明书要求执行，场地排水应通畅。

（3）安装作业时，必须将按钮盒或操作盒移至吊笼顶部操作。当导轨架或附墙架上有人员作业时，严禁开动施工升降机。

（4）施工升降机防护安全技术基本要求

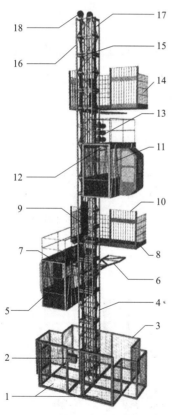

图4-7 施工升降机构造示意图

1—地面防护围栏门；2—开关箱；3—地面防护围栏；4—导轨架标准节；5—吊笼门；6—附墙架；7—紧急逃离门；8—层站；9—对重；10—层门；11—吊笼；12—防坠安全器；13—传动系统；14—层站栏杆；15—对重导轨；16—导轨；17—齿条；18—天轮

1）施工升降机周围应设置稳固的防护围栏。

2）楼层平台通道口应平整牢固、设置防护门。

3）防护门必须朝向楼内开启、不得朝向吊笼通道开启，高度不应低于1.5m。

4）各楼层防护门应封闭并应有电气连锁装置。

5）施工升降机上限位设置安全技术基本要求

① 当施工升降机提升速度$V<0.8$m/s时，预留上部安全距离$\geqslant1.8$m；

②当施工升降机提升速度$V\geqslant0.8$m/s时，预留上部安全距离$\geqslant(1.8+0.1V^2)$m。

（5）吊笼和对重的全行程不得有危害安全运行的障碍物。

（6）施工升降机首层进料口应搭设符合规范要求的防护棚。当建筑物高度超过24m时，应设置双层防护棚。

（7）当遇大雨、大雪、大雾或风速大于13m/s等恶劣天气时，应停止安装作业。

（8）施工升降机应在全行程高度范围内各楼层处，设置足够数量的照明器具，以保持足够的照明亮度。

图4-8

（9）在建工程各楼层处应装设明显的楼层编号牌及标志灯。

（10）施工升降机导轨架安装安全技术基本要求

1）导轨架自由高度、导轨架的附墙距离、导轨架的两附墙连接点间的距离和最低附墙点高度不得超过使用说明书的规定。如图4-8所示。

2）安装导轨架时，应采用经纬仪在两个方向进行测量校准。齿轮齿条式施工升降机的垂直度允许偏差应符合表4-3的规定。

施工升降机的垂直度允许偏差 表4-3

导轨架架设高度H(m)	$H\leqslant70$	$70<H\leqslant100$	$100<H\leqslant150$	$150<H\leqslant200$	$H>200$
垂直度偏差(mm)	不大于导轨架架设高度的1/1000	$\leqslant70$	$\leqslant90$	$\leqslant110$	$\leqslant130$

3）施工升降机齿条固定牢固，传动齿轮接触面无点蚀、无剥落，齿轮齿条啮合符合规定。

（11）施工升降机金属结构和电气设备外壳均应可靠接地，接地电阻$\leqslant4\Omega$。

（12）施工升降机验收规定

1）施工升降机安装完毕且经调试后，安装单位应按有关要求对安装质量进行自检，并应向使用单位进行安全使用说明。

2）安装单位自检合格后，应经有相应资质的检验检测机构监督检验。

3）检验合格后，使用单位应组织租赁单位、安装单位和监理单位等进行验收。

4）实行施工总承包的，应由施工总承包单位组织验收。

（13）施工升降机防坠安全器初次查验期限不得超过两年，之后每年一次，且不管使用与否，到查验周期后，必须查验。必须在一年标定期限内使用。防坠安全器自出厂寿命不超过5年，到期使用单位主动作废。防坠安全器使用中不得任意拆检、调整防坠安全器。如图4-9所示。

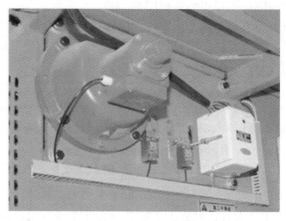

图 4-9　防坠安全器

（14）施工升降机上下行程限位开关、上下极限开关及连锁装置应齐全、有效。

3.施工升降机作业安全技术基本要求

（1）施工升降机作业前应重点检查下列项目，并应符合相关要求：

1）结构不得有变形，连接螺栓不得松动；

2）齿条与齿轮、导向轮与导轨应接合正常；

3）钢丝绳应固定良好，不得有异常磨损；

4）吊笼安全钩、限位开关、极限开关、防坠安全器、缓冲器等安全保护装置应灵敏可靠；

5）运行范围内不得有障碍物。

（2）施工升降机每天首次使用前，司机应将吊笼升离地面 1～2m 停止升降，检验制动器的灵活性、有效性，确认正常后方可投入运行。

（3）施工升降机使用前，应进行坠落试验。施工升降机在使用中每隔 3 个月，应进行不少于一次的额定载重量的坠落试验，试验程序应按使用说明书规定进行，吊笼坠落试验制动距离应符合行业标准《施工升降机齿轮锥鼓形渐进式防坠安全器》JG 121—2000 的规定。防坠安全器试验后及正常操作中，每发生一次防坠动作，应由专业人员进行复位，并做好试验记录。

（4）施工升降机额定载重量（乘员数）应符合设计要求，严禁超载超员。

> 小贴士：某些地方标准规定，施工升降机机笼内搭乘人员不得超过 8 人（不含司机），主要考虑限制发生事故的人员伤亡总数，如此规定方式极不科学、也极危险。假设施工升降机机笼内搭载≤8 人，但机笼内又搭载了三辆运送混凝土的砂浆车或建筑材料，结果很可能超过施工升降机设计载荷，所以载荷量应严格遵守设计载荷规定计量运行。
>
> 吊笼载荷应严格遵守额定载重量规定，通常标注方式为：额定载重量（乘员数量）。

（5）当遇大雨、大雪、大雾、施工升降机顶部风速＞20m/s或导轨架、电缆表面有结冰现象时，施工升降机应停止运行，并将吊笼降到底层，切断电源。上述恶劣天气过后，应对施工升降机塔架、各安全装置进行全面检查，确认正常后方可运行。

（6）严禁用行程限位开关作为停止运行的控制开关。

（7）施工升降机吊笼内乘人或载物时，载荷应均匀分布，不得偏重。

（8）施工总承包单位应制作告知标牌，明确施工升降机运行管理制度，管理制度悬挂在施工升降机吊笼内的明显位置，便于乘梯人员和司机查看。

（9）作业后，应将吊笼降到底层，各控制开关扳至零位，切断电源，锁好开关箱，闭锁吊笼门和围护门。

三、物料提升机安全技术基本要求

（一）物料提升机安全管理基本要求

（1）物料提升机司机必须按照国家有关规定经专门的安全作业培训，取得相应资格，方可上岗作业。

（2）使用单位应对物料提升机司机进行书面安全技术交底，交底资料应留存备查。

（3）在物料提升机人员进出通道明显位置设置"严禁载人"的标识。

（4）任何情况下，物料提升机吊笼下方均严禁人员停留或通过。

（5）现场物料提升机安装作业时，按规定配备专职安全生产管理人员负责现场安全管理工作。

（二）物料提升机安全技术基本要求

（1）现场物料提升机必须具备下列安全装置：

1）上料口防护棚；

2）各楼层安全门、吊笼安全门、首层进料口防护门；

3）断绳保护装置或防坠装置；

4）安全停层装置；

5）超重量限制器；

6）上、下限位器；

7）信号装置；

8）缓冲器；

9）紧急断电开关，剩余电流保护、短路保护、过电流保护。

（2）基础应符合使用说明书要求，表面应平整，水平偏差不大于10mm，有排水设施。高度≥30m的物料提升机基础应进行设计计算。当地方标准规定安装高度不得超过24m时，应遵守当地的规定。

（3）物料提升机金属结构、电气设备的金属外壳等均应可靠接地，接地电阻值≤4Ω。

（4）物料提升机架体轴心线对底座水平基准面的垂直安装偏差不得超过3‰，并不得超过200mm。

（5）首层进料口一侧应搭设防护棚，防护棚两侧必须用密目安全网进行封闭。

（6）物料提升机架体外侧用立网防护严密。

（7）施工现场严禁使用钢管等材料自制龙门架或井架型物料提升机。

（8）物料提升机安全装置设置基本要求

1）物料提升机必须设置超高限位装置，安装超高限位装置的天梁最低处与吊笼动滑轮最高点距离应≥3m。

2）物料提升机吊笼必须使用定型的停靠、断绳保护装置。

3）物料提升机至少要设置一个常闭式制动器。

4）吊笼前、后应设置安全门，防止升降时物料从吊笼中滑落。

5）楼层平台通道应平整牢固，出入口应设置可靠的防护门。防护门必须朝向楼内开启、不得朝向吊笼通道开启，两侧应设置两道防护栏，并采用密目网封闭。

6）物料提升机首层进料口应搭设符合规范要求的防护棚，并按规定设置防护门。

（9）物料提升机缆风绳安全技术基本要求

1）当物料提升机安装条件受限不能使用附墙架且安装高度＜30m时，可采用缆风绳。缆风绳设置应符合说明书要求。

2）缆风绳钢丝绳直径应≥8mm，不得使用钢筋等材料代替。

（10）当吊笼处于最低位置时，卷绕在卷筒上的钢丝绳不得少于 3 圈；钢丝绳在卷筒上应排列整齐，钢丝绳末端与卷筒必须采用卷筒压紧装置可靠压接。

（11）物料提升机钢丝绳不得与机架、地面摩擦接触；钢丝绳经过人员通道处应采用硬质材料遮护。

（12）物料提升机卷扬机的基础地面应平整、坚实、排水畅通；卷扬机的槽钢结构与地锚设置牢固可靠；卷扬机机体必须设置两锚固结，并保证一锚一绳。

（13）物料提升机卷扬机卷筒中心线与导向滑轮的轴线应垂直，且导向滑轮的轴线应在卷筒中心位置，钢丝绳的出绳偏角宜≤2°。导向滑轮不得使用开口拉板式滑轮。

（14）物料提升机卷扬机传动部分及外露运动件必须安装防护罩。

（15）物料提升机操作防护棚安全技术基本要求

1）物料提升机操作空间应搭设防雨、防砸操作防护棚；

2）操作防护棚面向曳引钢丝绳侧，应设置 2.0m 高防护栏，预防可能出现钢丝绳破断造成的损害；防护栏制作采用 φ12 钢筋，防护栏杆间距≤100mm。

（16）物料提升机附墙架安全技术基本要求

1）物料提升机安装高度≥30m 时，必须使用附墙架。

2）建筑物顶层必须设置一组附墙架。

3）物料提升机导轨架的附墙架间距应≤9m、自由端高度应≤6m，且应符合说明书要求。

4）制作附墙架的材质应与物料提升机导轨架材质一致。

5）附墙架与物料提升机导轨架体、建筑结构之间应采用钢性连接；附墙架严禁与脚手架连接。

（17）物料提升机操作安全技术基本要求

1）物料提升机作业前检查内容：

① 操作者应检查卷扬机与地锚的固定情况；

② 检查电动机、减速器、卷筒间联轴器的连接牢固情况；

③ 检查电气线路、机电设备可接近导体与接地导体（PE）连接、接地装置、安全装

置、防护设施、制动装置和钢丝绳等的工作状态情况。

④ 确认上述内容全部符合规定要求后，方可开始作业。

2）物料提升机操作人员的操作位置要保证良好的视线。

3）要配置畅通的通信工具，必要时要设置信号指挥人员。

4）物料提升机作业中，操作人员不得离开卷扬机；操作人员离开卷扬机或作业中停电时，应切断电源，并将吊笼降至地面。

5）物料提升机遇大雨、大雪、大雾、风速 13m/s 及以上等恶劣天气时，必须停止运行。

6）下班前，应将高处作业吊篮降到最低位置，各控制开关置于零位，切断电源，锁好末级配电箱。

四、高处作业吊篮安全技术基本要求

（一）高处作业吊篮安全管理基本要求

1. 产权单位安全管理基本要求

（1）产权单位出租高处作业吊篮时，应与使用单位签订高处作业吊篮租赁、安装、拆卸、二次移位合同。

1）高处作业吊篮租赁、安装、拆卸、二次移位合同，必须明确双方责任主体、各自管控的安全责任范围及具体内容等。

2）产权单位负责高处作业吊篮安装、拆卸、二次移位、安全培训及定期维护工作。

3）使用单位必须组织人员参加高处作业吊篮产权单位对使用人员进行的高处作业吊篮理论知识、安全操作技能培训、考核，使用人员经考核合格后方可操作。

（2）高处作业吊篮安装、拆卸（包括二次移位）前，高处作业吊篮产权单位应组织制定安装、拆卸作业专项方案，支架支撑处的结构承载力应经过计算或验算，经施工总承包单位、监理单位审核，并报总承包单位和监理单位备案。

（3）产权单位的高处作业吊篮安装、拆卸人员（搬运人员除外）必须按照国家有关规定经专门的安全作业培训，取得相应资格，方可上岗作业。作业前应对安装、拆卸人员进行安全技术交底。

（4）在租赁合同中应明确每月保养的具体时间。

（5）高处作业吊篮安装完成后，总承包单位、租赁单位、使用单位、监理单位应进行验收，并填写"检查验收记录"。高处作业吊篮经验收合格后方可投入使用，未经验收或者验收不合格的不得使用。

2. 使用单位安全管理基本要求

（1）使用单位应确保现场具备安装、拆卸（包括二次移位）条件，当不具备条件时，高处作业吊篮不得安装、拆卸（包括二次移位）。

（2）严禁使用单位擅自安装、拆卸（包括二次移位）高处作业吊篮。

（3）高处作业吊篮安装、拆卸（包括二次移位）作业时，使用单位应协同高处作业吊篮产权单位设置警戒区，按规定配备专职安全生产管理人员统一指挥、监护现场安全管理工作。禁止无关人员进入作业现场。

（4）高处作业吊篮作业前，使用单位应对操作人员进行安全技术交底。

（5）使用和操作高处作业吊篮的人员，必须严格遵守操作规程、安全技术交底及培训要求。

（6）使用单位不得转租高处作业吊篮。

（二）高处作业吊篮安全技术基本要求

1.高处作业吊篮制造安全技术基本要求

（1）吊篮系列额定载重量（kg）：100、150、200、250、300、350、400、500、630、800、1000、1250。

（2）吊篮四周应装有安全护栏，工作面护栏高度不低于 0.8m，其余部位不低于1.1m，底部应设置高度不小于 150mm 的挡板，底板应有防滑措施。

（3）吊篮主要结构件不得变形或明显腐蚀，主要焊缝不应有裂纹和开焊，各连接螺栓应连接紧固，符合要求。

（4）施工现场严禁使用自制式高处作业吊篮进行作业。

2.高处作业吊篮悬挂机构安全技术基本要求

（1）吊篮应采用专门设计的悬挂支架支撑。

（2）吊篮悬挂机构应具有足够的强度和刚度，单边悬挂高处作业吊篮时，必须承受吊篮自重、额定载重量、工作钢丝绳及安全钢丝绳的自重。如图 4-10 所示。

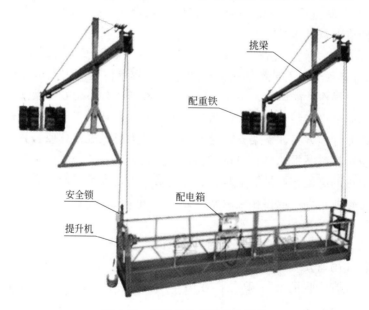

图 4-10　单边悬挂高处作业吊篮

（3）吊篮悬挂机构前支架严禁支撑在女儿墙上、女儿墙外或悬挑结构边缘等非承重结构物上。

（4）高处作业吊篮悬挂机构配重安全技术基本要求

1）配重应牢固、可靠地安放在配重点上；

2）配重应设有防止配重随意移动、脱落的措施；

3）严禁使用破损的配重、沙袋或其他替代物；

4）配重质量应符合说明书规定，配重应标注质量。

（5）吊篮悬挂机构前支架应与屋面等支撑面保持垂直。

（6）吊篮必须装有上、下限位开关，防止高处作业吊篮上升或下降到终点超过行程范围。

3.高处作业吊篮钢丝绳绳索安全技术基本要求

（1）吊篮工作钢丝绳

1）吊篮的每个吊点必须设置两根钢丝绳，其中一根是吊篮工作钢丝绳。

2）吊篮工作钢丝绳的安全系数 $n \geqslant 9$。

3）吊篮工作钢丝绳的绳径 $\phi \geqslant 6mm$。

4）吊篮工作钢丝绳达到报废标准时，必须及时更换，不得继续使用。

（2）吊篮安全钢丝绳

1）吊篮的每个吊点必须设置两根钢丝绳，其中一根是吊篮安全钢丝绳。

2）吊篮安全钢丝绳的型号、规格必须与吊篮工作钢丝绳相同。

3）吊篮安全钢丝绳必须独立于吊篮工作钢丝绳另行悬挂；吊篮安全钢丝绳应处于独立悬垂状态。

4）吊篮安全钢丝绳必须装设安全锁或其他具有相同作用的独立安全装置。

5）吊篮在正常上下移动时，安全钢丝绳应顺利通过安全锁或其他具有相同作用的独立安全装置。

6）吊篮安全钢丝绳必须固定在具有足够强度的建筑结构上，要设置安全钢丝绳防磨损措施。

7）吊篮安全钢丝绳达到报废标准的，必须及时更换，不得继续使用。

（3）独立保护（救生）绳

1）独立保护（救生）绳必须独立于吊篮工作钢丝绳和吊篮安全钢丝绳另行悬挂；独立保护（救生）绳必须处于独立悬垂状态。

2）独立保护（救生）绳必须固定在具有足够强度的建筑结构上；独立保护（救生）绳应设置防磨损措施。

3）独立保护（救生）绳应一人一绳，不得两人共用一根（救生）绳。

4）独立保护（救生）绳达到报废标准时，必须及时更换，不得继续使用。

5）吊篮独立保护（救生）绳三严禁：

①严禁将独立保护（救生）绳接长使用；

②严禁将独立保护（救生）绳直接系挂在不可靠、不牢固的临时结构和设施设备上；

③严禁将独立保护（救生）绳与高处作业吊篮的任何结构部位相连接。

4.高处作业吊篮安全锁安全技术基本要求

（1）高处作业吊篮必须装有动作灵敏、可靠的安全锁。

（2）安全锁必须按照国家标准或规范规定，送具有相应资质的检测机构或原生产厂家校验。

（3）安全锁校验有效期限不大于1年，校验合格后在有效期内使用，逾期不得使用。

（4）安全锁校验标识应粘贴在安全锁的明显位置处，同时应在安全管理资料中存档。

5.高处作业吊篮作业安全技术基本要求

（1）吊篮作业前安全技术基本要求

1）必须严格检查工作钢丝绳、安全钢丝绳、独立保护（救生）绳，确认完好无损；工作钢丝绳、安全钢丝绳、独立保护（救生）绳固定点及悬挂机构稳固、无异常，方可作业。

2）吊篮内作业人员必须正确佩戴安全帽、安全带，遵守相关安全操作规程。

3）吊篮内作业人员佩戴的安全带必须通过自动锁扣与独立保护（救生）绳连接，严禁系挂在吊篮结构上。

4）吊篮内人、机、料等施工荷载严禁超过额定载重量，荷载应均匀分布。

5）架空输电线场所，高处作业吊篮的任何部位与输电线的安全距离应符合《施工现场临时用电安全技术规范》JGJ 46—2005 的有关规定，且不小于 10m。如果条件有限，则应当与有关部门协商停电或采取可靠安全防护措施后，方可使用高处作业吊篮作业。

（2）吊篮作业过程中安全技术基本要求

1）高处作业吊篮内荷载不得超过设计要求，且作业人员不应超过两人。

2）除首层外，严禁作业人员从空中攀缘窗户上下高处作业吊篮；严禁在悬空状态下从一个高处作业吊篮攀入另一个高处作业吊篮。

3）高处作业吊篮严禁立体交叉作业，作业时高处作业吊篮下方严禁站人。

4）正常情况下高处吊篮作业时，禁止使用安全锁制动。

5）严禁将吊篮用作垂直运输设备。

6）吊篮作业时，纵向倾斜角度应≤8°。

7）遇有大雨、大雪、大雾等恶劣天气及吊篮作业处阵风风速≥8.3m/s 时，应停止吊篮作业。

（3）高处作业吊篮电气焊作业安全技术基本要求

1）使用吊篮进行电焊作业时，严禁用吊篮或钢丝绳作电焊机二次回路。

2）使用吊篮进行电焊作业时，必须对吊篮、钢丝绳、独立保护（救生）绳采取全面防护措施。

3）严禁从吊篮的电气控制箱连接其他用电设备。

4）吊篮内严禁放置氧气瓶、乙炔瓶等易燃易爆品。

五、轮胎式起重机安全技术基本要求

（一）轮胎式起重机安全管理基本要求

（1）轮胎式起重机使用单位、租赁单位应签订安全生产协议，明确各方主体责任。

（2）轮胎式起重机使用单位、租赁单位须严格遵守有关安全技术规范、标准的相关规定。

（3）轮胎式起重机司机、信号司索工等特种作业人员必须按照国家有关规定，经专门的安全作业培训，考核合格取得相应资格后，方可上岗作业。

（4）轮胎式起重机设备操作、使用人员应经安全技术交底，交底人和被交底人双方签字确认，方可从事轮胎式起重设备操作、使用。

（5）轮胎式起重机司机吊装作业，应参照执行"十不吊"原则。

（6）轮胎式起重机必须设置明显的安全警示标志。并在明显部位悬挂安全操作规程和岗位责任标牌。

（7）轮胎式起重机司机"五不准"

1）不准违章作业；

2）不准酒后作业；

3）不准带病作业；

4）不准疲劳作业；

5）不准野蛮作业。

（8）现场轮胎式起重机吊装作业时，应按规定配备专职安全生产管理人员负责安全管理工作。

（二）汽车、轮胎式起重机安全技术基本要求

（1）起重机作业场地应保持平坦坚实，地面及垫木须满足起重作业的承载要求；起重机应与沟渠、基坑保持安全距离。

（2）起重机作业时，起重臂和重物下方严禁有人停留、通过。严禁用起重机载运人员。

（3）汽车式起重机起吊作业时，汽车驾驶室内不得有人，重物不得超越驾驶室上方，且不得在车的前方起吊。

（4）起重机作业前，应伸出全部支腿，并在撑脚板下垫方木，调整机体使回转支承面的倾斜度在无载荷时不大于1/1000。支腿有定位销的必须插上。底盘为弹性悬挂的起重机，放支腿前应先收紧稳定器。

（5）作业中严禁扳动支腿操纵阀。调整支腿必须在无载荷时进行，并将起重臂转至正前或正后方可再行调整。

（6）作业中发现起重机倾斜、支腿不稳等异常现象时，应在保证作业人员安全的情况下，将重物降至安全的位置。

（7）汽车、轮胎式起重机在具有较大危险因素的现场吊装作业时，如临近高压线、居民区等，要采取专门的安全防护措施。

（8）当重物需要在空中停留较长时间时，应将起升卷筒制动锁住，操作人员不得离开操纵室。

（9）吊装作业重物达到额定起重量的90%以上时，严禁向下变幅，同时严禁进行两种及以上的操作动作。

六、履带式起重机安全技术基本要求

（一）履带式起重机安全管理基本要求

参照"轮胎式起重机安全管理基本要求"执行。

（二）履带式起重机安全技术基本要求

（1）履带式起重机应在坡度不大于3°的平坦坚实地面上行走、停放、作业。起重机作业时应根据基坑土质、坡度、深度、围护结构的力学性质确定起重机械与沟渠、基坑边缘的安全距离。

（2）履带式起重机行走时，转弯不应过急；当转弯半径过小时，应分次转弯；当路面凹凸不平时，不得转弯。起重机上下坡道时应无载行走，上坡时应将起重臂仰角适当放小，下坡时应将起重臂仰角适当放大。严禁下坡空档滑行。

（3）履带式起重机不宜长距离带载行驶。当起重机需带载行走时，载荷不得超过允许起重量的70%，行走道路应坚实平整，重物应在起重机正前方，重物离地面不得大于500mm，并应拴好拉绳，缓慢行驶。

（4）履带式起重机变幅应缓慢平稳，在起重臂未停稳前不得变换档位；当负荷超过该工况额定负荷的90%及以上时，应慢速升降重物，严禁超过两种动作的复合操作和下降起重臂。

（5）轮胎式起重机在具有较大危险因素的现场吊装作业时，如临近高压线、居民区等，要采取专门的安全防护措施。

（6）履带式起重机通过桥梁、水坝、排水沟等构筑物时，必须先查明允许载荷后再通过。必要时应对构筑物采取加固措施。通过铁路、地下水管、电缆等设施时，应铺设钢板、厚木板保护，不得在上面转弯。

七、门式、桥式起重机与电动葫芦安全技术基本要求

（一）门式、桥式起重机与电动葫芦安全管理基本要求

（1）门式、桥式起重机与电动葫芦操作、使用人员应经安全技术交底，交底人和被交底人双方签字确认，方可从事设备操作、使用。

（2）门式、桥式起重机与电动葫芦必须设置明显的安全警示标志。并在明显部位悬挂安全操作规程和岗位责任标牌。

（3）门式、桥式起重机与电动葫芦司机"五不准"

1）不准违章作业；

2）不准酒后作业；

3）不准带病作业；

4）不准疲劳作业；

5）不准野蛮作业。

（4）门式、桥式起重机与电动葫芦作业时，应按规定配备专职安全生产管理人员负责安全管理工作。

（二）门式、桥式起重机与电动葫芦安全技术基本要求

1.门式、桥式起重机路基和轨道安全技术基本要求

（1）起重机路基和轨道的铺设应符合出厂规定。

1）门式、桥式起重机路基和轨道的铺设应符合使用说明书及规范的规定。

2）门式、桥式起重机轨道应平直，鱼尾板连接螺栓应无松动，轨道和起重机运行范围内应无障碍物。

3）门式、桥式起重机金属止挡或混凝土止挡装置距轨道终端≥1m；行走限位装置距轨道终端≥2m。

4）门式、桥式起重机的轨道端部两条轨道间须采用-404镀锌扁铁做环形电气导体连接；通长轨道间接头处采用导体做电气跨连。

5）门式、桥式起重机的轨道两端各设一组接地装置，轨道每隔不大于20m加装一组接地装置；轨道接地电阻≤4Ω。

（2）门式起重机应设有电缆卷筒，配电箱应设置在轨道中部。

（3）门式、桥式起重机作业安全技术基本要求

1）门式、桥式起重机作业前应重点检查下列项目，并应符合相应要求：

① 机械结构外观应正常，各连接件不得松动；

② 钢丝绳外表情况应良好，绳卡应牢固；

③ 各安全限位装置应齐全完好。

2）门式、桥式起重机作业前，应松开起重机的夹轨器。应进行空载试运转，检查并确认各机构运转正常，制动可靠，各限位开关灵敏有效。

3）吊运路线不得从人员、设备上面通过；空车行走时，吊钩应离地面2m以上。

4）吊运重物应平稳、慢速，行驶中不得突然变速或倒退。

5）两台起重机同时作业时，应保持5m以上距离。不得用一台起重机顶推另一台起重机。

6）门式起重机两侧行走驱动轮应保持同步，发现偏移应停止作业，调整正常后方可继续使用。

7）门式起重机的主梁挠度超过规定值时，应修复后使用。

8）露天作业的门式起重机当风速达到12m/s时，应停止工作，并用夹轨器锁紧。

9）作业结束后，门式起重机用夹轨器锁紧，并将吊钩升到上部位置；吊钩不得悬挂重物；应将控制器拨到零位，切断电源，关闭并锁好操作室门窗。

2.电动葫芦安全技术基本要求

（1）电动葫芦安装后使用前，应按规定检查电动葫芦的钢架结构、钢丝绳、吊钩、链条等机械部分和限位器、电气控制、接地装置等电气部分。验收合格后方可使用。

（2）电动葫芦吊运重物行走时，重物离地面不宜超过1.5m，工作间歇时不得将重物悬挂在空中。

（3）露天作业的电动葫芦，应设防雨棚。

（4）使用悬挂电缆电气控制开关时，绝缘应良好，滑动应自如，人站立位置的后方应有2m的空地，并应能正确操作电钮。

（5）电动葫芦应设缓冲器，轨道两端应设挡板。

（6）作业完毕后，电动葫芦应停放在指定位置，吊钩升起，并切断电源，锁好开关箱。

八、钢筋机械安全技术基本要求

（一）钢筋机械安全管理基本要求

（1）钢筋机械加工作业前必须对操作人员进行安全技术交底。

（2）冷拉场地应设置警戒区，并应安装防护栏及警告标志；非操作人员不得进入操作区。

（3）加工较长的钢筋时，应有专人帮扶，并听从机械操作人员的指挥，不得任意推拉。

（二）钢筋机械安全技术基本要求

1.钢筋机械综合安全技术基本要求

（1）钢筋机械安装应水平、稳固；移动式钢筋机械作业时应固定行走轮。

（2）室外固定、使用的钢筋机械应搭设防雨、防砸防护棚。

（3）钢筋机械设备的齿轮、皮带等传动部分必须安装防护罩。

（4）钢筋机械作业后，应切断电源、锁好末级配电箱。

2. 钢筋切断机安全技术基本要求

（1）钢筋切断机启动后，应先空运转，检查并确认各传动部分及轴承运转正常后，开始作业。

（2）钢筋切断机接送料工作台面应和切刀下部保持水平，工作台的长度应根据加工材料长度确定。

（3）机械未达到正常转速前，不得切料。操作人员应使用切刀的中、下部位切料，应紧握钢筋对准刃口迅速投入，并应站在固定刀片一侧用力压住钢筋，防止钢筋末端弹出伤人。

（4）钢筋切断机切短料时，手和切刀之间的距离应大于150mm，并应采用套管或夹具将短料压住或夹牢。

（5）欲切断钢筋的直径、高强度钢筋换算直径、多根钢筋总截面面积之和，均不得超过钢筋切断机的机械性能规定范围。

（6）钢筋切断机运转时，严禁用手直接清除切刀附近的钢筋断头或杂物。

（7）不得用双手分别在刀片两边握住钢筋切料。

（8）被切断钢筋摆动范围和机械周围，非操作人员不得停留。

3. 钢筋弯曲机安全技术基本要求

（1）工作台和弯曲机台面应保持水平。

（2）作业前应准备好各种芯轴及工具，并应按加工钢筋的直径和弯曲半径的要求，装好相应规格的芯轴和成型轴、挡铁轴。

（3）钢筋弯曲机作业中不得更换轴芯、销子和变换角度以及调速，也不得进行清扫和加油。

（4）欲弯曲钢筋的直径、高强度钢筋换算直径、多根钢筋总截面面积之和，不得超过钢筋弯曲机的机械性能规定范围。

（5）芯轴直径应为钢筋直径的2.5倍，挡铁轴应有轴套。挡铁轴的直径和强度不得小于被弯钢筋的直径和强度。

（6）钢筋弯曲机作业时，应将需弯曲钢筋的一端插入在转盘固定销的间隙内，将另一端紧靠机身固定销，并用手压紧，在检查并确认机身固定销安放在挡住钢筋的一侧后，启动机械。

（7）转盘换向应在弯曲机停稳后进行。

（8）弯曲未经冷拉、锈蚀的钢筋，操作人员应戴护目镜。

4. 钢筋调直切断机安全技术基本要求

（1）钢筋调直切断机作业前，应固定牢固调直块、盖好防护罩。

（2）钢筋调直切断机导向筒前部应安装一段长度超过1m的钢管。

（3）钢筋调直切断机送料前，应将钢筋端头弯曲部分切除。

（4）钢筋送入钢筋调直切断机后，手与曳引轮应保持安全距离。

（5）钢筋调直切断机切断若干根钢筋后，当钢筋长度超过允许偏差时，应及时调整长度限位开关。

九、混凝土机械安全技术基本要求

(一) 混凝土机械作业安全管理基本要求

混凝土机械作业前必须对操作等相关人员进行安全技术交底。

(二) 混凝土机械作业安全技术基本要求

1.混凝土机械综合安全技术基本要求

(1) 混凝土机械应牢固安装在平整、坚实的地面或平台上。

(2) 混凝土机械作业区应排水通畅，并应设置沉淀池及防尘设施。

(3) 混凝土机械运转时，不得进行维修、保养、清理工作。

(4) 混凝土机械作业后，应及时将机内、水箱内、管道内的存料、积水放尽，并应清洁保养机械，清理工作场地，切断电源，锁好开关箱。

(5) 操作平台应保证操作人员视线良好，操作区域应铺设绝缘胶垫。

2.混凝土搅拌作业安全技术基本要求

(1) 混凝土搅拌作业前应重点检查下列项目，并应符合相关要求：

1) 料斗上、下限位装置应灵敏有效，保险销、保险链应齐全完好。钢丝绳报废应按现行国家标准《起重机　钢丝绳　保养、维护、检验和报废》GB/T 5972—2016 执行。

2) 制动器、离合器应灵敏可靠。

3) 各传动机构、工作装置应正常。开式齿轮、皮带轮等传动装置的安全防护罩应齐全，符合要求。

4) 搅拌筒与托轮接触应良好，无窜动、跑偏。

5) 搅拌筒内叶片应紧固，不得松动，叶片与衬板间隙应符合说明书规定。

(2) 混凝土搅拌机使用前必须支撑牢固，不得使用轮胎代替支撑。

(3) 混凝土搅拌机末级配电箱应设置在便于控制操作、不妨碍搅拌作业、距混凝土搅拌机 3m 范围内的明显位置。

(4) 作业前应进行空载运转，确认搅拌筒或叶片运转方向正确。反转出料的混凝土搅拌机应进行正、反转运转。空载运转时，不得有冲击现象和异常声响。

(5) 混凝土搅拌机运转时，不得进行维修、清理工作。当作业人员进入搅拌筒内进行清理作业时，必须切断电源、锁好开关箱、悬挂"有人工作、禁止合闸"的警示牌，并派专人监护。

(6) 当需要在混凝土搅拌机料斗下方进行清理或检修时，应将料斗提升至上止点，必须采用保险销锁牢或保险链挂牢。

(7) 混凝土搅拌机料斗提升时，人员严禁在料斗下停留或通过。

(8) 混凝土搅拌机作业结束后，应切断混凝土搅拌机末级配电箱电源，末级配电箱上锁；将料斗起升，挂好料斗的保险链。

3.混凝土输送作业安全技术基本要求

(1) 混凝土输送泵安全技术基本要求

1) 混凝土输送泵周围不得有障碍物，支腿应支设牢靠，机身应保持水平和稳定，轮胎应楔紧。

2）电动机及柴油发动机混凝土输送泵，应设置混凝土输送泵棚，确保防护作用和减少噪声污染。

3）电动机混凝土输送泵，应根据用电负荷计算或校核工作电流，合理选择供电线缆截面。

4）柴油发动机混凝土输送泵应设置专人负责，包括柴油储存、使用管理。

5）混凝土输送泵启动后，应空载运转，观察各仪表的指示值，检查泵和搅拌装置的运转情况，确认一切正常后方可开始作业。泵送前应向料斗加入清水和水泥砂浆润滑泵及管道。

6）混凝土输送泵在开始或停止泵送混凝土前，作业人员应与出料软管保持安全距离，作业人员不得在出料口下方停留。出料软管不得埋在混凝土中。

7）混凝土输送泵清洗作业应按说明书要求进行，不宜采用压缩空气进行清洗。

（2）混凝土泵车安全技术基本要求

1）混凝土泵车应停放在平整、坚实的地面上，与沟槽和基坑的安全距离应符合使用说明书的要求。

2）混凝土泵车作业前，应将支腿打开，并应采用垫木垫平，车身的倾斜度不应大于3°。

3）混凝土泵车臂架回转范围内不得有任何障碍物。

4）混凝土泵车清洗作业应按说明书要求进行，不宜采用压缩空气进行清洗。

5）混凝土泵车臂架回转范围内与输电线路的安全距离应符合本书表4-13的规定。

（3）混凝土输送管道安全技术基本要求

1）管道敷设前应检查并确认管道无裂纹、砂眼等缺陷；管壁的磨损量应符合使用说明书的要求。

2）新管或磨损量较小的管道应敷设在混凝土输送泵出口处。

3）管道应使用支架或与建筑结构固定牢固。泵出口处的管道底部应依据泵送高度、混凝土排量等设置独立的基础，并能承受相应荷载。

4）敷设垂直向上的管道时，垂直管不得直接与泵的输出口连接，应在泵与垂直管之间敷设长度不小于15m的水平管，并加装逆止阀。

5）敷设向下倾斜的管道时，应在泵与斜管之间敷设长度不小于5倍落差的水平管。当倾斜度大于7°时，应加装排气阀。

6）作业前应检查并确认混凝土输送管道连接管卡是否已扣牢，不得泄漏。

（4）混凝土布料作业安全技术基本要求

1）混凝土布料机作业前应重点检查下列项目，并应符合相关要求：

① 支腿应打开垫实，并应锁紧；

② 塔架的垂直度应符合使用说明书的要求；

③ 配重块应与臂架安装长度匹配；

④ 臂架回转机构润滑应充足，转动应灵活；

⑤ 机动混凝土布料机的动力装置、传动装置、安全及制动装置应符合要求；

⑥ 混凝土输送管道应连接牢固。

2）设置混凝土布料机前，应确认现场有足够的作业空间，混凝土布料机任一部位与其他设备及构筑物的安全距离不应小于 0.6m。

3）混凝土布料机的支撑面应平整坚实。固定式混凝土布料机的支撑应符合使用说明书的要求，支撑结构应经设计计算，并应采取相应的加固措施。

4）手动式混凝土布料机应有可靠的防倾覆措施。

5）手动式混凝土布料机回转速度应缓慢均匀，牵引绳长度应满足安全距离的要求。

6）输送管出料口与混凝土浇筑面宜保持 1m 的距离，不得被混凝土掩埋。

7）人员不得在臂架下方停留。

4.混凝土振捣作业安全技术基本要求

（1）混凝土振捣器操作人员作业时，应穿戴符合要求的绝缘鞋和绝缘手套。

（2）混凝土振捣器电缆线应采用耐候型橡皮护套铜芯软电缆，长度≤30m，不得有接头。

（3）混凝土振捣器应设专用末级配电箱，RCD 应采用防溅型产品，其技术参数设定为额定剩余动作电流 $I_{\triangle n} \leqslant 15mA$、额定剩余电流动作时间 $T_{\triangle n} \leqslant 0.1s$。

十、土方机械安全技术基本要求

（一）土方机械施工作业安全管理基本要求

（1）施工现场对毗邻的建筑物、构筑物和特殊作业环境可能造成损害的，施工单位应当采取安全防护措施。

（2）建设单位应当向施工单位提供与施工现场相关的地下管线资料，施工单位应当采取措施加以保护。

（3）土方机械施工作业前，必须查明施工场地内明、暗敷设的各类管线等设施，并设置明显标记。

（4）土方机械施工作业前，必须对相关作业人员进行安全技术交底。

（5）土方机械施工作业时，应指派专人负责指挥，无关人员不得进入作业区域。

（二）土方机械施工作业安全技术基本要求

（1）土方机械回转作业半径内，相关人员不得工作、停留；当相关人员需在回转半径内工作时，土方机械必须停止作业。

（2）挖掘机应停稳后再进行挖掘作业。当铲斗未离开工作面时，不得作回转、行走等动作。

（3）挖掘机应使用回转制动器进行回转制动，不得使用转向离合器反转制动。

（4）挖掘机最大开挖高度和深度，不应超过机械本身性能规定。

（5）在坑边进行挖掘作业，当发现有塌方危险时，应立即处理险情，或将挖掘机撤至安全地带。

（6）电杆附近挖掘作业安全技术要求

1）不能在即将取消的电杆拉线和杆身附近挖掘，应留出土台；

2）土台半径由技术人员根据电杆结构、埋深和土质情况确定；

3）电杆土台半径不得小于 1.0～1.5m，拉线土台半径不得小于 1.5～2.0m；

4）土台应根据土质情况留有一定的坡度。

（7）在土方机械施工中遇到下列情况之一时，应立即停止挖掘作业：

1）作业区土体不稳定，土体有坍塌可能；

2）地面冒浆涌水、土方机械就位地面沉陷、土方机械作业路面打滑；

3）遇大雨、雷电、浓雾等恶劣天气；

4）施工区域标志及防护设施被损坏；

5）工作面安全净空间距不足。

（8）挖掘机反铲或拉铲作业时与工作面边缘距离应符合下列要求：

1）履带式挖掘机的履带与工作面边缘距离≥1.0m；

2）轮胎式挖掘机的轮胎与工作面边缘距离≥1.5m。

（9）平整场地时，禁止用铲斗进行横扫或用铲斗对地面进行夯实。

（10）严禁在离地下管线、承压管道1m距离以内进行大型机械施工作业。

（11）操作人员应随时监视机械各部位的运转情况及仪表指示值，如发现异常，应立即停机检修。

（12）轮胎式挖掘机使用前，应支好支腿，并应保持水平，支腿应置于作业面的方向，转向驱动桥应置于作业面的后方。

（13）履带式挖掘机作业安全技术要求

1）履带式挖掘机的驱动轮应置于作业面的后方。

2）履带式挖掘机作短距离行走时，主动轮应在后面，斗臂应在正前方并与履带平行。

3）上、下坡道不得超过机械允许最大坡度，下坡应慢速行驶。

4）不得在坡道上变速和空档滑行。

（14）保养或检修挖掘机安全技术要求

1）保养或检修挖掘机应将内燃机熄火，将液压系统卸荷，铲斗落地。

2）底盘顶起进行检修时，将抬起的履带或轮胎使用垫木垫稳。

3）保养或检修时，应采用三角楔形木块将挖掘机履带或轮胎前后楔紧，防止打滑，然后再将液压系统卸荷，方可进入底盘下工作。

（15）夯实机作业安全技术基本要求

1）夯实机作业前应重点检查下列项目，并应符合相关要求：

① 剩余电流动作保护器（RCD）应灵敏有效；保护导体（PE）与夯实机连接可靠；

② 传动皮带应松紧合适，皮带轮与偏心块安装牢固；

③ 蛙式打夯机必须使用单向开关；

④ 转动部分防护装置齐全，经试运转，确认正常。

2）夯实机操作时，应一人扶夯，一人递送电缆线；耐候型四芯橡皮护套软电缆线长不应大于50m；递送电缆人员应保持3～4m的电缆余量，跟随在夯实机后或两侧；电缆严禁缠绕、扭结及被夯土机械跨越。

3）多台夯实机同时作业时，其平行间距≥5m、前后间距≥10m。

4）夯实机作业时，夯实机四周2m范围内，不得有非夯实机作业人员。

5）夯实机运转时，严禁清除积土。

6）雨雪天气夯实机应停止作业。

7）夯实机作业后，应切断电源、卷好电缆线、清理夯实机；露天保管应防雨苫盖。

8）两个夯实机操作人员，均必须按规定戴绝缘手套和穿绝缘鞋等。

十一、桩工机械安全技术基本要求

（一）桩工机械作业安全管理基本要求
（1）桩工机械施工作业前必须对操作等相关人员进行安全技术交底。
（2）桩工机械施工作业时，应指派专人负责指挥。
（3）打桩作业区应设置明显的标志或围栏，非工作人员不得入内。

（二）桩工机械作业安全技术基本要求
（1）桩机应根据桩的类型、桩长、桩径、地质条件、施工工艺等综合考虑型号。
（2）应按桩机使用说明书的要求将施工现场平整压实，地基承载力应满足桩机要求。
（3）桩机作业区内不得有妨碍作业的高压架空线路、地下埋设的电缆和管道。
（4）桩机应有防雷措施，遇雷电时，人员应远离桩机。
（5）桩机作业安全技术基本要求
1）桩机的垂直度应符合使用说明书的规定。
2）桩锤在施打过程中，监视人员应在距离桩锤中心 5m 以外。
3）安装桩锤时，应将桩锤运到立柱正前方 2m 以内，并不得斜吊。
4）桩机吊桩、吊锤、回转、行走等动作不应同时进行。
5）吊桩作业时，应在桩上拴好拉绳，避免桩与桩锤或机架碰撞；操作人员不得离开操作岗位。
6）桩机不得侧面吊桩或远距离拖桩。
7）桩机在正前方吊桩时，混凝土预制桩与桩机立柱的水平距离不应大于 4m，钢桩不应大于 7m，并应防止桩与立柱碰撞。
8）插桩后，应及时校正桩的垂直度。桩入土 3m 以上时，严禁用打桩机行走或回转动作来纠正桩的倾斜度。
9）遇风速 12.0m/s 及以上的大风和雷雨、大雾、大雪等恶劣气候时，桩机应停止作业。当风速达到 13.9m/s 及以上时，应将桩机顺风向停置，并应按使用说明书的要求增设缆风绳或将桩架放倒。
（6）当停机时间较长时，应将桩锤落下垫好。检修时不得悬吊桩锤。
（7）在基坑和围堰内打桩，应配置足够的排水设备。
（8）作业后，应将桩机停放在坚实平整的地面上，将桩锤落下垫实，并切断动力电源。
（9）桩孔成型后，孔口必须及时封盖。

十二、中小型机械和施工机具安全技术基本要求

（一）中小型机械和施工机具作业安全管理基本要求
（1）中小型机械和施工机具作业前必须对操作人员进行安全技术交底。
（2）木工机械作业前，操作人员应穿紧口衣裤、束紧长发，不得戴手套。

（二）中小型机械和施工机具作业安全技术基本要求
1. 中小型机械综合安全技术基本要求
（1）中小型室外固定机械安装基础应坚实稳固，移动式机械作业时应架起行走轮并

楔紧。

（2）中小型机械应安装稳固，外露传动部分和旋转部分应设有防护罩。

（3）中小型室外固定机械应搭设防雨、防砸防护棚。

（4）使用多功能中小型机械时，暂不使用的功能装置应拆卸或屏护。

（5）木工机械作业前，应清除木料中的铁钉、铁丝等金属物。

2.木工圆盘锯安全技术基本要求

（1）木工圆盘锯片必须与轴同心；杠圆盘锯片不得有裂纹、不得有连续两个及以上的缺齿。

（2）木工圆盘锯的旋转锯片及传动部位应安装防护罩，并设置安全保险挡板、分料器。

（3）作业时，推送木料应均匀、缓慢，不得猛扳、猛送。

（4）被锯木料的长度应≥500mm，锯片应露出木料10～20mm；厚度大于锯盘半径的木料，严禁使用圆锯盘。

（5）作业时，手臂不得跨越锯片；人员不得站在锯片的旋转方向；操作人员必须戴护目镜。

3.平面刨（手压刨）安全技术基本要求

（1）平面刨（手压刨）必须使用单向开关，安全防护装置必须齐全有效。

（2）刨料时，应保持身体平稳，用双手操作。

（3）被刨木料的厚度小于15mm或长度小于250mm时，不得在平刨上加工。

（4）被刨木料的厚度小于30mm或长度小于400mm时，应采用压板或推棍推进，不得直接用手在料后推进。

（5）被刨木料上若有钉子、泥沙等，必须清除干净。

（6）被刨木料如有破裂或硬节等缺陷时，应处理后再施刨。不得将手按在节疤上强行送料。

（7）平面刨（手压刨）运转时，不得将手接近或伸入安全挡板内。

4.砂轮机安全技术基本要求

（1）砂轮机安装应稳固，安装砂轮螺帽不得过紧。

（2）砂轮机应使用单向开关。

（3）砂轮机必须装设≥180°的防护罩及牢固可调整的工作托架。

（4）砂轮机严禁使用失圆、裂纹及磨损剩余部分不足25mm的砂轮。

（5）使用砂轮机时，操作人员必须戴护目镜。

（6）启动砂轮机时，应先空转，若出现剧烈振动时，应立即关停；调整平稳后，方可使用。

5.电钻、冲击钻、电锤安全技术基本要求

（1）电钻、冲击钻、电锤启动后，应空载运转，检查并确认灵活无阻碍后方可使用。

（2）钻孔时，应先将钻头抵在工作表面，然后开动，用力应适度，不得晃动；转速急剧下降时，应减小用力，防止电机过载。

（3）电钻、冲击钻、电锤实行40％断续工作制，不得长时间连续运转。

6. 角向磨光机安全技术基本要求

（1）砂轮应选用增强纤维树脂型，其安全线速度不得小于 80m/s。

（2）角向磨光机的电缆不得有接头。

（3）磨削作业时，应使砂轮与工件面保持 15°～30° 的倾斜位置；切削作业时，砂轮不得倾斜，并不得横向摆动。

7. 插入式振捣器安全技术基本要求

（1）作业前应检查电动机、软管、电缆线、控制开关等，并应确认其处于完好状态。

（2）电缆线连接应正确；电缆线应采用耐候型橡皮护套铜芯软电缆，并不得有接头。

（3）电缆线长度不应大于 30m。不得缠绕、扭结和挤压，并不得承受任何外力。

（4）振捣器软管的弯曲半径不得小于 500mm，操作时应将振动器垂直插入混凝土，深度不宜超过 600mm。

（5）振动器不得在初凝的混凝土、脚手板和干硬的地面上进行试振。

（6）在检修或作业间断时，应切断电源。

（7）作业完毕，应切断电源，并应将电动机、软管及振动棒清理干净。

（8）操作人员作业时应穿戴符合要求的绝缘鞋和绝缘手套。

十三、施工机械生产安全事故防控技术措施专家要点提示

（一）施工机械生产安全事故防控技术措施要点

（1）施工机械方案应经企业内部相关部门交叉优化审核，必须严格履行"编制、审核、审批、批准"程序；实施前必须进行书面交底；实施后必须按规定要求进行验收，验收合格方可投入使用。

（2）施工机械基础位置、承载力、预埋件、排水设施等必须符合设计方案要求。

（3）施工机械安装、拆卸、顶升前，应按规定对构件、元器件安全装置进行完好性检查。

（4）施工机械使用时间长短，不是机械安全水平下降的唯一因素，关键在于机械设备制造质量、企业机械设备管理水平、人员正确操作和运行以及科学维护和保养等。

（5）施工机械安装、顶升、拆卸作业时，以机械设备高度 1/3 为最小半径，设置隔离警戒区，禁止任何人穿过、进入。

（6）施工机械安全保护装置要根据不同季节、不同施工阶段进行定期和重点检查，发现设施设备安全装置损坏、缺失、失效等隐患，要定人、定措施、定时间，及时整改、完善。

（二）塔式起重机生产安全事故防控技术措施要点

（1）塔式起重机安拆工、司机、信号司索工等特种作业人员必须按照国家有关规定经专门的安全作业培训，取得相应资格后，方可上岗作业。

（2）正常运行的塔式起重机，防碰撞、四限位等安全保护装置必须在合格校验期内，并确认齐全、工作状态良好。

（3）正常运行的塔式起重机吊索具、连接构件、钢丝绳等施工机械关键材料器件，必须保持工作状态良好，达到报废条件规定的，应立即报废、更新处理。

（4）塔式起重机起重作业中所有人员应根据现场作业条件选择有利安全的位置。起重吊装过程中必须设专人指挥，其他人员必须服从指挥。

（5）塔式起重机起吊前，吊索具生产安全事故防控技术措施

1）吊索具钢丝绳直径要根据物体质量、吊索根数、吊索与水平面夹角来确定；

2）正确选择吊点位置，确保被吊物体在吊运过程中保持平衡，避免吊点滑移；

3）物体最佳状态为垂直吊运，无法保持垂直吊运时，吊索与水平面夹角不得小于30°，适宜角度为45°～60°，减少吊索受力；

4）被吊物体必须捆绑牢靠、散物装入容器，方可吊运。

（三）施工升降机及物料提升机生产安全事故防控技术措施要点

（1）施工升降机防坠安全器、物料提升机超高限位器等安全保护装置必须在合格校验期内，并确认处于正常工作状态。

（2）物料提升机仅限于建筑材料、设备等物品运送，严禁载人。

（3）施工升降机及物料提升机不得超载、偏载。

第二节　施工用电安全生产科学技术

一、现场施工用电安全基本要求

（一）现场施工用电安全管理基本要求

（1）施工单位应建立健全施工用电工程安全生产管理制度、责任制。

（2）两个以上施工单位在同一作业区域内安装、使用用电设施设备，可能危及对方生产安全的，施工总承包单位与分包单位必须签订《施工用电安全管理协议》，明确各自的施工用电安全生产管理权利、义务、责任和应当采取的安全措施。见附录二《施工用电安全管理协议》范例。

（3）施工单位应当书面告知从业人员在安全生产方面的权利和义务，如实告知施工用电相关危险因素、防范措施以及事故应急处理措施。

（4）总承包单位应组织制定、实施本单位的施工用电生产安全事故应急救援预案及演练。

（5）现场供施工用电建筑电工配置基本要求

1）建筑电工作为特种作业人员必须按照国家有关规定，经专门的安全作业培训，考核合格取得相应资格，具备相应的安装、运行、使用、维护的电气专业技能，方可上岗作业。

2）建设工程体量≥5万 m^2、施工用电设备5台及以上或设备总容量在50kW及以上者，应配备施工用电电气专业技术人员一名。

3）施工现场必须配备两名及以上取得相应资格的建筑电工。

（6）电气专业技术人员、建筑电工安装、维修、检查、保养、接续、拆除供电、配电、用电设施设备作业应严格遵守"十必须"：

1）建筑电工必须严格执行《施工用电组织设计方案》的规定。

2）施工用电安装、拆除等作业前，电气专业技术人员必须对建筑电工进行安全作业技术交底。

3）施工单位必须为建筑电工提供符合国家标准或行业标准的劳动防护用品；建筑电工现场作业前，必须按规定正确佩戴、使用劳动防护用品。

4）为了防范电击事故发生，建筑电工作业时，必须做到：

① 必须按规定使用电工钳、螺丝刀（改锥）、绝缘手套等基本绝缘安全用具；

② 必须按规定使用绝缘靴（鞋）、绝缘台、绝缘垫等辅助绝缘安全用具。

5）每日现场开始作业前，建筑电工必须对现场全部末级配电箱内控制用电设备的剩余电流动作保护器进行一次模拟按钮试验，脱扣动作试验正常，方可合闸送电作业。

剩余电流动作保护器（Residual Current Devices，RCD）俗称漏电保护器或漏电保护开关，简称 RCD。

6）电气系统、线路、控制设备、用电设施设备等必须保证在正常状态下工作，严禁在故障状态下运行。

7）现场供配电、用电设施设备安装、维修、检查、保养、接续、拆除等工作严禁带电作业，建筑电工必须严格遵守"断电、锁箱、挂标示牌、设置监护人"安全操作规程规定。

① 断电：分断上一级配电箱、本级配电箱或控制用电设备的末级配电箱内 RCD 和隔离开关。

② 锁箱：分配电箱接续电源，总配电箱必须关箱门锁住；

末级配电箱接续电源，分配电箱必须关箱门锁住；

用电设备接续电源，末级配电箱必须关箱门锁住。

③ 挂标示牌：悬挂"有人工作，严禁合闸"警告标示牌。

④ 设置监护人：电气人员操作时，必须设专人负责监护。

8）电气系统错误、线缆低水平绝缘、接地电阻超限、RCD 失效等现象是施工用重大隐患，电气专业技术人员或专职安全生产管理人员必须定期进行检测、评估、监控并登记建档。

9）外电线路搭设、拆除防护架，必须联系供电部门停止外电高压线缆输电方可作业；供、用电双方专人负责停电事宜，严禁约时停电。

10）发生电击事故时，必须严格遵守"先断电后抢救"原则，确认采取防范电击措施有效后，方可施救。

（7）施工用电安全防护设施设备，必须与基础、结构、装饰装修工程同时设计、同时施工、同时投入使用。

（8）危险因素较大的施工用电设施设备上，必须设置明显的安全警示标志；并在施工用电设施设备的明显部位悬挂安全操作规程和岗位责任标牌。

（9）施工用电设施设备使用、操作人员的权利和义务

1）施工用电设施设备使用、操作人员应严格遵守有关安全生产规章制度和安全操作规程；作业前，施工单位应对电气设施设备使用、操作人员进行安全生产教育和培训，确保电气设施设备使用、操作人员掌握相关安全生产用电基本知识、用电设施设备的性能及本岗位的安全操作技能，并经考核合格，方可上岗作业。

2）施工单位必须为电气设施设备使用、操作人员提供符合国家标准或行业标准的劳动防护用品；操作人员必须按规定正确佩戴、使用劳动防护用品。

3）施工单位应当书面告知电气设施设备使用、操作人员在安全生产方面的权利和义务，如实告知作业场所和工作岗位存在的危险因素、防范措施以及事故应急处理措施。

4）移动用电设施设备时，必须由建筑电工事先切除电源，并做妥善处理后进行；严禁非特种作业人员从事特种作业。

（10）现场施工供配电系统、用电设施设备分项工程验收基本要求

1）施工现场供配电系统、线路敷设、动力照明用电设施设备、接地与防雷等施工用电工程及办公区、生活区照明用电设施设备安装后使用前，项目负责人必须组织施工用电组织方案编制人员和项目安全技术部门等相关人员分别按分项工程完成时间验收，验收合格后，方可投入使用。

2）现场施工供配电系统、用电设施设备分项工程验收记录应签认齐全，及时归档。

（11）现场施工供配电系统、用电设施设备安全检查基本要求

1）项目负责人（技术负责人）每两周，必须组织施工用电相关专业人员对现场供配电系统、用电设施设备安全工作状况进行专项检查。

2）施工用电专项检查发现的安全隐患，必须定人、定措施、定时间整改，并履行复查验收手续。

3）施工用电专项检查、整改、复查验收记录应签认齐全，及时归档。

（12）施工供配电系统、用电设施设备检测基本技术要求

1）电气设施设备、线缆绝缘检测基本技术要求

① 施工供配电系统、用电设施设备、线缆安装后使用前，必须采用经检定合格的绝缘电阻检测仪全数检测电气设施设备、线缆的绝缘电阻。

② 电气设施设备、线缆安装验收合格正常使用后，以 30d 为周期，对现场全数电气设施设备、线缆的绝缘进行一次检测。并对应电气设施设备编号、线缆路别的历次绝缘电阻检测值进行比较，分析变化趋势。

③ 电气设施设备、线缆绝缘电阻检测值符合施工用电组织方案要求和安全技术规范规定，方可投入使用。电气设施设备、线缆绝缘电阻检测值不符合规定要求，必须立即停止使用，采取检查、维护、更换措施。

电气设施设备、线缆等绝缘电阻值规定，见表 4-4。

电气设施设备、线缆等绝缘电阻值规定 表 4-4

电气设施设备测试类别（交流 220V/380V）	绝缘电阻值（MΩ）
照明灯具及附件	≥2
开关、插座、接线盒、风扇及附件	≥5
1.低压电动机、电加热器及电动执行机构； 2.绝缘电线电缆敷设前、后各一次； 3.低压成套配电柜、屏、箱馈电线路	≥0.5
低压成套配电柜、屏、箱二次回路	≥1

> 小贴士：现行国家电气安全技术规范规定线缆绝缘电阻值达到≥0.5MΩ，即符合规范规定；新出厂、维护良好、使用 5 年内的电气设施设备、线缆的绝缘电阻检测值均可达到 100MΩ 以上。当线缆、用电设备绝缘电阻值≤1MΩ 时，按规范要求是可以使用的，但现场实践证明可能已或多或少存在安全隐患了。

④ 绝缘电阻的检测值应即时记录并签认齐全。

2）接地装置接地电阻值检测基本技术要求

① 施工供配电系统、用电设施设备安装工程的工作接地、重复接地、避雷接地等接地装置安装后使用前，必须采用检定合格的接地电阻检测仪全数检测接地装置的接地电阻。

② 接地装置安装验收合格正常使用后，以 30d 为周期，对现场全数接地装置的接地电阻进行一次检测。并对应接地装置组别的历次接地电阻检测值进行比较，分析变化趋势。

③ 接地装置的接地电阻检测值符合施工用电组织方案要求和安全技术规范规定，方可投入使用。接地装置的接地电阻检测值不符合规定要求，必须立即停止使用，采取检查、降阻、补做接地极措施。

④ 接地电阻的检测值应即时记录并签认齐全。

3）RCD 动作特性参数检测基本技术要求

① 现场施工用电总配电箱（柜）、分配电箱、末级配电箱内的 RCD 安装后使用前，必须采用检定合格的剩余电流检测仪全数进行动作特性检测。

② RCD 安装验收合格正常使用后，以 30d 为周期，应对现场全部 RCD 的动作特性进行检测。并对应 RCD 的历次动作特性参数检测值进行比较，分析变化趋势。

③ RCD 动作特性检测内容：

a. 额定剩余动作电流值（$I_{\triangle n}$）；

b. 额定剩余电流分断时间（$T_{\triangle n}$）。

④ RCD 动作特性参数检测值符合施工用电组织方案要求和安全技术规范规定，方可投入使用。RCD 动作特性参数检测值不符合规定要求，必须立即停止使用，采取检查、更换措施。

⑤ RCD 的检测参数应即时记录并签认齐全。

（13）施工用电工程电器产品质量安全技术基本要求

1）施工用电工程采用的电气设备、器材、元器件等电气产品，必须符合国家有关现行制造标准。

2）电器产品应有出厂合格证、"CCC" 认证证书、生产许可证、检测报告等质量证明文件。

3）国家强制性产品认证目录范围的电气设备、元器件必须有 "CCC" 认证证书，强制认证范围外的部分电线电缆应有生产许可证。

（14）现场施工用电安全资料基本要求

1）电气专业技术人员对施工用电安全资料的真实性、完整性、时效性、同步性负责；

2）施工用电供配电系统及用电设备的设计、安装、验收、检查、整改、拆除、巡检等资料应及时收集、整理、归档；

3）专职安全生产管理人员负责施工用电安全资料的收集、整理、归档。

（二）施工用电组织方案安全管理基本要求

1.施工用电组织方案编制规定

（1）施工用电设备在 5 台及以上或设备总容量在 50kW 及以上者，应组织编制施工用电组织方案；

（2）施工用电设备在 5 台以下和设备总容量在 50kW 以下者，应制定安全用电和电气防火措施；

（3）无自然采光的地下空间施工场所，应编制专项施工照明用电方案；

（4）施工现场内、外部高低压电源、配电线路防护设施方案；

（5）装饰装修工程阶段或其他特殊阶段，应补充编制专项施工用电方案；

（6）施工用电组织方案必须由电气工程技术人员组织编制。

> 小贴士：临时用电工程：指使用周期＜180d 的施工电源、配电、用电工程。
> 施工用电工程：指使用周期≥180d 的施工电源、配电、用电工程。

2.施工用电组织方案编制内容

施工用电组织方案编制内容，见附录三《施工用电组织方案》范例。

（1）设计说明（包括工程概况、地理环境、电源进线、变配电装置（室）、用电设备位置及线路走向）。

（2）编制依据。

（3）施工用电组织管理机构。

（4）施工用电容量统计。

（5）施工用电负荷计算。

（6）预装式变电站容量选择或校核。

（7）施工用电供配电系统设计。

（8）施工用电配电线路设计，主要包括线缆型号、截面积、线路敷设方式、路由设计。

（9）施工用电配电装置设计，主要包括用电设施设备、配电箱、控制电器规格、型号设计。

（10）防雷装置设计

1）根据当地气象台（站）年平均雷暴日记录，参照《施工现场临时用电安全技术规范》JGJ 46—2005 的规定，确定现场高大金属设施设备防雷设防高度；所有超过设防高度的高大金属设施设备，均应进行防雷设计。

2）自然或人工接地装置设计。

（11）施工用电安全技术措施。

（12）施工用电安全防火措施。

（13）系统图、平面布置图

1）系统图

① 分别设计、绘制施工用电总配电箱（柜）、分配电箱、末级配电箱系统图；

② 设计、绘制施工用电总配电箱（柜）、分配电箱、末级配电箱之间配电系统图。

2）平面布置图

① 设计、绘制施工现场总配电箱（柜）、分配电箱、末级配电箱平面布置图；

② 接地装置设计图。

3.施工用电组织方案审批规定

(1) 施工用电组织方案按照《施工现场临时用电安全技术规范》JGJ 46—2005 的规定，必须履行"编制、审核、审批、批准"程序，经相关部门审核及具有独立法人资格企业的技术负责人及项目总监理工程师批准、签字确认后，方可实施。

(2) 施工用电组织方案变更、补充时，必须重新履行"编制、审核、审批、批准"程序并同时补充有关资料。

4.施工用电组织方案实施

(1) 施工用电组织方案履行审批程序后，现场供配电系统、用电设施设备必须严格按照施工用电组织方案实施安装；

(2) 现场供配电系统、用电设施设备安装前，电气技术人员必须对建筑电工等相关人员进行施工用电组织方案和施工用电分项工程进行书面安全技术交底；交底人和被交底人双方签字确认后，方可实施安装。

二、现场电源及供配电系统安全技术基本要求

(一) 现场用电容量计算、校核电力变压器

1.根据现场用电容量选用电力变压器

(1) 根据用电容量计算，选用油浸电力变压器，油浸电力变压器的负荷率宜为85％左右。

(2) 根据用电容量计算，选用干式电力变压器，如图 4-11 所示。

1) 利用干式电力变压器的工作特性，特定条件下可适当过载。

2) 当干式电力变压器在 24h 内非过载时段负载率均为 50％时，过载运行时间限值：

在 140％的过载条件下运行 0.5h；在 120％的过载条件下运行 1.0h；在 114％的过载条件下运行 2.0h；在 108％的过载条件下运行 4.0h。

3) 额定电流下绕组热时间常数（f）对过载特性起决定性作用。f 值由干式电力变压器的结构决定，f 值越大，干式电力变压器的过载能力越强。目前国产的干式电力变压器 f 值均在 0.5h 以上，当有特殊的过载要求时，个别制造商可根据承诺作出改造，生产出更高 f 值（0.5～3h）的变压器。

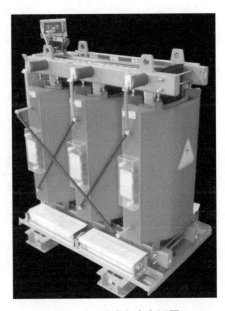

图 4-11 干式电力变压器

4) 干式电力变压器的过载系数、在特定时间内允许承受的最大过载容量或特定过载容量允许承受的最长时间等，并非定值。

5) 干式电力变压器的过载能力与环境温度、过载前的负载情况（起始负载）、变压器的绝缘散热情况、发热时间常数等有关。

实际选择时，应向变压器生产厂商索取干式电力变压器的过载负荷曲线图。

6）干式电力变压器处于过载运行时，应监测其运行温度≤155℃，否则，应立即采取减少次要负荷的措施，确保主要负荷的供电安全性和持续性。

2.根据现场已安装电力变压器容量校核

建设方现场已安装杆上或箱式电力变压器，规格容量确定，现场施工用电容量校核结果将出现两种情况：

（1）建设方现场已安装电力变压器可以满足施工用电计算容量。

（2）建设方现场已安装电力变压器容量不满足施工用电计算容量，解决方案如下：

1）建议建设方申请增容，满足施工用电容量需要。

2）建设方现场已安装电力变压器容量固定，施工方需要改换工艺方法、设计负荷错峰；降低用电设备容量；改换动力源工作方式，如电动混凝土输送泵改为柴油机混凝土输送泵等。

3.电力变压器设置基本要求

为了确保供电安全，现场设置电力变压器位置以尽可能靠近低压侧大容量用电设备或负荷相对集中区域侧、高压侧线缆不进入现场为原则。

（二）施工用电低压配电系统及配电原则

1.低压配电系统接地形式

（1）TN-S接地型低压电气系统

1）当现场用电采用220V/380V中性点接地的电力变压器时，应采用TN-S接地型低压电气系统。如图4-12所示。

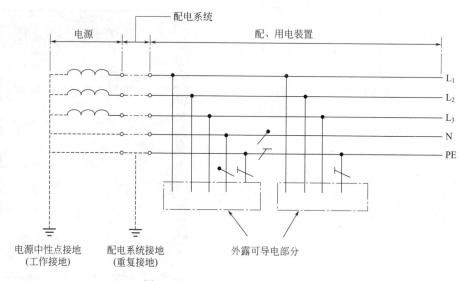

图4-12　TN-S接地型低压电气系统

2）TN-S接地型低压电气系统特点

① TN-S接地型低压电气系统将电源中性点直接接地，即工作接地。

② 保护导体（PE）与中性导体（N）在电源中性点分开设置。

③在TN-S接地型低压电气系统中，保护导体（PE）与电源接地点、接地装置、电气

设施设备可接近导电部分及总等电位联结端子等均须做电气可靠连接。

④ TN-S 接地型低压电气系统中性导体（N）、保护导体（PE）工作状态：

a. TN-S 接地型低压电气系统正常运行时，中性导体（N）中有工作电流通过；

b. TN-S 接地型低压电气系统正常运行时，保护导体（PE）无电流通过；

c. TN-S 接地型低压电气系统处于故障状态时，保护导体（PE）有事故电流通过。

（2）TN-C-S 接地型低压电气系统

1）当外部电源供给现场电源为 TN-C 接地型低压电气系统时，须在受电点转换为 TN-C-S 接地型低压电气系统。如图 4-13 所示。

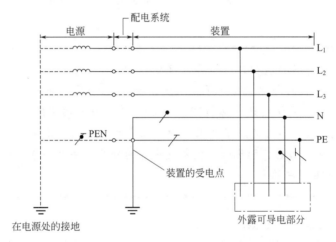

图 4-13　TN-C 接地型低压电气系统

2）TN-C-S 接地型低压电气系统转换方法

① 根据 IEC 标准范例及安全优先原则，保护接地中性导体（PEN）引入总配电箱（柜）受电点后，应直接连接到保护接地导体（PE）汇流排。如图 4-14 所示。

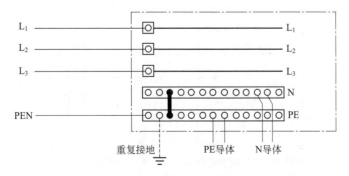

图 4-14　TN-C-S 接地型低压配电系统转换接线图

② 保护接地中性导体（PEN）分离成保护接地导体（PE）汇流排与中性导体（N）汇流排。

③ 保护接地导体（PE）汇流排与中性导体（N）汇流排须跨连，跨连导体采用与保护接地导体（PE）汇流排相同的材质、相同截面的母线（板）。

④ 总配电箱（柜）内保护接地导体（PE）汇流排必须做重复接地。

a. 保护接地导体（PE）汇流排与接地体引上线（－40×4 热浸镀锌扁铁）直接采用螺栓连接；

b. 接地体与接地体引上线（－40×4 热浸镀锌扁铁）可靠焊接。如图 4-14 所示。

3）TN-C-S 接地型低压电气系统特点

① 保护接地中性导体（PEN）首先与配电箱（柜）内保护接地导体（PE）汇流排连接并重复接地，起到限制电位的作用。

② 当跨连母线出现连接不良或断路时，中性导体（N）汇流排馈出接续的单相用电设备将呈现功能性缺陷故障，工作异常状态将被及时发现、清除。

③ 图 4-14 所示 TN-C 系统转换到 TN-C-S 系统方案，从用电安全角度分析，是若干转换形式中较佳方案。

> 小贴士：TN-C-S 系统中，中性导体（N）与保护接地导体（PE）分开后，N 线必须对地绝缘，不得再与保护接地导体（PE）和其他金属部分连接。如果分开后的中性导体（N）再和保护接地导体（PE）连接，则 TN-S 系统的 N 线和 PE 线就会形成并联的 PEN 线，实际变成了两根保护中性导体（PEN）并联的 TN-C 系统，从而失去了 TN-S 或 TN-C-S 的优势，使电气设备的外露可导电部分在正常运行时长期带电位，因此是不允许的。

（3）TT 接地型低压电气系统

1）当现场施工用电采用 220V/380V 中性点接地的电力变压器时，也可采用 TT 接地型低压电气系统。如图 4-15 所示。

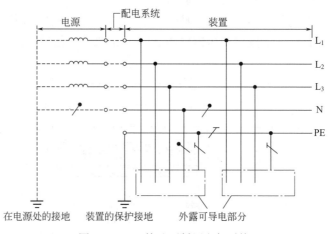

图 4-15　TT 接地型低压电气系统

2）TT 接地型低压电气系统特点

① TT 接地型低压电气系统电源变压器中性点设置一点直接接地，接地电阻值≤4Ω。

② TT 接地型低压电气系统电气设备外露可导电部分单独接地装置的接地电阻值应符合下式规定：

$$I_a \times R_A \leqslant 25V$$

式中 I_a——保护控制电器脱扣电流，A；

R_A——接地装置接地电阻值与电气设备外露可导电部分的保护接地导体（PE）电阻值的总和，Ω。

③ TT 接地型低压电气系统电源变压器中性点设置的接地装置与电气设备外露可导电部分单独设置的接地装置，两者之间不得连接或共用。

④ TT 接地型低压电气系统的每一回路均应装设剩余电流动作保护器（RCD）。

⑤ TT 接地型低压电气系统在中性点接地的电力系统中，用电设备不带电金属外壳均须接地，因此需要耗费大量接地装置材料及安装施工费用。

（4）现场自备发电机组电源

1）发电机组电源，必须与其他电源自锁和互锁，严禁并列运行。

2）发电机组供电系统的接地形式应与施工现场原供电系统保持一致；其工作接地电阻值≤4Ω。

3）发电机组的排烟管道必须伸出室外。

4）发电机组周围及其电气控制装置、配电室内严禁存放贮油桶。必须配备四具 5kg 干粉灭火器。

（5）TN-S 接地型电气系统保护接地导体（PE）安全技术基本规定

1）保护接地导体（PE）应由配电室或总配电箱（柜）电源侧中性导体（N）汇流排、保护接地中性导体（PEN）汇流排或总 RCD 电源侧中性导体（N）处引出。

2）在 TN-S 接地型电气系统中，保护接地导体（PE）不得再与通过总 RCD 的中性导体（N）做任何电气连接。

3）保护接地导体（PE）、中性导体（N）必须采用单芯或多股绝缘铜线，当其材质与相线相同时，其最小截面积及配电箱内保护接地导体（PE）、中性导体（N）汇流排最小规格应符合表 4-5 的规定。

保护接地导体（PE）、中性导体（N）最小截面积及配电箱内 PE 母排最小截面积　表 4-5

相导线截面积 S（mm²）	中性导体(N)截面积 S_N(mm²)	保护接地导体(PE)截面积 S_{PE}(mm²)	保护接地导体(PE)汇流排、中性导体(N)汇流排截面积(mm²)
$S \leqslant 16$	$S_N = S$	$S_{PE} \geqslant S$	$\geqslant 20 \times 3$
$16 < S \leqslant 35$	$S_N = S$	$S_{PE} \geqslant 16$	$\geqslant 20 \times 3$
$35 < S \leqslant 400$	$S_N = S$	$S_{PE} \geqslant S/2$	$\geqslant 30 \times 5 \sim 40 \times 5$

4）在 TN-S 接地型电气系统中，供电线路电缆护套内必须包含保护接地导体（PE），不得在电缆护套外单独敷设。

5）在 TN-S 接地型电气系统中，保护接地导体（PE）严禁通过工作电流；任意线缆段均严禁断线及导线连接；严禁装设开关及熔断器，以利故障状态下导通故障电流，确保保护装置可靠动作。

6）在 TN-S 接地型电气系统中，保护接地导体（PE）均应从保护接地导体（PE）汇流排引入和馈出。

（6）TN-S 接地型电气系统重复接地技术要求

1）在总配电室内总配电箱（柜）及分配电箱处，必须做重复接地。

2）在树状或链状配电系统首端、中端、末端的分配电箱处，必须做重复接地。

3）在放射式配电系统中，每个放射配电分支超过 50m 以上的分配电箱处，必须做重复接地。

4）分配电箱中保护接地导体（PE）汇流排必须与接地装置引上线（-40×4 热浸镀锌扁铁）直接连接，不得间接连接。

> 小贴士：低压电力系统接地形式介绍
>
> 1.低压电力系统接地形式
>
> 低压电力系统接地形式分为 IT 系统、TT 系统及 TN 系统。TN 系统分为 TN-S 系统、TN-C 系统和 TN-C-S 系统。
>
> 施工现场常采用 TN 系统、TT 系统，但大多数情况下采用 TN-S 接地型电气系统。
>
> 2.低压电力系统接地形式字母符号代表的意义
>
> （1）第一位字母表示电源侧中性点与大地间的关系：
>
> 1）"I"表示电源侧中性点不接地或经高阻抗接地；
>
> 2）"T"表示电源侧中性点直接接地。
>
> （2）第二位字母表示电气装置的外露可导电部分与大地间的关系：
>
> 1）"T"表示电气装置的外露可导电部分通过接地体与大地直接连接，此接地点在电气系统中独立于电源端的接地点；
>
> 2）"N"表示电气装置的外露可导电部分与电源端接地点有直接电气连接。
>
> （3）第三位字母、第四位字母表示中性导体（N）和保护接地导体（PE）的组合情况：
>
> 1）"C"表示在同一低压电力系统中，中性导体（N）和保护接地导体（PE）是合二为一的，即保护接地中性导体（PEN）。
>
> 2）"S"表示在同一低压电力系统中，中性导体（N）和保护接地导体（PE）从电源端接地点开始就完全分开。
>
> 3）"C-S"表示在同一低压电力系统中，靠近电源侧部分，中性导体（N）和保护接地导体（PE）是合二为一的保护接地中性导体（PEN）；靠近负荷侧部分，中性导体（N）和保护接地导体（PE）是完全分开的，并必须在分开点处做重复接地。
>
> 3.重复接地的主要目的
>
> （1）当电气设备发生接地时，可降低中性导体（N）对地电位。
>
> （2）当电气设备发生接地故障时，可降低保护接地导体（PE）对地电位。当用电设备发生绝缘破损现象时，设备可接近导体对地电压升高，即保护接地导体（PE）出现

异常电位，并将异常电位通过保护接地导体（PE）传导到其他用电设备的可接近导体，造成电击事故发生，重复接地可将保护接地导体（PE）及用电设备的可接近导体异常电位限制在一定范围内，所以电击危险性相对减小了许多。

（3）当中性导体（N）断线时，可继续保持接地状态，减小电击的危害。

（4）缩短用电设备的可接近导体或接地故障的持续时间。由于重复接地和工作接地构成了中性导体（N）的并联电路，当发生接地短路故障时，短路电流增加，且线路越长短路电流越大，加速了设备或线路保护装置的动作，缩短了故障的持续时间。

4.保护接地导体（PE）须与下列具体用电设施设备可接近导体做防电击电气连接：

（1）电机、变压器、电器、照明器具、手持式电动工具等电气设备、工具的金属外壳；

（2）电气设备传动装置的金属部件；

（3）配电柜与控制柜的金属框架；

（4）配电装置的金属箱体、框架及靠近带电部分的金属围栏和金属门；

（5）电力线路的金属保护管、敷线的钢索、起重机的底座和轨道、滑升模板金属操作平台等；

（6）安装在电力线路杆（塔）上的开关、电容器等电气装置的金属外壳及支架等。

2.三级配电系统设置

（1）三级配电系统

1）一级——总配电箱（柜）：总配电箱（柜）的主要作用是监控、系统设备保护、分配、控制、报警等；

2）二级——分配电箱（柜）：分配电箱（柜）的主要作用是系统设备保护、分配、控制等；

3）三级——末级配电箱：末级配电箱的主要作用是人身安全保护及用设备控制、保护。

（2）供、配电形式

住宅和公建工程现场通常采用放射式、树干式配电形式以及放射式和树干式复合供、配电形式；市政工程通常采用树干式供、配电形式。

（3）低压配电系统的各相负荷宜分配平衡，最大相负荷不宜超过三相负荷平均值的115%，最小相负荷不宜小于三相负荷平均值的85%。单相照明线路电流大于30A时，宜采用三相四线制供电。

（4）用电设备端的电压偏差允许值宜符合下列规定：

1）现场照明电压偏差允许值：+5%～-10%。

2）其他用电设备，包括电动机电压偏差允许值：±5%。

（5）重要设备、大容量用电设备，如消防泵、施工升降机、塔式起重机、混凝土输送泵等用电设备应设专用末级配电箱，专用末级配电箱由总配电箱专设断路器回路直接供电。

小贴士：重要设备、大容量用电设备的二级配电形式，严格讲是符合"三级配电、两级漏保"原则的。

（1）"三级配电"指总配电箱（柜）、分配电箱（柜）、末级配电箱配电形式；特殊环境、设备许可采用两级或四级配电形式；配电层级形式相对柔性。

（2）"两级漏保"指总配电箱（柜）、末级配电箱必须设置剩余电流动作保护器（RCD）；RCD配置形式相对刚性。

总配电箱（柜）主要功能是预防电气系统接地故障、防止电气火灾，必须设置RCD；

末级配电箱主要功能是预防人身电击事故发生、过载保护、短路保护，必须设置RCD；

分配电箱（柜）主要功能是分配电源、过载保护、短路保护，可以不设RCD。

3. 两级剩余电流动作保护器（RCD）保护

两级RCD保护，是指配电系统中总配电箱、末级配电箱中分别设置RCD的保护形式。

（1）总配电箱（柜）RCD技术参数必须满足如下规定：

1）额定剩余动作电流（$I_{\triangle n}$）和额定剩余电流分断时间（$T_{\triangle n}$）的乘积：$I_{\triangle n}T_{\triangle n} \leqslant 30mA \cdot s$。

2）总配电箱（柜）RCD技术参数设定，主要目的是预防线缆、用电设备绝缘能力降低、损坏造成的接地故障和电气火灾等。

小贴士：《建设工程施工现场供电安全规范》GB 50194—2014 规定，不受 $I_{\triangle n}T_{\triangle n} \leqslant 30mA \cdot s$ 限制，相对更合理及实现系统功能。

（2）末级配电箱RCD技术参数必须满足如下规定：

额定剩余动作电流 $I_{\triangle n} \leqslant 30mA$；额定剩余电流分断时间 $T_{\triangle n} \leqslant 0.1s$。

小贴士：某些地区（市）施工用电工程配电系统保护的特殊配置规定及处理方法：

（1）某些地区规定：施工用电工程电源中性点直接接地的220V/380V三相四线制低压电力系统，须按三级配电、两级RCD设置，即分配电箱、末级配电箱设置RCD保护，总配电箱（柜）不设置RCD保护。

当供电系统、配电设备、线路出现绝缘水平降低、绝缘破坏、接地故障时，直接导致现场供用电系统总配电箱至分配电箱间剩余电流动作保护功能缺失的严重后果，这是一种严重设置错误，必须杜绝。

（2）还有一些地区规定：施工用电工程电源中性点直接接地的220V/380V三相四线制低压供电系统，须按照三级配电、逐级设置RCD，即总配电箱、分配电箱、末级配电箱均设置RCD。

1）逐级剩余电流保护系统的缺陷

在现场电气专业技术人员对 RCD 工作特性不甚了解的情况下，出现配电系统 RCD 分级保护技术参数只有剩余动作电流级差，而没有剩余电流动作时间级差时，极易导致施工现场供电系统 RCD 越级脱扣（跳闸）现象发生，越级脱扣造成的功能性缺陷，主要危害是局部故障造成大范围停电，影响正常生产。

2）逐级剩余电流保护系统缺陷解决方案

① 为了有效避免发生越级脱扣（跳闸）造成的供电系统功能性缺陷现象，必须对总配电箱、分配电箱、末级配电箱中 RCD 的额定剩余动作电流（$I_{\triangle n}$）和额定剩余电流分断时间（$T_{\triangle n}$）技术参数进行科学设定，分别采取合理的次级配电箱中倍差级配的措施，使之具备选择性分级保护功能。

② 经测算和实践验证，各级 RCD 的额定剩余动作电流（$I_{\triangle n}$）值及额定剩余电流分断时间（$T_{\triangle n}$）值倍差级配参数方案，按如下设置：

总配电箱（柜）：　　　　$I_{\triangle n} \leqslant 100 \sim 150 \text{mA}$ 　　　$T_{\triangle n} \leqslant 0.2 \text{s}$

分配电箱（柜）：　　　　$I_{\triangle n} \leqslant 50 \text{mA}$ 　　　　　$T_{\triangle n} \leqslant 0.1 \text{s}$

末级配电箱：　　　　　　$I_{\triangle n} \leqslant 30 \text{mA}$ 　　　　　$T_{\triangle n} \leqslant 0.1 \text{s}$

③ 欲达到解决方案选择性分级保护（倍差级配参数）预期目的及效果，尚需满足如下五个条件：

a. 施工现场独立供电电力变压器容量 $S_n \leqslant 630 \text{kVA}$；

b. RCD 的额定剩余不动作电流（$I_{\triangle no}$）必须符合《剩余电流动作保护装置安装和运行》GB 13955—2005 的规定；

c. 用电设备、线缆的绝缘电阻值符合安全技术规范要求；

d. 总配电箱（柜）、分配电箱、末级配电箱设备的任一配电回路、用电设备正常泄漏电流不应大于本级 RCD 额定剩余动作电流（$I_{\triangle n}$）的 30%；

e. 上级、下级配电箱内 RCD 的额定动作电流整定值与额定剩余电流分断时间值严格按倍差级配方案设定。

4. 配电系统隔离、保护电器，过载、短路保护安全基本要求

（1）配电系统保护装置安全技术基本要求

1）配电系统各级断路器、RCD 的过载、短路、剩余动作电流参数的设计原则应具有选择性，实现分段、分级保护功能。

2）过载、短路、剩余动作电流保护的选择性应实现配电系统本级断路器、RCD 动作，上一级保护应作为下一级的后备保护。

（2）隔离开关配置安全技术基本要求

1）现场配电系统隔离开关配置安全基本技术

① 现场放射式配电系统中，配电柜、配电箱主进线及电动设备电动机回路应配置隔离开关。

② 配电系统隔离开关的额定冲击耐受电压 $U_{imp} = 8 \text{kV}$；末端用电设备配电箱隔离开关

$U_{imp}=8kV$。

2）现场配电系统隔离开关选用安全基本技术

① 隔离开关额定电流不应小于回路计算电流的 125％；

② 隔离开关性能应与上级配电箱的短路保护电器性能相匹配。

（3）断路器配置安全技术基本要求

1）过载选择性

微型断路器的过载不脱扣电流 $I_{nt}=1.13I_r$，过载脱扣电流 $I_t=1.45I_r$。I_r 为微型断路器脱扣电流整定值。

过载整定值设定：上级微型断路器的脱扣电流整定值大于下级整定值的 1.3 倍。

2）短路瞬时选择性

为了防止越级跳闸，一般要求上级瞬时脱扣电流为下级瞬时脱扣电流的 1.4 倍以上。

（4）微型断路器与塑壳断路器的过载脱扣与短路脱扣选择性

微型断路器过载不脱扣电流 $I_{nt}=1.13I_r$，过载脱扣电流 $I_t=1.45I_r$。

塑壳断路器过载不脱扣电流 $I_{nt}=1.05I_r$，过载脱扣电流 $I_t=1.3I_r$。

过载整定值设定：上级塑壳断路器的过载整定值大于下级微型断路器的过载整定值的 1.4 倍。

（5）塑壳断路器与塑壳断路器的过载脱扣与短路脱扣选择性

塑壳断路器过载不脱扣电流 $I_{nt}=1.05I_r$，过载脱扣电流 $I_t=1.3I_r$。

过载整定值设定：上级塑壳断路器的过载整定值大于下级塑壳断路器的过载整定值的 1.2 倍。

（6）根据用电设备类型选择过电流瞬动脱扣特性的断路器，见表 4-6。

根据用电设备类型选择过电流瞬动脱扣特性的断路器　　　　表 4-6

瞬动脱扣特性	额定电流脱扣特性	下限值脱扣时间	上限值脱扣时间	用电设备类型
B 型	$>(3\sim5)I_n$(含 $5I_n$)	$>0.1s$	$<0.1s$	插座、小型用电设备
C 型	$>(5\sim10)I_n$(含 $10I_n$)	$>0.1s$	$<0.1s$	卤钨灯、高压水银灯、高压钠灯、金属卤化灯等,启动电流为额定电流的 4～7 倍的电动机
D 型	$>(10\sim20)I_n$(含 $20I_n$)	$>0.1s$	$<0.1s$	电动机短路保护

三、配电设施设备安全技术基本要求

（一）配电室安全技术基本要求

1.配电室建筑安全技术基本要求

（1）配电室应设在靠近电力变压器、道路畅通、无易燃易爆物及避免灰尘、潮气、振动、腐蚀介质侵蚀的地方。

（2）配电室建筑物、构筑物材料安全技术基本要求

1）配电室建筑物、构筑物、隔墙、门、窗等必须采用 A 级不燃材料搭设；见附录四

"建筑材料及制品燃烧性能分级新旧标准比照、对应表"。

2）配电室建筑物、构筑物材料耐火等级不低于 3 级。

3）配电室设置在在施工程边侧或塔式起重机吊臂回转半径范围内时，须搭设防护棚，防护棚架体应采用具有防机械冲击能力的金属瓦楞板等 A 级不燃材料搭设。

（3）配电室不得与仓库、办公用房、宿舍设置在同一建筑物内，并应当与办公场所、员工居住场所保持安全距离。

（4）配电室与值班室相邻设置时，隔墙距配电柜的水平距离应≥1m。

（5）配电室门扇必须朝外侧开启，门配锁，门口应设置挡鼠板。

（6）配电室地面下不得埋设给水、排水管等给水排水设施。

2.配电室设施设备安全技术基本要求

（1）配电室内设施设备安全技术基本要求

1）配电室顶棚与地面的距离不小于 3m；配电柜等装置的上端距顶棚不小于 0.5m；

2）配电室的照明应分别设置正常照明和事故应急照明；正常照明及事故应急照明灯具均不得安装在配电柜正上方；

3）配电室内设置值班或检修室时，该室边缘距配电柜的水平距离大于 1m，并采取绝缘屏障隔离；

4）配电柜前、后维修操作工作范围，须铺设 1.2m 宽的橡胶绝缘板；

5）配电室内须配备四具 5kg 干粉灭火器；

6）配电室内不得存放任何无关的物品和杂物，并保持整洁。

（2）配电柜设置安全技术基本要求

1）高低压配电柜立面、背面平整，保持良好的水平度和垂直度；

2）成排布置的配电柜长度≥6m 时，配电柜后面的通道应设置两个出口；

3）配电室内母线与地面垂直高度应≥2.5m；采用遮栏隔离，遮栏下面通道的高度应≥1.9m；

4）配电柜侧面的维护通道宽度应≥1m；

5）配电箱（柜）相互间或与基础型钢间应采用镀锌螺栓连接，防松零件齐全；

6）配电柜成排布置；成排布置配电柜的柜前、柜后操作和维护通道最小净宽应符合规定，见表 4-7。

成排布置配电柜的柜前、柜后操作和维护通道最小净宽（m）　　　　表 4-7

布置方式	单排布置		双排对面布置		双排背对背布置	
	柜前	柜后	柜前	柜后	柜前	柜后
配电柜	1.5	1.0	2.0	1.0	1.5	1.5

（3）配电柜内设置安全技术基本要求

1）TN-S 系统配电柜接地安全技术基本要求

① TN-S 系统保护接地导体（PE）从变压器引入配电室与配电柜母线连接后，配电柜母排必须再与－40×4 镀锌扁铁接地干线直接跨连做重复接地；

② 配电柜基础型钢与接地干线采用－40×4 镀锌扁铁直接焊接；

③ 配电柜的金属框架、金属柜门等应采用 BVR 软铜绝缘连接导线与保护接地导体（PE）汇流排做可靠电气连接，软铜绝缘连接导线最小截面积应符合表 4-8 的规定。

软铜绝缘连接导线最小截面积　　　　　　表 4-8

箱内主断路器额定工作电流 I_e（A）	软铜绝缘连接导线最小截面积（mm^2）
$I_e \leqslant 25$	2.5
$25 < I_e \leqslant 32$	4
$32 < I_e \leqslant 63$	6
$I_e > 63$	10

2）配电柜内应分别设置中性导体（N）汇流排和保护接地导体（PE）汇流排，标识清晰。保护接地导体（PE）汇流排的端子数不得少于进柜保护接地导体（PE）导线数和出线回路数之和。

3）配电柜正面、背面应注明编号；内部整体布局、布线合理、整齐；柜内接线正确、可靠；分段捆扎；汇流排编号、标识清晰、正确。

4）配电柜线间、线对地间绝缘电阻馈电线路≥0.5MΩ，二次回路≥1MΩ。

（二）总配电箱（柜）、分配电箱（柜）、末级配电箱安装安全技术基本要求

1.总配电箱（柜）、分配电箱（柜）、末级配电箱安装安全技术基本要求

（1）总配电箱（柜）、分配电箱（柜）、末级配电箱应装设在干燥、通风及常温场所，不得装设在有严重损伤作用的烟气、潮气及其他有害介质中，不得装设在易受外来固体物撞击、强烈振动、液体浸溅及热源烘烤场所。配电箱（柜）应设置防雨、防砸设施，防护设施应设置警告标志。

（2）总配电箱（柜）、分配电箱（柜）、末级配电箱护栏周围应有足够 2 人同时工作的空间和通道，不得堆放任何妨碍操作、维修的物料等杂物。配电箱周围工作空间距离规定见图 4-16。

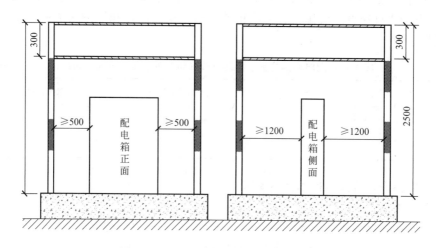

图 4-16　配电箱周围工作空间距离规定

小贴士：室外安装的配电箱（柜）混凝土基台及型钢基础不应设在场地低洼处。配电箱（柜）混凝土基台内，应根据现场配电线缆路数及截面积预先埋设若干 G32、G50、G80 钢保护导管或 PVC 保护管，以便供、配电线缆引入、馈出。室外落地安装的配电箱（柜）其底部距离地面≥200mm。

（3）总配电箱（柜）、分配电箱（柜）、末级配电箱应采用冷轧钢板或阻燃绝缘材料制作，钢板厚度应为 1.2～2.0mm，末级配电箱箱体钢板厚度不得小于 1.2mm，配电箱箱体钢板厚度不得小于 1.5mm，箱体表面应做防腐处理。

（4）总配电箱（柜）、分配电箱（柜）、末级配电箱安装应牢固、平正；配电箱（柜）中心点与地面的垂直距离应为 1.4～1.6m；落地安装的配电箱（柜），其底部离地面不应小于 0.2m。

（5）总配电箱（柜）、分配电箱（柜）、末级配电箱内电器应牢固、端正安装在金属或非木质阻燃绝缘安装板上，然后整体紧固在配电箱（柜）内。金属安装板与金属箱体应做电气连接。

（6）保护接地导体（PE）汇流排、中性导体（N）汇流排安全技术要求

1）总配电箱（柜）、分配电箱（柜）及末级配电箱内电器安装板，必须在左侧设置中性导体（N）汇流排，右侧设置保护接地导体（PE）汇流排。

2）中性导体（N）汇流排安全技术要求

① 中性导体（N）汇流排必须与金属电器安装板绝缘；

② 进出配电箱的中性导线均需经过中性导体（N）汇流排引入、馈出；两极、四极 RCD 除外。

3）保护接地导体（PE）汇流排安全技术要求

① 保护接地导体（PE）汇流排必须与金属电器安装板做电气连接；

② 进出配电箱的保护导线均需经保护接地导体（PE）汇流排引入、馈出。

（7）总配电箱（柜）、分配电箱（柜）、末级配电箱的导线配置要求

1）箱内导线必须采用铜芯绝缘导线，导线排列整齐；任何带电导体部分不得外露；

2）箱内导线应盘后配线，不得盘前配线、馈出线。

（8）总配电箱（柜）、分配电箱（柜）、末级配电箱正常不带电的金属框架、基础型钢、金属箱体、箱门及金属电器安装板、支架、底座、护栏等，必须采用截面积不小于 4mm^2 黄绿双色绝缘铜芯软导线（BVR）与保护接地导体（PE）汇流排做可靠电气连接，且有标识。

（9）总配电箱（柜）、分配电箱（柜）、末级配电箱的箱体尺寸应与箱内电气元器件的数量和尺寸相适应，电气元器件间应保持不小于 30mm 的安全间距，电气元器件与箱盘边保持不小于 50mm 的安全间距。

（10）总配电箱（柜）、分配电箱（柜）、末级配电箱设置于电源进线端的隔离开关应采用具备分断时可视明显分断点、能同时断开电源所有极（包括中性导体（N））的隔离开关。当断路器具有可视明显分断点时，可不另设隔离开关。

（11）总配电箱（柜）、分配电箱（柜）、末级配电箱导线的进、馈线侧应设在箱体的底面。进、出线应加绝缘护套并成束卡固在箱体上，不得与箱体直接接触。

（12）TN-S接地型电气系统供、配、用电电缆芯线包含：

1）供配电线路须采用五芯线缆，包含全部工作相线、中性导线及保护导线。

2）三相动力线路须采用四芯线缆，包含全部工作相线、保护导线。

3）单相用电设备线路电缆芯线包含：

① 交流弧焊机须采用三芯线缆，包含全部工作相线及保护导线。

② Ⅰ类手持电动工具须采用三芯线缆，包含工作相线、中性导线及保护导线。

③ Ⅱ类手持电动工具须采用二芯线缆，包含工作相线及中性导线。

4）单相照明线路须采用三芯线缆，包含工作相线、中性导线及保护导线。

5）低压24V照明线路须采用二芯线缆，包含工作相线、中性导线。

（13）总配电箱（柜）、分配电箱（柜）、末级配电箱进行定期维修、检查时，必须将其前一级相应的电源隔离开关和断路器分闸断电，并悬挂"有人工作，禁止合闸"的警示标志牌。

（14）总配电箱（柜）、分配电箱（柜）、末级配电箱的位置应利于操作，其箱门（正面）不得与钢筋加工、木工加工操作台相向设置，以免钢筋物料误入配电箱内。如图4-17所示。

图4-17 末级配电箱设置方向缺陷

（15）总配电箱（柜）、分配电箱（柜）、末级配电箱不得与宿舍、材料仓库设在同一建筑物内，并保持安全距离。

（16）保护接地导体（PE）应与下列电气设施设备外露可导电部分可靠连接：

1）电动机、变压器、照明器具金属外壳、Ⅰ类手持电动工具的金属外壳等；

2）配电装置的金属箱体、金属框架及靠近带电部分的金属围栏和金属门等；

3）电气线路的金属保护管、敷线钢索、起重机底座和轨道、滑升模板金属操作平台等；

4）电气设施设备金属外壳、传动装置的金属部件、设备金属结构等；

5）安装在电力线路杆（塔）上的开关、电容器等电气装置的金属外壳及支架等。

（17）总配电箱（柜）、分配电箱（柜）、末级配电箱必须按照下列顺序操作：

1）送电操作顺序：总配电箱（柜）→分配电箱（柜）→末级配电箱；

2）停电操作顺序：末级配电箱→分配电箱（柜）→总配电箱（柜）。

（18）配电箱应有名称、用途、编号；门内张贴系统图及分路标记，以便维护及防止误操作。

（19）配电箱（柜）应配置门锁，箱（柜）门或防护栏上应设置明显的警示标志。

（20）动力配电箱与照明配电箱宜分别设置。当合并设置为同一配电箱时，动力和照明应分路配电；动力末级配电箱与照明末级配电箱必须分设。

（21）总配电箱（柜）、分配电箱（柜）总开关电器的额定值、动作整定值应与分路开关电器的额定值、动作整定值相适应。

（22）现场供、配、用电系统线路导线外绝缘层标识色必须符合下列规定：

1）相导线（L1、L2、L3）外绝缘层标识色依次为黄色、绿色、红色；

2）中性导线（N）外绝缘层标识色为蓝色；

3）保护导线（PE）外绝缘层标识色为黄绿双色；

4）相导线（L1、L2、L3）、中性导线（N）、保护导线（PE）外绝缘层标识色必须严格按照规范规定选择使用，任何情况不得相互混用、替代。

2. 总配电箱（柜）安装安全技术基本要求

（1）总配电箱（柜）电器应具备测量、显示供配电系统参数及计量功能。

1）总配电箱（柜）内应装设电压表、电流表等测量仪表。

2）总配电箱（柜）内应装设电能计量仪表。

3）电能计量仪表的装设应符合当地供电管理部门的要求。

（2）总配电箱（柜）应具备电源隔离功能。

1）总配电箱（柜）内应装设总隔离开关和分路隔离开关。隔离开关分断时具有可见分断点并同时断开电源所有极。

2）隔离开关应设置于电源进线端。

3）隔离开关额定工作电流不小于该回路的计算电流。

4）当断路器或 RCD 额定工作电流按该回路计算电流的 1.25 倍选择时，则隔离开关额定工作电流按该回路计算电流的 1.5 倍选择。

5）隔离开关额定工作电流应比断路器或 RCD 额定工作电流大一级。

（3）总配电箱（柜）应具备过载、短路、剩余电流分级保护功能。

1）总配电箱（柜）内应装设具备带负荷接通、分断电路及短路、过载、剩余电流动作保护功能的剩余电流动作保护器（RCD）。

2）总开关电器的额定值、动作整定值应与分路开关电器的额定值、动作整定值相适应。

3）剩余电流动作保护器（RCD）额定剩余动作电流和额定剩余分断时间参数设定

① 根据《施工现场临时用电安全技术规范》JGJ 46—2005 的规定，总配电箱（柜）中（RCD）参数设定要求为：

a. RCD 额定剩余动作电流 $I_{\triangle n} > 30\text{mA}$；额定剩余电流分断时间 $T_{\triangle n} > 0.1\text{s}$；

b. RCD 额定剩余动作电流与额定剩余电流分断时间的乘积 $I_{\triangle n} \cdot T_{\triangle n} \leqslant 30\text{mA} \cdot \text{s}$。

② 根据《建设工程施工现场供用电安全规范》GB 50194—2014 的规定，当配电系统设置多级剩余电流动作保护时，每两级之间应有保护性配合，参数设定应符合下列规定：

a. 当总配电箱中装设 RCD 时，其额定动作电流不应小于分配电箱中剩余电流保护值的 3 倍，分断时间不应大于 0.5s；

b. 当分配电箱中装设 RCD 时，其额定动作电流不应小于末级配电箱剩余电流保护值的 3 倍，分断时间不应大于 0.3s；

c. 末级配电箱中 RCD 的额定动作电流不应大于 30mA，分断时间不应大于 0.1s。

小贴士：两个规范执行参考建议：

（1）两个规范末级配电箱中 RCD 的额定动作电流不应大于 30mA，分断时间不应大于 0.1s 参数规定相同。

（2）根据现场容量，线缆、用电设备绝缘水平及满足级间配电箱应具有的保护性配合的情况下，采用《建设工程施工现场供用电安全规范》GB 50194—2014 RCD 参数设定规定供配电，相对更为稳定可靠，但地方行政主管部门硬性规定了参照规范标准的除外。

（4）总配电箱（柜）中 RCD 应装设在负荷侧。如图 4-18 所示。

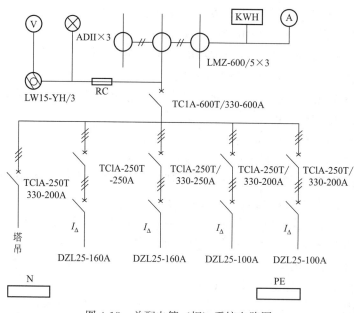

图 4-18　总配电箱（柜）系统电路图

（5）总配电箱（柜）应设置在现场电源附近区域。

3.分配电箱（柜）及防护设施安全技术基本要求

（1）分配电箱（柜）的主要功用是给各末级配电箱分配电源。分配电箱（柜）的控制电器必须合格、可靠、完好。

（2）分配电箱（柜）应装设总隔离开关、分路隔离开关及分路断路器。隔离开关应设置于电源进线侧，具有分断时可见分断点及同时断开电源所有极的功能。如图4-19所示。

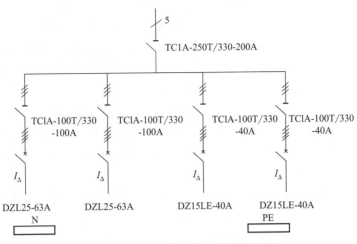

图4-19　分配电箱（柜）系统电路图

（3）分配电箱（柜）中的RCD宜选用无辅助电源型（电磁脱扣型）产品或选用辅助电源故障时能自动断开的辅助电源型（电子式）产品。

当选用辅助电源故障时不能自动断开的辅助电源型（电子式）产品时，应同时设置缺相保护。

（4）当分配电箱（柜）中装设剩余电流动作保护器时，其额定动作电流不应小于末级配电箱剩余电流保护值的3倍，分断时间不应大于0.3s。

（5）分配电箱（柜）应设置在用电设备或负荷相对集中的区域，将电源就近分配给各末级配电箱，分配电箱（柜）与总配电箱（柜）的距离宜≤50m。

小贴士：剩余电流动作保护器（RCD）按脱扣方式不同分为电磁脱扣型与电子式两类：

第一类，电磁脱扣型RCD：以电磁脱扣器作为中间机构，当产生剩余电流时使机构脱扣断开电源。电磁脱扣型RCD优点：电磁元件抗干扰性强、抗冲击（过电流和过电压的冲击）能力强；不需要辅助电源；零电压和断相后的剩余电流特性不变。电磁脱扣型RCD缺点：成本高、制作工艺要求复杂。

第二类，电子式RCD：以晶体管放大器作为中间机构，当产生剩余电流时由放大器放大后传给继电器，由继电器控制开关使其断开电源。电子式RCD优点：灵敏度高（可到5mA）；整定误差小，制作工艺简单、成本低。电子式RCD缺点：晶体管承受冲击能力较弱，抗环境干扰差；需要辅助工作电源（电子放大器一般需要十几伏的直流电源），因此剩余电流特性受工作电压波动的影响；当主电路缺相时，保护器会失去保护功能。

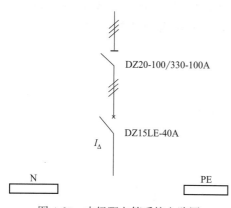

DZ20-100/330-100A

DZ15LE-40A

$I_\triangle$

N   PE

图 4-20 末级配电箱系统电路图

4. 末级配电箱及防护设施安全技术基本要求

（1）末级配电箱内必须装设隔离开关及具有短路、过载保护功能的 RCD。隔离开关应设置于电源进线侧，具有分断时可见分断点及同时断开电源所有极的功能。如图 4-20 所示。

（2）移动式配电箱、末级配电箱应装设在坚固、稳定的支架上。其中心点与地面的垂直距离宜为 0.8～1.6m。

（3）用电设施设备运行、使用期间，严禁锁闭末级配电箱。用电设施设备停用≥1h 及以上时，必须分断末级配电箱内隔离开关和 RCD，并锁闭末级配电箱箱门。

（4）末级配电箱中各种开关电器的额定值和动作整定值应与被控制用电设备的额定电流值和特性相适应。

（5）末级配电箱中隔离开关设置要求

1）末级配电箱中隔离开关设置于电源进线端，RCD 应设置在末级配电箱负荷侧出线端；

2）隔离开关的作用是隔离电源，原则上不允许带电气负荷启动、停止操作，只限于不频繁操作及容量不大于 3.0kW 的动力负荷，容量大于 3.0kW 的动力电路应采用断路器控制。

（6）末级配电箱内设置的低压断路器或剩余电流动作保护器（RCD）的过载保护、短路保护动作整定值应与其控制的用电设备的额定值和特性相适应，通用电机末级配电箱内的电器按照《施工现场临时用电安全技术规范》JGJ 46—2005 附录 C 选配。

（7）末级配电箱中 RCD 的参数设定要求

1）末级配电箱内设置的剩余电流动作保护器（RCD），应具有过载、短路、剩余电流保护功能。

2）末级配电箱内设置的剩余电流动作保护器（RCD）用于固定用电设备保护，RCD 剩余电流动作参数必须选用：额定剩余动作电流 $I_{\triangle n} \leqslant 30mA$；额定剩余电流分断时间 $T_{\triangle n} \leqslant 0.1s$。

3）末级配电箱内设置的剩余电流动作保护器（RCD）用于手持电动工具、振动机械、移动式用电设备保护，或在潮湿或有腐蚀介质场所环境使用，RCD 应采用防溅型产品，RCD 剩余电流动作参数必须选用：额定剩余动作电流 $I_{\triangle n} \leqslant 10mA$；额定剩余电流分断时间 $T_{\triangle n} \leqslant 0.1s$。

4）末级配电箱中的 RCD 宜选用无辅助电源型（电磁脱扣型）产品或选用辅助电源故障时能自动断开的辅助电源型（电子式）产品。当选用辅助电源故障时不能自动断开的辅助电源型（电子式）产品时，应同时设置缺相保护。

（8）末级配电箱的电源进线端严禁采用插头和插座做活动连接。

（9）末级配电箱根据用电设备配置要求

1）固定式用电设备末级配电箱设置要求

① 固定式用电设备必须按照"一隔、一漏、一箱、一锁"设置末级配电箱，如钢筋调直机、钢筋切断机、卷扬机、木工电锯、交直流弧焊机等。

② 每台固定式用电设备必须有各自专用的末级配电箱，严禁用同一个末级配电箱直接控制2台及2台以上固定式用电设备（含插座）。末级配电箱须按"一隔、一漏、一箱、一锁"配置。

2）移动式用电设备末级配电箱设置要求

① 移动式用电设备彼此相距≤20m、单台容量≤800W、数量≥3台时，如手持冲击钻、手持电钻、电动吊篮、基坑降水潜水泵、安装高度≥2.5m的排风扇等设备末级配电箱采用放射式配电。在末级配电箱中设总隔离开关，每台移动式用电设备独立设置"一隔、一漏"保护。但一只末级配电箱移动式用电设备不宜超过8台、总容量不宜超过5kW。

② 安装高度≥2.5m、单只功率≤100W的照明灯具照明分路，末级配电箱中每照明分路应独立设置"一隔、一漏"保护。

③ 末级配电箱内RCD应明确标明用电设备名称及编号，并须与现场实际用电设备名称及编号一一对应，现场用电设备如电动吊篮，必须在屋面吊篮支架上部设置明显的200mm×200mm白底红字的设备标牌，注明名称及编号。

小贴士：移动式用电设备末级配电箱设置要求，当地区行政主管部门另行明确规定时除外。

（10）末级配电箱与分配电箱的距离应≤30m。末级配电箱与其控制的固定式用电设备的水平距离应≤3m。末级配电箱与固定式用电设备之间的工作距离，见图4-21。

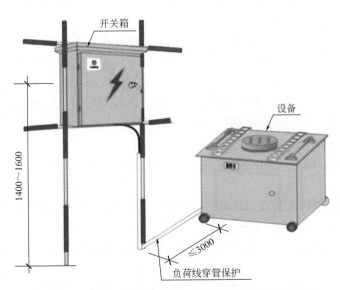

图4-21 末级配电箱与固定式用电设备之间的工作距离

（11）现场用电设备停止作业≥1h以上时，应将末级配电箱内电源开关断开、末级配电箱锁闭。

四、现场供、配电线路敷设安全技术基本要求

（一）现场架空线路敷设安全技术基本要求

1. 架空线路导线截面选择基本要求

（1）施工现场架空线必须采用绝缘导线。

（2）用电设备负荷的计算电流，不得大于导线长期连续负荷允许载流量。

（3）TN-S接地型电气系统，供电线路的中性导体（N）和保护接地导体（PE）截面不小于相线截面的50%，单相线路的中性导体（N）截面与相线截面相同。

（4）按机械强度要求，绝缘铜线截面面积不小于$10mm^2$，绝缘铝线截面面积不小于$16mm^2$。在跨越铁路、公路、河流、电力线路档距内，绝缘铜线截面面积不小于$16mm^2$，绝缘铝线截面面积不小于$25mm^2$。

（5）线路末端电压偏移不大于其额定电压的5%。

2. 架空线路敷设安全技术基本要求

（1）架空线在一个档距内，每层导线的接头数不得超过该层导线条数的50%，且一条导线应只有一个接头。在跨越铁路、公路、河流、电力线路档距内，架空线不得有接头。

（2）10kV以下架空线路相序排列应符合下列规定：

1）动力、照明线在同一横担上架设时，面向负荷从左侧起依次为L1、N、L2、L3、PE。

2）动力、照明线在二层横担上分别架设时，导线相序排列是：上层横担面向负荷从左侧起依次为L1、L2、L3；下层横担面向负荷从左侧起依次为L1、L2、L3、N、PE。

（3）架空线路的档距不得大于35m。

（4）架空线路的线间距不得小于0.3m。靠近电杆的两导线的间距不得小于0.5m。

（5）电杆埋设深度宜为杆长的1/10加0.6m，回填土应分层夯实。在松软土质处宜加大埋入深度或采用卡盘等加固。

（6）架空电缆应沿电杆、支架或墙壁敷设，并采用绝缘子固定，绑扎线必须采用绝缘线；固定点间距应保证电缆能承受自重所带来的荷载，沿墙壁敷设时最大弧垂距地不得小于2.0m。

（7）架空线缆严禁与金属脚手架及其他金属导体设施设备直接接触敷设，须保持绝缘隔离；严禁借用树木等易燃易爆物体、设施设备敷设。

（8）架空线路必须设置短路保护。

1）熔断器短路保护：其熔体额定电流不应大于架空绝缘导线长期连续负荷允许载流量的1.5倍。

2）断路器短路保护：其瞬动过流脱扣器脱扣电流整定值应小于线路末端单相短路电流。

（9）架空线路必须设置过载保护。

1）熔断器过载保护：绝缘导线长期连续负荷允许载流量不应小于熔断器熔体额定电流。

2）断路器过载保护：断路器长延时过流脱扣器脱扣电流整定值的1.25倍。

3. 施工现场架空线路与现场道路等设施的安全距离规定

施工现场架空线路与现场道路等设施的安全距离规定，见表4-9。

施工现场架空线路与现场道路等设施的安全距离（m）　　　　表 4-9

类别	现场≤1kV 架空线路垂直距离	现场≤1kV 架空线路水平距离
与施工道路	≥6.0	≥0.5
与≤10kV 外电线路	≥2.0	≥3.0
与在建工程及架手架工程	—	≥7.0
与临时建(构)筑物	—	≥1.0

（二）现场保护导管线路敷设安全技术基本要求

（1）线缆保护导管敷设应采用 SC 焊接钢管、TC 电线管、LZ 可挠金属电线保护管、PC 硬聚氯乙烯管、FPC 阻燃半硬聚氯乙烯管、PVC 阻燃塑料管等电线导管管材。常用电线导管规格管径（mm）：15、20、25、32、40、50、70、80、100。

> 小贴士：焊接钢管的规格管径指内径；电线导管的规格管径指外径；硬塑料管的规格管径指内径。

（2）电线电缆型号、规格

1）聚氯乙烯铜芯绝缘导线（BV）

铜芯截面面积（mm²）：1.5、2.5、4、6、10、16、25、35、50、70、95、120、150、185 等。

2）橡皮铜芯绝缘导线（BX）

铜芯截面面积（mm²）：1.5、2.5、4、6、10、16、25、35、50、70、95、120、150、185 等。

3）电力电缆主要由导体、绝缘层和保护层三部分组成。

铜芯截面面积（mm²）：4、6、10、16、25、35、50、70、95、120、150、185、240 等。

VV-3×95＋2×50 铜芯聚氯乙烯绝缘、聚氯乙烯护套，三芯 95mm²，二芯 50mm² 电力电缆。

（3）线缆保护导管敷设安全技术基本要求

1）电线保护导管暗敷设于墙壁、顶板、砌体、混凝土内或明敷设于梁、柱、板上。

2）进入落地式配电箱（柜）的电线导管，管口应高出配电箱基础面或出线槽底面 80mm。

3）冷态弯曲电线导管时，弯曲处的弯扁度不应大于管外径的 10%。

4）电线保护导管内导线包括绝缘层在内的总截面面积不应大于管子内孔截面面积的 40%。

5）金属电线保护导管敷设后，金属电线导管的首末端必须与其对应的总配电箱（柜）、分配电箱、末级配电箱内的保护接地导体（PE）做可靠连接。

6）电线保护导管线路必须设置短路保护。

① 熔断器短路保护：其熔体额定电流不应大于架空绝缘导线长期连续负荷允许载流量的 1.5 倍。

② 断路器短路保护：其瞬动过流脱扣器脱扣电流整定值应小于线路末端单相短路电流。

7）电线保护导管线路必须设置过载保护。

① 熔断器过载保护：绝缘导线长期连续负荷允许载流量不应小于熔断器熔体额定电流。

② 断路器过载保护：断路器长延时过流脱扣器脱扣电流整定值的 1.25 倍。

（三）施工现场线缆敷设安全技术基本要求

1. 线缆地下敷设方式特点

（1）现场线缆地下敷设方式具有供电安全、可靠，有效防止线缆发生物体、塔式起重机吊物机械冲击碰撞的特点，所以施工现场总配电箱（柜）、分配电箱（柜）、末级配电箱之间的供配电线路应优先采用线缆地下直埋敷设方式。施工现场条件许可时应推行"零电线杆化"。

（2）线缆地下直埋敷设与架空线路敷设相比，具有成本高的特点，线缆地下敷设的建设成本约是线杆架空敷设的 6～8 倍。

2. 电缆选择要求

（1）电缆类型、电缆截面应根据长期连续负荷允许载流量、允许电压偏移、敷设方式及环境条件选择确定。

（2）直埋敷设电缆宜采用有外护层的铠装电缆。

（3）当选用无铠装电缆时，应有防水、防腐、防机械冲击损伤措施。

（4）任何芯线不得单独敷设在电缆外护层外。

（5）电缆芯线数应根据负荷性质及其控制电器的相数和线数确定。

1）采用 TN-S 接地型电气系统供、配电时，单根五芯电缆包含全部相线（黄 L1、绿 L2、红 L3）、中性导体（淡蓝色 N）及保护接地导体（绿/黄双色 PE）。

2）给单相和三相用电设备供电时，应选用五芯电缆。

3）给三相三线动力设备供电时，应选用四芯电缆。

4）给单相用电设备供电时，应选用三芯电缆。

3. 线缆地下敷设安全技术基本要求

（1）直埋电缆地下敷设时，电缆表面距地面的距离不宜小于 0.7m；电缆上、下、左、右侧均应铺以不小于 100mm 的软土或细砂，上部覆盖砖或混凝土板等硬质保护层。

（2）直埋电缆应沿道路或建筑物边缘埋地敷设，电缆始端、转弯处、接头处及直线敷设每隔 20m 处，应设电缆走向、路径方位标志牌（桩）。

（3）直埋电缆在穿越建筑物、构筑物、道路、易受机械损伤、介质腐蚀场所须加设钢管保护；引出地面 2.0m 高至地下 0.2m 处须加设钢管防护，防护钢套管内径不应小于电缆外径的 1.5 倍。

4. 在建工程内线缆敷设安全技术基本要求

（1）进入在建工程内的供配电线缆，必须采用金属导管保护埋地引入，严禁架空或穿越脚手架引入。

（2）线缆垂直敷设：应充分利用在建工程垂直强电竖井、弱电竖井、设备安装孔洞垂直敷设；垂直敷设的电源电缆应靠近施工用电负荷中心区域；每层楼固定点不得少于一处，超过 10m 的楼层，有条件者，中间应加设固定点。

（3）线缆水平敷设：水平敷设的电源线缆应沿墙、墙洞或门口上侧敷设，电缆应采用电工专用绑扎材料固定在瓷拉台上。

（4）在建工程楼层内水平敷设线缆最大弧垂距地应≥2.5m。

（5）电缆敷设路径处，应设置明显的警示标志。

（6）电缆线路可采用埋地或架空敷设，但电缆线路严禁沿地面明敷设，避免机械破坏、损伤。

（7）在建工程楼层内设置的分配电箱，均应利用强电井、弱电井接地干线引出点做重复接地。

5. 线缆连接安全技术基本要求

（1）导线连接部分安全技术基本要求

1）导线连接部分接触电阻要求：导线连接后，连接部分的电阻值不大于原导线的电阻值。

2）导线连接部分机械强度要求：导线连接后，连接部分的机械强度不小于原导线的机械强度。

3）导线连接部分绝缘强度要求：导线连接后，连接部分的绝缘强度不小于原导线的绝缘强度。

（2）线缆连接安全技术基本要求

1）地面下直埋线缆不得有接头。

2）地面上或管井中的电缆接头应采用防水热缩绝缘工艺，电缆接头处不得承受拉力。

3）地面上或管井中的电缆接头必须设在远离易燃、易爆、易腐场所的专用接线盒内，专用接线盒应能防水、防尘、防机械损伤。

6. 直埋电缆与外电线路电缆、管道、道路、建筑物等之间的安全间距技术基本要求

直埋电缆与外电线路电缆、管道、道路、建筑物等之间平行和交叉时的最小间距应符合表 4-10 的规定，当不能满足最小间距规定要求时，应采取穿保护管、隔离等防护措施。

电缆之间及电缆与管道、道路、建筑物之间平行和交叉时的最小间距（m）　　表 4-10

电缆直埋敷设时的配置情况		平行	交叉
施工现场电缆与外电线路电缆		0.5	0.5
电缆与道路边、树木主干、1kV 以下架空线电杆		1.0	—
电缆与 1kV 以上架空线杆、塔基础		4.0	—
电缆与建筑物基础		须在建筑散水宽度外	—
电缆与地下管沟	热力管沟	2.0	0.5
	油管或易(可)燃气体管道	1.0	0.5
	其他管道	0.5	0.5

7. 电缆线路必须设置短路保护和过载保护

（1）电缆线路短路保护

1）熔断器短路保护：计算电流 $I_c \leqslant 400A$ 的放射式或树干式电缆线路，熔体额定电流不应大于绝缘线缆长期连续负荷允许载流量的 1.5 倍。

2）断路器短路保护：其瞬动过流脱扣器脱扣电流整定值应小于线路末端单相短路电流。

（2）电缆线路过载保护

1）熔断器过载保护：计算电流 $I_c \leqslant 400A$ 的放射式或树干式电缆线路，绝缘线缆长期连续负荷允许载流量不应小于熔断器熔体额定电流。

2）断路器过载保护：断路器长延时过流脱扣器脱扣电流整定值的 1.25 倍。

五、施工用电设施设备电气安全技术基本要求

（一）起重机械电气安全技术基本要求

（1）用电机械或塔式起重机防雷接地后，电气系统的保护接地导体（PE）必须同时做重复接地。同一台用电机械或塔式起重机的防雷接地和重复接地可共用同一接地体，但接地电阻值应符合相关用电机械安全技术规范规定的接地电阻值的要求。

塔式起重机防雷接地和重复接地共用接地体的接地电阻 $\leqslant 4\Omega$。

（2）轨道式塔式起重机接地装置的设置应符合下列要求：

1）轨道两端点各设置一组接地装置；

2）轨道的接头处做电气搭接，两条轨道端部做环形电气连接；

3）轨道总长超过 20m 时，须加做一组接地装置。

（3）轨道式塔式起重机的电缆不得拖地行走。

（4）夜间工作的塔式起重机，应设置正对工作面的投光灯。

（5）塔顶高度大于 30m 的塔式起重机顶端和两臂端应装设红色障碍灯。

（6）塔式起重机在强电磁波源附近作业时，降低或消除高频感应电的危害措施

1）塔式起重机吊钩呈现高频感应电压时，在吊钩吊装地面物体时，在吊钩上挂接临时接地线。

2）信号司索工等操作人员应戴绝缘手套和穿绝缘鞋。

3）在吊钩与吊索具间采取绝缘隔离措施，即在塔式起重机吊钩与吊索具间进行绝缘处理，具体绝缘工艺如下：

① 吊钩包缠若干层玻纤布至 5mm，采用环氧树脂固结；

② 中间包覆 1.0mm 厚镀锌钢板；

③ 在 1.0mm 厚镀锌钢板上再包缠若干层玻纤布至 5mm，采用环氧树脂固结，使吊索具与吊钩之间保持有效绝缘。

（二）钢筋加工机械电气安全技术基本要求

（1）在 TN 系统中，钢筋弯钩机、钢筋切断机、钢筋调直机等钢筋加工机械设备的电动机外壳、机械本体必须与末级配电箱中的保护接地导体（PE）可靠连接。

（2）控制钢筋弯钩机弯曲换向的脚踏式控制装置，其脚踏式控制器及换向接触器的电源电压应采用 24V 双绕组安全变压器供电，二次导线采用橡皮绝缘橡皮护套铜芯软电缆。

（三）交、直流弧焊机电气安全技术基本要求

（1）交、直流弧焊机安装后，必须经验收合格后方可使用。

（2）交、直流弧焊机的一次侧电缆长度应 $\leqslant 5m$，二次侧电缆长度应 $\leqslant 30m$。

（3）施焊作业时，二次线须双线到位，不得借用金属构件或结构钢筋替代二次侧电缆导线。

（4）在 TN 供电系统中，交、直流弧焊机外壳应与保护接地导体（PE）可靠连接。

（5）交、直流弧焊机二次线缆安全技术基本要求

1）交、直流弧焊机与二次线缆必须采用接线端子连接、不得随意搭接；

2）交、直流弧焊机的二次线缆应采用 YHS 型防水橡皮绝缘橡皮护套铜芯软电缆；

3）二次线缆应绝缘良好、绝缘无破损、线芯无裸露；二次线缆不宜搭接加长；

4）二次线缆穿过道路时，应架空敷设或穿管保护；当二次线缆进入在施工程时，应采用 5m 长钢管延伸出建筑物加以保护。

（6）交、直流弧焊机应放置在通风良好、防雨、干燥的位置，10m 范围内不得有易燃易爆物品。

（7）直流弧焊机应经常检查和维护换向器，消除可能产生的异常电火花。

（8）交流弧焊机应设专用末级配电箱，末级配电箱中应设置一次侧防电击、二次侧降压保护装置。

（9）直流弧焊机应设专用末级配电箱，末级配电箱中应设置一次侧防电击保护装置。

（10）交、直流弧焊机外壳与保护接地导体（PE）连接应正确；一次、二次侧防护罩应齐全完整。

（11）交、直流弧焊机在潮湿场所施焊作业，应铺设绝缘胶垫等绝缘物品；严禁在雨雪天露天施焊作业。

（12）施焊作业时，施焊人员必须按规定穿戴劳动防护用品。

（四）施工升降机和物料提升机电气安全技术基本要求

（1）施工升降机梯笼内、外均应安装紧急停止开关。

（2）施工升降机和物料提升机的上、下极限位置应设置限位器，限位器应灵敏、可靠。

（3）施工升降机和物料提升机在每日工作前必须对行程开关、限位开关、紧急停止开关、驱动机构和制动器等进行空载检查，正常后方可使用。检查时必须有防坠落措施。

（4）施工升降机和物料提升机应采用橡皮绝缘橡皮护套铜芯软电缆供电，可接近导体须与保护接地导体（PE）可靠连接。

（5）当施工升降机和物料提升机进行安装、清理、检查、维护、保养时，必须分断其末级配电箱内的 RCD 及隔离开关，末级配电箱门悬挂"有人工作，严禁合闸"的警示标志并上锁。

（五）夯土机械电气安全技术基本要求

（1）夯实机必须设专用末级配电箱，末级配电箱中剩余电流动作保护器（RCD）必须采用防溅型，RCD 技术参数设定为额定剩余动作电流 $I_{\triangle n} \leqslant 10\text{mA}$、额定剩余电流分断时间 $T_{\triangle n} \leqslant 0.1\text{s}$。

（2）夯土机械与保护接地导体（PE）连接点不得少于 2 处，即电动机外壳及夯土机械本体必须分别与保护接地导体（PE）可靠连接。

（3）蛙式夯土机电气控制电器不得使用倒顺开关，必须使用单向开关。蛙式夯土机经建筑电工调试运转方向正确后，方可使用。

（4）夯土机械的电源线应采用四芯耐候型橡皮绝缘橡皮护套铜芯软电缆，长度≤50m。

（5）夯土机械的操作扶手必须采取包缠绝缘胶带等绝缘措施。

（6）夯土机械操作人员，必须按规定穿绝缘鞋、戴绝缘手套等劳动防护用品。

（六）手持电动工具电气安全技术基本要求

（1）手持电动工具应符合相应国家制造标准，并具有相应产品合格证、使用说明书等质量证明文件。

(2) 手持式电动工具应专人定期检查和维修保养。

(3) 手持式电动工具应设专用末级配电箱，RCD 参数选定额定剩余动作电流 $I_{\triangle n} \leqslant$ 10mA、额定剩余电流分断时间 $T_{\triangle n} \leqslant 0.1s$。

(4) 施工现场原则上推荐使用Ⅱ类手持式电动工具，淘汰Ⅰ类手持式电动工具。

> 小贴士：
>
> (1)《大气环境腐蚀性分类》GB/T 15957—1995 规定，大气局部环境和微环境相对湿度分为三类：
>
> 潮湿型：大气环境相对湿度 $RH > 75\%$；
>
> 普通型：大气环境相对湿度 $60\% \leqslant RH \leqslant 75\%$；
>
> 干燥型：大气环境相对湿度 $RH < 60\%$。
>
> 潮湿环境（潮湿场所）即大气环境相对湿度 $RH > 75\%$。
>
> 《施工现场临时用电安全技术规范》JGJ 46—2005 规定，在大气环境相对湿度 $RH < 75\%$ 的普通场所可选用Ⅰ类或Ⅱ类手持式电动工具，其金属外壳与 PE 线的连接点不得少于 2 处。在潮湿场所或在金属构架上操作时，必须选用Ⅱ类手持式电动工具或由安全隔离变压器供电的Ⅲ类手持式电动工具。
>
> 从安全性、性价比及操作性考量，现场实无必要允许使用Ⅰ类手持式电动工具，而应全面推广使用Ⅱ类手持式电动工具。
>
> 末级配电箱内设置的剩余电流动作保护器（RCD）用于手持式电动工具、振动机械或潮湿环境时，相关规范规定末级配电箱内 RCD 选用技术参数设定为额定剩余动作电流 $I_{\triangle n} \leqslant 10mA$、额定剩余电流分断时间 $T_{\triangle n} \leqslant 0.1s$。根据《剩余电流动作保护装置安装和运行》GB 13955—2005 规定，额定剩余电流设定为 0.006A、0.01A、0.03A 等规格值，因此国内外 RCD 检测仪检测规格值也设为 0.006A、0.01A、0.03A 等，无 0.015A 规格档，实际现场 RCD 安装后使用前及每月均需进行 RCD 参数值检测，故本书 RCD 剩余电流动作参数选定：额定剩余动作电流 $I_{\triangle n} \leqslant 10mA$、额定剩余电流分断时间 $T_{\triangle n} \leqslant 0.1s$。
>
> (2) 双重绝缘和加强绝缘
>
> 1) 双重绝缘指工作绝缘（基本绝缘）和保护绝缘（附加绝缘）。
>
> ① 工作绝缘（基本绝缘）：带电体与不可触及的导体之间的绝缘，是保证设备正常工作和防止电击的基本绝缘。
>
> ② 保护绝缘（附加绝缘）：不可触及的导体与可触及的导体之间的绝缘，是当工作绝缘损坏后用于防止电击的绝缘。
>
> 2) 加强绝缘是具有与上述双重绝缘相同水平的单一绝缘。
>
> Ⅱ类手持式电动工具就是采用双重绝缘和加强绝缘。在其铭牌明显部位有"回"形标志。

(5) Ⅲ类手持式电动工具安全技术规定

1）在地沟、坑洞、箱涵、非金属管道内等狭窄场所作业时，应选用Ⅲ类手持式电动工具，Ⅲ类手持式电动工具应选用24V安全隔离变压器供电。

2）在锅炉、金属容器等场所作业时，应选用Ⅲ类手持式电动工具，Ⅲ类手持式电动工具应选用12V安全隔离变压器供电。

3）控制安全隔离变压器的末级配电箱内，RCD的技术参数设定为额定剩余动作电流 $I_{\triangle n} \leqslant 10\text{mA}$、额定剩余电流分断时间 $T_{\triangle n} \leqslant 0.1\text{s}$。

4）安全隔离变压器末级配电箱体均应与PE线可靠连接。安全隔离变压器末级配电箱体应设置在锅炉、金属容器及狭窄场所外面，工作时应有人监护。

（6）手持式电动工具的各部分防护装置必须齐备完整；外壳、手柄等应完好无损，开关动作正常。

（7）手持式电动工具的电源线应采用耐候型 $3 \times 1.5\text{mm}^2$ 橡皮绝缘橡皮护套铜芯软电缆；线缆外绝缘护层出现破损必须更新，不得有接头。

（8）手持式电动工具第一次使用前，应进行绝缘检测，绝缘电阻限值必须符合表4-11的规定，方可使用。

手持式电动工具绝缘电阻最低限值（MΩ） 表4-11

测量部位	手持式电动工具类型		
	Ⅰ类	Ⅱ类	Ⅲ类
带电部件与外壳之间	2	7	1

（9）手持式电动工具使用前，应进行空载运转检查，运转正常后，方可使用。

（10）使用手持式电动工具时，操作人员必须按规定穿、戴个人劳动防护用品。

（七）潜水泵电气安全技术基本要求

（1）潜水泵使用前，必须用500V兆欧表进行检测，其绝缘阻值≥0.5MΩ，安全考虑应≥10MΩ。

（2）潜水泵的密封性能应符合现行国家标准《外壳防护等级（IP代码）》GB 4208—2008中IP68的规定。

（3）潜水泵的负荷线应采用YSH型防水橡皮绝缘橡皮护套铜芯软电缆，电缆不得承受外力。

（4）潜水泵的末级配电箱中RCD的技术参数，设定为额定剩余动作电流 $I_{\triangle n} \leqslant 10\text{mA}$、额定剩余电流分断时间 $T_{\triangle n} \leqslant 0.1\text{s}$。

（5）提拉降水井内潜水泵的绳索，必须采用绝缘材料，不得使用铅丝或钢丝绳代替。

（6）在移动潜水泵时，必须先切断电源后，方可进行下步工作。

（7）潜水泵的可导电部分应与保护导体（PE）做可靠连接。

（八）消防设施设备用电安全技术基本要求

（1）施工现场消防用电设备电源、应急照明电源、保卫室电源应单独设置专用供电回路。

（2）当现场独立设置一台10kV电力变压器时，施工现场消防水泵、夜间消防标识灯等消防设施设备的电源应取自总配电箱总隔离开关的出线端、断路器的进线端。

（3）消防专用回路采用只具有短路保护的断路器控制，不得设置过负荷保护及剩余电流动作保护。

（4）消防水泵等大型用电设备的末级配电箱应设置不脱扣的剩余电流声光报警保护装置，保护装置的警铃、警灯应设置在易于观察的显著位置。

（5）当现场设置两台 10kV 电力变压器时，消防用电设备应采取两路电源或两回路供电线路在末级配电箱处自动切换。

> 小贴士：施工现场消防用电设备电源、应急照明电源、保卫室电源取自总配电箱总隔离开关的进线端是错误的，虽然保证了相对持续供电，但可能会扩大电气事故范围，也不便于维护和维修。

（6）消防管内的消防水应保持带压状态，可采用压力传感器与变频调速电机消防水泵配合实现。

> 小贴士：变频器是一种频率变换器。它把电网 50Hz 恒定频率的交流电，变成可调频率的交流电，供普通的交流异步电动机作电源用。其最主要的特点是具有高效率的驱动性能和良好的控制特性。应用变频器不仅可以节约大量电能，变频器通过各种物理量，如压力传感器等自动控制设备可以实现变速变压，实现机电一体化消防带压用水。
>
> 变频器随着电机的加速相应提高频率和电压，启动电流被限制在 150％额定电流以下（根据机种不同，为 125％～200％）。用工频电源直接启动时，启动电流为 6～7 倍，将产生线路，控制设备及转子绕组（鼠笼式转子断条）等机械及电气冲击现象。采用变频器传动可以平滑地启动（启动时间变长）。启动电流为额定电流的 1.2～1.5 倍，启动转矩为 70％～120％额定转矩。

（九）隧道工程盾构机械电气安全技术基本要求

1. 盾构机高压线缆安全技术基本要求

（1）盾构机械 10kV 电源应采用适用于额定电压 8.7kV/15kV 及以下露天矿以及地下掘进重型设备用乙丙橡皮绝缘氯丁橡皮护套高压橡套软电缆，电缆型号为 UGEFP。

（2）UGEFP 电缆固定敷设时，电缆允许最小弯曲半径为 6D；以自由活动方式敷设时，电缆允许最小弯曲半径为 10D。

（3）盾构机械 10kV 高压电源线缆沿隧道敷设时，线缆距地高度必须≥2.5m，采用绝缘体与其他物体隔离并固定牢固。

2. 盾构机低压系统安全技术基本要求

（1）盾构机壳体和各台车车架的电动机应与车架可靠连接。非焊接连接，应做跨接线。

（2）电力变压器及电缆卷筒等电气设备、金属外壳或构架均与保护接地导体（PE）做可靠连接。

现场低压电气系统末端设备配电箱设置参数为额定剩余动作电流 $I_{\triangle n} \leqslant 30mA$、额定剩余电流分断时间 $T_{\triangle n} \leqslant 0.1s$ 的剩余电流动作保护器。

（3）盾构机运行中发生停电时，应及时切断电源，以免发生人身伤害或损坏设备事故。设备进行检修或维护时，应及时把相应的控制开关切换到手动或检修位置，断开相应的电源开关并悬挂"有人工作、禁止合闸"警示牌，方可工作。

（4）在盾构机及其台车内，应配备足够的电气灭火器和常用的高压绝缘安全工具。

（十）其他施工机械电气安全技术基本要求

（1）插入式振动器、平板振动器、地面抹光机、水磨石机的末级配电箱内 RCD 的技术参数设定为额定剩余动作电流 $I_{\triangle n} \leqslant 10mA$、额定剩余电流分断时间 $T_{\triangle n} \leqslant 0.1s$。

（2）混凝土搅拌机、插入式振捣器、平板振动器、地面抹光机、水磨石机等设备的电源线缆应采用耐候型橡皮绝缘橡皮护套铜芯软电缆，线缆不得有破损和接头。

（3）水泵的负荷线必须采用防水型橡皮绝缘橡皮护套铜芯软电缆，线缆不得承受任何外力。

（4）盾构机的高压电源线必须采用绝缘体与其他物体隔离并固定牢固，距地高度不得小于 2.5m。

（5）混凝土搅拌机进行安装、清理、检查、维护、保养时，必须严格遵守"断电、锁箱、挂警示牌"的规定，即分断末级配电箱内的 RCD 和隔离开关；末级配电箱门上锁；悬挂"有人工作、严禁合闸"警示牌。

六、现场照明安全技术基本要求

（一）现场照明设施设备安装安全技术基本要求

1. 照明电光源基本要求

（1）现场施工照明电光源应采用金属卤化物灯等高显色性、高光效、长寿命电光源。

（2）现场施工照明电光源应采用 LED、T5 荧光灯等高效、节能电光源。

（3）照明器（灯具）光源显色性不宜低于 60。大面积施工场所应采用光效高、颜色失真低、显色性 80 以上的光源，如金属卤化物光源，以利于施工安全。

> 小贴士：
>
> （1）显色指数
>
> 太阳光和白炽灯均辐射连续光谱，在可见光的波长（380～760nm）范围内，包含着红、橙、黄、绿、青、蓝、紫等各种色光。物体在太阳光的照射下，显示出它的真实颜色，但物体在非连续光谱的气体放电灯等电光源照射下，颜色就会有不同程度的失真。把光源对物体真实颜色的呈现程度称为光源的显色性。
>
> 为了对光源的显色性（还原物体颜色的能力）进行定量的评价，引入显色指数的概念。以标准光源为准，将其显色指数定为 100，其余光源的显色指数均低于 100。显色指数用 R_a 表示，R_a 值越大，光源的显色性越好。

2. 照明器（灯具）安全技术基本要求

（1）照明器（灯具）和器材的质量应符合国家现行有关制造标准。绝缘老化或破损的器具器材应及时淘汰、更换。

（2）照明器（灯具）涂层应完整、无损伤，附件应齐全；灯具的绝缘电阻值检测不应小于 $2M\Omega$，Ⅰ类灯具的外露可导电部分应具有专用的 PE 端子。

（3）移动式照明器（灯具）采用金属支架安装时，支架应稳固；移动式照明器（灯具）金属外壳与金属支架之间必须采用 $\geqslant 0.5mm$ 的绝缘材料隔离。

（4）移动式照明器（灯具）金属支架的手持部分必须采用长度为 500mm 的绝缘带包缠。

（5）室外、露天、潮湿环境装设使用额定电压为 220V 的移动式照明器（灯具）时，灯具防护等级不得低于 IP65。

（6）螺口灯头相线必须与螺口灯中心触头端相连，中性导体（N）与螺纹口端相连。

（7）潮湿或特别潮湿场所，选用密闭型防水照明器或配有防水灯头的开启式照明器。

（8）含有大量尘埃但无爆炸和火灾危险的场所，选用防尘型照明器。

（9）存在较强振动的场所，选用防振型照明器。

（10）根据作业环境需要，有应急状态操作人员撤离现场应急照明需求的，必须装设自备电源的应急照明器（灯具）。

（11）现场应根据使用环境分别采取Ⅰ类、Ⅱ类、Ⅲ类照明器（灯具）。

（12）室内照明器（灯具）底部均应设置散热孔；室外照明器（灯具）底部应设置泄水孔。

（4）Ⅲ类照明器（灯具）：电源为特低电压供电的。

国家标准《灯具　第1部分：一般要求与试验》GB 7000.1—2015已于2017年1月1日正式实施，取消了0类灯具；《建筑照明设计标准》GB 50034—2013规定严禁使用0类灯具。因此照明灯具（包括户外照明灯具）不得采用0类。由于Ⅱ类和Ⅲ类灯具实际应用较少，所以绝大部分室内外灯具都采用Ⅰ类，所以不论灯具安装高度如何，其外露可导电部分必须与保护接地导体（PE）连接。

3.现场照明安全技术基本要求

（1）现场照明器（灯具）电源安全技术基本要求

1）现场应根据作业环境选择照明器（灯具）的电源电压，一般场所照明器（灯具）宜选用额定电压为220V的电源供电。

2）隧道、人防工程、高温、有导电灰尘、较潮湿、易触及带电体场所的照明器（灯具），须选用特低电压≤24V双绕组隔离变压器供电。

3）相对湿度大于95%的特别潮湿场所、导电良好的地面环境、锅炉或金属容器、管道内作业的照明器（灯具），须选用特低电压≤12V双绕组隔离变压器供电。

（2）现场照明器（灯具）安装安全技术基本要求

1）Ⅰ类照明器（灯具）金属外壳、金属支架必须与保护接地导体（PE）做可靠电气连接。

2）夜间施工，坑、洞、井内作业，厂房、道路、仓库、食堂、宿舍、料具堆放场及自然采光差等场所，应设局部照明或混合照明。

3）无自然采光的有限空间，必须装设自备电源的应急照明器（灯具），以便应急状态时操作人员能够顺利安全撤离作业现场。

4）照明系统宜使三相负荷平衡，其中每一单相回路上，照明器（灯具）和插座数量不宜超过25个，负荷电流不宜超过15A，并采用熔断器或自动开关保护。

5）照明器（灯具）端电压正偏移不大于额定电压的5%、负偏移不大于额定电压的10%。

6）携带式变压器的一次侧电源线应采用橡皮绝缘橡皮护套铜芯软电缆，中间不得有接头，长度不宜超过3m。

7）施工现场的照明器（灯具）可分路控制，每路照明支线上连接灯具数不得超过10盏，若超过10盏时，每只灯具上应装设熔断器。

8）照明器（灯具）安装环境具体安全技术要求

①室内照明器（灯具）距地面不得低于2.5m。

②室外碘、钠、铊、铟等金属卤化物光源照明器（灯具），距地面高度不得低于3m，每个照明器（灯具）应单独装设熔断器保护，灯线应固定在接线柱上，不得靠近灯具表面。

9）投光灯应安装牢固，按需要的投射角投射到作业面，避免光污染。

10）移动式照明器（灯具）的末级配电箱内，必须装设额定剩余动作电流 $I_{\triangle n} \leqslant$ 10mA、额定剩余电流分断时间 $T_{\triangle n} \leqslant 0.1$s 的 RCD 保护。

11）照明器（灯具）的电源线缆截面选择安全技术基本要求

① 照明线缆的相线截面，根据不同敷设方式安全载流量必须大于照明负荷计算电流；

② 单相照明线路中，中性导线截面与相线截面相同；

③ 三相四线制照明线路中，当照明器为白炽灯时，中性导线截面不小于相线截面的50%；

④ 三相四线制照明线路中，当照明器电光源为气体放电灯、LED时，中性导线截面按最大负载相的电流选择；

⑤ 在逐相切断的三相照明电路中，中性导线截面与最大负载相相线截面相同；

⑥ 所有现场220V供电照明线路，均应采用三芯线缆，即相线（L）、中性导线（N）、保护导线（PE）；

⑦ 保护接地导体（PE）截面参照本节表4-5确定。

12）照明器（灯具）开关安装安全技术基本要求

① 照明器（灯具）开关宜采用拉线开关控制，灯具相线必须经开关控制，不得将相线直接引入灯具。

② 拉线开关距地面高度为2～3m，与出入口的水平距离为0.15～0.2m，拉线出口向下。

③ 其他开关距地面高度为1.3～1.4m，与出入口的水平距离为0.15～0.2m。

13）特低电压隔离变压器安全技术基本要求

① 特低电压隔离变压器必须采用双绕组隔离变压器，严禁使用自耦变压器。

② 双绕组隔离变压器安装在控制箱内，控制箱正面一次侧采用RCD保护，背面二次侧采用熔断器保护。

③ 照明变压器一次侧电源线应采用三芯橡皮绝缘橡皮护套铜芯软电缆，中间不得有接头，其长度不宜超过3m。

④ 双绕组隔离变压器控制箱必须具备防雨、防砸功能。

14）特低电压行灯照明器（灯具）安全技术基本要求

① 行灯电源电压≤24V，参照《特低电压（ELV）限值》GB/T 3805—2008；

② 灯头与灯体、灯体与手柄应结合牢固，灯头无开关；绝缘良好并耐热、耐潮湿；

③ 电光源外部有金属保护网；

④ 金属网、反光罩、悬吊挂钩固定在灯具的绝缘部位上；

⑤ 相对湿度大于95%的特别潮湿场所、场地积水或泥泞的潮湿环境使用的行灯电压≤12V；

⑥ 特低电压供电的行灯照明器（灯具），电源线应使用橡皮绝缘橡皮护套铜芯软电缆。

15）在建工程及高大机械设备设立在航路上可能影响飞机航行安全或影响车辆通行的，夜间必须设置醒目的红色障碍灯，其电源应引自施工现场总电源开关的进线侧，并应设置外电线路停止供电时的应急自备电源。

（二）顶管施工照明安全技术基本要求

（1）顶管施工管道内的照明灯具采用24V电源供电。

（2）顶管棚及顶管工作坑内的照明必须使用橡皮绝缘橡皮护套铜芯软电缆。

（三）隧道（地铁）照明、应急照明安全技术基本要求

由于隧道（地铁）工程施工现场环境闷湿，加之存在各种大量细微浑浊颗粒烟尘及通风条件不良原因，现场设置的照明器（灯具）电光源照射易形成烟幕散射和反射，照明效果减弱造成从业人员视觉误差和错觉，极易导致生产安全事故。

1.隧道（地铁）正常照明安全技术基本要求

（1）隧道（地铁）内地面照度应≥5lx（勒克斯）。

（2）隧道（地铁）内照明电源引自总配电箱专门RCD回路，分别布设两路线缆配送照明电源，确保相对持续供电、互为备用。

（3）区间照明、区站及隧道（地铁）的正常照明器（灯具）分别交错跳接布置在两路线缆上。

1）当隧道（地铁）一侧敷设照明线路时，两路正常照明器（灯具）应交错跳接设置；

2）当隧道（地铁）两侧敷设照明线路时，正常照明器（灯具）应非对称交错布置，即对侧两个正常照明器（灯具）间距中点设置本侧正常照明器（灯具）。

（4）隧道（地铁）、人防工程、高温、有导电灰尘等场所的照明灯具应采用24V电源供电，电光源宜采用LED灯。

2.隧道（地铁）应急照明和应急疏散指示灯安全技术基本要求

（1）隧道（地铁）工程应急照明和应急疏散指示灯电源可采用专用集中应急电源或采用自备电源（蓄电池）。

（2）隧道（地铁）工程作业区间应急照明电源、灯具设置安全技术基本要求

1）自带蓄电池的应急灯具，现场应实际检查、验证蓄电池最少持续供电时间。

2）隧道（地铁）工程作业区间应布设两路及以上应急照明电源线缆。

3）应急照明灯具与应急照明灯具之间相互跳越布置，应急照明电源分别跳接至相隔的应急照明灯具。

4）隧道（地铁）工程隧道两侧应急照明电源、灯具设置安全技术基本要求

① 除盾构施工外，当隧道条件许可时，正常照明灯具与应急照明灯具可分别设置在隧道两侧；

② 每侧应安装一路电源供给正常照明灯具、一路电源供给应急照明灯具，正常照明灯具、应急照明灯具按顺延长线相互跳越布置；

③ 两侧安装的正常照明灯具沿延长线相互跳越布置，不应面对面设置；

④ 两侧安装的应急照明灯具沿延长线相互跳越布置，不应面对面设置。

（3）隧道（地铁）工程作业场所应急照明的照度不应低于正常工作所需照度的90%，应急疏散指示灯应≥1lx（勒克斯）。

（4）隧道（地铁）工程从地面出口处（不包含垂直距离）至作业面，每间隔≤15m、通道转弯处应设置应急照明；隧道（地铁）工程每间隔≤20m、转弯处必须设置应急疏散指示灯。

（5）隧道（地铁）工程施工应急照明持续时间规定

1）隧道（地铁）工程作业面单向至地面出口处隧道长度≤1000m（包含垂直距离）时，应急照明自备电源（蓄电池或柴油发电机）供电时间应≥60min。

2）隧道（地铁）工程作业面单向至地面出口处隧道长度＞1000m（包含垂直距离）时，至地面出口处（包含垂直距离）供电时间按上条规定执行；隧道长度超过1000m部分，每递加500m长度，按增加供电时间30min考量。

（四）有限空间正常照明和事故应急照明安全技术基本要求

（1）贮罐、压力容器、管道、烟道、锅炉等密闭设备内，地下室、地下工程、暗沟、储藏室、温室、料仓、地下管道、隧道、涵洞、废井、污水池（井）、化粪池及下水道等

地上、地下有限空间，在作业时应设正常照明及应急疏散照明。

（2）有限空间环境照度不小于 1lx（勒克斯）；照明电光源显色指数应达到 80 以上。

（3）有限空间照明器（灯具）防护等级为 IP55；照明器（灯具）表面应及时维护和清洗，避免照明效果下降。

（4）有限空间应急照明应有备用蓄电池，转换时间≤5s，持续供电时间≥30min。

（五）办公区、生活区照明及用电设施设备安全技术基本要求

（1）办公区、生活区用电设施设备元器件必须具备合格证、产品检试验报告、CCC 认证等质量证明文件齐，且齐全有效，经验收，归档。

（2）办公区、生活区宿舍供用电设施安装完成后，必须经专业技术人员及相关人员共同验收，合格后方可投入使用。

（3）生活区、办公区单独设立分配电箱，用电设施设备应装设剩余电流动作保护器（RCD）。

（4）办公区、生活区用电设施设备安全技术基本要求

1）采用油汀电暖器、空调等大容量用电设备时，配电干、支路导线截面、控制电器规格型号、RCD 动作特性及规格型号必须经设计计算，并编制安全技术措施。供电线路，须采用阻燃型保护导管敷设在建筑外檐。

2）办公区、生活区内应设置若干满足从业人员饮用开水、热水需求的公用电加热器；办公区、生活区内严禁使用电水壶、热得快等其他各类大功率电加热器具。

（5）生活区照明安全技术基本要求

1）生活区、办公区单独设立分配电箱，照明用电设施设备应装设剩余电流保护器（RCD）。

2）当地区性规定宿舍照明电源电压必须采用 36V 及以下特低电压（ELV）供电时，电光源和电源应选择：

① 电光源可采用 36V 节能灯、LED、白炽灯；

② 宿舍电光源采用 LED 照明器具安全技术基本要求：

a. 计算 LED 照明器具功率总和，宿舍区分配电箱设置一台或多台 400W 开关电源；

b. 将交流 AC220V 转化为直流 DC12V、DC24V、DC36V；

c. 照明线缆截面经选择计算，直流电源经普通翘板开关控制引入 LED 照明器具。

（6）生活区、办公区专用手机充电设施安全技术基本要求

1）当地方标准规定宿舍区内照明必须采用 36V 特低电压（ELV）供电时，宿舍区内应设置手机 USB 充电接口，满足从业人员手机充电需求。

2）手机 USB 充电接口工作原理

将生活区宿舍 24～36V 照明电源引入墙体预埋 86 盒内，3×USB 手机充电接口面板背面设电源转换模块将 24～36V 经变压、整流至直流 5V。

3）手机 USB 充电接口面板选用原则

① 手机 USB 充电接口面板必须经"CCC"认证、具有产品合格证；

② 手机 USB 充电接口面板模块系统设计必须具有过载、短路保护及手机电池充满后自动切断电源功能。

③ 手机 3×USB 充电接口面板设备及设置要求，见图 4-22、图 4-23。

图 4-22　手机 3×USB 充电接口面积　　　　　图 4-23　手机 3×USB 充电接口面板设备

86 盒接线盒预埋或明装在宿舍内墙体上距地 500mm、距床面 500mm、距桌面 200mm 的适当位置，安装 3×USB 充电接口面板。

4）手机充电 USB 充电接口数，按单间宿舍总人员数的 1/4 配置；根据宿舍内床铺布局，可分散安装手机充电 2×USB 接口或 3×USB 接口面板。

七、外电架空线路安全防护设施（架）安全防护基本要求

（一）外电架空线路安全防护设施（架）安全防护管理基本要求

（1）外电架空线路安全防护设施（架）必须编制施工设计方案，并经过审批程序审批后实施。

（2）外电架空线路安全防护设施（架）搭设前，必须进行安全技术交底。

（3）搭设和拆除外电架空线路安全防护设施（架），必须采取外电架空线路停电措施。作业时必须设置电气工程技术人员和专职安全生产管理人员监护。

（4）外电架空线路安全防护设施（架）搭设材料，必须全部采用绝缘材料，任何部位均严禁采用钢管等导体材料。

（5）外电架空线路安全防护设施（架）搭设完成后，必须进行验收。

（6）当由于现场条件限制，外电架空线路安全防护设施（架）无法搭设时，必须与有关部门协商，采取停电、改变外电线路路由、迁移外电线路或改变在施工程设施设备位置空间等措施，否则严禁施工。

（7）外电架空线路正下方不得建造办公、宿舍等生活设施或堆放构件、架具、材料及其他杂物等。

（二）外电架空线路与设施设备安全距离规定

（1）在建工程（包含脚手架）的周边与架空线边线之间最小安全操作距离应符合表 4-12 的规定

在建工程（包含脚手架）的周边与架空线边线之间最小安全操作距离　　　　表 4-12

外电线路电压等级(kV)	<1	1～10	35～110	220	330～500
最小安全操作距离(m)	4.0	6.0	8.0	10.0	15.0

（2）外电架空线路、线缆与施工现场道路、设施等安全间距不应小于表 4-13 的规定。当施工现场道路设施等与外电架空线路、线缆距离小于规定要求时，必须设置安全防护设施。

外电架空线路、线缆与施工现场道路、设施等的最小安全间距　　　表 4-13

外电架空线路、线缆与现场设施设备安全间距（m）	外电线路电压等级（kV）		
	≤10	≤220	≤500
外电架空线路跨越施工现场道路时，与路面最小垂直间距	7.0	8.0	14.0
施工现场道路沿外电埋地线缆铺设时，路沿距离埋地线缆最小水平间距	0.5	5.0	8.0
外电架空线路与临时建筑物最小垂直间距	5.0	8.0	14.0
外电架空线路边线与临时建筑物最小水平间距	4.0	5.0	8.0
外电架空线路边线与在建工程脚手架最小水平间距	7.0	10.0	15.0
外电架空线路与各类施工机械外沿最小间距	2.0	6.0	8.5
施工现场开挖沟槽边缘与外电埋地电缆沟槽边缘之间的最小间距	0.5	—	—

注：《建设工程施工现场供用电安全规范》GB 50194—2014 第 7.5.3 款规定。

（3）塔式起重机在外电架空线路周边作业的规定

1）塔式起重机严禁越过无防护设施的外电架空线路作业；

2）塔式起重机任何部位与架空输电线的安全距离不得小于表 4-14 的规定。

塔式起重机任何部位与架空输电线间的安全距离　　　表 4-14

外电架空线路电压等级（kV）	垂直最小安全操作距离（m）	水平最小安全操作距离（m）
<1	1.5	1.5
10	3.0	2.0
35	4.0	3.5
110	5.0	4.0
220	6.0	6.0
330	7.0	7.0
500	8.5	8.5

注：《建筑施工塔式起重机安装、使用、拆卸安全技术规程》JGJ 196—2010 第 7.5.3 款规定。

表 4-13 与表 4-14 安全间距数值相异者，参照表 4-13 执行。

（三）外电架空线路安全防护设施搭设规定

1.外电架空线路安全防护设施（架）材料基本要求

（1）杉篙立杆的梢径不应小于 70mm，大头直径不应大于 180mm，长度不宜小于 6m；

（2）杉篙纵向水平杆所采用的杉杆梢径不应小于 80mm，红松、落叶松梢径不应小于 70mm，长度不宜小于 6m；

（3）杉篙连接必须选用 8 号镀锌铅丝材料绑扎，镀锌铅丝严禁重复使用，且不得有锈蚀现象。

2.外电架空线路安全防护设施（架）搭设基本要求

（1）外电架空线路安全防护设施（架）与外电线路之间的安全间距不应小于表4-15的规定。

防护设施（架）与外电线路之间的最小安全距离 表 4-15

外电架空线路电压等级(kV)	≤10	35	110	220	330	500
防护设施(架)与外电架空线路之间的最小安全距离(m)	2.0	3.5	4.0	5.0	6.0	7.0

注：《建设工程施工现场供用电安全规范》GB 50194—2014 第 7.5.4 款规定。

（2）外电架空线路安全防护设施（架）立杆步距≤1.8m，立杆纵向间距≤2.0m，立杆横向间距≤2.0m。

（3）杉篙大头在下，小头朝上；封顶立杆为大头朝上，小头在下，并用双股 8 号镀锌铅丝绑扎。

（4）外电架空线路防护架四周外侧立杆应设置剪刀撑，中间每隔三排立杆应沿纵横方向设置通长剪刀撑，剪刀撑应自上而下连续设置；剪刀撑斜杆底端埋入土内深度不得小于 0.3m。

（5）外电架空线路安全防护设施（架）应坚固、稳定；外电架空线路的防护隔离设施应达到 IP30 防护等级。

（6）立杆垂直偏差应为架高的 3‰，且不得大于 100mm，并不得向外倾斜。

（7）单排架架高不得超过 20m。

（8）双排架架高不得超过 25m，当超过 25m 时，应按《建筑施工木脚手架安全技术规范》JGJ 164—2008 进行设计计算，但总高不得超过 30m。

（9）现场脚手架的上、下斜道不得设在有外电线路的一侧。

（10）外电架空线路安全防护设施（架）搭设完成后，应悬挂醒目的安全警示标志。

> 小贴士：IP 是指设备的防护等级（Ingress Protection），由 IEC（International Electrotechnical Commission）所起草。后面的两位数字分别代表防尘等级和防水等级。外壳防护等级（IP 代码）示例，如 IP30，其中防尘等级 3：防止直径或厚度大于 2.5mm 的固体物、工具、电线材等侵入；防水等级 0：没有保护。

八、现场设施设备防雷安全基本技术要求

（一）雷击的分类及危害

1. 直击雷

直击雷是雷云与大地之间发生的雷电放电现象，当雷云接近地面时，由于感应作用使地面感应出极性相反的电荷，当两者之间电场强度达到一定程度时，闪击直接击中建筑物、构筑物或其他物体，产生电效应、热效应和机械力。

2. 闪电静电感应

当雷云接近地面或高压导线时，将在地面或导线上感应出大量极性相反的电荷，当雷云存在时，这些电荷受雷云电场的束缚，形成静止电荷，当雷云主放电时，先导通道中的

电荷迅速中和，在导体上的感应电荷得到释放，电场消失；如果没有就近泄入地中，导线上原来受到束缚的异性电荷因失去电场束缚，自由电子沿导线向两侧移动，形成高达$500\sim600kV$的电压。对地面导体放电即雷击事件，未放电，导体呈现高电位，随时会发生反击现象，对人的生命安全造成危害。

3.闪电电磁感应

由于雷电流迅速变化在其周围空间产生瞬变的强电磁场，磁场使附近的金属导体、设备、输电线路等感应出很高的电动势。

4.闪电感应

闪电放电时，在附近导体上产生的闪电静电感应及闪电电磁感应，可能使金属部件、导体间产生火花放电。

5.闪电电涌

闪电击于防雷装置或架空线路、电缆线路上以及由闪电静电感应或雷击电磁脉冲引发，表现为过电压、过电流的瞬态波。

6.闪电电涌侵入

由于雷电对架空线路、电缆线路或金属管道的作用，雷电波即闪电电涌可能沿着导线或管道侵入配电室电气系统、屋内，危及人身安全或损坏设备。

（二）施工现场、办公区、生活区的设施设备防雷设防基本原则

（1）当施工现场塔式起重机、龙门架、高大金属脚手架及在建工程高大金属构筑物处于相邻建筑物、构筑物等设施防雷接闪器的保护范围以外时，必须按表4-16的规定采取防直击雷措施。

施工现场、办公区、生活区的设施设备防雷设防高度规定　　　表4-16

地区年平均雷暴日数(d)	机械设备设防高度(m)
≤15	≥50
>15,<40	≥32
≥40,<90	≥20
≥90及雷害特别严重地区	≥12

（2）在土壤电阻率低于$200\Omega\cdot m$区域的电杆，可不另设防雷接地装置，但在配电室的架空进线或出线处应将绝缘子铁脚与配电室的接地装置相连接。防止雷电波侵入及感应雷。

（3）现场最高机械设备的接闪器保护范围可以覆盖其他设施设备且又最后退出现场时，其他设备可不设防雷装置。

（4）安装接闪器的机械设备，所有动力、控制、照明、信号及通信的固定线路，宜采用钢管敷设。钢管与该机械设备的金属结构体应做电气连接。

（5）现场塔式起重机、外用电梯、物料提升机、滑升模板及金属操作平台等高大设施设备，除要设置避雷接地外，还应将供电系统的保护接地导体（PE）做重复接地。同一台用电机械设备的防雷接地和重复接地可共用同一接地体，但接地电阻值必须符合相关用电机械设备安全技术规范要求。不同安全技术规范规定的接地电阻值不一致时，取较小值。

（三）防雷装置安全技术基本要求

防雷装置由接闪器、引下线、接地体三部分组成。

1. 接闪器

（1）高大金属设施设备上的接闪杆（接闪器）长度应为 1～2m。

（2）当施工现场内的塔式起重机、高大脚手架、金属结构、龙门架等金属设施设备通过铰接、铆接、焊接为一整体时，可利用其金属顶端代替接闪杆（接闪器），塔式起重机顶端可不另设接闪杆（接闪器）。

2. 引下线

可利用机械设施设备的金属结构导体作为防雷引下线，但该设施设备的金属结构构件之间应保证电气连接。

3. 接地体

（1）接地体材料要求

接地体应采用热浸镀锌处理的角钢、钢管或圆钢，不得采用螺纹钢。最小允许规格应符合表 4-17 的规定。

<table>
<tr><td colspan="3">钢接地体最小允许规格</td><td>表 4-17</td></tr>
<tr><td colspan="2">种类、规格、单位</td><td colspan="2">垂直金属接地体最小规格</td></tr>
<tr><td colspan="2">热浸镀锌圆钢直径(mm)</td><td colspan="2">14</td></tr>
<tr><td rowspan="2">热浸镀锌扁钢</td><td>截面积(mm²)</td><td colspan="2">90</td></tr>
<tr><td>厚度(mm)</td><td colspan="2">3</td></tr>
<tr><td colspan="2">热浸镀锌角钢厚度(mm)</td><td colspan="2">3</td></tr>
<tr><td colspan="2">热浸镀锌钢管壁厚(mm)</td><td colspan="2">2</td></tr>
</table>

（2）常用垂直接地体接地形式，见图 4-24。

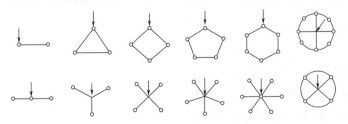

图 4-24　常用垂直接地体接地形式

（3）常用人工垂直接地体接地方法，见图 4-25。

（4）接地体安全技术基本要求

1）接地体顶面埋设深度不应小于 0.7m；

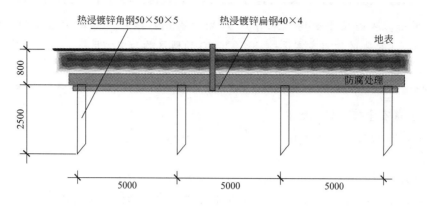

图 4-25　常用人工垂直接地体接地方法

2）圆钢、角钢及钢管接地极应垂直埋入地下，两接地极间距≥5m；

3）接地引下线应采用 2 根及以上导体，在不同点与接地体做电气连接；

4）不得采用铝导体作接地体和接地引下线；

5）接地体可充分利用现场护坡桩内钢筋、护坡锚杆内钢筋及在建工程桩基，基础梁、板、柱内钢筋作自然接地体，但应保证满足接地体特性和热稳定性要求。自然接地体具有 0.5Ω 以下的低阻特性。

（5）接地装置与导体间焊（搭）接长度要求

1）扁钢与扁钢焊（搭）接长度为扁钢宽度的 2 倍，不少于三面施焊；

2）圆钢与圆钢焊（搭）接长度为圆钢直径的 6 倍，双面施焊；

3）圆钢与扁钢焊（搭）接长度为圆钢直径的 6 倍，双面施焊；

4）扁钢与钢管、扁钢与角钢焊（搭）接，应紧贴角钢外侧两面或紧贴 3/4 钢管表面，上下两侧施焊；

5）除埋设在混凝土中的焊接接头外，其他焊接接头应采取防腐处理措施。

> 小贴士：热浸镀锌是指将加工好的钢或铁质元件浸在熔融状态锌里，形成的镀锌层和锌铁合金镀层。

（6）各类接地装置的接地电阻限值规定

1）工作接地电阻值 $R_{工作} \leqslant 4\Omega$；

2）重复接地电阻值 $R_{重复} \leqslant 10\Omega$；

3）防雷接地冲击电阻值 $R_{防雷} \leqslant 30\Omega$；

4）塔式起重机接地电阻值 $R_{塔吊} \leqslant 4\Omega$；

5）综合接地电阻值 $R_{综合} \leqslant 1\Omega$。

（7）接地装置接地电阻值季节影响修正系数

1）水平接地体接地装置的雨季修正系数 φ 值约为 1.1～1.8。

2）垂直接地体接地装置的雨季修正系数 φ 值约为 1.1～1.4。

（8）施工现场从业人员防雷安全基本措施

1）雷雨季节人员要脱离现场突出、高大、独立的建筑物、构筑物，躲避雷电的袭击。

2）雷雨季节在空旷现场施工时，暂时无法躲避时，人要迅速采取双脚并合蹲下姿势。

3）正确判断雷电距离，看到闪电几乎同时听到雷声，说明雷电距离只有340m左右，因为光传导的速度是30万km/s，声音的传导速度是340m/s。340m距离1s瞬间到达。近距离雷电，必须就地采取防护措施，切勿奔跑。

九、施工用电防电击安全技术

（一）电击伤害机理

1.影响电击伤害的因素

（1）人体阻抗大小：主要因素是接触电压、皮肤潮湿程度、人体阻抗、接触面积、接触压力、电源波形和频率。

（2）人体电击效应：主要因素是电流路径、电流强度、电流持续时间及人体阻抗。

（3）人体阻抗与电流的相关性：人体阻抗与电击时电流通过人体或动物躯体引起的生理效应成负相关性，即人体阻抗越大，通过人体或动物躯体电击时电流越小，反之亦然。

2.生理效应界限

感知、反应、疼痛、灼伤、摆脱、麻痹、心脏纤维性颤动。

3.电击生理效应

（1）不论直接接触电击还是间接接触电击，电流通过人体或动物体表层都会造成人体表面的伤害。

（2）当电流流经人体或动物体内部时，直接造成人体内部组织、器官的伤害，使肌肉产生非自主痉挛性收缩、痉挛、心颤、心脏骤停、呼吸停止直至死亡。

（3）电击电流持续时间与人体电流的关系，见图4-26。

4.电击生理效应致死因素

（1）心脏受到电击，心室纤维性颤抖生理效应；

（2）心脏受到电击，心室纤维性心肌麻痹生理效应取决于通电电流的大小；

（3）心脏受到电击，心室纤维性心肌麻痹生理效应取决于通电时间的长短。

（二）电击类型

1.直接接触电击

直接接触电击：人体某部位直接触及某相带电体，人体另一部位与大地接触构成电击回路引起的人体电击。

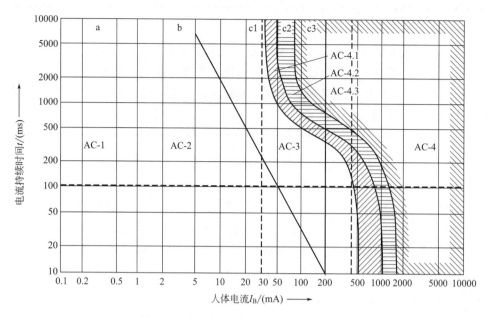

图 4-26　电流持续时间与人体电流的关系

（1）单相电击：人体某一部位触及某相带电体，人体另一部位与大地接触构成电击回路。

（2）两相触电：人体两个不同部位触及两相带电体，人体两个不同部位在相与相之间作为负载构成电击回路。

2.间接接触电击

间接接触电击：电气绝缘损坏发生接地故障，电气装置可接近导体及接地点周围出现对地故障电压而引起的人体电击。

（1）接触电压电击：因电气绝缘损坏发生接地故障，使设备出现故障电压，使可接近导体装置带电，人员某一部位与大地绝缘接通，人体另一部位接触可接近导体装置而发生接触电压电击。

（2）跨步电压电击：带电体接地处有较强电流流入大地时，电流通过接地体向大地作半球状流散，并在接地点周围地面产生相应的电场，在电场作用范围内，若人体双足分开站立，则施加于两足的电位不同而存在电位差，电位差即为跨步电压。人体触及跨步电压而造成的电击，即为跨步电压电击。

3.与带电体的距离小于安全距离的电击

高压带电体与人体之间的空气间隙小于一定距离时，气体被击穿，带电体对人体放电，并在人体与带电体间产生电弧，高温电弧灼伤或电击人体。

（三）防范电击主要安全技术

1.绝缘安全防范技术

（1）概念

绝缘防护是将带电导体采用绝缘材料封护或隔离，在确保电气设备及线路正常工作的同时，防止人体接触带电导体。

（2）作用

采用线缆的外层绝缘、变压器油绝缘、包扎裸露线头绝缘等，保障设备可靠运行和人身安全。

（3）方式

良好的绝缘性能来自优质的绝缘材料、正确的绝缘措施。

小贴士：基本绝缘、附加绝缘、双重绝缘和加强绝缘

1. 基本绝缘（工作绝缘）

位于带电体与不可触及金属件之间的绝缘；作用是保证正常工作和防止电击现象发生。

2. 附加绝缘（保护绝缘）

位于不可触及金属件与可触及金属件之间的绝缘，在基本绝缘之外使用的独立绝缘；作用是保证正常工作和当基本绝缘损坏或击穿时，防止电击现象发生。

3. 双重绝缘

同时具有基本绝缘和附加绝缘的绝缘。

4. 加强绝缘

加在带电部件上的一种单一、不能够拆分的绝缘系统，提供相当于双重绝缘的防电击保护等级。如：一般电器产品的塑胶外壳。

2. 间距安全防范技术

（1）概念

安全间距防护是指带电导体与地之间、带电导体与金属设备和设施之间、带电导体与带电导体之间的安全距离。

（2）作用

安全间距防护是防止直接电击的安全措施，同时也是防止短路、故障接地等电气事故的安全措施。

（3）方式

不同电压等级、不同设备类型、不同安装方式、不同周围环境的安全间距要求不同，在满足安全要求的同时，也要符合人机工程学的要求。

3. 屏障安全防范技术（简称屏护）

（1）概念

屏护是防止直接电击的安全措施，同时也是防止短路、故障接地等电气事故的安全措施。

（2）作用

屏护是采用遮栏、护栏、护盖、箱盒等方式将带电导体与外界进行隔离，防止人体接触或接近带电导体。

（3）方式

1）永久屏护方式：永久屏护是完全防护，采用护盖、箱盒等方式将带电导体与外界完全隔离。

2）临时屏护方式：临时屏护是不完全防护，使用临时屏护装置和临时设备的屏护装置，只能防止人体无意识触及或接近带电体，而不能防止有意识移开、绕过或翻过障碍触及或接近带电体。

（4）场合

安全屏护主要用于电气设备不便于绝缘或绝缘不足以保证安全的场合。如开关电器的可动部分，不论绝缘程度，均应采用安全屏护装置。

4.特低电压（ELV）安全防范技术

（1）特低电压标准

《特低电压（ELV）限值》GB/T 3805—2008规定，环境状态1、2、3的电压限值分别为0V、16V、33V。见表4-18。

静态交流电压限值（15～100Hz）　　　　　表4-18

环境状态	限值（V）					
	正常（无故障）		单故障		双故障	
	交流	直流	交流	直流	交流	直流
环境状态1：人体浸没条件下，皮肤阻抗和对地电阻均忽略不计	0	0	0	0	16	35
环境状态2：潮湿条件下，皮肤阻抗和对地电阻降低	16	35	33	70	不适用	
环境状态3：干燥条件下，皮肤阻抗和对地电阻不降低	33	70	55	140	不适用	
环境状态4：电焊、电镀等特殊状况	特殊应用					

对接触面积小于1cm²的不可握紧部件，电压限值分别为66V和80V。

可握紧部件：当足够大的电流流经一个部件传到手时，造成手部肌肉收缩而无法摆脱

（2）特低电压

特低电压是在一定条件下，任意两个导体之间都不得超过的电压值，一定时间内不危及生命安全。具有特低电压的设备属于Ⅲ类设备。

（3）安全隔离变压器

1）安全隔离变压器作为特低电压的电源。

2）安全隔离变压器的一次380V/220V侧与特低电压侧间保持电气隔离；一次侧应与特低电压侧保持双重绝缘水平。

3）一次380V/220V侧电压回路与特低电压侧回路，不得有电气回路连接。

4）安全隔离变压器的特低电压侧和二次边均应装设短路保护元件。

5）特低电压的插座不得与一次边380V/220V侧电压回路的插座有插错的可能。

（4）废止特低电压标准

《安全电压》GB 3805—1983和《特低电压（ELV）限值》GB/T 3805—1993的安全序列电压交流50V、42V、36V、24V、12V、6V一同废止。

小贴士：众所周知交流50V及以下系列电压在中国被称作安全电压，由于作业环境不同，电击伤人事件时有发生，安全电压并不安全。标准对此种电压不称作安全电压而称作特低电压。

5.剩余电流保护装置安全防范技术

（1）剩余电流保护装置的功用

1）剩余电流保护装置用于预防直接接触电击和间接接触电击。

2）剩余电流保护装置用于预防接地故障引起的电气火灾，监测接地故障产生的剩余电流。

> 小贴士：剩余电流保护装置：包括剩余电流保护器、剩余电流保护功能断路器、移动式剩余电流保护装置、剩余电流火灾监控系统、剩余电流继电器及组合电器等。

（2）剩余电流保护装置按剩余电流直流分量动作特性分类

依据《家用和类似用途的不带和带过电流保护的 B 型剩余电流动作断路器》（GB 22794）（IEC62423）规定，根据剩余电流直流分量界定，将剩余电流保护装置动作特性分为 AC、A、B 三类，见表 4-19。

根据剩余电流直流分量界定，剩余电流保护装置动作特性分类　　　　表 4-19

剩余电流保护器类型	AC（通用交流型）	A（交流和脉动直流型）	B（全电流型）	
脱扣动作特性	对突然施加或缓慢上升的剩余正弦交流电流确保脱扣	对突然施加或缓慢上升的正弦交流剩余电流和脉动直流剩余电流确保脱扣	对突然施加或缓慢上升的全部剩余电流类型确保脱扣	
剩余电流类型	工频正弦交流剩余电流	工频正弦交流剩余电流脉动直流剩余电流脉动直流剩余电流叠加平滑直流剩余电流	1000Hz 及以下正弦交流剩余电流交流剩余电流叠加平滑直流剩余电流脉动直流剩余电流叠加平滑直流剩余电流两相或多相整流电路产生的脉动直流剩余电流、三相供电平滑直流剩余电流	
设备类别	纯阻性负载电动机	纯阻性负载电动机交流整流设备照明调光设备电子控制设备	纯阻性负载　　　　电动机交流整流设备　　直流充电设备照明调光设备　　变频调速设备电子控制设备　　交流滤波设备	

> 小贴士：剩余电流保护装置（RCD）检测的剩余电流，包括对地短路电流、电容电流、谐波电流及杂散电流等。

（3）剩余电流保护器（RCD）工作原理

剩余电流保护器脱扣器一般分为两种形式，一种是电子式脱扣，另一种是电磁式脱扣。

1）RCD（电子式）

① RCD（电子式）结构组成

a.检测元件：剩余电流互感器检测到剩余电流时，输出剩余电流信号至判别元件。

b.判别元件：以剩余电流保护器 IC 为中间机构，将剩余电流信号进行处理、比较、判别，当剩余电流达到预定值，输出执行信号至执行机构。

c.执行机构：执行元件收到执行信号指令，驱动机械主开关由闭合状态转换到脱扣断开状态，切断电源。

d.试验装置：试验装置由试验按钮、限流电阻组成，模拟产生剩余电流，达到检验 RCD 的完好性、可靠性目的。

② RCD（电子式）工作原理

RCD（电子式）工作原理基于基尔霍夫电流定律，电路中任一节点电流的代数和等于零。

a.电路处于正常状态

RCD（电子式）的剩余电流互感器一次侧电路剩余电流矢量和等于零，剩余电流互感器磁芯中产生的磁通矢量和也为零，二次线圈中没有电压输出，RCD（电子式）主开关闭合，保持正常供电。

b.电路处于故障状态

当电路中发生人身电击、设备绝缘损坏、接地等故障时，RCD（电子式）的剩余电流互感器一次侧电路剩余电流矢量和不等于零，剩余电流互感器磁芯中产生的磁通矢量和也不为零，二次线圈输出剩余电流信号，经剩余电流保护器 IC 对剩余电流信号进行处理、比较、判别，当电路中剩余电流达到预定值时，执行元件驱动机械主开关由闭合状态转换到脱扣断开状态，切断电源或报警装置发出报警信号。见图 4-27。

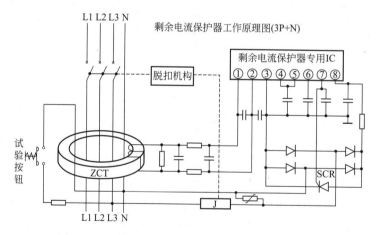

图 4-27　剩余电流动作保护器工作原理图（3P＋N）

③ RCD（电子式）的优点

灵敏度高（可到 5mA）、整定误差小、制作工艺简单、成本低。

④ RCD（电子式）的不足

晶体管承受冲击能力较弱，抗环境干扰差；

电子放大器需要辅助工作电源转换为十几伏的直流电源，使剩余电流动作特性受工作电压波动影响；当辅助工作电源主电路缺相时，RCD 将失去保护功能。

> 小贴士：剩余电流互感器是 RCD 的核心元件之一，磁芯材料的优劣决定 RCD 工作稳定性和灵敏度，因此，磁芯材料应采用优质交流磁导率的坡莫合金及坡莫合金粉芯材料，确保正常磁化曲线稳定。

2）电磁脱扣型剩余电流保护器（RCD）

① RCD（电磁式）工作原理

以电磁脱扣器作为中间机构，当出现剩余电流时，驱动脱扣机构，断开电源。

② RCD（电磁式）的优点

RCD（电磁式）具有抗过电流和过电压冲击干扰能力性强，不需要辅助电源、零电压和断相后的剩余电流保护特性不变的特点。

③电磁脱扣型剩余电流保护器（RCD）的不足

制造工艺复杂、成本高。

> 小贴士：施工现场用电环境比较复杂，中性线离断现象时有发生，施工现场用电安全防护应优先采用更为保险的电磁脱扣型 RCD。电子式 RCD 电源中性线发生离断或接地故障残压过低时，电子式 RCD 将拒动，失去预防电击的保护功能。

（4）RCD 安装、使用安全技术基本要求

1）RCD 应按产品说明书的要求安装、使用，定期检查维护并记录。

2）TN 接地形式，根据用电负荷和线路具体情况需要，分为两级或三级保护，各级剩余电流动作保护器的动作电流值与动作时间参数应协调配合，实现动作选择性分级保护功能。

3）固定式用电设备每天使用前，应进行一次 RCD 按钮模拟试验，脱扣动作正常方可投入使用。

当 RCD 模拟试验出现拒动（拒绝动作）、误动（误动作）故障时，应查明原因，清除故障或更换，严禁强行送电。

4）RCD 出现拒动（拒绝动作）、误动（误动作）故障时，应及时更换或送专业单位维修；修理后的 RCD 必须进行技术参数检测及型式检验，没有经过型式检验的 RCD 不得使用。

5）配电系统中不得使用额定技术参数可调式 RCD。

6）RCD 检测安全技术基本要求

① RCD 初次安装、重复安装后使用前，应采用剩余电流动作保护器检测仪对 RCD 的剩余动作电流、分断时间参数进行检测并记录。

② 连续使用的 RCD，每月进行不少于一次参数检测，技术参数必须符合规定要求，方可继续使用；RCD 实时检测的技术参数值应与初始安装检测技术参数值进行比较分析，掌握其内在质量参数变化状态。

③ 当末级配电箱 RCD 参数检测值为剩余电流动作值 $I_{\triangle n}=30\text{mA}$、分断时间值 $T_{\triangle n}=100\text{ms}$ 时，为确保安全，应及时更换临界状态的 RCD 或缩短检测间隔。

小贴士：通常 RCD 出厂剩余电流动作值设定在 $16\sim29\text{mA}$ 范围内；出厂分断时间值设定在 $30\sim90\text{ms}$ 范围内。

（5）RCD 选用、安装、验收安全技术基本要求

1）RCD 动作特性选用基本技术要求

① 剩余电流动作保护器（RCD）产品的额定剩余电流动作系列值 $I_{\triangle n}$：

6mA、10mA、30mA、50mA、100mA、300mA、500mA、1A、3A、5A、10A、20A、30A 共 13 个等级。

② RCD 灵敏度分级

$a.$ 低灵敏度 RCD，$I_{\triangle n}\geqslant1000\text{mA}$，用于电气设备或线路因绝缘损坏形成接地故障引起的电气火灾或监视相地故障。

$b.$ 中灵敏度 RCD，$I_{\triangle n}=30\sim1000\text{mA}$，用于防止人身电击事故及电气设备或线路因绝缘损坏形成接地故障引起的电气火灾。

$c.$ 高灵敏度 RCD，$I_{\triangle n}\leqslant30\text{mA}$，用于防止人身电击事故。

③ RCD 选用原则

$a.$ 预防直接接触电击必须采用 $I_{\triangle n}\leqslant30\text{mA}$ 的高灵敏度的 RCD（见图 4-28）。

$b.$ 预防间接接触电击可以采用 $I_{\triangle n}=30\sim1000\text{mA}$ 的中灵敏度的 RCD（见图 4-29）。

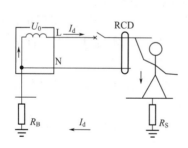

图 4-28　高灵敏度 RCD

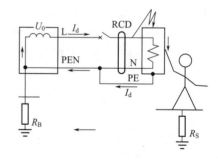

图 4-29　中灵敏度 RCD

$c.$ 预防电气设备和线路绝缘损坏形成接地故障引起的电气火灾，可采用接地故障电流超过预定值，自动声光报警或自动切断电源的剩余电流动作保护器（RCD）。

2）RCD 安装安全技术基本要求

① 安装前，应进行 RCD 的标称额定电压、额定电流 I_n、短路通断能力、额定剩余动作电流 $I_{\triangle n}$、额定剩余动作电流分断时间 $T_{\triangle n}$ 以及额定剩余不动作电流 $I_{\triangle n0}$ 参数检查，确保符合设计及规范要求。

② 在 TN 系统中，安装 RCD 要严格区分中性导体（N）和保护接地导体（PE），保护接地导体（PE）严禁接入 RCD。

③ 在 TN 系统三相四线中，中性线应接入 RCD，经过 RCD 的中性导体（N）不得重

复接地或接设备外露可导电部分。

④ RCD 接线方法应正确，以免误动或拒动。RCD 正确接线方法，见图 4-30。

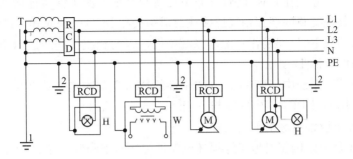

图 4-30 独立变压器 TN-S 供电系统

T—变压器；1—工作接地；2—重复接地；RCD—剩余电流动作保护器；W—电焊机；H—照明器；M—电动机

⑤ 塔式起重机等大型用电设备由旋转、升降、变幅、行走等多个系统组合而成，每个系统的配电、控制线路、用电设备均存在或多或少的正常泄漏电流，使用多年的陈旧电气设备尤甚；当多个电气系统正常泄漏电流的累加值大于 16mA 及以上时，大型多系统用电设备末级配电箱内的 RCD 动作可能是正常的，因为 RCD 出厂技术参数通常设定在 16～29mA 范围内。

正常泄漏电流的累加值≥16mA 且＜25mA 时，大型多系统用电设备末级配电箱内的 RCD 剩余电流动作特性参数可选用规格系列值 50mA。

大型多系统用电设备末级配电箱选用动作特性 50mA 的剩余电流动作保护器，需注意以下两点：

a. 防护直接接触电击事故时，按规定应选用一般型（无延时）、额定剩余动作电流 $I_{\triangle n}$≤30mA 的剩余电流动作保护器。

b. 动作特性参数为 50mA 的 RCD，使用前须经剩余电流动作保护器检测仪检测，动作特性参数应符合制造标准要求。

3）RCD 安装验收安全技术要求

① RCD 安装后使用前，必须检验剩余电流保护装置的动作特性，在运行中应定期检验其动作特性变化，RCD 动作特性参数必须符合下列规定：

a. 测试 RCD 额定剩余动作电流 $I_{\triangle n}$。剩余动作电流 $I_{\triangle n}$ 测试值应大于 1/2 额定剩余动作电流 $I_{\triangle n}$，否则判定 RCD 为不合格，以免频繁误动或越级跳闸等后果。

b. 测试 RCD 额定剩余电流分断时间 $T_{\triangle n}$。

② RCD 带电源或荷载线路分、合三次，不得误动作。

③ RCD 试验按钮模拟试验三次，必须准确分断。

④ 采用相地试验电阻对 RCD 试验三次，必须灵敏、准确分断，方可投入使用。

（6）RCD 误动作、拒动作主要原因分析和对策

RCD 误动作、拒动作是安全生产重大隐患，且 RCD 拒动作危害后果远大于误动作。要重点从线路连接方式、线路及用电设备绝缘水平、RCD 本体质量、配电系统等方面查找原因并防范。

1）RCD误动作主要原因分析和对策

① RCD人为接线错误误动作

a.原因：在TN系统中，RCD后方的中性线与其他电源中性线连接或接地，或RCD出线侧的相线与其他支路的同相相线连接或负荷跨接在RCD电源侧和负载侧等RCD人为接线错误，可能造成RCD误动作；配电系统中性线未与相线一同经过RCD，后续安装使用单相用电设备时，RCD误动作。

b.对策：在TN系统中，RCD后方的中性线应避免与本电源或其他独立电源中性线连接或接地；采用四极RCD，中性线与三相线一同经过RCD。

② 线缆、设施设备绝缘水平低误动作

a.原因：RCD出线侧相对地绝缘损坏或对地绝缘水平降低，导致RCD误动作。

b.对策：加强线缆、用电设备绝缘检测，绝缘水平应符合安全技术规范要求。

③ 使用条件不当误动作

a.原因：环境温度、相对湿度、机械振动等超过RCD设计条件时可造成其误动作。

b.对策：安装使用RCD的环境条件应符合产品设计说明书的要求。

④ 外磁场干扰误动作

a.原因：当线缆、用电设备绝缘电阻测量分别≥0.5MΩ时，附近存在流经大电流导体、导磁体及磁性元件时，可能在剩余电流互感器铁芯中产生附加磁通量，导致RCD合闸后无前兆脱扣误动作，原因是RCD屏蔽设计制造缺陷，造成抗干扰性能低。

b.对策：安装使用品牌RCD和合格RCD，去除RCD周围干扰源。

⑤ RCD质量低劣误动作

a.原因：由于RCD元器件质量差或装配质量差，RCD工作可靠性和稳定性降低，导致误动作。

b.对策：安装使用品牌RCD和合格RCD。

⑥ 其他RCD误动作形式和对策

a.形式：冲击过电压误动作、非同步合闸误动作等。

迅速分断低压感性负载时，可能产生20倍左右额定电压的冲击过电压，冲击过电压将产生较大冲击泄漏电流，导致快速型剩余电流动作保护器误动作。

b.对策：分别采用延时性RCD、同步合闸装置等。

2）RCD拒动作原因分析和对策

① 原理性拒动作

a.原因：RCD不具备电路相间短路或相对N线短路故障造成的电击、电气火灾事故等保护功能。RCD质量良好、安装正确情况下，当人身不同肢体两端同时接触被保护电路相导体-中性导体、相导体-相导体时，人身相当于一个用电负载，人体电击电流大部分通过相导体-中性导体、相导体-相导体形成回路；人体与大地接触形成的回路阻抗较大，导流至大地的电流极少，剩余电流互感器磁通量极少，因此RCD拒动或大概率拒动，RCD不起保护作用。

b.对策：建筑电工应严格按照安全操作规程操作，避免直接接触电击现象发生；即便在停电状态下，不论三相还是单相用电设备电源接续，线缆、控制电器端子接续时应采用单根导线分别连接方法，即避免左手持一根导线，右手操作连接另外一根导线的方式。

② 非线性荷载原理性拒动作

a.原因：当现场使用变频器、交流整流器等电气控制设备及用电设施设备时，电气系统内不仅存在交流剩余电流，还存在整流后的脉动直流剩余电流、调相调压脉动直流剩余电流、调频控制脉动直流＋平滑直流复合剩余电流等。

目前施工现场普遍使用针对交流剩余电流有效保护的 AC 型 RCD，但其对变频调速、整流等设备不能进行有效保护，主要有两个原因：

一是 AC 型 RCD 采取半波交流剩余电流进行鉴别，对 50％的半波交流剩余电流不能进行有效保护。

二是 AC 型 RCD 采用低磁通交流互感器，由于磁通和磁滞因素，具有低频剩余电流，普通交流互感器容易磁饱和、二次输出电流大；高频剩余电流，磁通小，二次输出电流小的特点。因此低磁势产生的剩余电流和直流剩余电流使交流互感器二次侧产生的剩余电流很小或相位移动，导致不能鉴别，因而线路故障状态下，不能进行有效的保护。

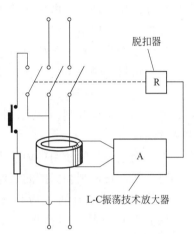

图 4-31　B 型 RCD 原理示意图

b.对策：变频调速、整流等设备故障时，采用 B 型 RCD 进行保护。

B 型 RCD 工作基本原理是通过高磁通铁芯材料、零磁通补偿技术、L-C 振荡技术放大二次电流，驱动电磁脱扣器，见图 4-31。

③ RCD 动作特性参数选择不当拒动作

a.原因：RCD 剩余动作电流参数选择过大，导致 RCD 拒动作。

b.对策：RCD 动作特性参数选择严格遵守相关安全技术规范。

④ RCD 产品质量低劣拒动作

a.原因：RCD 断路器脱扣元器件质量不合格、故障、损坏等缺陷造成 RCD 拒动作。

b.对策：安装使用品牌 RCD 和合格 RCD，建筑电工班前进行模拟试验、定期动作特性参数检测，发现拒动作现象应及时更换。

⑤ RCD 接线错误拒动作

a.原因：RCD 人为接线错误拒动作。

b.对策：安装时，须严格按照 RCD 技术说明书及供配电系统和用电设备正确接线。

⑥ 电力变压器中性点断路 RCD 拒动作

a.原因：TT 系统中的变压器中性点接地线断开时，按 RCD 的试验按钮时，试跳正常；相对地短路（即单相触电事故）时 RCD 拒动。根据试验按钮工作接线原理可知，试验按钮仅能检测 RCD 本身是否正常，而变压器中性点的接地线断开后，短路故障电流回路无法行经可接近导体、保护性线路、大地到电力变压器，剩余电流互感器无剩余电流产生，RCD 不会驱动脱扣机构分断。

b.对策：RCD试跳正常的情况下，定期检查，确保电力变压器中性点与接地装置连接可靠。

6.等电位安全防范技术

为防止电气装置间接接触电击和接地故障引起的爆炸和火灾，通过等电位连接降低间接接触电击的接触电压和不同金属物体间的电位差，并消除经电气线路和各种金属管道引入的危险故障电压。

作为重要的用电安全防范技术在建筑电气工程领域得到广泛应用，虽然在施工现场采用较少，但洗浴间等处所可借鉴局部等电位工作原理，在结构外露可导电部分与电气装置外露可导电部分之间或人体四肢最大伸展范围内所有外露可导电部分，均采用BVR-4mm²导线相互连接，使其间电位相等或电位差趋近于零。

7.连锁安全防范技术

连锁安全防范技术包括机械连锁和电气连锁两种形式。

（1）机械连锁指电气设备本体的机械传动部分进行控制，也称硬闭锁。

（2）电气连锁指电气设备二次线路连锁控制，通过接触器上的辅助触点通过电气连接，使电气设备相互制约形成连锁，来满足两个及以上接触器不能同时动作或延时动作，也称软闭锁。

根据用电设备的使用环境、用途及工作需要，通过机械连锁、电气连锁的合理利用，达到对电气设备控制和保护的工作需要。

如配电柜的"五防"应用：防止误分、误合断路器；防止带负荷拉、合隔离开关；防止带电（挂）合接地（线）开关；防止带接地线（开关）合断路器；防止误入带电间隔。

十、施工用电防火安全技术基本要求

（一）施工用电火灾发生的主要原因

（1）电气动力设备、线路过负荷

电气动力设备、线路设计和使用不合理，过负荷工作电流长期超过导线的安全载流量，加上保护装置参数选择不当，导致导线持续发热，绝缘损害燃烧。

（2）电气动力设备、线路短路

由于电气线路、设备导体安全间距不足或绝缘老化、破损、受潮导致绝缘水平低下等原因，造成短路，短路电流转换为热能，产生电弧或温度骤升。

（3）导体间接触电阻

导体（线）间、导体（线）与设备接线端、导体（线）与开关设备接触不良导致接触电阻增大，进而引起接触点氧化，恶性循环导致接触点过热燃烧。

（4）处于易燃易爆环境的电气设备，因电火花引燃易燃易爆物品。

（5）变压器、电动机等电气设备故障

变压器、电动机等电气设备制造质量不良、长期过负荷、线圈匝间短路、铁芯涡流过大等故障引起火灾或爆炸。

（6）电热源违规使用及电光源安装不当

违规使用电热毯、热得快、电炉子等明火高温电热器具；大功率电光源、高发热量照明灯具与可燃易燃物隔热间距过小引起火灾。

（7）电弧、电火花火灾

交直流焊机电弧、点焊机的电火花引燃可燃易燃物火灾。

（8）雷击火灾

1）直击雷：雷直接击中建筑物、构筑物或其他物体，产生热效应造成火灾。

2）闪电感应：当雷云主放电时，在附近导体上产生的闪电静电感应及闪电电磁感应，可能使金属部件、导体间产生火花，导致易燃易爆物品发生火灾和爆炸事故。

（二）施工用电防火措施

（1）合理选择电气控制设备，保护整定值与负载相对应。

（2）规范导体连接工艺和方法，降低接触电阻。

（3）电气设备、线缆绝缘强度检测值应符合安全技术规范规定。

（4）高发热电光源照明器具应与可燃易燃物品保持安全距离或隔离。

1）荧光灯的镇流器不得安装在易燃结构物上；不符合安全距离规定时，应采取隔离措施。

2）普通照明器具与可燃易燃物品的距离不得小于300mm。

3）碘钨灯等高发热照明器具与可燃易燃物品的距离不得小于500mm，且不得直接照射易燃物。不符合安全距离规定时，应采取隔热措施。

（5）充油电气设备、控制设备做好防渗、防漏。

（6）误操作连锁安全装置齐全有效，避免误动作。

（7）施焊现场不得堆放易燃易爆物品，保持10m以上安全防火间距或采用耐火材料和设施隔离。

（8）现场各级配电箱内不得放置任何杂物。

（9）防雷安全技术基本措施

1）现场临时设施设备、高大金属塔架等，严格按防雷规范规定设置接闪器、引下线及接地装置。

2）电源进线应采取雷电波侵入措施。

电源线路进入现场配电室前，应全线埋地敷设或距建筑物15m处采用铠装电缆段或无铠装电缆穿钢管埋地引入，将电缆金属外皮、钢管等在进出建筑物处与接地装置相连接。

（三）电气火灾扑救安全技术基本要求

1.电气火灾断电灭火

电气火灾发生后，电气设备的绝缘损坏或带电体断落而形成接地或短路，在局部区域范围内可能出现带电现象，存在着危险的接触电压和跨步电压，所以电气火灾必须先断电后灭火。

（1）切断电源应按规定的操作程序进行，切断带电架空线路导线时，切断点应选择在电源侧的支持物附近，以防导线断落后触及人体或造成短路。剪断导线应使用有绝缘手柄的电工钳。

（2）切断电源的操作人员须戴绝缘手套、穿绝缘靴采用绝缘工具切断电源。

（3）切断低压三相电源多股线缆时，应错开位置分别切断不同相线、中性线等，防止短路电弧伤人事故发生。

（4）在剪断电源时，如果线路带有负荷，应先切除负荷，再切断电源。

（5）夜间扑救电气火灾应提供照明，以利于火灾扑救。

2.电气火灾非断电灭火

情况危急时，可能暂时无法切断电源，为了控制火势，须带电灭火，带电灭火注意事项如下：

（1）电气火灾灭火必须使用非导电灭火介质的灭火器，如二氧化碳、四氯化碳和干粉等灭火器，不得使用水或泡沫灭火器。

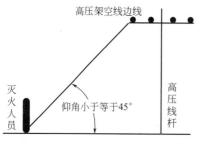

图4-32 扑救架空线路火灾时的要求

（2）电气火灾灭火时应戴绝缘手套，与带电部分保持足够的安全距离。

（3）高压电气设备或线路发生接地时，室内扑救人员距离故障接地点不得小于4m，室外不得小于8m，进入上述范围的扑救人员应穿绝缘靴、戴绝缘手套。

（4）扑救架空线路火灾时，人体与带电导体之间的仰角不大于45°，并站在线路外侧，防止导线断落后触及人体，危及灭火人员的安全。见图4-32。

3.旋转电动机灭火

（1）扑救旋转电动机火灾可采用二氧化碳、干粉灭火器；

（2）严禁采用水流直接喷射扑救旋转电动机火灾，防止轴承变形；

（3）严禁采用干沙扑救旋转电动机火灾，防止损坏旋转电动机。

十一、施工用电生产安全事故防控技术措施专家要点提示

（1）施工用电组织方案应经企业内部相关部门交叉优化审核，必须严格履行"编制、审核、审批、批准"程序；施工用电组织方案由电气工程技术人员组织编制，经具有法人资格企业的技术负责人审批及项目监理工程师批准；在实施前必须进行书面交底；实施后必须按分部、分项、分段进行验收，验收合格方可投入使用。

（2）建筑电工等特种作业人员必须按照国家有关规定经专门的安全作业培训，取得相应资格，方可上岗作业。

（3）施工现场供配电系统、用电设备设计安装，必须符合施工用电组织方案及安全技术规范要求。

（4）施工现场供、配、用电设施设备预防电击和电气火灾事故，要以绝缘、屏护、间距安全技术措施为主，保护接地导体（PE）、RCD、等电位等安全技术措施为辅。

（5）定期检查检测RCD动作特性参数、供配电系统接地装置接地电阻值、用电设施设备和线缆的绝缘电阻水平，确保符合施工用电组织方案及安全技术规范要求。

（6）施工现场供、配、用电设施设备电气元器件、线缆等必须符合国家相关制造标准规定，质量证明文件真实、齐全。

（7）确保施工现场供、配、用电设施设备的安全保护装置齐全有效，要根据不同季节、不同施工阶段排查生产安全事故隐患，要定人、定措施、定整改时间及时排除

隐患。

第三节 钢管脚手架、模板支架等设施安全生产科学技术

一、钢管脚手架、模板支架等设施安全管理基本要求

(一) 施工单位安全管理基本要求

(1) 施工单位应建立健全钢管脚手架、模板支架等设施安全生产管理制度、责任制。

(2) 明确租赁单位、安装单位、使用单位责任主体；按规定配备专职安全生产管理人员负责钢管脚手架、模板支架等设施搭设安全管理工作。

(3)《钢管脚手架、模板支架等设施使用安全生产管理协议》基本要求：

1) 两个以上施工单位在同一作业区域内进行生产活动，可能危及对方生产安全的，施工总承包单位与分包单位必须签订《钢管脚手架、模板支架等设施使用安全生产管理协议》。

2)《钢管脚手架、横板支架等设施使用安全生产管理协议》应明确各自钢管脚手架、模板支架等设施使用安全生产管理权利、义务、责任和应当采取的安全技术管理措施。

3) 分包单位应服从总承包单位关于钢管脚手架、模板支架等设施的管理规定。

4) 总承包单位应按规定对分包单位实施监督管理，并指定专职安全生产管理人员进行安全检查与协调。

(4) 施工单位应当书面告知钢管脚手架、模板支架等设施安拆、操作、使用人员在安全生产方面的权利和义务；如实告知作业场所和工作岗位存在的危险因素、防范措施以及事故应急处理措施。

(5) 施工单位应对钢管脚手架、模板支架等设施使用人员进行安全生产教育和培训，确保从业人员掌握钢管脚手架、模板支架等设施的相关安全生产基本知识、安全生产规章制度、安全操作规程性能及本岗位的安全操作技能，考核合格后，方可上岗作业。

(6) 按规定配备专职安全生产管理人员负责施工现场钢管脚手架、模板支架等设施安全生产工作。

(7) 施工单位必须为安拆、使用钢管脚手架、模板支架等设施的作业人员提供符合国家标准或行业标准的防滑鞋、手套等劳动防护用品，并监督、教育从业人员按照规定正确佩戴、使用劳动防护用品。

(8) 钢管脚手架、模板支架等设施上，必须设置明显的警示标志。

(9) 施工单位应在钢管脚手架、模板支架等设施的明显部位悬挂安全操作规程和岗位责任标牌。

(10) 脚手架在使用期间，预见到强风天气所产生的风压值超出设计风压值时，对架体应采取临时加固措施。

(11) 搭拆钢管脚手架、模板支架等设施作业时，必须设置警戒区域、警示标志，并应派专人看守，严禁非作业人员入内。

（12）对钢管脚手架、模板支架等设施重大危险源应当登记建档，进行定期检测、评估、监控。

（13）钢管脚手架、模板支架等设施应进行经常性检查和维护，架体上的建筑垃圾或杂物应及时清除。

（二）钢管脚手架、模板支架等设施专项安拆方案安全管理基本要求

（1）施工单位必须组织编制钢管脚手架、模板支架等设施专项安拆方案。

（2）钢管脚手架、模板支架等设施专项安拆方案安全基本要求

1）钢管脚手架、模板支架等设施的承载能力应按《建筑施工扣件式钢管脚手架安全技术规范》JGJ 130—2011 的要求设计计算。

2）承载能力设计计算内容，见表4-20。

承载能力设计计算内容

表 4-20

计 算 内 容	计 算 荷 载
纵向、横向水平杆等受弯构件的强度与变形	永久荷载＋施工荷载
脚手架立杆地基承载力 型钢悬挑梁的强度、稳定性与变形	1. 永久荷载＋施工荷载 2. 永久荷载＋0.9（施工荷载＋风荷载）
立杆稳定性	1. 永久荷载＋可变荷载（不含风荷载） 2. 永久荷载＋0.9（可变荷载＋风荷载）
连墙件的强度、稳定性和连接强度	1. 单排架，风荷载＋2.0kN 2. 双排架，风荷载＋3.0kN

（3）钢管脚手架、模板支架等设施专项安拆方案必须履行"编制、审核、审批、批准"程序，经施工单位相关部门会审、技术负责人审批签认、总监理工程师审批签认后，方可实施。

（4）钢管脚手架、模板支架等专项安拆方案变更时，必须重新履行"编制、审核、审批、批准"程序并同时补充有关资料。

（三）钢管脚手架、模板支架等设施的搭设、拆除人员安全管理基本要求

（1）搭拆钢管脚手架、模板支架等设施的架子工等特种作业人员必须按照国家有关规定，经专门的安全作业培训，考核合格取得相应资格，方可上岗作业。

（2）钢管脚手架、模板支架等设施搭拆作业前，项目技术人员必须对架子工等搭拆作业人员进行专项搭拆方案书面安全技术交底，交底人和被交底人双方签字确认，存档。

（3）搭拆钢管脚手架、模板支架等设施的特种作业人员应严格遵守有关安全生产规章制度和安全操作规程。

（4）搭设、拆除脚手架，要统一指挥。拆除脚手架必须自上而下分层进行，严禁上下同时作业。

（5）搭设、拆除架体时，施工作业层应铺设脚手板，操作人员应站在临时设置的脚手板上进行作业。

（6）遇风速≥12m/s大风、大雨、大雪、大雾等恶劣天气时，应停止脚手架搭设、拆除作业；恶劣天气过后，上架作业人员应采取有效的防滑措施。

（7）搭拆钢管脚手架、模板支架等设施的架子工等特种作业人员应按规定正确穿戴安全防护用品。

（四）钢管脚手架、模板支架等设施验收安全管理基本要求

钢管脚手架、模板支架等设施搭设完成后，总承包单位必须组织有关单位和人员按照相关技术规范和专项安装方案共同验收，验收合格后报监理审核批准，签字确认后，方可使用。

（五）钢管脚手架、模板支架等设施检查安全基本要求

（1）施工单位项目负责人或技术负责人每两周必须组织相关专业人员和相关安全管理人员对现场钢管脚手架、模板支架等设施的安全工作状况进行专业性检查。

（2）发现钢管脚手架、模板支架等设施存在安全隐患，必须定人、定措施、定时间进行整改、消除，并履行复查验收手续。

（六）钢管脚手架、模板支架等设施生产安全事故应急救援预案安全管理基本要求

总承包单位应组织制定、实施本单位的钢管脚手架、模板支架等设施的生产安全事故应急救援预案及演练。

（七）钢管脚手架、模板支架等设施资料安全管理基本要求

（1）现场指定的专职安全生产管理人员负责钢管脚手架、模板支架等设施安全生产管理资料的收集、整理、归档。

（2）现场指定的专职安全生产管理人员应确保钢管脚手架、模板支架等设施安全生产管理资料的真实性、完整性、时效性、同步性，并对上述内容负责。

（3）钢管脚手架、模板支架等设施的设计、安装、验收、检查、整改、拆除、巡视等记录资料应及时收集、整理、归档。

（4）钢管脚手架、模板支架等设施安全管理资料的内容、时间应与架体实施进程、实体工程进程同步。

二、扣件式钢管脚手架安全技术基本要求

（一）扣件式钢管脚手架材料安全技术基本要求

1.扣件式钢管脚手架钢管安全技术基本要求

（1）脚手架钢管的钢材性能质量应符合现行国家标准《碳素结构钢》GB/T 700—2006 中 Q235A 级钢的规定；

（2）脚手架钢管应符合现行国家标准《直缝电焊钢管》GB/T 13793—2008 或《低压流体输送用焊接钢管》GB/T 3091—2015 的要求；

（3）脚手架钢管规格应符合现行国家标准《焊接钢管尺寸及单位长度重量》GB/T 21835—2008 的要求，采用 $\Phi48.3\times3.6$，钢管壁厚最小值不得小于 3.24mm；每根钢管最大质量不应大于 25.8kg；

（4）钢管不得有压扁、锈蚀、弯曲以及焊缝开裂等缺陷；

（5）钢管、支托、扣件等材料应有出厂合格证及相关材质检验报告等质量证明文件；

（6）钢管内、外壁应涂刷薄层防锈漆。

小贴士：扣件式钢管脚手架的钢管不宜涂刷厚油漆，在条件许可的情况下可采用镀锌钢管或钢管薄涂红白防锈漆。推荐采用镀锌钢管或钢管薄涂红白防锈漆的目的是便于直观检查钢管的锈蚀深度、面积及开裂损伤程度，及时发现隐患。

2.扣件式钢管脚手架扣件安全技术基本要求

（1）可锻铸铁扣件材质性能应符合现行国家标准《钢管脚手架扣件》GB 15831—2006的规定；扣件进入施工现场应检查产品合格证，并应进行抽样复试。

（2）扣件在使用前应逐个挑选，有裂缝、变形或螺栓出现滑丝的扣件严禁使用。

（3）扣件螺栓拧紧力矩达到65N·m时，扣件不得破裂。

（4）扣件有直角扣件、旋转扣件、对接扣件三种形式，见图4-33。

（5）直角扣件、旋转扣件、对接扣件使用量比例约为8∶1∶1。

3.扣件式钢管脚手架支托及可调托撑安全技术基本要求

（1）扣件式钢管脚手架底部支托，见图4-34。

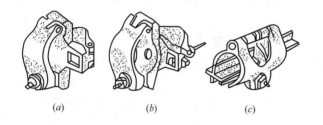

图4-33　扣件三种形式

（a）直角扣件；（b）旋转扣件；（c）对接扣件

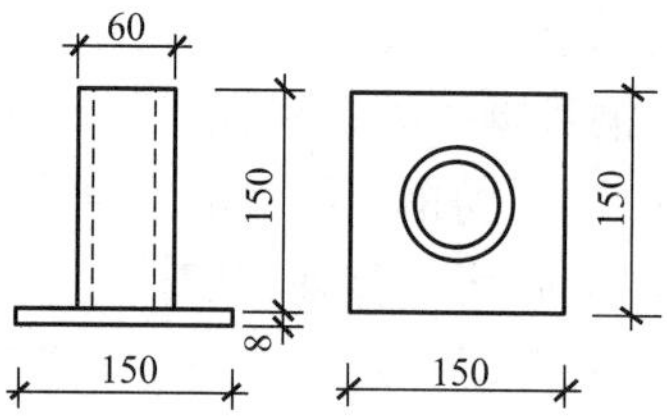

图4-34　扣件式钢管脚手架底部支托

（2）可调托撑螺杆外径应≥36mm；直径与螺距应符合现行国家标准《梯形螺纹　第2部分：直径与螺距系列》GB/T 5796.2—2005的规定。

（3）可调托撑螺杆与支托板焊接应牢固，焊缝高度不得小于6mm。

（4）可调托撑螺杆与螺母旋合长度不得少于5扣，螺母厚度不得小于30mm。

（5）可调托撑抗压承载力设计值不应小于40kN，支托板厚不应小于5mm。

4.扣件式钢管脚手架脚手板安全技术基本要求

（1）木脚手板材质性能应符合现行国家标准《木结构设计规范》GB 50005—2003的规定。

（2）脚手板可采用钢、木、竹材料制作；脚手板单块质量不宜大于30kg。

（3）脚手板厚度不应小于50mm，两端应采用直径不小于4mm的镀锌钢丝箍两道。

（4）脚手板存在腐朽、断裂、严重变形开裂现象时，严禁使用。

（二）扣件式钢管脚手架搭设作业安全技术基本要求

1.脚手架基础安全技术基本要求

（1）脚手架搭设场地基础应坚实、平整，排水通畅。

（2）当脚手架搭设场地有积水可能时，应距脚手架最外排立杆以外500～700mm设置排水沟。

2.脚手架垫板、底座安全技术基本要求

(1)通长垫板应准确设置定位中心线；底座应设置在垫板中心线位置。

(2)脚手架立杆垫板底面应高于自然地坪50～100mm；垫板长度不得少于2跨。

(3)脚手架搭设高度<24m时，底部应铺设通长垫板，木质垫板厚度≥50mm、宽度≥200mm。

(4)脚手架搭设高度≥24m时，底部应铺设通长脚手板并增设专用底座，垫板厚度应经过计算确定。

3.脚手架扫地杆安全技术基本要求

(1)纵向扫地杆必须连续设置，纵向扫地杆应采用直角扣件固定在距钢管底端不大于200mm处的立杆上。

(2)横向扫地杆应采用直角扣件固定在紧靠纵向扫地杆下方的立杆上。

(3)当基础不在同一高度上时，必须将高处的纵向扫地杆向低处延长两跨与立杆固定，高低差应≤1m。靠边坡上方的立杆轴线到边坡的距离应≥500mm。见图4-35。

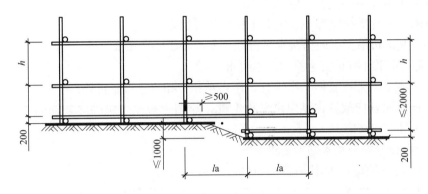

图4-35 基础高低差架体搭设

4.立杆搭设安全技术基本要求

(1)单排、双排与满堂脚手架立杆接长除顶层顶步外，其余各层各步接头必须采用对接扣件连接。

(2)立杆采用对接接长时，对接扣件接头应交错布置，两根相邻杆件接头不应设置在同一步内；同一步内隔一根立杆的两个相隔接头位置错开距离不应小于500mm，各接头中心至主节点的距离不宜大于步距的1/3。

(3)立杆顶端宜高出女儿墙上端1m，高出檐口上端1.5m。

5.水平杆搭设安全技术基本要求

(1)纵向水平杆搭设安全技术基本要求

1)纵向水平杆应设置在立杆内侧，单根杆长度不应小于3跨。

2)纵向水平杆接长应采用对接扣件连接或搭接。

3)纵向水平杆对接、搭接接头应交错布置，两根相邻杆件接头不应设置在同步或同跨内，接头位置错开距离不应小于500mm，各接头中心至最近主节点的距离不宜大于纵距的1/3。见图4-36。

4)纵向水平杆搭接安全技术基本要求

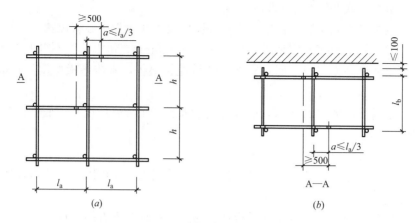

图 4-36　水平杆件接头布置

（a）不同步距杆件接头；（b）不同跨距杆件接头

① 纵向水平杆搭接长度不应小于 1m；

② 纵向水平杆搭接应等距设置 3 个旋转扣件固定；

③ 扣件端部边沿至纵向搭接水平杆端部不应小于 100mm。

（2）横向水平杆搭设安全技术基本要求

1）主节点处必须设置横向水平杆，用直角扣件扣接且严禁拆除。

2）横向水平杆应放置在纵向水平杆上部，靠墙一端至建筑外墙装饰面距离不宜大于 100mm。见图 4-36（b）。

6. 剪刀撑设置安全技术基本要求

（1）单排、双排脚手架均应设剪刀撑。

（2）每道剪刀撑宽度不应小于四跨及 6m。剪刀撑斜杆与地面倾角应在 45°～60° 之间。

（3）剪刀撑杆件接长应采用搭接，搭接长度不应小于 1m，应等距设置 3 个旋转扣件固定；扣件端部边沿至纵向搭接水平杆端部不应小于 100mm。

（4）剪刀撑斜杆应用旋转扣件固定在与之相交的水平杆或立杆上，旋转扣件中心线至主节点的距离不宜大于 150mm。

（5）高度 $h \geqslant 24m$ 的双排脚手架应在外侧全立面连续设置剪刀撑。见图 4-37。

（6）高度 $h < 24m$ 的单、双排脚手架，均必须在外侧两端、转角及中间间隔不超过 15m 的立面上，各设置一道剪刀撑，并应由底至顶连续设置。见图 4-38。

7. 双排脚手架横向斜撑安全技术基本要求

（1）高度 $\geqslant 24m$ 的双排封闭脚手架，除拐角设置横向斜撑外，中间应每隔 6m 跨距设置一道。

（2）一字型、开口型双排脚手架的两端均必须设置横向斜撑。

（3）横向斜撑应设在一个节间，整个长度和高度方向连续设置，从底到顶连续之字形设置。见图 4-39。

8. 脚手架连墙件安全技术基本要求

（1）脚手架连墙件设置的位置、数量应按专项施工方案确定。

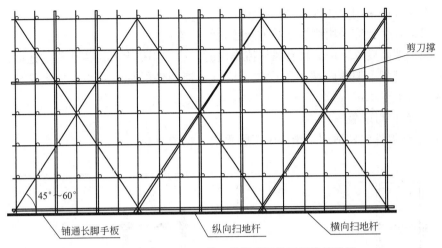

图 4-37　高度 $h \geqslant 24m$ 的双排脚手架剪刀撑连续设置

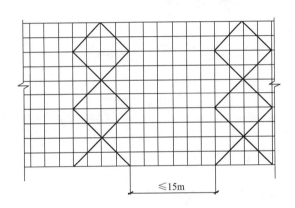

图 4-38　高度 $h < 24m$ 的单、双排脚手架剪刀撑间断设置　　　图 4-39　横向斜撑的设置

（2）脚手架连墙件的数量除应满足规范计算要求外，还应符合表 4-21 的规定

脚手架连墙件数量设置规定　　　　　　　表 4-21

搭设方法	高度（m）	竖向间距	水平间距	每根连墙件覆盖面积（m²）
双排落地	≤50	3h	$3l_a$	≤40
双排悬挑	>50	2h	$3l_a$	≤27
单排	≤24	3h	$3l_a$	≤40

注：h 为步距；l_a 为纵距。

（3）连墙件的布置应符合下列规定：

1）连墙件应靠近主节点设置，偏离主节点的距离不应大于 300mm。

2）应从底层第一步纵向水平杆处开始设置，当该处设置困难时，应采用其他可靠措施固定。

3）应优先采用菱形布置，或采用方形、矩形布置。

（4）连墙件的连墙杆应呈水平设置，当不能水平设置时，连墙杆建筑结构端应高于脚手架端。

（5）连墙件应采用双扣件与结构拉结。

（6）双排脚手架应采用刚性连墙件与建筑结构连接。

（7）脚手架高度 $h>40\text{m}$ 且有风涡流作用时，应采用抗上升翻流作用的连墙措施。

（8）开口型脚手架的两端必须设置连墙件，连墙件的垂直间距不应大于建筑物的层高，并且不得大于 4m。

（9）连墙件常用做法

1）抱柱连墙件法，适用于结构施工脚手架。见图 4-40。

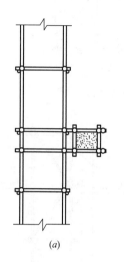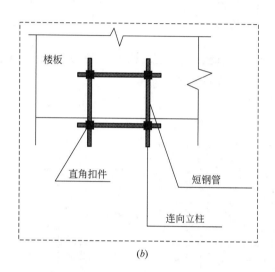

(a)   *(b)*

图 4-40　抱柱连墙件法

2）门窗口夹持连墙件法，适用于结构施工脚手架。见图 4-41。

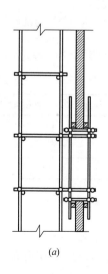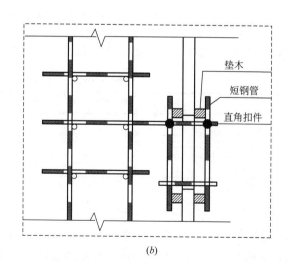

(a)   *(b)*

图 4-41　门窗口夹持连墙件法

3）预留洞夹持连墙件法，适用于结构施工脚手架。见图 4-42。

4）墙体预埋件固定夹持连墙件法，无法采取上述 3 种方式固定时采用。见图 4-43。

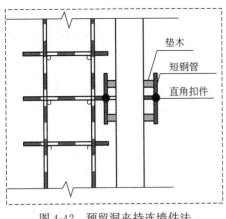

图 4-42 预留洞夹持连墙件法

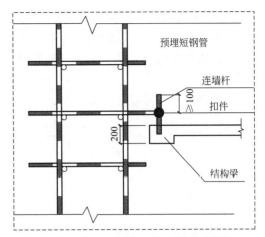

图 4-43 墙体预埋件固定夹持连墙件法

5）楼板预埋件固定夹持连墙件法，无法采取上述 4 种方式固定时采用。见图 4-44。

9. 抛撑安全技术基本要求

（1）当脚手架下部暂不能设置连墙件且脚手架搭设高度在 6m 以下时，应采取抛撑等防倾覆措施保持架体稳定。见图 4-45。

（2）搭设抛撑时，抛撑应采用通长杆件，并采用旋转扣件固定在脚手架上。

（3）抛撑与地面的倾角应在 45°～60°之间。

（4）抛撑连接点中心至主节点的距离应≤300mm。

（5）抛撑在连墙件搭设后方可拆除。

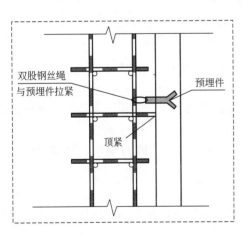

图 4-44 楼板预埋件固定夹持连墙件法

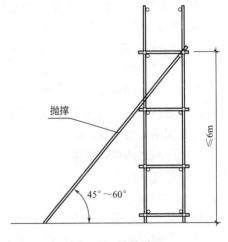

图 4-45 抛撑设置

小贴士：步距：上、下水平横杆轴线间距离，一般为 1.8m。
跨距：相邻立杆轴线间距离，一般为 1.5m。
主节点：立杆、水平大横杆、水平小横杆三杆交接点。

10.脚手板铺设安全技术基本要求

（1）作业层脚手板应铺满、铺稳、铺实，离开施工墙面不宜大于120～150mm。

（2）脚手板应设置在不少于三根的横向水平杆上，可采用对接平铺，也可采用搭接铺设。

（3）脚手板对接安全技术基本要求（见图4-46）

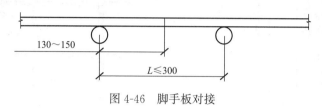

图4-46　脚手板对接

1）脚手板对接平铺时，接头处必须设两根横向水平杆，脚手板外伸长度应取130～150mm；

2）两块脚手板外伸长度之和不应大于300mm。

（4）脚手板搭接安全技术基本要求（见图4-47）

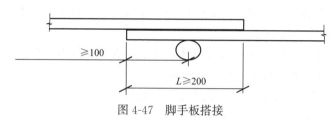

图4-47　脚手板搭接

1）脚手板搭接铺设时，接头必须支在横向水平杆上；

2）脚手板搭接长度应大于200mm，伸出横向水平杆的长度不应小于100mm。

11.扣件式钢管脚手架、模板支架等设施防雷安全技术基本要求

（1）当现场扣件式钢管脚手架、模板支架等高大金属设施设备超过当地气象台（站）年平均雷暴日规定的避雷设防高度时，必须设置防雷装置。

（2）现场高大金属设施设备的避雷接地装置安装后使用前，必须实测接地装置的接地电阻值，其实测值必须≤30Ω，方可投入使用。

（3）接地装置的接地电阻值每月（30d内）测量一次；1～10月期间，测量值应采用季节修正系数进行修正。

12.安全网基本要求

落地式脚手架必须使用密目安全网沿架体内侧进行封闭，安全网之间连接牢固并与架体固定，安全网应经常清理，保持整洁美观。

（三）扣件式钢管脚手架拆除作业安全技术基本要求

（1）单、双排脚手架拆除作业必须自上而下逐层进行，严禁同时立体交叉作业。

（2）连墙件必须随脚手架逐层拆除，严禁先将连墙件整层或数层拆除后再拆脚手架。

（3）分段拆除高差大于两步时，应增设连墙件加固。

（4）扣件式钢管脚手架拆除作业中，严禁随意抛掷脚手架构配件。

> 小贴士：交叉作业指在施工现场的垂直空间呈贯通状态下，有可能造成人员或物体坠落并处于坠落半径范围内的、上下左右不同层面的立体作业。

(四) 扣件式钢管脚手架使用安全技术基本要求

(1) 在扣件式钢管脚手架使用期间，作业层上的施工荷载应符合设计要求，不得超载。

(2) 在扣件式钢管脚手架使用期间，严禁偏荷载。

(3) 严禁将模板支架、缆风绳、泵送混凝土和砂浆的输送管等固定在钢管脚手架上。

(4) 严禁悬挂起重设备。

(5) 严禁拆除或移动架体上的安全防护设施。

(6) 扣件式钢管脚手架使用期间严禁拆除如下杆件：

1) 主节点处的纵、横向水平杆，纵、横向扫地杆。

2) 连墙件。

三、碗扣式钢管脚手架安全技术基本要求

(一) 碗扣式钢管脚手架特点及适用场所

1. 碗扣式钢管脚手架主要特点

(1) 多功能：能根据具体施工要求，组成不同尺寸、形状和承载能力的单、双排脚手架等多种功能施工装备。

(2) 高功效：常用杆件中最长为 3130mm，架体安拆快速省力，用一把铁锤即可完成全部作业，避免了扣件螺栓扭紧操作带来的不便。

(3) 通用性强：构件均采用扣件式钢管脚手架钢管，可用扣件同普通钢管连接，通用性强。

(4) 承载力强：立杆连接是同轴心承插，横杆同立杆靠碗扣接头连接，接头具有可靠的抗弯、抗剪、抗扭力学性能。

(5) 安全可靠：接头设计时，考虑到上碗扣螺旋摩擦力和自重力作用，使接头具有可靠的自锁能力。

(6) 便于管理：构件系列标准化，构件外表涂以橘黄色。美观大方，构件堆放整齐，便于现场材料管理。

(7) 横杆为几种尺寸的定型杆，立杆上碗扣节点按 0.6m 间距设置，使构架尺寸受到限制。

2. 碗扣式钢管脚手架适用场所

碗扣式钢管脚手架适合搭设曲面脚手架和重载支撑架。

(二) 碗扣式钢管脚手架材料要求

(1) 碗扣式钢管脚手架用钢管材质性能质量要求、钢管规格与本节扣件式钢管脚手架规定基本类同。

(2) 碗扣式钢管脚手架构配件选择要求

1) 上碗扣、可调底座及可调托撑螺母应采用可锻铸铁或铸钢制造，其材料机械性能应符合《可锻铸铁件》GB 9440—2010 中 KTH330-08 及《一般工程用铸造碳钢件》GB/T 11352—2009 中 ZG270-500 的规定。

2）下碗扣、横杆接头、斜杆接头应采用碳素铸钢制造，其材料机械性能应符合《一般工程用铸造碳钢件》GB/T 11352—2009 中 ZG230-450 的规定。

3）采用钢板热冲压整体成型的下碗扣，板厚不得小于6mm，严禁利用废旧锈蚀钢板改制。

4）立杆连接外套管与立杆间隙应小于或等于2mm，外套管长度不得小于160mm，外伸长度不得小于110mm。

5）可调底座板的钢板厚度不得小于6mm，可调托撑的钢板厚度不得小于5mm。

6）可调底座和可调托撑丝杆与调节螺母啮合长度不得小于6扣，插入立杆内的长度不得小于150mm。

（三）碗扣式钢管脚手架搭设安全技术基本要求

（1）碗扣式钢管脚手架碗扣节点连接原理图，见图4-48。

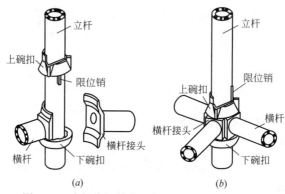

图 4-48　碗扣式钢管脚手架碗扣节点连接原理图

（2）落地碗扣式钢管脚手架当搭设高度 $H \leqslant 24m$ 时可按普通架子常规搭设；搭设高度 $H > 24m$ 及超高、超重、大跨度的模板支撑体系必须制定专项施工设计方案，并进行结构分析，对立杆、横杆、斜杆、连墙件及基础强度进行计算。

（3）双排碗扣式钢管脚手架搭设应与建筑物的施工同步，并应高于作业面1.5m。

（4）双排碗扣式钢管脚手架应根据使用条件及荷载要求选择结构设计尺寸，横杆步距宜选用1.8m，立杆横距宜选用0.9～1.2m，立杆纵向间距可选择不同规格的系列尺寸。

（5）曲线布置的双排碗扣式钢管脚手架组架时，应按曲率要求使用不同长度的内外横杆组架，曲率半径应大于2.4m。

（6）双排外碗扣式钢管脚手架拐角为直角时，宜采用横杆直接组架，见图4-49（a）；拐角为非直角时，可采用钢管扣件组架，见图4-49（b）。

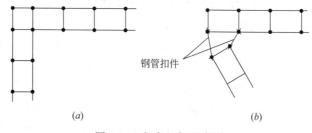

图 4-49　拐角组架示意图
（a）横杆组架；（b）钢管扣件组架

（7）双排碗扣式钢管脚手架首层立杆应采用不同的长度交错布置，底层纵、横向横杆作为扫地杆距地面高度应小于或等于 350mm，立杆应配置可调底座或固定底座，见图 4-50。

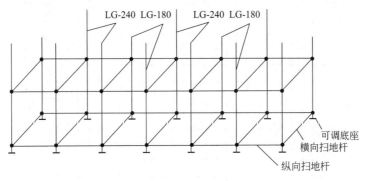

图 4-50　首层立杆布置示意图

（8）碗扣式钢管脚手架斜杆设置安全技术基本要求

1）斜杆应设置在纵、横杆碗扣节点上。

2）在封闭的脚手架直角处、一字型脚手架端部均应设置竖向通高斜杆，见图 4-51。

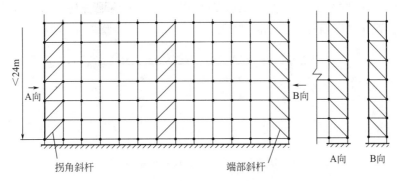

图 4-51　斜杆设置示意图

3）斜杆临时拆除时，拆除前应在相邻立杆间设置相同数量的斜杆。

4）根据碗扣式钢管脚手架高度设置通高斜杆安全技术基本规定

① 当脚手架高度≤24m 时，每隔 5 跨应设置一组竖向通高斜杆；

② 当脚手架高度＞24m 时，每隔 3 跨应设置一组竖向通高斜杆；

③ 斜杆应对称设置。

5）碗扣式钢管脚手架钢管扣件斜杆安全技术基本要求

① 斜杆应每步与立杆扣接，扣接点距碗扣节点的距离应≤150mm；当出现不能与立杆扣接时，应与横杆扣接，扣件扭紧力矩应为 40～65N·m；

② 纵向斜杆应在全高方向设置成八字形且内外对称，斜杆间距不应大于 2 跨，见图 4-52。

（9）碗扣式钢管脚手架连墙杆设置安全技术基本要求

1）连墙杆位置由建筑结构和风荷载计算确定；

2）连墙杆应水平设置，当不能水平设置时，脚手架连接端应低于连接点；

3）每层连墙件应在同一平面，且水平间距应≤4.5m；

4）连墙件应设置在有横向横杆的碗扣节点处，当采用钢管扣件作连墙件时，连墙件

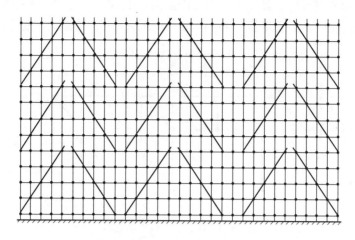

图 4-52　钢管扣件斜杆设置示意图

应与立杆连接，连接点距碗扣节点距离应≤150mm；

5）连墙杆应采用可承受拉、压荷载的刚性结构，连接应牢固可靠；

6）当脚手架高度大于 24m 时，顶部 24m 以下所有的连墙件层，必须设置水平斜杆，水平斜杆应设置在纵向横杆下。见图 4-53。

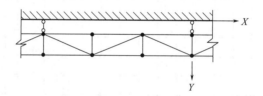

图 4-53　水平斜杆设置示意图

（10）碗扣式钢管脚手架脚手板设置安全技术基本要求

1）工具式钢脚手板必须有挂钩，并带有自锁装置与横杆锁紧，严禁浮放；

2）冲压钢脚手板、木脚手板、竹串片脚手板，两端应与横杆绑牢，作业层相邻两根廊道横杆间应加设横杆，脚手板探头长度应≤150mm。

（11）碗扣式钢管脚手架人行坡道设置安全技术基本要求

人行坡道坡度宜小于或等于 1：3，坡道脚手板下应增设横杆，坡道按折线上升设置。见图 4-54。

（12）碗扣式双排脚手架水平偏差安全技术基本要求

1）脚手架底层水平框架纵向水平偏差应＜$L/200$（L 为架体长度）；

2）横杆间水平偏差应＜$L/400$（L 为架体长度）。

（13）碗扣式双排脚手架垂直偏差安全技术基本要求

1）当脚手架高度 H≤30m 时，垂直度偏差应≤$H/500$；

2）当脚手架高度 H＞30m 时，垂直度偏差应≤$H/1000$。

（14）连墙件必须随双排脚手架升高及时在规定位置处设置，严禁任意拆除。

（15）碗扣式钢管脚手架作业层设置安全技术基本要求

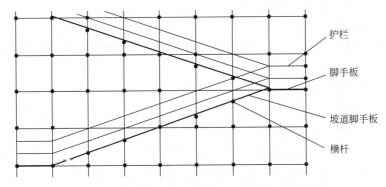

图 4-54　碗扣式钢管脚手架人行坡道设置示意图

1）脚手板必须铺满、铺实，外侧应设 180mm 高挡脚板及 1200mm 高护身栏杆；

2）护身栏杆应在立杆 0.6m 和 1.2m 的碗扣接头处搭设两道；

3）作业层下的水平安全网设置应符合《建筑施工安全检查标准》JGJ 59—2011 的规定。

（16）当采用钢管扣件作加固件、连墙件、斜撑时应符合《建筑施工扣件式钢管脚手架安全技术规范》JGJ 130—2011 的有关规定。

（17）碗扣式双排脚手架应按立杆、横杆、斜杆、连墙件的顺序逐层或分阶段搭设，且须分阶段检查验收，验收合格后方可投入使用。

四、门式钢管脚手架安全技术基本要求

（一）门式钢管脚手架特点及适用场所

1.门式钢管脚手架主要特点

门式钢管脚手架是一种标准化钢管脚手架，具有结构合理、装拆容易、架设效率高、省工省时、安全可靠、经济适用、几何尺寸标准化的特点。

2.门式钢管脚手架适用场所

门式钢管脚手架适用于房屋建筑、市政工程落地式脚手架、悬挑脚手架、满堂脚手架与模板支架施工使用。

（二）门式钢管脚手架搭设安全技术基本要求

1.门式钢管脚手架材料要求

（1）门架与配件的钢管应采用现行国家标准《直缝电焊钢管》GB/T 13793—2008 或《低压流体输送用焊接钢管》GB/T 3091—2015 中规定的普通钢管，其材质应符合现行国家标准《碳素结构钢》GB/T 700—2006 中 Q235 级钢的规定。门架与配件的性能、质量及型号的表述方法应符合现行行业产品标准《门式钢管脚手架》JG13 的规定。

（2）加强杆钢管应采用现行国家标准《直缝电焊钢管》GB/T 13793—2008 或《低压流体输送用焊接钢管》GB/T 3091—2015 中规定的普通钢管，其材质应符合现行国家标准《碳素结构钢》GB/T 700—2006 中 Q 235 级钢的规定；采用直径 $\Phi 48 \times 3.5$ 的钢管，扣件规格为 $\Phi 48$。

（3）门架钢管平直度允许偏差不应大于管长的 1/500，钢管不得接长使用，不应使用带有硬伤或严重锈蚀的钢管。门架立杆、横杆钢管壁厚的负偏差不应超过 0.2mm。钢管

壁厚存在负偏差时，宜选用热镀锌钢管。

（4）交叉支撑、锁臂、连接棒等配件与门架相连时，应有防止退出的止退机构，当连接棒与锁臂一起应用时，连接棒可不受此限制。脚手板、钢梯与门架相连的挂扣，应有防止脱落的扣紧机构。

（5）底座、托座及其可调螺母应采用可锻铸铁或铸钢制作，其材质应符合现行国家标准《可锻铸铁件》GB/T 9440—2010 中 KTH-330-08 或《一般工程用铸造碳钢件》GB/T 11352—2009 中 ZG230-450 的规定。

（6）扣件应采用可锻铸铁或铸钢制作，其质量和性能应符合现行国家标准《钢管脚手架扣件》GB 15831—2006 的要求。连接外径为 $\Phi42/\Phi48$ 钢管的扣件应有明显标记。

（7）连墙件宜采用钢管或型钢制作，其材质应符合现行国家标准《碳素结构钢》GB/T 700—2006 中 Q 235 级钢的规定。

（8）门架立杆加强杆的长度不应小于门架高度的 70％；门架宽度不得小于 800mm，且不宜大于 1200mm。

2. 门式钢管脚手架构造

（1）单榀门式钢管脚手架门架构造

单榀门式钢管脚手架门架构造，见图 4-55。

（2）门式钢管脚手架构造

门式钢管脚手架构造，见图 4-56。

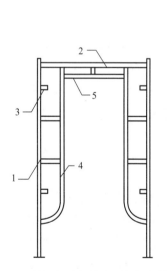

图 4-55　单榀门式钢管脚手架门架构造

1—立杆；2—横杆；3—锁销；4—立
杆加强杆；5—横杆加强杆

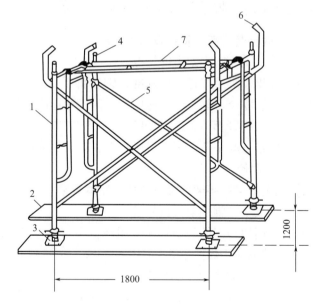

图 4-56　门式钢管脚手架构造

1—门架；2—地面垫板；3—底座或可调底座；4—立杆
加强杆；5—剪刀撑杆；6—连接臂；7—挂扣式脚手板

3. 门式钢管脚手架搭设安全技术基本要求

（1）门式钢管脚手架配件安全技术基本要求

1）配件应与门架配套，并应与门架可靠连接；

2）门架的两侧应设置交叉支撑，并应与门架立杆上的锁销锁牢；

3）上下榀门架的组装必须设置连接棒，连接棒与门架立杆配合间隙不应大于2mm；

4）门式钢管脚手架或范本支架上下榀门架间应设置锁臂，当采用插销式或弹销式连接棒时，可不设锁臂；

5）门式钢管脚手架作业层应连续满铺与门架配套的挂扣式脚手板，并应有防止脚手板松动或脱落的措施；当脚手板上有孔洞时，孔洞的内切圆直径不应大于25mm；

6）底部门架的立杆下端宜设置固定底座或可调底座；

7）可调底座和可调托座的调节螺杆直径不应小于35mm，可调底座的调节螺杆伸出长度不应大于200mm。

（2）门式钢管脚手架地基基础安全技术基本要求

1）门式钢管脚手架的地基承载力应根据《建筑施工门式钢管脚手架安全技术规范》JGJ128的规定及地基土质和搭设高度条件进行计算，并应符合表4-22的规定。

2）门式钢管脚手架的搭设场地应符合下列规定：

①门式钢管脚手架的搭设场地必须平整坚实，地面标高宜高于自然地坪标高50～100mm；

门式钢管脚手架地基承载力规定　　　　　　　表4-22

搭设高度 （m）	地 基 土 质		
	中低压缩性且压缩性均匀	回填土	高压缩性或压缩性不均匀
≤24	夯实原土，干重力密度要求15.5kN/m³。立杆底座置于面积不小于0.075m²的垫木上	土夹石或素土回填夯实，立杆底座置于面积不小于0.10m²的垫木上	夯实原土，铺设通长垫木
>24且 ≤40	垫木面积不小于0.10m²，其余同上	砂夹石回填夯实，其余同上	夯实原土，在搭设地面满铺C15混凝土，厚度不小于150mm
>40且 ≤55	垫木面积不小于0.15m²或铺通长垫木，其余同上	砂夹石回填夯实，垫木面积不小于0.15m²或铺通长垫木	夯实原土，在搭设地面满铺C15混凝土，厚度不小于200mm

注：垫木厚度不小于50mm，宽度不小于200mm；通长垫木的长度不小于1500mm。

②回填土应分层回填、夯实；

③场地排水应顺畅，不应有积水。

3）门式钢管脚手架搭设在楼面等建筑结构上时，门架立杆下宜铺设垫板。

（3）门式钢管脚手架门架安全技术基本要求

1）门架应能配套使用，在不同组合情况下，均应保证连接方便、可靠，且应具有良好的互换性；

2）不同型号的门架与配件严禁混合使用；

3）上下榀门架立杆应在同一轴线位置上，门架立杆轴线的对接偏差不应大于2mm；

4）门式钢管脚手架的内侧立杆离墙面净距不宜大于150mm；当大于150mm时，应采取内设挑架板或其他隔离防护的安全措施；

5）门式钢管脚手架顶端栏杆宜高出女儿墙上端或檐口上端1.5m。

（4）门式钢管脚手架剪刀撑设置安全技术基本要求

1）当门式钢管脚手架搭设高度在 24m 及以下时，在脚手架的转角处、两端及中间间隔不超过 15m 的外侧立面必须各设置一道剪刀撑，并由底至顶连续设置；

2）当门式钢管脚手架搭设高度超过 24m 时，在脚手架全外侧立面上必须设置连续剪刀撑；

3）剪刀撑斜杆与地面倾角宜为 45°～60°；

4）每道剪刀撑的宽度不应大于 6 个跨距，且不应大于 10m；不应小于 4 个跨距，且不应小于 6m。

（5）门式钢管脚手架水平加固杆设置安全技术基本要求

1）门式钢管脚手架应在门架两侧的立杆上设置纵向水平加固杆，并采用扣件与门架立杆扣紧；

2）门式钢管脚手架每步铺设挂扣式脚手板时，每 4 步应设置一道纵向水平加固杆，并宜在有连墙件的水平层设置；

3）当门式钢管脚手架搭设高度小于或等于 40m 时，至少每两步门架应设置一道；当门式钢管脚手架搭设高度大于 40m 时，每步门架应设置一道；

4）在门式钢管脚手架的转角处、开口型脚手架端部的两个跨距内，每步门架应设置一道；

5）在纵向水平加固杆层面上应连续设置。

（6）门式钢管脚手架纵、横向通长扫地杆设置安全技术基本要求

1）门式钢管脚手架的底层门架下端应设置纵、横向通长扫地杆；

2）纵向扫地杆应固定在距门架立杆底端不大于 200mm 处的门架立杆上，横向扫地杆宜固定在紧靠纵向扫地杆下方的门架立杆上。

（7）门式钢管脚手架转角处门架设置安全技术基本要求

1）在建筑物的转角处，门式钢管脚手架内、外两侧立杆上应按步设置水平连接杆、斜撑杆，将转角处的两榀门架连成一体；

2）连接杆、斜撑杆应采用与水平加固杆相同规格的钢管；

3）连接杆、斜撑杆应采用扣件与门架立杆及水平加固杆扣紧。

（8）门式钢管脚手架连墙件设置安全技术基本要求

1）连墙件设置的位置、数量除应满足专项施工方案的要求外，还应按确定的位置设置预埋件。

2）在门式钢管脚手架的转角处或开口型脚手架端部，必须增设连墙件，连墙件的垂直间距不应大于建筑物的层高，且不应大于 4.0m。

3）连墙件应靠近门架的横杆设置，距门架横杆不宜大于 200mm；连墙件应固定在门架的立杆上。

4）连墙件宜水平设置，当不能水平设置时，与门式钢管脚手架的连接端应低于建筑结构连接端，连墙杆的坡度宜小于 1:3。

（9）门式钢管脚手架搭设安全技术基本要求

1）门式钢管脚手架搭设程序应符合下列规定：

① 门式钢管脚手架的搭设应与施工进度同步，一次搭设高度不宜超过最上层连墙件两步，且自由高度不应大于 4m；

② 满堂门式钢管脚手架搭设应采用逐列、逐排和逐层的方法；

③ 门架的组装应自一端向另一端延伸，应自下而上按步架设，并应逐层改变搭设方

向；不应自两端相向搭设或自中间向两端搭设；

④ 每搭设完两步门架后，应校验门架的水平度及立杆的垂直度。

2）搭设门架及配件除应符合规范规定外，尚应符合下列要求：

① 交叉支撑、脚手板应与门架同时安装；

② 连接门架的锁臂、挂钩必须处于锁住状态；

③ 钢梯的设置应符合专项施工方案组装布置图的要求，底层钢梯底部应加设钢管并应采用扣件扣紧在门架立杆上；

④ 在施工作业层外侧周边应设置 180mm 高的挡脚板和两道栏杆，上道栏杆高度应为 1.2m，下道栏杆居中设置。挡脚板和栏杆均应设置在门架立杆的内侧。

3）加固杆的搭设除应符合规范规定外，尚应符合下列要求

① 水平加固杆、剪刀撑等加固杆件必须与门架同步搭设；

② 水平加固杆应设于门架立杆内侧，剪刀撑应设于门架立杆外侧。

4）门式钢管脚手架连墙件的安装必须符合下列规定：

① 连墙件的安装必须随脚手架搭设同步进行，严禁滞后安装；

② 当脚手架操作层高出相邻连墙件两步以上时，在连墙件安装完毕前必须采用确保脚手架稳定的临时拉结措施。

5）加固杆、连墙件等杆件与门架扣件连接应符合下列规定：

① 扣件规格应与所连接钢管的外径相匹配；

② 扣件螺栓拧紧扭力矩值应为 40～65N·m；

③ 杆件端头伸出扣件盖板边缘长度不应小于 100mm。

(三) 门式钢管脚手架使用安全技术基本要求

（1）门式钢管脚手架使用期间，脚手架基础附近严禁进行挖掘作业。

（2）门式钢管脚手架使用期间，不得拆除加固杆、连墙件、转角处连接杆、通道口斜撑杆等加固杆件。

（3）避免对门式钢管脚手架产生偏心、振动和冲击荷载。

（4）门式钢管脚手架与模板支架的交叉支撑和加固杆，在施工期间严禁拆除。

（5）门式钢管脚手架外侧应设置密目式安全网，防止坠物伤人。

（6）门式钢管脚手架与外电架空输电线路的安全距离，应符合现行《建设工程施工现场供用电安全规范》GB 50194—2014 的规定。

（7）门式钢管脚手架防雷措施，应根据环境、高度按现行《施工现场临时用电安全技术规范》JGJ 46—2005 的规定执行。

（8）在门式钢管脚手架上进行电、气焊作业时，必须有防火措施和专人看护。

（9）门式钢管脚手架安拆、使用安全技术基本要求与模板支架相同。

(四) 门式钢管脚手架拆除安全技术基本要求

（1）门式钢管脚手架拆除作业顺序必须符合下列规定：

1）架体的拆除应自上而下逐层进行，严禁立体交叉、上下同时作业；

2）同一层的构配件和加固杆件必须按先上后下、先外后内的顺序进行拆除；

3）当门式钢管脚手架需分段拆除时，架体不拆除部分两端应按规范的规定采取加固措施后再拆除；

4）连墙件必须随脚手架逐层拆除，严禁先将连墙件整层或数层拆除后再拆架体；拆除作业过程中，当架体的自由高度大于两步时，必须加设临时拉结；

5）连接门架的剪刀撑等加固杆件必须在拆卸该门架时拆除；

6）拆卸连接部件时，应先将止退装置旋转至开启位置，然后拆除，不得硬拉，严禁敲击。

（2）拆卸的门架、配件、加固杆等不得集中堆放在未拆架体上，应及时采用机械或人工运至地面，严禁抛投。

（3）拆除作业中，严禁使用手锤等硬物击打、撬别。

（4）拆卸的门式钢管脚手架应及时检查整修与保养，并按不同品种、规格分别码放。

五、模板工程安全技术基本要求

（一）模板支撑系统安装、拆卸安全技术基本要求

（1）模板支架安装安全技术基本要求（见图 4-57）

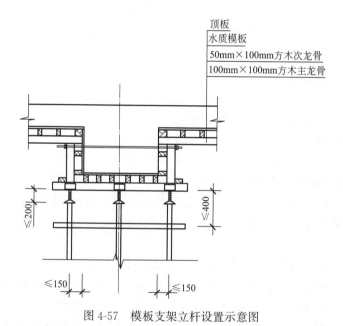

图 4-57　模板支架立杆设置示意图

1）设在模板支架立杆底部或顶部的可调底座或底托，其丝杆外径不得小于 36mm，伸出长度必须≤200mm。

2）结构梁下模板支架的立杆纵距应沿梁轴线方向布置；立杆横距应以梁底中心线为中心向两侧对称布置，且最外侧立杆距梁侧边距离必须≤150mm。

3）扣件式模板支架顶部支撑点距离支架顶层横杆自由端的高度应≤400mm；碗扣式模板支架顶部支撑点距离支架顶层横杆自由端的高度应≤500mm。

（2）模板支架搭设时梁下横向水平杆应伸入梁两侧模板支架内不少于两根立杆的长度，并与立杆扣接。见图 4-58。

（3）当模板支架高度≥8m 或高宽比≥4 时，应采用刚性连墙件在水平加强层位置与建筑物结构可靠连接。

（4）钢管扣件式模板支架的立杆、水平杆、扫地杆、扣件及杆件接头的搭设应满足

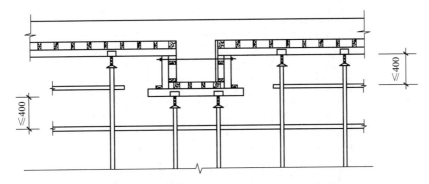

图 4-58　模板支架梁下横向水平杆设置示意图

《建筑施工扣件式钢管脚手架安全技术规范》JGJ 130—2011 的有关要求，立杆接长必须采用对接，禁止搭接。

（5）钢管扣件模板支架体系的剪刀撑应符合以下要求（见图 4-59）：

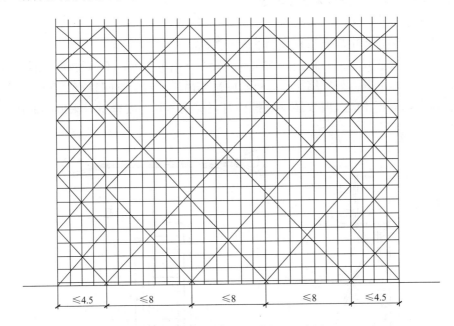

图 4-59　模板支架竖向剪刀撑布置示意图（m）

1）模板支架四边与中间每隔 4～6 排立杆应设置一道竖向剪刀撑，由底至顶连续设置。

2）高于 4m 的模板支架，其两端与中间每隔 4～6 排立杆从顶层开始向下每隔 2～4 步设置水平剪刀撑。

（6）钢管扣件模板支架体系在下列情况下应设置水平加强层（见图 4-60）：

1）模板支架高度≥8m 或高宽比≥4 时，顶部和底部（扫地杆的设置层）应设置水平加强层。

2）底部和顶部加强层的间距≥16m 时，每隔 8～12m 增设一道水平加强层。

3）水平加强层做法：用水平斜杆以"之"字形将水平剪刀撑连接，水平斜杆宽度不小于 3m。

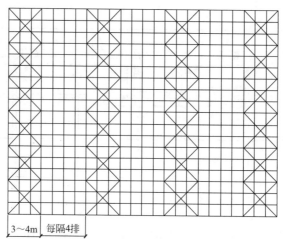

图 4-60　模板支架水平加强层布置示意图

（二）模板安装、拆卸安全技术基本要求

1.模板安装安全技术基本要求

（1）模板安装过程中应有防止倾倒的固定措施；

（2）模板支撑必须牢固、稳定，支撑点应设在坚固可靠处，不得与脚手架拉结；

（3）模板就位后紧固好穿墙螺栓方可解除吊车吊环，对于空间狭窄，无法安装支腿的模板和就位后的模板不能及时安装穿墙螺栓时，应用索具（安全链）采取临时固定措施。见图 4-61。

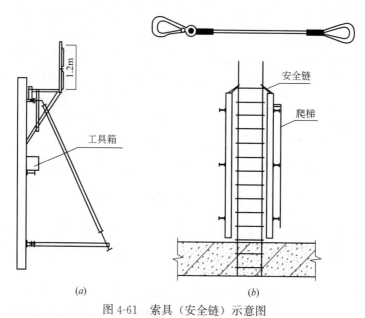

图 4-61　索具（安全链）示意图

（a）大模板作业面；（b）无腿大模板作业面

2.模板拆卸安全技术基本要求

（1）大模板的拆除顺序应遵循先支后拆、后支先拆，先非承重部位、后承重部位以及自上而下的原则。

318

（2）拆除有支撑架的大模板时，应先拆除模板与混凝土结构之间的穿墙螺栓及其他连接件，松动地脚螺栓，使模板后倾与墙体脱离开。

（3）任何情况下，严禁操作人员站在模板上口采用晃动、撬动或用大锤砸模板的方法拆除模板。

（4）拆除的穿墙螺栓、连接件及拆模用工具必须妥善保管和放置，不得随意散放在操作平台上，以免吊装时坠落伤人。

（5）起吊大模板前应先检查模板与混凝土结构之间所有穿墙螺栓、连接件是否全部拆除，必须在确认模板与混凝土结构之间无任何连接后方可起吊大模板，移动模板时不得碰撞墙体。吊运时应垂直起吊，严禁使用吊车撕撤模板或斜吊。

（三）模板吊运、存放安全技术基本要求

（1）施工现场应设定模板存放区，存放区应设围栏，地面必须平整夯实，有排水措施，不得堆放在松土、冻土或凹凸不平的场地上。模板存放区应设在塔式起重机有效工作范围之内。

（2）模板堆放时，模板支撑架必须满足自稳角 70°～80°要求；没有支撑架的模板应存放在专用的插放支架内，不得倚靠在其他物体上，防止模板滑移倾倒。

（3）模板在存放时，应采取两块模板板面对板面相对放置的方法，且应在模板中间留置不小于 600mm 的操作间距；存放时间超过 48h 的模板必须用拉杆可靠连接绑牢，防止倾倒。

（4）模板插放架应搭设牢固，各立面均应设斜支撑。模板插放架上方作业面应按照脚手架防护标准铺设脚手板，设护身栏，并设爬梯或马道。

（5）当施工间隙超过 24h、风速达 9m/s 及节假日期间，应将流水段拆除的模板吊运至地面存放；当模板必须存放在施工楼层上时，必须有可靠的防倾倒措施，不得沿外墙周边放置。

（6）遇大雨、大雪、大雾、风速达 9m/s 等恶劣天气时，不得进行模板吊装作业；对存放的模板应采取临时加固措施；停止清理模板和涂刷脱模剂等作业。

（7）吊运模板必须采用卡环，大模板在每次吊运前必须逐一检查吊索具及每块模板上的吊环是否完整有效。

（8）模板吊环设计时均应按吊环受力状况进行强度设计，吊环的材质、位置、数量、安装方法或焊接长度等均须满足设计要求。

（9）设计模板时，单位重量不得大于起重机的荷载；吊运墙体模板时应一板一吊，严禁同时吊运两块以上的模板；同时吊运两块柱模、角模时，吊点必须在同一水平面上。

（10）模板吊装时应加两条导引绳，调节模板位置，严禁施工人员直接推拉模板。

（11）吊运模板时应设专人指挥，模板起吊应平稳，不得偏斜和大幅度摆动。操作人员必须站在安全可靠处，严禁人员、物料随同大模板一同起吊。

（12）穿墙螺栓等其他零星部件垂直运输必须采用牢固的金属容器吊运，禁止采用编织袋等代替金属容器直接吊运。

六、钢管脚手架及模架生产安全事故因素及预防措施

（一）钢管脚手架生产安全事故因素及措施

1.扣件式钢管脚手架生产安全事故管理缺陷因素

扣件式钢管脚手架生产安全事故管理因素，见表4-23。

扣件式钢管脚手架生产安全事故管理因素 表4-23

序号	项　目	占总事故量百分比
1	方案编制科学性、合理性；交底、验收因素	64%
2	钢管、扣件等材料因素	42%
3	管理人员、专业技术人员、操作人员素质、教育因素	32%

2. 扣件式钢管脚手架生产安全事故技术缺陷因素

扣件式钢管脚手架生产安全事故技术因素，见表4-24。

扣件式钢管脚手架生产安全事故技术因素 表4-24

序号	项　目	占总事故量百分比
1	扫地杆设置	45%
2	剪刀撑设置	33%
3	立杆垂直度	22%
4	扣件扭紧力矩	21%
5	立杆接长方式	20%

3. 主要材料、构配件不符合相关制造标准的缺陷因素

（1）脚手架的钢管、扣件、U型托、木方等主要材料、构配件必须符合相关制造标准质量。钢管不得使用 Q195 或 Q215 钢材制作，钢管壁厚不得低于 3.24mm。

（2）扣件应采用可锻铸铁或铸钢制作，扣件在螺栓拧紧扭力矩达到 65N·m 时，扣件螺栓不得发生破坏。

（3）U型托、可调托撑螺杆外径不得小于 36mm，可调托撑的螺杆与支托板焊接应牢固，焊缝高度不得小于 6mm；可调托撑螺杆与螺母旋合不得少于 5 扣，螺母厚度不得小于 30mm，支托板厚不应小于 5mm。

4. 脚手架专项方案缺陷因素

提高脚手架搭设方案编制的科学性、严谨性、可操作性，科学合理的脚手架搭设方案包括其他方案，需要具有综合能力、经验丰富的专业技术人员编制，避免脚手架设计构造不合理，造成脚手架承载力降低。

5. 脚手架立体空间体系失稳因素

（1）扣件式钢管脚手架事故主要破坏形式分为整体失稳和局部失稳两种。

（2）由于立杆局部稳定极限荷载大于立杆整体稳定极限荷载，相同极限荷载作用时，整体失稳成为脚手架的主要破坏形式。

（3）双排脚手架整体失稳多数是垂直于架体的横向失稳，首先发生破坏的部位是无连墙件、横向结构刚度连接薄弱或架体底部位置，形成横向、垂直脚手架主体结构外立面的大波鼓曲失稳。

（4）重要杆件失稳因素

1）扫地杆

扣件式钢管脚手架未设置扫地杆，直接造成架体稳定性及承载能力大幅度下降，支撑结构承载力下降15％左右，因此必须设置扫地杆。见图4-62、图4-63。

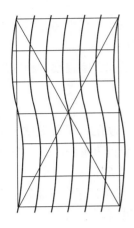

图4-62　设置扫地杆示意图

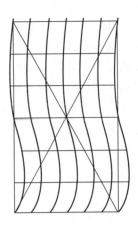

图4-63　未设置扫地杆示意图

2）剪刀撑

数据表明，剪刀撑、斜杆在脚手架横、竖、水平三个平面设置三角形杆件，从而建立稳定的立体空间格构体系。剪刀撑可有效提高整体脚手架结构稳定性、整体刚度及承载能力。无剪刀撑的支撑结构每根立杆可承受约31kN的荷载，设置剪刀撑的支撑结构每根立杆可承受约65kN的荷载。

剪刀撑必须随脚手架同步搭设，剪刀撑必须与脚手架支撑结构进行扣接。

3）跨距、步距

跨距、步距直接影响脚手架的稳定性和刚度，必须符合专项方案要求。

4）连墙件

① 相同条件下，刚性连墙件的铰支座可以大幅度提高脚手架的稳定性；

② 脚手架连墙件的设置数量应足够，尤其在建筑立面不规则处连墙件的设置数量必须足够；

③ 使用过程中，临时拆除的连墙件应及时恢复。

5）扣件拧紧力矩

扣件拧紧力矩是影响扣件连接点刚度的主要因素，脚手架钢管每个扣件的拧紧力矩应≥40N·m且≤65N·m。

（5）超载偏载因素

为了抢工期、赶进度，多层立体同时作业，造成整体脚手架超载或脚手架局部超载。

（6）突发事件因素

突发的自然因素和外来因素，如强风、猛烈的机械碰撞等。

6.钢管脚手架生产安全事故预防措施

杜绝上述缺陷因素，全面采取针对性措施加以改进。

（二）模架生产安全事故因素及预防措施

1.模架生产安全事故因素

（1）模架体系安全生产事故管理缺陷因素同扣件式钢管脚手架。

（2）模板支撑方案存在重大缺陷或架体稳定性计算错误。

（3）模板支撑体系搭设完成后未经验收。

（4）采用扣件式钢管、高度在8m以上的模板支撑体系，当模架体系自身与结构无连接或连接薄弱处会首先失稳，致使坍塌事故成为大概率事件。

（5）模板支撑体系局部失稳、垮塌首先发生在顶部，进而引起连锁失稳或垮塌。

（6）模板支撑体系垮塌均发生在混凝土浇筑过程中。

2.模架生产安全事故预防措施

（1）杜绝专项模板支撑方案架体稳定性计算错误等重大缺陷；模板支撑方案应由具有丰富知识和实践经验的工程师编制；模板支撑方案应严格履行审批程序。

（2）加强从业人员安全意识、教育培训、安全技术交底工作。

（3）模板支撑体系搭设完成后，必须经验收合格后，方可按程序进行混凝土浇筑作业。

（4）混凝土浇筑过程必须由专人检查模板支撑体系的动态工作状态。

七、脚手架、模架生产安全事故防控技术措施专家要点提示

（1）脚手架、模架方案应经企业内部交叉优化审核，必须严格履行"编制、审核、审批、批准"程序；在实施前必须进行书面交底；实施后必须按分部、分项、分段进行验收，验收合格方可投入使用。

（2）脚手架、模架设计计算要综合考虑材料质量、搭设人员技能水平等不利因素。

（3）架子工等特种作业人员必须按照国家有关规定经专门的安全作业培训，取得相应资格，方可上岗作业。

（4）进场脚手架、模架的钢管及扣件等材料质量必须符合安全技术规范要求。钢管或扣件等材料应尽量使用铸印有制造企业标识的产品，以利材料质量保证及可追溯性，如图4-64所示。

（5）严格按照脚手架、模架方案和安全技术规范规定进行搭设，立杆、横杆间距必须满足要求，不能随意减少和扩大；使用、拆除中，严禁提前拆除连墙件、剪刀撑等重要杆件，避免脚手架、模架整体向外、向内失稳倾倒或局部坍塌、垂直坍塌。

图4-64　扣件企业标识

（6）模架浇筑混凝土要点提示

1）框架结构混凝土严格按照方案设计要求，对柱、梁、板顺序浇筑。

2）浇筑荷载严禁超过模架计算荷载或出现模架局部荷载集中现象。

3）浇筑过程应设专人对模板支撑系统进行动态观测。

4）框架结构模板支撑体系在设计、工艺流程条件许可的情况下，高柱、大跨度梁，大体量、大面积混凝土柱、梁、板，尽量避免同时浇筑，以利安全。

（7）脚手架、模架使用中要根据不同季节、不同施工阶段进行定期和重点检查，发现损坏、缺失隐患，要定人、定措施、定整改时间，及时维护、完善。

（8）要预防防护设施不全，造成操作人员从脚手架上坠落或高空落物伤人。

第四节　危险性较大的分部分项工程安全生产科学技术

为加强房屋建筑和市政基础设施工程（以下简称"建筑工程"）的新建、改建、扩建、装修和拆除等建筑安全生产活动及安全管理，必须明确安全专项施工方案编制内容，规范专家论证程序，确保安全专项施工方案实施，积极防范和遏制建筑施工生产安全事故的发生。依据《建设工程安全生产工作条例》的规定，施工单位除应当在施工组织设计中编制安全技术措施和施工现场临时用电方案、对达到一定规模的危险性较大的分部分项工程编制专项施工方案外，对危险性较大的深基坑工程、地下暗挖工程、高大模板工程的专项施工方案，施工单位还应当组织专家进行论证、审查。

一、《危险性较大的分部分项工程安全管理办法》（建质〔2009〕87号）相关规定

（一）危险性较大的分部分项工程定义

建筑工程在施工过程中集危险性、专业性、工艺复杂性于一体，可能导致作业人员群死群伤或造成重大不良社会影响的分部分项工程称为危险性较大的分部分项工程。

（二）危险性较大的分部分项工程方案编制规定

（1）施工单位应当在危险性较大的分部分项工程施工前编制专项方案。

（2）施工单位在编制施工组织（总）设计的基础上，针对危险性较大的分部分项工程单独编制的安全技术措施文件。

（三）危险性较大的分部分项工程方案编制内容

（1）工程概况：危险性较大的分部分项工程概况、施工平面布置、施工要求和技术保证条件。

（2）编制依据：相关法律、法规、规范性文件、标准、规范及图纸（国标图集）、施工组织设计等。

（3）施工计划：包括施工进度计划、材料与设备计划。

（4）施工工艺技术：技术参数、工艺流程、施工方法、检查验收等。

（5）施工安全保证措施：组织保障、技术措施、应急预案、监测监控等。

（6）劳动力计划：专职安全生产管理人员、特种作业人员等。

（7）计算书及相关图纸。

（四）危险性较大的分部分项工程专项方案编制

（1）建筑工程实行施工总承包的，专项方案应当由施工总承包单位组织编制。

（2）起重机械安装拆卸工程、深基坑工程、附着式升降脚手架等专业工程实行分包的，其专项方案可由专业承包单位组织编制。

（五）危险性较大的分部分项工程专项方案审批

（1）专项方案应当由施工单位技术部门组织本单位施工技术、安全、质量等部门的专业技术人员进行审核。经审核合格的，由施工单位技术负责人签字。

（2）实行施工总承包的，专项方案应当由总承包单位技术负责人及相关专业承包单位技术负责人签字。

（3）不需专家论证的专项方案，经施工单位审核合格后报监理单位，由项目总监理工程师审核签字。

（六）超过一定规模的危险性较大的分部分项工程专项方案论证规定

（1）超过一定规模的危险性较大的分部分项工程专项方案应当由施工单位组织召开专家论证会。实行施工总承包的，由施工总承包单位组织召开专家论证会。

（2）专家组成员应当由 5 名及以上符合相关专业要求的专家组成，论证会人员包括：

1）专家组成员；

2）建设单位项目负责人或技术负责人；

3）监理单位项目总监理工程师及相关人员；

4）施工单位分管安全的负责人、技术负责人、项目负责人、项目技术负责人、专项方案编制人员、项目专职安全生产管理人员；

5）勘察、设计单位项目技术负责人及相关人员。

（3）本项目参建各方的人员不得以专家身份参加专家论证会。

（4）专家论证的主要内容：

1）专项方案内容是否完整、可行；

2）专项方案计算书和验算依据是否符合有关标准规范的规定；

3）安全施工的基本条件是否满足现场实际情况。

（5）专项方案经论证后，专家组应当提交"危险性较大的分部分项工程专家论证报告"，对论证的内容提出明确的意见，在论证报告上签字，并加盖论证专用章。

（6）论证报告结论分析

1）通过：报告结论为通过的，施工单位应当严格执行方案。

2）修改后通过：报告结论为修改后通过的，修改意见应当明确并具有可操作性，施工单位应当根据专家论证报告修改完善专项方案，并经施工单位技术负责人、项目总监理工程师、建设单位项目负责人签字后，方可组织实施。

实行施工总承包的，应当由施工总承包单位、相关专业承包单位技术负责人签字。

3）不通过：报告结论为不通过，需做重大修改的，施工单位应当重编方案，并重新组织专家论证。

（7）论证后的危险性较大的分部分项工程方案实施

1）施工单位应当严格按照专项方案组织施工，不得擅自修改、调整专项方案。

2）因设计、结构、外部环境等因素发生变化确需修改的，修改后的专项方案应当重新审核。

3）对于超过一定规模的危险性较大的分部分项工程专项方案，施工单位应当重新组织专家进行论证。

（8）专项方案安全技术交底

专项方案实施前，编制人员或项目技术负责人应当向现场管理人员和作业人员进行安全技术交底。

（9）专项方案监督实施

1）施工单位应当指定专人对专项方案实施情况进行现场监督和按规定进行监测。发现不按照专项方案施工的，应当要求其立即整改；发现有危及人身安全紧急情况的，应当立即组织作业人员撤离危险区域。

2）施工单位技术负责人应当定期巡查专项方案实施情况。

（10）危险性较大的分部分项工程验收规定

对于按规定需要验收的危险性较大的分部分项工程，施工单位、监理单位应当组织有关人员进行验收。验收合格的，经施工单位项目技术负责人及项目总监理工程师签字后，方可进入下一道工序。

（11）危险性较大的分部分项工程方案论证专家规定

1）各地住房城乡建设主管部门按专业类别建立专家库。专家名单予以公示。

2）专家库的专家应具备以下基本条件：

① 诚实守信、作风正派、学术严谨；

② 从事专业工作 15 年以上或具有丰富的专业经验；

③ 具有高级专业技术职称。

二、危险性较大的分部分项工程范围

（一）危险性较大的分部分项工程

1.基坑支护、降水工程

开挖深度超过 3m（含 3m）或虽未超过 3m 但地质条件和周边环境复杂的基坑（槽）支护、降水工程。

2.土方开挖工程

开挖深度超过 3m（含 3m）的基坑（槽）的土方开挖工程。

3.模板工程及支撑体系

（1）各类工具式模板工程：包括大模板、滑模、爬模、飞模等工程。

（2）混凝土模板支撑工程：搭设高度 5m 及以上；搭设跨度 10m 及以上；施工总荷载 $10kN/m^2$ 及以上；集中线荷载 15kN/m 及以上；高度大于支撑水平投影宽度且相对独立无连系构件的混凝土模板支撑工程。

（3）承重支撑体系：用于钢结构安装等的满堂支撑体系。

4.起重吊装及安装拆卸工程

（1）采用非常规起重设备、方法，且单件起吊重量在 10kN 及以上的起重吊装工程。

（2）采用起重机械进行安装的工程。

（3）起重机械设备自身的安装、拆卸。

5.脚手架工程

（1）搭设高度 24m 及以上的落地式钢管脚手架工程。

（2）附着式整体和分片提升脚手架工程。

（3）悬挑式脚手架工程。

（4）吊篮脚手架工程。

（5）自制卸料平台、移动操作平台工程。

（6）新型及异型脚手架工程。

6.拆除、爆破工程

（1）建筑物、构筑物拆除工程。

（2）采用爆破拆除的工程。

7.其他

（1）建筑幕墙安装工程。

（2）钢结构、网架和索膜结构安装工程。

（3）人工挖扩孔桩工程。

（4）地下暗挖、顶管及水下作业工程。

（5）预应力工程。

（6）采用新技术、新工艺、新材料、新设备及尚无相关技术标准的危险性较大的分部分项工程。

（二）超过一定规模的危险性较大的分部分项工程

1. 深基坑工程

（1）开挖深度超过 5m（含 5m）的基坑（槽）的土方开挖、支护、降水工程。

（2）开挖深度虽未超过 5m，但地质条件、周围环境和地下管线复杂，或影响毗邻建（构）筑物安全的基坑（槽）的土方开挖、支护、降水工程。

2. 模板工程及支撑体系

（1）工具式模板工程：包括滑模、爬模、飞模工程。

（2）混凝土模板支撑工程：搭设高度 8m 及以上；搭设跨度 18m 及以上；施工总荷载 15kN/m² 及以上，集中线荷载 20kN/m 及以上的混凝土模板支撑工程。

（3）承重支撑体系：用于钢结构安装等的满堂支撑体系，承受单点集中荷载 700kg 以上。

3. 起重吊装及安装拆卸工程

（1）采用非常规起重设备、方法，且单件起吊重量在 100kN 及以上的起重吊装工程。

（2）起重量 300kN 及以上的起重设备安装工程；高度 200m 及以上内爬起重设备的拆除工程。

4. 脚手架工程

（1）搭设高度 50m 及以上落地式钢管脚手架工程。

（2）提升高度 150m 及以上附着式整体和分片提升脚手架工程。

（3）架体高度 20m 及以上悬挑式脚手架工程。

5. 拆除、爆破工程

（1）采用爆破拆除的工程。

（2）码头、桥梁、高架、烟囱、水塔或拆除中容易引起有毒有害气（液）体或粉尘扩散、易燃易爆事故发生的特殊建（构）筑物的拆除工程。

（3）可能影响行人、交通、电力设施、通信设施或其他建（构）筑物安全的拆除工程。

（4）文物保护建筑、优秀历史建筑或历史文化风貌区控制范围的拆除工程。

6. 其他

（1）施工高度 50m 及以上的建筑幕墙安装工程。

（2）跨度大于 36m 的钢结构安装工程；跨度大于 60m 的网架和索膜结构安装工程。

（3）开挖深度超过 16m 的人工挖孔桩工程。

（4）地下暗挖工程、顶管工程、水下作业工程。

（5）采用新技术、新工艺、新材料、新设备及尚无相关技术标准的危险性较大的分部分项工程。

三、高大模板支撑系统的搭设

（1）高大模板支撑系统是指建设工程施工现场混凝土构件模板支撑高度超过 8m，或搭设跨度超过 18m，或施工总荷载大于 15kN/m²，或集中线荷载大于 20kN/m 的模板支撑系统。

（2）施工单位应依据国家现行相关标准规范，由项目技术负责人组织相关专业技术人员，结合工程实际，编制高大模板支撑系统的专项施工方案。

（3）高大模板支撑系统专项施工方案，应先由施工单位技术部门组织本单位施工技术、安全、质量等部门的专业技术人员进行审核，经施工单位技术负责人签字后，再按照相关规定组织专家进行论证。

（4）高大模板支撑系统应在搭设完成后，由项目负责人组织验收，验收人员应包括施工单位和项目两级技术人员及项目安全、质量、施工人员，以及监理单位的总监理工程师和专业监理工程师。验收合格，经施工单位项目技术负责人及项目总监理工程师签字后，方可进入后续工序的施工。

（5）高大模板支撑系统搭设一般规定

1）高大模板支撑系统应优先选用技术成熟的定型化、工具式支撑体系。

2）搭设高大模板支撑架体的作业人员必须经过培训，取得建筑施工脚手架特种作业操作资格证书后方可上岗。其他相关施工人员应掌握相应的专业知识和技能。

3）高大模板支撑系统搭设前，项目工程技术负责人或方案编制人员应当根据专项施工方案和有关规范、标准的要求，对现场管理人员、操作班组、作业人员进行安全技术交底，并履行签字手续。

安全技术交底的内容应包括模板支撑工程工艺、工序、作业要点和搭设安全技术要求等，并保留记录。

4）作业人员应严格按规范、专项施工方案和安全技术交底书的要求进行操作，并正确佩戴相应的劳动防护用品。

（6）高大模板支撑系统搭设

1）高大模板支撑系统的地基承载力、沉降等应能满足方案设计要求。如遇松软土、回填土，应根据设计要求进行平整、夯实，并采取防水、排水措施，按规定在模板支撑立柱底部采用具有足够强度和刚度的垫板。

2）对于高大模板支撑系统，其高度与宽度相比大于两倍的独立支撑系统，应加设保证整体稳定的构造措施。

3）高大模板支撑系统搭设的构造要求应当符合相关技术规范要求，支撑系统立柱接长严禁搭接；应设置扫地杆、纵横向支撑及水平垂直剪刀撑，并与主体结构的墙、柱牢固拉结。

4）搭设高度 2m 以上的支撑架体应设置作业人员登高措施。作业面应按有关规定设置安全防护设施。

5）模板支撑系统应为独立的系统，禁止与物料提升机、施工升降机、塔式起重机等起重设备钢结构架体机身及其附着设施相连接；禁止与施工脚手架、物料周转料平台等架体相连接。

（7）高大模板支撑系统使用与检查

1）模板、钢筋及其他材料等应均匀堆置，放平放稳。其总荷载不得超过高大模板支撑系统设计荷载要求。

2）高大模板支撑系统在使用过程中，立柱底部不得松动悬空，不得任意拆除任何杆件，不得松动扣件，也不得用作缆风绳的拉结。

3）施工过程中检查项目应符合下列要求：

① 立柱底部基础应回填夯实；

② 垫木应满足设计要求；

③ 底座位置应正确，顶托螺杆伸出长度应符合规定；

④ 立柱的规格尺寸和垂直度应符合要求，不得出现偏心荷载；

⑤ 扫地杆、水平拉杆、剪刀撑等设置应符合规定，固定可靠；

⑥ 安全网和各种安全防护设施符合要求。

（8）混凝土浇筑

1）混凝土浇筑前，施工单位项目技术负责人、项目总监理工程师确认具备混凝土浇筑的安全生产条件后，签署混凝土浇筑令，方可浇筑混凝土。

2）框架结构中，应按先浇筑柱混凝土、后浇筑梁板混凝土的顺序进行。浇筑过程应符合专项施工方案的要求，并确保支撑系统受力均匀，避免引起高大模板支撑系统的失稳倾斜。

3）浇筑过程应有专人对高大模板支撑系统进行观测，发现有松动、变形等情况，必须立即停止浇筑，撤离作业人员，并采取相应的加固措施。

（9）拆除管理

1）高大模板支撑系统拆除前，项目技术负责人、项目总监理工程师应核查混凝土同条件试块强度报告，混凝土达到拆模强度后方可拆除，并履行拆模审批签字手续。

2）高大模板支撑系统的拆除作业必须自上而下逐层进行，严禁上下层同时拆除作业，分段拆除的高度不应大于两层。设有附墙连接的模板支撑系统，附墙连接必须随支撑架体逐层拆除，严禁先将附墙连接全部或数层拆除后再拆除支撑架体。

3）高大模板支撑系统拆除时，严禁将拆卸的杆件向地面抛掷，应有专人传递至地面，并按规格分类均匀堆放。

4）高大模板支撑系统搭设和拆除过程中，地面应设置围栏和警戒标志，并派专人看守，严禁非操作人员进入作业范围。

第五节　基坑、槽、坑、沟、大孔径桩、扩底桩工程安全生产科学技术

一、基坑、槽、坑、沟作业安全技术基本要求

（一）基坑、槽、坑、沟作业安全管理基本要求

（1）基础施工前应具备完整的岩土工程勘察报告及设计文件。

（2）基础施工前及开挖槽、坑、沟土方前，建设单位必须以书面形式向施工单位提供详细的与施工现场相关的地下管线资料，施工单位应采取有效措施保护地下各类管线。

（3）基坑、槽、坑、沟土方开挖作业，应根据地质情况、施工工艺、作业条件、周边环境、邻近建筑物、构筑物、道路及地下管线的管线类别、埋设深度、位置等，编制基坑专项施工方案，并履行审批程序。

（4）雨季施工期间，施工单位应编制雨季施工专项方案，基坑周边必须设置良好的排水系统和设施。

（5）基坑土方开挖前，应对相关人员进行书面安全技术交底。

（6）用于土方施工的机械进场，经验收合格后方可使用，机械操作人员必须持证上岗。

（7）施工单位应指定专人监测、监视基坑、槽、坑、沟可能出现的位移、开裂及渗漏，发现上述现象之一应立即停止施工，将作业人员撤离作业现场。待险情排除后，方可继续作业。

（8）配合机械清底、平地、修坡等人员，必须在机械回转半径以外作业。如人员需进入机械回转半径内作业时，挖土机械必须停止作业，机上、机下人员应保持密切联系。

（9）人员进出基坑、槽、坑、沟应顺爬梯上下，不得在边坡爬上爬下或直接跳下。

（10）土方开挖、基坑暴露期间必须配备应急抢险器材和人员。

（二）基坑、槽、坑、沟作业安全技术基本要求

（1）开挖、基坑槽、坑、沟等，应根据土质和挖掘深度等条件按规定放坡。如场地不允许放坡开挖时，应设可靠固壁支撑或支护结构体系。

（2）基坑开挖完成后，地下结构工程的施工单位应当及时施工，防止基坑长时间暴露。

（3）基坑、槽、坑、沟作业条件安全技术基本要求。

1）基坑、槽、坑、沟场地周围出现地表水汇流、排泻或地下水管渗漏时，应组织排水。

2）基坑、槽、坑、沟底低于地下水位时，应根据地质资料、开挖深度等因素，采取有效降低地下水位的方法及排水措施，以防坍塌。

3）基坑、槽、坑、沟采取降、排水措施后，应监测降、排水产生的沉降，发现异常，视情况立即采取有效措施。

4）雨季施工期间，基坑周边必须设置良好的排水系统和设施，保证排水畅通。

5）在傍山、沿河地区施工时，应采取必要的防洪、防泥石流措施。

6）稳定性差的土质边坡、顺向坡基坑，施工方案应充分考虑雨季施工的特定诱发因素，事先制定应急预案措施。

（4）基坑、槽、坑、沟边堆物堆料安全技术基本要求

1）基坑、槽、坑、沟边堆物堆料应根据土质、沟深、地下水位、机械设备重量等条件确定堆物堆料及施工机械停放的安全边距，但不得小于1.5m。

2）基坑、槽、坑、沟边堆物堆料的堆放高度不得超过1.5m。

（5）挖土顺序应符合施工组织设计（方案）的规定，并遵循自上而下逐层开挖的原则，禁止采用掏洞操作方法。

（6）下坑、槽作业前，要查看边坡土壤变化情况，出现裂缝的边坡土壤要及时清除，并加强观测；不准拆移土壁支撑和其他支护设施。

（7）支护设施拆除时，应按施工组织设计的规定进行。通常自下而上，随填土进程，填一层拆一层，不得一次拆到顶。

（8）开挖基坑、槽、坑、沟深度超过2m时，必须在边沿处设立两道防护栏杆，用密

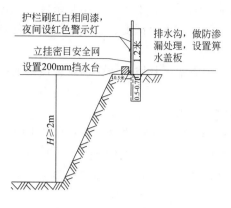

图 4-65　防护栏杆示意图

目安全网封闭，见图 4-65。

（9）开挖基坑、槽、坑、沟深度超过 1.5m 时，应设置人员上下坡道或爬梯，爬梯两侧应用密目安全网封闭，见图 4-66。

（10）开挖基坑、槽、坑、沟深度超过 5m 时，必须设置马道，坡度不小于 1：3。

（11）基坑、槽、坑、沟边 1m 以内为净物区，不得堆土、堆物、停置机具，见图 4-67。

（12）危险处、通道处及行人过路处开挖的槽、坑、沟，必须采取有效的防护措施，夜间应设红色标志灯，防止人员坠落。

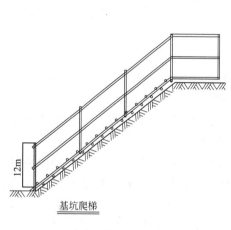

基坑爬梯

注：基坑深度超过1.5m设置爬梯或直梯，斜梯两侧设置防护栏杆，直梯高度超过2m时设置护笼，基坑深度超过5m必须设置马道和休息平台。

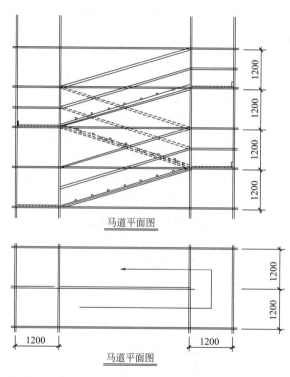

马道平面图

马道平面图

图 4-66　坡道、爬梯示意图

（三）基坑、槽、坑、沟施工作业隐患安全技术措施

1. 桩间土流失隐患

基坑、槽护坡桩间土流失、土体逐渐坍落，桩体无法对桩后土壤进行可靠支撑，桩体及背后土壤受力条件发生变化，可导致基坑、槽严重坍塌事故发生。

预防措施：采取植入水平钢筋、挂钢筋网、喷射混凝土措施，密切关注地表水、地下水分布及下水管道渗水，确保桩间原有土体结构整体性和应力状态。

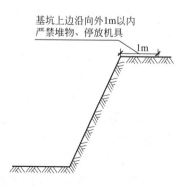

图 4-67　基坑净物区域示意图

2.基坑、槽、坑、沟未及时支护

基坑、槽、坑、沟未根据土壤、环境、深度条件及时支护，可导致基坑、槽、坑、沟坍塌事故发生。

预防措施：应根据审批后的《施工组织设计（方案）》，与施工同步并及时进行支护，不得拖延。

3.基坑、槽超挖隐患

基坑、槽超挖未及时支护、支撑，可导致基坑、槽坍塌事故发生。

预防措施：开挖基坑、槽严格控制基底的标高，防止基底超挖，如明挖地铁工程作业面开挖，必须先撑后挖。

4.基坑钢支撑围檩未设抗剪蹬隐患

未设抗剪蹬，钢支撑斜撑在受力过程中可能造成钢围檩侧向位移，构成隐患。

预防措施：对钢支撑斜撑处的钢围檩背后加设两组抗剪蹬，确保围护结构的整体稳定性。

5.基坑、槽变形超报警值隐患

基坑、槽周围地面由于不均匀沉降出现裂缝，或地面突然出现较大沉降、位移，超过报警限值时未及时采取有效措施，构成重大隐患。

预防措施：及时报告给设计和监理，认真分析原因，及时采取有效措施。

6.未检测数据隐患

基坑、槽开挖，必须进行现场监测，检测项目包括水平方向位移值及垂直方向沉降量。

预防措施：建立独立的坐标系和高程系，超过限值时，及时报告给设计和监理，分析原因，及时采取有效措施。

7.基坑、槽、坑、沟边侧堆载隐患

基坑、槽、坑、沟因土壤性质不同其内摩擦角和凝聚力也不同，基坑、槽、坑、沟边堆土堆物超过土壤承载能力时，可导致坍塌事故发生。

预防措施：

（1）放坡的基坑、槽、坑、沟边沿 1m 范围内不得堆土、堆物和停置机械设备。堆土高不得大于 1.5m。

（2）未采取防护技术措施的垂直坑壁、软土质地区的基坑、槽、坑、沟挖深为 H 时，在地面基坑边侧 H 宽度范围内不得堆土、堆物。

（3）根据不同基坑、槽、坑、沟深度及土壤性质、边坡状态、地下水状况采取相应安全技术措施。

二、大孔径桩、扩底桩作业安全技术基本要求

（一）大孔径桩、扩底桩安全管理基本要求

（1）大孔径桩、扩底桩的施工单位必须具备总承包一级以上资质或地基与基础工程专业承包一级资质。

（2）大孔径桩、扩底桩作业前，必须编制施工方案，必须经企业技术部门审核，经独立法人技术负责人审批、签字，报监理单位总监理工程师审核、签字。

（3）大孔径桩、扩底桩作业必须制定预防坠人、落物、坍塌、人员窒息等安全措施。

（4）下孔作业前应进行有毒、有害气体检测，排除孔内有害气体。并向孔内输送新鲜

空气或氧气，确认安全后方可下孔；施工作业时，保证作业区域通风良好。

（5）孔下作业人员连续作业不得超过2h，并设专人监护。

（6）孔口应设置防护设施，严防人员或物件坠落孔内，孔下作业人员必须戴安全帽。

（二）大孔径桩、扩底桩安全技术基本要求

（1）地下管线保护基本要求

1）建设单位应提供电缆、燃气、给水、污水、雨水、中水、热力管线等各类地下设施的分布和现状资料。

2）施工单位对建设单位提供的地下设施资料进行勘察核实，根据管线走向及具体位置，对所有地下管线的位置设置警示牌或警示标志。

3）管线开挖过程中先进行人工探挖，然后视管线深度、位置，确定采用机械开挖或人工开挖的方法。

4）靠近电力电缆等周边2m内的土方必须人工开挖。

5）挖出管线后应及时采取支架、悬吊、套管、设置挡板等保护措施，如遇到燃气管道应及时检测管道是否泄漏，并严格执行动火作业程序。对于燃气、电力管线，应设置集水坑，防止管线被浸泡。

6）道路下的给水管线和压力污水管线，除及时采取支架、悬吊、套管、设置挡板等保护措施外，还要确保车辆穿越时管线受力后不变形、不断裂。

（2）大孔径桩、扩底桩作业，必须设置牢固的防护盖板、围栏及警示标志。

（3）大孔径桩、扩底桩作业必须采用混凝土护壁，首层护壁应根据土质情况做成沿口护圈，护圈混凝土强度达到5MPa或达到规定的强度和养护时间后，方可进行下层土方开挖。

（4）大孔径桩、扩底桩必须严格按照施工顺序进行施工，第一节桩孔土方挖完后必须浇筑混凝土护壁，待第一节混凝土护壁达到设计规定的强度和养护时间后方可进行第二节土方开挖。见图4-68。

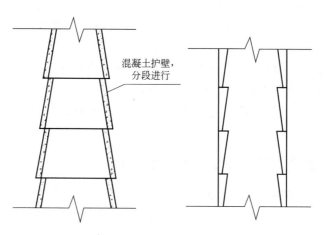

图4-68 大孔径桩、扩底桩防护示意图

三、基坑、槽、坑、沟坍塌生产安全事故防控技术措施专家要点提示

（1）基坑、槽、坑、沟的护坡、坑壁要视土质条件、开挖深度、地下水位、污水管

道、施工季节、工期长短、相邻建筑物和构筑物等情况编制专项防护方案。基坑工程还应进行基坑稳定性验算、结构内力和位移计算、截面承载力计算。

（2）基坑、槽、坑、沟专项防护方案应经企业内部相关部门交叉审核，深基坑支护方案应经过岩土专家论证或动态施工模拟。必须严格履行"编制、审核、审批、批准"程序。

（3）实施前必须进行书面方案、安全技术交底。

（4）严格控制槽钢、钢筋、混凝土材料质量。

（5）基坑、槽、坑、沟挖掘施工要加强过程控制，严格遵守自上而下的施工顺序，禁止采用掏挖底脚操作方法。

（6）实施后必须分段进行验收，验收结果必须合格。

（7）基坑、槽、坑、沟周边严格限制超设计荷载堆放建筑材料、土体模板等物料，且必须与坑边保持安全距离。施工机械设备，尤其是振动机械、移动机械必须远离基坑。

（8）水是诱发基坑工程事故的重要因素，要加强基坑工程地表水引流及控制；地下水持续降水、截水、排水控制措施应符合专项方案设计和安全技术规范规定。

（9）基坑工程的监测项目、监测频率、监测点位必须严格按照专项方案设计和安全技术规范规定采取仪器监测和巡视检查相结合的方法进行监测，根据每日检测值和累加值比照监测预警值和报警值，采取相应处置措施。

（10）对基坑、井坑的边坡和支护系统应每天定时检查，发现边坡有裂痕、疏松、渗水等危险征兆，应立即采取加固措施，同时疏散人员。

第六节　现场消防安全生产科学技术

一、现场消防安全管理基本要求

（一）消防工作方针

消防工作要坚持"预防为主、防消结合"的方针。

（二）企业相关人员消防安全主体责任

（1）现场消防安全工作由总承包单位负责。分包单位应服从总承包单位的管理。

（2）施工单位主要负责人是消防安全责任人，对本单位的消防安全工作全面负责。火灾事故发生后，施工单位主要负责人应做到：

1）迅速组织人员进行火灾扑救，防止和减少人员伤亡、事故扩大及财产损失；

2）按规定时限报告火灾事故，不得隐瞒不报、谎报或者迟报；

3）保护火灾事故现场，不得故意破坏事故现场，毁灭有关证据。

（3）项目负责人是项目工程消防安全责任人，对本项目工程的消防安全工作全面负责。

（三）企业消防安全主体责任

（1）总承包单位负责施工现场消防安全工作。

（2）总承包单位应建立健全各项消防安全工作制度、责任制；落实消防目标考核及奖惩办法。

（3）分包单位应当服从总承包单位的消防安全管理，分包单位不服从管理导致消防安全事故，由分包单位承担主要责任。

（4）施工总承包单位与专业分包单位、劳务分包单位间必须分别签订消防安全管理协议，明确各方权利、义务、责任。

（四）消防安全管理基本要求

（1）施工单位应建立健全各级消防安全管理制度。

1）消防安全管理制度；

2）消防安全教育培训制度；

3）用火、用电、用气管理制度；

4）易燃易爆危险品管理制度；

5）消防安全检查制度；

6）消防应急预案演练制度。

（2）施工单位应定期开展消防安全教育培训，专职安全生产管理人员组织新进场、转岗等施工人员进行消防安全教育，经考核合格后方可上岗作业。对在岗从业人员每年至少组织进行一次消防安全教育培训，教育培训及考核内容包括：

1）掌握有关消防法规、消防安全管理制度及消防安全操作规程；

2）掌握《施工现场消防方案》、《施工现场消防应急救援预案》内容；

3）施工作业人员应掌握"三知三会"，即知道本岗位的火灾危险因素、知道消防安全措施、知道灭火方法；会正确扑救初起火灾、会及时正确报火警、会有序疏散；

4）现场临时消防设施、器材的性能及使用方法；

5）初起火灾扑救知识和技能；

6）火灾自救逃生知识和技能；

7）火灾报警程序和方法。

（3）总承包单位每半年至少组织一次灭火和应急救援演练。

（4）总承包单位现场专职安全生产管理人员或施工管理人员每半月进行一次消防安全检查，内容包括：

1）消防安全管理制度、责任制建立健全及落实情况；

2）电焊、气焊、建筑电工等特种作业人员持证上岗及其消防知识掌握情况；

3）消防车道、安全出口是否畅通；消防设施设备、器材是否配置齐全、有效、完好；应急照明是否正常；消防疏散指示标志是否使用正常；

4）可燃、易燃易爆物品运输、使用、存放是否符合消防规定及防火措施落实情况；

5）电气焊、防水作业等用火、用气、用电防火措施，动火证管理措施落实情况；

6）消防安全检查及火灾隐患整改措施落实情况；

7）消防值班、巡检及记录情况等。

（5）消防设施设备、器材性能应符合相关制造标准，并提供齐全有效的质量证明文件。

（6）现场指定专人定期检查消防设施设备、器材维护情况。

（7）按规定设置疏散通道、安全出口，并保持畅通；确保安全疏散指示标志、应急照明设施处于正常工作状态。

（8）落实明火作业工作制度，公众聚集场所营业期间禁止动火施工，非营业期间施工需要使用明火时，施工单位和使用单位应当共同采取防火分隔措施，清除动火区域内的所有可燃、易燃物，按规定配备消防器材并由专人监护。

（9）在消防车通道、消防重点区域、可燃易燃物料场等处设置"禁止烟火"、"禁止堆放易燃物"等标志；在疏散通道、水泵结合器、消火栓等处设置醒目的指示标志，实现消防器材目视化管理。

（10）保持消防安全资料真实、齐全，根据动态生产进度及时补充、完善。

（11）《施工现场消防方案》的主要内容

1）现场消防安全组织管理体系。

2）现场火灾危险源辨识。

3）消防管理措施。

4）消防科技措施。

5）消防设施设备、器材配备。

6）现场消防设施设备总平面布置图。

① 在建工程出入口、围挡等相对位置；

② 道路、消防车道、消防车回转场地等；

③ 现场消防水源、消防泵房、消火栓、消防接合器等消防设施设备分布位置；消防供水管、竖管敷设路径、高度等；

④ 现场总配电室（总配电柜）、消防配电箱位置及消防配电线路敷设、架设路由、走向、高度等；

⑤ 现场办公、宿舍用房；钢筋加工场、木材加工场；可燃材料库房、易燃易爆危险品库房、可燃材料堆场；固定动火作业场所等位置；

⑥ 施工现场消防警示标志布置图。

（12）《施工现场消防应急救援预案》的主要内容

1）消防应急救援原则

① 消防应急救援要坚持以人为本、科学理性救援，防止次生伤害事故原则；

② 消防应急救援处置自行启动、分级渐次启动原则。

2）消防应急救援准备（应急准备）

① 组织准备：建立义务消防应急救援组织，制定人员消防应急处置职责。

a. 应急灭火组

根据现场工程体量，组织人员建立具有灭火、抢险功能的义务灭火组；灭火组成员学习掌握扑灭初起火灾的知识、技能，定期组织灭火训练；配备相应的消防设施装备、器材及个人防护用具。

b. 应急救援组

根据现场实际需要，组织人员建立具有现场抢救伤员功能的义务救援组；救援组成员学习掌握现场急救知识、救援技能；配备相应的救援、急救、运输器材装备。

c. 应急保卫组

维持火灾现场救援秩序，引导、疏散现场人员，保护火灾现场。

d. 应急报警组

消防报警组应"一主一备"设置两人，学习掌握119消防报警程序、内容。

② 物质准备：扑救火灾的灭火、救援设施设备及救援人员个人防护用品等。

③ 程序准备：提出消防应急救援、处置、报警程序要求等。

④ 财务准备：提供消防应急培训、演练资金。

3）消防应急救援响应（应急响应）

火灾事故发生后，自行启动《施工现场消防应急救援预案》，实施规定的救援程序和内容。

4）消防应急救援恢复（应急恢复）

保护现场、事故分析、清理现场、恢复生产等。

5）消防应急救援应急演练

检验、评价、改进《施工现场消防应急救援预案》，确保可操作性、实用性的应急救援能力。

（13）《施工现场消防方案》和《施工现场消防应急救援预案》应履行审批程序后实施。

（14）施工作业前，现场消防安全管理人员或施工管理人员应向各专业施工作业人员进行消防安全技术交底，消防安全技术交底的内容包括：

1）作业过程中可能发生火灾类型、现场位置、施工环节等；

2）作业过程应采取的防火措施，现场配备的消防设施设备；

3）初起火灾的扑救方法及注意事项；

4）掌握逃生知识，了解火灾的基本规律。

（15）施工单位应依据《施工现场消防方案》、《施工现场消防应急救援预案》，定期开展消防应急救援演练。

（16）施工单位必须严格执行动火许可证制度，动火作业前必须办理动火许可证；专职安全生产管理人员开具动火许可证前，应前往动火现场查验。

1）开具动火许可证必须同时满足四项动火条件，方可签发：

① 人员资格条件：电、气焊工等特种作业人员必须持有有效特种作业操作资格证，方可动火作业。

② 动火环境条件：

a.动火作业前，必须清除以动火地点为圆心，半径 10m 范围内的全部 B_2（可燃）、B_3（易燃）类物品；对动火点附近无法移动的可燃物，应采用 A（不燃）材料对其隔离或覆盖。

b.临时建筑、仓库及可燃、易燃材料存放场等必须设置在动火地点上风口处。

c.风速限制规定：8.0m/s 以上风速时，禁止室外焊接、切割等动火作业，否则应采取可靠的挡风措施。

③ 灭火器材配置：动火作业现场必须配置两具 5kg 手提式干粉灭火器。

④ 监护人员配备：动火作业现场必须配备一个及以上动火监护人。

2）现场必须严格遵守动火许可证废止规定

① "一天一开"：动火许可证当日开具当日有效，有效期为 1d，过期废止。

② "一地一开"：动火许可证当日开具后动火地点发生移动、变换，动火许可证废止。

3）现场动火作业人员必须做到"四不走"：

① 火源不彻底熄灭不走；

② 可燃物未清理彻底不走；

③ 用电设备未断电锁箱不走；

④ 交接班交代不清不走。

4）现场动火作业人员必须做到"四掌握"：

① 掌握预防火灾的方法；

② 掌握扑救火灾的方法；

③ 掌握疏散逃生的方法；

④ 掌握消防报警的方法。

（17）生产经营单位应做好施工现场临时消防设施的日常维护工作，对已失效、损坏或丢失的消防设施，应及时更换、修复或补充。

（18）现场发生火灾事故后，即时做到"两必须"。

1）必须查明火灾原因

通过询问当事人、火灾现场勘验、提取痕迹物证、调取现场视频监控录像等现场调查方法，将现场提取的痕迹物证进行模拟试验、科学分析、检验鉴定，查明引发火灾的原因。

2）必须采取有效防范措施

吸取引发火灾事故教训，采取针对性火灾防范措施。

（19）在施工现场醒目位置、施工人员集中住宿场所设置消防安全宣传栏，悬挂消防安全挂图和消防安全警示标志。

（20）施工现场消防安全管理资料基本要求

1）现场专职安全生产管理人员负责现场消防安全管理资料，确保现场消防安全管理资料的真实性、完整性、时效性、同步性，并根据动态生产情况及时补充。

2）现场专职安全生产管理人员应及时收集、整理、归档施工现场消防设施设备的方案设计、安装、验收、检查、整改、拆除、巡视等资料。

3）现场消防安全资料包括如下内容：

①消防安全制度、责任制；

②《施工现场消防方案》、《施工现场消防应急救援预案》编制及审批资料；

③消防安全技术交底资料；

④专业分包、劳务分包单位签订现场消防安全管理协议资料；

⑤消防安全教育培训资料；

⑥消防隐患排查及整改资料；

⑦现场消防设施设备、防火材料、安全网、临建房屋结构、工程保温材料等的质量证明文件，防火阻燃性能检测、检验报告资料；

⑧现场明火作业动火许可证签发手续资料；

⑨消防设施、灭火器材安装、验收、检查、维修资料；

⑩消防应急救援演练资料；

⑪现场消防安全奖惩资料；

⑫巡查记录资料。

二、施工现场消防安全技术基础知识

现场火灾因素是客观存在的，这是由现场需要使用油、气、火、电施工，建筑结构、装饰装修工程材料可能具有可燃、易燃易爆性决定的，因此从业人员掌握火灾成因、早期预防、科学救援等消防安全科技，对预防火灾发生、减少火灾损失至关重要。

（一）火灾定义

失去控制、蔓延而形成灾害性燃烧，通常造成人员伤亡或物质财产损失的现象。

（二）火灾三要素

火灾三要素分别为可燃物、助燃物、火源，见图4-69。

（1）可燃物：木材、油料及可燃装饰、装修材料等。

（2）助燃物：氧气等。

（3）火源：明火。

（三）火灾阶段划分及施救主体

火灾阶段划分，见图4-70。

1.火灾阶段划分

（1）初期：阴燃、初起明火；

（2）中期：火场爆燃阶段，温度一般维持在700～800℃；

（3）末期：燃尽可燃物，火势进入衰竭阶段。

图4-69　火灾三要素

2. 不同火灾阶段施救主体

（1）初期火灾由现场义务消防队员扑救。

（2）中期火灾由专业消防队伍扑救，义务消防队员撤离或协助专业消防队伍扑救。

（四）火灾主要类型及灭火器灭火介质分类

（1）根据物质及其燃烧特性划分为以下火灾种类：

A类火灾（固体火灾）：如木材、棉、毛、麻、纸张等物质燃烧火灾。

B类火灾（液体火灾和可熔化固体火灾）：如汽油、煤油、甲醇、沥青等液体燃烧火灾。

C类火灾（气体火灾）：如煤气、天然气、甲烷、乙烷、丙烷、乙炔、氢气等气体燃烧火灾。

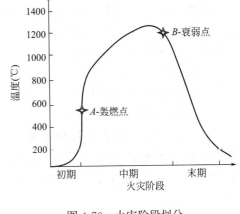

图 4-70　火灾阶段划分

D类火灾（金属火灾）：如钾、钠、镁、钛、锆、锂、铝镁合金等可燃金属燃烧火灾。

E类火灾（带电火灾）：指物体带电燃烧火灾等。

（2）灭火器按灭火介质分类

1）干粉灭火器：即碳酸氢钠和磷酸铵盐灭火剂。

2）二氧化碳灭火器。

3）泡沫型灭火器。

4）水型灭火器。

5）四氯化碳灭火器。

6）卤代烷灭火器（1211灭火器）。

（3）根据不同火灾类型选择手提灭火器，见表4-25。

根据不同火灾类型选择手提灭火器　　　　　　　　表 4-25

火灾类型	灭　火　器
A类	水型、干粉、泡沫、卤代烷(1211)手提灭火器
B类	干粉、泡沫、卤代烷(1211)、二氧化碳手提灭火器
C类	干粉、二氧化碳、卤代烷(1211)手提灭火器
D类	金属火灾专用干粉、粉装石墨灭火器和干沙
E类(电气火灾)	二氧化碳、干粉、卤代烷(1211)手提灭火器

（五）灭火方法和灭火战术

1. 灭火方法

扑灭火灾的机理是祛除火灾三要素中一个及一个以上要素中断燃烧过程。基本灭火方法有移除法、冷却法、窒息法、抑制法四种，具体采用哪种灭火方法，应根据燃烧物质的性质、特点和火场的具体情况进行选择。

（1）移除法

1）灭火机理：移除或隔离正在燃烧的物体，移除正在燃烧物体附近的可燃物体。

2）灭火方法：将火源附近的可燃、易燃易爆和助燃物质，从燃烧区内转移到安全地点；关闭阀门，阻止气体、液体流入燃烧区；排除生产装置、设备容器内的可燃气体或液体；设法阻拦流散的易燃、可燃液体或扩散的可燃气体；拆除与火源相毗连的易燃建筑结构，构成防止火势蔓延的隔离空间。

（2）冷却法

1）灭火机理：当燃烧所产生的热量不能弥补散发的热量时，可燃物的温度降低到燃点以下，火焰终止燃烧。

2）灭火方法：消火栓水枪喷水灭火，水可以大量吸取燃烧所产生的热量，水在灭火过程中不参与燃烧过程中的化学反应，属于物理灭火。还可用水冷却建筑构件、生产装置或容器设备等，以防止它们受热结构变形，扩大灾害损失。电气火灾和油类火灾不得采用水灭火。

（3）窒息法

1）灭火机理：物件覆盖火焰阻止空气流入燃烧区、减少空气中的含氧量，使火焰与空气隔离。

2）灭火方法：采用二氧化碳泡沫灭火器，二氧化碳具有不燃烧特性；二氧化碳泡沫灭火器内分别有硫酸铝和碳酸氢钠溶液两个容器。当需要二氧化碳泡沫灭火器灭火时，把灭火器倒立，两种溶液混合，就会产生大量的二氧化碳气体泡沫从灭火器中喷出，覆盖在燃烧物上，使燃烧物与空气隔离、降低温度，达到灭火的目的。

这种灭火方法也适用于扑救一些封闭空间和生产设备装置的火灾，可采用石棉布、浸湿的棉被、湿帆布等不燃或难燃材料覆盖燃烧物或封闭孔洞。

（4）抑制法

1）灭火机理：将化学灭火剂喷入燃烧区使其在参与燃烧的化学反应过程中抑制燃烧，从而使燃烧反应停止。

2）灭火方法：采用干粉灭火剂和卤代烷灭火剂及其替代产品，灭火时，要将足够数量的灭火剂准确地喷在燃烧区内，使灭火剂参与和阻断燃烧反应，起到抑制燃烧反应的作用，达到灭火的目的。

2.灭火战术

（1）堵截战术：阻断火灾通道，防止火灾蔓延、扩大。

（2）夹攻战术：立体多角度、多方位控制、灭火。

（3）分割战术：中期要破拆形成救援通道或防火墙，与可燃、易燃物隔离，然后分片灭火。

（4）撤离战术：当救援、灭火人员生命受到威胁时，要以人为本，撤离火场。

（六）火灾现场人员伤亡主要原因

（1）有毒气体：可燃建筑材料燃烧时产生大量含有一氧化碳（CO）、二氧化碳（CO_2）、氯化氢（HCl）、氮氧化物（NO_x）、硫化氢（H_2S）、氰化氢（HCN）、光气（$COCL_2$）等的有毒有害气体。有毒有害气体致人员中毒窒息死亡。一氧化碳导致烟气中毒是火灾人员死亡的主要原因，当人员处于一氧化碳含量达 1.3% 的空气中时，人员三个呼吸循环就会失去知觉，呼吸 13min 就会导致死亡。实际中一些建筑材料燃烧时产生的一氧化碳含量高达 2.5%。

火灾现场有毒有害气体吸入导致中毒窒息死亡人数是烧伤死亡人数的 4~5 倍。

（2）缺氧窒息：火灾燃烧过程中消耗大量氧气，空气中氧含量（体积比）低于 21% 时，现场人员将窒息死亡。

（3）高温烧伤：由于火场可燃物质火灾发展蔓延迅速，火场上的气体温度在短时间内可达几百摄氏度，造成人员被火焰烧伤、高温物体烫伤。

（4）吸入热物质气体：火场上的热烟尘是由燃烧中析出的碳粒子、焦油状液滴以及房屋倒塌时扬起的灰尘等组成的，这些热烟尘会阻止人员呼吸，从而导致人员死亡。

（5）物质爆炸：易燃易爆物品受热，在一定空间极短时间内急速燃烧，短时间内聚集大量的热量，使气体体积迅速膨胀引起爆炸。

（七）火灾预防安全技术知识

（1）独立式感烟火灾探测报警器：独立式感烟火灾探测报警器运用光电感烟或离子感烟技术，在探测到火灾后直接发出警报，提醒现场人员迅速报警并及时疏散逃生。独立式感烟火灾探测报警器安装在仓库、加工场所、宿舍、配电室等具有火灾危险的房间和部位。

（2）测温式电气火灾监控探测器：测温式电气火灾监控探测器可探测电气系统异常发热。测温式电气火灾监控探测器探测主要对象为低压供电系统，被探测对象为电缆接头，电缆本体温度变化时，采用绝缘体接触式布置测温；被探测对象为配电柜，开关触点温度变化时，采用靠近发热部件非接触式设置。

（3）吸气式感烟火灾探测技术：吸气式感烟火灾探测技术的工作原理基于流体采样探测响应初期火灾报警，主要应用区域为隧道、有限空间、电缆夹层等。

（八）现场火灾逃生知识

（1）发现火灾，除义务消防队员外，其他人均要果断、迅速从建筑物安全侧撤离火灾现场。

（2）火灾逃生必须认真观察、躲避火灾烟气通道。因为烟气的流动方向就是火势蔓延的途径，烟气的蔓延速度是火焰蔓延速度的 5 倍，其能量超过火焰 5~6 倍。

（3）仔细观察火灾现场逃生路径中电气线路和设备燃烧状况，及时躲避、免遭触电。

（4）仔细观察火灾现场逃生路径中木质结构、过烧钢结构燃烧状况，及时躲避、免遭砸伤。

小贴士：钢结构、混凝土结构过烧时，剩余承重力、剩余强度值：

（1）钢结构过烧温度达 700~800℃、≥2h 时，虽然不能熔化熔点为 1600℃ 的钢铁，但来自美国国家技术标准局的试验数据表明钢结构剩余承重力只是原来的 1/20 左右；如果钢结构钢材软化面积达到楼层面积的 2/3 以上，在钢材的断裂塑性变形能力只有 0.5% 的情况下，该楼层将不可避免地发生全部坍塌。

（2）铝酸盐水泥与硅酸盐水泥混合的混凝土结构过烧温度达 700~800℃、持续燃烧 30min 时，试验数据表明，混凝土结构剩余抗压强度是原始强度的 1/2，这时任何人都不能盲目进入火场。

三、现场消防安全技术基本要求

(一) 现场消防设施设备安全技术基本要求

1.现场消防车道设置基本要求

(1) 施工现场消防车道路基、路面及路面下部设施应能承受300kN中等消防车满载、消防车活荷载20kN/m²的通行能力及施工材料运输荷载。

(2) 施工现场必须设置消防车道，其净宽度不得小于4m，净空高度不得低于4m。

(3) 施工现场不同数量出入口对消防车道的基本要求

1) 施工现场出入口的设置应满足消防车通行的要求。

2) 施工现场出入口数量不宜少于2个，并布置在不同方向，施工现场消防车道宜为环形。

3) 当施工现场只能设置1个出入口时，应在现场内设置满足消防车通行的环形道路。

4) 无法设置环形消防车道时，应在消防车道尽端设置尺寸不小于12m×12m的回转车场。

(4) 施工现场内应设置临时消防车道，施工现场消防车道与在建工程、临时用房、可燃材料堆场及其加工场的水平距离宜为5m。

(5) 施工现场周边道路满足消防车通行及灭火救援要求时，施工现场内可不设置消防车道。

(6) 消防车道必须保证畅通，任何时间、任何情况禁止在消防车道上堆物、堆料或挤占消防车道。

(7) 施工现场消防车道的右侧应设置消防车行进路线指示标志。

2.现场消防救援场地设置基本要求

(1) 超过10栋的成组布置的临设用房、建筑高度大于24m或建筑工程单体占地面积大于3000 m²的在建工程应设置施工现场消防救援场地。

(2) 施工现场消防救援场地应在在建工程装饰装修阶段设置。

(3) 施工现场消防救援场地应设置在成组布置的临设用房场地的长边一侧及在建工程的长边一侧。

(4) 场地宽度应满足消防车正常操作要求且不应小于6m，与在建工程外脚手架的净距不宜小于2m，且不宜超过6m。

3.现场消防设施配备基本要求

(1) 现场消防水管安全技术基本要求

1) 现场消防干管、支管的管径应≥100mm；消防水管宜布置成环状网。

2) 消防给水系统干管、支管水压应始终保持规定压力状态。

3) 消防水泵接合器安全技术基本要求

① 在建工程消防给水系统应设置消防水泵接合器，以满足现场火灾扑救消防供水要求。

② 消防水泵接合器应设置在室外便于消防车靠近取水的部位，与室外消火栓或消防水池取水口的距离宜为15～40m。

③ 消防水泵接合器安装应与地面垂直，安装高度应符合下列规定：

地上式消防水泵接合器的接口中心距地高度 700mm；墙壁式消防水泵接合器的接口中心距地高度 1100mm。

4）环境温度达 0℃以下的寒冷地区的消防水干管、支管、消火栓口、竖管及消防加压泵等消防给水系统，应采取保温防冻措施。

5）施工现场临时消防给水系统应与施工现场生产、生活给水系统合并设置，但应设置将生产、生活用水转为消防用水的应急阀门。应急阀门不应超过 2 个，且应设置在易于操作的场所，并设置明显标志。

6）正式消防给水系统投入使用前，不得拆除或者停用在建工程消防给水系统及消防竖管。

7）严禁将消防水管作为施工用水管。

（2）现场消防竖管安全技术基本要求

1）在建工程应随施工进度设置内部或沿外墙的消防竖管，消防竖管的管径应≥100mm；消防竖管应每层设消火栓接口、配备水龙带。

2）消防竖管的设置位置应便于消防人员操作，其数量不应少于两根，当结构封顶时应将两根消防竖管连接，形成闭环状设置。

3）不同高度（层）范围的在建工程，消防竖管压力基本要求

① 多层建筑＜24m、市政给水管网压力达到 0.3MPa 时，消火栓可由市政管网直接供水。

② 在建工程高度≥24m 时，消防供水压力应根据在建工程高度（层）计算消防竖管压力。

4）消防竖管应与在建工程主体结构施工基本同步设置，高度差不应超过 10m 或三层。

5）在建工程结构施工拆除模板后，应同步在每层楼梯处设置消火栓，并配置水龙带、消防水枪。

6）在建工程结构施工时，现场可以选择性同步安装若干正式工程消防竖管，消火栓接口位置、高度应同时满足正式工程和在建工程消火栓安装要求。

（3）现场消火栓接口安全技术基本要求

1）消火栓接口及软管接口应设置在视角、视线可及且易于操作的明显部位，应满足消防水枪的充实水柱抵达保护范围内任意可能出现火灾的作业面。

2）每个消火栓接口处必须配备长度≥30m 的水龙带及消防水枪。

3）消火栓接口及软管接口应布局合理，沿在建工程、临时用房及可燃材料堆场及其加工场均匀布置。

4）两个消火栓接口或软管接口的间距应符合下列规定：

① 多层建筑室内两个消火栓接口或软管接口的间距应≤50m；

② 高层建筑室内两个消火栓接口或软管接口的间距应≤30m；

③ 室外两个消火栓接口或软管接口的间距应≤120m。

5）消火栓接口及软管接口距在建工程、临时用房、可燃材料堆场及加工场外边线应≥5m。

6）消火栓接口的前端应设置截止阀；消火栓接口及软管接口不得埋、压、圈、占。

7）消火栓连接的消防水枪出水量应≥5L/s、垂直充实水柱高度应≥10m。

8）消火栓接口处周围 3m 内不准存放任何物品。

9）消火栓接口等消防设施设备指示标志基本要求

① 消火栓接口处昼间应设置 700mm×500mm（高×宽）白底红字消防指示标志。

② 消火栓接口处夜间应设置单独敷设 36V 线路供电电源、蓄电池或普通电池供电的红色消防指示标志灯。

（4）现场消防水箱（池）安全技术基本要求

1）当外部水源不能满足施工现场的临时消防用水量要求时，应在现场设置临时消防水箱，消防水箱应设置在便于消防车取水的位置。消防水箱有效容积不应小于施工现场火灾延续时间内一次灭火的全部消防用水量。

2）在建工程室内消防用水量不应小于表 4-26 的规定。

在建工程室内消防用水量要求　　　　　　　　　　　　表 4-26

建筑高度、在建工程体积（单体）	火灾延续时间（h）	消火栓用水量（L/s）	每支水枪最小流量（L/s）
24m＜建筑高度≤50m 或 3 万 m³＜体积≤5 万 m³	1	10	5
建筑高度＞50m 或体积＞5 万 m³		15	5

3）高度超过 100m 的在建工程，应在适当楼层增设临时中转水池及加压水泵。中转水池的有效容积不应少于 10m³，上下两个中转水池的高差不宜超过 100m。

4）在建工程室外消防用水量不应小于表 4-27 的规定。

在建工程室外消防用水量要求　　　　　　　　　　　　表 4-27

在建工程（单体）体积	火灾延续时间（h）	消火栓用水量（L/s）	每支水枪最小流量（L/s）
1 万 m³＜体积≤3 万 m³	1	15	5
体积＞3 万 m³	2	20	5

（5）现场消防给水系统恒压状态安全技术基本要求

1）现场消防给水系统及消防竖管给水压力不能满足要求时，应设置消防加压泵；消防加压泵应设置两台，且互为备用。

2）消防给水系统的消防加压泵出水管段应设置液体压力传感器，液体压力传感器与变频器、加压泵变频电机配合，实现现场消防给水系统压力持续处于基本恒定状态。

3）根据在建工程高度设定消防竖管压力，从在建工程±0.00m 开始，高度每增加 10m，消防竖管消防水压力增加 0.1MPa，但最大压力不得大于 0.6MPa。为确保消防给水系统及消防竖管压力始终符合消防用水要求，应对由液体压力传感器、变频器、加压泵变频电机组成的消防给水压力系统进行联合调试。

4）现场消防加压泵电源及保护安全技术基本要求

① 消防加压泵电源应引自现场总配电箱总隔离开关的出线端、总断路器进线端，确保现场消防加压泵电源相对持续供电。

② 消防加压泵电源采用专用消防配电线路；消防加压泵电源侧控制电器采用短路保护、无过载保护型断路器。

③ 当消防加压泵或电气控制系统发生接地、绝缘破损等故障，剩余电流值达 16～30mA 时，采用剩余电流继电器及声光报警器组合，只声光报警不脱扣掉闸的保护装置。

④ 消防加压泵、电气控制系统应每日进行例行巡视检查，发现剩余电流声光保护装置报警时，应立即暂停消防加压系统运行，清除故障和安全隐患后方可重新投入运行。

（6）现场消防泵房安全技术基本要求

1）现场消防加压泵房的位置应合理、便于操作。

2）消防加压泵房应采用 A 类不燃材料建造。

3）现场消防加压泵房应设专人管理。

(二) 手提式灭火器安全技术基本要求

1. 手提式灭火器配置基本要求

（1）现场必须配备每具质量≥5kg、具备压力指示表的手提式灭火器。手提式灭火器指针在绿色范围表示正常，指针在红色范围表示压力不足，指针在黄色范围表示压力过大。见图 4-71。

图 4-71　手提式灭火器指针盘

（2）手提式灭火器现场设置要求

1）手提式灭火器应合理布置在便于取用、位置明显、不影响安全疏散的地点；

2）每组手提式灭火器应≥4 具，每组灭火器之间的距离应 ≤30m；

3）手提式灭火器应放置在稳固的专用消防挂架或灭火器箱内；

4）手提式灭火器顶部离地面高度应≤1.5m；底部离地面高度应≥8cm；

5）手提式灭火器铭牌、压力表应朝向外侧，便于检视；

6）手提式灭火器设置点应设置明显的消防器材标志，不得存在视线障碍，否则应设置昼夜指示标志。

（3）现场材料存放、加工及使用场所，宿舍、办公区，动火作业场所等，每处应配备≥2 具手提式灭火器。

（4）易燃易爆物品库房、变配电室、发电机房，钢筋加工场、木材加工中心、锅炉房、设备集中区域等重要场所，每处配备≥4 具手提式灭火器。

（5）手提式灭火器必须定期检查、维护，确保灭火器材有效。

2. 手提式灭火器使用安全技术基本要求

（1）扑救电气火灾应先切断电源。切断电源应按规定的操作程序进行，先切断负荷开关然后切断隔离开关，防止带负荷拉隔离开关；采用工具切断电源时应穿绝缘靴、戴绝缘手套、使用绝缘工具，逐相、逐根切断电源线。

（2）无法切断电源时，带电灭火必须使用不导电灭火剂，如二氧化碳、干粉灭火器等。

（3）扑救电气火灾时，与带电部分必须保持足够的安全距离。

（4）当高压电气设备或线路发生接地时，室内扑救人员距离接地点不得小于 4m，室外扑救人员距离接地点不得小于 8m，进入上述范围必须穿绝缘靴、戴绝缘手套。

（5）扑救架空线路火灾时，人体与带电导体之间的水平距离≥带电导体至地面的高度（人体与带电导体之间的仰角不大于 45°），并站在线路外侧，以防导线断落造成触电。

（6）充油变压器、开关等电气设备发生火灾时，首先要切断电源，再用干沙盖住火焰。在火势严重的情况下，可进行放油，在储油池内用灭火剂灭火。禁止用水扑救燃油火灾。

（7）扑救电机火灾时，可采用二氧化碳、干粉灭火器扑救。严禁用干沙扑救，以免损坏旋转电机内部。

（8）夜间扑救火灾应设置照明。

3. 手提式灭火器正确使用方法

（1）手提式灭火器的有效喷射距离为 2～3m，在保证有效灭火效能的同时，灭火人员应与火焰保持有效的安全距离。

（2）手提式灭火器使用前，施救人员应持手提式灭火器站在上风侧或斜上风侧向火焰根部喷射。

（3）手提式二氧化碳灭火器禁止向人体喷射。

（4）手提式灭火器必须按"一提、二拔、三瞄、四按"的使用要点顺序操作。

1）提（拿）：提拿手提式灭火器把手。不应托底部，必须托侧面，因为在受潮时，铁罐容易生锈且灭火介质容易板结，一旦出现结块，灭火介质将无法从喷口释放，巨大的压力可能会从底部焊接处崩裂，导致手部受伤。

2）拔（除）：使用前，应拔掉手提式灭火器的保险销。

3）瞄（准）：将手提式灭火器的喷射嘴瞄准火焰根部，一般火灾保持距起火点 1.5m 以上安全距离，电气火灾应根据电压高低保持 2m 以上距离。

4）按（压）：握紧手提式灭火器喷射管，将喷射嘴对准火焰根部左右水平移动喷射，使灭火介质覆盖起火点，直至起火点火焰消失或手提式灭火器内压强全部消失。

> 小贴士：使用手提式灭火器一定注意区分干粉和二氧化碳手提式灭火器，当人身上着火时，只能使用干粉手提式灭火器对身体进行喷射，因为二氧化碳手提式灭火器喷出的零下 70℃ 的干冰，会导致人体着火肌肉发生爆炸。爆炸的原理类似肌肉燃烧产生的热油遇到冷水。

4. 手提式灭火器维护要求

（1）使用单位必须明确消防器材管理负责人，加强手提式灭火器的日常管理和维护。

（2）每半个月对现场所有手提式灭火器功能进行一次全面检查、维护，过期、失效的消防器材应及时更换。

（3）手提式灭火器使用压力降低到红区时，必须送到具有维修许可的单位重新充装灭火剂和驱动气体，并检查、更换易损件。

（4）建立手提式灭火器类型、数量、设置位置、更换药剂时间及检查、维护情况管理记录档案。

（5）手提式灭火器不论是否使用，距出厂日期满5年，每一年需换粉一次，以后每隔2年必须进行水压试验等检查。

5.手提式灭火器报废年限规定

（1）手提式贮压式干粉灭火器距出厂日期满10年。

（2）手提式二氧化碳灭火器距出厂日期满12年。

（3）年限从出厂日期计起，达到上述年限的灭火器必须报废，重新选配灭火器。

（三）现场施工作业消防安全技术基本要求

1.交、直流弧焊机施焊作业消防安全技术基本要求

（1）交、直流弧焊机施焊作业，特种作业人员必须按照国家有关规定经专门的安全作业培训，取得相应资格，方可上岗作业。

（2）交、直流弧焊机操作人员作业前，必须穿戴符合规定的劳动防护用品。

（3）弧焊机固定动火作业场地，应设置在办公用房、宿舍、在建工程、材料库房、材料堆场、加工场等全年最大频率风向下风侧。

（4）交、直流弧焊机产品必须具备"CCC"认证及齐全的质量证明文件。

（5）弧焊机应设单独开关箱，内设弧焊机保护器，确保一次侧电源剩余电流保护、二次侧降压保护。

（6）一次侧电源线、二次侧焊接电缆与交、直流弧焊机连接前，应清除线缆连接端子和焊机连接端子的表层氧化物，确保电气接触良好、连接牢固；连接处应有完善的屏护措施。

（7）弧焊机施焊作业，一次侧电源线长度≤5m、二次侧焊接电缆线长度≤30m，二次侧焊接电缆线必须双线到位；不得将地线搭接在建筑物、机器设备或各种金属管道、金属架等物体上。

（8）弧焊机的金属外壳应与保护接地导体（PE）做可靠连接。

> 小贴士：一些地区规定，弧焊机一次侧电源线长度≤3m，在实践中实无必要，不仅造成施工接线不便，也未实质提高弧焊机使用的安全性；与用电设备间距末级配电箱≤3m的功用不同，用电设备间与末级配电箱≤3m的目的是在应急状态下，及时、就近切断用电设备的电源。

2.气焊（割）作业消防安全技术基本要求

（1）氧气瓶安全技术基本要求

1）氧气瓶、压力表及其焊割机具上不得沾染油脂。氧气瓶安装减压器时，应先检查

阀门接头，并略开氧气瓶阀门吹除污垢，然后安装减压器；严禁使用减压器及其他附件缺损的氧气瓶。

2）开启氧气瓶阀门时，应采用专用工具，动作应缓慢。氧气瓶中的氧气不得全部用尽，氧气瓶内剩余气体压力应≥0.1MPa，防止可燃气体逆向进入氧气瓶引起爆炸。

3）关闭氧气瓶阀门时，应先松开减压器的活门螺丝。

4）氧气瓶应与其他气瓶、油脂等易燃易爆物品分开存放，不得同车运输。氧气瓶不得吊运。运输时，氧气瓶应装有防震圈和安全帽。

（2）乙炔气钢瓶安全技术基本要求

1）乙炔气钢瓶必须直立放置且应安放稳固，不得倾斜、倒放。

2）乙炔气钢瓶中的乙炔气严禁用尽，当环境温度＜0℃时，剩余压力不应低于0.05MPa；当环境温度为25～40℃时，剩余压力不应低于0.3MPa，以免空气进入乙炔气钢瓶内形成乙炔气和空气混合气体引起爆炸。

3）丙酮溶剂的沸点为56℃，极易挥发，因此乙炔气钢瓶在使用、运输、贮存时，环境温度不得超过40℃。

4）乙炔气钢瓶应单独存放，保持通风、直立，不得暴晒；存量不得超过5瓶；存放时乙炔气瓶与明火安全间距不得小于15m。

5）严禁与氯气瓶、氧气瓶及易燃物品同车运输。装卸氧气瓶、乙炔气钢瓶时，不得抛、碰、滑、滚等剧烈震动和撞击。

6）在建工程内禁止存放氧气瓶、乙炔气钢瓶，禁止使用液化石油气钢瓶。

7）乙炔气钢瓶使用时，应设有防止回火的安全装置。

小贴士：乙炔气钢瓶是一种贮存和运输乙炔的压力容器。液态乙炔比气态乙炔的爆炸危险性要小得多，所以乙炔气钢瓶具有安全、使用方便等优点。但乙炔气钢瓶仍有爆炸的危险，使用时必须严格遵守操作规程，乙炔气钢瓶必须直立放置且应安放稳固，不得倾斜、倒放，否则会导致两种严重后果：

（1）乙炔气钢瓶内固体多孔性填料充满丙酮溶剂，丙酮溶剂吸附在多孔物质的毛细孔中，乙炔被溶解在丙酮溶剂中，倾斜使用或倒放会导致丙酮溶剂从乙炔气钢瓶内泄漏流出，导致燃烧爆炸。

（2）乙炔气钢瓶倾斜使用或倒放更严重的后果是丙酮溶剂流出后，在没有添加丙酮溶剂的情况下，如果再次充装乙炔，将使大量的乙炔处于高压气体状态而极易发生爆炸，所以，乙炔气钢瓶在使用过程中不仅要及时补加丙酮溶剂，而且不能倾斜使用或倒放。

（3）氧气瓶、乙炔气钢瓶运输、存放安全技术基本要求

1）氧气瓶导管、软管、瓶阀及减压阀不得与油脂、沾油物品接触。

2）气瓶应保持直立状态，并采取防倾倒措施；乙炔气钢瓶严禁横躺卧放。

3）气瓶应远离火源，距火源距离应≥10m，并应采取避免高温和防止暴晒的措施。

4）气瓶严禁碰撞、敲打、抛掷、滚动。

5）氧气瓶、乙炔气钢瓶不得同库存放，应分类分别储存，库房内通风良好；空瓶和实瓶同库存放时，应分开放置，两者间距不应小于1.5m。

（4）气焊（割）作业前消防安全技术基本要求

1）气焊（割）作业固定动火作业场地，应设置在办公用房、宿舍、在建工程、材料库房、材料堆场、加工场等全年最大频率风向下风侧。

2）气焊（割）作业前应检查气瓶及气瓶附件的完好性及连接焊（割）炬气路软管、接口螺丝的气密性，并采取避免气体泄漏的措施，老化、破裂的橡皮气管严禁使用。

3）存放化学、易燃易爆危险物品的容器或设备，不得进行气焊（割）作业。必须彻底清洗、检验符合要求后，方可进行气焊（割）作业。

（5）气焊（割）作业消防安全技术基本要求

1）气焊（割）作业不准与油漆、喷漆等易燃易爆物品、木材加工等同部位、同时间上下交叉作业。严禁在具有火灾爆炸危险的场所进行气焊（割）作业。

2）当电焊作业与气焊（割）作业在同一导体区域内操作时，氧气瓶与铁板间必须采用绝缘胶垫加以绝缘，防止氧气瓶产生静电而造成燃烧或爆炸事故；与氧气瓶接触的金属管道和金属设备要设置良好的接地。

3）在进行气焊（割）作业时，乙炔气钢瓶应直接放在地面，不得采用绝缘胶垫加以绝缘。

> 小贴士：乙炔的点火能量只有0.019mJ，因乙炔为分解和聚合爆炸而不需要氧气，任何微小静电放电，就可以点燃（引爆）乙炔。乙炔气在输气管内流动或泄漏都会产生静电，任何形式的静电放电，都有可能点燃乙炔引起爆炸，所以应将乙炔气钢瓶直接放在地面释放静电荷。

4）在进行气焊（割）作业时，氧气瓶与乙炔气钢瓶之间的直线安全间距≥5m；氧气瓶、乙炔气钢瓶与明火之间的直线安全间距分别≥10m。

5）氧气胶管外覆层为蓝色；乙炔胶管外覆层为红色。蓝色氧气胶管与红色乙炔胶管不得混用、代用。

> 小贴士：原《焊接及切割用橡胶软管 氧气橡胶软管》GB/T 2550—1992和《焊接及切割用橡胶软管 乙炔橡胶软管》GB/T 2551—1992规定；胶管应具有足够的抗压强度和阻燃特性。氧气胶管为红色，乙炔胶管为黑色。
>
> 现行《气体焊接设备 焊接、切割和类似作业用橡胶软管》GB/T 2550—2016明确规定氧气胶管外覆层为蓝色；乙炔胶管外覆层为红色。
>
> 胶管外覆层标识颜色符合氧气助燃、乙炔易爆的安全警示特性。

6）点火时，焊（割）炬口不准对人。

7）正在燃烧的焊（割）炬不得放在工件或地面上。

8）焊（割）炬带有乙炔和氧气时，不得放在金属容器内，以防止气体逸出，发生爆燃事故。

　　9）作业中氧气、乙炔软管被点燃的应急处置方法

　　① 当氧气软管着火时，不得折弯软管断气，应迅速关闭氧气阀门，停止供氧。

　　② 当乙炔软管着火时，应先关熄焊（割）炬，可弯折前面一段乙炔软管将火熄灭。

　　10）作业完毕，应将氧气瓶、乙炔瓶气阀关闭；检查作业场地，确认无火灾危险，方准离开。

　　11）遇 9m/s 及以上大风等恶劣气候时，停止高空、露天气焊（割）作业。

　　3.防水、保温作业消防安全技术基本要求

　　（1）建设单位指定分包的工程，建设单位应对其分包单位负责管理并承担管理责任。

　　（2）施工总承包单位对施工现场保温材料的消防安全使用情况负全责，并制定相应的消防安全管理制度和协议，各分包单位应具体落实各项消防安全管理制度和协议。

　　（3）在建工程的保温、防水、装饰及防腐等材料的燃烧性能等级，应符合设计要求。材料须留存相关检测报告，存档备查。

　　（4）严格落实施工现场用火用电措施，总承包单位开具动火证，并由专职安全生产管理员和看火人共同核查动火点周围环境。10m 范围内无可燃、易燃物方可动火施工。

　　（5）禁止电、气焊与铺设防水、保温材料交叉作业，防止引发火灾事故。

（四）施工现场临时用房、临时设施消防安全技术基本要求

　　1.施工现场临时用房、临时设施消防安全技术基本要求

　　（1）施工作业区、材料存放区与办公区、生活区等功能区应采取隔离措施，相对独立布置。

　　（2）现场办公用房、宿舍用房不应与厨房操作间、锅炉房、变配电室等组合建造。

　　（3）每组临时用房、临时设施的栋数不应超过 10 栋。

　　（4）临时用房、临时设施建筑构件等材料，燃烧性能等级必须为 A 级。

　　（5）外电架空线路保护区内消防安全技术基本要求

　　1）禁止搭设办公用房、宿舍用房、厨房操作间等用房设施。

　　2）禁止搭设锅炉房、变配电室及可燃、易燃易爆物品、材料堆场、仓库等生产用房设施。

　　3）禁止搭设加工场；禁止堆物堆料，禁止堆放构件、架具等其他杂物。

　　（6）现场会议室、文化娱乐室等人员密集的房间必须设置在临时用房的首层或地面层，其疏散门应向疏散方向开启。

　　（7）施工区、办公区、宿舍区应制定火灾状态人员应急疏散预案，并于每年 4 月、11 月前各组织一次应急疏散演练。

　　（8）临时用房、临时设施用电消防安全技术基本要求

　　1）施工现场临时用房、临时设施用电应由具备建筑电工资格的人员按施工组织方案规定安装电气线路、电气控制箱、用电设备。

　　2）电气线路应采用金属管或难燃型硬质塑料管保护；线缆、配电箱、用电设备应具备质量证明文件并符合相关施工用电安全技术规范要求。

　　3）现场存放可燃、易燃易爆材料的仓库、木材加工场所、油漆配料房及防水作业场所应使用防爆型灯具。

4）现场宿舍照明宜采用 36V 电压供电，现场应提供取暖、风扇、空调等必要的居住环境设施设备，避免从业人员私自接引导线使用电褥子、电炉子、热得快等电器设备。

2.在建工程施工区消防安全技术基本要求

（1）在建工程施工区内严禁烟火。

（2）在建工程结构或砌筑施工作业严禁明火保温。

（3）在建工程内可燃、易燃易爆材料作业消防安全技术基本要求

1）在建工程内可燃、易燃易爆材料作业时，应采取禁止明火、自然或强制通风、预防产生静电等有效防火措施。

2）在建工程内需要采用油漆、有机溶剂等材料作业时，可燃、易燃易爆材料必须根据作业需要限量进入。

3）在建工程内不准分装、调配油漆、稀料等可燃、易燃易爆物品，使用后的废弃物料应及时清除。

（4）在建工程施工区动火作业后，应对动火作业现场进行全面检查，确认无火灾危险后，动火操作人员方可离开。

（5）在建工程内禁止存放氧气瓶、乙炔气钢瓶等可燃、易燃易爆物品和材料等。

（6）在建工程内不得使用液化石油气。

（7）在建建筑工程内不准设置员工宿舍及材料仓库。

（8）在建工程内动火作业区域、部位，应设置防火警示标志。

（9）在建工程与临时用房、临时设施间的防火间距必须符合表 4-28 规定。

在建工程与临时用房、临时设施间的防火间距规定（m）　　　　　表 4-28

临时用房、临时设施名称	易燃易爆危险品库房	可燃材料堆及其加工场、固定动火作业场	其他临时用房、临时设施
在建工程防火间距（m）	≥15	≥10	≥6

3.施工现场临时用房、临时设施防火间距消防安全技术基本要求

（1）施工现场临时用房、临时设施，如作业区、仓库、配电室等具有潜在危险因素的区域或功能用房必须分别设置，防火间距应符合表 4-29 的规定。

施工现场临时用房、临时设施间的防火间距（m）　　　　　表 4-29

临时用房、临时设施名称	办公用房、宿舍	发电机房、变配电房	可燃材料库房	厨房操作间、锅炉房	可燃材料堆场及其加工场	固定动火作业场	易燃易爆物品库房
办公用房、宿舍	4	4	5	5	7	7	10
发电机房、变配电房	4	4	5	5	7	7	15
可燃材料库房	5	5	5	5	7	7	10
厨房操作间、锅炉房	5	5	5	5	7	7	10
可燃材料堆场及其加工场	7	7	7	7	7	10	10
固定动火作业场	7	7	7	7	10	10	12
易燃易爆物品库房	10	10	10	10	10	12	12

（2）当施工现场临时用房、临时设施防火间距不满足要求时，应采用耐火极限不低于0.5h的不燃材料、无洞口隔墙进行防火分隔。

4. 宿舍用房消防安全技术基本要求

（1）宿舍用房与作业区、仓库、配电室等具有潜在危险因素的区域或功能用房必须分别设置并保持安全距离。

（2）宿舍用房构件、材料及金属夹芯板芯材的燃烧性能等级必须达到 A 级。

（3）现场应编制宿舍用房消防安全管理规定，并悬挂在生活区进口明显位置。

（4）生活区居住 100 人以上时，要编制人员疏散预案并设置无障碍消防安全通道。

（5）宿舍用房建筑层数不应超过 3 层，每层建筑面积应≤300m²。

（6）宿舍用房层数为 3 层或每层建筑面积大于 200m² 时，应设置净宽度≥1.5m、不少于两处的疏散楼梯；房间疏散门至疏散楼梯的最大距离应≤25m。

（7）宿舍用房的每个房间建筑面积应≤30m²。

（8）每间宿舍用房居住人员宜≤10 人。

> 小贴士：每间宿舍用房居住人员数量，行业规定宜≤20 人、地方规定宜≤15人，从确保从业人员正常休息及安全的人性化管理角度考量，每间宿舍用房居住人员宜≤10 人。

（9）宿舍用房内严禁私拉乱接电，照明灯具电源采用 36V 特低电压供电。

（10）宿舍用房内电气设备设置要求

1）当宿舍用房内照明灯具电源采用 36V 特低电压供电时，每间宿舍用房内均应设置交流 36V 经降压转换、输出直流 5V 的 USB 手机充电接口若干，其电源线应专门设计、控制。

2）宿舍用房内应设置冬季取暖设备（包括电取暖）及夏季制冷设备（包括空调和风扇），其供电电源线应专门设计、控制，人员离开时切断电源。

3）生活区内应设置电开水炉，生活用房（宿舍）内严禁使用未经许可的大功率用电设备。

4）生活区内厨房操作间炉灶使用完毕后，应将炉火熄灭，排油烟机及油烟管道应定期清理油垢。

5. 仓库用房消防安全技术基本要求

（1）材料管理员兼仓库防火负责人；仓库门外悬挂消防安全管理规定。

（2）仓库用房的构件、材料燃烧性能等级必须达到 A 级。

（3）现场仓库用房线路敷设、照明器具及控制电器等安装、使用应符合防火规定。

（4）可燃材料仓库不应使用高发热灯具。

（5）存放材料的仓库内不准调配油漆、稀料，不得安装使用碘钨灯等高发热电光源灯具。

（6）仓库用房门外侧，应配备 4 具手提式灭火器。

（7）易燃易爆物品仓库消防安全技术基本要求

1）易燃易爆物品应当按其材料性质设置专用仓库分类储存。

2）易燃易爆物品仓库内照明应采用防爆灯具。

3）易燃易爆物品仓库用房消防安全技术基本要求

① 易燃易爆物品仓库应远离明火作业区、人员密集区；

② 易燃易爆物品仓库与在建工程的防火间距应≥15m；

③ 易燃易爆物品仓库与固定动火作业场所的防火间距应≥12m；

④ 易燃易爆物品仓库与可燃材料堆场、加工场及临时用房的防火间距应≥10m。

6.发电机房、变配电室等用房消防安全技术基本要求

发电机房、变配电室、厨房操作间、锅炉房、可燃材料仓库及易燃易爆物品仓库建筑只能设计为一层，其构件、材料燃烧性能等级必须达到A级。

7.施工现场安全网消防安全技术基本要求

（1）现场安全防护不得使用可燃、易燃材料安全网、防尘网、围网等。

（2）现场安全防护使用的难燃、不燃材料安全网、防尘网、围网等，使用前，施工单位必须严格检验、验收，验收合格后，方可进入施工现场使用。

（五）施工用电消防安全技术基本要求

1.施工用电消防安全管理基本要求

（1）从业人员应熟练掌握电气火灾规律，重点加强事前预防及电气设备运行管理，及时发现、清除电气火灾隐患。

（2）电气火灾的原因分析、教训吸取，首先要区别是电气线路设备故障引起的火灾，还是火灾引发的电气故障火灾。

（3）加强日常检查巡视工作，避免电气设备绝缘老化、电气设备连接点松动及电气设备的过载、短路保护装置性能失效等现象发生，确保电气设备处于良好的运行状态。

（4）在可燃、易燃易爆和腐蚀性物品场所安装电气设备时，应按爆炸危险场所等级合理选用防爆电器。

（5）在可燃、易燃易爆和腐蚀性物品场所使用可能产生高温高热、电火花的电气设备、电光源灯具、电加热器具等电气设备时，必须采取隔离、间距、清除可燃、易燃易爆和腐蚀性物品等有效措施。

（6）电气线路应具有相应的绝缘强度和机械强度或采用保护导管有效保护，严禁使用绝缘老化或失去绝缘性能的电气线路，严禁在电气线路上悬挂物品。

（7）配电箱（柜）电气回路应按规定设置剩余电流动作保护器、过载保护器，距配电箱（柜）2m范围内不应堆放可燃物，5m范围内不应设置可能产生较多易燃易爆气体、粉尘的作业区。

（8）普通照明灯具与可燃、易燃物距离应≥300mm；聚光灯、碘钨灯等高热灯具与可燃、易燃物距离应≥500mm。

（9）施工用电电源、线路、控制及用电设施设备应由电气专业技术人员按现行国家、行业标准设计，建筑电工按设计要求安装施工用电设施设备，并定期对施工用电设施设备运行状态进行检查、维护。

（10）现场高大电气设备和用电机械设备超过防雷设防高度，可能遭受雷击损害时，必须按规定设置防雷设施。

2.施工用电消防安全技术基本要求

施工用电工程由电源（发电设备）、配电设备、线路、用电设施设备组成，电源（发电设备）、配电设备、线路、用电设施设备任一环节电气短路、接触不良、过载等，均可能导致电气火灾发生。

电气火灾沿线缆橡皮编织、聚氯乙烯等外绝缘护层蔓延，同时线缆外绝缘护层材料燃烧产生大量有毒有害气体。

（1）接地故障电气火灾

1）接地故障电气火灾原因

因潮湿、高温、挤压、伤损、腐蚀等自然原因或人为原因使电气供配电系统、线缆、用电设备绝缘材料的绝缘水平下降或破坏，导致导线、电气设备与大地之间部分电流通过，泄漏电流如遇电阻较大的部位时，产生局部高温或泄漏接触点产生电火花，引发附近可燃物火灾。

2）接地故障电气火灾预防对策

① 保持电气供配电系统导线、电气设备绝缘材料的绝缘水平不致下降及破坏；

② 电气供配电系统中设置剩余电流动作保护器或剩余电流式电气火灾监控探测器，剩余电流动作保护器或剩余电流式电气火灾监控探测器不间断地实时监测电气线路、设备剩余电流及绝缘性能的变化趋势和状态，实现电气火灾预警、监控作用。

③ 低压配电系统中，依据线路、用电设备负荷计算电流，合理设计、选择隔离开关、断路器、剩余电流动作保护器（RCD）接地脱扣电流的整定参数与用电设备、线路负荷适配。当配电系统发生过接地等故障时，依靠保护电器在规定时间及时、可靠切断故障电路或负载，避免发生人身电击现象或线路过度升温而导致电线、线缆绝缘破坏进而引发电气火灾。

（2）电气短路电气火灾

1）电气短路电气火灾成因

① 由于电气线路、用电设施设备绝缘材料老化及机械伤损产生绝缘层破坏等因素，导致相线与相线间、相线与中性导体间导体触连短路，导致电路阻抗骤减、短路电流瞬间陡增，电气线路、设备短路电流产生远超正常状态的发热量及强烈电弧，导致铜导体熔化、线缆绝缘层燃烧，蔓延至附近可燃易燃物，形成火灾；

② 电气线路过电压绝缘层击穿；

③ 导电体、异物、小动物等跨接在线路裸导线、母排之间；

④ 线缆机械强度不足导致断落，与大地或其他导线触连等；

⑤ 控制开关电器选型不当，额定脱扣电流值设定过大等。

2）电气短路电气火灾预防对策

① 电气线路、电气设备绝缘保持良好状态

电气线路、电气设备的绝缘强度和机械强度应符合相关规范规定；电气线路、电气设备绝缘性能经检测降低或失效的，应及时淘汰、替换。

电线电缆应采用电线保护导管进行全程保护，避免机械损伤造成绝缘破损。

新购、正常使用一年内的电力电缆绝缘电阻值应该很高，其合格最低数值每一缆芯对外皮的绝缘电阻（20℃时每千米电阻值），额定电压 1～3kV 时应≥50MΩ；额定电压 6kV

及以上时应≥100MΩ。线缆绝缘电阻值每月必须检测一次。

小贴士：国家规范规定低压动力电缆绝缘电阻≥0.5MΩ（使用1000V兆欧表测量）即为合格，但通常电力电缆绝缘电阻为0.5～10MΩ状态时，很大可能存在问题，为确保安全，应予检查、替换。

② 电气设备的选用或安装应与使用环境相适应，避免在高温、潮湿、盐碱环境条件下使用，以免电气设备之间产生电弧和短路火花现象，室外架空线路进线端设置避雷器，避免电气线路过电压。

③ 配电室门侧设置挡鼠板。

④ 室外架空线按设计及安全技术规范要求进行截面选择。

⑤ 低压配电系统中，依据线路、用电设备负荷计算电流，合理设计、选择隔离开关、断路器、剩余电流动作保护器（RCD）短路脱扣电流的整定参数与用电设备、线路负荷适配，同时要避免误操作造成线路瞬间产生大电流现象。当配电系统发生过短路等故障时，依靠保护电器在规定时间及时、可靠切断故障电路或负载，避免发生人身电击现象或线路过度升温而导致电线、线缆绝缘破坏进而引发电气火灾。

（3）电气线路、设备过载火灾

1）电气线路、设备过载火灾成因

① 导线截面选择过小，实际用电设备负荷超过了导线的安全载流量，导致线路短路、燃烧。

② 用电负荷超过输电线路原设计负荷能力，导致输电线路通过的电流量超过线缆安全载流量，线缆温度大幅度升高。

③ 机械荷载超过电气动力设备的额定输出功率，导致电气动力设备及输电线路通过的电流量超过了安全载流量，致使用电设备短路、燃烧。

④ 控制开关电器选型不当，额定脱扣电流值设定不当等。

2）电气线路、设备过载火灾预防对策

① 电气线路线缆的截面设计应与被控用电设备负荷相匹配，输电线路设计安全载流量应大于用电机械负荷电流，避免超负荷、"小马拉大车"现象发生。

② 机械负荷应工作在用电机械设备的额定功率内，以免电气机械设备长时间过载，电气机械电流超过输电线路设计负荷能力范围。

③ 电气线路末端不得随意增加装接用电机械设备，避免电气线路和电气设备超负荷运行或带故障使用。

④ 低压配电系统中，依据线路、用电设备负荷计算电流，合理设计、选择隔离开关、断路器、剩余电流动作保护器（RCD）的过载整定电流，技术参数与用电设备、线路负荷适配。当配电系统发生过负荷等现象时，保护电器在规定时间内及时、可靠切断超负荷电路，避免线路线缆过度升温导致的绝缘破坏电气火灾。

⑤ 做到靠近电路故障点或负载保护电器可靠动作，电源侧各级保护电器不动作的选择性保护必须做到以下两点：

a.断路器、剩余电流动作保护器（RCD）等保护电器必须具有完善的保护性能和选择性功能。

b.科学、合理设计现场配电系统，准确计算和把握电路故障电流、负载计算电流及过负荷电流，合理选择保护电器类型及整定技术参数。

（4）导体间接触电气火灾

1）导体间接触电气火灾成因

① 导线与导线、线路与断路器、仪表、用电器具连接端间连接点接触不良，在接触面上形成电阻发热，接触电阻过大氧化过热，局部范围形成高温，引燃绝缘层或附近可燃、易燃物，引发火灾。正常情况接触良好，接触电阻很小、发热很少，与常温基本相同。

② 电气连接点受震动或冷热变化等影响，使接头松动。

③ 铜-铝导线连接时，未采用铜-铝压接端子或导管过渡；导线接头处理不当，在电蚀现象作用下，氧化-发热、发热-氧化非良性循环，导致接触电阻逐渐增大、发热逐渐增大。

2）导体间接触电气火灾预防对策

① 导线与导线、导线与电气设备的连接点接触面氧化层应处理洁净，电气连接压力、接触面积符合要求，连接点牢固可靠；避免连接处接触不良呈现高阻发热，引起电气线路绝缘层破坏。

② 震动或冷热变化的电气连接点应采用柔性连接、缓冲弯连接，以免出现电气连接点松动、发热等异常现象。

③ 导线截面$\geqslant 10mm^2$ 的铜-铝导线连接，应采用铜铝过渡连接管压接；铝导线与铜排或铜电器端子连接，应采用铜铝过渡连接端子压接；导线截面$\leqslant 6mm^2$ 的小截面铜-铝导线应避免连接，以防电蚀现象发生。

④ 照明采用36V 特低电压（ELV）供电时，导线安全载流量应大于照明负荷计算电流；导线连接应紧密牢固；过载、短路保护装置应与照明负荷相适配。

（5）线缆材料、用电设备缺陷电气火灾

1）线缆材料、用电设备缺陷电气火灾成因

① 线缆材料质量缺陷导致出现电气短路、断路、接触不良等现象。如线缆芯线应采用99.99％电解铜制造，但线缆芯线却采用假冒伪劣的复合杂质铜制造。

② 用电设备质量缺陷引发火灾，如用电设备绝缘质量低劣、电源导线截面过细等。

2）线缆材料、用电设备缺陷电气火灾预防对策

① 现场安装、使用的剩余电流动作保护器（RCD）、空气断路器、供配电线缆、配电箱及电气元器件等必须选购正规厂家生产、符合国家产品质量制造标准的电气产品。

② 电气线路的线缆、用电设备等的产品合格证书、"CCC"强制认证证书、生产许可证及检验报告等质量证明文件应真实、齐全、有效，杜绝假冒伪劣。

（6）易燃易爆环境电气火灾

1）易燃易爆环境电气火灾成因

在易燃易爆气体、液体、粉尘、蒸汽的危险环境中，防火、防爆线路、用电设备缺陷造成火灾。

2）易燃易爆环境电气火灾预防对策

在易燃易爆气体、液体、粉尘、蒸汽的危险环境中，防爆线路、用电设备安装应符合要求，避免电火花造成火灾。

（7）雷击火灾

1）雷击火灾成因

雷雨天气时，雷云中电荷分布为上部正电荷为主、下部负电荷为主、地面产生正电荷。因此形成电位差。当电位差达到一定程度后，就会产生放电，这就是我们常见的闪电现象。通常雷闪电流可达 80～100kA，最大雷闪电流可达 300kA，雷闪电压约为 10 万～100 万 kV。

负电荷与正电荷相吸，空气是不良导体。负电荷与树木、山丘、人体、高大建筑物的顶端接触而连接，巨大的电流沿着导体传导到大地，产生雷击现象。

当雷击接触时，雷击电流产生的超压、高温、电动力作用到建筑或导体，除机械破坏作用外，还会产生电火花导致火灾。

2）雷击火灾预防对策

① 设置外部防雷装置，如设置高大金属塔架，做好防雷接闪器、引下线、接地装置，防止雷击引起的火灾。

② 设置内部防雷装置，如设置浪涌保护器（SPD）等，防止雷击引起电气线路和电气设备损坏和火灾。

（8）夜间或节假日电气火灾

1）夜间或节假日电气火灾成因

① 在夜间或节假日下班前，由于从业人员疏忽大意，对线路、用电设备等未采取关停处理即离去，造成短时用电设备长时间通电运行，过热引燃其他可燃物而发生火灾。

② 临时停电或因事离开设备，未切断电源，恢复供电后短时用电设备长时间通电运行引起火灾。

③ 深夜用电量减少，供电电压较高，用电设备发生过热或绝缘损坏引起火灾。

④ 在夜间或节假日电气火灾发生后，由于现场无人值班或有人值班未及早发现，火灾蔓延扩大。

2）夜间或节假日电气火灾预防对策

① 在夜间或节假日下班前，从业人员对线路、用电设备等采取关停处理方可离去。

② 临时停电或因事离开设备，必须切断电源。

③ 用电设备质量、安装、使用符合规定。

④ 在夜间或节假日值班应加强巡视检查，发生电气火灾及早发现。

（六）季节环境消防安全技术基本要求

1.季节环境火灾成因（以华北地区为例）

（1）冬季具有天气寒冷、风多、风大、干燥、昼短夜长的气候特点。

1）冬季空气及可燃物干燥、用电负荷大，易发生火灾，例如静电火花引起火灾；

2）冬季施工用电量较大，电取暖器使用不当，辐射、烘烤可燃物引起火灾；

3）各种线路受风影响，发生导线相碰短路起火，大雪、大风造成倒杆、断线等事故。

（2）春季、秋季具有风多、风大、较干燥的气候特点。

1）线路受大风影响，发生倒杆、断线、导线短路起火事故；

2）空气及可燃物干燥引起静电火灾。

（3）夏季具有雷电、大雨、短时大风的气候特点。

1）雷击现象导致可燃物体燃烧；

2）环境温度较高、散热不良，导致线路、电气设备绝缘过热损坏等。

2.季节环境火灾预防对策（以华北地区为例）

根据不同季节风、雨、雷、雪、雾的特点，采取针对性回避、预告、消除等消防安全预防措施。

（七）人为因素消防安全技术基本要求

1.人为因素火灾成因

（1）疏忽大意：夜间或节假日在使用用电设备过程中，无专人管理，缺乏安全防范意识。

（2）违章操作：在现场施工中，从业人员缺乏电气专业知识，未掌握国家相关规范及安全规程，违章操作造成电气线路、电气设备、机械超载引起电气火灾。

（3）缺乏维护：供电、配电、用电设备及电气焊设备线路、气焊（割）工具等缺乏必要的设备检查、监测、维护、保养，故障性隐患引发火灾。

2.人为因素火灾预防对策

（1）根据不同从业人员特点，采取针对性教育培训，提高消防意识、知识、技能。

（2）现场设施设备按规定，定期检查、检测、维护、保养。

（八）自然灾害因素消防安全技术基本要求

1.自然灾害因素火灾成因

大风、暴雨、山洪、大雪、地震、雷击等自然灾害，导致房屋倒塌、电气线路和用电设备破坏，雷击油、气等易燃易爆物品和仓库引起火灾。

2.自然灾害因素火灾预防对策

根据灾害特点，采取针对性监测、预告、回避、消除等消防安全预防措施。

四、现场消防生产安全事故防控技术措施专家要点提示

（1）现场消防方案、应急救援预案应经企业内部交叉优化审核，必须严格履行"编制、审核、审批、批准"程序；方案、预案实施前必须进行书面交底；实施后必须按规定要求进行验收，验收合格方可投入使用。

（2）严格执行动火审批制度。

（3）现场易燃易爆物品管理、临时设施消防防火间距等必须符合消防方案和消防安全技术规范规定。

（4）临时设施、宿舍住房等建筑材料、构件应采用A级不燃材料。

（5）防止电气线路、设备短路、绝缘损坏等电气火灾的发生，必须采取针对性电气专业技术防范措施。

（6）现场消防设施设备、器材等要根据不同季节、不同施工阶段进行定期和重点检查，发现损坏、缺失隐患，要定人、定措施、定整改时间，及时维护、完善。

（7）习得火灾应急救援预案内容，通过演练提高应急状态下的可操作性和适用性。

第七节　高处作业安全生产科学技术

一、现场洞口、临边、操作平台、通道等高处作业安全防护技术基本要求

（1）在施工组织设计（方案）中，洞口、临边、操作平台、通道等安全防护设施必须专门设计，必须履行"编制、审核、审批、批准"程序，经相关部门审核及技术负责人批准签认后实施。

（2）施工单位应当书面告知从业人员现场施工洞口、临边防护、卸料平台作业场所和工作岗位存在的危险因素、防范措施以及事故应急处理措施。

（3）现场洞口、临边、操作平台、通道等安全防护设施安装、拆除作业人员要求

1）现场洞口、临边、操作平台、通道等安全防护设施需要临时拆除或变动的，需经项目技术负责人和项目专职安全员签字认可，必须采取相应的拆除或变动替换安全防范措施，并予以及时恢复。同时要告知现场所有作业人员。

2）现场洞口、临边、操作平台、通道等安全防护设施安装、拆除作业必须由架子工实施。

3）架子工等特种作业人员必须按照国家有关规定经专门的安全作业培训，考核合格取得相应资格，方可上岗作业。

4）架子工等安拆人员高处作业前，应经过安全技术教育及安全技术交底方可实施作业。

（4）企业必须为安全防护设施安拆、操作等人员配备符合国家标准或行业标准的劳动防护用品。

（5）安装、拆卸防护设施前，相关作业人员必须按规定正确佩戴和使用高处作业劳动防护用品、用具，并应经过专人检查。

（6）现场洞口、临边、操作平台、通道等安全防护设施必须与基础、结构、装饰装修工程同时设计、同时施工、同时投入生产和使用。

（7）项目负责人每两周组织相关人员对现场洞口、临边、操作平台、通道等防护设施安全状况进行专门检查，发现隐患必须定人、定措施、定时间及时整改，并履行复查验收手续。

（8）现场洞口、临边、操作平台、通道等安全防护设施上，昼间应设置明显的安全警示标志，夜间应设置红色灯光警示标志。

（9）现场洞口、临边、操作平台、基坑等安全防护栏应标准化设置安装，见图4-72。

（10）现场洞口、临边、操作平台、通道等安全防护设施安装后使用前，项目负责人必须组织相关单位、专职安全生产管理人员等对安全防护设施进行分层、分段、分区验收，验收合格后报监理审核批准后方可使用。

（11）当遇有12m/s及以上强风、浓雾、沙尘暴等恶劣气候时，不得进行露天攀登与悬空高处作业。恶劣气候过后，应对高处作业安全设施进行检查，发现有松动、变形、损坏或脱落等异常现象，应立即进行维护或更换，验收合格后方可使用。

（12）现场洞口、临边、操作平台、通道等防护设施相关安全资料应统一收集、整理、归档；安全技术资料应保证真实性、完整性、时效性、同步性。

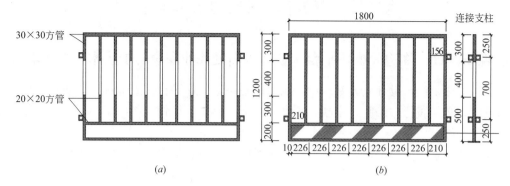

图 4-72　安全防护栏标准化设置

（*a*）背面；（*b*）正面

二、洞口安全防护技术基本要求

（一）电梯井、采光井、管道竖井、烟道等洞口安全防护技术基本要求

（1）进行现场安全生产教育时，应将电梯井、采光井、管道竖井、烟道等危险场所和部位的具体情况，如实告知全体作业人员，使现场作业人员知悉电梯井、采光井、管道竖井、烟道等洞口的危险性，掌握各类洞口防坠落措施。

（2）电梯井、采光井、管道竖井、烟道等洞口，应设置高度≥1.5m的标准化、定型化、工具化涂刷红白相间警示色的防护栏，防护栏下部设置高度≥0.18m的挡脚板。见图4-73。

图 4-73　电梯井口定型防护栏设置

（3）电梯井道内首层必须设置双层安全网。首层以上及有地下室的井道内应每隔10m且不大于两层加设一道水平安全网；安全网边缘距电梯井墙壁≤150mm，安全网应封闭严密。见图4-74。

（4）严禁将电梯井、烟道和管道竖井等作为垃圾通道及垂直运输通道。

（5）电梯井口、采光井口、烟道口和管道竖井口等洞口要设置符合国家标准的安全警示标志；安全警示标志必须醒目、明显。

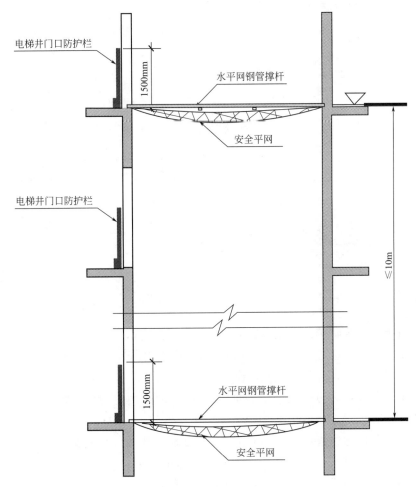

图 4-74　电梯井口（道）内安全网设置

（二）楼梯口安全防护技术基本要求

（1）楼梯踏步、休息平台处必须连续搭设两道不低于 1.2m 的防护栏杆。

（2）回转式楼梯间，首层应支设水平安全网，每隔四层或≤10m，设一道水平安全网。

（三）洞口作业安全防护技术基本要求

洞口作业：在地面、楼面、屋面和墙面等有可能使人和物料坠落，其坠落高度≥2m 开口处的高处作业。

1.垂直洞口

（1）短边边长≥500mm 的垂直洞口安全防护技术基本要求

1）在垂直洞口临空一侧设置高度不小于 1.2m 的防护栏杆，见图 4-75。

2）垂直洞口中间应采用密目式安全立网、工具式栏板封闭或支搭水平安全网或结构施工时预埋 $\Phi10$ 圆钢构成的 10cm×10cm 钢网。

3）短边边长≥1500mm 的垂直洞口，垂直洞口下净高≥10m 时，每 10m 应加设一层平网。

4）防护栏杆底部应设置挡脚板。

（2）短边边长＜500mm 的垂直洞口安全防护技术基本要求

1）采取封堵措施。

2）封堵措施应设置防止移位措施，见图 4-76。

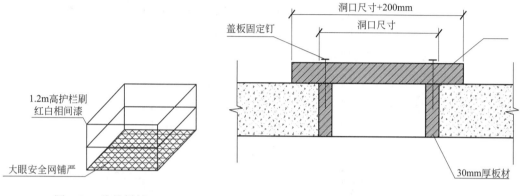

图 4-75　防护栏杆　　　　　　　　　　图 4-76　防止移位措施

2.非垂直洞口安全防护技术基本要求

（1）非垂直洞口短边边长为 25～500mm 时，应采用承载力满足使用要求的盖板覆盖，盖板四周搁置应均衡，且应防止盖板移位。

（2）非垂直洞口短边边长为 500～1500mm 时，应采用专项设计盖板覆盖，并应采取固定措施。

（3）非垂直洞口短边边长≥1500mm 时，应在洞口作业侧设置高度不小于 1.2m 的防护栏杆，并应采用密目式安全立网或工具式栏板封闭；洞口应采用安全平网封闭。

3.结构施工中伸缩缝和后浇带处安全防护技术基本要求

应设置固定盖板覆盖，应设置防止盖板移位措施。

（四）通道口安全防护技术基本要求

通道口必须连续搭设两道不低于 1.2m 的防护栏杆，并设置密目式安全立网封闭。

三、高处作业安全防护技术基本要求

（一）高处作业

距基准面 2m 及 2m 以上高处有坠落可能的高处作业。

（二）高处作业安全防护技术基本要求

（1）高处作业必须设置防护栏杆，防护栏杆由上、下两道横杆及栏杆柱组成，上横杆离地高度 1.2m，下横杆离地高度 0.6m。

（2）坡度大于 1∶2 的斜屋面，防护栏杆应高于 1.5m，并加挂安全立网。横杆长度大于 2m 时，必须加设栏杆柱。

（3）给水排水沟槽、桥梁工程、泥浆池等危险部位应进行有效防护。

（4）在 2m 以上高度从事支模、绑钢筋等施工作业时，必须设置可靠的施工作业面防护设施，并设置安全稳固的爬梯。

（5）物料必须堆放平稳，不得放置在临边和洞口附近，也不得妨碍作业、通行。

（6）左右交叉施工作业时，应当制定相应的安全措施，并指定专职人员进行检查与协调。

（7）高处作业严禁上下交叉施工作业。

1）编制施工组织设计时，应避免和减少同一垂直线内的立体交叉作业。

2）无法避免交叉作业时，必须设置具有足够强度．能阻挡上面坠落物体的隔离层，否则不准施工。

四、临边作业安全防护技术基本要求

临边作业：工作边沿无围护设施或围护设施高度低于 0.8m 的高处作业，包括楼板周边、楼梯段边、屋面周边或阳台边，基准面净高度≥2m 的临边作业；各类净深度≥2m 的槽、坑、沟、基础等边沿的作业。

（一）建筑外墙无任何脚手架的临边作业安全防护技术基本要求

1. 在施建筑物高度＞4m 时

首层四周必须固定支搭 3m 宽的水平安全网，网底距接触面净空高度必须≥3m。

2. 在施建筑物高度≥20m 时

（1）首层四周必须固定支搭 6m 宽的双层水平安全网，网底距接触面或地面净空高度必须≥5m。

（2）每隔四层且≤10m，必须固定支搭一道 3m 宽的水平安全网，安全网的外边沿应高于内边沿 50～60cm。

3. 水平安全网固定支搭安全技术基本要求

（1）首层水平安全网下方不得堆物堆料；

（2）搭设水平安全网支撑杆间距≤4m；

（3）水平安全网接口处必须连接严密。

（二）阳台临边作业安全防护技术基本要求

阳台栏板应随层安装，不能随层安装时，必须在阳台临边处设一道防护栏杆，防护栏杆设上下两道水平杆，并设置密目式安全立网封闭。

（三）楼层临边作业安全防护技术基本要求

（1）楼层边、屋面边等临边四周砌筑、安装围护结构时，必须在临空一侧设置防护栏杆，并应采用密目式安全立网或工具式栏板封闭。见图 4-77。

（2）临边作业防护栏杆应设上、下两道水平横杆，上杆距地面高度应为 1.2m，下杆应在上杆和挡脚板中间设置。当防护栏杆高度大于 1.2m 时，应增设横杆，横杆间距不应大于 600mm。

（3）临边作业防护立杆间距不应大于 2m。

（4）临边作业防护栏杆底部应设不低于 180mm 高的挡脚板。

（5）临边作业防护栏杆应设置密目式安全立网封闭。

图 4-77　楼层临边防护栏杆

五、施工通道安全防护技术基本要求

（1）施工通道防护棚搭设安全技术基本要求（见图 4-78，见图 4-79）

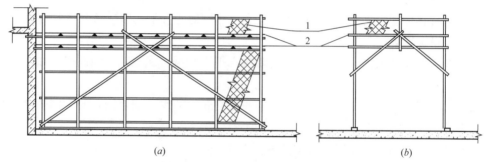

(a)　　　　　　　　　　　　　　　　　　　(b)

图 4-78　施工通道防护棚示意图

（a）侧立面图；（b）正立面图

1—密目网；2—木板

图 4-79　施工通道防护棚

1）施工通道应搭设高度3m、宽度大于在施工程通道宽度的防护棚；

2）棚顶满铺不小于50mm厚的木板，施工通道两侧用密目安全网封闭；

3）当建筑物高度大于24m并采用木板搭设时，应搭设双层防护棚，两层防护棚的间距不应小于700mm。

（2）施工通道长度应≥坠落半径，坠落半径见表4-30。

上侧作业坠落半径   表4-30

上侧作业高度 h(m)	坠落半径(m)
2≤h<5	3
5≤h<15	4
15≤h<30	5
h≥30	6

（3）模板、脚手架等拆除作业应适当增大坠落半径。当达不到规定时，应设置安全防护棚，下方应设置警戒隔离区。

六、悬挑式操作平台安全防护技术基本要求

（一）悬挑式操作平台安全技术管理基本要求

（1）企业应当书面告知从业人员悬挑式操作平台作业场所和工作岗位存在的危险因素、防范措施以及事故应急处理措施。

（2）悬挑式操作平台必须组织编制专项施工方案。并由本单位技术、安全等部门的专业技术人员审核，由施工单位技术负责人审批，并报监理审核签字后方可实施。

（3）悬挑式操作平台安装前，由项目技术负责人组织对安装作业人员进行书面安全技术交底，交底人和被交底人双方签字确认。使用人员应经过培训方可使用。

（4）悬挑式操作平台安装时，必须在下方地面设立警戒区域并设有看护人员。

（5）悬挑式操作平台安装后，必须经总承包单位项目技术负责人组织相关人员对悬挑式操作平台的整体结构进行验收，验收合格后报监理审核批准后方可使用。

（6）要组织相关专业技术人员定期检查悬挑式操作平台的安全工作状况，及时排查、消除生产安全事故隐患。

（7）悬挑式操作平台必须设置明显的总荷载（吨位）限定标志牌，注明各种物料放置数量和码放要求。

（8）在悬挑式操作平台的明显部位悬挂安全操作规程和岗位责任标牌。

（二）悬挑式操作平台原材料及构配件安全技术基本要求

（1）工字钢：应符合《热轧型钢》GB/T 706—2008中热轧工字钢及设计方案的规定。

（2）槽钢：应符合《热轧型钢》GB/T 706—2008中热轧槽钢及设计方案的规定。

（3）圆钢：应符合《热轧钢棒尺寸、外形、重量及允许偏差》GB/T 702—2008中热轧圆钢及设计方案的规定。

（4）绳卡：必须与钢丝绳的规格相匹配。

（5）卡环：必须与钢丝绳的规格相匹配。

（6）钢丝绳：应符合《重要用途钢丝绳》GB 8918—2006关于圆股纤维芯钢丝绳的规

定，其型号应由设计计算确定。

（7）钢管：应符合现行国家标准《直缝电焊钢管》GB/T 13793—2008 或《低压流体输送用焊接钢管》GB/T 3091—2015 中规定的 Q235 普通钢管，材质性能应符合现行国家标准《碳素结构钢》GB/T 700—2006 中 Q235 级钢的规定。

（8）钢管扣件：应采用可锻铸铁或钢板冲压制造，质量和性能应符合现行国家标准《钢管脚手架扣件》GB 15831—2006 及《钢板冲压扣件》GB 24910—2010 的规定。

（9）平台板：采用木脚手板应符合现行国家标准《木结构设计规范》GB 50005—2003 中 2 级材质标准；采用钢板应符合现行国家标准《碳素结构钢》GB/T 700—2006 中 Q235 级钢的规定。

（三）悬挑式操作平台安装安全技术基本要求

（1）斜拉式悬挑式操作平台次梁、主梁、吊环、平台板、拉索（钢丝绳）、防护栏杆及挡板等材料应符合相关国家标准的规定。见图 4-80。

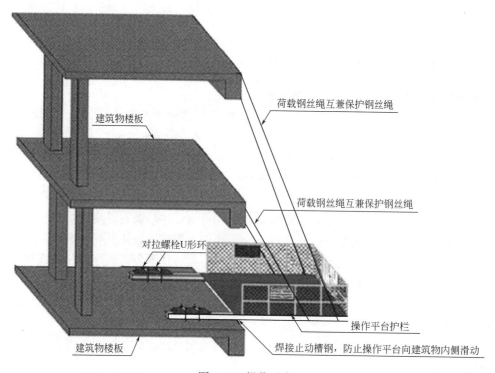

图 4-80　操作平台

（2）悬挑式操作平台悬挑主梁结构安全技术基本要求

1）悬挑式操作平台悬挑主梁规格应符合方案设计要求，并采用整根槽钢或工字钢。

2）悬挑式操作平台主梁搁置点、拉结点、支撑点必须设置在建筑物主体承重结构上，与楼板或洞口结构可靠连接固定。

3）未经专项设计的临时设施上，不得设置悬挑式操作平台。

（3）悬挑式操作平台拉结设置安全技术基本要求（见图 4-81）

1）悬挑式操作平台斜拉杆或钢丝绳拉结点必须与建筑结构体牢固连接，严禁与脚手架等施工设施设备连接。

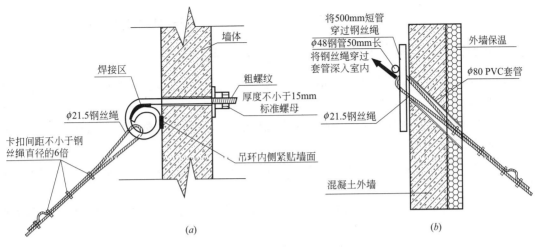

图 4-81　上吊环拉结点安装示意图

2）建筑结构拉结点螺栓预留孔位置应使钢丝绳与平台两侧垂直面的夹角不大于5°。

3）悬挑式操作平台两侧的拉结点应设置在护栏外侧，确保建筑结构、脚手架及支撑体系无干涉。

4）采用斜拉方式的悬挑式操作平台应在平台两边各设置上、下两道斜拉杆或斜拉钢丝绳，每根受力斜拉杆或钢丝绳均须单独进行受力计算并独立设置。

5）禁止采用钢丝绳平台下兜底设置方式。

6）安装悬挑式操作平台时，钢丝绳应采用专用的卡环连接，钢丝绳卡数量应与钢丝绳直径相匹配，且不得少于4个。钢丝绳卡的连接方法应满足规范要求。建筑物锐角利口周围系钢丝绳处应加衬软垫物。钢丝绳不得接长使用、不得处于受剪状态。

（4）悬挑式操作平台安全技术基本要求

1）悬挑式操作平台外侧应安装固定的防护栏杆并应设置高度不小于1.5m的防护挡板完全封闭，且严禁开孔。

2）悬挑式操作平台底板应满铺厚50mm以上的木板等硬质板材或焊接钢板，木板或钢板铺设均应牢固、严密，平台面设防滑条。平台面与建筑结构间进行严密衔接。

3）悬挑式操作平台承载面积不宜大于20m²；悬挑式操作平台的悬挑长度不宜大于5m、长宽比不应大于1.5：1。

4）悬挑式操作平台安装吊运时应使用起重吊环，与建筑物连接固定时应使用承载吊环。

5）悬挑式操作平台应处于外侧略高于内侧的状态。

（四）悬挑式操作平台使用安全技术基本要求

（1）悬挑式操作平台上放置的物料，严禁挤靠及伸出护栏，物料放置应低于护栏高度。

（2）悬挑式操作平台上的操作人员不应超过2人。

（3）对于多次周转使用的悬挑式操作平台，应及时检查原材料及构配件的安全状况，必要时应对其进行相关检测、更换。

（4）当杆件发生变形、开焊、松动、严重锈蚀等情况时，必须及时进行维护，否则不得继续使用。

（5）遇有 12m/s 以上强风、浓雾等恶劣天气，应停止悬挑式操作平台安装作业。

七、高处作业生产安全事故防控技术措施专家要点提示

（1）加强从业人员组织管理，提高从业人员安全意识及整体安全素质，全员进行体验式培训教育。

（2）安全防护设施方案应经企业内部交叉优化审核，必须严格履行"编制、审核、审批、批准"程序。

（3）方案实施前必须进行书面交底；实施后必须按规定要求进行验收，验收合格方可投入使用。

（4）临边防护栏、楼梯防护栏、电梯井口防护栏、安全通道棚、操作棚等应采用标准化、工具化、定型化产品，组装式、装配式安装。

（5）设计、安装、使用各类防护栏、各类防护棚应做到与施工进度、防护部位同步；搭设时严禁立体交叉作业安装。

（6）现场各类防护栏、各类防护棚等要根据不同季节、不同施工阶段进行定期和重点检查，发现损坏、缺失隐患，要定人、定措施、定整改时间，及时维护、完善。

（7）根据各类模板支撑体系的安全性能和技术要求，推广使用安全可靠、先进适用的模板支撑体系。

（8）因施工需要临时拆除施工通道时必须派专人监护，监护人员撤离前必须将原防护设施复位。

（9）作业点设置警戒区。

1）脚手架搭拆作业，塔式起重机、施工升降机拆装作业，基础桩基作业、模板安拆作业、预应力钢筋张拉作业及建筑物拆除作业等周围应设置警戒区。

2）警戒区应设专人负责警戒，严禁非作业人员穿越、停留在警戒区。

第八节　有限空间安全生产科学技术

一、有限空间作业的定义及特性

（一）有限空间作业的定义

1. 有限空间

指空间封闭或部分封闭、与外界相对隔离、进出口狭窄受限、自然通风不良、易造成有毒有害及易燃易爆等物质积聚或氧含量不足的空间。

2. 有限空间作业

进入容纳一人及以上有限空间，实施的作业活动。

（二）有限空间作业的危险特性

（1）有限空间作业环境复杂；

（2）有限空间作业危险性大、事故后果严重；

（3）有限空间作业事故因盲目施救、施救措施不当造成伤亡扩大，事故中 50% 的死亡人员为救援人员。

（三）建安行业有限空间分类

（1）封闭半封闭设备：贮罐、压力容器、管道、烟道、锅炉等。

（2）地下建（构）筑物有限空间：地下管道、地下室、地下工程、暗沟、隧道、涵洞、废井、污水池（井）、化粪池等。

（3）地上通风不畅的有限空间：如储藏室、垃圾站、温室、料仓等。

二、有限空间危险因素辨识及管控重点

（一）有限空间危险因素辨识

（1）有毒有害、窒息性气体或缺氧环境引起中毒或窒息的危险。

（2）气体、液体、固体可燃、易燃易爆物质引发火灾或爆炸的危险。

（3）设施设备内储存液体液位升高坠入淹溺引起的危险。

（4）固体坍塌引发掩埋或窒息的危险。

（5）有限空间设备设施移动、转动引发撞、挤、绞伤的危险。

（6）潮湿、水浸环境引发触电的危险。

（7）有限空间高处坠落或高处落物的危险。

（8）有限空间温度、噪声、腐蚀性化学品等造成的其他危险。

（二）有限空间危险因素管控重点

（1）涉及易燃易爆物质的有限空间；

（2）涉及有毒有害和窒息性气体或缺氧环境的有限空间；

（3）存在淹溺或掩埋危险的有限空间。

三、有限空间作业安全管理

（一）建设单位有限空间作业安全管理要求

（1）建设单位应在施工前向地下管线档案管理机构、地下管线权属单位取得施工现场区域内涉及地下管线的详细资料，并移交施工单位，办理移交手续。

（2）建设单位应设专人对直接发包的有限空间作业施工单位进行协调和管理。

（二）总承包单位有限空间作业安全管理要求

1.总承包单位有限空间作业安全生产责任

（1）总承包单位安全生产管理部门应加强有限空间作业的日常监督检查；制定有限空间作业的各项管理制度、责任制；落实各级管理人员和作业人员各项管理制度、责任制及规范标准；排查有限空间作业的隐患。

（2）总承包单位委托专业分包单位进行有限空间作业时，应严格分包管理，签订安全生产管理协议；分包单位应服从总承包单位安全管理，否则，导致事故发生分包单位承担主要责任。总承包单位不得将工程发包给不具备相应资质和不具备安全生产条件的单位和个人。

（3）当多个施工单位的作业人员同时进入同一有限空间作业时，总承包单位应对各分包单位进行统一协调管理，制定和实施协调作业程序和措施，各分包单位要参加现场书面

安全交底，保证任一单位作业人员的作业不会对另一单位的作业人员造成危害。

（4）总承包单位应实行有限空间作业审批制度，有限空间作业前，填写"建设工程有限空间危险作业审批表"（见表 4-31），报项目负责人审批。未经审批的，任何人不得进入有限空间作业。

建设工程有限空间危险作业审批表   表 4-31

编号			作业单位		
总承包单位			设施名称		
主要危害因素					
作业内容				填报人	
作业人员				监护人	
进入前监测数据	检测项目	空气氧含量	易燃易爆物质浓度	有毒有害气体、粉尘浓度	检测人	
	检测结果				检测时间	
开工时间	年　月　日　时　分					
序号	主要安全措施		安全措施确认（签名）			
			作业人员		监护人	
1	作业人员作业前安全教育					
2	连续监测的仪器和人员					
3	检测仪器的准确可靠性					
4	呼吸器、梯子、绳缆等抢救器具					
5	通风排气情况					
6	氧浓度、有毒有害气体检测结果					
7	照明设施					
8	个人防护用品及防毒面具					
9	通风设备					
10	其他补充措施					
项目负责人意见： 　签名			年　月　日　时　分			
工作结束确认人（作业负责人签名）						
作业开始时间			年　月　日　时　分			
作业结束时间			年　月　日　时　分			

注：进入有限空间作业必须经审批，不得涂改。安全管理部门存档一年。

（5）施工单位应配备符合国家标准的通风设备、检测设备、照明设备、通信设备和个人防护用品。个人防护用品、防护装备、检测仪器仪表应妥善保管，并严格按照规定进行检测、检验、维护，保证安全有效。

（6）人工挖（扩）孔桩作业，必须编制安全专项施工方案，并按规定进行审批签字和专家论证。

（7）施工单位应在有限空间入口处设置醒目的警示标志；告知有限空间的位置、存在的危害因素和防控措施；防止未经允许的无关人员进入。

（8）动态安全防范措施必须贯穿有限空间作业全过程，只有确认全部作业人员及所携带的设备和物品均已脱离有限空间后，方可终止。

（9）严格遵守有限空间作业前危险辨识、安全准入、隔离、置换、检测、防护、监护、作业、确认九项管控内容。

（10）从事有限空间作业的"四类人员"（现场负责人、监护人员、作业人员、应急救援人员），必须具备三个基本条件：

1）经过有限空间安全知识教育培训，考核合格；

2）具有正确使用CO检测仪、氧气含量分析仪等检测设备的能力；

3）具备现场应急救援、正确使用空气呼吸器等应急救援器材的能力。

2.总承包单位应落实有限空间作业的各项管理责任制

（1）总承包单位主要负责人的职责

1）建立健全安全生产责任制；

2）组织制定专项施工方案、安全操作规程、事故应急救援预案、安全技术措施等管理制度；

3）作业前必须对危险有害因素进行辨识，并将危险有害因素、防控措施和应急措施告知作业人员；

4）保证安全投入，提供符合要求的通风、检测、防护、照明等安全防护设施和个人防护用品；

5）督促、检查本单位有限空间作业的安全生产工作，落实有限空间作业的各项安全要求；

6）提供应急救援保障，做好应急救援工作；

7）及时、如实报告生产安全事故。

（2）总承包单位技术负责人的职责

1）应组织制定专项施工方案、安全作业操作规程、安全技术措施等；

2）根据相关规定组织审批和专家论证等工作，并督促、检查实施情况。

（3）有限空间作业负责人的职责

1）掌握整个作业过程中存在的危险有害因素；

2）确认作业环境、作业程序、防护设施、作业人员符合要求后，方可作业；

3）及时掌握作业过程中可能发生的条件变化，当有限空间作业条件不符合安全要求时，立即终止作业。

（4）有限空间外负责安全监护的监护人员职责

1）监护人员必须接受有限空间作业职业卫生培训并考核合格，具备分析、判断现场异常情况及作业人员异常行为的能力。

2）准确掌握作业人员作业期间全过程情况、作业人员数量及身份，未经批准的人员严禁进入有限空间。

3）作业人员进入有限空间作业期间，监护人员必须保证在有限空间外持续监护，不得间断。

4）适时与作业人员进行有效的操作作业安全状态、报警、撤离等信息交流。

5）有限空间内发生异常情况或异常情况无法判断等紧急情况时，应立即命令作业人员撤离有限空间。

6）监护人员在履行监测和保护职责时，不得擅离职守或兼做其他工作。

7）有限空间外的监护人员发生或出现以下情况时，应向作业人员发出立即撤离有限空间的警报和命令，必要时，迅速呼叫应急救援服务，并在空间外实施应急救援工作。

① 发现禁止作业的条件；

② 发现作业者出现异常行为；

③ 有限空间外出现威胁作业者安全和健康的险情；

④ 监护人员不能安全有效地履行职责。

8）进行有限空间作业时现场监护人员应佩戴袖标。

（5）有限空间作业人员的职责

1）从事有限空间作业的特种作业人员应接受有限空间作业安全生产培训，考核合格后，持有相应的资格证书方可上岗作业。

2）遵守有限空间作业安全操作规程，正确使用有限空间作业安全设施与个人防护用品。

3）与监护者进行有效的操作作业、报警、撤离等信息沟通。

4）作业人员发现下列情况，应及时向监护人员报警；当出现危及人身安全的情况时，作业人员有权立即停止作业、撤离作业现场及有限空间。

① 发现或意识到身体出现危险症状和体征；

② 监护人员和作业负责人下达了撤离命令；

③ 探测到有毒有害物质或报警器发出危险警报的情况。

3.施工单位有限空间作业人员安全教育培训

（1）有限空间作业安全教育培训对象

有限空间作业工程施工前，总承包单位安全生产部门应对涉及或从事有限空间作业的现场负责人、监护人员、应急救援人员、作业人员（简称"有限空间四类人员"）等相关人员进行有限空间专项职业安全防护教育培训。考核合格后方准上岗作业，未经专项安全培训且考核合格的人员，不得从事有限空间管理和作业。有限空间专项教育培训应当有专门的培训记录，并由参加培训的人员签字确认。

（2）有限空间作业安全教育培训内容

1）作业空间的结构和相关介质及可能存在的有毒有害物质；作业中可能遇到的意外情况以及处理、救护方法等；

2）有限空间存在的危险特性和安全作业的要求规定；

3）进入有限空间的程序；

4）从事有限空间管理和作业的"四类人员"必须掌握 CO 检测仪、氧气含量分析仪、空气呼吸器、灭火器等监测仪器、应急救援器材及个人防护用品的正确使用；

5）事故应急救援措施与应急救援预案；

6）培训应有记录，参加培训的人员应签字确认。

（三）有限空间作业"十必须十严禁"

（1）必须严格实行作业审批制度；按照作业标准和单项安全技术措施作业；作业方案未经安全可靠性论证和审批，严禁擅自进入有限空间作业。

（2）必须严格执行"先通风、再检测、后作业"规定；未采取连续通风和连续监测措施的严禁作业。

（3）必须核准、清点有限空间作业人员、工具、器具；有限空间作业人员、工具、器具不详、不清严禁作业。

（4）必须配备个人防中毒窒息等防护装备，井口、洞口设置安全警示标志和告知卡；无防护措施的严禁作业。

（5）必须对作业人员进行安全培训且合格；未对作业人员履行危险有害因素告知手续、安全培训不合格的严禁作业。

（6）必须设置有限空间作业安全监护人；监护人不在现场、无监护人和监护措施的严禁作业。

（7）必须保持通风设施正常持续运转；通风设施发生故障严禁作业。

（8）安全监护人必须配备通信工具，并保持联系畅通；通信工具故障，严禁作业。

（9）有限空间出入口、逃生和应急救援通道必须保持畅通；有限空间出入口障碍、堵塞，严禁作业。

（10）必须制定应急救援措施，配备现场应急装备；应急救援措施和器材准备不到位严禁作业及盲目施救。

（四）监理单位

监理单位应对施工现场有限空间作业的专项方案进行审核，未经审核严禁施工单位擅自施工。

四、有限空间作业危害的特点、危害物质及环境条件

（一）有限空间作业有毒有害物质危害的特点

（1）有限空间作业属高风险作业，有毒有害物质可导致作业人员死亡。

（2）有限空间有毒有害物质具有隐蔽性、突发性，某些危害物质可能原本就存在于有限空间内，在某些条件下难以探测或检测时没有危害，在作业过程中可能逐渐积聚、突然涌出，造成急性中毒。

（3）有限空间可能有多种危害物质或气体共同存在，如硫化氢危害与缺氧危害并存。

（4）有限空间的种类包含污水池（井）、沼气池、化粪池、管道、下水道、发酵池、贮罐、地下室等。

（二）有限空间存在的主要危害物质及危害

1. 主要危害物质类型及危害

（1）窒息性气体是指那些以气态吸入而直接引起窒息作用的气体。

（2）根据毒物作用机理，窒息性气体可分为两大类：

1）单纯性窒息性气体，如氮气、甲烷、二氧化碳等，因其在空气中含量高，使氧的相对含量降低，使肺内氧分压降低，致使机体缺氧。

2）化学性窒息性气体，如一氧化碳、氰化物、硫化氢等，主要对血液或组织产生特

殊的化学作用，血液运输氧的能力发生障碍和组织利用氧的能力发生障碍，造成全身组织缺氧，引起严重中毒表现。

2.具体危害物质及危害

（1）缺氧危害

1）二氧化碳（CO_2）：相对空气密度（空气=1）为1.101，在长期通风不良的各种有限空间内空气氧浓度过低引起的缺氧。

2）甲烷（沼气、CH_4）、丙烷：甲烷在自然界分布很广，是天然气、沼气的主要成分；丙烷通常为气态，丙烷一般被称为液化石油气。甲烷、丙烷浓度过高会引起缺氧。

（2）中毒危害

1）硫化氢（H_2S）：相对空气密度（空气=1）为1.189，是一种易燃的酸性气体，无色，低浓度时有臭鸡蛋气味，属窒息性、剧毒气体。

在进行清理、疏通等作业时，污水池（井）、化粪池、管道、下水道内低洼处容易积聚高浓度的有毒有害物质硫化氢。

2）一氧化碳（CO）：相对空气密度（空气=1）为0.967，是无色、无臭、无刺激性、难溶于水的剧毒气体。一氧化碳进入人体后，极易与血液中的血红蛋白结合（相对于氧气），产生碳氧血红蛋白，使血红蛋白不能与氧气结合，造成组织缺氧中毒。

市政建设、道路施工时可能损坏煤气管道，造成泄漏、集聚，渗漏到有限空间内或附近民居内。

3）苯、甲苯、二甲苯：苯属于剧毒溶剂，是一种气味芳香、易挥发的有机物，对人的神经系统有麻醉和刺激作用。少量吸入也会对人体造成长期的损害。甲苯、二甲苯在溶剂分类中属中等毒性溶剂，对人体具有麻醉、刺激作用，高浓度时对神经系统有毒害作用，但在人体内残留毒性低，一般可经代谢排除。空气中最高容许浓度为$100mg/m^3$。

在有限空间内进行防腐涂层作业时，涂料中的有机溶剂苯、甲苯、二甲苯挥发、集聚，导致浓度增加。

（3）爆燃危害

空气中易燃易爆物质浓度过高，遇火源引起的爆炸或燃烧。

（4）其他的危害

坠落、溺水、物体打击等。如作业后出井时，必须人先上物后上，以防物体被井口卡住或坠落；不得将物体顺手递送至井沿侧，以免造成井内人员伤害。

五、有限空间作业安全技术操作程序规定

（一）有毒有害气体检测

（1）有限空间作业的原则

有限空间作业前，施工单位必须严格执行"先通风、再检测、后作业"的原则。

（2）有毒有害气体检测仪、辅助工具安全技术要求

1）有限空间作业现场检测人员必须配备测量准确可靠的有毒有害气体报警器及多种气体检测仪。根据有限空间作业实际情况，对有限空间内部可能存在的硫化氢、一氧化碳、氨气、氯气等有毒、有害气体进行检测。见图4-82。

2）检测分析仪应定期标定、维护，标定和维护应符合相关国家标准的规定要求。

3）义务、专职消防员还应配备防爆手电筒、除污冲洗设备、护目镜、移动式双气瓶呼吸器、多用途滤毒罐、防化手套、防化安全靴等辅助工具。

（3）气体检测安全要求

1）施工单位应提供合格的检测仪及有害气体报警器。

2）检测指标应当包括氧浓度、易燃易爆物质浓度、硫化氢浓度、一氧化碳等有毒有害气体浓度。检测工作应符合《工作场所空气中有害物质监测的采样规范》GBZ 159—2004的规定。

3）有限空间作业危害因素可由施工单位自行检测，检测时应认真填写"特殊部位气体检测记录"，相关检测人员签字；临时作业或施工单位缺乏必备检测条件时，可聘请专业检测机构进行检测，填写"特殊部位气体检测记录"，并由检测单位负责人审核签字。

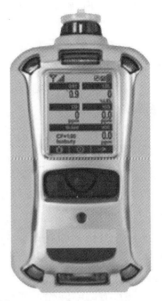

图 4-82　五合一有毒有害
气体检测仪

4）气体检测具体规定：

① 检测所有危险气体；

② 检测人员处于安全环境检测；

③ 检测所有部位；

④ 发现危险气体或蒸气，应进行通风和清洗，再次进行测试。

5）"特殊部位气体检测记录"十项内容：检测日期、检测时间、检测地点、检测方法、检测仪器型号、检测现场条件、检测次数、检测结果、检测人员和记录人员，经检测人员签字后存档。

6）在作业环境条件可能发生变化时，施工单位应对作业场所中危害因素进行持续或定时检测。在随时可能产生有毒有害气体或进行内防腐处理的有限空间作业时，每隔30min 必须进行分析，如有一项不合格以及出现其他异常情况，应立即停止作业并撤离作业人员；经现场处理并经检测符合要求后，重新进行审批，方可继续作业。

7）检测采样必须选定有害物质浓度最高的工作地点、在一个工作班内有害物质浓度最高的时间段进行。

（4）未经检测或检测不合格的有限空间，严禁作业人员进入作业。

（5）存在可燃性气体的作业场所，严禁使用明火照明和非防爆设备，所有的电气设备设施及照明应符合现行国家标准《爆炸性环境 第 1 部分：设备 通用要求》GB 3836.1—2010 的有关规定。

（二）危害评估

（1）实施有限空间作业前，根据检测结果，施工单位现场技术负责人组织对可能存在的职业病危害进行危害因素识别和评价，制定预防、消除和控制危害的措施，确保作业期间处于安全受控状态。

（2）作业负责人根据检测数据及职业病评估结果，确认有限空间作业环境达到安全许可条件后，方可允许作业人员进入该空间作业。

（3）危害评估依据：《缺氧危险作业安全规程》GB 8958—2006、《工作场所有害因素

职业接触限值 第 1 部分：化学有害因素》GBZ 2.1—2007 和《有毒作业分级》GB/T 12331—1990。

1）作业场所环境空气中氧（O_2）体积百分比含量在作业过程中必须始终保持在 19.5%～23.5%。

2）作业场所环境空气中硫化氢（H_2S）最高容许浓度必须始终保持不高于 $10mg/m^3$。停留时间为 8h。

3）作业场所环境空气中甲苯、二甲苯最高容许浓度必须始终保持不高于 $100mg/m^3$。苯最高容许浓度必须始终保持不高于 $40mg/m^3$。

4）作业场所环境空气中一氧化碳（CO）含量必须始终保持不高于 $30mg/m^3$。

5）作业场所环境空气中甲烷含量必须始终保持不高于 5%（爆炸下限）。

（三）置换通风

（1）有限空间作业实施前，必须对有限空间作业面内存在的、可能存在的电、高（低）温及有毒有害物质进行有效净化、隔离、置换、通风等，消除或者控制所有存在于有限空间内的职业病有害气体因素。

（2）有限空间作业通风基本要求

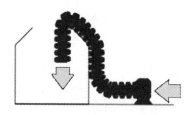

图 4-83　密闭空间的通风换气方式

1）确认缺氧状态的作业场所，如深基坑、肥槽、隧道、管道、雨水井、人工挖（扩）孔桩、地下工程、密闭容器等有限空间，作业前和作业过程中，必须采取强制、持续、充分的通风换气措施，为现场提供足够的新鲜空气降低危险。见图 4-83。

2）当有限空间作业可能存在可燃性气体或爆炸性粉尘时，施工单位应严格按要求进行检测和通风，并制定预防、消除和控制危害的措施。同时所用检测、通风等设备应符合防爆要求，作业人员应使用防爆工具，配备可燃气体报警仪器等。

3）作业前强制通风不得少于 30min，作业中每隔 2h 进行一次强制通风。

通风时应考虑足够的通风量，保证能稀释作业过程中释放出来的危害物质，满足作业人员呼吸需要。

4）强制通风时，应将通风管道延伸至空间底部，确保有效去除重于空气的有害气体。

5）隧道、地下工程等有限空间暗挖竖井全封闭施工时，应采用硬质风管通风措施。

6）隧道、地下工程内严禁使用内燃动力设备进行挖掘，不得使用内燃机车辆进行运输。

7）任何环境严禁用纯氧进行通风换气。

（四）操作要求

（1）安装、维修有毒有害气体管道，可采用盲板或拆除一段管道的方法。

（2）在具有可燃等有毒有害气体环境中拆除法兰螺栓、阀门、管道等，应使用铜质扳手。

（3）有限空间气焊作业安全技术要求

1）必须置换或彻底清除全部有毒有害气体，方可进行气焊作业。

2）氧气瓶、乙炔气瓶必须放置在有限空间外。

（4）有限空间电焊作业安全技术要求

1）必须置换或彻底清除全部有毒有害气体，方可进行电焊作业。

2）焊接金属管段应采用塑料、橡胶、绝缘板等非金属材料盲板和螺栓与外界金属管路隔离，确保阻断焊接电流通路。

3）在有限空间金属设备内和特别潮湿环境进行电焊作业时，作业区应增加铺设绝缘板等防护措施。

4）当现场无法与外界金属管路隔离时，应与接地电阻值≤4Ω的接地装置可靠连接。

5）弧焊机二次线应双线到位，连接可靠。接地线与金属管路施焊点位置应尽量靠近。

（5）有限空间照明安全技术要求

1）有限空间照明电压应≤36V，手持行灯必须有绝缘手柄和金属护罩。

2）锅炉、金属容器、管道等密闭、狭窄、特别潮湿、有爆炸危险的场所内的照明电源电压应≤12V。

3）有限空间或有限空间内的容器存放或存放过易燃易爆液体、气体时，应使用防爆手电筒或电压≤12V的防爆手持行灯照明。

4）行灯变压器应设置在有限空间外。

（6）有限空间内应杜绝任何火源。如市政工程金属井盖开启，必须采用"双人双钩"提拉开启。在井下气体环境复杂的条件下，不得使用单钩拖曳金属井盖的作业方式，防止单钩拖曳造成金属井盖与金属井沿摩擦产生火花，引发爆炸等危险。

（7）有限空间内的用电工具、通风、照明设施等用电设施设备应设置剩余电流动作保护器。

（8）设有移动、转动设备的有限空间，进入前，必须切断电源、停止运行，并在末级配电箱上悬挂"有人工作、严禁合闸"、"禁止启动"等警示标志。

（五）有限空间作业人员安全防护基本要求

（1）作业人员在缺氧或有毒有害气体的有限空间作业应根据实际情况佩戴空气呼吸器等隔离式呼吸保护器具，严禁使用过滤式面具，见图4-84。

图4-84　过滤式面具

（2）佩戴长管呼吸器应仔细检查气密性，吸气口应置于新鲜空气的上风口，并有专人监护。

（3）呼吸防护用品的选用应符合《呼吸防护用品的选择、使用与维护》GB/T 18664—2002 的要求。缺氧条件下作业，应符合《缺氧危险作业安全规程》GB 8958—2006 的要求。

（4）作业人员应携带具有良好效能的通信工具、氧气报警器。

（5）在易燃易爆的有限空间作业时，应穿防静电工作服、工作鞋，使用防爆型低压灯具及不发生火花的工具。在有酸碱等腐蚀性介质的有限空间作业时，应穿戴好防酸碱工作服、工作鞋、手套等个人防护用品。

（6）作业人员应配备应急照明设备，必要时系好救生索，防护设施及个人防护用品达到安全允许条件后，方可进入有限空间内作业。

（六）监护

（1）施工单位作业人员进入有限空间内作业期间，至少要配备一名专业监护人员在空间外持续进行监护；

专业监护人员与作业人员必须保证能够进行实时、有效、连续的安全、报警、撤离等信息的双向交流。

（2）进入密闭空间作业时，应当至少有两人同时工作。若空间只能容一人作业时，监护人员应随时与正在作业的人取得联系，做预防性监护。

（3）人工挖（扩）大孔径桩作业必须严格遵守作业人员进入桩孔前系挂好安全绳索、每班作业不得超过 2h 的规定；监护人员必须进行现场监护。

（七）警示标志

进入有限空间作业前，现场必须设置信息公示牌、警戒标志及双面警示牌，警示牌应标明：工程名称、施工单位、警示用语和操作规程并保持进、出口畅通无障碍。

（八）救援

施工单位应组织制定应急救援预案，配备应急救援人员及器材设备。

六、有限空间作业生产事故应急救援处置

（1）有限空间作业生产事故应急救援处置原则

1）有限空间生产事故发生后，要杜绝"奋不顾身"、"前赴后继"的盲目施救行为，避免因施救行为不当出现事故扩大化、人员伤亡扩大化的严重后果。

2）有限空间生产事故发生后，严禁在未采取安全防护措施的情况下擅自进入有限空间进行盲目施救。

3）在确保救援人员安全，确保救援人员做好自身防护、配备必要的呼吸器具及救援器材的前提下，进入有限空间施救。

4）施工单位自身无法施救及应急救援设备、应急救援人员不具备的情况下，应及时联系专业救援单位开展救援，并提供有限空间的各种数据资料。

（2）施工单位应制定有限空间作业专项应急救援预案，提高对突发事件的应急处置能力。每年至少进行一次应急救援演练。

（3）有限空间作业生产事故发生后，施工单位应立即启动应急救援预案，按预定程序采取七项应急措施：

1）呼救或报警；

2）立即采取一切通风手段；

3）疏散、撤离一切人员；

4）速查有毒有害气体泄漏源；

5）组织专业应急救援人员使用专用设备救援

6）组织医疗救护；

7）隔离事故区域。

（4）施工单位须配备应急救援装备，包括全面罩正压式空气呼吸器（见图4-85）等隔离式呼吸保护器具、应急通信报警器材、现场快速检测设备、大功率强制通风设备、应急照明设备、救援安全绳、救生索、救援三脚架（见图4-86）和安全梯等装备。

图4-85　全面罩正压式空气呼吸器

图4-86　救援三脚架

（5）发生有限空间作业事故，现场有关人员要立即报警求救，并立即向有限空间所在区（县）政府、安全生产监督管理部门和相关行业监管部门报告。

（6）脱离有限空间的人员发生中毒、呼吸停止、心脏停止跳动时，应立即现场施行心肺复苏急救，切不可拖延、等待。

七、有限空间作业生产安全事故防控技术措施专家要点提示

（1）有限空间作业方案应经企业内部交叉优化审核，必须严格履行"编制、审核、审批、批准"程序；方案实施前必须进行书面交底。

（2）有限空间作业必须严格遵守审批制度。

（3）有限空间作业必须严格遵守"先通风、再检测、后作业"的工作程序，有毒有害气体空间作业中要持续检测和置换空气。

（4）有限空间作业必须保证置换空气设施正常持续运转，通风设施设备发生故障，应立即停止作业、人员撤离有限空间。

（5）有限空间作业必须设置专门的安全监护人员，作业时安全监护人员必须持续监护。现场无安全监护人员、监护措施不到位，严禁作业。

（6）必须制定应急救援方案和措施，配备应急装备；应急救援措施和应急装备不到位，严禁作业。

（7）有限空间事故发生后，施工单位应立即启动应急救援预案，企业要积极实施自救，自身不具备施救设备、条件的情况下，应及时联系专业救援单位开展救援，并提供有限空间的各种数据资料。

第九节　拆除工程安全生产科学技术

一、建筑工程、设施设备拆除作业安全管理规定

（1）施工单位应建立健全建筑工程、设施设备拆除作业安全生产管理制度、责任制。

（2）安全管理协议

建筑工程、设施设备拆除单位与施工单位应签订安全生产管理协议，明确双方的安全管理责任。建设单位、监理单位应对建筑工程、设施设备拆除作业安全进行检查、督促；施工单位应对建筑工程、设施设备拆除作业的安全技术管理负直接责任。

（3）施工单位应如实、书面告知从业人员拆除作业场所和岗位存在的危险因素、防范措施以及事故应急处理措施。

（4）从业人员必须进行安全教育培训，考试合格后方可上岗作业。

（5）建筑施工单位必须为拆除作业人员提供符合国家标准或行业标准的劳动防护用品；拆除作业人员及相关人员必须按规定正确佩戴、使用劳动防护用品。

（6）用电设施设备拆除作业时，必须由建筑电工事先切除电源，并做妥善处理后进行。

（7）建筑工程、设施设备拆除作业前，应根据工程特点、构造情况、工程量等编制专项拆除方案或安全专项施工方案，必须履行"编制、审核、审批、批准"程序，经相关部门审核及具有法人资格企业的技术负责人签认后报总监理工程师批准、签字确认后，方可实施。施工过程中，如需变更，应经原审批人批准，方可实施。

（8）建筑施工单位应组织制定、实施建筑工程、设施设备拆除作业生产安全事故应急救援预案及演练。当发生重大险情或生产安全事故时，应及时启动应急预案排除险情、组织抢救、保护事故现场，并向有关部门报告。

（9）施工单位在拆除作业中应严格执行施工组织设计或者专项施工方案规定的施工方法和措施。

（10）建筑工程、设施设备拆除作业前，必须对施工作业人员进行书面安全技术交底。

（11）施工现场应建立健全动火管理制度。

1）拆除工程遇有易燃、可燃物及保温材料时，严禁明火作业；

2）拆除作业动火时，必须履行动火审批手续，领取动火许可证后方可在指定时间、地点作业；作业时应配备专人监护；

3）作业后必须检查确认无火灾危险后，方可离开作业场所、地点。

（12）建筑工程、设施设备拆除作业技术资料应及时、同步收集、归档；保证其真实性、完整性、时效性。建筑工程、设施设备拆除作业技术资料包括：

1）建筑工程、设施设备拆除施工合同及安全管理协议书；

2）建筑工程、设施设备拆除专项施工方案或安全专项施工方案；

3）拆除作业安全技术交底；

4）脚手架及安全防护设施检查验收记录；

5）劳务用工合同及安全管理协议书；

6）机械租赁合同及安全管理协议书。

二、建筑工程、设施设备拆除作业安全技术基本要求

（一）建筑工程、设施设备拆除作业准备

1. 建设单位应向施工单位提供的资料

（1）拆除工程的有关图纸和资料；

（2）拆除工程涉及区域的地上、地下建筑及设施分布情况资料。

2. 周边建筑及地上、地下管线保护

（1）建设单位应向施工单位提供真实、准确、完整的施工现场及毗邻区域内基础设施管线资料。

（2）建设单位应负责做好影响拆除工程安全施工的各种管线的切断、迁移工作。当建筑外侧有架空线路或电缆线路时，应与有关部门联系，采取有效防护措施，确认安全后方可施工。

（3）在进行拆除作业前，施工单位应检查建筑内各类管线、电源线缆情况，确认全部切断后方可施工。

3. 安全防护措施

（1）拆除作业采用的脚手架、安全网，必须由专业人员按设计方案搭设，由有关人员验收合格后方可使用。水平作业时，操作人员应保持安全距离。

（2）安全防护设施验收时，应按类别逐项检查，并有验收记录。

（3）施工单位必须落实防火安全责任制，建立消防组织，明确责任人，负责施工现场的日常防火安全管理工作。

（4）拆除作业期间的临时设施，应与被拆除建筑保持安全距离。

（5）施工现场临时用电必须按照国家现行标准《施工现场临时用电安全技术规范》JGJ 46—2005 的有关规定执行。

4. 划定危险区域设置警戒线

（1）拆除工程施工现场应按规定设置不低于 2.5m 的硬质围挡，并在施工危险部位设置醒目的警示标志。

（2）施工单位必须依据拆除工程安全施工组织设计或安全专项施工方案，在拆除施工现场划定危险区域，当拆除工程与交通道路的距离不能满足安全要求时，必须采取相应的隔离措施，设置安全警示标志并派人监管。

（二）建筑工程、设施设备拆除作业安全技术基本要求

1.建筑工程、设施设备人工拆除作业安全技术基本要求

（1）人工拆除安全技术基本要求

1）进行人工拆除作业时，楼板上严禁人员聚集或堆放材料，作业人员应站在稳定的结构或脚手架上操作，被拆除的构件应有安全的放置场所。

2）拆除梁或悬挑构件时，应采取有效的下落控制措施，方可切断两端的支撑。

3）拆除柱子时，应沿柱子底部剔凿出钢筋，使用手动倒链定向牵引，再采用气焊切割柱子三面钢筋，保留牵引方向正面的钢筋。

4）拆除管道及容器时，必须查清残留物的性质，并采取相应安全措施后，方可进行拆除作业。

5）在≥9m/s风速、大雨、大雾、大雪等恶劣气候条件下，严禁进行拆除作业。

（2）人工拆除顺序基本要求

1）人工拆除作业应从上至下逐层拆除、分段进行，不得垂直交叉作业。作业面的孔洞应封闭。

2）人工拆除建筑墙体时，严禁采用掏掘或推倒的方法。

3）拆除建筑的栏杆、楼梯、楼板等构件时，应与建筑结构整体拆除进度相配合，不得先行拆除。建筑的承重梁、柱，应在其所承载的全部构件拆除后，再进行拆除。

（3）拆除物处置要求

1）拆除物应当设专人管理，定期洒水和清扫，并配备必要的洒水、排水设施。拆除现场的垃圾应当及时清运，现场垃圾堆放总量不得超过60m³。

2）渣土清运车辆应当按照规定装载，苫盖严密，沿途不得遗撒。拆除工程完毕后不能立即施工的，应当及时采取地面硬化措施，防止扬尘。

2.建筑工程、设施设备机械拆除作业安全技术基本要求

（1）机械拆除安全技术基本要求

1）拆除钢结构、钢屋架时，必须采用绳索将其拴牢，待起重机吊稳后，方可进行气焊切割作业。吊运过程中，应采用辅助措施或采用牵拉绳使被吊物处于稳定状态。

2）施工中必须由专人负责监测被拆除建筑的结构状态，做好记录。当发现有不稳定状态的趋势时，必须停止作业，采取有效措施，消除隐患。

3）在≥9m/s风速、大雨、大雾、大雪等恶劣气候条件下，严禁进行拆除作业。

4）当日拆除施工结束后，所有机械设备应远离被拆除建筑。

（2）机械拆除顺序基本要求

1）当采用机械拆除建筑时，应从上至下逐层拆除、分段进行；应先拆除非承重结构，再拆除承重结构。拆除框架结构建筑时，必须按楼板、次梁、主梁、柱子的顺序进行施工。

2）对只进行部分拆除的建筑，必须先将保留部分加固，再进行分离拆除。

3）拆除桥梁时应先拆除桥面的附属设施及挂件、护栏等。

（3）拆除物处置要求

1）进行高处拆除作业时，较大尺寸的构件或沉重的材料，必须采用起重机具及时吊下。

2）拆卸下来的各种材料应及时清理，分类堆放在指定场所，严禁向下抛掷。

3.建筑工程、设施设备爆破拆除作业安全技术基本要求

（1）爆破拆除作业报审

1）爆破拆除工程应根据周围环境、作业条件、拆除对象、建筑类别、爆破规模，按照现行国家标准《爆破安全规程》GB 6722—2014 将工程分为 A、B、C 三级，并采取相应的安全技术措施。爆破拆除工程应作出安全评估并经当地有关部门审核批准后方可实施。

2）施工单位及人员的资质

爆破拆除设计人员应具有承担爆炸拆除作业范围和相应级别的爆破工程技术人员作业证。从事爆破拆除施工的作业人员应持证上岗。

（2）爆破拆除作业前准备

1）为保护邻近建筑和设施的安全，爆破振动强度应符合现行国家标准《爆破安全规程》GB 6722—2014 的有关规定。建筑基础爆破拆除时，应限制一次同时使用的药量。

2）爆破拆除的预拆除施工应确保建筑安全和稳定。预拆除施工可采用机械和人工方法拆除非承重的墙体或不影响结构稳定的构件。

3）对烟囱、水塔类构筑物采用定向爆破拆除时，爆破拆除设计应控制建筑倒塌时的触地振动。必要时应在倒塌范围铺设缓冲材料或开挖防振沟。

（3）爆破器材安全技术基本要求

1）运输爆破器材时，必须向工程所在地法定部门申请领取爆炸物品运输许可证，派专职押运员押送，按照规定路线运输。

2）爆破器材临时保管地点，必须经当地法定部门批准。严禁同室保管与爆破器材无关的物品。

3）爆破器材必须向工程所在地法定部门申请爆炸物品购买许可证，到指定的供应点购买，爆破器材严禁赠送、转让、转卖、转借。

（4）爆破拆除作业安全技术基本要求

1）爆破拆除作业时，应对爆破部位进行覆盖和遮挡，覆盖材料和遮挡设施应牢固可靠。

2）爆破拆除应采用电力起爆网路和非电导爆管起爆网路。电力起爆网路的电阻和起爆电源功率，应满足设计要求；非电导爆管起爆应采用复式交叉封闭网路。爆破拆除不得采用导爆索网路或导火索起爆方法。

3）装药前，应对爆破器材进行性能检测。爆破试验和起爆网路模拟试验应在安全场所进行。

4）爆破拆除工程的实施应在工程所在地有关部门领导下成立爆破指挥部，应按照施工组织设计规定设置警戒区。

5）爆破拆除工程的实施除应符合本书关于爆破拆除的要求外，还必须按照现行国家标准《爆破安全规程》GB 6722—2014 的规定执行。

（三）建筑工程、设施设备拆除作业绿色施工基本要求

（1）清运渣土的车辆应封闭或覆盖，出入现场时应有专人指挥。清运渣土的作业时间应遵守工程所在地的有关规定。

（2）对地下的各类管线，施工单位应在地面上设置明显标志。对水、电、气的检查井、污水井应采取相应的保护措施。

（3）拆除工程施工时，应有防止扬尘和降低噪声的措施。

（4）拆除工程完工后，应及时将渣土清运出场。

第五章 生产安全事故应急救援

乘坐民航客机，空乘人员会提示乘客紧急出口的位置不得存放行李。飞机虽然是高安全度的高科技组合体，但在特殊条件、特定时刻任何一环节、某一部件失效、失控是客观存在的，因此应急准备成为必须。

某国潜艇在数百米深的大洋潜航，突然遭遇海水密度突然变小，潜艇失去浮力，"掉深"是潜艇水下航行最危险的状况之一，潜艇若数分钟内急速坠到设计极限深度，则潜艇会因深海巨大压力而艇毁人亡。危急时刻，全体艇员条件反射式地进行应急处理，在能见度几乎为零的环境中，数分钟内操作数十种仪器、关闭近百个阀门和开关，终于排除险情，顺利上浮。

生产安全事件需要事前组织策划应急救援预案，应急救援应严格遵守以人为本，最大限度减少人员（包括救援人员）伤亡、职业健康伤害、财产损失、及时阻断事故持续进程为行动准则。应按照应急救援原则、应急准备、应急响应、应急恢复、应急演练五个主要内容策划，明确制定事故前、事故过程中和事故后三阶段救援程序，应急救援预案应具体细化明确到何人、何事、何时、如何做？如事故前的危险源识别、应急救援组织构建、明确应急救援人员的具体职责，事故发生后自行启动原则等，达到应急疏散、救援标准。应急救援预案编制必须具备科学性、针对性、实用性、可操作性，必须杜绝空话、套话、复杂、繁缛。

应急救援要不惜一切物质代价，最大限度减少人员伤亡、职业健康伤害，而非"为保护人员、财产奋不顾身、不怕牺牲"。

现场从业人员像职业军人一样训练有素来自平时进行的应急演练，习得应急状态的预警、判断、处置能力，形成处置的机械记忆，才会在突发事件情况下有条不紊、冷静处置。

生产安全事件发生后，应急救援信息必须避免时间滞后导致的真实情况误判，应采用具有实质性帮助且行之有效的"三 T"信息原则：

（1）尽快提供情况（Tell it fast）；

（2）以我为主提供情况（Tell your one tale）；

（3）提供全部情况（Tell it all）。

> 小贴士："尽快"指生产安全事件发生后，企业主要负责人 2h 内应提供真实情况说明；地域性生产安全事件，政府或主管部门 2h 内应提供真实情况说明；全国性生产安全事件，国家级安全生产管理部门 2h 内应通过媒介直接提供真实情况说明。
>
> 做到、做不到，本身就说明问题。

第一节　生产安全事故应急救援概述

一、应急救援目的

当突发迅速扩散、危害延续的生产安全事故时，迅速、有效、准确地组织和实施应急救援行动，尽可能减少和降低人员生命、职业健康、财产、环境的影响和损害。

二、应急救援原则

（1）以人为本、安全第一原则；

（2）统一指挥、分级负责、快速反应原则；

（3）科学、规范救援原则；

（4）应急救援过程险情突现、危及救援人员生命安全时，撤离原则；

（5）现场从业人员自救互救、企业自救、社会救援相结合原则。

三、应急救援特性

（一）应急救援的科学性

生产安全事故具有多样性、复杂性，应急救援行动的指挥人员和救援人员必须具备丰富的专业救援知识、救援经验及良好的心理素质，要以人为本、科学救援，杜绝违章指挥、违章作业，避免造成不必要的次生伤害及救援人员牺牲和资源浪费。

科学应急状态救援应根据现场实际情况，了解、判断、评估现场情况，确认无误后迅速制定方案，方可采取针对性、行之有效的救援行动。

化学品仓库发生应急情况，首先应判断化学品仓库内存放的化学物品的性质，绝不允许不了解情况就采用传统灭火方式。当仓库内存放大量电石时，采用水灭火方式，电石与水结合发生化学反应产生乙炔气体，爆炸的灾害后果更加严重，所以违背科学的救援方式与救援目的适得其反。

（二）应急救援的时效性

时间就是生命。当220V/380V电击事故发生后，伤员心脏停止跳动、肺脏停止呼吸，黄金抢救时间为4min内，在黄金抢救时间内50%以上伤员的生命得以拯救。

（三）应急救援的复杂性

由于现场地理、作业等环境的复杂性，抢救方式方法应根据现场实际情况、人员处境，按轻重缓急、渐次开展救援。

（四）应急救援人性化

2015年6月20日，某国一家六口外出时遭遇车祸，车内的父亲当场死亡，母亲和另外3个孩子被送往医院，只有小女孩免于受伤。为了分散她的注意力，一名职业警察专业地抱起她，并给她开起玩笑（见图5-1）。

不论是成年人还是小孩，面对惨烈的事故现场，都会背负心理阴影，心理阴影可能延续短期、长期、甚至一生，所以事故现场救援要体现人性化。

（五）应急救援的专业化、职业化

应急救援专业化、职业化是卓有成效救援的基础。

图 5-1　车祸现场

高度专业化和职业化是西方国家消防行业的主要特征。消防长官和消防队员均需经过严格的体能、理论、技能、心理等职业教育、培训，学习、测验合格后，方可从事消防行业。职业化的消防队伍才具备丰富的消防经验和消防效果。某西方国家消防队员的平均伤亡比例是 800∶1，而中国是 11∶1。这是消防行业职业化、专业化与非职业化、非专业化消防队的伤亡结果的显著区别（见图 5-2）。

指挥官消防专业毕业　　　　消防员文化素质、专业能力强

实战经验丰富

股役期限：30～40年
平均年龄：40～50岁

职业受人尊敬　　　　　　侧重保护年轻人

受尊重程度超过总统

高危消防行动，以
40岁左右、经验丰
富的队员为主力

工资待遇优厚

图 5-2　西方国家消防队特点

四、应急救援阶段划分

事故应急管理按阶段划分为事前预控、事中处置、事后管理三个阶段。

（1）事前预控：对施工现场客观存在的危险源及隐患进行识别、排查。策划科学、严

386

谨的施工组织方案和安全技术措施进行治理、管控。施工组织方案要与应急救援预案的核心内容相衔接。

（2）事中处置：危险源及隐患没有得到及时治理造成生产安全事故发生，采取科学技术手段，及时、有效控制危险源，阻断事故发展的进程、防止事故继续扩展，减少人员伤亡和财产损失。事中处置是应急救援预案的核心内容。

要迅速组织本专业、同类事故救援经验专家到场，到现场的行程中，先将事故现场详细情况、变化情况信息源源不断向专家传送过来，现场应迅速优选救援第一方案、第二方案、第三方案，并立即实施救援第一方案，决策人员必须迅速果敢，杜绝优柔寡断。方案进行中遇阻不可行，应迅速采取第二、第三方案，不间断施救。

（3）事后管理：针对发生的生产安全事故评估危害程度，进行事故原因调查分析、防范措施改进、事故责任界定、责任人员处理等。

五、编制应急救援预案的范围

施工单位应根据建设工程的特点，对施工过程中可能发生持续性、重大危害后果的生产安全事故的分部、分项工程，制定生产安全事故应急救援预案。

（一）应急救援预案编制

实行施工总承包的，由总承包单位统一组织编制建设工程生产安全事故应急救援预案。

工程总承包单位和分包单位按照应急救援预案，各自建立应急救援组织或者配备应急救援人员，配备救援器材、设备，并定期组织演练。

（二）编制应急救援预案的分部分项工程

（1）生产安全事故应急救援预案；

（2）深基础土方工程应急救援预案；

（3）大模板工程应急救援预案；

（4）脚手架工程应急救援预案；

（5）施工起重机械应急救援预案；

（6）电动吊篮应急救援预案；

（7）消防安全应急救援预案；

（8）防汛应急救援预案；

（9）传染病疫情暴发与流行事件应急救援预案；

（10）高温、低温作业应急救援预案；

（11）集体食堂食物中毒事故应急救援预案；

（12）急性职业中毒事故应急救援预案等。

第二节　生产安全事故应急救援工作要求

（一）管理人员应急救援工作要求

（1）根据项目工程特点，分析、对照施工组织设计，组织具有丰富经验的专业技术人员编制科学性、针对性、预见性、可操作性生产安全事故应急救援预案。

（2）建立安全生产应急管理责任体系，首要落实企业主要负责人即安全生产应急管理第一责任人的责任，层层落实应急救援相关责任人员的责任。

（3）建立科学的应急管理工作制度，设置安全生产应急管理机构，配备专职或者兼职安全生产应急管理人员。

（4）建立专（兼）职应急救援队或与邻近专职救援队签订救援协议，配备必要的应急装备、物资。

（5）在风险评估的基础上，编制与当地政府及相关部门相衔接的应急预案，制定工程施工重要节点、重要区域、重点工艺、特殊环境应急处置规定并挂牌标示。

（6）生产安全事故发生后，迅即并按规定及时、如实报告生产安全事故。

（7）施工现场每年至少组织一次应急演练，完善应急救援程序及应急救援内容，提高应急处置与救援能力的实用性。

（二）从业人员应急救援工作要求

（1）从业人员接受岗位应急知识教育和自救互救、避险逃生技能培训并经考核合格后，方可上岗作业。

（2）书面告知从业人员作业场所、岗位危险因素及应急处置要点。

（3）告知从业人员在发现直接危及人身安全的紧急情况时停止作业，或在采取可能的应急措施后撤离作业场所。

第三节　生产安全事故应急救援行为准则

一、应急救援行为要以人为本

生产安全事故应急救援是一项艰巨、危险的工作，应理性救援，严格遵守以人为本的基本原则。要拒绝和防止无视救援人员生命安全（不怕牺牲、无条件、不惜一切代价）、违背以人为本基本原则的应急救援行为。在实施应急救援过程中，抢险救援指挥人员、抢险队员必须具有强烈的自身安全保护意识，采取有效的防护措施、避险措施，这种应急救援思维与贪生怕死无关。

抢险救援人员要根据现场救援指挥员命令、严格遵守救援方案组织实施救援；搜救遇险人员行动前，要充分了解现场危险因素、防范措施，及时排除遇险人员和救援人员的安全隐患，确保遇险人员和救援人员安全。

民间谚语"一个飞蛾可以飞翔，但不能飞蛾扑火"，比喻面对不可抗拒的紧急状态，不要做自不量力的盲目施救和无谓牺牲。

（一）危及救援人员生命安全现场行为准则

在事故现场，遇有突发情况、继续救援直接危及救援人员生命安全时，救援队伍指挥员有权作出科学处置应急救援危险状态的决定，迅速带领救援人员撤出危险区域、紧急避险，并及时报告指挥部。

(二) 现场产生次生、衍生伤害行为准则

对于极易造成次生、衍生伤害事故的现场，指挥人员要组织救援专家充分论证，作出暂停救援的决定。在事故现场状态得到控制及可导致次生、衍生事故的隐患消除后，经指挥部组织救援专家研究，确认符合继续施救条件时，再行组织施救，直至救援任务完成。

(三) 现场救援任务无法完成行为准则

因客观条件限制，导致无法实施救援或救援任务无法完成，经救援专家论证，做好相关基础工作后，指挥部提出终止救援意见或决定。

二、应急救援行为要科学有效

(1) 现场救援指挥员组织具有专业知识能力、救援经验丰富的救援专家共同制定现场应急救援方案。

(2) 现场救援指挥员、应急救援专家、救援人员必须服从统一指挥，科学决策、科学救援。

(3) 根据事故救援需要和现场实际需要划定警戒区域，及时疏散和安置事故可能影响的周边居民和群众，疏导劝离与救援无关的人员，维护现场秩序，确保救援工作高效有序。

三、应急救援行为要以基本保障为基础

企业或政府相关部门负责应急保障工作，统筹协调，全力保证应急救援工作的需要；确保交通、通信、供电、供水、气象服务以及应急救援队伍、装备、物资等救援条件。

四、应急救援行为要以医疗保障为基础

(1) 根据现场情况及事故伤害类型，与当地卫生行政主管部门密切配合，组织调配医疗专家、药品、特种药品、救治装备及转治伤员等医疗救护资源，做好院前医疗卫生处置工作。

(2) 按照医疗卫生专业规程做好现场防疫工作。

五、应急救援过程及时发布真实事故信息

(1) 指挥部或相关方应当按照有关规定及时、客观、公正通报事故信息和事故应急救援信息；引导各类新闻媒体发布。

(2) 设立举报电话、举报信箱，登记、核实举报情况，接受社会监督。

六、妥善处置事故后续工作

政府相关部门和事故发生单位要组织妥善安置和慰问受害及受影响人员，组织开展遇难人员善后和赔偿、征用物资补偿、协调应急救援队伍补偿、污染物收集清理与处理等工作，尽快消除事故影响，恢复正常秩序。

第四节　项目工程生产安全事故应急救援预案（案例）

一、生产安全事故应急救援预案编制依据

（1）《中华人民共和国安全生产法》；

（2）《中华人民共和国消防法》；

（3）《中华人民共和国突发事件应对法》；

（4）《生产安全事故报告和调查处理条例》；

（5）国家、地方相关法律、法规和规范性文件等。

二、生产安全事故应急救援预案编制原则

应急准备、应急响应、应急救援、信息发布、医疗救护、善后处置等重要内容，组织协调相关应急救援资源，确保科学、安全、有效施救。

三、生产安全事故应急救援风险分析、识别

发挥应急救援队伍专业技术优势，组织各类管理技术人员进行现场应急救援风险分析、识别。

四、生产安全事故应急救援准备

（一）组织准备

（1）灭火组：由项目负责人组织，成员由项目指定从业人员组成；负责现场灭火工作。

（2）报警组：由项目副经理及项目技术负责人组成，两人互为备用；负责火灾报警工作。

（3）救援组：由项目负责人组织，成员由项目指定从业人员组成；负责现场受伤人员救援工作。

（4）保卫组：由项目负责人组织，成员由项目指定从业人员组成；负责维护事故现场周边秩序。

（5）后勤保障组：由项目材料设备供应人员组成；负责应急材料等供应。

（6）信息发布组：企业负责人及时、准确、全面地向相关部门、社会发布应急事故信息。

（二）物质准备

配置数量充足、功能齐全的消防器材、装备，配备通信设施设备及个人防护设备，满足应急状态工作需要。

（三）技术准备

由企业、项目负责人组织防火专家到场配合灭火救援工作，提供火灾事故相关技术支持。

（四）医疗准备

配置足量功能齐全的担架等医护器材、医药等，与医疗机构通信有效衔接。

（五）后勤准备

配备救援器材、卫生保障、交通运输工具等。

（六）资金准备

根据灭火救援工作需要，对所需灭火救援等消耗性装备物资及培训、演练给予必要的资金保障。

五、生产安全事故应急救援响应

（1）报警信息：

1）拨打事件发生地 119，报送火灾事故信息。

2）火灾报警信息内容包括火灾发生时间、地点、单位、单位性质、材料性质、生产性质、危险化学品种类、数量、建筑高度等基本情况。

（2）事发单位自行启动应急救援预案，相关救援人员自行开展火灾扑救、伤员救助、疏散引导、现场保卫等救援行动。

六、生产安全事故应急救援恢复

（一）保护现场

保护火灾事故现场，以利事故调查，需要移动伤员和物品时，应做好标记或拍照。

（二）事故调查

利用现代科学技术手段，对事故有关地点、场所、物品、人身等进行实地勘验、现场访问和分析研究。查明事故性质、经过及原因；火灾事故责任认定及有关责任人员查处。

（三）调查评估

开展火灾事故财产损失核定工作，形成事故报告。

（四）教训总结

根据事故原因，总结事故教训。

（五）改进措施

根据事故原因，采取改进措施；举一反三，全面排查火灾隐患。

七、生产安全事故应急救援演练培训

（一）强化生产安全事故应急救援实效性

（1）将应急处置措施细化、分解、落实到具体人员；

（2）提高从业人员第一时间应急反应能力。

（二）完善生产安全事故应急救援实效性

（1）加强应急救援行为动态管理，提高从业人员应急处置能力。

（2）定期组织事故应急救援演练，及时发现应急救援预案的不足，修订、完善应急救援预案的针对性、实效性、可操作性。

第六章　建设工程绿色施工

随着科技进步和社会生产力的高速发展，在提高人类文明程度的同时，人类社会面临着资源过度消耗、环境污染和生态破坏等重大环境和发展问题，直接威胁着人类的生存、健康和发展。

良好的生态环境是人们赖以生存的最基本条件，但由于人类无尽的贪婪、欲望将阳光、蓝天白云变成奢侈品、空气污染变成常客的时候，如果我们再不反思并且采取行动作出改变，大自然必将以其特有的空气雾霾-肺癌、食品污染-胃癌、水污染-肝癌等食源性疾病、自然灾害、生存基础形式报复人类。

环境和生态管理刻不容缓。医学专家钟南山答记者问时说："PM2.5作为颗粒物本身是一种载体，可以携带二氧化硫甚至病毒，进入人体肺泡并被巨噬细胞吞噬，从而永远留在那里，共同影响肺功能。""雾霾大范围发生，被称作国家的心肺之患。"环境污染和生态破坏不仅导致呼吸道、心脑血管及食源性疾病，而且人们将面临由环境污染导致疾病集中爆发的危机。

任何口号无法代替、解决现实问题。要借鉴历史经验，吸取发达国家走过的先污染后治理的惨痛教训，绿色发展首先要改变"先污染、后治理"的错误理念。

根据IPCC（政府间气候变化专门委员会，Intergovernmental Panel on Climate Change）第四次评估报告，全球气温上升1℃，将导致洪水、森林火灾增加、数亿人口饮用水短缺、低纬度地区粮食减产。如果21世纪全球平均气温得不到有效控制，气温将上升2℃，由于地球变暖，带来的最大问题则是饮水问题，仅在亚洲就会新增加10亿多缺水人口，全世界将新增30亿缺水人口。

由于长期基础设施建设、既得利益者的活动导致气候变化、生物多样性遭到破坏，（参见 http://news.qq.com/a/20141119/007491.htm？pgv＿ref＝aio2012&ptlang＝2052），全国十大水系水质一半污染，六成地下水水质较差、极差；31个大型淡水湖泊中，17个水质被污染；9个重要海湾中，辽东湾、渤海湾和胶州湾水质差，长江口、杭州湾、闽江口和珠江口水质极差……

人类向自然无度索取、盲目追求眼前利益，是造成空气、土壤、水质等生态环境污染加剧的重要社会心理动因。

虽然环境污染成因复杂多样，施工扬尘、水污染、光污染、噪声污染等施工现场环境污染类别是清晰的，解决污染的根本之策是对施工生产前、施工生产全过程采取预控措施，通过节能、节地、节水、节材和环境保护技术管理，实现绿色施工。

> 小贴士：世界卫生组织定义食源性疾病：摄入包括水、土壤或空气污染造成的微生物或化学品污染的食品，引起涵盖范围非常广泛的疾病。

第一节　绿色施工概述

一、绿色施工的概念

绿色施工是指工程建设中，在保证质量、安全等基本要求的前提下，确保环境承载力及公众心理承受力的底线。通过科学管理和先进的环境保护工艺技术，最大限度地节约资源、减少对环境负面影响的施工活动，实现节能、节地、节水、节材和环境保护（四节一环保）。

绿色施工涵盖文明施工，从某种意义上可以理解为文明施工是狭义的绿色施工。

二、绿色施工的原则

（1）要贯彻执行相关绿色施工国家法律、行业和地方相关的技术规程规范及政策。

（2）实施绿色施工应依据因地制宜的原则。

（3）运用《环境管理体系　要求及使用指南》GB/T 24001—2004，实现环境、社会、经济三者之间的平衡和可持续性。

（4）将绿色施工有关内容分解到绿色施工管理体系目标中，使绿色施工规范化、标准化。

（5）开展绿色施工的技术研究，发展绿色施工的新技术、新设备、新材料与新工艺。

（6）建筑全寿命周期由设计阶段、施工阶段、装修阶段组成，绿色施工是一个重要阶段。应在规划、设计阶段充分考虑绿色施工的总体要求，对绿色施工总体实施方案进行优化，为绿色施工提供基础条件。

（7）实施绿色施工，应对施工策划、材料采购、现场施工、工程验收等各阶段进行控制，加强施工全过程的管理和监督。

（8）绿色施工应符合相关规范标准、客观理性、注重实效；过多形式化绿色施工，一是增加成本代价，二是可能会产生潜在大量浪费和二次污染。

三、绿色施工责任主体

（1）施工单位对绿色施工的具体实施工作承担主体责任。

（2）施工单位应建立以项目经理为第一责任人的绿色施工管理体系，负责绿色施工过程的动态管理及目标实现。

（3）建设工程实行施工总承包管理的，总承包单位应对施工现场的绿色施工负总责；分包单位应服从总承包单位的绿色施工管理，并对所承包工程的绿色施工负责；建设单位直接发包的专业工程，专业承包单位应当接受总承包单位的现场管理。

（4）施工单位应制定施工现场环境保护和人员安全与职业健康等突发事件的应急预案。

第二节　绿色施工总体框架

绿色施工总体框架由施工管理、环境保护、节材与材料资源利用、节水与水资源利用、节能与能源利用、节地与施工用地保护六个方面组成（见图 6-1）。这六个方面涵盖了绿色施工的基本指标，同时包含了施工策划、材料采购、现场施工、工程验收等各阶段指标。

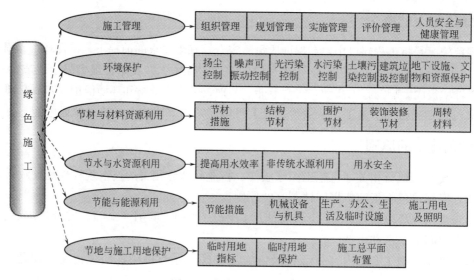

图 6-1　绿色施工总体框架

一、施工管理

施工管理主要包括组织管理、规划管理、实施管理、评价管理和人员安全与健康管理五个方面。

（一）组织管理

（1）建立绿色施工管理体系，并制定相应的管理制度与目标。

（2）项目经理为绿色施工第一责任人，负责绿色施工的组织实施及目标实现，并完善绿色施工组织管理机构和专、兼职管理人员。

（二）规划管理

（1）绿色施工方案应在《施工组织设计》中独立成章编制，并按有关规定进行审批。

（2）《施工组织设计》中绿色施工方案应包括以下内容：

1）环境保护措施：制定环境管理计划及《应急救援预案》，采取有效措施，降低环境负荷，保护地下设施和文物等资源。

2）节材措施：在保证工程安全与质量的前提下，制定节材措施。如进行施工方案的节材优化，建筑垃圾减量化，尽量利用可循环材料等。

3）节水措施：根据工程所在地的水资源状况，制定节水措施。

4）节能措施：进行施工节能策划，确定目标，制定节能措施。

5）节地与施工用地保护措施：制定临时用地指标、施工总平面布置规划及临时用地节地措施等。

（3）应对施工过程中绿色施工管理活动进行控制，定期进行计量、检查、对比分析，制定改进措施。

（4）施工单位应结合工程特点，进行绿色施工培训和宣传。

（三）实施管理

（1）绿色施工应对整个施工过程实施动态管理，加强对施工策划、施工准备、材料采购、现场施工、工程验收等各阶段的管理和监督。

（2）在计划、布置、检查、总结、评比生产工作的同时进行计划、布置、检查、总结、评比绿色施工工作。

（3）施工现场应每月进行绿色施工检查，上级单位应每季度对施工项目进行绿色施工检查。

（4）节能、节地、节水、节材和环境保护施工要素逐项细化、分解，层层落实。

（5）绿色施工内容、责任区划分清晰，责任到人。

（6）结合工程项目特点采取针对性绿色施工宣传及绿色施工知识培训，营造绿色施工氛围、提高职工绿色施工意识。

（四）评价管理

（1）对照本导则的指标体系，结合工程特点，对绿色施工的效果及采用的新技术、新设备、新材料与新工艺进行评估。

（2）成立专家评估小组，对绿色施工方案、实施过程至项目竣工进行综合评估。

（五）人员安全与健康管理

（1）制定施工防尘、防毒、防辐射等职业危害的措施，保障施工人员的长期职业健康。

（2）合理布置施工场地，保护生活及办公区不受施工活动的有害影响。施工现场建立卫生急救、保健防疫制度，在安全事故和疾病疫情出现时提供及时救助。

（3）提供卫生、健康的工作与生活环境，加强对施工人员的住宿、膳食、饮用水等生活与环境卫生等管理，明显改善施工人员的生活条件。

二、环境保护

环境污染导致城市环境、工作环境恶化，直接危及人类健康和生命质量。施工现场必须有效控制和处理扬尘污染、噪声与振动污染、水污染、土壤污染、光污染、有害气体排放、固体废物等对环境的影响。

（一）环境保护管理规定

（1）施工现场应建立环境保护管理体系，责任落实到人，并保证有效运行。

（2）《施工组织设计》应编制扬尘、固体废物、噪声、光污染及废水等污染环境的有效控制和处理措施，并在施工作业中认真组织实施。

（3）对施工现场防治扬尘、噪声、水污染及环境保护管理工作进行检查，填写检查记录。

（4）对施工人员进行环境保护培训及考核。

（5）定期对职工进行环保法规知识培训考核。

（二）现场有害气体排放控制和处理

（1）施工现场严禁焚烧各类废弃物。

（2）施工车辆、机械设备的尾气排放应符合国家规定的排放标准。

（3）建筑材料应有合格证明。对含有害物质的材料应进行复检，合格后方可使用。

（4）民用建筑工程室内装修严禁采用沥青、煤焦油类防腐、防潮处理剂。

（5）施工中所使用的阻燃剂、混凝土外加剂中氨的释放量应符合国家标准。

（三）扬尘污染控制和处理

大气污染（扬尘污染）导致空气中的 PM2.5 等细颗粒物含量升高，受污染的混浊大气进入人体，主要表现为化学性物质、放射性物质和生物性物质三类物质对人体健康的危害。可导致人员的呼吸系统、心血管、神经等系统疾病或其他疾病。

在施工现场四周施工场界围挡高度位置，大气总悬浮颗粒物（TSP）月平均浓度与城市背景值的差值应≤0.08mg/m³。

（1）扬尘污染（土方作业）控制和处理规定

1）遇有 5.5m/s（四级）及以上大风天气时，不得进行土方回填、转运以及其他可能产生扬尘污染的施工。

2）土方应集中堆放，裸露的场地和集中堆放的土方应采取洒水、覆盖、固化或种植花草绿化等措施。确保作业区目测扬尘高度小于 1.5m，不扩散到场区外。

3）运送土方、垃圾、设备及建筑材料等，不得污损场外道路。运输容易散落、飞扬、滴漏的物料的车辆，必须采取严密的封闭措施，保证车辆清洁。

（2）结构施工、设备安装、装饰装修阶段，作业区目测扬尘高度小于 0.5m。对易产生扬尘的堆放材料应采取覆盖措施；对粉末状材料应封闭存放；场区内可能引起扬尘的材料及建筑垃圾搬运应有降尘措施，如清扫、覆盖、洒水等；浇筑混凝土前清理灰尘和垃圾时尽量使用吸尘器，避免使用吹风器等易产生扬尘的设备；机械剔凿作业时可用局部遮挡、掩盖、水淋等防护措施；高层或多层建筑清理垃圾应搭设封闭性临时专用道或采用容器吊运。

（3）施工现场非作业区达到目测无扬尘的要求。对现场裸露的场地和集中堆放的飞扬物质（土方）应采取有效措施防止扬尘产生，如洒水降尘、表面硬化、遮挡、密网覆盖、封闭或绿化等措施。

（4）施工现场主要道路应根据用途进行硬化处理，要积极采用标准的定型混凝土板块，以便重复利用和避免用后产生大量建筑垃圾。

（5）施工现场大门出入口内侧，必须设置专职冲洗人员、足够水源等有效冲洗干净车辆轮胎泥土的设施设备，确保出场车辆运载物苫盖严密，避免车辆轮胎污染场外环境及社会道路。每日对工地出入口周边道路进行清扫，保证清洁（见图 6-2）。

（6）构筑物机械拆除前，做好扬尘控制计划。可采取清理积尘、拆除体洒水、设置隔挡等措施。

（7）构筑物爆破拆除前，做好扬尘控制计划。可采取清理积尘、淋湿地面、预湿墙体、屋面敷水袋、楼面蓄水、建筑外设高压喷射雾状水系统、搭设防尘排栅等综合降尘措施及选择风力小的天气进行爆破作业。

（8）与生活小区相邻的大型项目、对现场降尘要求严格的项目，推介施工现场在主要道路两侧及紧邻生活小区围挡周边设置有效降尘的喷淋系统或利用塔式起重机回转臂设置供水管道和雾状喷洒头，进行居高喷洒降尘；利用塔式起重机机体设置降尘设施，必须经过塔式起重机方案设计、审核、批准。

（9）施工现场材料存放区、加工区及大模板存放场地应平整坚实。

图 6-2　冲洗设置

（10）规划市区范围内的施工现场，混凝土浇筑量超过 100m³ 以上的工程，应当使用预拌混凝土；施工现场应采用预拌砂浆。

（11）施工现场进行机械剔凿作业时，作业面局部应遮挡、掩盖或采取水淋等降尘措施。

（12）市政道路施工铣刨作业时，应采用冲洗等措施控制扬尘污染。无机料拌合应采用预拌进场，碾压过程中要洒水降尘。

（13）施工现场应建立封闭式垃圾站。建筑物内施工垃圾应采用封闭容器清运，严禁凌空抛撒。

（四）噪声与振动污染控制和处理

噪声与振动污染导致人员听觉损害，长期在高噪声环境下工作和生活，不仅会使从业人员的听觉神经受到损害，甚至会对从业人员的精神方面造成损害。振动和共振可能对机件造成损害及对环境造成危害等。

（1）在住宅区、机关、学校、医院、商业区及公共场所等噪声敏感建筑物集中区域内，每日 22 时至次日 6 时禁止进行产生环境噪声污染的施工作业；但涉及国家和本市重点工程或因生产工艺要求及其他特殊需要，确需在 22 时至次日 6 时进行施工的，建设单位应在施工前向建设工程所在地区县建设行政主管部门提出申请，经批准后方可进行施工。

（2）经批准的夜间施工作业，应落实相关管理责任，在资金、技术措施、管理方面采取对应措施，尽可能降低施工噪声的影响，并向附近居民公告。

（3）居民和建设单位对夜间施工噪声是否超过规定标准存在争议时，双方均可委托有资质的环境检测机构进行测定；因施工噪声污染产生赔偿责任和赔偿金额纠纷时，双方还可以通过法律途径解决纠纷。

（4）施工噪声监测方法执行国家标准《建筑施工场界环境噪声排放标准》GB 12523—2011，施工噪声实时监测点设置：

1）一般情况噪声实时监测点设在施工场界线敏感处、高度 1.2m 以上位置。

2）当场界有围墙（围挡）时，噪声实时监测点设在施工场界线敏感处、高于建筑围挡 0.5m 的位置，且位于施工噪声影响的噪声辐射区域。

3）测量时段：施工期间连续测量 20min 的等效声级，夜间同时测量最大声级。

4）施工现场噪声排放不得超过国家标准《建筑施工场界环境噪声排放标准》GB 12523—2011 的排放限值规定（见表 6-1）。

建筑施工场界环境噪声排放限值

表 6-1

昼间（6:00—22:00）	夜间（22:00—6:00）
70dB	55dB
夜间噪声最大声级超过限值的幅度不得高于 15dB	

（5）施工过程中应采购和使用低噪声、低振动的机具，采取隔声、隔振措施，避免或减少施工噪声和振动对环境的污染。

（6）木工加工场应封闭，当木工加工机械环境噪声排放超过限值时，应采取加隔声墙或降噪板措施。

（7）对施工过程中产生的噪声应采取减噪、隔声、替换等措施。

（8）产生强噪声的现场加工设备，应设置在远离居民住宅的一侧。如混凝土输送泵可采取设置隔声、吸声材料搭设的防噪棚，或采取设立隔声屏、替换产生强噪声设备等措施。

（9）对施工过程中产生的振动，施工现场应采取隔振、阻尼等有效技术措施进行控制。

（10）运输材料的车辆进入施工现场，严禁鸣笛。装卸材料应做到轻拿轻放。

（五）光污染控制和处理

光污染不仅破坏生态环境，而且长期在光污染环境下工作和生活的人，将导致注意力下降、情绪低落（生物钟紊乱）、失眠（影响褪黑素分泌）、头昏、心悸、食欲不振等类似神经衰弱的症状，长此以往会诱发抑郁等疾病。

（1）施工过程中应采取遮蔽、控制、调整投光灯投射角的措施，投光方向集中在施工区域范围，减少或避免光对居民住宅的侵扰。

（2）夜间施工照明不得采用开放式漫射照明灯具，应采用遮光罩，以免造成外溢光及杂散光。

（3）电焊作业采取遮挡措施，避免电焊弧光外泄。

（六）水污染控制和处理

（1）施工现场污水排放应达到国家标准《污水综合排放标准》GB 8978—1996 的要求。

（2）在施工现场应针对不同的污水设置相应的处理设施，如沉淀池、隔油池、化粪池等。临时厕所化粪池应做抗渗处理。

（3）污水排放应委托有资质的单位进行废水水质检测，提供相应的污水检测报告。

（4）保护地下水环境。在缺水地区或地下水位持续下降地区的基坑，采用隔水性能好的边坡支护技术。基坑降水尽可能少地抽取地下水，当基坑开挖抽水量大于 50 万 m^3 时，应进行地下水回灌。严禁回灌污水，以免地下水被污染。

（5）对于化学品等有毒材料、油料的储存地，应有严格的隔水层设计，做好渗漏液收集和处理。

（6）食堂、盥洗室、淋浴间的下水管线应设置过滤网，并应与市政污水管线连接，保证排水畅通。

（7）施工现场存放的油料和化学溶剂等物品应设有专门的库房，地面应做防渗漏处理。废弃的油料和化学溶剂应集中处理，不得随意倾倒。

（8）施工现场搅拌机前台、混凝土输送泵及运输车辆清洗处应当设置沉淀池。废水不得直接排入市政污水管网，可经二次沉淀后循环使用或用于洒水降尘。

（9）对于有毒有害废弃物如电池、墨盒、油漆、涂料等应回收后交给有资质的单位处理，不能作为建筑垃圾外运，避免污染地下水。

（七）土壤污染控制和处理

（1）保护地表环境，防止土壤侵蚀、流失。因施工造成的裸土，及时覆盖砂石或种植速生草种，以减少土壤侵蚀；因施工造成容易发生土壤流失的情况，应采取设置地表排水系统、稳定斜坡、植被覆盖等措施，减少土壤流失。

（2）及时清掏各类池内沉淀物，避免沉淀池、隔油池、化粪池等发生堵塞、渗漏、溢出等现象，并委托有资质的单位清运沉淀物。

（3）对于有毒有害废弃物如电池、墨盒、油漆、涂料等应回收后交给有资质的单位处理，不能作为建筑垃圾外运，避免污染土壤。

（4）施工后应恢复施工活动破坏的植被（指临时占地内）。与当地园林、环保部门或当地植物研究机构进行合作，在先前开发地区种植当地或其他合适的植物，以恢复剩余空地地貌或科学绿化，补救施工活动中人为破坏植被和地貌造成的土壤侵蚀。

（八）施工现场建筑垃圾及固体废物控制和处理

（1）制定建筑垃圾减量化计划，如住宅建筑，每万平方米的建筑垃圾不宜超过 400t。

（2）加强建筑垃圾的回收再利用，力争建筑垃圾的再利用和回收率达到 30%，建筑物拆除产生的废弃物的再利用和回收率大于 40%。对于碎石类、土石方类建筑垃圾，可采用地基填埋、铺路等方式提高再利用率，力争再利用率大于 50%。

（3）施工现场生活区设置封闭式垃圾容器，施工场地生活垃圾实行袋装化，及时清运。对建筑垃圾进行分类，并收集到现场封闭式垃圾站，集中运出。

（九）地下设施、文物和资源保护

（1）施工前应调查清楚地下各种设施，做好保护计划，保证施工场地周边的各类管道、管线、建筑物、构筑物的安全运行。

（2）施工过程中一旦发现文物，立即停止施工，保护现场并通报文物部门并协助做好工作。

（3）避让、保护施工场区及周边的古树名木。

（4）开展统计分析施工项目的 CO_2 排放量，以及各种不同植被和树种的 CO_2 定量分析工作。

三、节材与材料资源利用

（一）节材措施

（1）方案编制过程中，应审核节材与材料资源利用的相关内容，积极推广新材料、新工艺、新设备，促进材料的合理使用，节省实际施工材料消耗量，达到材料损耗率比定额损耗率降低 30％的指标。

（2）根据场地建设现状调查，对现有的建筑、设施再利用的可能性和经济性进行分析，优化施工方案，合理安排工序、工期。充分利用拟建道路和建筑物，提高资源再利用率。

（3）根据施工进度、材料使用量、库存情况等合理安排材料的采购、进场时间和批次，减少库存。

（4）现场材料保管制度健全，责任落实；依照施工预算，实行限额领料，严格控制材料的消耗。

（5）材料运输方法、装卸工具应适宜，防止损坏和遗撒，避免不合理的浪费。

（6）材料储存环境适宜、堆放有序；材料防雨防砸、临时保管措施得当。

（7）现场应建立可回收再利用物资清单，制定并实施可回收材料的回收管理办法，提高材料再利用率。

（8）对模板、脚手架等周转材料，应加强技术措施管理，进行维护保养，延长其使用寿命、提高周转次数。

（9）优化安装工程的预留、预埋、管线路径等方案。

（10）根据现场平面布置情况就近卸载，避免和减少二次搬运损失。建筑材料应就地取材，施工现场 500km 以内生产的建筑材料用量占建筑材料总质量的 70％以上。

（二）结构节材

（1）推广使用预拌混凝土和商品砂浆。准确计算采购数量、供应频率、施工速度等，在施工过程中动态控制。

（2）推广使用高强钢筋和高性能混凝土，减少资源消耗。

（3）推广钢筋专业化加工和配送。

（4）优化钢筋配料和钢构件下料方案。钢筋及钢结构制作前应对下料单及样品进行复核，无误后方可批量下料。

（5）优化钢结构制作和安装方法。大型钢结构宜采用工厂制作，现场拼装；宜采用分段吊装、整体提升、滑移、顶升等安装方法，减少方案的措施用材量。

（6）采取数字化技术，对大体积混凝土、大跨度结构等专项施工方案进行优化。

（三）围护节材

（1）门窗、屋面、外墙等围护结构选用耐候性及耐久性良好的材料，施工确保密封性、防水性和保温隔热性。

（2）门窗采用密封性、保温隔热性能、隔声性能良好的型材和玻璃等材料。

（3）屋面材料、外墙材料具有良好的防水性能和保温隔热性能。

（4）当屋面或墙体等部位采用基层加设保温隔热系统的方式施工时，应选择高效节能、耐久性好的保温隔热材料，以减小保温隔热层的厚度及材料用量。

（5）屋面或墙体等部位的保温隔热系统采用专用的配套材料，以加强各层次之间的粘结或连接强度，确保系统的安全性和耐久性。

（6）根据建筑物的实际特点，优选屋面或外墙的保温隔热材料系统和施工方式，例如保温板粘贴、保温板干挂、聚氨酯硬泡喷涂、保温浆料涂抹等，以保证保温隔热效果，并减少材料浪费。

（7）加强保温隔热系统与围护结构的节点处理，尽量降低热桥效应。针对建筑物的不同部位保温隔热特点，选用不同的、经济适用的保温隔热材料及系统。

（四）装饰装修节材

（1）贴面类材料在施工前，应进行总体排版策划，减少非整块材的数量。

（2）采用非木质的新材料或人造板材代替木质板材。

（3）防水卷材、壁纸、油漆及各类涂料基层必须符合要求，避免起皮、脱落。各类油漆及胶粘剂应随用随开启，不用时及时封闭。

（4）幕墙及各类预留预埋应与结构施工同步。

（5）木制品及木装饰用料、玻璃等各类板材等宜在工厂采购或定制。

（6）采用自粘类片材，减少现场液态胶粘剂的使用量。

（五）周转材料

（1）应选用耐用、维护与拆卸方便的周转材料和机具。

（2）优先选用制作、安装、拆除一体化的专业队伍进行模板工程施工。

（3）模板应以节约自然资源为原则，推广使用定型钢模、钢框竹模、竹胶板。

（4）施工前应对模板工程的方案进行优化。多层、高层建筑使用可重复利用的模板体系，模板支撑宜采用工具式支撑。

（5）优化高层建筑的外脚手架方案，采用整体提升、分段悬挑等方案。

（6）推广采用外墙保温板替代混凝土施工模板的技术。

（7）现场办公和生活用房采用周转式活动房，重复使用率应达到70%以上。

（8）现场围挡应最大限度地利用已有围墙或采用装配式可重复使用围挡封闭，临时围挡材料的可重复使用率应尽可能达到70%以上。

（9）现场地面硬化应采用标准化、装配式重复使用的预制混凝土路面板铺设，减少建筑垃圾的同时，便于电气线路预埋和敷设。

四、节水与水资源利用

水是生命之源、生态之基、生产之要，是人类赖以生存和发展的基本条件，是维系地球生态系统功能和支撑社会经济系统发展不可替代的基础性自然资源和战略资源。

（一）提高用水效率

（1）施工中采用先进的节水施工工艺。

（2）施工现场喷洒路面、绿化浇灌不宜使用市政自来水。现场搅拌用水、养护用水应采取有效的节水措施，避免无措施浇水养护混凝土。

（3）施工现场供水管网应根据用水量设计布置，管径合理、管路简捷，采取有效措施减少管网和用水器具的漏损。

（4）现场机具、设备、车辆冲洗用水必须设立循环用水装置。施工现场办公区、生活区的生活用水采用节水系统和节水型器具，提高节水器具配置率；安装计量装置，采取针对性的节水措施。在水源处设置明显的节约用水标识。

（5）施工现场建立可再利用水的收集处理系统，使水资源得到梯级循环利用。

（6）建设工程施工现场分别对生活用水与工程用水确定用水定额指标，并分别计量管理，严格控制各阶段用水量。

（7）大型工程的不同单项工程、不同标段、不同分包生活区，凡具备条件的应分别计量用水量。在签订不同标段分包或劳务合同时，将节水定额指标纳入合同条款，进行计量考核。

（8）对混凝土搅拌站点等用水集中的区域和工艺点进行专项计量考核。施工现场建立雨水、中水或可再利用水的收集利用系统。

（二）非传统水源利用

（1）优先采用中水搅拌、中水养护，有条件的地区和工程应收集雨水养护。

（2）处于基坑降水阶段的施工现场，应优先采用地下水作为混凝土搅拌用水、冲洗用水、养护用水和部分生活用水。

（3）现场机具、设备、车辆冲洗、喷洒路面、绿化浇灌等用水，优先采用非传统水源，尽量节约市政自来水。

（4）大型施工现场，尤其是雨量充沛地区的施工现场应充分收集、利用雨水资源，将储蓄的自然降水用于施工和生活中适宜的地方。

（5）力争施工中非传统水源和循环水的再利用量大于30％。

（三）用水安全

（1）非传统水源和现场循环再利用水的使用过程中，应制定有效的水质检测与卫生保障措施，确保避免对人体健康、工程质量以及周围环境产生不良影响。

（2）建设工程施工应采取地下水资源保护措施，因特殊情况需要进行降水的工程，必须组织专家论证审查。

五、节能与能源利用

（一）节能管理措施

（1）制定合理的施工能耗指标和节能措施，提高施工现场能源利用率，对能源消耗量大的工艺制定专项降耗措施。

（2）施工现场分别设定生产、生活、办公和施工设备的用电控制指标，定期进行用电计量、核算、对比、分析管理，合理控制施工阶段用电量，并有预防与纠正措施。

（3）在施工组织设计中，合理安排施工顺序、工作面，以减少作业区域的机具数量，相邻作业区充分利用共有的机具资源。安排施工工艺时，应优先考虑耗用电能少的或其他能耗较少的施工工艺。

（4）施工现场用电《施工组织设计》应考虑工艺流程与用电设备的用电容量相结合，确保错峰用电。避免用电设备额定功率远大于使用功率的"大马拉小车"或超负荷使用用电设备的现象。

（5）建筑施工使用的材料在条件许可的情况下，宜就地取材、堆放合理，减少二次运输和搬运能耗。

（二）施工用电节能措施

（1）电力电源节能

1）施工用电电源优先选用高导磁冷轧晶粒取向硅钢片、45°全斜接缝结构先进工艺制造的高效节能型电力变压器，如SCB10、SCB11。

2）电力变压器负载率 β 应选择在75％～85％，达到经济、合理、节能的目的。

3）当电力变压器负载率 β 低于 30％时，应根据实际负荷调整为小一级容量的电力变压器；

当电力变压器负载率 β 大于 80％时，经过计算不利于经济运行时，应根据实际负荷调整为大一级容量的电力变压器。

对分期实施的项目，应采用多台电力变压器供电方案，避免轻载运行增加损耗。

4）单相用电设备负荷接入 220V/380V 供电系统时，应最大限度保持三相平衡，不平衡度不大于 20％。

（2）供配电线路节能技术

1）线缆长度超过 100m，在满足载流量、热稳定、保护配合及电压损失等条件下，可增加一级线缆截面积；

2）采用低传导损耗的节能型增容导线、节能型扩容导线和低蠕变导线。

（3）电光源节能技术

1）施工照明设计以满足安全、合理的照度为原则；

2）采用功率因数达到 0.85～0.95 的电光源；

3）施工现场照明电光源应根据环境采用金属卤化物灯、LED 灯等高效能光源灯具；

4）宿舍办公区照明应采用 LED 灯、T8 荧光灯（标称功率 36W、管径 26mm）、T5 荧光灯（标称功率 28W、管径 16mm）等高效、节能电光源。

> 小贴士：中国政府于 2011 年 11 月 1 日公布淘汰白炽灯路线图：
> 2014 年 10 月 1 日起，中国禁止进口和销售 60W 及以上的普通照明白炽灯。
> 2016 年 10 月 1 日起，中国禁止进口和销售 15W 及以上的普通照明白炽灯。

（4）照明灯具应根据使用情况采用智能声光控等节能型开关；合理调整照明灯具开启和关闭时间，分区域、分功能、分时段实施有效的控制，杜绝长明灯。

（5）施工用电线路合理设计、布置，用电设备宜采用自动控制开关装置。

（6）合理配置采暖、空调、风扇数量，规定使用时间，实行分时分段供电。

（7）现场动力设备应采用高能效、高效率电动机，按 IEC 电动机效率标准从低到高分为 IE1、IE2、IE3、IE4。消防加压水泵采用变频调速、变频调压等。

（8）在条件许可的情况下，应采用光伏电池、风能等绿色能源，在节约线缆敷设的同时，也节约了能源（见图 6-3）。

（三）施工机械设备节能措施

（1）施工机械设备应建立按时保养、保修、检验

图 6-3 清洁能源

制度。

（2）施工机械宜选用高效节能电动机。选择功率与负载相匹配的施工机械设备，避免大功率施工机械设备低负载长时间运行。机电安装可采用节电型机械设备，如能耗低、效率高的手持电动工具等，以利节电。机械设备使用节能型油料添加剂，在条件许可的情况下回收利用，以节约燃油量。

（3）建立施工机械设备管理制度，开展用电、用油计量，完善设备档案，及时做好维修保养工作，使机械设备保持低耗、高效的状态。

（4）优先采用国家、行业推荐的节能、高效、环保的施工设备和机具，如选用变频技术的用电节能设备等。

（5）合理安排工序，提高各种机械的使用率和满载率，降低各种设备的单位能耗。

（四）生产、办公、生活及临时设施节能措施

（1）利用自然环境及场地自然条件，合理设计办公及生活临时设施的体形、朝向、间距和窗墙面积比；冬季利用日照和采光并避开主导风向，夏季利用自然通风。

（2）临时设施选用保温隔热性能好的材料制成复合墙体和屋面，以及选用密封保温隔热性能好的门窗，减少夏天空调、冬天取暖设备的使用时间及耗能量。

（五）能源利用措施

（1）根据当地气候条件，因地制宜充分利用太阳能、风能等可再生能源。

（2）根据当地自然资源条件，充分利用地热等可再生能源。

六、节地与施工用地保护

（一）科学设计、科学规划用地

（1）根据施工规模及现场条件等因素合理确定临时设施的用地指标，如临时加工厂、现场作业棚及材料堆场、办公生活设施等。临时设施的占地面积应按用地指标所需的最低面积设计。

（2）要求平面布置合理、紧凑，在满足环境、职业健康与安全及文明施工要求的前提下尽可能减少废弃地和死角，临时设施占地面积有效利用率大于90％。

（二）临时用地保护

（1）应对深基坑施工方案进行优化，减少土方开挖和回填量，最大限度地减少对土地的扰动，保护周边自然生态环境。

（2）红线外临时占地应尽量使用荒地、废地，少占用农田和耕地。工程完工后，及时对红线外占地恢复原地形、地貌，使施工活动对周边环境的影响降至最低。

（3）利用和保护施工用地范围内原有绿色植被。对于施工周期较长的现场，可按建筑永久绿化的要求，安排场地新建绿化。

（三）施工总平面布置

（1）建设工程施工总平面规划布置应优化土地利用，应做到科学、合理，充分利用原有建筑物、构筑物、道路、管线为施工服务。

（2）施工现场搅拌站、仓库、加工厂、作业棚、材料堆场等布置应尽量靠近已有交通线路或即将修建的正式或临时交通线路，缩短运输距离。

（3）临时办公和生活用房应采用经济、美观、占地面积小、对周边地貌环境影响较小，且适合于施工平面布置动态调整的多层轻钢活动板房、钢骨架水泥活动板房等标准化装配式结构。生活区与生产区应分开布置，并设置标准的分隔设施。

（4）施工现场围墙可采用连续封闭的轻钢结构预制装配式活动围挡，禁止使用黏土砖，减少建筑垃圾，保护土地。

（5）施工现场道路按照永久道路和临时道路相结合的原则布置。施工现场内形成环形通路，减少道路占用土地。

（6）临时设施布置应注意远近结合（本期工程与下期工程），减少和避免大量临时建筑拆迁和场地搬迁。

第三节　采用新技术、新设备、新材料及新工艺实现绿色施工

施工方案应建立推广、限制、淘汰公布制度和管理办法，发展适合绿色施工的资源利用与环境保护新技术、新设备、新材料与新工艺。对落后的施工方案进行限制或淘汰，鼓励绿色施工技术的发展，推动绿色施工技术的创新。

大力发展现场监测技术、低噪声的施工技术、现场环境参数检测技术、自密实混凝土施工技术、清水混凝土施工技术、建筑固体废弃物再生产品在墙体材料中的应用技术、新型模板及脚手架技术的研究与应用。

加强信息技术应用，如绿色施工的虚拟现实技术、三维建筑模型（BIM）的工程量统计、绿色施工组织设计数据库建立与应用系统、数字化工地、基于电子商务的建筑工程材料、设备与物流管理系统等。通过应用信息技术，进行精密规划、设计、精心建造和优化集成，实现与提高绿色施工的各项指标。

第四节　绿　色　施　工

一、施工现场绿色施工基本要求

（一）施工现场"一牌、两图、五板"标识设置基本要求

（1）施工现场大门外明显处"一牌"设置要求

1）公示牌内容：工程名称、建筑面积、建筑高度、开竣工日期、施工许可证号；建设单位、设计单位、监理单位、施工单位；项目负责人及联系电话；监督部门投诉电话。

2）公示牌面积不得小于 0.7m×0.5m（长×高）；公示牌底边距地面不得低于 1.2m。

（2）施工现场大门内明显处"两图、五板"设置要求

1）两图：施工现场总平面布置图、应急事件处置流程图；

2）五板：安全生产、消防保卫、绿色施工制度板；危险性较大的分部分项工程、生产应急救援预案告示板。

（3）"一牌、两图、五板"具体制作要求

1）规格："两图、五板"规格尺寸、材质、颜色应规范统一；

2）内容："一牌、两图、五板"内容应规范、正确、完整、清晰；

3）字体："一牌、两图、五板"字体采用仿宋体，应规范、美观、整洁。

（二）施工现场绿色施工基本要求

（1）施工区与办公区、生活区应清晰划分，并应采取相应的隔离措施；

（2）施工现场应在现场围挡四周、塔式起重机操作舱下部、作业区视野视角宽阔等位置设置有线或无线传输高清视频监控系统；

（3）施工区、办公区、生活区实行封闭式管理，建立门卫值守管理制度；出入大门口应有专职门卫值守，人员应统一着装；禁止外来人员随意进出，对来访人员进行登记。

（三）施工围挡设置基本要求

（1）管线工程以及城市道路工程的施工现场围挡应连续设置，也可以按施工进程分段设置。特殊情况不能进行围挡的，应当设置安全警示标志，并在工程险要处采取隔离措施。

（2）距离交通路口 20m 范围内设置施工围挡的，围挡 1m 以上部分应当采用通透性围挡，不得影响交通路口行车观察视野。

（3）围墙（围挡）材料宜使用金属定型材料或砌块；结构应牢固、可靠、严密。

（4）施工现场围墙（围挡）设置高度要求：

1）市区主要路段围墙（围挡）高度不低于 2.5m；

2）市区一般路段围墙（围挡）高度不低于 1.8m。

（四）现场主要道路设置基本要求

（1）施工现场主要道路应结合工程竣工后实际道路路由设计，减少重复性浪费；

（2）施工现场主要道路应进行硬化处理；

（3）施工现场主要道路应采用可周转使用的建筑材料和构件，以免拆除时产生大量建筑垃圾。

（五）现场出入口车辆冲洗基本要求

（1）施工现场出入口内必须设置车辆冲洗设施，运输车辆驶出施工现场前必须将车轮和槽帮清理、冲洗干净，确保不将泥沙带出现场；

（2）清洗运输车辆的污水，应当综合循环利用或者经沉淀处理达标后排入公共排水设施；

（3）每日对现场出入口周边定时检查，出现遗撒、污染现象应及时清扫干净。

（六）料具管理基本要求

（1）现场各种材料、机械设备、配电设施、消防器材等应按照施工现场总平面布置图统一布置，标识清楚。

（2）施工现场应绘制材料堆放平面图，现场内各种材料应按照平面图统一布置，明确各责任区的划分，确定责任人。

（3）场内材料应分类码放整齐，悬挂统一制作的标牌，标明名称、品种、规格、数量等。材料的存放场地应平整夯实，有排水措施。

（4）施工现场应根据各种材料的特性建立材料保存、保管制度和措施，制定材料保存、领取、使用管理规定。

1）施工现场不使用的施工材料、施工机具和设备应及时清运出场；

2）施工现场材料码放应采取防火、防锈蚀、防雨等措施；

3）易燃易爆物品应分类储存在专用库房内，并应制定防火措施；

4）建筑物内外的零散碎料和垃圾渣土要及时清理，并封闭存放；楼梯踏步、休息平台、阳台等处不得堆放料具和杂物；

5）施工现场除边坡支护和注浆外，不得搅拌混凝土，现场砂石料存放要符合环境保护要求，散落的灰、废砂浆、混凝土必须及时清理。

（七）现场场容管理基本要求

（1）施工现场主要道路和模板存放、料具码放等场地进行硬化，其他场地应当进行覆盖或者绿化；土方应当集中堆放并采取覆盖或者固化等措施。建设单位应当对暂时不开发的空地进行绿化。

（2）施工现场应当做好洒水降尘工作，拆除工程进行拆除作业时应当同时进行洒水降尘。

（3）现场必须采取排水措施。

（4）施工现场脚手架架体必须用绿色密目安全网沿外架内侧进行封闭，密目安全网要定期清理，破损的要及时更换，保持干净、整齐、清洁。

（5）施工现场应合理悬挂安全生产宣传标语和警示牌，标牌悬挂牢固可靠，美观大方，特别是主要施工部位、作业面和危险区域以及主要通道口都必须有针对性地悬挂醒目的安全警示牌。

（6）施工现场轻体结构暂设用房应整齐、美观。

（八）建筑垃圾处理基本要求

（1）施工单位应当根据建筑垃圾减排处理和绿色施工有关规定，采取措施减少建筑垃圾的产生，对施工工地的建筑垃圾实施集中分类管理；具备条件的，对工程施工中产生的建筑垃圾进行综合利用。

（2）建设单位和承担建筑物、构筑物、城市道路、公路等拆除工程的单位应当在施工前，依法办理渣土消纳许可证。

（3）施工现场应当按照标准配套建设生活垃圾分类设施，建设工程施工组织设计（方案）应当包括配套生活垃圾分类设施的用地平面图并标明用地面积、位置和功能。

（4）施工现场应当设置密闭式垃圾站用于存放建筑垃圾，建筑垃圾清理应当搭设密闭式专用垃圾通道或者采用容器吊运，严禁随意抛撒。施工现场建筑垃圾运输按照当地政府有关管理规定执行。

（5）建设工程施工现场产生的建筑垃圾应当分类收集、贮存。

（6）建筑垃圾的集中收集设施应当符合国家和本市有关标准，具备密闭、节能、渗沥液处理、防臭、防渗、防尘、防噪声等污染防控措施。

（7）建筑垃圾和生活垃圾不得混装混运、乱堆乱放，所使用的建筑垃圾运输车辆必须符合统一的标准标识要求的规定，建筑垃圾必须运输到指定场所进行处置，具备条件的可在现场进行就地资源化处置。

（8）不得将建筑垃圾混入生活垃圾，不得将危险废物混入建筑垃圾。

二、办公区、生活区基本要求

（一）办公区、生活区管理基本要求

（1）办公区、生活区由施工总承包企业负责管理；

（2）办公区、生活区必须统筹安排、合理布局，满足安全、消防、卫生防疫、环境保护、防汛、防洪等要求；

（3）办公区、生活区必须建立健全安全保卫、卫生防疫、消防、生活设施的使用、维修和生活管理等各项管理制度；

（4）办公区、生活区轻体房必须安全、牢固、美观；结构、房体搭设、装饰装修必须采用 A 类材料；

（5）办公区、生活区宿舍两层用房，人员荷载不得集中以免坍塌，局部荷载偏大的主要通道、上下走道部位，应采用型钢材料人字支撑加强；

（6）办公室、宿舍、食堂、卫生间等临时设施设置在外电架空高压线周围时，临时设施与外电架空高压线之间必须大于等于安全技术规范规定的最小水平及垂直安全间距；

（7）办公区、生活区应明确消防责任人，成立义务消防队，配备消防器材；

（8）办公区、生活区内的线路敷设、电气控制设备、用电设施设备必须符合施工用电安全技术规范要求；

（9）生活区宿舍内不得留宿外来人员，特殊情况必须留宿的，必须经有关领导批准，报保卫人员备查；

（10）办公区、生活区不得存放易燃、易爆、剧毒、放射性等化学危险物品；

（11）办公区、生活区应根据实际条件进行绿化。

> 小贴士：岩棉起源于夏威夷。当夏威夷岛第一次火山喷发之后，岛上的居民在地上发现了一缕一缕融化后质地柔软的岩石，这就是人类最初认知的岩棉纤维。岩棉的生产过程，其实是模拟了夏威夷火山喷发这一自然过程，岩棉产品均采用优质玄武岩、白云石等为主要原材料，经 1450℃ 以上高温熔化，将玄武岩高温熔体采用四轴离心机高速离心、甩拉成 $4\sim7\mu m$ 的非连续性纤维。
>
> 岩棉是一种建筑保温材料，由于具有耐热、保温、吸声降噪、防热耐火（等级为 A 类）优良性能被广泛使用到建筑场所中。岩棉是一种无机纤维材料，本身不含有害物质，人体少量接触是安全的，但当人们长期接触岩棉后，会造成胸部 X 光片显示不典型的阴影，严重者会导致岩棉肺。岩棉粉尘对人和动物具有一定的生物学损害作用，其生物学活性及病理作用虽不及石棉，但对人体造成的危害不容轻视。

（二）办公区、生活区卫生防疫基本要求

（1）必须严格执行卫生、防疫管理规定，建立卫生防疫管理制度，并制定法定传染病、食物中毒、急性职业中毒等突发疾病应急预案；

（2）生活区必须有灭鼠、蚊、蝇、蟑螂等措施；

（3）生活区垃圾必须存放在密闭式容器中，并及时清运，不得与建筑垃圾混合运输、消纳；

（4）施工人员发生法定传染病、食物中毒、急性职业中毒时，必须在 2h 内向事故发生地所在区（县）建设行政主管部门和卫生防疫部门报告，按照卫生防疫部门的有关规定及时进行处理。

（三）生活区宿舍管理基本要求

1.宿舍管理基本要求

（1）每间宿舍应保证必要的生活空间，人均面积不应小于 2.5m²，居住人数不得超过 16 人；

（2）宿舍内应设置生活用品专柜，生活用品摆放整齐；

（3）宿舍必须设置可开启式、防蚊蝇窗纱窗户，保持室内通风良好；

（4）宿舍应设置夏季降温、冬季取暖设施及手机 USB 充电插座；

（5）宿舍外通道每 10m 间距，墙侧挂置两具 5kg 干粉灭火器；

（6）床铺设置基本要求：

1）床铺面积不小于 1.9m×0.9m；

2）床铺搭设应高于地面 0.3m 及以上；

3）床铺间通道宽度不小于 1.2m；

4）床铺搭设不得超过 2 层。

2.盥洗管理基本要求

（1）必须设置满足施工人员盥洗使用的水池和水龙头；

（2）盥洗设施的下水管线应与污水管线连接，保持排水通畅。

3.卫生间管理基本要求

（1）施工区、生活区根据实际情况设置水冲式卫生间或移动式卫生间；

（2）卫生间蹲位数量与使用人员数量比例不低于 1：20；卫生间大小根据生活区人员数量设置；

（3）卫生间冲洗设施应齐全有效，损坏及时修理；

（4）卫生间应防雨通风、门窗齐全、地面应采用水泥或地砖铺设，以便冲洗干净；

（5）卫生间要设置专人负责清扫、定期消毒。

4.淋浴间管理基本要求

（1）淋浴间必须供应洗浴冷热水、设置洗浴喷头，保证从业人员洗浴清洁卫生需求；

（2）淋浴间内必须设置储衣柜或挂衣架；

（3）淋浴间内下水管线应与污水管线连接，保持排水通畅；

（4）淋浴间的用电设施、电加热设备必须在电源侧加装剩余动作电流 15mA、灵敏可靠的 RCD；

（5）淋浴间内安装照明设施必须采用防水型灯具和开关。

（四）食堂管理基本要求

（1）食堂必须具备卫生许可证，卫生许可证应挂在人员就餐处，以便监督。

（2）食堂炊事人员必须严格遵守下列基本要求：

1）炊事人员必须经体检、符合炊事工作要求；随身携带身体健康证、卫生知识培训证；

2）炊事人员应配备两套工作服、帽子、口罩；

3）炊事人员必须保持良好的个人卫生和操作前洁手习惯，不留长甲；

4）炊事人员加工食品前，必须穿戴洁净的工作服、帽子、口罩；不得面对食品咳嗽、打喷嚏等；

5）炊事人员出现腹泻、呕吐、发热、皮肤伤口感染、咽部炎症状及检查发现有传染性疾病，应立即安排脱离炊事岗位。

（3）食堂操作间必须符合下列卫生基本要求：

1）操作间灶台及其周边应贴瓷砖，地面硬化，保持墙面、地面干净；

2）操作间及食堂下水管线必须设置隔油池；

3）操作间刀、盆、案板必须生熟分开，设置炊具存放柜；

4）操作间应配备必要的排风设施和消毒设施；

5）操作间及食堂周围环境必须保持清洁卫生，清除苍蝇、蟑螂、老鼠、蜘蛛。

（4）食堂食材采购必须严格遵守下列基本要求：

1）直接入口食品及食用原材料必须从正规供货商采购，必须经感官检查验收；严禁购买无照、无证商贩食品及食用原材料；做好进货及票据登记，以便追溯；

2）严禁购买、存放、使用亚硝酸盐，防止亚硝酸盐食物中毒；亚硝酸盐毒性很强，一次性摄入 0.2～0.5g/人可引起中毒；摄入 1g/人就可致人死亡。

（5）食品加工必须符合下列卫生基本要求：

1）直接入口的餐具、容器必须及时清洗消毒，使用前必须高温消毒；桶、盆、木墩、案板、刀、铲等烹饪用具使用前后应清洗干净，定期消毒；

2）烹饪加工食品必须生熟分开，熟食品、原料、餐具、加工器具等与生食品、原料、餐具、加工器具必须严格分开加工和保管，避免交叉污染；

3）烹饪加工后的食品或半成品 8～60℃细菌繁殖迅速，必须迅速冷藏储存；严禁食用变质过期食物；

4）烹饪加工有毒动物、陈放鱼类、织纹螺及鲜黄花菜、野生毒蘑菇、扁豆、生芽土豆等植物蔬菜，必须加工得当、翻炒均匀、加热彻底。

（6）粮食、食品储存库房要有通风、防潮、防虫、防鼠等措施；库房内应有存放各种佐料和副食的密闭器皿，应有距墙、距地面大于20cm的粮食存放台；库房不得兼做他用。

（7）食堂必须设置独立的制作间、库房和燃气罐存放间。

（8）设置开水炉或饮用水保温筒，开水炉或盛水容器必须保持清洁，定期清洗消毒。

（9）食堂必须设置密闭式泔水桶，剩余饭菜应倒入密闭泔水桶中，并及时清运。

（五）会议室（文体活动室）管理基本要求

（1）会议室必须设置在首层；

（2）50人以上会议室应设置两个门，门朝向室外开启；

（3）会议室内应配备药箱，药箱内应备常用外伤、常见疾病药品以及绷带、止血带等急救用品；

（4）应配备电视机、书报、杂志和必要的文体活动用品。

第七章 生产安全事故现场急救（院前急救）

生产安全事故发生后，争分夺秒、最大限度挽救人员生命和身体功能为现场急救（院前急救）（First Aid）原则。

抢救专家指出，地震等自然灾害 72h 内是黄金搜救时间；航空飞行事故 90s 内是黄金逃生时间；电击等造成心脏和呼吸骤停的生产安全事故 4min 内是黄金抢救时间；应急抢救时间意味着生命存续和终止，超过黄金搜救时间、黄金逃生时间、黄金抢救时间，要么是尸体，要么就是奇迹。

生产安全事故发生后，生产经营单位应立即启动应急救援预案，根据事故现场伤亡人员情况，按重伤急救、轻伤缓救、死亡不救的顺序，迅速开展救援行动。

美国的海姆立克教授是"世界上拯救生命最多"的外科医生。在急救室，他在临床实践中遇到大量食物、异物窒息造成呼吸道梗阻致死的病例。医生常常采用拍打病人背部或将手指伸进口腔咽喉去探取异物的办法，其结果不仅无效反而使异物更深入呼吸道。海姆立克教授经过反复研究和多次的动物实验，利用突然冲击腹部——膈肌下软组织产生压力，向上压迫两肺下部，从而驱使肺部残留空气形成一股气流，这股带有冲击性、方向性的气流直入气管，能将堵住气管、喉部的食物硬块等异物驱除，使人获救，这就是"海姆立克急救法"。

许多人不知道心脏病发作的时候不一定会胸口疼痛，猛烈盗汗、左臂疼痛、颈项疼痛、两眼僵直状态才是心肌梗死发作的常见症状之一；当出现心肌梗死病人时，旁人不仅要紧急呼叫 120 救护车，同时需要两人分别用力拍打病人的左右肘内弯，肘弯处的心包经、心经直通心脏，中医认为血栓形成是寒凝血瘀、血行受阻所致，拍打两条经络，可以把瘀堵的血栓疏通，病人会慢慢缩手恢复疼痛知觉。这种拍打手法简单易行，能在极短的黄金急救时间内挽救心肌梗死患者的宝贵性命。

不论是"海姆立克急救法"，还是心肌梗死发作拍击病人肘内弯的方法，现场急救（院前急救）知识掌握越多，伤员生命存续机会就越大。生产安全事故要树立现场急救（院前急救）意识，要掌握急救技能和急救设备使用，生产安全事故急救过程中心肺复苏术（Cardio Pulmonary Resuscitation，CPR）、创伤大出血等现场急救（院前急救）方法是生产安全事故中挽救伤员生命和身体功能必不可少的知识和技能。

第一节 急救的基本概念

一、急救阶段定义

急救分为两个阶段，即现场急救（院前急救）和医院急救。

现场急救（院前急救）：现场从业人员在生产场所发生各种意外伤害事件，为了防止受伤人员死亡、减少休克、后遗症、恶化、痛苦等，利用现场可以获得的资源及设备，采取必要的、初步的、简易得当的紧急救护措施，使受伤人员及早恢复正常的呼吸和心跳，通过止血、固定、解毒、排毒措施缓解休克，直至将受伤人员护送到附近的专业医疗机构做进一步的检查和急救处理，即现场急救（院前急救）。

医院急救：现场受伤人员紧急护送到医院后，专业医疗机构做进一步的医学检查和救治。

二、现场急救（院前急救）的特点

（1）重要性：现场急救（院前急救）以维持生命体征为主，辅助治疗创伤。及时、规范、有效的现场急救（院前急救）是伤者获得良好预后的重要前提条件。

（2）突发性：现场作业过程中，发生在预料之外的突发性生产安全事故，造成个别或成批的人员死亡或受伤。需要动员场内、外人员参加现场急救（院前急救）工作。

（3）紧迫性：突发性生产安全事故中，受伤人员的受伤部位、类型复杂多样，一些受伤人员生命垂危；一些受伤人员心跳、呼吸骤停；一些受伤人员大出血；一些受伤人员骨折；等等。现场急救（院前急救）必须要快抢、快救、快送，分秒必争。

（4）多样性：突发生产安全事故中，受伤人员受伤部位、类型多样、复杂。一个人可能有多个生理系统、多个脏器同时受伤，承担现场急救（院前急救）工作的人员需要具备一定的急救医学知识和技能。

（5）灵活性：现场作业场所通常缺乏专业的抢救器材、药品。现场急救（院前急救）工作要就地取材，采用替代冲洗液、绷带、夹板、担架等。

三、现场急救（院前急救）的目的

（1）最大限度地挽救伤者的生命、降低死亡率、稳定生命体征；
（2）最大限度地降低致残率、预防继发损伤、提高生存率与预后生存质量；
（3）最大限度地减少痛苦，对神志清醒者做好心理护理；
（4）最大限度地快速、安全转运伤员，为后续医院救治赢得时间。

第二节　现场急救（院前急救）原则及程序

一、现场急救（院前急救）原则

（一）先抢后救

现场伤员遇有心脏骤停、呼吸停止又出现身体出血、骨折时，应首先施行心肺复苏术（CPR）进行心肺复苏，其他人员同时进行止血、固定骨折部位，再转运医院。

（二）先重后轻

（1）现场遇有危重的和伤势较轻的受伤人员时，优先抢救危重者，后抢救伤势较轻的受伤人员。

（2）群死群伤事故按危重、较重、轻伤顺序抢救，急救标记如下：

1）红色危重急救标记：伤势危重，危及生命。

2）黄色较重急救标记：伤势严重，暂时不危及生命。

3）蓝色轻伤急救标记：伤势较轻，无生命危险，可以行走。

4）黑色死亡急救标记：濒死、死亡者。

（3）转运医院。

（三）先急后缓

现场遇有大出血又有创口的危重受伤人员时，首先立即对大出血者实施压迫、包扎、止血带等方法进行止血抢救，然后再对其他受伤人员进行施救。

（四）先固定后搬运

现场高坠、挤压、撞击的外伤、骨折人员应先止血包扎，然后用木板等固定骨折部位；内伤人员必须采用担架轻缓转运，严禁肩扛、人抬，更不能人背。

（五）急救与呼救并重

现场遇有成批受伤人员时，抢救人员要迅速而镇定地分工合作实施现场急救（院前急救），同时立即拨打120医疗急救指挥中心电话，或采用其他交通工具速送医院接受专业治疗。

（六）搬运与医护同步

（1）搬运各种休克伤员，担架要保持水平。

（2）危重伤员运送与急救协调一致，在运送途中应继续进行抢救，减少受伤人员的死亡、后遗症及痛苦，迅速、安全抵达医疗机构。

（七）确认脑死亡诊断后，停止抢救

临床诊断伤员虽有心跳但无自主呼吸，脑功能永久性丧失最终死亡的，称之为脑死亡。脑死亡的诊断依据：

（1）深昏迷、对任何刺激无反应；

（2）自主呼吸停止；

（3）脑干反射全部消失；

（4）阿托品实验呈阴性；

（5）脑电图呈等电位；

（6）1～3项为必备条件。

二、现场急救（院前急救）程序

（1）迅速脱离存在二次伤害的危险场所、环境，将伤员转移到安全处。

（2）快速对受伤人员进行伤情检查、分类；检查受伤人员动作应轻缓，以免增加受伤人员的痛苦和伤情。

（3）按"止血、包扎、固定、搬运"外伤四大急救技术顺序进行。

（4）遇有下列情况，应采取相应急救措施：

1）遇有受伤人员呼吸道被异物、分泌物或舌头堵塞时，应将其头部侧向一边，以防止噎塞；

2）遇有受伤人员心肺功能骤停时，要立即实施心肺复苏术（CPR）；

3）遇有受伤人员体内外大出血时，要立即进行止血操作；

4）遇有受伤人员骨折，尤其是颈椎、脊柱骨折时，不可随意搬动，以免造成二次伤害；

5）进行有限空间、隧道事故抢救时，由于被抢救人员在微弱照明或无光环境生存多天，当被抢救人员转移到地面明亮处时，必须用黑布或不透光布蒙住眼睛，逐步见光、逐渐适应。否则，由于被抢救人员眼睛高度灵敏，突然直接暴露在强光下，将会造成永久性伤害。

（5）要安慰受伤人员，消除受伤人员的恐惧。

（6）实施现场急救（院前急救）的同时，立即拨打120医疗急救指挥中心电话，或采用其他交通工具速送医院接受专业治疗。

第三节　现场急救（院前急救）技术

1967年7月17日早晨，美国佛罗里达州的电业工人兰度·赞比安到杰克逊维尔市进行架空线路例行检查时，不慎碰到了带电的高压线，立刻被接触电击得不省人事。

在附近工作的工人汤普逊，立即跑过来并爬上电线杆进行抢救，当他发现赞比安已经窒息后，马上用口对口进行人工呼吸（见图7-1）。随后的工人上来一起把赞比安救落到地面送往医院，最终将赞比安从死神手里夺了回来。

这是拯救生命的一吻。因从业人员是否具备专业素质和救援知识，呈现出生命得到及时拯救和生命瞬间逝去两个截然不同的结果。

在生产过程人员受到伤害的情况下，现场急救（院前急救）技术是挽救生命、减少预后不良后果的重要、有效手段，同时为专业医院提供良好的救治基础。

图7-1　人工呼吸

一、心肺复苏术（CPR）

（一）心脏骤停、呼吸停止的原因

（1）冠心病、急性心肌梗死、心肌炎、肺源性心脏病等器质性心血管疾病。

（2）电击、严重创伤、大出血、气道梗阻、有毒有害气体中毒、溺水等意外事故。

（二）心脏骤停、呼吸停止施救时间及后果

（1）急救医学研究表明，常温条件下，心脏骤停约3s，人脑因缺氧伤员感到头晕；10～20s伤员意识丧失；30～40s瞳孔散大；40s左右出现抽搐；60s后呼吸停止；大约3min死亡概率约为50%；大约10min死亡概率约为100%。

（2）急救医学研究表明，常温条件下，脑细胞对缺氧十分敏感，缺氧耐受极限很短暂，当呼吸停止4～6min，脑细胞组织就会发生不可逆的损害，伤者因大脑缺氧将造成终身残疾或死亡。呼吸停止大约10min死亡概率为50%，大约30min死亡概率为100%。

（3）心脏骤停、呼吸停止至施行 CPR 的时间与人员复苏几率关系：

施行 CPR 开始时间越早，存活率越高。心脏骤停、呼吸停止至实行 CPR 的时间与人员复苏几率的关系，见表 7-1。

心脏骤停、呼吸停止至施行 CPR 的时间与人员复苏几率关系　　表 7-1

心肺功能骤停时间(min)	≤2	≤4	≤6	≤8	>10
伤员复苏几率(%)	>80	60	40	20	0

（二）心肺复苏术（CPR）的目的

（1）正常人心脏骤停时，立即采取胸外按压法迫使受伤人员心脏收缩，促使心脏恢复跳动，功能恢复正常，从而保护脑细胞及器官组织不致坏死。

（2）正常人呼吸停止时，立即采取人工呼吸法促使受伤人员被动呼吸，吸入氧气，排出二氧化碳，使受伤人员的组织细胞得到氧气从而拯救受伤人员的生命。

CPR 是心脏骤停、呼吸停止伤员生存机会的极重要、极有效措施。

（四）心肺复苏术（CPR）施行要点

1.心肺复苏术（CPR）施行前检查方法（见图 7-2）

（1）看：看受伤人员是否有意识，胸、腹部有无起伏动作。

（2）听：用耳贴近受伤人员的口鼻处，听有无呼气声音。

（3）感觉：口鼻有无呼吸气流，用两手指轻按左侧或右侧喉结旁凹陷处的颈动脉有无搏动。

2.心肺复苏术（CPR）施行方法

（1）心肺复苏术（CPR）施行前准备工作（见图 7-3）

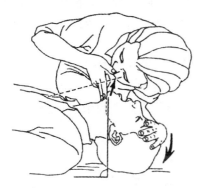

图 7-2　心肺复苏术（CPR）施行前
检查方法示意图

图 7-3　心肺复苏术（CPR）施行前
准备工作示意图

1）确认伤者无意识、心脏骤停、呼吸停止，要立即进行 CPR 抢救。

2）将伤者的衣领、上衣、裤带解开，使伤者头偏向一侧，用手指或吸引方法清除伤者口腔和鼻腔内的食物、脱落的假牙、血块、黏液等异物，保持呼吸道畅通。

3）将受伤人员按仰卧位放到硬质平板或地面上。

（2）心肺复苏术（CPR）施行

依据美国心脏学会（AHA）《2010 国际心肺复苏（CPR）及心血管急救（ECC）指

415

南》进行讲解。

1）口对口（鼻）人工呼吸（见图7-4）

① 将受伤人员的头颈部尽量后仰抬颌，以利张口，避免舌根部下坠堵塞呼吸道。

② 施救人员的一只手捏紧受伤人员的鼻孔以免漏气，另一只手扶着受伤人员的下颌，使其张开口。

③ 施救人员深呼吸后，与受伤人员口对口紧合，以吹入2s、放松3s的节奏连续进行。如两次吹气后试测颈动脉仍无搏动，可判断心脏已停止跳动，要立即同时进行胸外按压。

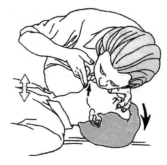

图7-4　口对口（鼻）人工呼吸示意图

④ 正常口对口（鼻）呼吸的吹气量不宜过大以免引起胃膨胀，造成食物反流误吸。吹气和放松时要注意受伤人员胸部的起伏情况，以胸部略有起伏为宜。胸部起伏过大，表示吹气太多，容易把肺泡吹破；胸部无起伏，表示吹气用力过小。所以应以胸部起伏情况来决定吹气量的大小。

⑤ 施救人员吹气完毕准备换气时，应立即离开受伤人员的嘴，并同时放开受伤人员的鼻孔，让受伤人员自动向外呼气，并要注意受伤人员胸部复原情况，观察受伤人员呼吸道有无梗阻现象。

⑥ 如果受伤人员的嘴不易掰开，可把受伤人员的嘴捂紧，施救人员向受伤人员的鼻孔里吹气。

2）胸外按压

① 使受伤人员仰卧，保持呼吸道通畅，背部着地应平整稳固，以保证按压效果。

② 确定按压位置是保证胸外按压效果的重要前提。右手内食指和中指轻轻触摸受伤人员胸膛，沿受伤人员的右侧肋弓下缘向上，找到肋骨和胸骨接合处的中点；两手指并齐，中指放在切迹中点（剑突底部），食指与中指并拢压在胸骨上；手的掌根紧挨食指上缘，置于胸骨上，正确按压位置见图7-5。

③ 正确的按压姿势是避免出现胸骨骨折和胸外按压效果的基本保证。施救人员应立或跪在受伤人员一侧，两肩位于受伤人员胸骨正上方，两臂伸直，肘关节固定不屈，两手掌根相叠，手指翘起，以免触及受伤人员胸壁。以髋关节为支点，利用上身的重力，垂直按压成人胸骨下陷3～4cm。见图7-6。

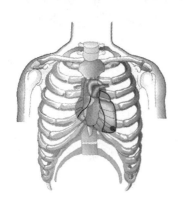

图7-5　胸外按压位置示意图

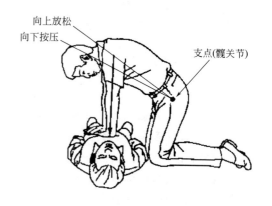

向上放松
向下按压
支点(髋关节)

图7-6　胸外按压姿势示意图

④ 胸外按压至要求程度后，立即全部放松，但放松时施救人员的掌根不得离开受伤人员的胸壁。

⑤ 胸外按压要匀速进行，按压频率≥100次/min，每次按压和放松时间相等。按压有效的标志是按压过程中受伤人员颈动脉搏动。

⑥ 单人施行CPR时，2min内完成5个周期CPR，每个周期按压与呼吸比为30∶2，即一个周期内30次胸外按压、2个人工呼吸循环，交替进行。

⑦ 两人同时施行CPR时，≥12个人工呼吸循环/min，胸外按压频率≥100次/min。

⑧ 人工呼吸与胸外按压不一定同步，进行人工呼吸时，胸外按压不应停止。

（3）心肺复苏术（CPR）施行效果检验

1）CPR施行1min后，采用看、听、感觉的方法检查受伤人员呼吸和心跳是否恢复，应在5s时间内完成判定。

2）判定颈动脉已有搏动但无呼吸，则暂时停止胸外按压，而应继续进行2次人工呼吸再判定。

3）判定脉搏和呼吸均未恢复时，必须持续施行CPR抢救。

小贴士：专业心肺复苏术（CPR）视频请参阅 http：//blog、sina、com、cn/u/2263948461。

3.施行心肺复苏术（CPR）的体征指标

（1）受伤人员已恢复自主呼吸和心跳。

（2）施行CPR力求在有限的时间内建立维持基本生命的血氧供应，必须坚持到专业医生到来为止。

（3）施行CPR达30min以上，伤者仍无反应、无呼吸、无脉搏、瞳孔无回缩，由专业医生判定是否停止施救。

4.施行心肺复苏术（CPR）注意事项

（1）应就地施行CPR抢救，不得随意移动受伤人员，如果确需移动时，抢救中断时间不应超过30s。

（2）施行心肺复苏术（CPR）要确保及时、正确、持续，将受伤人员运送医院过程中，医务人员未接替救治前必须不间断连续抢救。

（3）若受伤人员心跳和呼吸经抢救后均已恢复，则可暂停人工急救。但心跳和呼吸恢复的早期有可能再次骤停，应严密观察监护，不能大意，要随时准备再次抢救。

（4）当受伤人员同时发生外伤时，应分情况酌情处理。对不危及生命的轻度外伤，可放在急救后处理；对于严重外伤，应与人工急救同时处理。如伤口出血应予以止血，为了防止伤口感染最好予以包扎。

（5）冬季室外抢救时，应注意受伤人员保温。

5.心肺复苏术（CPR）用药要求

（1）CPR是现场急救的基本方法，任何药物不能代替人工呼吸和胸外按压。

（2）要慎重使用肾上腺素。只有先经过人工急救，并配有心电图仪和心脏除颤装置的条件下才可以考虑使用肾上腺素。对心脏尚在跳动的电击伤员不能使用肾上腺素。

二、创伤人员现场急救（院前急救）要点

（一）创伤人员现场急救（院前急救）特点

1.三种创伤出血基本特征

（1）毛细血管出血：伤及皮肤浅表的毛细血管，血液颜色较鲜红，血液只是从伤口少量渗出。

（2）静脉出血：静脉血二氧化碳含量高，颜色暗红。静脉血管内压力较低，血液从伤口涌出。较大的静脉出血也有相当的危险。

（3）动脉出血：动脉血氧含量高，颜色鲜红。动脉血管内压力较高，出血呈喷射状，短时间内出血量大。动脉出血危险性最大。

2.创伤出血部位

（1）外伤出血：外伤出血在身体表面可以看到。

（2）内伤出血：在身体表面可以看到肿胀、瘀斑等。

（二）内外创伤止血方法

伤口持续失血，大约30min死亡概率为50%；大约60min死亡概率为100%。

1.内创伤止血方法

（1）受到外力打击或坠落撞击的受伤人员发生严重内出血时，受伤人员常有以下特征：

1）皮肤可能没有破裂或破裂不严重，但出现休克症状，皮肤苍白、湿冷。

2）皮肤可能没有破裂或破裂不严重，但呼吸变浅变快、脉搏微弱加快、烦躁不安等。

（2）发现受伤人员有严重内出血时，要采取以下措施：

1）帮助受伤人员躺下，使大脑有较多的血液供应。安抚受伤人员，使其尽量保持安静。

2）密切观察受伤人员的神志、呼吸和脉搏，守护受伤人员直至急救车到来。

3）受伤人员如有排泄物或呕吐物，要留交医生检查。

4）不要给受伤人员吃任何食物或饮水，避免手术时胃内容物大量反流造成窒息。

5）急救车短时间内无法到达时，应尽快采取其他交通工具运送受伤人员到医院。

6）实施现场急救（院前急救）的同时，立即拨打120医疗急救指挥中心电话，或采用其他交通工具速送医院接受专业治疗。

2.外创伤止血方法

（1）直接加压法：是最直接、快速、有效的止血方法。

1）用干净的纱布或布（棉）垫直接按压在伤口上帮助止血。抢救中没有消毒棉纱布时，可将衣裤、毛巾、被单等裁开用作包扎；施救人员也可用洗净的双手按压在伤口的两侧，保持压力15min以上，不要时紧时松。

2）受伤人员的血液渗透了按压的布垫，可以再加盖一块布垫继续加压止血，然后用绷带或布条将布垫固定。

3）受伤人员伤口在颈部时，应采用胶布固定。

（2）指压法：肢体近端的中等或较大动脉血管出血应指压近心端动脉或出血伤口，然

后迅速加压包扎，抬高患肢；当四肢大血管出血不止时，应采用橡皮止血带止血。

（3）压迫包扎法：常用于一般的伤口出血。应将纱布或布（棉）垫的无菌面贴向伤口，包扎要松紧适度。

（4）加垫屈肢法：在肘、膝等侧加垫，屈曲肢体，再用三角巾等缚紧固定，可控制关节远侧流血。适用于四肢出血，但已有或疑似骨关节损伤的人员禁用。见图7-7。

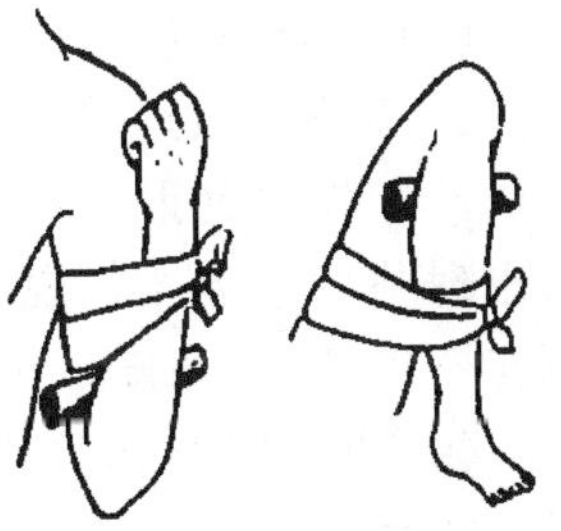

（5）填塞法：用于肌肉、骨端等渗血。先用1～2层的大块无菌纱布覆盖伤口，以纱布条、绷带等充填其中，外面加压包扎。此法的缺点是止血不够彻底，且易增加感染机会。

图7-7　加垫屈肢法示意图

（6）止血带法：止血带法能有效地制止四肢出血，但若使用处理不当，可能会引起软组织压迫坏死、肢体远端血运障碍、伤肢端坏死等并发症。止血带法主要用于暂时不能用其他有效方法控制出血的情况，使用止血带法止血，必须严格遵守止血带使用要领和注意事项。

1）止血带应选用三角巾、毛巾、带状布条、医用橡胶管、橡皮带等，勿用绳索、电线等结扎。

2）采用止血带、医用橡胶管止血时，应在结扎处垫上1～2层消毒纱布，松紧度以止住血为宜。

3）上肢出血结扎在上臂上1/2处（靠近心脏位置），下肢出血结扎在大腿上1/3处（靠近心脏位置）。为了减少缺血组织范围，止血带位置应接近伤口，但止血带应避免结扎在上臂中下1/3处，以免损伤桡神经。

4）采用止血带、医用橡胶管止血时，必须用显著色布条注明止血带结扎开始时间，并将显著色布条置于肢体明显可见部位。采用止血带止血不应超过3h；每隔30～40min松解止血带一次，每次放松0.5～2min；松解止血带时，用手指压迫伤口止血。采取止血带、医用橡胶管结扎止血的伤员应优先运送。

（7）小伤口止血法：先用生理盐水（0.9%NaCl溶液）冲洗伤口，涂上红汞水，然后盖上消毒纱布，用绷带较紧地包扎。

小贴士：肢体近端：离心脏近的一端。如上肢的上臂和下臂相比，上臂为近端，下臂为远端。

（三）创伤止血注意事项

（1）创伤按止血、包扎、固定、搬运顺序进行。见图7-8。

（2）尽量把受伤出血的部位保持在较高的位置。

（3）包扎伤口时动作尽量轻巧，包扎的松紧要适度。不可用手触摸伤口及敷料与伤口接触的内侧。

（4）现场若有条件，救护者应戴上防护性手套再为受伤人员包扎伤口，以防经血液感染疾病。

（5）止血包扎后，密切观察、检查肢体血液循环的状况：

1）按压手指（脚趾）甲，放开手后2s，手指（脚趾）

甲如不能迅速恢复红润，仍然苍白，说明血液循环不良。

2）观察伤肢远端的皮肤颜色变化，询问伤员远端的伤肢手指（脚趾）尖感觉，若出现苍白或麻木，说明血液循环不良，则应松开绷带，重新包扎。

（6）施救人员包扎伤口时尽量不要说话和咳嗽。

（7）贯通伤现场急救（院前急救）注意事项：

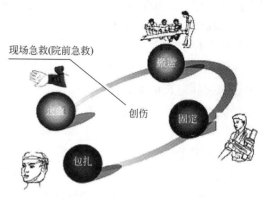

图7-8 创伤处理顺序示意图

1）伤口内有较大的异物时，不要盲目将异物拔出或清除，防止严重出血和加重组织损伤。

2）采取间接加压止血法，即在伤口周围或伤口两侧垫上消毒纱布或布（棉）垫，再用绷带或三角巾将异物缠绕包扎固定。

三、骨折伤员现场急救（院前急救）要点

发生骨折损伤首先要观察，然后检查、确认头颈、脊椎、胸、骨盆、四肢等具体受伤部位。

（1）脊椎损伤现场急救（院前急救）要点

1）要将脊椎损伤者的创伤处用消毒纱布或清洁布等覆盖，用绷带或布条包扎。

2）脊椎损伤者应平卧位于原地，严禁坐起或直立，在受伤部位不明确时，应将头部保持中位，在头颈两侧填置枕头、沙袋或布团限制头颈活动，腰背部突出部位垫以柔软物体防护。

3）抬运、转运脊椎损伤人员，现场必须多人抬运，一人双手牵引托抬头部，三人站在受伤人员的同侧，双手及前臂伸入受伤人员身后托起腰部、背部、骶部及双下肢，保持脊柱伸直位，轻缓平托移至硬板上。

4）禁止多人分别抬肩、抬腿或单人背送的运送方法，以免躯干部脊柱出现扭转、弯曲，加重伤势造成截瘫。

（2）四肢骨折现场急救（院前急救）要点

1）四肢封闭骨折应及时包扎、固定。尽可能将骨折伤员的伤肢固定于夹板或就地取材的木板、竹竿上，固定范围应包括骨折处及远和近的两个关节，要牢靠不移、松紧适度。如缺乏固定材料，可采用自体固定法，将受伤上肢缚在胸廓上或将下肢固定于健肢侧。

2）四肢开放骨折应及时清创、包扎、固定。出血、渗血可抬高患肢止血、加压包扎，必要时采用止血带止血，四肢主要血管损伤应在6～8h内得到手术修复。

3）四肢骨折损伤时，有严重骨折移位、严重畸形或骨折端已顶于皮下将刺穿皮肤的闭合性骨折，可顺应肢体轴线方向轻柔地牵引，初步纠正畸形。

4）骨折损伤兼有较重的软组织损伤、骨折片损伤血管和神经损伤等时，应将局部固定后，迅速送至医院手术治疗。

（3）骨折伤员必须根据伤情采取背、夹、拖、抬、架等不同的搬运方式。

（4）实施现场急救（院前急救）的同时，立即拨打120医疗急救指挥中心电话，或采用其他交通工具速送医院接受专业治疗。

四、颅脑损伤现场急救（院前急救）要点

（一）颅脑损伤症状

头部受到物体打击或高处坠落撞击导致头部局部血肿隆起，触摸有柔软、波动感，受伤人员自感伤处疼痛；受伤人员出现面色苍白、心悸、出汗、四肢乏力症状；颅脑重伤人员会出现嗜睡、昏睡、昏迷、呕吐、呼吸和心跳骤停、窒息等症状。

（二）现场急救（院前急救）要点

（1）颅脑损伤人员应平卧位，解开领扣和裤带、清除口腔和鼻腔分泌物，保持呼吸道畅通。

（2）昏迷者应平卧位，颈部后仰、面部偏向一侧，以防舌根下坠或分泌物、呕吐物吸入发生窒息。

（3）当颅脑损伤人员呼吸停止、心脏停止跳动时，应立即就地施行心肺复苏术（CPR），有条件的情况下给予吸氧。

（4）颅底骨折时，若耳鼻有脑脊液溢出，则不要现场堵塞，以防颅内感染。

（5）头颅出现凹陷骨折、严重的颅底骨折及严重的脑损伤症状时，创伤处用经过消毒的纱布或清洁布覆盖，采用绷带或布条包扎。

（6）颅脑损伤人员，应禁食、限饮、静卧，避免激动、头部挤压、搬动。

（7）实施现场急救（院前急救）的同时，立即拨打120医疗急救指挥中心电话，及时、就近送往有条件的专科医院接受救治。

五、胸部创伤现场急救（院前急救）要点

（一）胸部创伤分类

（1）钝性损伤：高处坠落、坍塌、挤压、撞击造成胸部钝性创伤。

（2）穿透性损伤：锐器、钢筋戳刺或高速射入，高处坠落至尖锐物体上造成胸部穿透性创伤。

（二）现场急救（院前急救）要点

（1）保持呼吸道畅通，及时清除口咽部异物和分泌物；

（2）胸部插入异物，切勿擅自拔出，等待专业医生救治；

（3）伤口处敷料包扎，急送医院。

六、昏迷伤员现场急救（院前急救）要点

（1）不要轻易挪动受伤人员，以防加重伤情；

（2）不要给昏迷或半昏迷伤员喝水，以防液体进入呼吸道窒息；

（3）不要拍击或者摇动伤员试图唤醒昏迷者。

第四节 事故类别现场急救（院前急救）要点

一、高处坠落现场急救（院前急救）要点

（1）人员从高处坠落，应立即解开妨碍受伤人员呼吸的衣领、裤带，保持其呼吸顺畅，切勿随意搬动，以免加重伤情。

（2）高处坠落受伤人员心跳骤停、呼吸停止时，应立即施行心肺复苏术（CPR）。

（3）高处坠落受伤人员外耳道、鼻腔内有血液流出，疑为颅底骨折和脑脊液外露的受伤人员，切勿填塞处理，以免导致颅内感染。

（4）高处坠落颌面部受伤人员，首先要保持其呼吸道通畅，清除假牙、移位组织碎片、血液凝块、口腔分泌物等。

（5）高处坠落人员腰背部、臀部着地，可能损伤脊柱时，不能随意翻动受伤人员，以免加重脊髓损伤而造成下肢瘫痪。

（6）高处坠落人员出现多发性肋骨骨折时，其症状表现为胸部多有创口、吸气时胸廓下陷、剧痛，呼吸困难。有条件时给氧呼吸，并采用宽布绕胸腔进行固定，防止二次伤害。

（7）高处坠落人员四肢着地时，人员可能四肢骨折，要因地制宜采用现场木板、木棍等材料将骨折肢体绑扎固定。

（8）当物体刺入高处坠落人员身体时，切不可盲目将物体拔出，以免危及生命，要将刺入身体的物体和受伤人员一起送往医院救治。

（9）复合创伤者一般采用平卧位，禁止仰卧位；有恶心、呕吐症状的受伤人员应取侧卧位，以利于呕吐。

（10）受伤人员有出血时，应用止血带或指压止血。绷带加压包扎以不出血液和不影响肢体血液循环为度。

（11）高处坠落颈椎损伤人员现场急救（院前急救），按本章第三节相关内容要求执行。

（12）实施现场急救（院前急救）的同时，立即拨打120医疗急救指挥中心电话，或采用其他交通工具速送医院接受专业治疗。

二、物体打击伤害的现场急救（院前急救）要点

（1）发生物体打击事故后首先应观察受伤人员的受伤部位、伤害性质。

（2）遭受物体打击人员心跳骤停、呼吸停止时，应按本章第三节要求，立即施行心肺复苏术（CPR）。

（3）遭受物体打击人员颅脑损伤时，应按本章第三节骨折伤员现场急救（院前急救）要点要求施行。

（4）遭受物体打击人员脊椎骨折损伤时，应按本章第三节脊椎损伤现场急救（院前急救）要点要求施行。

（5）遭受物体打击人员四肢骨折损伤时，应按本章第三节四肢骨折现场急救（院前急救）要点要求施行。

（6）遭受物体打击人员发生内外创伤时，应按本章第三节内外创伤止血方法要求施行。

（7）遭受物体打击人员休克时，让其处于平卧位，保持安静、保暖、少动。

（8）物体穿入身体，切不可盲目将物体拔出，要将刺入身体的物体和受伤人员一起送往医院救治。

（9）实施现场急救（院前急救）的同时，立即拨打120医疗急救指挥中心电话，或采用其他交通工具速送医院接受专业治疗。

三、接触电击现场急救（院前急救）要点

（一）接触电击急救步骤

接触电击急救步骤见图7-9。

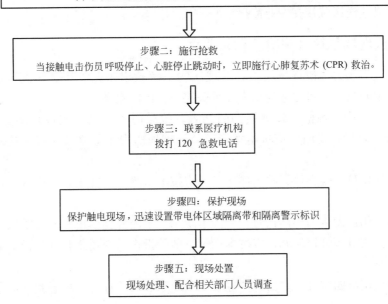

步骤一：脱离电源
低压设备线路：(1) 迅速切断电源开关或使用绝缘工具、材料将带电导体脱离触电者。
(2) 未切断电源之前，抢救者切忌用自己的手直接去拉接触电击伤员。
高压设备线路：(1) 立即通知有关供电部门停电。
(2) 戴绝缘手套、穿绝缘靴，用相应电压等级的绝缘工具按顺序拉开开关。
(3) 抛掷裸金属导线使线路短路，迫使过电流保护装置动作，切断电源。
(4) 采取防止接触电击伤员脱离电源后可能出现的摔伤和碰伤措施。

步骤二：施行抢救
当接触电击伤员呼吸停止、心脏停止跳动时，立即施行心肺复苏术(CPR)救治。

步骤三：联系医疗机构
拨打120急救电话

步骤四：保护现场
保护触电现场，迅速设置带电体区域隔离带和隔离警示标识

步骤五：现场处置
现场处理、配合相关部门人员调查

图 7-9　接触电击急救步骤

（二）现场急救（院前急救）要点

（1）接触电击伤员脱离电源后，应立即检查受伤人员全身情况。

（2）接触电击伤员呼吸停止、心脏停止跳动时，应立即就地施行心肺复苏术（CPR）。

（3）接触电击伤员同时发生外伤时，对不危及生命的轻度外伤，可放在急救后处理；当接触电击伤员呼吸停止、心脏停止跳动并有严重外伤时，心肺复苏术（CPR）与伤口止血包扎应同时进行。

四、机械伤害现场急救（院前急救）要点

（1）发生机械伤害时，首先应关停机器，观察受伤人员的受伤部位、伤害性质。

（2）遭受机械伤害人员发生断手、断指和断肢等严重情况时，应采取以下处理的措施：

1）对受伤人员伤口进行包扎止血、止痛，进行半握拳状的功能固定。

2）对断手、断指和断肢应用经过消毒或清洁的敷料包好，以减少感染，放在密封塑料袋内，在塑料袋周围放上冰块或冰冻的冷饮食品。严禁将断指浸入酒精等消毒液中，以防细胞变质。

3）将受伤人员及断手、断指和断肢塑料袋速送专科医院进行救治。

（3）遭受机械伤害人员发生内外创伤时，除应按本章第三节内外创伤止血方法要求施行外，断肢的近侧端用清洁敷料加压包扎，以防大出血。

（4）遭受机械伤害人员颅脑损伤时，应按本章第三节骨折伤员现场急救（院前急救）要点要求施行。

（5）遭受机械伤害人员脊椎骨折损伤时，应按本章第三节脊椎损伤现场急救（院前急救）要点要求施行。

（6）实施现场急救（院前急救）的同时，立即拨打120医疗急救指挥中心电话，或采用其他交通工具速送医院接受专业治疗。

五、埋压事故现场急救（院前急救）要点

（1）组织人力物力尽快将被埋压者从埋压物下解救出来。清除受伤人员口、鼻内泥块、凝血块、呕吐物等，将昏迷受伤人员舌头拉出，以防窒息。

（2）怀疑有骨折或颈椎、腰椎损伤的伤者，抢救时不可强拉硬拽，避免二次损伤。被埋压伤员脊椎骨折损伤时，应按本章第三节脊椎损伤现场急救（院前急救）要点要求施行。

（3）被埋压伤员心跳骤停、呼吸停止时，应按本章第三节要求，立即施行心肺复苏术（CPR）。

（4）被埋压伤员发生内外创伤时，应按本章第三节内外创伤止血方法要求施行。

（5）被埋压伤员颅脑损伤时，应按本章第三节骨折伤员现场急救（院前急救）要点要求施行。

（6）被埋压伤员四肢骨折损伤时，应按本章第三节四肢骨折现场急救（院前急救）要点要求施行。

（7）不可忽视未见外在伤口的被埋压者，要及时运送医院检查、治疗。

（8）实施现场急救（院前急救）的同时，立即拨打120医疗急救指挥中心电话，或采用其他交通工具速送医院接受专业治疗。

六、中毒窒息现场急救（院前急救）要点

（1）发生有限空间中毒窒息事件时，在保证施救人员安全的前提下，穿戴有效的防护器具，迅速将中毒窒息人员脱离有毒有害气体环境。

（2）发生煤气中毒事件时，要立即打开门窗通风，使中毒者迅速脱离致毒环境，移到通风良好的房间或院内，宽松衣服、呼吸新鲜空气，有条件时尽可能吸入氧气，注意保暖。

（3）中毒窒息人员应取侧卧位（复苏位），便于呕吐物排出。

（4）中毒窒息人员呼吸停止、心脏停止跳动时，应立即施行持续心肺复苏术（CPR）。心肺复苏术（CPR）应持续到专业医护人员到来。

（5）实施现场急救（院前急救）的同时，立即拨打120医疗急救指挥中心电话，或采用其他交通工具速送医院接受专业治疗。

七、中暑现场急救（院前急救）要点

（一）中暑原因

从业人员长时间受到烈日暴晒或在湿热环境里，身体虽然大量出汗，但不能有效散热，就会出现皮肤苍白、心慌、恶心、呕吐等中暑症状，如果不及时处理，还会出现高烧、抽搐、昏迷等严重情况。

（二）现场急救（院前急救）要点

（1）将中暑人员迅速转移到阴凉、通风处，使其坐下或躺下，宽松衣服，安静休息；病情严重者要密切注意其呼吸、脉搏。

（2）迅速降低中暑人员体温，可以用冷水为其擦身，也可以在其前额、腋下和大腿根处用冷水毛巾或海绵冷敷。

（3）给中暑人员饮用加糖的淡盐水或清凉饮料，补充因大量出汗而失去的盐和水分。

（4）实施现场急救（院前急救）的同时，立即拨打120医疗急救指挥中心电话，或采用其他交通工具速送医院接受专业治疗。

八、烧伤现场急救（院前急救）要点

（一）火焰烧伤

（1）使受伤者迅速脱离致伤火区。

（2）服装着火时，要制止受伤人员奔跑呼叫，以免助燃和吸入烟雾及高热空气引起吸入性损伤。协助迅速脱去燃烧的衣裤，用水将火浇灭或就地滚动灭火。

（3）轻度烧伤应尽可能立即浸泡在冷水中或跳入附近的水池、河沟内。

（4）采用消毒纱布包扎，保护创伤面清洁是避免表皮损伤出现感染的重要措施。

（二）电气灼伤

（1）立即将上级配电箱断路器电源切断，或采用非导电体如干燥竹木物品拨开电源，并扑灭着火的衣服。

（2）在未切断电源之前，施救者切勿接触受伤人员，以免自身接触电击。

（三）化学烧伤

（1）使受伤者迅速脱离致害化学物品。

（2）务必分辨清楚化学物质的性质，再采取措施。

（3）立即用大量清洁水冲洗至少20min；冲洗水要多、时间要够长，力求冲洗彻底。

（4）生石灰烧伤应先用干燥清洁敷料擦净石灰粉末，再彻底冲洗。

（四）高温液体烫伤

（1）迅速脱离高温液体，脱去被高温液体浸渍的衣服，必要时直接撕开或剪开。

（2）将烫伤肢体浸泡在冷水中0.5～1h。

（五）烧、烫伤救护基本要求

（1）烧、烫伤救护要尽快脱离致害环境。

（2）烧、烫伤伤口不要轻易自行处理。

（3）烧、烫伤实施现场急救（院前急救）的同时，立即拨打120医疗急救指挥中心电话，或采用其他交通工具速送医院接受专业治疗。

九、食物中毒现场急救（院前急救）要点

（一）食物中毒症状

食物中毒有细菌性食物中毒和非细菌性食物中毒两大类。常见的是人吃了被细菌污染的食物而引起的细菌性食物中毒，表现为急性恶心、频繁剧烈的呕吐、腹痛、腹泻，人员精神萎靡、发烧、出冷汗、面色苍白甚至休克等症状。

（二）现场急救（院前急救）要点

（1）发生人员食物中毒，可施行早期催吐，以减少毒物吸收。

（2）频繁、剧烈呕吐和腹泻会引起严重脱水。要让食物中毒人员平卧，双脚抬高。

（3）保留吃剩的食物，带到医院以协助诊断。

（4）实施现场急救（院前急救）的同时，立即拨打120医疗急救指挥中心电话，或采用其他交通工具速送医院接受专业治疗。

十、复合创伤现场急救（院前急救）要点

（1）迅速脱离危险环境，伤者肢体被物体埋压时，严禁强力拉出。

（2）解开受伤人员的衣领扣，具有呼吸受堵或恶心、呕吐症状的受伤人员，应直接用手将口腔异物清出，应采取侧卧位将头偏向一侧，保持呼吸道畅通和利于呕吐。

（3）根据实际伤情，采取不同的止血方法止血。

（4）复合创伤者一般采用平卧位，禁止采用仰卧位。

> 小贴士：人体平卧位是180°角度仰姿完全躺平。仰卧位不要求180°，只要身体是仰卧姿即可。

十一、拨打120医疗急救指挥中心电话注意事项

（1）拨打120医疗急救指挥中心电话时，要保持镇静、讲话清晰、简明易懂，必须向医生说明如下内容：

1) 发生意外或突发事件的详细地址。

2) 意外或突发事件事故类型，如高处坠落、接触电击、物体打击、溺水、中毒、火灾等。

3) 大致伤亡人数、受伤人员伤情或症状。

4) 已经采取的措施。

5) 单位名称、姓名、电话号码。

（2）救护车到来之前，不要擅自提前搀扶或者抬出伤者，尤其是高处坠落内伤人员，以免伤害加重，影响救治预后。

（3）保持拨打 120 医疗急救指挥中心电话时所留号码的电话畅通，不要占线，以便联系。

（4）派专人提前在现场外或选择路口、公交车站、标志性建筑物等处迎接救护车，见到救护车应主动挥手示意。

（5）派专人提前清除救护车进入事故现场必经道路上的障碍物。

小贴士：预后：指预测伤病的可能病程和结局。

第八章 劳动防护用品

第二次世界大战期间，德国军队和美国军队官兵全部装备了军用头盔保护头部（见图8-1），但并不是子弹打不透，子弹打不透的钢盔，人的脖子就断掉了。钢盔不是用来防御击中钢盔正中的子弹，主要是利用钢盔弧面使大多数斜向子弹和炮弹弹片滑飞，有效防御子弹和炮弹弹片的杀伤，因此挽救了十几万军人的生命。

不论是战争环境还是生产环境，个人防护均是不可忽视的安全防范措施。

建筑施工中高处坠落、物体打击、机械伤害、触电、坍塌等伤害严重威胁着从业人员的生命安全和职业健康，以噪声为例，噪声达到50dB以上影响睡眠和休息；70dB以上干扰交谈，妨碍听清信号，易造成心烦意乱、注意力不集中，甚至发生意外事故；长期接触90dB以上的噪声，会造成听力损失和职业性耳聋及其他生理系统功能疾患。企业要根据作业环境、类型及危害程度，采取阻隔、封闭、吸收、分散、悬浮等功能的劳动防护用品保护人体局部或全部，消除或减轻外来侵害；对从业人员进行教育培训，掌握安全防护知识、防护技术，正确选择、使用劳动防护用品，有效避免伤害发生。

图8-1 二战单兵头盔

在道路上速度60km/h以上行驶的汽车遇到紧急情况，安全气囊和安全带并用可以挽救60%人员的生命，而不系安全带的情况下，这一比例只有18%。电气焊工在作业中，必须做到综合防护和正确穿戴阻燃防护服、绝缘鞋、鞋盖、电焊手套及焊接防护面罩等劳动防护用品，才能达到预期防护效果，避免烫伤、电击等职业伤害。

1939年苏日诺门坎之战，日军发现日兵在作战中戴着钢盔反而比不戴钢盔的死亡率还高，而且是头部中弹而死。莫名其妙的日军派专家到前线考察后真相大白，原来日军钢盔前面正中设置了一个醒目的红星军徽，苏军士兵很远就能看到并作为瞄准点，结果日军头部被击中的概率大幅度提高，而其他国家的军队是将钢盔和军徽亚光涂装在侧面，所以没有出现和日军一样的问题。

为了有效防范和减少施工生产过程中造成的人身伤害，企业必须选用具备安全防护功能，同时兼顾舒适、美观、符合人体工程学的合格安全防护用品，使从业人员的头、面、手、足及视觉、听觉等器官部位得到有效防护，杜绝选用设计、功能、安适性缺陷的劳动防护用品。

要认识到施工作业环境、条件的复杂多变性及防护用品的被动防护因素，面对高强度坠落冲击、物体打击等事故，劳动防护用品无法确保人员不坠落，也无法保证人员不受伤。所以构建本质型施工作业环境、条件，彻底消除事故隐患是现场安全生产工作的重点，被动劳动防护只起辅助作用。

第一节　劳动防护用品作用

劳动防护用品是生产经营单位为从事施工作业的人员和进入施工现场的其他人员配备的个人穿戴、使用的劳动防护装备，是从业人员在劳动过程中免遭或减轻事故危害或职业伤害的最后一项重要防护措施。

第二节　劳动防护用品分类

一、按防护作用划分

劳动防护用品按防护作用划分，见表 8-1。

劳动防护用品按防护作用划分 表 8-1

名称	图片	作用及效果	适用范围
安全帽		防止高空坠落,保护头部,绝缘	进入现场作业时必须使用。但在工程进入装修阶段后,为保护成品,经作业所长许可后可更换为一般面帽
安全带		防止高空坠落	高空作业时(距地面 2m 以上)必须使用
防护眼镜		防止异物刺伤眼睛	切割/研磨作业时必须使用
耳栓		防止高噪声损伤耳膜	高噪声施工时使用(例如,机械剔凿作业)
遮光面罩		防止强光损伤视网膜	电焊作业时必须使用面罩,气焊作业时使用遮光眼镜。高空焊接时应选用固定头部形式面罩
手套		防触电绝缘类/一般劳保手套	操作电气施工机械时需使用绝缘手套。电切割作业时不能使用劳保手套,以免发生机械伤害

名称	图片	作用及效果	适用范围
安全鞋		劳保类/绝缘类	电工应使用绝缘鞋
口罩		防尘类/防毒类	在有害气体/粉尘发生及研磨作业时,或在密闭空间作业时,应使用口罩或防毒面具
工作服		识别本公司人员	在已交工的业主管理区域内使用

二、按防护部位划分

（1）头部防护：塑料安全帽、玻璃钢安全帽。

（2）面部防护：头戴式电焊面罩、防酸有机面罩、防高温面罩。

（3）眼睛防护：防护眼镜、防尘眼镜、防酸眼镜、防飞溅眼镜、防紫外线眼镜。

（4）呼吸道防护：防毒口罩、防毒面具、防尘口罩、氧（空）气呼吸器。

（5）听力防护：防噪声耳塞、护耳罩、噪声阻抗器。

（6）手部防护：绝缘手套、耐酸碱手套、耐油手套、医用手套、皮手套、浸塑手套、帆布手套、棉纱手套、防静电手套、耐高温手套、防割手套。

（7）脚部防护：防滑鞋、防静电鞋、工矿靴、绝缘靴、耐酸碱胶鞋、防砸皮鞋、耐油鞋。

（8）身躯防护：阻燃防护服、防尘围裙、防腐蚀性工作服、雨衣。

第三节　劳动防护用品配备

一、按作业环境配备

（1）进入施工现场的所有人员均须佩戴安全帽。

（2）各工种，应根据施工作业特点按要求正确穿戴劳动防护用品。

（3）从事现场施工用电工程的作业人员应配备防止触电的劳动防护用品。

（4）从事机械操作、安装作业的女士及长发者应配备工作帽等个人防护用品。

（5）从事距基准面 2m 及以上无可靠安全防护设施的建筑临边、平台、构筑物、槽、坑、沟等高处作业、登高作业、起重吊装作业的施工作业人员应配备防止滑落的劳动防护用品。

（6）在自然强光环境下作业的施工作业人员应配备防止强光伤害的劳动防护用品。

（7）从事焊接作业的施工作业人员应配备防止触电、灼伤、强光伤害的劳动防护用品。

（8）从事锅炉、压力容器、管道安装作业的施工作业人员应配备防止触电、强光伤害的劳动防护用品。

（9）从事防水、防腐及油漆作业的施工作业人员应配备防止触电、中毒、灼伤的劳动防护用品。

（10）从事基础施工、主体结构施工、屋面施工及装饰装修施工的作业人员，应配备防止身体、手足、眼部等受到伤害的劳动防护用品。

（11）冬季施工期间或作业环境温度较低的，应为施工作业人员配备防寒类防护用品。

（12）雨季施工期间或在潮湿环境及水中作业的，应为施工作业人员配备相应的防雨、湿作业类个人防护用品。

二、按工种配备

（1）建筑电工劳动防护用品配备应符合下列规定：

1）建筑电工应配备绝缘鞋、绝缘手套、紧口工作服及护目眼镜；

2）进行高压电气安装、维修作业时，应配备相应绝缘等级的绝缘鞋、绝缘手套、紧口工作服及护目眼镜。

（2）架子工劳动防护用品配备应符合下列规定：

安全帽、安全带、防滑鞋、工作手套。

（3）塔式起重机司机、信号司索工劳动防护用品配备应符合下列规定：

1）塔式起重机操作人员、信号司索工应配备灵便紧口的工作服、系带防滑鞋及工作手套；

2）信号司索工指挥作业时，应配备专用标志服装，在自然强光环境下作业时，应配备护目眼镜。

（4）电焊工、气割工劳动防护用品配备应符合下列规定：

1）进行电焊、气割作业时，应配备阻燃防护服、绝缘鞋、鞋盖、电焊手套及焊接防护面罩；

2）在高处进行施焊作业时，应配备安全帽与面罩连接式焊接防护面罩及阻燃安全带；

3）从事清除焊渣作业时，应配备护目镜；

4）在酸碱等腐蚀性环境下作业时，应配备防腐蚀性工作服、耐酸碱胶鞋、耐酸碱手套、防护口罩及护目眼镜；

5）在密闭或通风不良的环境下作业时，应配备送风式防护面罩。

（5）木工劳动防护用品配备应符合下列规定：

从事机械作业时，应配备紧口工作服、防噪声耳罩及防尘口罩，宜配备防护眼镜。

（6）油漆工劳动防护用品配备应符合下列规定：

1）从事涂刷、喷漆作业时，应配备防静电工作服、防静电鞋、防静电手套、防毒口罩及防护眼镜；

2）从事砂纸打磨作业时，应配备防尘口罩及密闭式防护眼镜。

（7）钢筋工劳动防护用品配备应符合下列规定：

1）钢筋工作业时，应配备紧口工作服、保护足趾的安全鞋及手套；

2）从事钢筋除锈作业时，应配备防尘口罩，宜配备防护眼镜。

（8）混凝土工劳动防护用品配备应符合下列规定：

1）混凝土作业时，应配备工作服、系带高腰防滑鞋、防尘口罩及手套，宜配备防护眼镜；

2）混凝土浇筑作业时，应配备胶鞋和手套；

3）混凝土振捣作业时，应配备绝缘胶鞋、绝缘手套。

（9）瓦工、砌筑工劳动防护用品配备应符合下列规定：

应配备脚趾安全鞋、胶面手套及普通工作服。

（10）抹灰工劳动防护用品配备应符合下列规定：

应配备高腰布面脚底防滑鞋及手套，宜配备防护眼镜。

（11）磨石工劳动防护用品配备应符合下列规定：

应配备紧口工作服、绝缘胶鞋、绝缘手套及防尘口罩。

（12）石工劳动防护用品配备应符合下列规定：

应配备紧口工作服、保护足趾的安全鞋、手套及防尘口罩，宜配备防护眼镜。

（13）锅炉、压力容器及管道安装工劳动防护用品配备应符合下列规定：

1）锅炉、压力容器、管道安装作业时，应配备紧口工作服及保护足趾的安全鞋；

2）在强光环境下作业时，应配备有色防护眼镜；

3）在地下或潮湿场所作业时，应配备紧口工作服、绝缘鞋及绝缘手套。

（14）普通工劳动防护用品配备应符合下列规定：

1）从事淋灰、筛灰作业时，应配备高腰工作鞋、鞋盖、手套、防尘口罩及防护眼镜；

2）从事抬、扛物料作业时，应配备垫肩；

3）从事人工挖、扩桩孔作业时，井孔下作业人员应配备雨靴、手套及安全绳；

4）从事拆除作业时，应配备保护足趾的安全鞋及手套。

（15）防水工劳动防护用品配备应符合下列规定：

1）从事涂刷作业时，应配备防静电工作服、防静电鞋、鞋盖、防护手套、防毒口罩及防护眼镜。

2）从事沥青熔化、运送作业时，应配备防烫工作服、高腰布面胶底防滑鞋、鞋盖、工作帽、耐高温长手套、防毒口罩及防护眼镜。

（16）玻璃工劳动防护用品配备应符合下列规定：

1）玻璃工作业时，应配备工作服及防切割手套；

2）从事打磨玻璃作业时，应配备防尘口罩，宜配备防护眼镜。

（17）司炉工劳动防护用品配备应符合下列规定：

1）司炉工作业时，应配备耐高温工作服、保护足趾的安全鞋、工作帽、防护手套及防尘口罩，宜配备防护眼镜；

2）从事添加燃料作业时，应配备有色防冲击眼镜。

（18）钳工、铆工、通风工劳动防护用品配备应符合下列规定：

1）使用锉刀、刮刀、錾子、扁铲等工具作业时，应配备紧口工作服及防护眼镜；

2）从事剔凿作业时，应配备手套及防护眼镜；

3）从事搬抬作业时，应配备保护足趾的安全鞋及手套；

4）从事石棉、玻璃棉等含尘毒材料作业时，应配备防异物工作服、防尘口罩、风帽、风镜及薄膜手套。

（19）筑炉工劳动防护用品配备应符合下列规定：

从事磨砖、切砖作业时，应配备紧口工作服、保护足趾的安全鞋、手套及防尘口罩，宜配备防护眼镜。

（20）电梯安装工、起重机械安装拆卸工劳动防护用品配备应符合下列规定：

从事安装、拆卸及维修作业时，应配备紧口工作服、保护足趾的安全鞋及手套。

（21）其他作业人员劳动防护用品配备应符合下列规定：

1）高空安全防护：高空悬挂安全带、电工安全带、安全绳、安全网；

2）从事电钻、砂轮等手持电动工具作业时，应配备绝缘鞋、绝缘手套及防护眼镜；

3）从事蛙式夯实机、振动冲击夯夯实作业时，应配备具有绝缘功能的保护足趾的安全鞋、绝缘手套及防噪声耳塞（耳罩）；

4）从事可能飞溅渣屑的机械设备作业时，应配备防护眼镜；

5）从事地下管道检修作业时，应配备防毒面罩、防滑鞋（靴）及工作手套。

第四节　劳动防护用品使用

一、安全帽

（一）安全帽性能及结构

1.安全帽性能

（1）安全帽基本性能：冲击吸收性能、耐穿刺性能；

（2）安全帽特殊性能：阻燃性能、侧向刚性、防静电性能、电绝缘性能、经处理耐低温性能（−20℃）；

（3）按照《安全帽测试方法》GB/T 2812—2006中4.8的规定测试，续燃时间≤5s，帽壳不得烧穿；

（4）按照《安全帽测试方法》GB/T 2812—2006中4.3规定的方法，安全帽经高温、低温、浸水、紫外线照射预处理后做冲击吸收性能测试。安全帽必须能够承受4900N的冲击力，且帽壳不得有碎片脱落。

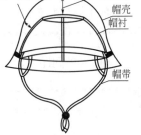

2.安全帽结构

（1）安全帽由帽壳、帽衬、下颏带及其他附件组成（见图8-2）。

（2）安全帽的质量：普通安全帽不超过430g；防寒安全帽不超过600g。

（二）安全帽适用场所

普通安全帽适用于工作场所施工作业人员佩戴，防止现场

图8-2　安全帽结构示意图

存在的微小型物体及坠落物轻微磕碰、小物品飞溅、掉落等引起的打击伤害，在如下几种情景下保护人的头部不受伤害或降低头部受伤害程度：

（1）预防斜上方或高处坠落物击打头部；

（2）预防作业人员从 2m 及以上的高处坠落伤害头部；

（3）预防头部触及带电体造成触电伤害；

（4）预防在低矮、复杂的建筑环境下作业或行走时，头部碰撞到尖锐、坚硬的物体造成头部伤害。

> 小贴士：国家相关标准并没有关于安全帽颜色使用的规定，企业为了规范和提高施工安全生产管理水平，尤其是在应急状态下具有迅速建立应急救援统一指挥的功能，生产经营单位内部可以设定职务与安全帽颜色相对应的标识色：
>
> 深红色安全帽：项目经理、项目副经理、项目总工等高级管理人员；
>
> 红色安全帽：技术人员、施工管理人员等中级管理人员；
>
> 白色安全帽：安全总监、专职安全生产管理人员、安全监察人员等安全管理人员；
>
> 蓝色安全帽：建筑电工、信号司索工、架子工等特种作业人员；
>
> 黄色安全帽：现场施工作业人员。

（三）安全帽正确佩戴方法

（1）佩戴高度：按照《安全帽测试方法》GB/T 2812—2006 中 4.1 规定的方法测量，佩戴高度应为 80～90mm。

> 小贴士：安全帽佩戴时，安全帽帽箍底部至头顶最高点的轴向垂直间距应为 80～90mm。

（2）垂直间距：按照《安全帽测试方法》GB/T 2812—2006 中 4.2 规定的方法测量，垂直间距应为≤50mm。

> 小贴士：安全帽佩戴时，帽衬与帽壳的垂直轴向间距不得为零，头顶最高点与帽壳内表面垂直轴向间距宜为 30～50mm。

（3）水平间距：5～20mm。

> 小贴士：安全帽佩戴时，帽箍与帽壳内侧之间在水平面上的径向间距应为 5～50mm。

（4）为了防止安全帽受外力冲击脱落，安全帽佩戴时必须按头围的大小调整帽箍并系紧下颏带。安全帽佩戴正确，见图8-3；安全帽佩戴错误，见图8-4。

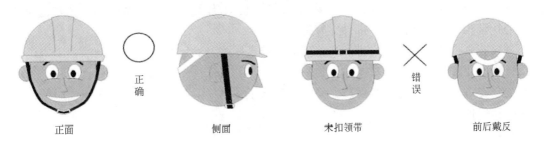

图8-3　安全帽佩戴正确　　　　　　　　　图8-4　安全帽佩戴错误

小贴士：安全帽应专人专用。

（1）安全帽佩戴前，帽衬调整到符合规定要求的位置，确保佩戴安全帽安全、舒适；每个安全帽的帽衬与帽壳的水平间距及垂直间距因人而异，如果借戴、错戴未经调整的安全帽，难以发挥安全帽最有效的防护功能，可能起不到应有的保护作用，所以安全帽要专人专用。

（2）安全帽帽衬、帽带、下颏带与人的皮肤直接接触，多人使用容易传染疾病、不卫生，所以安全帽不宜混用。

（四）安全帽报废更新条件

（1）安全帽经受严重冲击后，即便没有明显损坏痕迹，也必须更换；

（2）发现开裂、下凹、老化、裂痕和磨损等情况，安全帽做报废处理；

（3）安全帽到期，必须做报废处理。安全帽保质期按制造商产品说明执行，保质期按出厂合格证标识日期开始计算。

二、安全带

（一）安全带性能及结构

1.安全带性能

（1）安全带要满足续燃时间≤5s阻燃性能规定；

（2）安全带适用于体重及负重之和不大于100kg的荷载条件。

2.安全带结构

（1）安全带由系带、安全绳、连接器、调节器等其他附件组成；

（2）安全带主带应是整根，不能有接头。主带宽度不应小于40mm，辅带宽度不应小于20mm。

（二）安全带适用场所

（1）安全带适用于高处作业、攀登及悬吊作业，不适用于消防等用途。

（2）凡坠落高度距基准面2m（含2m）以上的施工作业场所，在无法采取可靠防护措施的情况下必须使用安全带。

（三）安全带正确使用方法

1.安全带使用前的注意事项

（1）安全带在使用前要检查带、绳无变质破损、卡环无裂纹、卡簧弹跳性良好、安全带主带扎紧扣可靠及各部位、部件完好无损。

（2）安全带的安全绳同主带的连接点应固定于佩戴者的后背、后腰或胸前，不应位于腋下、腰侧或腹部，见图8-5。

（3）安全带、绳保护套要保持完好，以防绳子被磨损。若发现保护套损坏或脱落，必须更换新保护套后再使用。

2.安全带使用注意事项

（1）高处作业安全带必须挂在牢固的构件或物体上，防止摆动、碰撞和滑脱。

（2）钢结构等高处作业时，如安全带无固定系挂处，应采用满足安全强度的钢丝绳作为系挂点。严禁将安全带系挂在移动、带尖锐棱角或不牢固的物件上，见图8-6。

图8-5　安全绳同主带的连接点

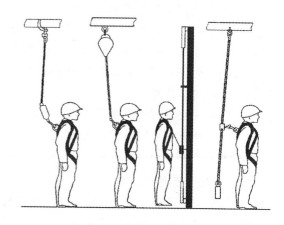

图8-6　安全带系挂图（一）

（3）安全带要高挂低用，即安全带挂在高处，人在下方作业。系挂点最低不能低于作业者腰部，见图8-7。

（4）安全带严禁擅自接长使用。使用3m及以上的长绳时必须要加防坠缓冲器；防坠缓冲器各部件不得随意拆卸，见图8-8。

图8-7　安全带系挂图（二）

图8-8　防坠缓冲器

小贴士：高挂低用的目的是在意外坠落发生时，人体自由坠落的实际距离减小，避免人体受到冲击伤害、减少安全带主绳的冲击荷载，因此安全带必须高挂低用，禁止低挂高用。

3.安全带使用后的注意事项

（1）安全带在使用后，要注意维护和保管。要经常检查安全带缝制部分和挂钩部分，必须详细检查安全带、绳是否发生裂断或破损等。

（2）安全带要妥善保管，不可接触高温、明火，不可接触强酸、强碱等腐蚀性物质或尖锐物体，不得存放在潮湿仓库中保管。

（四）安全带报废条件

（1）安全带经受严重冲击后，即便没有明显损坏痕迹也必须淘汰、更换；

（2）发现带绳断裂、老化及磨损严重等情况，安全带做报废处理；

（3）使用频繁的安全带，要经常做外观检查，发现异常时，应立即更换新绳；

（4）按照生产商产品说明书规定安全带到期或抽检不合格，必须做报废处理。

1）安全带保质期按生产商产品说明执行，保质期按出厂合格证标识日期开始计算；

2）安全带使用期为 3～5 年，安全带每使用两年，应抽验一次，发现异常提前报废。

三、安全网

（一）安全网性能及结构

1.安全网性能

（1）安全网采用纯原生锦纶、维纶、涤纶或其他耐候性材料制成；

（2）阻燃特性安全网要求续燃时间≤4s、阴燃时间≤4s。

2.安全网结构

（1）安全网由网体、边绳、系绳等组成；

（2）密目安全网一般由网体、开眼环扣、边绳和附加系绳组成；

（3）施工现场使用的密目式安全立网应选用绿色或蓝色；密目式安全立网缝线不应有跳针、漏缝，缝边应均匀；

（4）网体上不应有断纱、破洞、变形及有碍使用的编织缺陷；密目安全网各边缘部位的开眼环扣应牢固可靠；

（5）单张平（立）安全网质量不宜超过 15kg。

（二）安全网功能分类和标记

1.安全网功能分类

（1）安全平网：安装平面不垂直于水平面。用来防止人、物坠落，或用来避免、减轻坠落及物击伤害的安全网，简称平网。

（2）安全立网：安装平面垂直于水平面。用来防止人、物坠落，或用来避免、减轻坠落及物击伤害的安全网，简称立网。

（3）密目式安全立网：网眼孔径不大于 12mm，垂直于水平面安装，用于阻挡人员、视线、自然风、飞溅及失控小物体的网，简称密目网。密目式安全立网分 A 级、B 级。

1）A 级密目式安全立网：在有坠落风险的场所使用密目式安全立网。

2）B 级密目式安全立网：在没有坠落风险或配合安全立网（护栏）完成坠落保护功能的场所使用密目式安全立网。

2.安全网功能分类标记

（1）P：代表产品分类为平网；

（2）L：代表产品分类为立网；

（3）ML：代表产品分类为密目式安全立网；

（4）产品规格尺寸以宽度×长度表示，单位为 m；

（5）阻燃型安全网应在分类标记后加注"阻燃"字样。

示例：维纶 ML—1.8×10A 级阻燃，表示采用维纶材料制作、宽度为 1.8m、长度为10m 阻燃型 A 级密目式安全立网。

（三）安全网适用场所

安全网适用于防止人员或物体坠落或用来避免、减轻坠落及物体打击伤害的建筑等高处作业场所。

（四）安全网正确使用方法

1.安全网使用前的注意事项

（1）安全网在使用前应检查其是否有腐蚀及损坏情况。旧网在使用前应做试验，试验合格后，方可使用。

（2）新网在使用前必须分清产品类别是平网还是立网，立网和平网必须严格区分开，立网绝不允许当平网使用。

（3）平（立）安全网搭设完成后，在使用前宜做耐冲击性抽检测试。

1）耐冲击性测试材料：直径 500mm、质量 100kg 的铸铁空心铁球；或直径 550mm、高度 900mm、质量 120kg 的圆柱形沙包。

2）耐冲击性测试样本：规格尺寸 3m×6m 的平网或立网，或销售、使用或在用的完整密目网。

3）耐冲击性测试方式：自由落体测试高度。耐冲击测试性能应符合表 8-2 的规定。

平（立）网的耐冲击测试性能要求　　　　　　　　　　表 8-2

安全网类别	平网	立网
冲击高度	7m	2m
测试结果	网绳、边绳、系绳无断裂,测试重物不应接触地面	

4）耐冲击性测试高度：平网为 7m，立网为 2m，A 级密目式安全立网为 1.8m，B 级密目式安全立网为 1.2m。

5）耐冲击性测试标准：耐冲击性能测试后，平（立）网安全网边绳不应破断，网体撕裂形成的孔洞不应大于 200mm×50mm。

6）安全网的贮存期超过两年时，抽检数量为购进总量的 20%。

2.安全网使用注意事项

（1）系绳间距：平（立）网的系绳与网体应牢固连接，各系绳沿网边均匀分布，相邻两系绳间距不应大于75cm。

（2）系绳长度：平（立）网的系绳长度不应小于80cm。

（3）当筋绳加长用作系绳时，其系绳部分必须加长，且与边绳系紧后，再折回边绳系紧，至少形成双根。

（4）平（立）网如有筋绳，则筋绳分布应合理，平网上两根相邻筋绳的间距不应小于30cm。

（5）平（立）安全网的边绳、网绳、筋绳断裂强度应符合表8-3的规定。

平（立）安全网的边绳、网绳、筋绳断裂强度规定　　　　　　　表8-3

网类别	绳类别	绳破断强度(N)
安全平网	边绳	≥7000
	网绳	≥3000
	筋绳	≤3000
安全立网	边绳	≥3000
	网绳	≥2000
	筋绳	≤3000

（6）平（立）安全网的耐冲击性能应符合表8-2的规定。

（7）经常检查平（立）安全网网片状态、清理网内杂物。

（8）在网上进行方施焊作业时，必须采取有效防范措施，防止焊接火花落在平（立）安全网上。

（9）避免在严重弥漫酸碱烟雾的环境中张挂平（立）安全网。

（10）不符合要求的平（立）安全网应及时处理并有跟踪使用记录。

3.安全网使用后的注意事项

（1）安全网使用后应清理，保持整齐、清洁。

（2）平（立）安全网应与尖锐物品、热源隔离，存放在无化学品污染、避光仓库中专人保管。

（3）平（立）安全网使用后，应清洁后存放，防止受潮，以免造成网扣脱落、网片风化。

（五）安全网更新（换）条件

（1）平（立）安全网续燃、阴燃时间，边绳、网绳、筋绳断裂强度，耐冲击性能等测试项目，均应符合制造规范规定，否则必须更换。

（2）平（立）安全网边绳、网绳、筋绳被刀割、火烫导致截面减小时，应更换或报废。

附录一 安全生产工作基本术语

1. 安全文化：安全文化是安全价值观和安全行为准则的总和。具有个人和集体安全文化素养属性，是道德、观念、态度、能力、物态、行为和行为方式的综合产物。

2. 本质安全：本质安全是指通过设计等手段使生产设备或生产系统本身具有安全性，即使在误操作或发生故障的情况下也不会造成事故的发生。

3. 不安全行为：指能造成事故的人为错误。

4. 不安全状态：指能导致事故发生的物质条件。

5. 违章指挥：强迫职工违反国家法律、法规、规章制度或操作规程进行作业的行为。

6. 违章操作：职工不遵守规章制度，冒险进行操作的行为。

7. 事故隐患：未被事先识别，可导致事故的危险源和不安全行为及管理上的缺陷。事故隐患按照危害和整改难易程度分为两级：

（1）一般事故隐患：危害和整改难度较小，且能够及时消除的事故隐患。

（2）重大事故隐患：危害或整改难度较大，需经过一定时间整改治理方能排除的隐患，或因外部因素影响致使工程参建单位自身难以排除的隐患。

8. 工作环境：工作场所及周围空间的安全卫生状态和条件。

9. 工作条件：职工在工作中的设施条件、工作环境、劳动强度和工作时间的总和。

10. 安全生产工作：为保障生产过程的安全，而采取的各种手段、措施和一系列活动的统称。

11. 起因物：导致事故发生的物质。

12. 致害物：指直接引起伤害及中毒的物体或物质。

13. 伤害方式：指致害物与人体发生接触的方式。

14. 危险物品：易燃易爆物品、危险化学品、放射性物品等能够危及人身安全和财产安全的物品。

15. 危险源：可能导致死亡、伤害、职业病、财产损失、工作环境破坏或这些情况组合的根源或状态。

16. 危险源辨识：对生产各单元或各系统的工作活动和任务中的危害因素的识别，并分析其产生方式及其可能造成的后果。

17. 风险：生产安全事故发生的可能性及其可能造成的损失的组合。

18. 风险评估：评估风险大小的过程。通过风险的排序、分级，对风险发生的可能性以及可能造成的损失程度进行估计和衡量。

19. 风险预警：对生产过程中已经暴露或潜伏的各种危险源进行动态监测，并对其风险进行预期性评价，及时发出危险预警，使管理层及时采取相应管控措施。

20. 风险预控：根据危险源辨识和风险评估的结果，通过制定相应的管理标准和管理措施，控制或消除可能出现的危险源，预防风险出现的过程。

21. PDCA 循环：是一种包括计划、实施、检查和处理的封闭循环管理模式。

22. 事故：造成死亡、伤害、职业病、财产损失、工作环境破坏或超出规定要求的不利环境影响的意外情况或事件的总称。

23. 特种作业：由国家认定的，对操作者本人及其周围人员和设施的安全有重大危险因素的作业。

24. 职业安全：以防止职工在职业活动过程中发生各种伤亡事故为目的的工作领域及在法律、技术、设备、组织制度和教育等方面所采取的相应措施。

25. 有害因素：能影响人的身体健康，导致疾病或对物造成慢性损坏的因素。

26. 有害物质：化学的、物理的、生物的等能危害职工健康的所有物质的总称。

27. 有害作业：作业环境中有害物质的浓度、剂量超过国家卫生标准中该物质最高允许值的作业。

28. 有毒物质：作用于生物体，能使机体发生暂时性或永久性病变，导致疾病甚至死亡的物质。

29. 有毒作业：作业场所空气中有毒物质含量超过国家卫生标准中有毒物质的最高允许浓度的作业。

30. 职业病：职工因受职业性有害因素的影响引起的，由国家以法规形式，并经国家制定的医疗机构确认的疾病。

31. 职业禁忌：某些疾病（或某些生理缺陷），其伤患人员如从事某种职业便会因职业性危害因素而使病情加重或易于发生事故，则称此疾病（或生理缺陷）为该职业的职业禁忌。

32. 防护措施：为避免职工在作业时身体的某个部位误入危险区域或解除有害物质而采取的隔离、屏蔽、安全距离、个人防护等措施或手段。

33. 劳动防护用品：在职业活动过程中，为免遭或减轻事故和职业危害因素的伤害，企业为职工提供的劳动防护用品。

34. 重伤：全部永久丧失劳动能力、部分永久丧失劳动能力或相当于损失工作日等于或超过 105 日的失能伤害。

35. 轻伤：指暂时丧失劳动能力 8 日及以上低于 105 日。

36. 轻微伤：指暂时丧失劳动能力 4～7 日。

37. 微伤：指暂时丧失劳动能力 1～3 日。

附录二 《施工用电安全管理协议》范例

施工用电安全管理协议书

总承包单位或项目部名称（甲方）：

分包单位或施工队名称（乙方）：

二○××年××月××日

一、施工用电安全管理协议依据

1. 现行《建设工程施工现场供用电安全规范》GB 50194—2014；
2. 现行《施工现场临时用电安全技术规范》JGJ 46—2005；
3. 现行《建筑施工安全检查标准》JGJ 59—2011；
4. 《建设工程安全生产管理条例》；
5. 《生产安全事故报告和调查处理条例》（中华人民共和国国务院令第 493 号）；
6. 现行《建筑施工作业劳动防护用品配备及使用标准》JGJ 184—2009；
7. 现行《建设工程施工现场安全防护××××标准》等。

二、施工用电安全管理协议目的

为了加强施工用电安全生产管理，保障×××工程施工现场参施各方人员生命和财产安全，防止和减少用电安全事故，结合国家、行业、地方、××××集团公司相关规定及本项目制定的安全生产目标。按照"谁违规、谁负责，"权力、义务、责任清晰化原则，经双方协商、达成如下施工用电安全生产管理协议。

三、施工用电安全指标

1. 施工用电安全事故人员零伤亡；
2. 施工用电火灾事故零次发生。

四、施工用电系统（区域）安全管理责任划分（施工现场根据实际情况三选一）

（一）甲方用电总负责制方式（甲方供用电系统、设施设备负责制）

1. 甲方负责现场施工电源、供电系统、配电室箱（A 级）、分配电箱（B 级）、末级配电箱（C 级）、线路、用电设备安装、接续、巡检、维护、拆除管理工作。
2. 乙方按规定使用末级配电箱（C 级）及用电设备。

（二）甲方用电局部负责制方式（甲、乙双方供用电系统、设施设备分级负责制）

1. 甲方负责向乙方提供施工电源、中配电室箱（A 级）、分配电箱（B 级）供电控制及线缆的安装、接续、巡视、维护、拆除工作。
2. 乙方负责分配电箱（B 级）指定断路器出线端以下，固定设备末级配电箱（C 级）或移动式末级配电箱（C 级）进、出电源线缆及用电设备（包括设备控制箱）安装、接续、使用、巡检、维护、拆除管理工作。
3. 甲方或乙方提供的开关箱配置必须符合《建设工程施工现场供用电安全规范》GB 50194—2014 的规定，乙方对末级配电箱（C 级）配置、箱壳的安全性进行验收，乙方对不符合规定的末级配电箱（C 级）有权拒绝使用和安装。
4. 分配电箱（B 级）与末级配电箱（C 级）的电源线缆接续，须经甲方电气技术人员或相关人员同意，由乙方持证电工连接操作。
5. 供电系统责任分界点为分配电箱（B 级）电源的隔离开关下口端专供乙方末级配电箱（C 级）。

（三）区域责任划分形式（现场施工用电供用电设施设备区域、系统负责制）

1. 甲方负责协议规定的施工用电 A 区域，总配电箱（A 级）或分配电箱（B 级）总隔离开关进线端及以上部分的配电设备、线缆的安装、接续、使用、巡视、维护、拆除由甲方负责。

2. 乙方负责协议规定的施工用电 B 区域，总配电箱（A 级）或分配电箱（B 级）分路断路器指定馈线端及以下部分的线缆、配电设备的安装、接续、使用、巡视、维护、拆除由乙方负责。

3. 乙方发现供、配、用电隐患应及时消除并报告甲方。

4. 施工用电区域、总配电箱（A 级）或分配电箱（B 级）根据协议规定加装计量电表。

五、施工用电安全管理规定

1. 双方均应严格遵守现行《施工现场临时用电安全技术规范》JGJ 46—2005 及本协议规定。

2. 现场施工用电系统、线路、用电设备的安装、接续、使用、巡视、维护、拆除作业必须由持证建筑电工操作。

3. 建筑电工必须持有省住建厅或市住建委颁发的特种作业操作资格证。项目部现场专职安全管理人员或电气管理人员须上网（http：//www.bjjs.gov.cn/tabid/581/default.aspx）确认证书的真实性和有效性，并将特种作业操作资格证复印件存档备查。现场建筑电工作业必须至少配备两名建筑电工。

4. 为确保施工用电安全达标，现场施工电源供电系统、配电设备、线路线缆、用电设备的安装、接续、使用、巡检、维护、拆除管理、验收等工作内容，应严格遵守相关安全技术标准要求。

5. 根据用电管理协议中用电系统或责任区域的划分，甲方电气管理人员有权对施工现场全部施工用电系统、线路、用电设备的安装、接续、使用、巡视、维护、拆除作业过程进行监督、检查。甲方发现乙方存在施工用电安全隐患应及时书面通知乙方，乙方应积极配合并按要求整改。

6. 乙方对现场施工用电的安全隐患，必须定人、定措施、定时间进行整改。未及时进行整改者，现场专职安全管理人员及电气管理人员有权责令限期整改。逾期不改的，为确保施工用电安全，甲方专职安全管理人员及电气管理人员有权采取经济处罚、断电、停工等处理措施。

7. 用工方必须为建筑电工配备相应的劳动防护用品及工具，建筑电工安装、接续、使用、巡检、维护、拆除作业时须按规定穿绝缘鞋、戴绝缘手套、使用电工专用绝缘工具。并应做好工作记录。

8. 现场班组必须保持至少两名建筑电工跟班作业，专门负责现场施工用电各项工作，不得另行安排其他工作，以便随时应对处理施工用电设备、线路工程出现的突发事件，建筑电工应佩戴与其他作业人有明显区别的标志。

9. 施工用电分部分项工程作业安装必须严格遵守施工用电安全技术方案规定并交底，分部分项工程作业安装完成后，须经编制、审核、批准部门及安全管理部门和项目技术部门共同验收，验收合格后方可投入使用。

10. 用电设备操作人员安全技术规定

（1）用电设备操作人员必须经安全教育培训，掌握安全用电的基本知识和用电机械设备的性能，考核合格后方可操作。

（2）用电设备运行时，乙方必须按规定为操作人员配备齐全的劳保防护用品，并要求操作人员必须按规定穿戴。

（3）用电设备使用前，操作人员必须按规定检查用电设备保护装置是否齐全有效，严禁设备带病作业。

11. 按规定时间、频次、内容检查各施工用电分部分项工程接地装置接地电阻、设备线缆绝缘电阻及剩余电流动作保护器（RCD）动作特性是否符合安全技术规范要求。不符合要求必须及时处理，并做好复查记录。

12. 施工现场用电工程采用的电气设备、器材必须符合国家现行有关制造标准规定，列入国家强制性认证产品目录的电气设备、器材、元器件必须提供"CCC"证书、合格证及相关检测报告等质量证明文件。

13. 发生施工用电安全生产事故，必须及时向总承包单位报告。

14. 施工现场用电安全技术资料档案由甲方现场电气技术负责人或专职安全员根据施工现场用电安全资料管理的相关要求收集、整理、归档。在临时用电工程拆除后统一归档。建筑电工安装、巡检、维修、拆除工作记录由指定电工记录和代管。

六、施工用电安全技术管理规定

1. 乙方用电设备的安装、使用、维护、拆除须严格遵守《施工现场临时用电安全技术规范》JGJ 46—2005 的规定。

2. 施工现场用电工程专用的电源中性点直接接地的 220V/380V 三相四线制低压电力系统，必须符合下列规定：

（1）采用 TN－S 接地保护形式；

（2）采用三级配电系统，即总配电箱、分配电箱、末级配电箱；

（3）采用两级剩余电流动作保护器（RCD）保护。

某些地区采用"逐级剩余电流动作保护器（RCD）保护"，应以地方规定为准。

3. 总配电箱应设在靠近电源的区域，分配电箱应设在终端用电设备或负荷相对集中的区域，分配电箱与开关箱的距离不得超过 30m。开关箱与其控制的终端用电设备的水平距离不得超过 3m。

4. 现场配电系统实行逐级设置剩余电流动作保护器（RCD）。施工用电剩余电流动作保护器（RCD）额定漏电动作电流、时间参数应合理匹配，形成分级保护系统。禁止使用可调技术参数剩余电流动作保护器（RCD）。

5. 一台用电设备按照"一隔、一漏、一箱、一锁"配置开关箱。开关箱控制和保护一台终端用电设备，严禁控制两台及以上终端用电设备。

6. 必须严格遵守暂时停用 1h 以上的终端用电设备，必须断电、锁箱规定。检查、维护用电机械设备时，必须严格遵守"断电、锁箱、挂警示牌"规定，即断电：分断隔离开关和剩余电流动作保护器（RCD）；锁箱：开关箱上锁；挂警示牌：挂"有人工作，严禁合闸"警示牌。

7. 移动电气设备时，必须经专业电工切断电源并做妥善处理后进行。

8. 在 TN 系统中，现场电气设备不带电的外露可导电部分必须与 PE 保护接地线做可靠连接：

（1）电机、变压器、电器、照明器具、手持式电动工具的金属外壳；

（2）电气设备传动装置的金属部件；

（3）配电柜与控制柜的金属箱体、框架；配电装置靠近带电部分的金属围栏和金属门等；

（4）电力线路的金属导管、敷线钢索、起重机的底座和轨道、滑升模板金属操作平台等；

（5）人防、隧道等潮湿或条件特别恶劣施工现场的电气设备金属外壳等。

9. 各级配电箱剩余电流动作保护器（RCD）的技术参数设定：

（1）总配电箱内剩余电流动作保护器（RCD）的技术参数≤30mAs；

（2）开关箱内剩余电流动作保护器（RCD）的额定漏电动作电流≤30mA，额定漏电动作时间≤01s；

（3）手持电动工具的保护及潮湿和有腐蚀介质场所，采用额定漏电动作电流≤15mA，额定漏电动作时间≤0.1s 的防溅型剩余电流动作保护器（RCD）。

10. 现场动火作业前必须开具动火许可证，开具动火许可证必须满足以下四项条件：

（1）人员资格条件：电、气焊工等特种作业人员必须持有有效特种作业操作资格证，方可动火作业。

（2）动火环境条件：

1）动火作业前，必须清除全部以动火点为圆心，半径 10m 范围内的任何 B_2（可燃）、B_3（易燃）类物品；对动火点附近无法移动的可燃物，应采用 A（不燃）材料对其隔离或覆盖。

2）临时建筑、仓库及可燃易燃材料存放场等必须设置在动火点上风口处。

3）风速限制规定：8.0m/s 以上风速时，禁止室外焊接、切割等动火作业，否则应采取可靠的挡风措施。

（3）灭火器材配置：动火作业现场必须配置两具 5kg 手提式干粉灭火器。

（4）监护人员配备：动火作业现场必须配备一个及以上动火监护人。

11. 弧焊机必须配备交流弧焊机保护器及电焊机专用控制箱，确保实现一次侧剩余电流保护，二次侧降压保护。焊接作业时，一次侧电源线≤5m，二次侧焊把线≤30m，双线到位，不得借用金属管道、金属脚手架、轨道及结构钢筋等金属作回路导线。电焊机一、二次侧防护罩、焊钳、焊线应齐全、完整。

12. 现场必须采用Ⅱ类或Ⅲ类绝缘型的手持电动工具。手持电动工具及线缆的绝缘强度必须符合要求；电源线、插座应完好无损，电源线缆不得有外绝缘破损及任意接长现象。

13. 宿舍区照明按规定采用 36V 安全特低电压供电；安全变压器必须采用双绕组型并装设在电箱内，一次侧采用剩余电流动作保护器（RCD）保护，二次侧采用熔断器保护，一次、二次电源线缆应绝缘良好。

14. 现场供配电进楼、进户线缆应符合规定，标识清晰明了。

15. 线路、用电设备安装、维修和检查应由专业电气人员负责，严禁非电工人员私拉乱扯。

七、协议有效期

_____年_____月_____日至××××工程结束或乙方参施人员全部退场。

总承包单位或项目部名称（甲方）：盖章　　分包单位或施工队名称（乙方）：（盖章）

负责人：（签字）　　　　　　　　　　负责人：（签字）

年　月　日　　　　　　　　　　　年　月　日

附录三 《施工用电组织方案》范例

施工用电组织方案

×××工程

编制：_____

审核：_____

审批：_____

×××笈集团×××公司

×××笈年××月××日

目　　录

一、编制依据

1.现行《建设工程施工现场供用电安全规范》GB 50194—2014；

2.现行《施工现场临时用电安全技术规范》JGJ 46—2005；

3.现行《建筑施工安全检查标准》JGJ 59—2011；

4.现行《建设工程施工现场安全防护××××标准》等。

二、工程概况

（一）工程相关方

建设单位：

监理单位：

设计单位：

施工单位：

（二）工程概况

1.工程概况

地上（层）	地下（层）	占地面积（m²）	建筑面积（m²）	建筑檐高（m）	工 期（d）	流水段（段）	结构类型

2.地理位置：本工程位于……

（三）现场条件

1.地形、地貌、地质特征状况；

2.毗邻建筑物、构筑物状况；

3.10kV电源进线位置、箱式变压器位置；

4.地下各类电力、通信线路，煤气、上下水管线状况及进场水源位置等；

5.未决问题。

三、施工用电组织管理体系

（一）施工用电组织机构

为了安全、规范、顺利开展施工用电安全技术管理工作，×××项目部成立由电气工程师×××等组成的施工用电管理小组：

组　长：×××（电气工程师）

副组长：×××（电气施工员）

组　员：×××、×××、×××（持有特种作业操作资格证书的建筑电工）

（二）施工用电组织机构人员职责

1.电气技术负责人职责

（1）编制《施工用电组织方案》；

（2）负责组织电气施工人员、建筑电工及用电人员进行《施工用电组织方案》交底，介绍设计意图、施工用电安全技术内容及安全注意事项等；

450

（3）负责编制施工用电分项工程安全技术交底，组织建筑电工及用电人员进行施工用电分项工程安全技术交底；交底人、被交底人签字；

（4）指导施工用电分项工程安装；

（5）及时组织专职安全员及相关人员对各施工用电分项工程进行安装后、使用前验收；

（6）发生事故、未遂事故及发现施工用电安全隐患应立即提出整改措施，并责成相关人员及时整改等。

2.电气施工人员职责

（1）按照《施工用电组织方案》、施工用电各分项工程安全技术交底内容，负责组织实施施工用电各分项工程安装、拆除；

（2）负责组织建筑电工安装、维护、检查、检测施工用电工程设施设备，发现隐患及时消除；

（3）负责施工用电资料收集、整理、归档等；

（4）发生事故、未遂事故及发现施工用电安全隐患应及时向上级相关人员报告，根据整改措施，安排建筑电工及相关人员及时整改等。

3.建筑电工职责

（1）严格遵守安全生产规章制度，拒绝违章指挥，杜绝违章操作；

（2）严格遵守施工用电安全技术规范及操作规程规定；

（3）严格执行《施工用电组织方案》及安全技术交底内容，负责各分项具体施工用电工程安装工作；

（4）按规定实施安装、维护、检查、检测施工用电工程设施设备工作等；

（5）认真履行施工用电设施设备、安全保护装置班前检查制度；

（6）发生事故、未遂事故及发现施工用电安全隐患应及时向上级相关人员报告，并按要求及时整改等。

四、施工用电容量计算（校核）

（一）现场主要用电设备统计表

序号	设备组	设备名称	型号	单台设备容量(kW)	数量	设备组总容量
1	钢筋加工组	钢筋切断机	QT40-1	3		
2		钢筋弯曲机	WJ40-1	3		
3		钢筋拉直机	JER51-8	18.5		
4	木材加工组	圆盘锯	MJ104	3		
5		压刨		7.5		
6		平刨	MB-506B	4		
7	电焊机组	电焊机	BX-500	32kVA		
8		对焊机	BX-1000	76kVA		
9	塔式起重机组	塔式起重机	QTZ5015	55		
10	消防泵	消防泵		30		

序号	设备组	设备名称	型号	单台设备容量(kW)	数量	设备组总容量
11	外用电梯	外用电梯		15		
12	搅拌机组	搅拌机	JG250	7.5		
13	混凝土输送泵	混凝土输送泵	HBT-50	75		
14	振捣机组	振捣器	HE-30	1.1		
15	夯机	蛙式夯	HW-60	3		

（二）现场施工用电负荷计算

1.采用"需要系数法"计算支、干线负荷，选择低压控制电器及线缆截面。

（1）设备容量按工作制将铭牌容量下的暂载率统一换算到标准暂载率功率，塔式起重机容量统一换算到标准暂载率 $J_c=25\%$。

塔式起重机设备容量计算式：$P_e=2 \cdot P_n \cdot \sqrt{J_c}$

$$P_{js}=K_x \cdot P_e$$

$$Q_{js}=P_{js} \cdot \tan\varphi$$

（2）设备容量按工作制将铭牌容量下的暂载率统一换算到标准暂载率功率，电焊机的设备容量统一换算到标准暂载率 $J_c=100\%$。

直流电焊机设备容量计算式：$P_e=P_n \cdot \sqrt{J_c}$

交流电焊机设备容量计算式：$P_e=S_n \cdot \cos\varphi \cdot \sqrt{J_c}$

$$P_{js}=K_x \cdot P_e$$

$$Q_{js}=P_{js} \cdot \tan\varphi$$

（3）钢筋加工组：$P_{js}=K_x (P_{n弯}+P_{n切}+P_{n直})$

$$Q_{js}=P_{js} \cdot \tan\varphi$$

（4）木材加工组：$P_{js}=K_x (P_{n刨}+P_{n锯}+P_{n砂})$

$$Q_{js}=P_{js} \cdot \tan\varphi$$

2.采用"同时系数法"计算总负荷，选择变压器容量。

有功功率：$\sum P_{js}=K_x \cdot (P_{js1}+P_{js2}+P_{js3}+\cdots\cdots)$（kW）

无功功率：$\sum Q_{js}=K_x \cdot (Q_{js1}+Q_{js2}+Q_{js3}+\cdots\cdots)$（kvar）

$\cdots\cdots$

总干线需要系数：当总用电设备数量 $\geqslant 30$ 台时，$K_x=0.6$

当总用电设备数量 < 30 台时，$K_x=0.7$

视在功率：$S_{js}=\sqrt{\sum P_{js}^2+\sum Q_{js}^2}$（kVA）

总负荷计算电流：$I_{js}=S_{js}/\sqrt{3 \cdot U_e}$

选择（校核）变压器容量、规格、型号。

$$S_变 \geqslant 1.2S_{js} \qquad S_{干式箱变} \geqslant S_{js}$$

当现场电源选用干式变压器时，在容量计算中应充分考虑塔式起重机、交流弧焊机等设备短时冲击过负荷的可能性，利用其较强的过载能力，选择较小容量干式变压器，使其主运行中适当处于满载或短时过载。

（三）现场总电源线截面、开关整定值选择计算

1. 按最小机械强度选择导线截面

$$架空：B_X = 10 \text{mm}^2 \qquad BL_X = 16 \text{mm}^2$$

2. 按安全载流量选择导线截面

$$I_{js} = K_x \cdot \frac{\sum P_{js}}{\sqrt{3} \cdot U_e \cdot \cos\varphi}$$

3. 按容许电压降选择导线截面

$$S = K_x \cdot \frac{\sum (P_e \cdot L)}{C_{cu} \cdot \triangle U} \qquad \begin{array}{l} 三相五线制 \quad C_{cu} = 77 \\ 单\quad 相\quad 制 \quad C_{cu} = 12.8 \end{array}$$

（四）单相负荷分配方法

1. 根据 30min 的平均负荷发热条件所绘制负荷曲线的最大负荷作为计算负荷。

2. 对于不对称单相负荷的设备容量，单相负荷设备应尽可能均匀分配在三相上。

3. 在计算范围内，若单相负荷设备总容量小于三相负荷设备总容量的 15% 时，按三相平衡分配计算，若单相负荷设备不对称容量大于三相负荷设备总容量的 15% 时，则按最大相不对称分配负荷的三倍计算。

五、施工供配电、用电系统设计

（一）供配电系统设计

1. 现场电气系统采用 TN-S 接地形式，见图 1。

2. 现场总配电箱重复接地，见图 2。

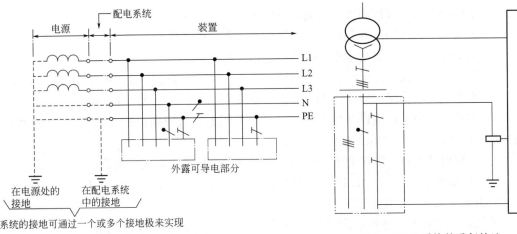

图 1　TN-S 接地形式　　　　　图 2　TN-S 系统的重复接地

3. 重复接地具体安全技术要求

（1）现场放射状、树状及复合状配电方式重复接地要求

1）放射状配电方式适用于大容量设备配电。应在分配电箱内汇流排处做重复接地。

2）树状配电方式适用于市政工程。分配电箱距总配电箱（柜）>50m 时，须在分配电箱内汇流排处做重复接地。

3）复合状配电：结合上述配电方式及具体情况设置重复接地。

（2）保护接地导体（PE）必须在总配电箱和分配电箱处做重复接地。

（3）保护接地导体（PE）与接地装置连接要牢固，不得虚接、假接及间接连接。

4.现场施工用电应设置三级配电、两级剩余电流动作保护器。

（二）供配电系统控制设备设计及选择

1.配电箱（柜）设计

（1）总配电箱（柜）设计

1）总配电箱（柜）应靠近总电源侧；

2）总配电箱（柜）内隔离开关负荷侧必须设置剩余电流动作保护器；

3）当施工现场施工用电总容量≤630kVA时，总配电箱（柜）内剩余电流动作保护器（RCD）的额定剩余动作电流、额定剩余电流动作时间参数按如下规定设置：

① 各分路主开关计算电流 I_{JS}≥150A 时：

剩余电流动作保护器（RCD）技术参数：$I_{\triangle n}$≤150mA、$T_{\triangle n}$≤0.2s；

② 各分路主开关计算电流 I_{JS}＜150A 时：

剩余电流动作保护器（RCD）技术参数：$I_{\triangle n}$≤100mA、$T_{\triangle n}$≤0.2s。

4）总配电箱、分配电箱采用线路保护形式的剩余电流动作保护器（RCD）。

（2）分配电箱（柜）设计

1）分配电箱（柜）设置在用电设备较集中区域；

2）分配电箱隔离开关负荷侧剩余电流动作保护器的视环境条件而定（地方规定）；

3）分配电箱（柜）距总配电箱（柜）宜≤50m；

4）剩余电流动作保护器（RCD）技术参数设定：$I_{\triangle n}$≤50mA、$T_{\triangle n}$≤0.1s。

（3）末级配电箱设计

1）末级配电箱与被控制固定用电设备水平距离≤3m；

2）末级配电箱内隔离开关负荷侧必须设置剩余电流动作保护器；

3）末级配电箱（三级配电箱）距分配电箱宜≤30m；

4）原则是一台固定用电设备，按照"一隔、一漏、一箱、一锁"配置末级配电箱；

5）剩余电流动作保护器（RCD）技术参数设定：$I_{\triangle n}$≤30mA、$T_{\triangle n}$≤0.1s；

6）直接控制用电机械设备的末级配电箱，采用电动机短路保护和过载保护脱扣特性保护形式的剩余电流动作保护器（RCD）；

7）手持电动工具、湿作业电动机械、夯土电动工具专用末级配电箱；

剩余电流动作保护器（RCD）技术参数设定：$I_{\triangle n}$≤10mA、$T_{\triangle n}$≤0.1s。

2.供配电系统控制电器选择

按规定要求和系数选择隔离开关、断路器、剩余电流保护器型号规格。

3.供配电系统线缆截面选择计算或校核

（1）按最小机械强度计算或校核；

（2）按安全载流量计算或校核；

（3）按容许电压降计算或校核。

4.电源进入在施工程设计

（1）电源进楼必须采用电缆，进楼过渡段应采用6m长金属钢管保护埋地引入。

（2）进楼电缆干线应敷设在施工建筑的垂直竖井内并靠近中心负荷区域，每层设置固定点。

（3）进楼电缆应与建筑钢结构悬挂做绝缘处理。

5. 照明设计

（1）施工现场照明须采用长寿命、高效电光源；

（2）室外灯具应采用防护等级为 IP65 的安全封闭型金属外壳灯具；

（3）灯具金属外壳、金属支架必须与保护接地导体（PE）可靠连接。

6. 外电线路防护设计

当外电线路距在施工程外檐≤10m 或距塔式起重机大臂运动半径极限点≤2m 时，必须搭设防护棚或采取其他安全保障措施。

7. 防雷设计

根据当地气象台（站）发布的年平均雷暴日数，查表得出设防高度。例如，北京地区年平均雷暴为 35.6d，设防高度为 32m，现场≥32m 的大型用电设备、高大金属塔、提升机架及在施工程金属大模板均应采取防雷措施。

六、施工用电安全管理措施

1. 建立健全各项施工用电安全工作制度。

2. 严格遵守、履行《现场施工用电组织设计》审批程序。

3. 《现场施工用电组织设计》作为现场施工用电安全指导性文件，电气专业技术人员应将现场施工用电总体设计意图、施工用电安全技术要求及注意事项进行书面交底。

4. 施工用电分项工程安装、使用、维护、拆除必须进行安全技术交底，安全技术交底必须双方签认。

5. 现场供配电系统、线路敷设及用电设备的安装、使用、维护必须严格遵守施工用电安全技术规范规定及相关安全操作规程要求。

6. 现场建筑电工必须持证上岗，并严格执行绝缘、屏护、间距三项基本电气安全技术措施。

7. 现场施工用电设施设备进行安装、检查、维护等工作时，严禁带电作业和预约停、送电。严格遵守停电、验电、末级配电箱悬挂"有人工作，禁止合闸"的警告牌、设监护人的安全技术操作规程。现场专人负责挂取警告牌。

8. 根据不同季节，电气专业技术人员应定期组织有关人员对用电线路、设备及各类安全装置进行检测和外观检查，检测技术参数必须符合安全技术规范要求。

9. 施工作业时，建筑电工必须正确使用合格的专用电工器具、工具。

10. 建筑电工应按规定正确佩戴、使用个人劳动防护用品。

11. 施工用电安全技术资料应确保真实同步、齐全完整并按规定收集整理归档。

12. 建筑电工必须掌握应急救援、电击事故急救知识和方法。

七、施工用电安全技术措施

1. 施工用电线缆、开关电器、断路器、剩余电流动作保护器（RCD）、配电箱等电气设施设备、元器件质量文件必须齐全有效。

（1）属于国家质量技术监督局公布的第一批实施强制性电工产品认证目录的电气设

备、材料、元器件，必须采用经过"CCC"强制认证的产品；

（2）电气设备、材料、元器件必须具有合格证；

（3）电气设备、材料、元器件根据规定出具检验报告，且应符合相关国家或行业制造标准。

2.现场配电室、配电箱（柜）基础台应高于在施工程室外地坪200mm以上。

3.总配电箱（柜）、分配电箱、末级配电箱应有防雨、防砸措施，并设围栏，围栏悬挂醒目安全警示标志。

4.金属构架、设备、护栏等外露可导电部分，均应与保护接地导体（PE）做可靠连接。

5.消防应急电源、消防水泵电源、警卫照明电源、事故照明电源引自施工现场总配电箱内总隔离开关出线侧。

6.施工用电设施设备、材料检查、检测安全技术要求

（1）线路、控制电器、用电设备绝缘电阻检测安全技术要求

1）线路、控制电器、用电设备绝缘电阻每月检测一次，并记录存档；

2）线路、控制电器、用电设备绝缘电阻值不得低于下表规定数值。

线缆类型	绝缘电阻值（MΩ）
BV 导线	2
YC 电缆	10
VV 电缆	10

（2）剩余电流动作保护器（RCD）检测安全技术要求

1）配电箱内的剩余电流动作保护器（RCD），须每天班前做模拟试验检查，正常脱扣，方可开始作业。

2）配电箱内的剩余电流动作保护器（RCD），须采用剩余电流动作保护器检测仪每月检测一次，检测数据符合安全技术规范要求后，方可投入使用，并记录存档。

（3）接地装置的接地电阻检测安全技术要求

1）接地装置的接地电阻每月摇测一次，并记录存档；

2）接地电阻值不得大于下表规定数值；

接地类型	接地电阻值（Ω）	接地装置类型	季节修正系数（4～10月）
工作接地	4	垂直接地装置	1.1～1.3
重复接地	10		1.1～1.3
避雷接地	30		1.1～1.2
塔式起重机接地	4		1.1～1.2

3）雨后及4～10月份测量的接地电阻值，需经季节修正系数修正，接地电阻值大于上表规定，必须采取降阻措施。

7.现场施工使用手持电动工具，必须采用Ⅱ类绝缘水平的手持电动工具（Ⅰ类绝缘水平的手持电动工具在特定条件下安全技术规范允许使用，但为安全起见现场原则上淘汰、

禁止使用），导线采用橡皮护套软电缆，中间不得有接头。

8. 现场及宿舍照明用电安全技术基本要求

（1）现场施工照明应采用高光效、长寿命的 LED 电光源。

（2）灯具安装高度安全技术基本要求

1）室内安装固定式灯具，高度不低于 2.5m，室内灯具的最大功率≤60W。

2）室外安装固定式灯具，高度不低于 3.0m。

（3）灯具金属外壳、支架等，均应与保护接地导体（PE）可靠连接。

（4）区域照明设备、移动封闭式碘钨灯应采用 IP65 防护等级；电源采用耐候型三芯橡皮护套软电缆。

（5）照明器具使用前，剩余电流动作保护器（RCD）须经过模拟试验。

（6）宿舍照明电源采用 36V 电压时，宿舍宜设 36V 电风扇插座，定时供电换气。

9. 施工现场高度超过 32m 的高大金属塔架、金属模板必须采取防雷措施（北京地区）。高大金属塔架、金属模板单独设置接地线与接地干线相连接，严禁在支路接地线中串接。

10. 断路器等电器装置脱扣动作后，不得强行合闸，应查明原因排除故障后，方可送电。

11. 发生电击事故时，应立即切断电源，严禁在未切断电源之前接触触电者。现场应及时对伤者做紧急救护。

八、施工用电防火措施

1. 对配电线路、用电设备的过载、短路现象合理配置保护电器，做到可靠有效的保护。

2. 导线与用电设备连接须牢固可靠。

3. 交、直流弧焊机防火安全技术基本要求

（1）交、直流弧焊机一、二次线缆截面应与负载电流相适应；

（2）一、二次线缆外绝缘护层完整、无破损；

（3）交、直流弧焊机一次线≤5m，二次线≤30m；

（4）施焊作业要双线到位、不得借路。

4. 现场高大设备、20m 以上金属构架等，须做良好的防雷保护，防雷引下线周围不得堆放易燃物，防止雷击引起火灾。

5. 灯具应与易燃物品保持一定的间距，普通灯具≥300mm，高发热量的碘钨灯具≥500mm，光源应避免直射易燃物品。木工房内照明宜采用自镇汞灯，厨房照明应采用防水防尘灯具，易燃易爆物品仓库照明应采用防爆灯具。

6. 配电室、配电箱、末级配电箱等电气装置周围，不得堆放任何可燃易爆和强腐蚀物品，周边应配置两只 5kg 干粉灭火器或干沙箱。

7. 施工现场消防供用电系统、消防泵保护须设专用箱。配电箱内设置剩余电流声光报警器，空气开关采用无过载保护型。

8. 行灯变压器安全技术基本要求

（1）行灯必须采用双绕组安全变压器供电；

（2）一次线路设置剩余电流动作保护器（RCD），二次线路采用熔断器保护；

（3）根据负荷正确选择导线截面和熔体，并进行负荷矩计算。

九、绿色施工用电措施

1.根据施工现场作业环境、职业安全健康状况，确定所有与施工用电有关的重大危险、危害因素，定性、定量地进行监督检查，制定针对性的、有效的预防措施。

与临时用电工程有关的重大危险、危害因素

序号	1	2	3	4	5	6
名称	触电	弧光灼伤	电气火灾	光污染	机械噪声	……

2.照明灯光投射角要调整合适，防止对周边住宅造成光污染，保证灯光照射在施工作业区域内。

3.电锯噪声应控制在国家环保局规定的范围内，若超过规定噪音限制，木工房应采取封闭减噪措施，确保噪声不外逸、不超标。

十、施工用电资料管理

1.施工用电安全技术资料应确保科学真实、齐全完整，资料与现场施工同步，按规定填写、收集、整理归档。

2.科学编制临时用电施工组织设计，严格审批制度。

3.建立健全各项临时用电工程管理制度。

（1）建立技术交底制度

临时用电施工组织设计作为现场施工用电指导性文件，电气技术人员应将现场配电总体意图、临时用电施工技术要求、安全技术措施及注意事项贯彻到操作人员。施工用电工程必须根据分项工程内容进行技术交底和安全交底，技术交底和安全交底必须由双方签认。施工用电技术交底内容如下：

1）电线导管线路敷设安全技术交底；

2）电缆、直埋电缆敷设安全技术交底；

3）电缆头制作、导线连接安全技术交底；

4）总配电箱（柜）、分配电箱、末级配电箱安装安全技术交底；

5）灯具、专用照明灯具、开关、插座、风扇安装安全技术交底；

6）施工现场用电设备安装安全技术交底；

7）接闪器、接地装置安装安全技术交底；

8）电焊机接线、使用安全技术交底；

9）手持、震动、湿作业工具使用接线安全技术交底；

10）消防及应急保卫电源安全技术交底；

11）外电防护安全技术交底；

12）雨季施工电气安全技术交底；

13）冬季施工电气安全技术交底。

交底必须交到操作电工。技术交底文字资料须有签字手续，并注明交底日期。

（2）建立临时用电工程安全检测制度

1）临时用电工程验收后，须定期对施工用电系统、设备、线路安全工作状态进行确认；

2）每季度对各种接地装置接地电阻进行检测；

3）每月对线缆、电气设备绝缘电阻进行检测；

4）每周对剩余电流动作保护器（RCD）动作参数值、性能进行检测，保证临时用电工程系统始终处于安全工作状态，并做好检测记录。

（3）建立电气维修、检查制度

加强日常和定期维修工作，及时发现和消除隐患，并建立维修工作记录，记载设备维修时间、地点、设备使用状态等内容。临时用电电工严格执行每日班前巡查制度，每周对施工现场临时用电线路、开关电器和用电设备做一次全面检查，发现问题及时整改，并将检查整改情况填表归档。

（4）建立临时用电工程拆除制度

建筑工程竣工后，临时用电工程的拆除应统一指挥，并规定拆除时间、顺序、方法、注意事项和防护措施等。

（5）建立安全教育和培训制度

进场前，对专业电工和各类用电人员进行安全教育和培训；进场后，定期对专业电工和各类用电人员进行安全教育。凡上岗人员必须持有劳动部门颁发的上岗证书。现场操作电工必须熟练掌握触电急救基本知识和灭火器材使用方法。

（6）建立健全电气技术人员、施工操作人员岗位责任制度

明确临时用电工程安全用电责任、技术岗位职责。对临时用电工程各部位的操作、监护、维修分片、分块、分机落实到人，并辅以必要的奖罚。

（7）加强电气火灾的防范意识教育，建立健全施工现场明火管理制度，切实做到"预防为主、防消结合"。

（8）照明灯具必须由电工专门保管和维修，并建立使用登记、回收管理制度。

十一、施工用电配电系统图

1.配电系统图按总配电箱（柜）、分配电箱（柜）、末级配电箱分别绘制，系统图中电源变压器、隔离开关、断路器、剩余电流动作保护器（RCD）、配电柜（屏、箱）、线路、线缆母线等电气符号应符合标准；系统图应规范、清晰、整洁。

2.绘制总配电系统图，总配电箱（柜）、分配电箱（柜）、末级配电箱之间关系清晰、明了。

十二、施工现场配电平面布置图

1.平面图中，准确标示变压器或箱变位置，配电室位置。

2.电源进楼绘制立面图。

3.标注配电箱级别编号、线缆走向、线缆规格、工作接地装置、重复接地装置、避雷接地装置位置。

4.清晰标示宿舍区、木材加工场、钢筋加工场、电梯、搅拌机、消防泵、塔式起重

机、外用电梯、消防泵等位置。

编号	设备机组名称		K_x	$\cos\varphi$	$\tan\varphi$	J_C
1	木工机组	10台以下	0.70		1.02	
		10台以上	0.60			
2	钢筋机组	10台以下	0.70		0.88	
		10台以上	0.60			
3	电焊机组	10台以下	0.45	0.45	1.98	100%
		10台以上	0.35	0.40	2.29	100%
4	振捣机组	10台以下	0.70	0.68	1.08	
		10台以上	0.60	0.65	1.17	
5	搅拌机组	10台以下	0.70	0.68	1.08	
		10台以上	0.60	0.65	1.17	
6	卷扬机组	10台以下	0.30	0.70	1.02	100%
		10台以上	0.20	0.65	1.17	
7	塔式起重机机组	10台以下	0.30	0.70	1.02	25%
		10台以上	0.20	0.65	1.17	
8	对焊机组	10台以下	0.45	0.45	1.98	100%
		10台以上	0.35	0.40	2.29	100%
9	混凝土泵机组	10台以下	0.70	0.70	1.02	
		10台以上	0.65	0.65	1.17	

注：1. 总干线需要系数：当总用电设备数量≥30台时，$K_x=0.6$；当总用电设备数量＜30台时，$K_x=0.7$。
　　2. 支路用电机械设备数量为1台时，$K_x=1$。

检测设备名称及检测周期规定

检测设备类型	检测设备性质	检测设备名称	检测周期
A类	强检类设备(对工程质量和安全有较大影响)	兆欧表、接地电阻测试仪	12个月
B类	弱检类设备(对工程质量和安全有间接影响)	电流表、电压表、万用表	12个月
C类	弱检类设备(对工程质量和安全有较小影响)	自检类设备	3个月

附录四 建筑材料及制品燃烧性能分级新旧标准比照、对应表

建筑材料及制品燃烧性能分级新旧标准比照、对应表

标准名称	《建筑材料及制品燃烧性能分级》GB 8624—2012						
级　别	A		B_1		B_2		B_3
级别名称	不燃材料		难燃材料		可燃材料		易燃材料
标准名称	《建筑材料及制品燃烧性能分级》GB 8624—2006						
级　别	A_1	A_2	B	C	D	E	F
级别名称	不燃材料	不燃材料	难燃材料	难燃材料	可燃材料	可燃材料	易燃材料

附录五 Ⅰ类、Ⅱ类、Ⅲ类工具的安全防护措施

Ⅰ类、Ⅱ类、Ⅲ类工具的安全防护措施

序号	类别	安全防护措施
1	Ⅰ类工具(class Ⅰ tool)	Ⅰ类工具依靠基本绝缘预防电击,可导电部分连接保护接地导体(PE)。
2	Ⅱ类工具(class Ⅱ tool)	Ⅱ类工具依靠基本绝缘和双重绝缘或加强绝缘预防电击,不依赖安装条件,可导电部分可以不连接保护接地导体(PE)
3	Ⅲ类工具(class Ⅲ tool)	Ⅲ类工具依靠特低电压供电

附录六 建筑物的耐火等级划分

《建筑设计防火规范》GB 50016—2014 规定建筑物的耐火等级分为四级。

建筑物的耐火等级是由建筑构件（梁、柱、楼板、墙等）的燃烧性能和耐火极限决定的。

一级耐火等级建筑：钢筋混凝土结构或砖墙与钢混凝土结构组成的混合结构。

二级耐火等级建筑：钢结构屋架、钢筋混凝土柱或砖墙组成的混合结构。

三级耐火等级建筑：木屋顶和砖墙组成的砖木结构。

四级耐火等级建筑：木屋顶、难燃烧体墙壁组成的可燃结构。

附录七 风速、风级对照表及停止作业项目

风速、风级对照表及停止作业项目

风速		风力	陆地地面物体征象	停止施工项目
m/s	km/h			
0～0.2	<1	零级	树枝静止	
0.3～1.5	1～5	一级	烟能表示方向,但风向标不动	
1.6～3.3	6～11	二级	人面感觉有风,风向标转动	
3.4～5.4	12～19	三级	树叶及微枝摇动不息,旗帜展开	
5.5～7.9	20～28	四级	能吹起地面纸张与灰尘	停止现场土方开挖和渣土运输
8.0～10.7	29～38	五级	有叶的小树摇摆	停止露天高处作业 停止大模板吊装作业 停止塔式起重机顶升和安拆作业 停止附着式升降脚手架升降和安拆作业 停止吊篮作业
10.8～13.8	39～49	六级	树枝较大摇动	停止塔式起重机吊装作业 停止使用施工升降机 停止使用物料提升机 停止脚手架搭拆作业
13.9～17.1	50～61	七级	全树摇动,迎风步行不便	停止桩机作业
17.2～20.7	62～74	八级	微枝折毁,人前行阻力甚大	
20.8～24.4	75～88	九级	建筑物有小损	
24.5～28.4	89～102	十级	可拔起树来,损坏建筑物	
28.5～32.6	103～117	十一级	陆地少见,广泛破坏建筑物	
>32.6	>117	十二级	陆地极少见,摧毁力极大	

附录八 IP防护等级数字含义及灯具的防触电保护分类

IP防护等级特征第一位数字含义

第一位特征数字	防护等级	
	简短说明	含 义
0	无防护	没有专门防护
1	防大于50mm的固体物	人体某一大面积部分,如手(但对有意识的接近并无防护),直径超过50mm的固体物
2	防大于12mm的固体物	手指或长度不超过80mm的类似物,直径超过12mm的固体物
3	防大于2.5mm的固体物	直径或厚度大于2.5mm的工具、电气线材等,直径超过2.5mm的固体物
4	防大于1mm的固体物	厚度大于1mm的线材或片条,直径超过1mm的固体物
5	防尘	不能完全防止灰尘进入,但进入量不足以妨碍设备正常运转的程度
6	尘密	无灰尘进入

IP防护等级特征第二位数字含义

第二位特征数字	防护等级	
	简短说明	含 义
0	无防护	没有特殊防护
1	防滴	垂直滴水无有害影响
2	15°防滴	当外壳从正常位置倾斜在15°以内时,垂直滴水无有害影响
3	防淋水	与垂直成60°范围以内的淋水无有害影响
4	防溅水	任何方向溅水无有害影响
5	防喷水	任何方向喷水无有害影响
6	防猛烈海浪	猛烈海浪或强烈喷水时,进入外壳水量不致达到有害程度
7	防浸水影响(水密型)	浸入规定压力的水中经规定时间后进入外壳水量不致达到有害程度
8	防潜水影响(加压水密型)	能按制造厂规定的条件长期潜水

注：水密型灯具未必适合于水下工作,而加压水密型灯具能应用于这样的场合。

灯具的防触电保护分类

灯具等级	灯具主要性能	应用说明
0类	依靠基本绝缘在易触及的部分及外壳和带电体间绝缘	适用于安全程度高的场合,且灯具安装、维护方便。如空气干燥、尘埃少、木地板等条件下的吊灯,吸顶灯
Ⅰ类	除基本绝缘外,易触及的部分及外壳有接地装置,一旦基本绝缘失效时,不致有危险	用于金属外壳灯具,如投光灯、路灯、庭院灯等,提高安全程度
Ⅱ类	除基本绝缘外,还有补充绝缘,形成双重绝缘或加强绝缘	绝缘性好,安全程度高,适用于环境差、人经常触摸的灯具,如台灯、手提灯等
Ⅲ类	采用特低安全电压(交流有效值<50V),且灯内不会产生高于此值的电压	灯具安全程度最高,用于恶劣环境,如机床工作灯、儿童用灯、水下灯、装饰灯等

附录九　　施工安全警示标语集锦

标语是空洞的，内容是真实的，关键是给予人们提示、警示！

1. 安全警句标语千万条，安全生产预防是头条！

2. 你对违章讲人情，伤亡事故对你不留情！

3. 你对隐患讲人情，伤亡事故对你不留情！

4. 安全来自长期警惕，事故源于一时麻痹！

5. 违章如狼、侥幸似虎，一时疏忽，遗恨千古！

6. 安全事故防止不要事后明白，事前糊涂！

7. 祸在一时，防在平时！

8. 工程未完工，安全不放松！

9. 安全在心中，生命在手中！

10. 与其处理事故忙，不如平日早点防！

11. 防而不实，等于未防！

12. 安全系着你我他，幸福连结千万家！

13. 安全连着你我他，幸福平安靠大家！

14. 生产再忙，安全不忘；人命关天，安全在先！

15. 知险防险能避险，侥幸违章最危险！

16. 最大节约是安全、最大浪费是事故！

17. 安全等于效益，事故等于亏损！

18. 严是爱，松是害，发生事故坑三代！

19. 事前预防是个宝、群防群治不能少！

20. 安全生产勿侥幸，违章蛮干要人命！

21. 人人要安全，懂安全才能保安全！

22. 要做事前预防，勿到事后方醒！

23. 居安思危，防患于未然；防微杜渐，安如泰山！

24. 不伤害他人，不伤害自己，不被他人伤害！

25. 安全相伴，亲人在盼！

26. 安全网安全带，戴上帽子才叫帅！

27. 一人把关一处安，众人把关安如山！

28. 劳动防护是把伞，职业危害靠它管！

29. 浅水要当深河渡，小心驶得万年船！

30. 宁走十步安，不走一步险！

31. 三违是隐患、侥幸是祸根！

32. 千里之堤溃于蚁穴，安全事故源于隐患！

33. 多看一眼、安全保险；多防一步、少出事故！

34. 关注安全，就是关爱生命！

35. 安全生产重在标本兼治！

36. 排查治理隐患，遏制一切安全事故！

37. 加强事故预防对策、落实应急救援预案！

38. 生产安全、任重道远！

39. 检查是关爱，认真去对待！

40. 千忙万忙，无视安全等于白忙！

41. 安全与遵章同在，事故与违规相随！

42. 生命只有一次，没有下不为例！

43. 宁绕百米远，不冒一步险！

44. 安全生产别侥幸，违章操作要人命！

45. 违章作业必纠正，看似无情胜有情！

46. 隐患不放，遗憾不留！

47. 为了幸福生活，请注意安全！

48. 重视安全，就是珍重生命！

49. 一人遭难全家遭殃，事故隐患处处提防！

50. 生产莫违章，安全有保障！

51. 个人防护要周详，流汗总比流血强！

52. 安全帽是个宝，作业前要戴好！

53. 安全生产要牢记，生命不能当儿戏！

54. 安全施工别大意，安全交底要牢记！

55. 安全是共同的责任，平安是共同的心愿！

56. 安全一万天，事故一瞬间！

57. 安全在于心细，事故出自大意！

58. 严是爱松是害，严中自有真情在！

59. 责任心是安全之根，标准化是安全之本！

60. 安全来自警惕，事故出于麻痹！

61. 常亮安全灯，平安伴人生！

62. 班前自检，事故避免！

63. 生产安全连接你我他，平安幸福属大家！

64. 走生产安全之路，必从文明施工起步！

65. 落实安全规章制度，强化安全防范措施！

66. 强化防火意识，防患于未然！

67. 严禁圈占消防设施，确保疏散通道畅通！

68. 隐患险于明火，防范胜于救灾，责任重于泰山！

69. 安全是生命之本，违章是事故之源！

70. 事故教训是盏镜，安全经验是盏灯。一人把关一处安，众人把关安如山！

附录十 安全生产教育复习 120 题

一、单选题（50 题）

1.《中华人民共和国刑法》规定，强令他人违章冒险作业，因而发生重大伤亡事故，或者造成其他严重后果的，处（　　）以下有期徒刑或者拘役；情节特别恶劣的，处五年以上有期徒刑。

A. 1 年 　　　　　　B. 3 年 　　　　　　C. 5 年 　　　　　　D. 7 年

2. 法律责任分为（　　）、行政责任和民事责任三种。

A. 刑事责任 　　　B. 财产责任 　　　C. 法律责任 　　　D. 赔偿责任

3.《中华人民共和国安全生产法》规定，生产经营单位的主要负责人和安全生产管理人员必须具备与本单位所从事的生产经营活动相应的（　　）。

A. 安全生产知识和管理能力 　　　　B. 安全生产理论和管理能力

C. 安全生产理论和管理知识 　　　　D. 安全生产知识和管理理论

4. 制定《中华人民共和国安全生产法》的目的是，防止和减少生产安全事故，保障人民群众（　　）安全，促进经济社会持续健康发展。

A. 生命和环境 　　B. 生命和职业健康 　C. 生命和财产 　　D. 健康和财产

5.《中华人民共和国安全生产法》规定，生产经营单位应当建立健全生产安全事故隐患（　　），采取技术、管理措施，及时发现并消除事故隐患。

A. 检查整改制度 　　B. 排查治理制度 　　C. 排查清理制度 　　D. 排查整改制度

6.《中华人民共和国安全生产法》规定，两个以上生产经营单位在同一作业区域内进行生产经营活动，可能危及对方生产安全的，应当（　　），明确各自的安全生产管理职责和应当采取的安全措施，并指定专职安全生产管理人员进行安全检查与协调。

A. 签订劳动合同管理协议 　　　　　B. 签订安全生产管理协议

C. 签订安全事故管理协议 　　　　　D. 签订工伤事故管理协议

7.《中华人民共和国安全生产法》规定，生产经营单位不得以任何形式与从业人员订立协议，（　　）其对从业人员因生产安全事故伤亡依法应承担的责任。

A. 免除或者部分免除 　　　　　　　B. 减轻或者部分减轻

C. 减少或者减轻 　　　　　　　　　D. 免除或者减轻

8.《中华人民共和国安全生产法》规定，从业人员发现（　　）的紧急情况时，有权停止作业或者在采取可能的应急措施后撤离作业场所。

A. 直接危及财产安全 　　　　　　　B. 直接危及职业健康

C. 直接危及人身安全 　　　　　　　D. 直接危及设备安全

9.《中华人民共和国安全生产法》规定，生产经营单位应当制定本单位（　　）。

A. 生产安全事故应急救援预案 　　　B. 生产安全隐患应急救援预案

C. 生产安全故障应急救援预案 　　　D. 生产安全教育应急救援预案

10.《中华人民共和国安全生产法》规定，国家实行生产安全事故（　　），依照本法和有关法律、法规的规定，追究生产安全事故责任人员的法律责任。

A. 责任倒查制度　　B. 责任追溯制度　　C. 事故追查制度　　D. 责任追究制度

11.《中华人民共和国安全生产法》规定，生产经营单位的特种作业人员必须按照国家有关规定经专门的安全作业培训，取得（　　），方可上岗作业。

A. 岗位证书　　　　　　　　B. 操作资格证书

C. 安全生产考核证书　　　　D. 相应资格

12.《中华人民共和国安全生产法》规定，生产经营单位的主要负责人受到刑事处罚或者撤职处分的，自刑罚执行完毕或者处分之日起（　　）内不得担任任何生产经营单位的主要负责人。

A. 2 年　　　　　　　B. 3 年　　　　　　　C. 5 年　　　　　　　D. 7 年

13.《中华人民共和国建筑法》规定，施工现场对毗邻的建筑物、构筑物和特殊作业环境可能造成损害的，建筑施工单位应采取（　　）措施。

A. 安全防护　　B. 安全保卫　　C. 安全警示　　D. 安全提示

14.《中华人民共和国环境保护法》规定，建设项目中（　　），应当与主体工程同时设计、同时施工、同时投产使用。防治污染的设施应当符合经批准的环境影响评价文件的要求，不得擅自拆除或者闲置。

A. 防治雾霾的设施　　B. 防治噪声的设施　　C. 防治污水的设施　　D. 防治污染的设施

15.《中华人民共和国消防法》规定，消防产品必须符合国家标准；没有国家标准的，必须符合（　　）。

A. 制造标准　　B. 行业标准　　C. 企业标准　　D. 技术标准

16.《中华人民共和国消防法》规定，违反规定使用明火作业或者在具有火灾、爆炸危险的场所（　　）、使用明火的。处警告或者五百元以下罚款；情节严重的，处五日以下拘留。

A. 安装电气设备　　B. 使用电气设备　　C. 存放可燃物　　D. 吸烟

17.《建设工程安全生产管理条例》规定，施工单位应当对管理人员和作业人员（　　）安全生产教育培训，其教育培训情况记入个人工作档案。安全生产教育培训考核不合格的人员，不得上岗。

A. 每年至少进行一次　　　　B. 每年至少进行两次

C. 每年至少进行三次　　　　D. 每季度至少进行一次

18.《建设工程安全生产管理条例》规定，实行施工总承包的建设工程，由（　　）单位统一组织编制建设工程生产安全事故应急救援预案。工程总承包单位和分包单位按照应急救援预案，各自建立应急救援组织或者配备应急救援人员，配备救援器材、设备，并定期组织演练。

A. 甲方　　　　　　B. 总承包　　　　　　C. 监理　　　　　　D. 分包

19.《建设工程安全生产管理条例》规定，实行施工总承包的建设工程，由（　　）单位负责上报事故。

A. 甲方　　　　　　B. 总承包　　　　　　C. 监理　　　　　　D. 分包

20.《建设工程安全生产管理条例》规定，发生生产安全事故后，施工单位应当采取措施（　　），保护事故现场。需要移动现场物品时，应当作出标记和书面记录，妥善保管有关证物。

A. 防止影响扩大　　　　　　　　　B. 防止事故范围扩大

C. 防止事态扩大　　　　　　　　　D. 防止事故扩大。

21.（　　）负责对安全生产进行日常现场监督检查。

A. 各专业工长　　　　　　　　　　B. 企业主要负责人

C. 安全检查人员　　　　　　　　　D. 专职安全生产管理人员

22.《生产安全事故报告和调查处理条例》规定，生产安全事故发生后，事故现场有关人员应当立即向本单位负责人报告；单位负责人接到报告后，应当于（　　）内向事故发生地县级以上人民政府安全生产监督管理部门和负有安全生产监督管理职责的有关部门报告。

A. 8h　　　　　　B. 2h　　　　　　C. 1h　　　　　　D. 12h

23.《生产安全事故报告和调查处理条例》规定，造成 3 人死亡的生产安全事故是（　　）。

A. 一般事故　　　　B. 较大事故　　　　C. 重大事故　　　　D. 特别重大事故

24.塔式起重机距轨道终端 1m 处，设置金属止挡或混凝土缓冲止挡装置，行走限位装置距轨道终端（　　）；缓冲止挡器高度必须大于行走轮的半径。

A. ≥1m　　　　　　B. 1.5m　　　　　　C. 2m　　　　　　D. 3m

25.吊篮安全锁的校验期限不得超过（　　）。

A. 半年　　　　　　B. 1 年　　　　　　C. 2 年　　　　　　D. 2.5 年

26.施工升降机的防坠安全器必须在标定期限内使用，标定期限不得超过（　　）。

A. 5 年　　　　　　B. 3 年　　　　　　C. 2 年　　　　　　D. 1 年

27.物料提升机吊笼必须使用定型的停靠、断绳保护装置，设置超高限位装置，使吊笼动滑轮上升最高位置与天梁最低处的距离不小于（　　）。

A. 1m　　　　　　B. 2m　　　　　　C. 3m　　　　　　D. 4m

28.《施工现场临时用电安全技术规范》规定，现场供电系统应采用（　　）配电。

A. 三级配电四级 RCD 保护　　　　　B. 三级配电三级 RCD 保护

C. 三级配电二级 RCD 保护　　　　　D. 三级配电逐级 RCD 保护

29.特别潮湿场所、导电良好的地面、金属锅炉或金属容器内的照明灯具应采用（　　）特低电压供电。

A. ≤6V　　　　　B. ≤12V　　　　　C. ≤24V　　　　　D. ≤36V

30.现场末级配电箱必须按照（　　）设置。

A. 一 RCD、一控、一箱、一锁　　　　B. 一断、一 RCD、一箱、一锁

C. 一开、一 RCD、一箱、一锁　　　　D. 一隔、一 RCD、一箱、一锁

31.手持电动工具、振动机械、潮湿与腐蚀介质场所，末级配电箱内剩余电流动作保护器（RCD）的额定剩余动作电流（　　），额定剩余电流动作时间≤0.1s。

A. ≤50mA　　　　B. ≤30mA　　　　C. ≤10mA　　　　D. ≤15mA

32.特低照明电源变压器应采用（　　）型安全变压器。

A. 普通　　　　　B. 双绕组　　　　C. 自耦　　　　D. 单绕组

33.施工现场配电箱为了防止雨水和沙尘侵入，配电箱导线的进出口必须设在（   ）。

A. 箱体后面　　　　B. 箱体上部　　　　C. 箱体侧面　　　　D. 箱体底部

34.现场配电系统（   ）中的 PE 汇流排须做重复接地，接地电阻值须≤10Ω。

A. 总配电箱及末级配电箱　　　　　　B. 总配电箱及分配电箱

C. 分配电箱及末级配电箱　　　　　　D. 末级配电箱及用电设备外壳

35.扣件式脚手架连墙件偏离主节点的距离应（   ）。

A.≤150mm　　　　B.≤200mm　　　　C.≤300mm　　　　D.≤500mm

36.扣件式钢管脚手架剪刀撑钢管与地面夹角为（   ）。

A.30°～60°　　　　B.45°～50°　　　　C.45°～60°　　　　D.30°～45°

37.剪刀撑斜杆应用旋转扣件固定在与之相交的水平杆或立杆上，旋转扣件中心线至主节点的距离宜（   ）。

A.≤150mm　　　　B.≤200mm　　　　C.≤300mm　　　　D.≤500mm

38.安全帽必须能够承受（   ）冲击力，帽壳不得有碎片脱落。

A. 1000N　　　　B. 2000N　　　　C. 3000N　　　　D. 4900N

39.网眼孔径（   ）、垂直于水平面安装，用于阻挡人员、视线、自然风、飞溅及失控小物体的叫密目式安全立网。

A.≤5mm　　　　B.≤8mm　　　　C.≤10mm　　　　D.≤12mm

40.距离交通路口（   ）范围内设置施工围挡的，围挡 1m 以上部分应当采用通透性围挡，不得影响交通路口行车观察视野。

A.≤10m　　　　B.≤15m　　　　C.≤20m　　　　D.30m

41.施工现场应实行封闭式管理，市区一般路段围墙（围挡）高度不低于（   ）。

A.2.5m　　　　B.1.6m　　　　C.2.0m　　　　D.1.8m

42.扣件式钢管脚手架，扣件螺栓扭紧力矩应在（   ）。

A.40～50N·m 之间　　　　　　　B.50～65N·m 之间

C.30～50N·m 之间　　　　　　　D.40～65N·m 之间

43.当槽、坑、沟开挖深度超过（   ）时，必须根据土质和深度情况放坡或加护壁支撑。

A.0.8m　　　　B.1.2m　　　　C.1.5m　　　　D.2.0m

44.影响槽、坑、沟边坡稳定的主要因素有（   ）、坡顶荷载、放坡坡度及土壤含水率等。

A. 土质　　　　B. 地理　　　　C. 地貌　　　　D. 环境

45.电梯井口、采光井口、烟道口和管道竖井口等洞口，必须设置高度不低于（   ）、挡脚板高度不低于 0.18m、红白相间的定型防护栏。

A.1.0m　　　　B.1.1m　　　　C.1.2m　　　　D.1.5m

46.施工场地的强噪声设备应尽可能设置在（   ）居民区的一侧。

A. 周围　　　　B. 附近　　　　C. 靠近　　　　D. 远离

47.施工现场设置的消防车道，其高度、宽度均不得小于（   ）。

A.2.5m　　　　B.2.8m　　　　C.3m　　　　D.4m

48.企业职工伤亡事故分类标准规定，（   ）是指相当于损失工作日≥105 日的失能伤害。

    A. 轻伤   B. 重伤   C. 内伤   D. 外伤

49. 人工挖扩桩孔孔下作业时，作业人员连续作业不得超过（   ），并设专人监护。

    A. 2h   B. 1h   C. 3h   D. 4h

50. 上肢出血采用止血带结扎在上臂的上 1/2 处（靠近心脏位置）止血，为了减少缺血组织范围，止血带位置应接近伤口，但止血带应避免结扎在上臂（   ），以免损伤桡神经。

    A. 中上 1/3 处   B. 中下 1/3 处   C. 中 1/3 处   D. 中下 1/2 处

二、多选题（40 道）

1. 《中华人民共和国安全生产法》规定，安全生产工作应贯彻（   ）的方针。

    A. 安全第一   B. 预防为主   C. 群防群治   D. 综合治理

2. 《中华人民共和国安全生产法》规定，经营单位的安全生产责任制应当明确各岗位的（   ）等内容。

    A. 责任人员   B. 责任制   C. 责任范围   D. 考核标准

3. 《中华人民共和国安全生产法》规定，新建工程项目的安全设施，必须与主体工程（   ）。

    A. 同时设计   B. 同时施工

    C. 同时投入生产和使用   D. 同时投入施工现场使用

4. 《中华人民共和国安全生产法》规定，生产经营单位应当向从业人员如实告知作业场所和工作岗位存在的（   ）。

    A. 危险因素   B. 紧急疏散措施   C. 防范措施   D. 事故应急措施

5. 《中华人民共和国安全生产法》规定，生产经营单位应当对从业人员进行安全生产教育和培训，保证从业人员具备必要的安全生产知识，（   ）。

    A. 熟悉有关的安全生产规章制度和安全操作规程

    B. 掌握本岗位的安全操作技能

    C. 了解事故应急处理措施

    D. 知悉自身在安全生产方面的权利和义务

6. 《中华人民共和国安全生产法》规定，事故调查处理应当按照（   ）的原则。

    A. 科学严谨   B. 依法依规   C. 实事求是   D. 注重实效

7. 《中华人民共和国安全生产法》规定，单位负责人接到事故报告后，应当按照国家有关规定立即如实报告当地负有安全生产监督管理职责的部门，不得（   ），不得故意破坏事故现场、毁灭有关证据。

    A. 隐瞒不报   B. 谎报   C. 迟报   D. 漏报

8. 《中华人民共和国消防法》规定，消防安全生产工作应贯彻（   ）的方针。

    A. 预防第一   B. 预防为主   C. 防消结合   D. 群防结合

9. 《中华人民共和国消防法》规定，（   ）和室内装修、装饰材料的防火性能必须符合国家标准或者行业标准；没有国家标准的，必须符合行业标准。

    A. 建筑构件   B. 建筑配件   C. 建筑材料   D. 室内装修

10. 《中华人民共和国消防法》规定，任何单位、个人不得损坏、挪用或者擅自（   ）

消防设施、器材。

    A. 拆除   B. 改变   C. 替换   D. 停用

11.《中华人民共和国消防法》规定，任何单位、个人不得（   ）消火栓或者占用防火间距。

    A. 埋压   B. 圈占   C. 遮挡   D. 拆除

12.《建设工程安全生产管理条例》规定，建筑施工单位（   ）应当经建设行政主管部门或者其他有关部门考核合格后方可任职。

    A. 主要负责人   B. 项目负责人

    C. 专职安全生产管理人员   D. 技术负责人

13.《建设工程安全生产管理条例》规定，危险性较大的分部分项工程涉及（   ）的专项施工方案，施工单位应当组织专家进行论证、审查。

    A. 深基坑   B. 脚手架工程   C. 地下暗挖工程   D. 高大模板工程

14.《建设工程安全生产管理条例》规定，建筑施工单位应当根据不同施工阶段和周围环境及（   ）的变化，在施工现场采取相应的安全施工措施。

    A. 部位   B. 季节   C. 环节   D. 气候

15.《建设工程安全生产管理条例》规定，施工单位应当制定本单位生产安全事故应急救援预案，建立应急救援组织或者配备应急救援人员，配备必要的应急（   ），并定期组织演练。

    A. 救援装备   B. 救援工具   C. 救援器材   D. 救援设备

16.《建设工程安全生产管理条例》规定，发生生产安全事故后，施工单位应当采取措施（   ）。需要移动现场物品时，应当作出标记和书面记录，妥善保管有关证物。

    A. 及时报告   B. 防止事故扩大   C. 及时抢救   D. 保护事故现场

17.《生产安全事故报告和调查处理条例》规定，生产安全事故等级分为（   ）。

    A. 特别重大事故   B. 重大事故   C. 较大事故   D. 一般事故

18.《安全生产许可证条例》规定，未取得安全生产许可证擅自进行生产的，（   ），并处 10 万元以上 50 万元以下的罚款；造成重大事故或者其他严重后果，构成犯罪的，依法追究刑事责任。

    A. 责令停止经营   B. 责令停止生产   C. 没收全部财产   D. 没收违法所得

19. 生产安全事故发生后，要坚持"四不放过"原则，即（   ）。

    A. 事故原因分析不清不放过   B. 事故责任者和群众没有受到教育不放过

    C. 没有落实防范措施不放过   D. 事故的责任者没有受到处理不放过

20. 安全生产三不伤害是（   ）。

    A. 不伤害自己   B. 不伤害别人   C. 不被物体伤害   D. 不被他人伤害

21. 施工现场噪声防护措施有消声措施、（   ）等。

    A. 隔声措施   B. 吸声措施   C. 隔振措施   D. 阻尼措施

22. 塔式起重机必须配备（   ）、行走限制器和变幅限位器等安全保护装置。

    A. 变位限制器   B. 起重量限制器   C. 力矩限制器   D. 高度限位器

23. 塔式起重机必须配备的保险装置有（   ）两种。

    A. 卷筒钢丝绳保险 B. 绳索保险   C. 锁止保险   D. 吊钩保险

24. 施工现场供、用电线路配电箱等设施设备（　　）工作，必须由建筑电工实施操作。

A. 安装　　　　　　B. 拆除　　　　　　C. 维护　　　　　　D. 使用

25. 施工用电工程使用的电器产品，必须具备（　　）、工业产品生产许可证。

A. 检验证　　　　　B. 合格证；　　　　C. "CCC"认证　　　D. 试验报告

26. 施工现场供、配、用电设施设备预防电击和电气火灾事故的基本安全技术措施有（　　）。

A. 绝缘　　　　　　B. 等电位　　　　　C. 屏护　　　　　　D. 间距

27. 扣件式钢管脚手架使用期间，严禁拆除（　　）等主要杆件。

A. 纵横向扫地杆　　　　　　　　　　　　B. 主节点处的纵向水平杆

C. 斜杆　　　　　　　　　　　　　　　　D. 连墙件

28. 扣件式钢管脚手架连墙件的布置应优先采用（　　）布置。

A. 三角形　　　　　B. 菱形　　　　　　C. 方形　　　　　　D. 矩形

29. 扣件式钢管脚手架的扣件在使用前必须逐个检查，有（　　）的扣件严禁使用。

A. 裂缝　　　　　　B. 变形　　　　　　C. 螺栓出现滑丝　　D. 螺栓出现锈蚀

30. 脚手架必须遵循（　　）的拆除顺序。

A. 后装先拆　　　　B. 后装后拆　　　　C. 先装先拆　　　　D. 先装后拆

31. 现场发生火灾的三个基本条件是（　　）。

A. 可燃物　　　　　B. 助燃物　　　　　C. 火源　　　　　　D. 木料

32. 安全警示标志根据其含义不同分为（　　）。

A. 禁止标志　　　　B. 警告标志　　　　C. 指令标志　　　　D. 提示标志

33. 按红色、蓝色、黄色、绿色四种安全色顺序，分别表达的信息含义是（　　）。

A. 提示　　　　　　B. 指令　　　　　　C. 警告　　　　　　D. 禁止

34. 劳动保护的内容包括（　　）三个方面。

A. 劳动保护管理　　B. 安全技术　　　　C. 安全管理　　　　D. 职业卫生

35. 现场食堂应有卫生许可证，炊事人员应有（　　），建立食品卫生管理制度。

A. 资格证　　　　　B. 上岗证　　　　　C. 健康证　　　　　D. 培训证

36. 基坑、井坑的边坡和支护系统应每天定时检查，发现边坡有（　　）等危险征兆，应立即采取加固措施，同时疏散人员。

A. 裂痕　　　　　　B. 落物　　　　　　C. 疏松　　　　　　D. 渗水

37. 安全网按功能分为（　　）。

A. 安全平网　　　　B. 安全立网　　　　C. 密目式安全立网　D. 密目式安全平网

38. 安全带使用前、作业中应做到（　　）。

A. 检查安全带完好性　　　　　　　　　　B. 高挂低用

C. 悬挂在牢固的悬挂点　　　　　　　　　D. 低挂高用

39. "四节一环保"包括（　　）和环境保护。

A. 节能　　　　　　B. 节水　　　　　　C. 节地　　　　　　D. 节材

40. 采用止血带止血不应超过 3h。每隔（　　）；松解止血带时，用手指压迫伤口止血。采取止血带、医用橡胶管结扎止血的伤员应优先运送。

A. 30~60min 松解止血带一次　　　　　　B. 每次放松 2~5min

C. 30～40min 松解止血带一次　　　　　D. 每次放松 0.5～2min

三、判断题（30 道）

1.《中华人民共和国安全生产法》规定，生产经营单位的从业人员有权了解其作业场所和工作岗位存在的危险因素、防范措施及事故应急措施，有权对本单位的安全生产工作提出建议。　　　　　　　　　　　　　　　　　　　　　　　　　　　　　（　　）

2.《中华人民共和国安全生产法》规定，因生产安全事故受到损害的从业人员，除依法享有工伤保险外，依照有关民事法律尚有获得赔偿权利的，有权向本单位提出赔偿要求。　　　　　　　　　　　　　　　　　　　　　　　　　　　　　　　　　（　　）

3.《中华人民共和国安全生产法》规定，生产经营单位应当制定本单位生产安全事故应急救援预案。　　　　　　　　　　　　　　　　　　　　　　　　　　　　（　　）

4.《中华人民共和国安全生产法》规定，生产经营单位发生生产安全事故后，事故现场有关人员应当立即报告项目负责人。　　　　　　　　　　　　　　　　　　（　　）

5.《中华人民共和国消防法》规定，生产经营单位应当落实消防安全责任制，制定本单位的消防安全制度、消防安全操作规程，制定灭火和应急疏散预案。　　　（　　）

6.《中华人民共和国消防法》规定，火灾扑灭后，发生火灾的单位可以根据需要清理现场，接受事故调查，如实提供火灾情况。　　　　　　　　　　　　　　（　　）

7.《建设工程安全生产管理条例》规定，施工单位应当将施工现场的办公区与生活区、作业区分开设置，并保持安全距离。　　　　　　　　　　　　　　　　（　　）

8.《建设工程安全生产管理条例》规定，施工单位在使用施工起重机械和整体提升脚手架、模板等自升式架设设施前，应当组织有关单位进行验收，验收合格后方可使用。
　　　　　　　　　　　　　　　　　　　　　　　　　　　　　　　　　　　（　　）

9.施工单位在采用新技术、新工艺、新设备、新材料时，应由经验丰富的人员操作，新工人必须进行相应的安全生产教育培训。　　　　　　　　　　　　　　（　　）

10.塔式起重机吊装作业中，遇到 13m/s 及以上大风时，塔式起重机必须停止吊装作业。　　　　　　　　　　　　　　　　　　　　　　　　　　　　　　　（　　）

11.施工升降机每天使用前，司机应将吊笼升离地面 1～2m，停车试验制动器的可靠性。　　　　　　　　　　　　　　　　　　　　　　　　　　　　　　　　（　　）

12.物料提升机钢丝绳与卷筒应连接牢固，物料提升机吊笼落地时，卷筒上应至少保留 3 圈。　　　　　　　　　　　　　　　　　　　　　　　　　　　　　　（　　）

13.物料提升机在运送人员时，必须确保安全。　　　　　　　　　　　　　（　　）

14.建筑施工现场临时用电工程专用的电源中性点直接接地的 220V/380V 三相四线制低压电力系统，必须采用 TN-S 保护系统形式。

15.金属箱架、箱门、安装板、不带电的金属外壳及靠近带电部分的金属护栏等，需采用黄绿双色多股软绝缘导线与 PE 汇流排可靠连接。　　　　　　　　　　（　　）

16.在作业中应将末级配电箱锁上，以免非电工人员随意开、关。　　　　（　　）

17.供、配电系统线路，可以采用四芯电缆外敷一根 PE 绝缘导线方式替代五芯电缆供电。　　　　　　　　　　　　　　　　　　　　　　　　　　　　　　　　（　　）

18.施工现场消防泵的电源须引自总配电箱隔离开关出线端、断路器的进线端。
　　　　　　　　　　　　　　　　　　　　　　　　　　　　　　　　　　　（　　）

19. 末级配电箱接续插入式振捣器时，箱内剩余电流动作保护器（RCD）应采用防溅型产品，其额定剩余动作电流≤30mA；额定剩余电流动作时间≤0.1s。 （　　）

20. 外电架空线路安全防护架搭设，应采用钢管和木质材料混合搭配，提高防护架强度。 （　　）

21. 脚手架立杆接长除顶层顶步外，其余各层各步接头必须采用对接扣件连接。

（　　）

22. 施工现场多层在施建筑工程安全通道长度应≥3m，高层在施建筑工程安全通道长度应≥5m。 （　　）

23. 窒息法灭火机理是物件覆盖火焰阻止空气流入燃烧区、使火焰与空气隔离、减少空气含氧量。 （　　）

24. 消火栓接口及软管接口距在建工程、临时用房、可燃材料堆场及加工场外边线应≥5m。 （　　）

25. 现场必须配备每具质量≥3kg、具备压力指示表的手提式灭火器。 （　　）

26. 挖大孔径桩及扩底桩下孔作业前应进行有毒、有害气体检测，确认安全后方可下孔作业。 （　　）

27. 安全带严禁擅自接长使用。使用3m及以上的长绳时必须要加防坠缓冲器。

（　　）

28. 为了确保安全作业，从业人员在工作平台、阳台之间跨越时，必须系挂安全带。

（　　）

29. 安全平（立）网采用纯原生锦纶、维纶、涤纶或其他耐候性材料制成；安全网阻燃特性要求必须满足续燃时间≤4s、阴燃时间≤4s。 （　　）

30. 施工现场大面积照明，应合理调整灯具投光角，防止照明灯具光线溢出污染环境。

（　　）

安全生产教育 120 题标准答案

一、单选题（50 题）

1. C 2. A 3. A 4. C 5. B 6. B 7. D 8. C 9. A 10. D
11. D 12. C 13. A 14. D 15. B 16. D 17. A 18. B 19. B
20. D 21. D 22. C 23. B 24. C 25. B 26. D 27. C 28. C
29. B 30. D 31. D 32. B 33. D 34. B 35. C 36. C 37. A
38. D 39. D 40. C 41. D 42. D 43. C 44. A 45. D 46. D
47. D 48. B 49. A 50. B

二、多选题（40 道）

1. ABD 2. ACD 3. ABC 4. ABD 5. ABCD 6. ABCD 7. ABC
8. BD 9. ACD 10. AD 11. ABC 12. ABC 13. ACD 14. BD
15. CD 16. BD 17. ABCD 18. BD 19. ABCD 20. ABD 21. ABCD
22. BCD 23. AD 24. ABC 25. BCD 26. ACD 27. ABD 28. BCD
29. ABC 30. AD 31. BCD 32. ABCD 33. DCBA 34. ABD 35. CD
36. ACD 37. ABC 38. ABC 39. ABCD 40. CD

三、判断题（30 道）

1. √ 2. √ 3. √ 4. × 5. √ 6. × 7. × 8. √ 9. ×
10. × 11. √ 12. √ 13. × 14. √ 15. √ 16. × 17. ×
18. √ 19. × 20. × 21. √ 22. × 23. √ 24. √ 25. ×
26. √ 27. √ 28. × 29. √ 30. √

参考文献

一、安全生产法律法规

1.《中华人民共和国刑法》

2.《中华人民共和国安全生产法》　　　　　　　　（自 2014 年 12 月 01 日起施行）

3.《中华人民共和国消防法》　　　　　　　　　　（2008 年 10 月 28 日修订）

4.《中华人民共和国环境保护法》　　　　　　　　（自 2015 年 01 月 01 日起施行）

5.《中华人民共和国职业病防治法》　　　　　　　（2016 年修订）

6.《建设工程安全生产管理条例》　　　　　　　（中华人民共和国国务院令第 393 号）

7.《生产安全事故报告和调查处理条例》　　　　（中华人民共和国国务院令第 493 号）

8.《安全生产许可证条例》　　　　　　　　　　（中华人民共和国国务院令第 397 号）

9.《特种设备安全监察条例》　　　　　　　　　（中华人民共和国国务院令第 549 号）

二、国家安全技术标准规范

10.《企业职工伤亡分类标准》　　　　　　　　　　GB 6441—1986

11.《企业职工伤亡事故调查分析规则》　　　　　　GB 6442—1986

12.《建筑施工场界环境噪声排放标准》　　　　　　GB 12523—2011

13.《建筑施工安全技术统一规范》　　　　　　　　GB 50870—2013

14.《安全标志及其使用导则》　　　　　　　　　　GB 2894—2008

15.《起重机械安全规程》　　　　　　　　　　　　GB 6067—2010

16.《塔式起重机安全规程》　　　　　　　　　　　GB 5144—2006

17.《建设工程施工现场消防安全技术规范》　　　　GB 50720—2011

18.《建筑电气工程施工质量验收规范》　　　　　　GB 50303—2015

19.《建设工程施工现场供用电安全规范》　　　　　GB 50194—2014

20.《剩余电流动作保护装置安装和运行》　　　　　GB 13955—2005

21.《施工升降机安全规程》　　　　　　　　　　　GB 10055—2007

22.《高处作业吊篮》　　　　　　　　　　　　　　GB 19155—2003

23.《重要用途钢丝绳》　　　　　　　　　　　　　GB 8918—2006

24.《安全带》　　　　　　　　　　　　　　　　　GB 6095—2009

25.《安全帽》　　　　　　　　　　　　　　　　　GB 2811—2007

26.《安全网》　　　　　　　　　　　　　　　　　GB 5725—2009

27.《职业健康安全管理体系》　　　　　　　　　　GB/T 28001—2011

28.《特低电压（ELV）限值》　　　　　　　　　　GB/T 3805—2008

29.《钢丝绳夹》　　　　　　　　　　　　　　　　GB/T 5976—2006

30.《起重机钢丝绳保养、维护、安装、检验和报废》　　GB/T 5972—2009

三、行业安全技术标准规范

31.《建筑施工安全检查标准》 JGJ 59—2011
32.《施工单位安全生产评价标准》 JGJ/T 77—2010
33.《建筑施工作业劳动保护用品配备的使用标准》 JGJ 184—2009
34.《施工现场临时用电安全技术规范》 JGJ 46—2005
35.《建筑施工扣件式钢管脚手架安全技术规范》 JGJ 130—2011
36.《建筑施工碗扣式钢管脚手架安全技术规范》 JGJ 166—2008
37.《建筑施工工具式脚手架安全技术规范》 JGJ 202—2010
38.《建筑施工门式钢管脚手架安全技术规范》 JGJ 128—2010
39.《建筑机械使用安全技术规程》 JGJ 33—2012
40.《建筑施工塔式起重机安装、使用、拆卸安全技术规程》 JGJ 196—2010
41.《建筑施工升降机安装、使用、拆卸安全技术规程》 JGJ 215—2010
42.《龙门架及井架物料提升机安全技术规范》 JGJ 88—2010
43.《施工现场机械设备检查技术规程》 JGJ 160—2008
44.《建筑施工高处作业安全技术规范》 JGJ 80—2016

四、行政主管部门文件及地方标准

45.《安全评价通则》 (AQ 8001—2007)
46.《危险性较大的分部分项工程安全管理办法》 (建质〔2009〕87 号)
47.《建设工程高大模板支撑系统施工安全监督管理导则》 (建质〔2009〕254 号)
48.《绿色施工导则》 (建质〔2007〕223 号)
49.国家安全监管总局关于修改《〈生产安全事故报告和调查处理条例〉罚款处罚暂行规定》等四部规章的决定（总局令 77 号）

五、参考书

50.《德鲁克管理思想精要》彼得·德鲁克(美国)
51.《动机和人格》亚伯拉罕·马斯洛 （美国）
52.《专业主义》大前研一 （日本）
53.《心理学原理》威廉·詹姆斯 （美国）
54.《组织行为学》孙成志 孙天隽
55.《实用管理心理学》夏国新 张德培